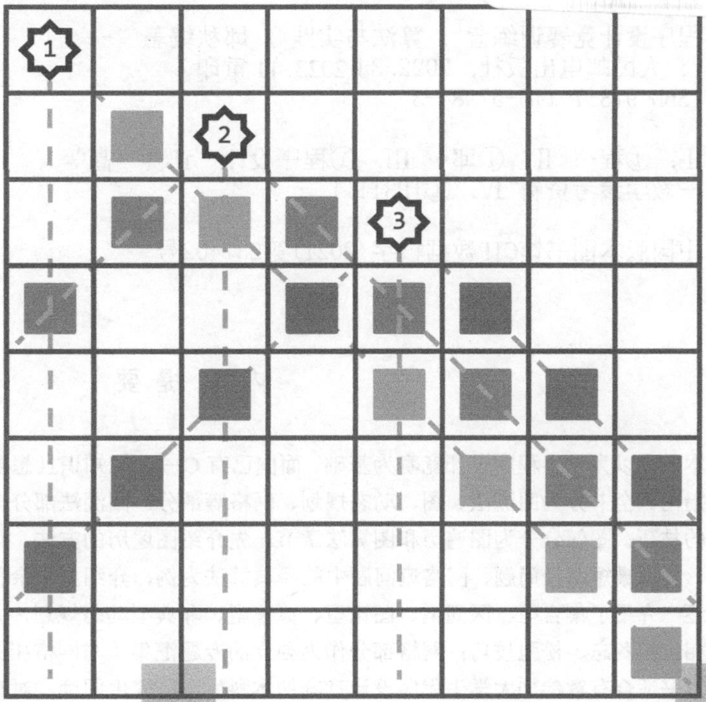

程序设计竞赛训练营

算法与实践

邱秋◎编著

人民邮电出版社
北京

图书在版编目（CIP）数据

程序设计竞赛训练营 ：算法与实践 / 邱秋编著. --
北京 ：人民邮电出版社，2022.3（2023.11 重印）
ISBN 978-7-115-57984-3

Ⅰ. ①程… Ⅱ. ①邱… Ⅲ. ①程序设计－竞赛－高等
学校－教学参考资料 Ⅳ. ①TP311.1

中国版本图书馆CIP数据核字(2021)第237402号

内 容 提 要

本书是以大学生程序设计竞赛为基础、面向已有 C++入门知识且想要进一步学习的读者编写的 C++进阶训练指南。全书分为回溯法、图、动态规划、网格等部分。回溯法部分介绍单向搜索和双向搜索，给出高级搜索的技巧；图部分分为图遍历和图算法章节，先介绍图遍历的方法，再以最小生成树问题、单源最短路径问题、多源最短路径问题、网络流问题中的经典算法为例，介绍了十余种算法的原理和相关应用；动态规划部分逐一介绍了集合型、区间型、图论型、概率型、非典型动态规划，并介绍了空间、时间上的优化技巧，以及相应的备忘、松弛技巧；网格部分作为独立的专题汇集了与网格相关的各种习题。

本书适合有意参加大学生程序设计竞赛的本科生、研究生阅读，对有意参加信息学奥林匹克竞赛的中学生具有参考价值。

◆ 编　　著　邱　秋
　责任编辑　秦　健
　责任印制　王　郁　焦志炜
◆ 人民邮电出版社出版发行　　北京市丰台区成寿寺路 11 号
　邮编　100164　　电子邮件　315@ptpress.com.cn
　网址　https://www.ptpress.com.cn
　北京七彩京通数码快印有限公司印刷
◆ 开本：787×1092　1/16
　印张：22.5　　　　2022 年 3 月第 1 版
　字数：698 千字　　2023 年 11 月北京第 2 次印刷

定价：99.90 元

读者服务热线：(010)81055410　印装质量热线：(010)81055316
反盗版热线：(010)81055315
广告经营许可证：京东市监广登字 20170147 号

序

子曰："知之者不如好之者，好之者不如乐之者。"

——《论语·雍也》

人们常说"兴趣是最好的老师"。1998 年，我还在高一的时候，就对计算机产生了浓厚的兴趣。那时计算机尚未全面普及，自己家庭条件也一般，根本无力购买"昂贵"的个人电脑，平时只能对着《电脑爱好者》[1]杂志上的广告，想象自己拥有一台个人电脑的情景。高中期间，每逢周末放假，我都要去县城的新华书店逛一逛，看看是否有新书可"免费"阅读。一次偶然的机会，看到书架上有一本《C 语言教程》，我便不假思索买了下来并开始自学。那时候学校的微机室刚建立不久，上面只有最简单的 QBasic，自己经常在上面尝试用 QBasic 语句编写一些小程序。有一次，在学习了高中物理的核裂变反应后，禁不住想使用 QBasic 编写一个程序来演示原子核的裂变反应。具体来说就是模拟中子撞击原子核，原子核分裂，释放出更多中子，这些中子继续撞击其他原子核……最终形成链式反应的过程。我用 QBasic 中的绘图函数绘制了一个小点表示中子，用较大的圆圈表示原子核，当中子碰到原子时，表示中子的小点消失，原子分裂为两个，释放一个中子，继续撞击其他原子。当程序最终调试运行成功，看着链式反应的图像逐渐展现的时候，自己的内心非常有成就感。作为一个编程爱好者，当看到自己的"作品"能够良好地运行或者解决某个编程难题时，那便是最开心和最自豪的"高光"时刻。

不过阴差阳错，我并未如愿选择感兴趣的计算机专业，而进入了医学院校，于是编程便成了我最大的业余爱好。在 2011 年的时候，我用了半年多的时间，完成了由 Skiena 和 Revilla[2]合著的《挑战编程：程序设计竞赛训练手册》[1]一书的习题。在全部完成后，感觉书中每一章讲解部分的内容较为简略，使得中低水平的编程爱好者在读完各章节的内容后，难以获得足够的知识来解决相应章节的问题，因此打算写一本用 C++来进行解题的参考书，以弥补上述不足。但是由于种种原因，一直没有下定决心来编写，这成为我的一个"心结"。一方面是市面上已经有很多关于算法和编程竞赛的图书，例如 Skiena 的 *The Algorithm Design Manual*[2]、Sedgewick 的 *Algorithms*[3]、Halim 的 *Competitive Programming*[4]等，另一方面自己也没有足够的时间和精力去进一步深入学习算法，缺乏知识积累和写书的资料。不过非常幸运，从 2015 年 11 月开始，我终于有许多时间可以做这件事，于是本书逐渐写成。

本书以 C++进行解题，读者对象是已经具备一定的 C 或者 C++基础的编程爱好者，或者是准备参加程序竞赛正在进行训练的高中生，或者是期望通过学习算法和练习以获得进一步提高的大学生。代码采用 **GCC** 5.3.0 进行编译，使用 C++11 语言标准（需要启用编译符号：`-std=c++11`）。例题和练习以 University of Valladolid Online Judge（UVa OJ）题库中题号 100～1099 的题目、Halim 的 *Competitive Programming* 所介绍的习题以及本人在写作过程中解决的题目为基础，涵盖了绝大部分的基本算法。

考虑到篇幅限制，我将出版《程序设计竞赛训练营：基础与数学概念》《程序设计竞赛训练营：算法与实践》两本图书。本书包含回溯法、图遍历、图算法、动态规划、网格等章节，可以看作在《程序设计竞赛训练营：基础与数学概念》上的综合应用。回溯法本质上是暴力搜索，但根据题目条件的不同，可以应用剪枝技巧来提高程序运行效率，而动态规划则属于一种处理问题的技巧，它通过将已解决问题的解保存

---

1 由中国科学院主管，北京《电脑爱好者》杂志社出版的一本日常计算机应用相关的杂志。

2 2018 年 7 月，在与 uDebug 网站管理员 Vinit Shah 就 UVa 12348 Fun Coloring 的评测问题进行电子邮件交流的过程中，遗憾得知 Miguel Ángel Revilla 教授已于 2018 年 4 月去世。

起来，避免重复解决子问题，从而提高效率。回溯法和动态规划都属于处理问题的一种策略。图遍历一章是各种图算法的基础，在图遍历的基础上可以衍生各种算法，从而能够解决多种问题，这也是既往编程竞赛考察的一个重要方面。图算法一章专门介绍了图论中经典问题的相应算法和具体应用。网格一章则介绍了以各种网格（矩形网格、三角形网格、棋盘、经纬度等）为问题背景，应用前述介绍的算法和策略来解决问题的技巧。

虽然一本书主要集中于基础和数学，另一本书主要集中于算法和技巧，但两本书的划分并不是绝对的。例如，在《程序设计竞赛训练营：基础与数学概念》中，介绍了 KMP 匹配算法、Aho-Corasick 算法、扫描线算法、Graham 扫描法、Jarvis 步进法、Andrew 合并法等，也介绍了诸如坐标离散化等处理问题的技巧。因此，有些练习所涉及的内容可能会跨越两本书的内容，请读者予以注意。

正如武术宗师的练成，如果不学习各种武术套路，建宗立派就如无根之木、无水之鱼，但是如果将武术套路学“死”，那就容易形成惯性思维，失去自己的创造性，更别谈创立新的武术流派。学习算法的最高境界，我认为和武术宗师的练成类似，既对各派的武功招数、优缺点了如指掌（就如同对基本算法的原理及实现非常熟悉），但又不囿于各派的武功路数（就像深刻理解了算法原理，掌握了算法的精髓所在），能够根据具体情况变通。不过本书并不是一本算法大全，并未将算法的所有细节介绍得面面俱到，只是摘录了要点，列出了关键所在，正所谓“师傅领进门，修行在自身”，需要读者在阅读本书的时候主动查阅相关资料并加以练习，以便进一步加深理解。古人云“授人以鱼，不如授之以渔”，我认为学习过程中最重要的是掌握学习的方法，而不是仅仅满足于某种具体算法的掌握，同时也不要被已经学习过的算法束缚了自己的想象力。

不言而喻，对于任何一道题目来说，“理解问题的解决过程”比“记住问题的解决过程”更为重要。解题的途径绝非只有书中所示例的一种。在理解问题的基础上，重新对问题进行定义，从某个新的角度再对原问题进行思考，激发解题的动力和突破既往解题思路的束缚，将已有的算法和数据结构知识予以重新组合，通过语言和编程技术使头脑中的想法变成计算机的实现代码，这样才能够在题目和编程解题间架设一座真正属于自己的桥梁[5]。我认为这是学习编程的过程中应该努力达到的一种更高境界。

感谢父亲[1]、母亲、妻子照顾家庭的辛劳付出，以及女儿、儿子对于我未能给予更多时间陪伴的理解，让我能够有时间专心思考，得以完成本书。阚元伟通读了本书的初稿，对行文上不连贯或描述有歧义的地方提出了修改意见，在此对其表示衷心的感谢。在本书编写的过程中，我参考了许多互联网上的资料和编程爱好者的博客文章，从他们的解题思路中得到了诸多启发，由于篇幅所限，不能在此一一列出致谢。正如散文家陈之藩在《谢天》中所写：“即是无论什么事，得之于人者太多，出之于己者太少。因为需要感谢的人太多了，就感谢天罢。”

由于本人水平有限，编写本书的过程，实际上也是一个不断自我学习和进步的过程，书中的谬误不当之处在所难免，敬请读者不吝指出，以便本书有机会再版时予以改进。如有任何意见或建议，请发送邮件到我的邮箱：metaphysis@yeah.net。

衷心希望读者在阅读本书的过程中能够独立思考，勤加练习，融会贯通，学有所得。祝解题愉快！

邱秋（寂静山林）
二〇二〇年一月一日于海南琼海

[1] 在编著本书的过程中，由于工作的原因，父亲于 2018 年 3 月 17 日来海南帮忙照顾家庭。父亲有多年的高血压病史，海南天气炎热，使父亲血压控制得不理想，加之我对父亲的血压变化关注不够，且父亲自身对高血压可能导致的风险也未引起重视，长期服用降血压药物但未能规范检测血压变化……多种不利因素，导致父亲于 2018 年 7 月 27 日不幸去世，这让我心中深感愧疚，抱憾终生。

前言

尽信《书》，则不如无《书》。

——《孟子·尽心下》

纸上得来终觉浅，绝知此事要躬行。

——陆游，《冬夜读书示子聿》

读者对象

本书以计算机专业（或对 ACM-ICPC 竞赛感兴趣的其他专业）学生及编程爱好者为主要读者对象，也可以作为 ACM-ICPC 竞赛训练的辅助参考书。本书不是面向初学者的 C++语言教程，要求读者已经具备一定的 C 或 C++编程基础，有一定的英语阅读能力，了解基本的数据结构，已经掌握了初步的程序设计思想和方法，具备一定程度的算法分析和设计能力。本书的目标是引导读者进一步深入学习算法，同时结合习题来提高分析和解决算法问题的能力。

章节安排

本书既是训练指南，又兼有读书笔记的性质。为了表达对 Skiena 和 Revilla 合著的《挑战编程：程序设计竞赛训练手册》一书的敬意（它激发了我对算法的兴趣，促使我编写这本书，可以说是让我对编程竞赛产生兴趣的“启蒙老师”），本书的章节名称参考了该书的目录解构，但章节编排、叙述方式和具体内容已“面目全非”。每章均以“知识点”为单元进行介绍，每个“知识点”基本上都会有一份解题报告（题目源于 UVa OJ），之后再列出若干题目作为强化练习或者扩展练习。强化练习所给出的题目，一般只需要掌握当前所介绍的知识点就能予以解决。扩展练习所给出的题目，一般需要综合运用其他章节所介绍的知识点，甚至需要自行查询相关资料，对题目所涉及的相关背景知识及算法进行理解、消化、吸收后才能予以解决，其难度相对较高。

凡例

本书中英语姓名的汉译名参考李学军主编的《英语姓名译名手册》[6]。

本书各章习题的解题代码有两个版本，最初的版本于 2011 年上传至 CSDN。2016 年，对部分解题代码进行了修改完善，并对编码风格进行了若干调整，将其与已解决题目的代码合并，上传至 GitHub[1]。由于 UVa OJ 上的评测数据可能已经发生了变化，个别涉及浮点数精度的代码在提交时可能会得到“Wrong Answer”的评判，但解题的基本思路是正确的，请读者酌情参考使用。

本书着重于算法的思想介绍和实现，一般不对算法的正确性给予证明。对正确性证明感兴趣的读者可参考标注的文献资料或者相关的专著，或者查阅“算法圣经”——Knuth 的《计算机程序设计艺术》[7]及 Cormen 等人的《算法导论》[8]。参考文献或资料仅在第一次引用的时候给出标注，对于后续引用不再予以标注。

本书的所有题目中，除个别题目以外，其他题目均选自 UVa OJ，因此不在每道题目前附加 UVa 以区分

---

1 读者可在 GitHub 搜索 metaphysis/Code 了解更多。

题目的来源。为了练习选择的便利，题目的右上角使用 A～E 的字母来标识此题的“相对难度”。以 2020 年 1 月 1 日为截止日期，按“解决该题目的不同用户数”（Distinct ACcepted User，DACU）进行分级：A（容易），DACU≥2000；B（偏易），1999≥DACU≥1000；C（中等难度），999≥DACU≥500；D（偏难），499≥DACU≥100；E（较难），99≥DACU。难度等级为 A～C 的题目建议全部完成，难度等级为 D～E 的题目尽自己最大努力去完成（对于某些尝试人数较少的题目，根据上述难度分级原则得到的难度值可能并不能准确反映题目的实际难度，本书适当进行了调整）。如果某道题的 DACU 较少，原因有多种：或者是该题所涉及的算法不太常见，具有一定难度；或者是输入的陷阱较多，不太容易获得通过；或者是题目本身描述不够清楚导致读题时容易产生歧义；或者是题目的描述过于冗长，愿意尝试的人较少[1]；或者是在线评测系统没有提供评测数据，导致无法对提交的代码进行评判[2]。不管是什么原因，你都应该尝试去解题。对于学有余力的读者来说，研读文献资料并亲自实现算法，然后用习题来检验实现代码的正确性，是提升能力素质的较好途径。

由于本书包含较多代码，为了尽量减少篇幅，每份代码均省略了头文件和默认的命名空间声明。为了代码能够正常运行，请读者直接下载 GitHub 上的代码，或者在手工输入的代码前增加如下的头文件和命名空间声明[3]：

```
#include <algorithm>
#include <bitset>
#include <cmath>
#include <cstring>
#include <iomanip>
#include <iostream>
#include <limits>
#include <list>
#include <map>
#include <numeric>
#include <queue>
#include <set>
#include <sstream>
#include <stack>
#include <string>
#include <unordered_map>
#include <unordered_set>
#include <vector>

using namespace std;
```

对于使用 GCC 5.3.0（或以上）版本编译器的读者，可以使用下述更为简洁的方式来包含所有头文件：

```
#include <bits/stdc++.h>
```

本书中的算法实现旨在帮助读者理解算法，较多借助 C++的标准模板库（Standard Template Library，STL），在运行效率和简洁性上可能并不是最佳的，建议读者在掌握算法后，自行尝试编写更为高效和简洁的算法实现作为自己的标准代码库（Standard Code Library，SCL）。

所有示例代码和参考代码均可从本书的配套资源获得。每个章节内属于同一节的示例代码按顺序排列，位于以章节编号命名的文件夹内。例如，本书 1.1 节的内容为“八皇后问题”，假设该小节包含多份示例代码，则按出现的先后顺序依次命名为 1.1.1.cpp、1.1.2.cpp、1.1.3.cpp……如果只包含一份示例代码，则命名为 1.1.1.cpp，均位于文件夹 Books/PCC2/01 内，文件命名在示例代码的第 1 行给出。

位于同一个文件中的、连续的示例代码采用如下的文件命名样式：

---

1 例如 199 Partial Differential Equations。

2 例如 510 Optimal Routing。

3 头文件<cassert>和<regex>极少使用，未加入列表，不过它们在某些特定题目的示例代码中有应用。

```
//------------------------------1.1.1.cpp------------------------------//
// 连续的示例代码。
//------------------------------1.1.1.cpp------------------------------//
```

对应地，一些代码跨越正文的多个段落，这样的代码采用如下的文件命名样式：

```
//++++++++++++++++++++++++++++++1.1.1.cpp++++++++++++++++++++++++++++++//
// 跨越多个段落的示例代码（第 1 部分）。
```

正文分隔了多个这样的示例代码片段，多个这样的片段构成了整个示例代码。

```
// 跨越多个段落的示例代码（第 2 部分）。
//++++++++++++++++++++++++++++++1.1.1.cpp++++++++++++++++++++++++++++++//
```

资源与支持

本书由异步社区出品，社区（https://www.epubit.com/）为您提供相关资源和后续服务。

配套资源

本书提供编程题目解答的参考代码文件。

要获得以上配套资源，请在异步社区本书页面中单击 配套资源 ，跳转到下载界面，按提示进行操作即可。注意：为保证购书读者的权益，该操作会给出相关提示，要求输入提取码进行验证。

提交勘误

作者和编辑尽最大努力来确保书中内容的准确性，但难免会存在疏漏。欢迎您将发现的问题反馈给我们，帮助我们提升图书的质量。

当您发现错误时，请登录异步社区，按书名搜索，进入本书页面，单击“提交勘误”，输入勘误信息，单击“提交”按钮即可（见下图）。本书的作者和编辑会对您提交的勘误进行审核，确认并接受后，您将获赠异步社区的 100 积分。积分可用于在异步社区兑换优惠券、样书或奖品。

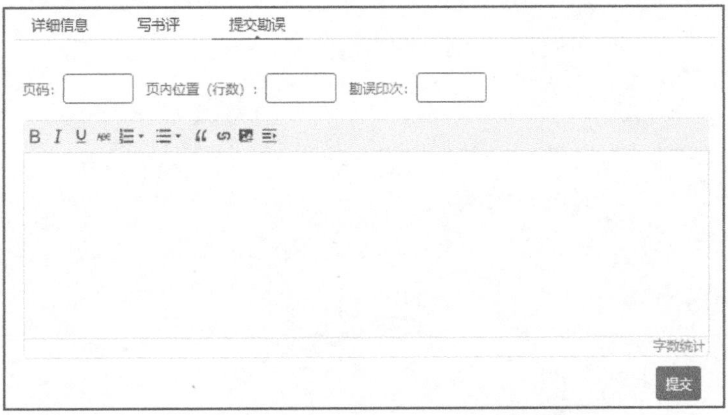

与我们联系

我们的联系邮箱是 contact@epubit.com.cn。

如果您对本书有任何疑问或建议，请您发邮件给我们，并请在邮件标题中注明本书书名，以便我们更高效地做出反馈。

如果您有兴趣出版图书、录制教学视频，或者参与图书翻译、技术审校等工作，可以发邮件给我们；有意出版图书的作者也可以到异步社区在线提交投稿。

如果您所在学校、培训机构或企业，想批量购买本书或异步社区出版的其他图书，也可以发邮件给我们。

如果您在网上发现有针对异步社区出品图书的各种形式的盗版行为，包括对图书全部或部分内容的非授权传播，请您将怀疑有侵权行为的链接发邮件给我们。您的这一举动是对作者权益的保护，也是我们持续为您提供有价值的内容的动力之源。

关于异步社区和异步图书

“异步社区”是人民邮电出版社旗下 IT 专业图书社区，致力于出版精品 IT 技术图书和相关学习产品，为作译者提供优质出版服务。异步社区创办于 2015 年 8 月，提供大量精品 IT 技术图书和电子书，以及高品质技术文章和视频课程。更多详情请访问异步社区官网 https://www.epubit.com。

“异步图书”是由异步社区编辑团队策划出版的精品 IT 专业图书的品牌，依托于人民邮电出版社近 30 年的计算机图书出版积累和专业编辑团队，相关图书在封面上印有异步图书的 LOGO。异步图书的出版领域包括软件开发、大数据、AI、测试、前端、网络技术等。

异步社区　　　　微信服务号

目录

第1章 回溯法

路漫漫其修远兮，吾将上下而求索。

——屈原，《离骚》

在 UVa OJ 的在线题库中，有一部分题目无法通过直接模拟或者应用既定算法的方式来解决，而是需要搜索所有可能的情形以找到符合条件的解或者最优解，此时可以尝试使用回溯法（backtracking）解题。回溯法本质上是暴力搜索（brute force search），相当于在题目所蕴含的隐式图中进行深度优先遍历（Depth First Search，DFS），由于考虑了所有可能的情形，必定能够得到解，不过大多数情况下程序得到所有解的时间会比较长。由于计算机运算速率的大幅提高，在问题空间不是很大的情况下，通过回溯法往往都能够顺利将题目予以解决。更进一步地，对于某些特定的题目，可以预先生成所有解，然后再“打表”提交，而不一定总是“实时”计算问题的解。对于某些搜索空间较大的题目，还需要结合剪枝技巧来进一步缩小搜索空间，提高程序的运行效率，以便能够在规定的时间限制内获得解。

1.1 八皇后问题

八皇后问题（eight queens puzzle）是回溯法中的一个经典入门问题。根据国际象棋的规则，在没有其他棋子阻挡的情况下，皇后能够攻击位于同一行、同一列、同一对角线上的对方棋子。如果在一个 8×8 的国际象棋棋盘上放置 8 个皇后，使得它们相互之间无法攻击对方，那么总共有多少种不同的放置方案呢？为了简化问题的讨论，关于棋盘对称的放置方法也视为不同的方案。图 1-1 给出了两种可行的放置方案。

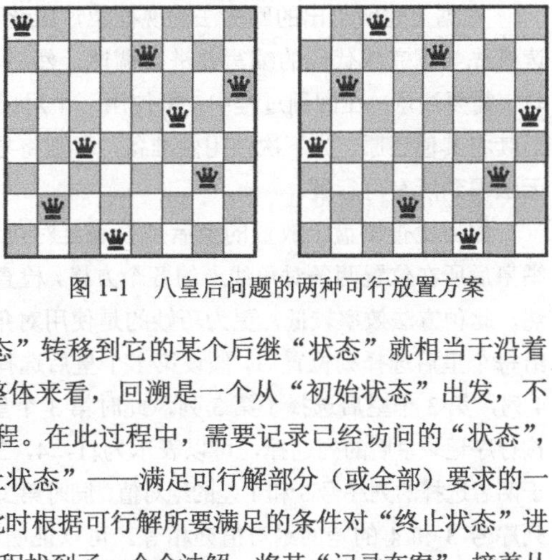

图 1-1　八皇后问题的两种可行放置方案

由于皇后攻击规则的特殊性，无法直接通过组合方法来计数可行的放置方案，而是需要通过遍历所有可能的放置位置来确定放置方案的数量。如前所述，回溯法相当于在隐式图中进行深度优先遍历，因此需要将题目中的约束条件转换成某种“状态”，这些“状态”和隐式图中的顶点一一对应[1]。对于当前“状态”，按照题目给定的规则，能够从当前“状态”衍生出若干后继“状态”，从当前“状态”转移到它的某个后继“状态”就相当于沿着隐式图中的一条有向边从一个顶点到达另外一个顶点。从整体来看，回溯是一个从“初始状态”出发，不断地在“状态”及其后继“状态”之间转移并逐步深入的过程。在此过程中，需要记录已经访问的“状态”，以免重复访问。回溯通过不重复的遍历，最终会达到“终止状态”——满足可行解部分（或全部）要求的一种状态，其所要满足的条件具体由题目所给的约束来确定。此时根据可行解所要满足的条件对“终止状态”进行检查，如果“终止状态”符合可行解的要求，则表明回溯过程找到了一个合法解，将其“记录在案”，接着从“终止状态”回退到上一层的“状态”继续进行搜索。在回溯过程中，可能某条遍历“路径”并不能到达“终止状态”，此时就需要立即回退到上一层的“状态”继续进行搜索。以八皇后问题为例，“状态”就是指棋盘的大小及已经放置的皇后数量和位置；“初始状态”就是 8×8 的空棋盘；“终止状态”就是 8×8 的棋盘上放置了 8 个皇后；对“终止状态”进行合法性检查就是检查已经放置的 8 个皇后是否满足“不能相互攻击”的约束条件。

---

[1] 应用回溯法的题目所蕴含的隐式图一般为有向图。如果读者对图论不太熟悉，那么这段关于回溯法和隐式图深度优先遍历关系的叙述可能不易理解，建议在学习本书第 2 章的内容之后再回过头来对这段话进行理解。

考虑到棋盘是二维的，可以使用一个二维数组 *board* 来保存棋盘状态，*board*[*i*][*j*]为 1 表示在棋盘的第 *i* 行第 *j* 列放置了一个皇后，为 0 则表示此位置尚未放置皇后。如果按照朴素的方法逐个位置尝试皇后的放置位置，则由于每行有 8 个位置，总的搜索空间将是 $8^8 = 16777216$ 种。但是进一步仔细分析的话，由于每一行和每一列只能有一个皇后，则第 1 行有 8 个位置可选，第 2 行有 7 个位置可选，第 3 行有 6 个位置可选……仅考虑避免行和列的攻击时，皇后的可选放置方案数为 $8! = 40320$ 种，只需对这些放置方案进行对角线规则的验证，如果符合则是一种合法的放置方案，搜索空间明显减少。由此可以得到下述的八皇后问题回溯法解题框架。

```
// board 记录具体的放置方案，clnUsed 记录已经使用的列，cnt 记录放置方案数。
int board[8][8] = {}, clnUsed[8] = {}, cnt = 0;

// 使用递归来实现回溯，参数 row 表示当前为第几行选择放置皇后的位置。从 0 开始计数行。
void dfs(int row)
{
    // 递归的出口。
    // 如果递归深度已经到达第 8 层，表明已经放置了 8 个皇后，此时可以结束递归。
    // 检查当前放置方案是否满足“对角线”规则，如果满足则是可行解，将方案输出并计数。
    if (row == 8) {
        // checkBoard 检查棋盘状态是否满足“对角线”约束，printBoard 输出棋盘状态。
        if (checkBoard()) { printBoard(); cnt++; return; }
    }
    // 枚举当前行的所有列，检查是否存在满足“行列”约束的列。从 0 开始计数列。
    for (int cln = 0; cln < 8; cln++) {
        // 检查该列是否已经被使用。
        if (clnUsed[cln]) continue;
        // 将未使用的列标记为已使用状态，同时记录放置皇后的位置。
        clnUsed[cln] = 1, board[row][cln] = 1;
        // 递归，进入下一行继续选择可以放置的皇后的列。
        dfs(row + 1);
        // 将已使用的列恢复为未使用状态，以便在递归回退时能够再次使用此列。
        clnUsed[cln] = 0, board[row][cln] = 0;
    }
}
```

根据上述所给出的回溯法实现框架，应该不难编写一个完整的程序来解决八皇后问题。作为练习，请读者先尝试完成代码的编写并进行调试，然后再与后续给出的参考实现进行比较。需要注意，在回溯过程中，每使用一个对应候选位置都需要予以标记，以便后续将其值还原，为下次使用做准备，否则将导致“遗漏”部分搜索空间，从而无法得到所有可行解。

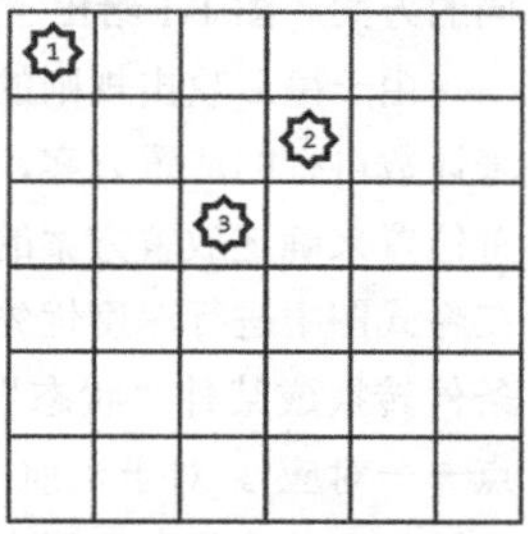

图 1-2　对角线检查

如何检查棋盘上放置的皇后是否满足对角线规则呢？朴素的方法是逐个枚举皇后所在位置两条对角线上的各个方格，检查这些方格中是否放置了皇后。显然，此种方法效率较低，更为巧妙的是使用对角线检查。如图 1-2 所示，在逐行给每个皇后选择列位置后，假设第 1 个皇后选择了第 1 列，第 2 个皇后选择了第 4 列，第 3 个皇后选择了第 3 列，此时第 3 个皇后与第 1 个、第 2 个皇后均存在对角线冲突。使用一维数组按行序记录皇后的列选择，可以表示为{1，4，3}，则第 3 个皇后和第 1 个皇后的行序号差的绝对值为 2，等于两者选择的列序号 3 和 1 差的绝对值，同时第 3 个皇后和第 2 个皇后的行序号差的绝对值为 1，与两者选择的列序号 3 和 4 的差的绝对值亦相等。可以证明，如果存在对角线冲突，则后续选择的皇后的列序号与已经选择的皇后的列序号差的绝对值会与其相应行序号差的绝对值相等，与之相反，如果绝对值不等，则肯定不存在对角线冲突。

通过进一步地深入思考，还可以应用以下优化技巧。

（1）由于是逐行考虑皇后可以放置的列，实际上可以在状态选择记录时省去“行”这一维度，只记录列的选择，即将选择状态记录数组缩减为一维，而不是原来的二维。

（2）由于放置方案可能在回溯过程的中途就已经不满足对角线规则，若能够及早剔除这些“次品”，无疑会提高搜索的效率。可以在确定当前行所选列后立即进行对角线规则检查，而不是总在最后时刻才进行对角线规则检查。与此同时，只对当前行所选列和已选列之间进行对角线规则检查，而不必在所有已选列之间进行对角线规则检查。因为在之前的回溯中已经对这些已选列之间进行了对角线规则检查，不必再次进行检查。

```
//-------------------------------1.1.1.cpp-------------------------------//
const int MAXN = 8;
int board[MAXN] = {0}, clnUsed[MAXN] = {0}, cnt = 0;

// 检查当前行所选列与已选列是否满足对角线规则。
bool checkBoard(int row, int selected)
{
    for (int cln = 0; cln < row; cln++)
        if (abs(row - cln) == abs(selected - board[cln]))
            return false;
    return true;
}

// 输出放置方案，放置皇后的位置以'Q'表示，未放置皇后的位置以'*'表示。
void printBoard()
{
    for (int row = 0; row < MAXN; row++) {
        for (int cln = 0; cln < MAXN; cln++)
            cout << (board[row] == cln ? " Q" : " *");
        cout << '\n';
    }
    cout << '\n';
}

// 使用递归来实现回溯。
void dfs(int row)
{
    // 当行数达到棋盘的最大行数时表明回溯发现了一个可行解。
    if (row == MAXN) { printBoard(); cnt++; return; }
    // 未达到棋盘最大行数，继续进行递归回溯。
    for (int cln = 0; cln < MAXN; cln++) {
        // 为当前行选择列后立即进行对角线规则检查。
        if (clnUsed[cln] || !checkBoard(row, cln)) continue;
        // 标记已选列，回溯进入下一层。
        clnUsed[cln] = 1, board[row] = cln;
        dfs(row + 1);
        clnUsed[cln] = 0, board[row] = -1;
    }
}

int main(int argc, char *argv[])
{
    dfs(0);
    cout << cnt << '\n';
    return 0;
}
//-------------------------------1.1.1.cpp-------------------------------//
```

以下是上述代码运行后的部分输出：

```
 Q * * * * * * *
 * * * * Q * * v
 * * * * * * * Q
 * * * * * Q * *
 * * Q * * * * *
 * * * * * * Q *
 * Q * * * * * *
 * * * Q * * * *

 Q * * * * * * *
```

```
* * * * * * Q * *
* * * * * * * * Q
* * Q * * * * * *
* * * * * * * Q *
* * * * Q * * * *
* Q * * * * * * *
* * * * * Q * * *
```

...

92

由输出可知，在 8 × 8 的棋盘上放置 8 个皇后，只有 92 种放置方案符合要求，只占搜索空间的 1/438 左右。随着棋盘的增大，符合要求的放置方案占搜索空间的比例将进一步缩小，而搜索时间却大幅度增加，直至回溯法变得低效而不适用。

知识拓展

当 $n \geqslant 1$ 时，在 $n \times n$ 的棋盘上放置 n 个互不攻击的皇后的不同方法数对应于 OEIS 编号为 A000170 的数列（只列举了数列的前 20 项，方括号前为放置方案数，方括号内为棋盘的大小）：1[1]，0[2]，0[3]，2[4]，10[5]，4[6]，40[7]，92[8]，352[9]，724[10]，2680[11]，14200[12]，73712[13]，365596[14]，2279184[15]，14772512[16]，95815104[17]，666090624[18]，4968057848[19]，39029188884[20]，等等。

位运算优化

在前述八皇后问题的实现中，在为第 r 行选定皇后所能放置的列之后，需要从第 0 行遍历到第$(r-1)$行进行对角线规则检查，其耗时随着 r 的增大而逐渐增加。由于每次选择列之后都需要进行一次这样的检查，累积起来是一笔不小的时间开销。能否通过某种方法快速确定不存在对角线冲突的可选列呢？答案是肯定的。可以通过位向量标记实现这个目标，从而达到优化程序提高效率的目的[9]。使用位向量标记的关键是如何使用位来表示已选列和可选列，考虑到为当前行选择某列会对后续行的可选列数量及位置产生影响，可以使用图 1-3 所示的方法来构造位向量。特别地，当 n 较小时（例如 $n \leqslant 20$），3 个位向量可以使用 3 个 `int` 数据类型变量来代替。

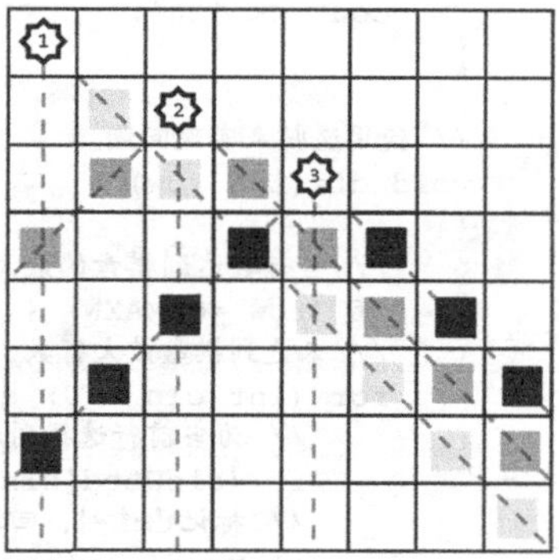

图 1-3 八皇后问题位向量的构造

注意

图 1-3 中，当在某行选择一个可行列放置皇后之后，会对紧接其后的一行立即产生了两个“禁止列”——所选择列的左侧一列和右侧一列。而且，每向后一行，前面已选列所产生的“禁止列”各向左（右）侧移动一个位置。如果令位向量 M 表示当前已经选择的列，位向量 L 表示已选列在左侧产生的“禁止列”，位向量 R 表示已选列在右侧产生的“禁止列”，那么后续行的可选列位置为 3 个位向量先进行“或”运算然后进行“取反”运算后仍为 0 的二进制位所对应的列，即可选列 C 为$\sim(L \mid M \mid R)$中为 0 的二进制位所代表的列。假设以 8 个二进制位表示列状态，最左侧的二进制位表示第 1 列，最右侧的二进制位表示第 8 列，则可以将回溯过程中前 3 行位向量的选择描述如下：（1）第 1 行，$L = M = R = 00000000$，则 $C = \sim(L \mid M \mid R) = 11111111$，共有 8 个位置可选，若选择第 1 列，则 $M = (M \mid 10000000) = 10000000$；更新 $L = (L \mid 10000000) << 1 = 00000000$，$R = (R \mid 10000000) >> 1 = 01000000$；（2）第 2 行：$L = 00000000$，$M = 10000000$，$R = 01000000$，则 $C = \sim(L \mid M \mid R) = 00111111$，有 6 列位置可选，若选择第 3 列，则 $M = (M \mid 00100000) = 10100000$，更新 $L = (L \mid 00100000) << 1 = 01000000$，$R = (R \mid 00100000) >> 1 = 00110000$；（3）第 3 行：$L = 01000000$，$M = 10100000$，$R = 00110000$，则 $C = \sim(L \mid M \mid R) = 00001111$，有 4 列位置可选，若选择第 5 列，则 $M = (M \mid 00001000) = 10101000$，更新 $L = (L \mid 00001000) << 1 = 10010000$，$R = (R \mid 00001000) >> 1 = 00011100$。依此类推，可继续为后续行选择可行列并更新相应的位向量。

由此可以得到以下优化的实现代码：

```
//-------------------------------1.1.2.cpp-------------------------------//
// n表示棋盘的大小。
int n;

// 递归实现回溯搜索。参数D为回溯的层次，L表示左侧的禁止列，M表示已选择列，R表示右侧禁止列。
int dfs(int D, int L, int M, int R)
{
    // 回溯层次达到n表明这是一种符合要求的放置方案。
    if (D == n) { cnt++, return; }
    // 查找当前行的可选列。
    for (int i = 0; i < n; i++)
        // 通过位运算技巧选择可行列。
        if (((1 << i) & (L | M | R)) == 0)
            // 记录已选列、左侧禁止列、右侧禁止列，然后继续下一层回溯。
            dfs(D + 1, (L | (1 << i)) << 1, M | (1 << i), (R | (1 << i)) >> 1);
}
//-------------------------------1.1.2.cpp-------------------------------//
```

在上述代码片段中，还未彻底做到全部使用位运算。为了进一步挖掘位运算的提速潜力，可以将“查找当前行的可选列”这一环节也使用位运算来实现。与此同时，考虑到回溯到达第 n 层时，参数 M 的低 n 位必定全为 1，只需检查参数 M 与低 n 位全为 1 的“特定标记”是否相等即可判定是否已经达到回溯的目标，这样可以省略表示递归深度的参数。由此可以得到下述进一步优化的实现代码：

```
//-------------------------------1.1.3.cpp-------------------------------//
// n为棋盘大小，cnt记录可行放置方案数，N_ONES为“特定标记”。
int n, cnt, N_ONES;

// N_ONES为低n位全为1的“特定标记”。
N_ONES = (1 << n) - 1;

// 使用递归实现回溯搜索。L表示左侧的禁止列，M表示已选择的列，R表示右侧的禁止列。
void dfs(int L, int M, int R)
{
    int available, cln;
    // 如果回溯已经达到第n层，则已选择列标记M的低n位必定全为1，会与标记N_ONES相等，
    // 因此可以利用这个特点来判断是否已经成功放置了n个皇后。
    if (M != N_ONES) {
        // available表示当前可选列。
        available = N_ONES & (~(L | M | R));
        // 当available不为0时表示还有可选列。
        while (available) {
            // 利用位运算技巧得到available最右侧为1的位，表示当前可行的一种列选择。
            cln = available & (~available + 1);
            // 将已选择的列从可选列中剔除。
            available ^= cln;
            // 记录已经选择的列，左侧禁止列标记向左移一位，右侧禁止列标记向右移一位，继续回溯。
            dfs((L | cln) << 1, M | cln, (R | cln) >> 1);
        }
    }
    else cnt++;
}
//-------------------------------1.1.3.cpp-------------------------------//
```

在最后一种实现中，充分利用了位运算的速度优势，因此在计算 $n \leqslant 15$ 时的棋盘放置方案时，速度较快。但由于 n 皇后问题本身的特殊性，随着棋盘的增大其搜索空间呈指数级增长，所以对于较大的 n（例如 $n \geqslant 20$），位运算依然显得“力不从心”。

167 The Sultan's Successor[A]（苏丹继任者）

一名年迈的苏丹[1]没有儿子，因此她决定在去世的时候，将国家分成 k 个地区，每个地区由某个在指定

---

[1] Sultan，统治者称号。

测试中表现最佳的人来继承。由于可能出现单个人继承多个或全部地区的情况，她需要确保只有更高智商的候选人才能成为她的继任者，因此苏丹发明了一种特殊的测试方法。在一个喷泉幽鸣、暗香环绕的大厅里，放置了 k 个国际象棋棋盘，每个棋盘的方格均有一个 1～99 之间的数，同时给了 8 个宝石镶嵌的皇后棋子。每一个苏丹继任者候选人需要将 8 个皇后放置在棋盘上，使得它们不会互相攻击，同时 8 个皇后放置的方格内的数之和至少和苏丹已经给定的数一样大（对于不熟悉国际象棋规则的人来说，在放置时要求棋盘的每一行和每一列及对角线上都只能有一个皇后）。

编写程序读入棋盘及棋盘上的数字，确定在符合给定条件下所能得到的数字和的最大值（你心里明白苏丹不仅是一个国际象棋好手，同时也是一个优秀的数学家，因此你怀疑她给的数值可能是能够获得的最大数值）。

输入

输入第 1 行包含 k 值，后面是 k 组 64 个数组成的矩阵，每组有 8 行，每行 8 个数，给定的数均为正数且小于 100。最多不超过 20 组棋盘。

输出

输出由 k 个数值组成，表示 k 组棋盘的数值和，以右对齐宽度 5 进行输出。

样例输入

```
1
1  2  3  4  5  6  7  8
9  10 11 12 13 14 15 16
17 18 19 20 21 22 23 24
25 26 27 28 29 30 31 32
33 34 35 36 37 38 39 40
41 42 43 44 45 46 47 48
49 50 51 52 53 54 55 56
57 58 59 60 61 62 63 64
```

样例输出

```
  260
```

分析

应用回溯法构建所有可能的放置方案，找到符合要求的放置方案，然后对各个放置方案求数值和，找到数值和的最大值。对于 n 皇后问题来说，使用回溯法解题，实际上是获得 1～n 的整数的所有排列中符合要求的特定排列。因此，对于本题中给定的棋盘规模来说，一种更为简便的方法是直接使用库函数中的 `next_permutation` 来生成 1～8 的所有排列而不需要“大动干戈”去具体实现回溯法。

强化练习

259 Software Allocation[B], 524 Prime Ring Problem[A], 552 Filling the Gaps[D], 677 All Walks of Length n From the First Node[C], 750 8 Queens Chess Problem[A], 932 Checking the N-Queens Problem[E], 989 Su Doku[C], 10576 Y2K Accounting Bug[B], 10957 So Doku Checker[D], 11085 Back to the 8-Queens[A], 11195 Another n-Queen Problem[C]。

扩展练习

653 Gizilch[D], 1309 Sudoku[E][10], 10094 Place the Guards[C], 10513 Bangladesh Sequences[E]。

提示

1309 Sudoku 中，由于搜索空间较大，使用位运算优化的回溯法求解会超时，需要使用更为高效的回溯搜索算法。由于本问题实际上能够转化为精确覆盖问题，可以使用舞蹈链（dancing links）X 算法高效求解，该算法为《计算机程序设计艺术》的作者 Donald E. Knuth 所发明，具体细节请读者参考 Knuth 为该算法所撰写的论文。注意，舞蹈链 X 算法本质上仍属于回溯算法，它的优点在于利用舞蹈链这种巧妙的数据结构加速了回溯状态的更改和还原，还能够通过在矩阵中选择包含最少元素 1 的列来减小在回溯的某个层次时的搜索分支数，能够以较高的效率求解精确覆盖问题，因此，可以用于高效地求解数独问题和 n 皇后问题。对于本题来说，解题的难点在于如何将问题约束转换为由 0 和 1 组成的矩阵。易知数独必须满足以下 4 个约束：（1）每个方格必须填写 1～16 中的一个数字；（2）每行必须填写 1～16 的数字一次且仅一次；（3）每列必须填写 1～16 的数字一次且仅一次；（4）每宫（4×4 方格）必须填写 1～

16 的数字一次且仅一次。那么转换得到的矩阵需要包含 1024 列：（1）第 0 列～第 255 列，如果某列 c 包含 1，则表示在第 $c/16$ 行第 $c\%16$ 列的方格填写了某个数字；（2）第 256 列～第 511 列，如果某列 c 包含 1，则表示在第 $(c-256)/16$ 行填写了数字 $(c-256)\%16+1$；（3）第 512 列～767 列，如果某列 c 包含 1，则表示在第 $(c-512)/16$ 行填写了数字 $(c-512)\%16+1$；（4）第 768 列～第 1023 列，如果某列 c 包含 1，则表示在第 $(c-768)/16$ 宫填写了数字 $(c-768)\%16+1$。

10513 Bangladesh Sequences 实际上是八皇后问题的扩展和变形，但是由于评测数据时间限制很紧，如果逐组数据计算，即使应用位运算优化技巧，仍然不能在限定时间内获得 Accepted。根据题目所给定的条件，只有极少部分序列不是 Bangladesh Sequences，例如，取 $n=15$，每个位置均为“?”，则不是 Bangladesh Sequences 的序列总数为 32516。因此可以预先计算得到所有的非 Bangladesh Sequences，再根据评测数据所给定的条件进行筛选，这样可以显著减少运行时间，从而获得 Accepted。

n 皇后可行解问题

对于 n 皇后问题，如果只需要求出一种可行的放置方案，可根据数学方法快速得到解[11]。设棋盘大小为 $n\times n$，要求在其上放置 n 个皇后且互相不能攻击，可按下述方法得到可行的放置方案（从第 1 行～第 n 行逐行给出放置皇后的列序号，从棋盘最左侧的列开始计数，即最左侧列的序号为 1）。

若 $n \bmod 6\neq2$ 且 $n \bmod 6\neq3$，有

（1）若 n 为偶数，可放置的序号为 $2, 4, 6, 8, \cdots, n, 1, 3, 5, 7, \cdots, n-1$。

（2）若 n 为奇数，可放置的序号为 $2, 4, 6, 8, \cdots, n-1, 1, 3, 5, 7, \cdots, n$。

若 $n \bmod 6=2$ 或者 $n \bmod 6=3$，令 $k=n/2$（除法为整除），有

（1）若 k 为偶数，n 为偶数，可放置的序号为 $k, k+2, k+4, \cdots, n, 2, 4, 6, \cdots, k-2, k+3, k+5, \cdots, n-1, 1, 3, 5, \cdots, k+1$。

（2）若 k 为偶数，n 为奇数，可放置的序号为 $k, k+2, k+4, \cdots, n-1, 2, 4, 6, \cdots, k-2, k+3, k+5, \cdots, n-2, 1, 3, 5, \cdots, k+1, n$。

（3）若 k 为奇数，n 为偶数，可放置的序号为 $k, k+2, k+4, \cdots, n-1, 1, 3, 5, \cdots, k-2, k+3, k+5, \cdots, n, 2, 4, 6, \cdots, k+1$。

（3）若 k 为奇数，n 为奇数，可放置的序号为 $k, k+2, k+4, \cdots, n-2, 1, 3, 5, \cdots, k-2, k+3, k+5, \cdots, n-1, 2, 4, 6, \cdots, k+1, n$。

```
//------------------------------1.1.4.cpp------------------------------//
// n 皇后问题可行解快速构造。
// 数组 clnAtRow 保存的是各行放置皇后的列序号（从棋盘最左侧开始计数列，行和列均从 0 开始计数）。
void nQueen(int *clnAtRow, int n)
{
   if (n % 6 != 2 && n % 6 != 3) {
      int row = 0;
      for (int y = 2; y <= n; y += 2) clnAtRow[row++] = y - 1;
      for (int y = 1; y <= n; y += 2) clnAtRow[row++] = y - 1;
   } else {
      int k = n / 2;
      int intervals[2][4][2] = {
         {{k, n}, {2, k - 2}, {k + 3,  n - 1}, {1, k + 1}},
         {{k, n - 1}, {1, k - 2}, {k + 3, n}, {2, k + 1}}
      };
      int row = 0;
      for (int x = 0; x < 4; x++) {
         int start = intervals[k % 2][x][0], end = intervals[k % 2][x][1];
         for (int y = start; y <= end; y += 2)
            clnAtRow[row++] = y - 1;
      }
      if (n % 2) clnAtRow[row++] = n - 1;
   }
```

```
}
//------------------------------1.1.4.cpp------------------------------//
```

幻方构造

幻方（magic square）是指将 1, 2, ⋯, n^2 填入一个 $n \times n$ 的方阵，使得方阵的每一行、每一列、两条对角线上的数字和均相等，其中 n 称为幻方的阶（order）。数学家已经证明，对于任意 $n>2$，均存在对应的幻方。幻方中同一行数字相加得到的和 M 称为幻数（magic constant），其值的大小只和阶有关，且

$$M = \frac{n(n^2+1)}{2}$$

朴素的方法是使用回溯法来搜索可能的数字组合，然后检查其是否构成幻方，不过这样做效率不高。有趣的是，人们发现可以使用固定的策略来构造幻方。根据幻方的阶，可以将其分为以下 3 种情形进行构造。

（1）奇数阶幻方的构造，其中 $n=2k+1$，$k \geqslant 1$。可以使用一种称为 Siamese 法（又称 De la Loubère 法或阶梯法）的策略来构造奇数阶幻方。具体步骤为：将 1 填入方阵第一行的中间一列，视方阵的第一行和最后一行、第一列和最后一列连续（即将方阵的上下和左右看成是相连的），对于后续的每一个数 y，将其放置在前一个数 x 的右上角（亦即行数减 1 列数加 1 的位置）。如果按照前述策略所确定的位置上已经有数存在，则将需要放置的数 y 置于 x 的正下方，继续幻方的构造。读者可以观察图 1-4 所示的三阶幻方构造过程来获得更为直观的理解。

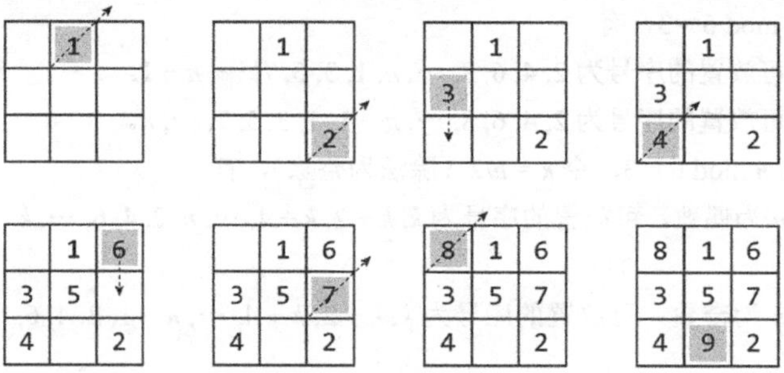

图 1-4　三阶幻方构造

```
//++++++++++++++++++++++++++++++1.1.5.cpp++++++++++++++++++++++++++++++//
const int MAXN = 32;
// n = 2 * k + 1, k >= 1。
void fillMagic(int n, int magic[][MAXN])
{
   for (int i = 0, j = n / 2, k = 1; k <= n * n; k++) {
      magic[i][j] = k;
      if (k % n) {
         i = (i - 1 + n) % n;
         j = (j + 1) % n;
      }
      else
         i = (i + 1) % n;
   }
}
```

（2）双偶数阶幻方的构造，其中 $n=4k$，$k \geqslant 1$。首先定义“互补”的概念，如果两个数字的和等于 n 阶幻方的最大数字和最小数字的和，则称这一对数关于 n 阶幻方互补，例如 $8+57=65=64+1$，则称 8 和 57 关于八阶幻方互补。在构造双偶数阶幻方时，先将 1～n^2 的数按照行优先顺序填入方阵中，然后将整个方阵从左上角开始，划分为 k^2 个 4×4 的子方阵，如果某个数位于子方阵的主、副对角线，则将其替换为与之互补的数，其实际效果相当于将这些数关于整个方阵进行中心对称的位置对调，亦即将位于方格(i, j)的数与位于方格$(n-1-i, n-1-j)$的数交换，其中，(i, j)必须是位于子方阵主、副对角线上的方格。读者可观察图 1-5 所示的八阶幻方构造来获得更为直观的理解。

```
const int MAXN = 32;
// n = 4 * k, k >= 1。
void fillMagic(int n, int magic[][MAXN])
```

```
{
   for (int i = 0; i < n; i++)
      for (int j = 0; j < n; j++)
         if (((i % 4 == 0 || i % 4 == 3) && (j % 4 == 0 || j % 4 == 3)) ||
            ((i % 4 == 1 || i % 4 == 2) && (j % 4 == 1 || j % 4 == 2)))
            magic[i][j] = n * n - (i * n + j);
         else
            magic[i][j] = i * n + j + 1;
}
```

1	2	3	4	5	6	7	8
9	10	11	12	13	14	15	16
17	18	19	20	21	22	23	24
25	26	27	28	29	30	31	32
33	34	35	36	37	38	39	40
41	42	43	44	45	46	47	48
49	50	51	52	53	54	55	56
57	58	59	60	61	62	63	64

64	2	3	61	60	6	7	57
9	55	54	12	13	51	50	16
17	47	46	20	21	43	42	24
40	26	27	37	36	30	31	33
32	34	35	29	28	38	39	25
41	23	22	44	45	19	18	48
49	15	14	52	53	11	10	56
8	58	59	5	4	62	63	1

图 1-5　八阶幻方构造

（3）单偶数阶幻方的构造，其中 $n = 4k + 2$，$k \geqslant 1$。此种情形的幻方构造稍复杂。其步骤是：（a）将整个方阵划分为 4 个大小为$(2k + 1) \times (2k + 1)$的子方阵，按照左上、右下、右上、左下的顺序依次使用 Siamese 法填充这 4 个奇数阶子幻方，按照顺序，相邻两个子幻方的对应元素值相差 $n^2/4$；(b)对于第 0 列～第$(n/4 - 1)$列、第$(n - n/4 + 1)$列～第$(n - 1)$列，将这些列位于第 i 行的数与第$(i + n/2)$行的数对换，其中，$0 \leqslant i < n/2$；（c）在前述对换过程中，有两个方格$(n/4,0)$和$(n/4,n/4)$，前者不应对换却发生了对换，后者应该对换但未发生对换，需要予以特殊处理。读者可观察如图 1-6～图 1-8 所示的十阶幻方构造来获得更为直观的理解。

17	24	1	8	15					
23	5	7	14	16					
4	6	13	20	22					
10	12	19	21	3					
11	18	25	2	9					
					42	49	26	33	40
					48	30	32	39	41
					29	31	38	45	47
					35	37	44	46	28
					36	43	50	27	34

17	24	1	8	15	67	74	51	58	65
23	5	7	14	16	73	55	57	64	66
4	6	13	20	22	54	56	63	70	72
10	12	19	21	3	60	62	69	71	53
11	18	25	2	9	61	68	75	52	59
92	99	76	83	90	42	49	26	33	40
98	80	82	89	91	48	30	32	39	41
79	81	88	95	97	29	31	38	45	47
85	87	94	96	78	35	37	44	46	28
86	93	100	77	84	36	43	50	27	34

图 1-6　按 Siamese 法构造十阶幻方的奇数阶子幻方

17	24	1	8	15	67	74	51	58	65
23	5	7	14	16	73	55	57	64	66
4	6	13	20	22	54	56	63	70	72
10	12	19	21	3	60	62	69	71	53
11	18	25	2	9	61	68	75	52	59
92	99	76	83	90	42	49	26	33	40
98	80	82	89	91	48	30	32	39	41
79	81	88	95	97	29	31	38	45	47
85	87	94	96	78	35	37	44	46	28
86	93	100	77	84	36	43	50	27	34

92	99	1	8	15	67	74	51	58	40
98	80	7	14	16	73	55	57	64	41
79	81	13	20	22	54	56	63	70	47
85	87	19	21	3	60	62	69	71	28
86	93	25	2	9	61	68	75	52	34
17	24	76	83	90	42	49	26	33	65
23	5	82	89	91	48	30	32	39	66
4	6	88	95	97	29	31	38	45	72
10	12	94	96	78	35	37	44	46	53
11	18	100	77	84	36	43	50	27	59

图 1-7　十阶幻方的对换

92	99	1	8	15	67	74	51	58	40
98	80	7	14	16	73	55	57	64	41
79	81	13	20	22	54	56	63	70	47
85	87	19	21	3	60	62	69	71	28
86	93	25	2	9	61	68	75	52	34
17	24	76	83	90	42	49	26	33	65
23	5	82	89	91	48	30	32	39	66
4	6	88	95	97	29	31	38	45	72
10	12	94	96	78	35	37	44	46	53
11	18	100	77	84	36	43	50	27	59

92	99	1	8	15	67	74	51	58	40
98	80	7	14	16	73	55	57	64	41
4	81	88	20	22	54	56	63	70	47
85	87	19	21	3	60	62	69	71	28
86	93	25	2	9	61	68	75	52	34
17	24	76	83	90	42	49	26	33	65
23	5	82	89	91	48	30	32	39	66
79	6	13	95	97	29	31	38	45	72
10	12	94	96	78	35	37	44	46	53
11	18	100	77	84	36	43	50	27	59

图 1-8　特殊情况处理及最后构造完毕的十阶幻方

```
const int MAXN = 32;
// 幻方构造辅助填充函数。
void fillHelper(int n, int offseti, int offsetj, int offsetk, int magic[][MAXN])
{
   for (int i = 0, j = n / 2, k = 1; k <= n * n; k++) {
      magic[i + offseti][j + offsetj] = k + offsetk;
      if (k % n) {
         i = (i - 1 + n) % n;
         j = (j + 1) % n;
      }
      else
         i = (i + 1) % n;
   }
}
// n = 4 * k + 2, k >= 1。
void fillMagic(int n, int magic[][MAXN])
{
   // 使用 Siamese 方法填充 4 个子方阵。
   fillHelper(n / 2, 0, 0, 0, magic);
   fillHelper(n / 2, n / 2, n / 2, n * n / 4, magic);
   fillHelper(n / 2, 0, n / 2, n * n / 2, magic);
   fillHelper(n / 2, n / 2, 0, n * n / 4 * 3, magic);
   // 对换。
   for (int i = 0; i < n / 2; i++)
      for (int j = 0; j < n / 4; j++)
         swap(magic[i][j], magic[i + n / 2][j]);
   for (int i = 0; i < n / 2; i++)
      for (int j = n - n / 4 + 1; j < n; j++)
         swap(magic[i][j], magic[i + n / 2][j]);
   // 特殊情况处理。
   for (int j = 0; j <= n / 4; j += n / 4)
      swap(magic[n / 4][j], magic[n / 4 + n / 2][j]);
}
//+++++++++++++++++++++++++++++++1.1.5.cpp+++++++++++++++++++++++++++++++//
```

强化练习

1266 Magic Square^D，10087 The Tajmahal of ++Y2k^D。

1.2 搜索

如前所述，回溯法实质上是利用深度优先遍历的思想对隐式图所表示的问题空间进行一次穷尽搜索，这种穷尽搜索类似于“大海捞针”（look for a needle in a haystack），但它是一种有序的过程，最终是将所有可能作为解的候选答案进行了一遍检查，从而将符合要求的解筛选出来。一般情况下，可以直接应用回溯法解决的题目所涉及的问题空间都相对较小，按照既定的回溯法步骤均可以在规定时限内完成。

1.2.1 单向搜索

对于某些回溯类题目来说，使用回溯法进行搜索的过程是一个单向的过程，即从初始状态往目标状态搜索，则称之为单向搜索。单向搜索根据其使用方式又可以将其划分为以下的若干子类型。

完全搜索

在某些情形下，回溯法需要从初始状态出发，通过逐步构建解的方式直到达到解所具有的数量限制（例如，长度、高度、宽度、字符数），而在构建解的过程中，可能还需要满足一些约束（例如，相邻字符不能相等，数组的和为负数），在最后还可能对候选解再加以进一步地检查，以查看其是否符合一些其他限制条件。由于此类回溯法搜索了所有可能的解，故将其归类为完全搜索。

10503 The Dominoes Solitaire[B]（单人多米诺游戏）

给定宽度为 2，高度为 1 的若干枚多米诺骨牌，每枚多米诺骨牌牌面上有两个数字。将两枚多米诺骨牌固定放置在一行的两端，在中间留下 n 块宽度为 2 的空白，再给定 m 枚多米诺骨牌，请问是否可从 m 枚骨牌中选出某些骨牌填满这 n 块空白，并且使得相邻骨牌连接处的数字相同。例如，给定初始骨牌(0, 1)和(3, 4)，中间留有 3 块宽度为 2 的空白，4 枚候选骨牌为(2, 1)、(5, 2)、(2, 2)、(3, 2)，则可以按如下方式进行填充：

```
(0, 1)(1, 2)(2, 2)(2, 3)(3, 4)
```

输入

输入包含多组测试数据。每组测试数据的第 1 行为整数 n，表示空白的块数，接着一行是整数 m，表示候选骨牌的数量，$n \leq m \leq 14$。接着两行表示两端的固定骨牌，每行包含两个整数，数字出现的顺序为固定骨牌上的数字，顺序为从左至右。接着是 m 行，也是每行包含两个整数，表示候选骨牌上的数字。当 n 为 0 时，输入结束。

输出

对于输入中的每组数据，如果存在满足要求的放置方案，输出 YES，否则输出 NO。

样例输入

```
3
4
0 1
3 4
2 1
5 6
2 2
3 2
0
```

样例输出

```
YES
```

分析

题目要求从 m 枚骨牌中选出 n 枚排成一行，使得起始和结尾数字与指定的数字相匹配，且相邻骨牌连接处的数字相同，很明显，必须搜索全部问题空间来筛选符合要求的解。但是直接应用生成全排列的方法来构造从 m 枚骨牌中选出 n 枚骨牌的所有排列，其数量较大，而且只能在生成排列后才能进行检查，不利于应用“相邻骨牌连接处的数字相同”这个限制条件。故按以下步骤进行回溯。

（1）确定回溯的初始状态和终止状态。由于是要求“相邻骨牌连接处的数字相同”，那么就从此入手，将连接处的数字视为状态，初始状态即为给定的位于最左侧的固定骨牌的右侧数字，终止状态即为给定的位于右侧固定骨牌的左侧数字。例如，在样例输入中，初始状态为 1，终止状态为 3。

（2）根据当前状态和候选骨牌进行回溯。由于初始状态为 1，那么需要确定候选骨牌中是否有一侧数字为 1 的骨牌可用，如果有这样的骨牌未使用，则将其标志为已使用状态，因为候选骨牌只能被使用一次，后续不能再次使用。找到符合要求的骨牌后，回溯进入下一层，对应的状态将改变为已使用骨牌的对侧数字，已填充的空白块数加 1。需要注意的是，在本题中候选骨牌是可以翻转使用的，如骨牌(2, 3)可作为(3, 2)使用，但数字相同的骨牌翻转使用效果相同，为了不增加回溯的深度，可以预先判断并予以剔除。

（3）确定是否达到终止状态。当回溯的深度达到预期时，需要对解进行检查，查看其是否符合题意要求。在本题中，当填满的空格块数达到 n 时，需要检查当前状态，即骨牌末尾处的数字是否和终止状态的数字相同。如果相同，表明找到了符合要求的骨牌排列方案，否则此搜索分支应该停止。为了减少不必要的搜索，在找到符合要求的方案后，可以设置完成标识以便尽早退出回溯过程。

参考代码

```
int n, m, dominoes[15][2], used[20];
int dot1, dot2, head, tail;
int finished = 0;

void dfs(int depth, int ending)
{
   // 已经得到解，尽早退出。
   if (finished) return;
   // 回溯达到预定深度，检查解是否符合要求。
   if (depth == n) {
      if (ending == tail) finished = 1;
      return;
   }
   // 回溯未达到预定深度，根据限制条件改变回溯状态并进入下一层回溯。
   for (int i = 0; i < m; i++) {
      if (used[i]) continue;
      if (dominoes[i][0] == ending) {
         used[i] = 1;
         dfs(depth + 1, dominoes[i][1]);
         used[i] = 0;
      }
      if (dominoes[i][0] != dominoes[i][1] && dominoes[i][1] == ending) {
         used[i] = 1;
         dfs(depth + 1, dominoes[i][0]);
         used[i] = 0;
      }
   }
}

int main(int argc, char *argv[])
{
   while (cin >> n, n > 0) {
      // 读入初始状态、终止状态、候选骨牌。
      cin >> m;
      cin >> dot1 >> dot2; head = dot2;
      cin >> dot1 >> dot2; tail = dot1;
      for (int i = 0; i < m; i++) cin >> dominoes[i][0] >> dominoes[i][1];
      // 回溯并输出解。
      memset(used, 0, sizeof(used));
      finished = 0;
      dfs(0, head);
      cout << (finished ? "YES" : "NO") << '\n';
   }
   return 0;
}
```

强化练习

148 Anagram Checker[B]，193 Graph Coloring[A]，211 The Domino Effect[D]，347 Run Run Runaround Numbers[B]，399 Another Puzzling Problem[D]，416 LED Test[B]，441 Lotto[A]，604 The Boggle Game[C]，843 Crypt Kicker[B]，868 Numerical Maze[D]，996 Find the Sequence[E]，1052 Bit Compressor[E]，1262 Password[C]，10001 Garden of Eden[C]，10063

Knuth's Permutation[B]，10186 Euro Cup 2000[D]，10202 Pairsumonious Numbers[B]，10344 23 Out of 5[A]，10637 Coprimes[C]，10950 Bad Code[D]，11201 The Problem of the Crazy Linguist[D]，11961 DNA[D]，13004 At Most Twice[D]。

扩展练习

165 Stamps[B]，179 Code Breaking[D]，205 Getting There[E]，225 Golygons[D]，265 Dining Diplomats[E]，283 Compress[E]，387 A Puzzling Problem[D]，592 Island of Logic[D]，10624 Super Number[C]，10923 Seven Seas[D]，11471 Arrange the Tiles[D]，11753 Creating Palindrome[D]。

提示

1052 Bit Compressor 中，在解题时，需要准确理解题目描述中的约束条件“Replace any maximal sequence of n 1's with the binary version of n whenever it shortens the length of the message.”。

10624 Super Number 在 UVa OJ 上的评测数据较弱，使用单纯的回溯法可以在限制时间内获得通过。似乎没有特别有效的剪枝方法来提高效率，可以采取的措施有：（1）在进行模运算判断是否能够整除时，先使得被除数尽可能大，再一次性求模，这样可以减少求模运算的次数从而提高效率（具体来说就是只要被除数不超过 `long long int` 数据类型的表示范围，就暂不进行模运算）；（2）预先生成每个数位可能包含的数字而不是从 0～9 枚举，因为除 1 以外，能够被 *i* 所整除的数其末位不会取遍 0～9。由于题目所给定的数据范围较小，也可以预先生成所有可能的解，然后使用查表的方式来获得 Accepted。

10923 Seven Seas 中，敌方战舰的移动规则：向距离己方战舰平面欧几里得距离最小的方格移动。需要高效地表示战舰和礁石的位置状态，否则容易超时。

11471 Arrange the Tiles 中，将同类型的滑块合并可以减小搜索空间，从而能够更快地得到解，否则容易超时。

在完全搜索类型的回溯中，一个难点是如何记录回溯的状态和根据当前状态决定下一步回溯的选择。由于很多回溯类题目的背景都是在矩阵中进行，而矩阵由单元格组成，因此可以设置一个二维数组来标记当前单元格是否已经被使用。有时仅仅标记单元格是否被使用尚不足够，因为回溯状态可能具有方向性，在某个单元格的向左方向已经被使用，还可以选择向右的方向，因此可能要同时记录单元格的位置和被使用的方向，需要三维甚至四维数组来记录回溯的当前状态。

10582 ASCII Labyrinth[D]（ASCII 迷宫）

给定一个 $m \times n$ 的迷宫，迷宫由印有图案的方形木块组成，图案包括 3 种，如图 1-9 所示。

图 1-9 印有图案的 3 种方形木块

你可以对木块进行旋转，但不能将木块移动到其他方格。给定迷宫的初始状态，确定有多少种不同的木块排列方式，使得木块上的图案能够形成连续的线段，连接左上角和右下角的单元格。图 1-10 给出了初始的木块排列和满足要求的一种木块排列方式。

图 1-10 初始及满足要求的木块排列方式

输入

输入第 1 行为一个整数 c，表示测试数据的组数。每组测试数据第 1 行包含两个整数 m 和 n，表示迷宫的行数和列数。接着是以 ASCII 表示的迷宫，由“+”“-”“*”“|”和空格构成。迷宫大小满足 $m \times n \leq 64$ 的限制。

输出

对于输入中的每组测试数据，输出一个整数，表示满足要求的不同路径总数。

样例输入

```
1
4 6
+---+---+---+---+---+---+
|---|---|---|---|---|---|
|***|***|** |** |** |***|
|---|---| * | * | * |---|
+---+---+---+---+---+---+
|---|---|---|---|---|---|
|---|** |** |***|** |** |
|---| * | * |---| * | * |
+---+---+---+---+---+---+
|---|---|---|---|---|---|
|***|** |***|***|***|** |
|---| * |---|---|---| * |
+---+---+---+---+---+---+
|---|---|---|---|---|---|
|** |---|***|---|** |** |
| * |---|---|---| * | * |
+---+---+---+---+---+---+
```

样例输出

```
Number of solutions: 2
```

分析

从题目描述中可以容易地得出判断，进入空白图案的木块后无法再向其他木块前进，因此是“死胡同”。很明显，也不能走到迷宫边界之外。进入包含横向图案的木块后只能沿着原有的方向继续前进，不能改变方向。进入带折线图案的木块后只能左转和右转。由于题目要求的是找出所有可能的不同路径，因此在迷宫的行进过程中需要记录已经走过的木块，在具体实现时，可以使用一个二维数组予以记录。对于进入木块后行进方向的改变，可以根据当前行进方向和木块所具有的图案进行判定。

在下述实现中，考虑了输入可能给出“旋转版本”图案的情况，并考虑了输入中可能包含空格的情况（尽管木块上的图案是可以旋转的，但 UVa OJ 上的评判数据似乎较弱，并未包含“旋转版本”的测试数据，所有评判数据均以初始给定的样式出现，题目中未完全明确地说明这一点而只是给出了暗示。uDebug 上的测试数据给出了只包含一个单元格的迷宫，此种情况下，不论单元格内是否包含图案，不同路径数均为 2。不过评判数据中似乎并未包含这样的测试数据）。因为从初始的左上角木块只能向右和向下走，因此不妨就假设左上角的木块图案包含的就是直线，不影响结果的正确性，以便于编码的实现。

参考代码

```
string line;
int m, n, maze[70][70], used[70][70], paths, cases;
int offset[4][2] = {{0, 1}, {1, 0}, {0, -1}, {-1, 0}};

// d为方向：0表示向右，1表示向下，2表示向左，3表示向上。
void dfs(int i, int j, int d)
{
    if (i == m && j == n) { paths++; return; }
    // 根据当前木块的图案和行进方向确定下一个到达的木块和后续行进方向。
    used[i][j] = 1;
    for (int next = 0; next <= 3; next++) {
        if ((maze[i][j] == 1 || maze[i][j] == 3) && next > 0) continue;
        if (maze[i][j] == 2 && (next == 0 || next == 2)) continue;
        int nextd = (d + next) % 4;
        int ii = i + offset[nextd][0], jj = j + offset[nextd][1];
        if (ii >= 1 && ii <= m && jj >= 1 && jj <= n)
            if (!used[ii][jj] && maze[ii][jj])
                dfs(ii, jj, nextd);
    }
    used[i][j] = 0;
}
```

```
int main(int argc, char *argv[])
{
    cin >> cases;
    for (int c = 1; c <= cases; c++) {
        // 读入迷宫。
        cin >> m >> n; cin.ignore(1024, '\n');
        memset(maze, 0, sizeof(maze));
        for (int i = 1; i <= m; i++) {
            getline(cin, line); getline(cin, line); getline(cin, line);
            for (int j = 1, k = 0; j <= n; j++) {
                while (line[k] != '|') k++;
                for (k++; line[k] != '|'; k++)
                    if (line[k] == '*')
                        maze[i][j]++;
            }
            getline(cin, line);
        }
        getline(cin, line);
        // 回溯并输出结果。
        paths = 0, maze[1][1] = 3;
        dfs(1, 1, 0); dfs(1, 1, 1);
        cout << "Number of solutions: " << paths << '\n';
    }
    return 0;
}
```

强化练习

258 Mirror Maze^{D}，296 Safebreaker^{C}，710 The Game^{D}，11283 Playing Boggle^{C}。

扩展练习

10501 Simplified Shisen-Sho^{E}。

提示

对于 10501 Simplified Shisen-Sho，截至 2020 年 1 月 1 日，此题的题目描述有两处文字错误："As a side effect, this also means that ... in horizontal or diagonal" 应为 "As a side effect, this also means that ... in horizontal or vertical"；"Each tile in the board ... and (n,m) the lower left" 应为 "Each tile in the board ... and (n,m) the lower right"。由于此题的评测数据似乎较弱，不需使用剪枝技巧即可获得 Accepted。

在完全搜索中，有一类题目并不需要显式地使用回溯来寻找解，而是可以通过多重循环的方式来构造出所有可能的解，在此过程中可能还需要进行额外的操作，例如考虑解中元素的顺序，或者需要使用剪枝技巧以缩短运行时间等。

强化练习

608 Counterfeit Dollar^{A}，735 Dart-a-Mania^{B}，10365 Blocks^{B}，10660 Citizen Attention Offices^{B}，10662 The Wedding^{C}。

扩展练习

1051 Bipartite Numbers^{E}，10483 The Sum Equals the Product^{D}。

构造全排列

在回溯相关的题目中，如果问题空间较小且需要搜索全部问题空间获得最优解，可以应用库函数中的 `next_permutation` 来进行全排列的生成，将全排列映射到问题空间，从而可以通过检查某个排列是否为可行解。需要注意的是，使用该函数前需要将元素进行排序，使得元素为递增序，后续应用此函数才能生成所有的全排列，否则会漏掉一部分排列。

强化练习

102 Ecological Bin Packing[A]，418 Molecules[C]，628 Passwords[A]，725 Division[A]，921 A Word Puzzle in the Sunny Mountains[E]，11412 Dig the Holes[D]。

扩展练习

618 Doing Windows[D]，1079 A Careful Approach[D]。

提示

1079 A Careful Approach 中，可以遍历所有可能的飞机降落顺序，对于每一种降落顺序，二分搜索最大可能的 minimum achievable time gap。

构造所有子集

在解题时，有时需要枚举给定大小为 n 的集合的所有子集，使用下述方法可以高效地列出大小为 $1\sim n$ 的所有子集[12]。

```
//-------------------------------1.2.1.cpp-------------------------------//
// 输出子集所包含的元素。
void print(int flag[], int idx)
{
   for (int i = 0; i < idx; i++)
      cout << setw(2) << right << flag[i];
   cout << '\n';
}

// 利用递归生成子集。
void generate(int flag[], int idx, int last, int n)
{
   if (idx < last) {
      if (idx == 0) {
         for (int i = 0; i < n; i++) {
            flag[idx] = i;
            generate(flag, idx + 1, last, n);
         }
      }
      else {
         for (int i = flag[idx - 1] + 1; i < n; i++) {
            flag[idx] = i;
            generate(flag, idx + 1, last, n);
         }
      }
   }
   else print(flag, idx);
}

// 逐个枚举大小 1～n 的子集。
void enumeratingSubset(int n)
{
   for (int i = 1; i <= n; i++) {
      int *flag = new int[n];
      generate(flag, 0, i, n);
      delete [] flag;
   }
}
//-------------------------------1.2.1.cpp-------------------------------//
```

强化练习

471 Magic Numbers[B]，574 Sum It Up[A]，598 Bundling Newspapers[C]，947 Master Mind Helper[D]。

构造特定子集

有些题目要求的并不是所有排列而是满足一定条件的全排列的子集，在这种情况下，可以通过回溯来生成所有子集，然后再对生成的子集应用题目所给定的约束条件进行检查。在很多时候，题目给定的限制是选择或不选择某个事物、经过或不经过某个位置等，可以应用二进制“位”来表示选择，用“位运算”来对限制进行模拟。

强化练习

124 Following Orders[A]，648 Stamps[D]，872 Ordering[B]，10475 Help the Leaders[D]，10776 Determine The Combination[B]。

扩展练习

549 Evaluating an Equations Board[E]，10858 Unique Factorization[C]。

1.2.2 双向搜索

单向搜索是从起始状态开始向着终止状态（或者相反，从终止状态开始向着初始状态）不断进行搜索，搜索“路径”是一条“单行道”。但对于某些搜索空间较大的题目，仅使用单向搜索可能容易超时，此时同时从起始状态和终止状态开始相向进行搜索可以减小搜索空间，更快地得到解，这样的搜索方法称之为双向搜索，又称为“中间相遇搜索”（meet in middle search）。

11212 Editing a Book[D]（编辑书稿）

给定 n 个等长的段落，编号为 $1\sim n$。现在要求将其按照 $1, 2, \cdots, n$ 的顺序排列。利用剪贴板，你可以使用快捷键复制（Ctrl+X）和粘贴（Ctrl+V）轻松地实现。在此过程中，要求在粘贴前不能剪切两次，但是可以一次性剪切多个相邻段落，然后粘贴到其他地方。当然，段落在粘贴时和被剪切时的顺序一致。

例如，为了将段落{2, 4, 1, 5, 3, 6}调整为有序，你可以剪切段落 1 并将其粘贴在段落 2 前，然后剪切段落 3 并将其粘贴在段落 4 前。又例如，对于段落{3, 4, 5, 1, 2}，一次复制和粘贴就能够将此段落序列恢复为有序，总共有两种方式可以实现：一种是剪切{3, 4, 5}并将其粘贴在{1, 2}之后，或者剪切{1, 2}并将其粘贴在段落{3, 4, 5}之前。

输入

输入包含至多 20 组测试数据，每组测试数据包括两行输入数据，第 1 行包含一个整数 n，表示段落的数量，第 2 行包含序列 $1, 2, 3, \cdots, n$ 的一个排列，表示段落的当前状态。最后一组测试数据后面紧跟一个 0，此行数据不需处理。

输出

对于每组测试数据，输出测试数据组数及使得段落恢复有序状态所需的最少剪切/粘贴操作次数。

样例输入

```
6
2 4 1 5 3 6
5
3 4 5 1 2
0
```

样例输出

```
Case 1: 2
Case 2: 1
```

分析

不难得出，对于任意一个长为 n 的段落序列，至多只需$(n-1)$次剪切/粘贴操作即可将其恢复为有序状态：按照 1 到 $n-1$ 的顺序逐次将第 i 个段落剪切并粘贴到第$(i+1)$个段落前即可。也就是说，对于 $n=9$ 的测试数据，最多只需 8 次操作即可完成操作。但是从初始状态出发，每一步可能需要尝试的剪切/粘贴组合达 10^2 数量级，如果使用单向搜索，则需要 10^{16} 级别的计算量，在时间限制内显然不可接受。如果从初始状态 1, 2, 3, …, n 和给定状态分别开始搜索，则只需各搜索 4 步即可，则计算量为之前的一半，为 10^8 数量级，通过优化剪切/粘贴的模拟操作，可以在时间限制内获得解决方案。由于是求最少操作次数，使用 BFS 解题可以更快地得到解。本题的难点是如何快速地获取某个段落序列在一次操作之内所能获得的其他段落序列，如果此环节处理效率较低，容易导致超时。

扩展练习

707 Robbery[D]。

1.3　剪枝

由于回溯是通过遍历所有的可能方案然后从中寻找可行解，当搜索空间很大时，对一些明显不可能得到可行解的搜索分支继续进行搜索，会浪费时间，降低搜索效率。如果能够越早发现这些不可能构成可行解的搜索分支并将之“剪除”，则可以节省搜索时间，从而提高效率。

剪枝（prune）是对搜索分支进行剪除的形象类比，它类似于园丁对园木的“剪枝”——剪除已经死掉或不符合要求的枝叶——使得树的营养尽可能提供给需要的地方。在搜索中，剪枝将明显不可能得到解的搜索分支从搜索中去除，使得有限的 CPU 时间用在可能得到解的搜索分支上。但是剪枝并不是越多越好，因为剪枝本身也是需要代价的（某些剪枝需要消耗较多的 CPU 时间），如果花费较多的 CPU 时间进行某个剪枝，而剪枝得到的效益却不能超过所消耗的 CPU 时间，这样的剪枝将失去意义。

剪枝的具体做法需要根据具体问题而定，通常是根据题目所设的限制条件来进行，需要一些逻辑推理能力和想象力。一般来说，可以将剪枝分为两类，一类是可行性剪枝，另外一类是最优化剪枝。可行性剪枝是指在搜索过程中遇到不可能到达目标状态的分支予以剪除，例如在最长简单路径搜索过程中，如果顶点 A 和顶点 B 之间无通路，那么再去搜索 A 到 B 的路径显然是浪费时间。最优化剪枝是指当前选择的代价与最优选择代价相比已经不具有优势，那么很显然，可以不必对此搜索分支继续进行搜索。

古人有云：“熟读唐诗三百首，不会吟诗也会吟。”剪枝水平需要通过多做练习来提升。研习他人的剪枝思路也有助于增强自身思维能力。以下通过对若干题目进行的解析，以期读者能够对剪枝的一般思路和方法有一个较为直观的印象。

307 Sticks[C]（木棒）

Geroge 将同样长度的木棒随机切断，直到所有木棒的长度均不大于 50 单位长度。现在他想把木棒还原成原来的状态，但是他忘记了原来有多少根木棒，也忘记了原来每根木棒的长度是多少。请帮助 Geroge 设计一个程序，确定木棒最小的可能长度。所有给出的木棒长度均为大于 0 的整数。

输入

输入包含多组测试数据。每组测试数据由两行组成，第 1 行为一个整数，表示在切割后木棒的数量；第 2 行包含各木棒的长度数据，以空格分隔。输入的最后一行包含一个整数 0。

输出

对于输入中的每组数据，输出原来木棒最小的可能长度。

样例输入

```
9
5 2 1 5 2 1 5 2 1
0
```

样例输出

```
6
```

分析

基本思路是先预设一个长度，然后通过尝试选取木棒进行拼接验证的方式来确定该长度是否可行。在拼接时需要考虑所有可能的拼接组合。由于搜索空间很大，单纯使用回溯无法在规定的时间限制内得到答案，必须进行剪枝。剪枝可以通过以下几个方面来进行。

（1）由于木棒的原始数量和长度均为整数，给定一组数据后，该组数据中木棒的初始长度不能是任意的。设初始时木棒长度为 L，切割后所有木棒的长度和为 S，则 L 的可能值有一个范围，最小为切割后现有木棒长度的最大值，最大为 S，且 L 必须能够整除 S。

（2）将木棒按切割后的长度从大到小的顺序进行取用，有利于减少回溯时的递归层数。

（3）若第 i 根木棒和第 $(i-1)$ 根木棒长度相同，且第 $(i-1)$ 根木棒未能被成功使用，则第 i 根木棒肯定也不会被使用。如果先前的拼接是正确的，则第 $(i-1)$ 根木棒应该会被使用，没有使用是因为不能构成满足要求的木棒而剩余，那么同样长度的第 i 根木棒在后续过程中肯定也不会被使用，表明不必在此搜索分支上继续搜索。

（4）在每次选取木棒时，当前已经拼接的长度加上选取的第 i 根木棒后，应该不大于预设的长度 L，否则无法拼接出满足要求的木棒；第 i 根木棒开始的后续所有木棒长度之和加上已经拼接的长度必须不小于预设长度 L，否则即使用完后续的所有木棒也得不到长度为 L 的木棒。

以下的代码中，在进行拼接验证时，拼接的子目标是逐次完成一段目标长度的木棒，当完成一段后，继续拼接下一段，直到拼接完成的木棒数达到预设数量或中途无法完成拼接而退回到上一层回溯。

参考代码

```
// stick[i]存储切割后第 i 根木棒的长度；
// remain[i]存储从第 i 根木棒开始后续所有木棒的长度和；
// used[i]表示第 i 根木棒是否已经被使用；
// goal 表示每次预设的原始木棒长度；
// total 表示原始木棒的数量；
// n 为切割后木棒的数量。
int stick[105], remain[105], used[105], goal, total, n;

// 使用回溯法对预设的木棒原始长度进行拼接验证。
// idx 表示可用木棒的搜索起始序号；
// done 表示当前段木棒拼接是否完成；
// sum 表示当前段木棒已经拼接的长度；
// cnt 表示已经得到的原始长度的木棒数量。
bool dfs(int idx, int done, int sum, int cnt)
{
    // 检查当前段木棒是否拼接完毕。
    if (sum == goal) {
        // 检查是否已经完成所有拼接。
        if (cnt + 1 == total) return true;
        if (dfs(0, 1, 0, cnt + 1)) return true;
        return false;
    }
    // 当前段木棒拼接完成，选取尚未被使用的木棒继续下一段目标长度木棒的拼接。
    if (done == 1) {
        for (int i = 0; i < n; i++) {
            if (used[i]) continue;
            used[i] = 1;
            if (dfs(i + 1, 0, stick[i], cnt)) return true;
            used[i] = 0;
            break;
        }
    } else {
        // 当前段木棒拼接尚未完成，继续选取可用的木棒完成。idx 限制了可用木棒的起始序号。
        for (int i = idx; i < n; i++)
            // 剪枝：已拼接的长度加上当前木棒长度不能大于目标值；加上后续所有木棒长度不能
            // 小于目标值（否则使用剩余的所有木棒也无法完成拼接）。
            if (!used[i] && sum + stick[i] <= goal && sum + remain[i] >= goal) {
```

```
                // 剪枝：当前木棒和上一木棒长度相同且上一木棒未使用，那么使用当前木棒肯定
                // 也不可能完成拼接。
                if (i && stick[i] == stick[i - 1] && !used[i - 1]) continue;
                // 尝试使用当前木棒。
                used[i] = 1;
                if (dfs(i + 1, 0, sum + stick[i], cnt)) return true;
                used[i] = 0;
                // 剪枝：某次拼接已经达到了预设长度，但是未能成功返回，说明预设长度不正确，
                // 不必再继续尝试进行拼接。
                if (sum + stick[i] == goal) return false;
            }
        }
    return false;
}

int main(int argc, char *argv[])
{
    while (cin >> n, n) {
        // 读入数据，统计所有木棒的长度和。
        int length = 0;
        for (int i = 0; i < n; i++) {
            cin >> stick[i];
            length += stick[i];
        }
        // 将切割后的木棒长度按照从大到小的顺序进行排列。
        sort(stick, stick + n, greater<int>());
        // 计算从第 i 根木棒开始的后续木棒长度和，为可行性剪枝做准备。
        remain[n] = 0;
        for (int i = n - 1; i >= 0; i--) remain[i] = remain[i + 1] + stick[i];
        // 从小到大遍历可能的木棒初始长度，回溯进行拼接验证。
        for (goal = stick[0]; goal <= length; goal++) {
            // 确定木棒的初始长度和木棒的原始数量。
            if (length % goal) continue;
            total = length / goal;
            // 进行拼接验证，成功则输出。
            memset(used, 0, sizeof(used));
            if (dfs(0, 1, 0, 0)) {
                cout << goal << '\n';
                break;
            }
        }
    }
    return 0;
}
```

强化练习

228 Resource Allocation[E]，269 Counting Patterns[E]，301 Transportation[B]，437 The Tower of Babylon[A]，519 Puzzle (II)[D]，624 CD[A]。

扩展练习

219 Department of Redundancy Department[E]。

1098 Robot on Ice[D]（冰上机器人）

受哈尔滨冰雕的启发，来自北极机器人与自动机大学（Arctic University of Robotics and Automata）的参赛队员决定程序竞赛结束后在校园内举办自己的冰雪节。他们打算在冬天结冰的时候，从学校附近的一个湖里获取冰块。为了便于监测湖中冰层的厚度，他们先将湖面网格化，然后安置一个轻巧的机器人逐个方格测量冰层的厚度。在网格中有 3 个特殊方格被指定为“检查点”，对应着机器人在检查过程中经过整个行程的四分之一、二分之一、四分之三的位置，机器人在这 3 个特殊“检查点”会发送相应的进度报告。为

了避免对冰面造成不必要的磨损和划痕而影响后续的使用，机器人需要从网格左下角坐标为(0, 0)的方格出发，经过所有方格仅且一次，然后返回位于坐标为(0, 1)的方格。如果有多种路线符合要求，则机器人每天会使用一条不同的路线。机器人只能沿北、南、东、西 4 个方向每次移动一个方格。

给定网格的大小和 3 个检查点的位置，编写程序确定有多少种不同的检查路线。例如，湖面被划分为 3×6 的网格，3 个检查点按访问的顺序分别为(2, 1)、(2, 4)和(0, 4)，机器人必须从(0, 0)方格开始，路经 18 个方格，最后终止于(0, 1)方格。机器人必须在第 4（即$\lfloor 18/4 \rfloor$）步的时候经过(2，1)方格，在第 9（即$\lfloor 18/2 \rfloor$）步的时候经过(2, 4)方格，第 13（即$\lfloor 3 \times 18/4 \rfloor$）步的时候经过(0，4)方格，只有两种路线符合要求，如图 1-11 所示。

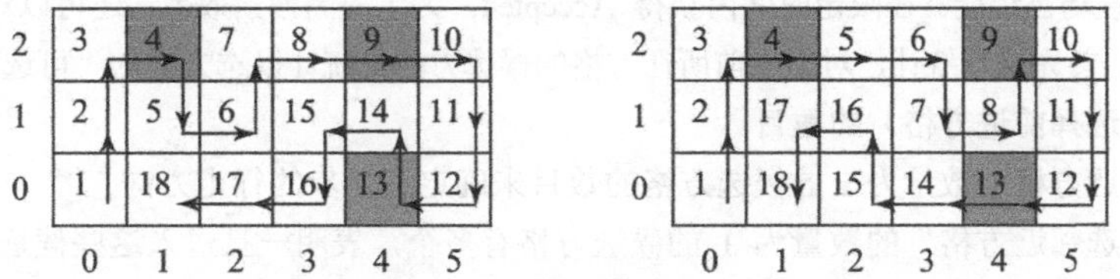

图 1-11　符合要求的两种路线

需要注意：（1）当网格的大小不是 4 的倍数时，在计算步数时使用整除；（2）某些情况下可能不存在符合要求的路线，例如给定一个 4×3 的网格，3 个检查点分别为(2, 0)、(3, 2)和(0, 2)，那么将不存在从(0, 0)方格出发，结束于(0, 1)方格且满足要求的路线。

输入

输入包含多组测试数据。每组测试数据的第 1 行包含两个整数 m 和 n，$2 \leqslant m$，$n \leqslant 8$，表示网格的行数和列数，接着的一行包含 6 个整数 r_1，c_1，r_2，c_2，r_3，c_3，其中 $0 \leqslant r_i < m$，$0 \leqslant c_i < n$，$i = 1$，2，3。输入的最后一行包含两个 0。

输出

从 1 开始输出测试数据的组数，输出以下不同路线的数量：机器人从行 0 列 0 出发，在行 0 列 1 结束，在第$\lfloor i \times m \times n/4 \rfloor$步时经过行 r_i 和列 c_i，$i = 1$，2，3，能够路经所有方格仅且一次的路线。输出格式参照样例输出。

样例输出

```
3 6
2 1 2 4 0 4
4 3
2 0 3 2 0 2
0 0
```

样例输出

```
Case 1: 2
Case 2: 0
```

分析

本题要求使用完全搜索来得到所有可能的路线，从图论角度看，等价于求隐式图中所有可能的哈密顿回路[1]，如果不加以剪枝，难以在限定时间内获得通过。根据题目约束，令机器人当前所在行为 r，列为 c，已经行进的步数为 *moves*，$used[i][j] = 0$ 表示该方格尚未访问，$used[i][j] = 1$ 表示该方格已经访问，可以进行以下的剪枝来选择下一步移动的候选方格。

（1）进入该方格后，如果 $r < 0$ 或 $r \geqslant m$ 或 $c < 0$ 或 $c \geqslant n$，表明机器人已经位于网格之外，则该方格不能作为候选方格；

（2）机器人进入的方格状态 $used[i][j] = 1$，即方格已经访问，则该方格不能作为候选方格；

（3）如果进入的方格坐标为(0, 1)，但行进步数不等于 $m \times n$，则表明提前到达了达终止方格(0, 1)，那么该方格不能作为候选方格；

（4）当前行走步数 *moves* 达到某个检查点所对应的步数时，但所处方格不是对应的检查点，那么此方

[1] 读者可以参见 3.2.3 小节中的内容。

格不能作为候选方格；

（5）如果当前方格是特定的检查点，但对应的步数 *moves* 与要求的步数不相符合，那么此方格不能作为候选方格；

（6）如果从当前方格到达下一个检查点所需要的最少步数（最少步数可通过两个方格坐标分量的差值的绝对值之和得到）与当前已经行走的步数 *moves* 之和大于下一个检查点所要求的步数，那么此方格不能作为候选方格；

（7）如果访问某个方格后，导致剩余尚未访问的方格不连通，则这些方格不能作为候选方格。可以通过从终止方格(0, 1)进行一次 DFS 来确定尚未访问方格的连通性。

使用上述剪枝技巧已经能够在限定时间内获得 Accepted。为了提高搜索效率，还可以对候选方格再进行进一步的优化和剪枝。首先进行统计，对于当前所在方格的候选方格，统计候选方格的“可选邻近方格”（即到达此候选方格后可以选择前进方格）的数目。

根据“可选邻近方格”数量为 1 的候选方格的数目来确定下一步的行走方向。

（1）如果“可选邻近方格”的数量为 1 的候选方格有多个，表明一旦进入这些候选方格，将无法继续访问其他方格，因此不能进入这些候选方格中的任意一个；

（2）如果“可选邻近方格”的数量等于 1 的候选方格只有一个，那么应该选择此候选方格，因为需要访问所有方格仅且一次；

（3）如果“可选邻近方格”的数量为 1 的候选方格不存在，则表明进入候选方格中的任意一个之后，均有至少两种方向可供选择行走，因此轮流选择上、下、左、右 4 个可行的候选方格之一进行回溯。

例如，如图 1-12 所示，深色方格为已访问方格，浅色方格为未访问方格，当前行走到标记了“*”号的方格，接下来可以选择进入 1 号方格或者 5 号方格。与 1 号方格相邻的为 2 号、3 号、4 号方格，其中 2 号和 3 号方格的“可选邻近方格”数量均为 1，4 号方格的“可选邻近方格”数量为 3，按照剪枝技巧，不应选择 1 号方格作为下一步行走的候选方格。对于 5 号方格来说，与其相邻的有 4 号和 6 号方格，其中 4 号方格的“可选邻近方格”数量为 3，6 号方格的“可选邻近方格”数量为 1，满足剪枝技巧的条件，因此应该优先选择 5 号方格作为下一步行走的方格。

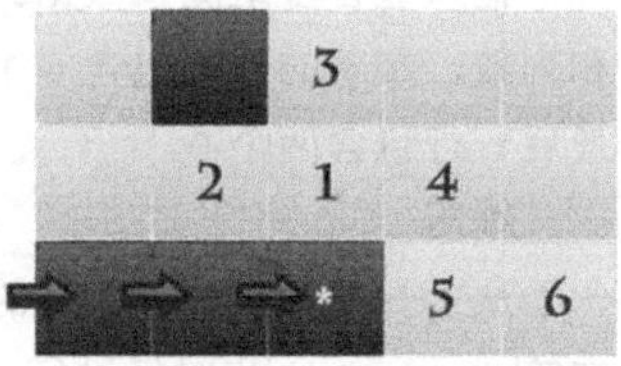

图 1-12 根据“可选邻近方格”数量确定行走方向

更进一步地，由于前述的搜索方法采用的是单向搜索的方式，还可以运用双向搜索以减少递归深度从而提高搜索效率，不过这样编码的难度较高，不易实现。

参考代码

```
int m, n, cnt, used[8][8], T;
int offset[4][2] = {{-1, 0}, {0, -1}, {1, 0}, {0, 1}};
int checkIn[4][2], checkMove[4], visited[8][8];

int dfs(int r, int c)
{
   if (r < 0 || r >= m || c < 0 || c >= n) return 0;
   if (visited[r][c] || used[r][c]) return 0;
   visited[r][c] = 1;
   return 1 + dfs(r + 1, c) + dfs(r - 1, c) + dfs(r, c + 1) + dfs(r, c - 1);
}

inline bool go(int r, int c, int moves, int spots)
{
   // 范围检查。
   if (r < 0 || r >= m || c < 0 || c >= n) return false;
   // 进入的方格未被使用。
   if (used[r][c]) return false;
   // 检测当坐标到达检查点时，步数是否符合要求。
   if (r == checkIn[spots][0] && c == checkIn[spots][1])
```

```
        if (moves != checkMove[spots])
            return false;
    // 检测步数达到检查点的步数时，坐标是否符合要求。
    if (moves == checkMove[spots])
        if (r != checkIn[spots][0] || c != checkIn[spots][1])
            return false;
    // 检测到达下一个检查点所需最少步数是否符合要求。
    int needed = abs(r - checkIn[spots][0]) + abs(c - checkIn[spots][1]);
    if (moves + needed > checkMove[spots])
        return false;
    // DFS 确定未访问的方格的连通性。
    used[r][c] = 1;
    memset(visited, 0, sizeof(visited));
    int unused = dfs(0, 1);
    used[r][c] = 0;
    if (unused != (T - moves))
        return false;
    // 检查是否到达终止方格。
    if (r == 0 && c == 1)
        if (moves != T)
            return false;
    // 符合要求的候选方格。
    return true;
}

void backtrack(int r, int c, int moves, int spots)
{
    if (moves == T) { cnt++; return; }
    if (r == checkIn[spots][0] && c == checkIn[spots][1]) spots++;
    int rr, cc;
    for (int k = 0; k < 4; k++) {
        rr = r + offset[k][0], cc = c + offset[k][1];
        if (go(rr, cc, moves + 1, spots)) {
            used[rr][cc] = 1;
            backtrack(rr, cc, moves + 1, spots);
            used[rr][cc] = 0;
        }
    }
}

int main(int argc, char *argv[])
{
    int cases = 0;
    checkIn[3][0] = 0, checkIn[3][1] = 1;
    while (cin >> m >> n) {
        if (m == 0) break;
        for (int i = 0; i < 3; i++) {
            cin >> checkIn[i][0] >> checkIn[i][1];
            checkMove[i] = (i + 1) * m * n / 4;
        }
        T = m * n, checkMove[3] = m * n;
        memset(used, cnt = 0, sizeof(used));
        used[0][0] = 1;
        backtrack(0, 0, 1, 0);
        cout << "Case " << ++cases << ": " << cnt << '\n';
    }
    return 0;
}
```

10364 Square[B]（正方形）

给定一组长度不等的木棍，你能够将其首尾相连使之构成一个正方形吗？

输入

输入第 1 行包含整数 N，表示测试数据的组数。每组测试数据由一行构成，起始为一个整数 M（$4\leqslant M\leqslant 20$），表示木棍的数量，接着是 M 个整数，表示每根木棍的长度，长度为 1～10000 之间的某个整数。

输出

对于每组测试数据，输出一行。如果可以将所有木棍拼接成一个正方形，输出 yes，否则输出 no。

样例输入

```
3
4 1 1 1 1
5 10 20 30 40 50
8 1 7 2 6 4 4 3 5
```

样例输出

```
yes
no
yes
```

分析

由于本题的测试数据规模较大，即使采取较为高效的剪枝技巧，还是难以在时间限制内获得通过。观察题目的约束，题目只是要求判断给定的木棍是否可以构成正方形，那么在回溯过程中可以将已经回溯的状态予以保存，当某次回溯再次到达此状态时可以直接返回不可行，因为此回溯过程只要一次成功即可，既然在此前的回溯过程中到达了此状态，但是未能成功返回，则说明此状态的木棍拼接并不可行，因此提前结束回溯可以显著缩短搜索时间。题目给定最多只有 20 根木棒，则可以使用一个整数数组来表示木棒的使用状态，结合位运算技巧，可以快速进行状态的标记和查询，以便在回溯过程中获取下一根可用的木棒，此技巧和动态规划中使用的备忘技巧类似。

参考代码

```
int n, stick[22], size, ONES, marked[(1 << 20) + 10] = {};

bool dfs(int used, int depth, int side)
{
   if (marked[used]) return false;
   if (side == size) return dfs(used, depth + 1, 0);
   if (depth == 4) return true;
   marked[used] = 1;
   int available = ONES & (~used), next, bit;
   while (available) {
      next = available & (~available + 1);
      available ^= next;
      bit = __builtin_ctz(next);
      if (side + stick[bit] > size) continue;
      if (bit && stick[bit] == stick[bit - 1] && !(used & (next >> 1))) continue;
      if (dfs(used | next, depth, side + stick[bit])) return true;
   }
   return false;
}

int main(int argc, char *argv[])
{
   int cases;
   cin >> cases;
   for (int cs = 1; cs <= cases; cs++) {
      cin >> n;
      int side = 0;
      for (int i = 0; i < n; i++) {
         cin >> stick[i];
         side += stick[i];
      }
      if (side % 4 != 0) {
         cout << "no\n";
         continue;
      }
      size = side / 4;
      sort(stick, stick + n, greater<int>());
      if (stick[0] > size) {
```

```
            cout << "no\n";
            continue;
        }
        ONES = (1 << n) - 1;
        memset(marked, 0, (1 << n) * sizeof(int));
        cout << (dfs(0, 0, 0) ? "yes" : "no") << '\n';
    }
    return 0;
}
```

强化练习

10164 Number Game[D]，10419 Sum-Up the Primes[D]，10447 Sum-Up the Primes (II)[E]。

提示

10419 Sum-up the Primes 题目约束条件较松，此题可通过单纯的回溯法解决，使用备忘技巧对减少运行时间效果不佳。可以将问题转化为子集和问题进而使用动态规划解决。

10447 Sum-up the Primes (II)的时间限制非常紧，需要进行适当地剪枝才能在时间限制内获得 Accepted。一个可行的剪枝技巧是利用奇偶性，假设不能使用素因子 2，则当给定的 N 为奇数但 t 为偶数，或者给定的 N 为偶数 t 为奇数，显然无解。类似于 10419 Sum-up the Primes，可以将问题转化为子集和问题进而使用动态规划解决。

11196 Birthday Cake[E]（生日蛋糕）

今天是我母亲的生日，我想为她制作一个生日蛋糕。蛋糕共有 m 层，每层都是一个圆柱体，整个蛋糕的体积恰好为 $n\pi$。从蛋糕的底部开始，各层蛋糕的序号依次为 $1, 2, \cdots, m$，构成第 i 层蛋糕的圆柱体底面半径为 r_i，高度为 h_i，两者均为正整数，为了使蛋糕看起来更为美观，要求各层蛋糕满足以下条件：对于任意 $i<m$，$r_i>r_i+1$，$h_i>h_i+1$。

整个蛋糕的表面都将被抹上冰淇淋，为了使蛋糕的制作成本稍微低一些，我们决定使用尽可能少的冰淇淋来实现这个目标。换句话说，蛋糕的表面积应该尽可能的小（蛋糕的最底面不计入表面积，因为该面不需要涂抹冰淇淋）。

输入

输入包含至多 10 组测试数据。每组测试数据包含两个整数 n，m（$n<100001$，$m<11$），分别表示蛋糕的体积和总层数。最后一组测试数据后跟着一个 0，该行不需处理。

输出

对于每组测试数据，输出测试数据的组数及一个整数 S，表示蛋糕的最小表面积为 $S\pi$。如果无法制作出符合要求的蛋糕，输出 0。

样例输入

```
100 2
1000 3
0
```

样例输出

```
Case 1: 68
Case 2: 316
```

分析

如果单纯使用回溯不加剪枝，将难以在限制时间内获得通过。令 r 为圆柱体的底面半径，h 为圆柱体的高，则其体积 $V=\pi r^2h$，侧面积 $S_{侧}=2\pi rh$，底面积 $S_{底}=\pi r^2$，表面积 $S_{表}=S_{侧}+2S_{底}$，且体积和侧面积存在关系 $S_{侧}=2V/r$。

由于要求构成蛋糕的圆柱体从下层往上层半径和高均递减，则在回溯时考虑从大到小枚举圆柱体的半径和高。在回溯时定义以下参数：*depth* 表示回溯的层次，即当前是为第几层蛋糕确定半径和高，从 0 开始计数，最底层的蛋糕对应第 0 层；*volume* 表示当前蛋糕的总体积；*surface* 表示当前蛋糕需要涂抹冰淇淋的总表面积，由题意不难推知，该表面积等价于构成蛋糕的各个圆柱体的侧面积加上最底层圆柱体的底面积；*r* 表示当前层蛋糕的底面半径；*h* 表示当前层蛋糕的高度；*best* 表示满足体积为 *n* 层数为 *m* 的蛋糕的最小表面积。根据题目约束，可以在回溯过程中应用以下优化技巧以提高效率。

（1）当 *volume* 大于 *n* 或 *surface* 大于等于 *best* 时予以剪枝；

（2）当回溯层次大于 0 时，即确定第 2 层（或以上）蛋糕的底面半径和高时，根据体积和侧面积存在的关系 $S_{侧} = 2V/r$，结合当前蛋糕的体积和目标体积的差，可以得到由剩余体积而导致至少还需要增加的表面积 $remain = 2 \times (n - volume)/r$，如果总的蛋糕表面积 $surface + remain \geqslant best$ 时予以剪枝；

（3）根据剩余的体积 $n - volume$ 及当前回溯的层次 *m* 可以得到当前层蛋糕的最大和最小可能底面半径；

（4）根据当前蛋糕的体积 *volume*，当前层蛋糕的底面半径 r_i，后续每层蛋糕的最小可能高度 $m - depth$，可以得到至少还需增加的体积 $V_{增} = r_i^2 \times (m - depth)$，若 $volume + V_{增} > n$，可以略过在底面半径为 r_i 时对当前层蛋糕高度 h_i 的继续搜索；

（5）根据剩余的体积 $n - volume$ 及当前回溯层数 *m*、枚举的当前层蛋糕的底面半径 r_i 可以确定当前层蛋糕的最大和最小可能高度；

（6）根据当前蛋糕的体积 *volume*，枚举的当前层蛋糕的高度 h_i，后续每层蛋糕的最小可能底面半径 $m - depth$，可以得到至少还需增加的体积 $V_{增} = (m - depth)^2 \times h_i$，若 $volume + V_{增} > n$，不需进入下一层回溯；

（7）考虑当前层蛋糕对体积的贡献 $V_{增} = r_i^2 \times h_i$，由剩余的体积可以估算至少还需增加的表面积 $remain = 2 \times (n - volume - V_{增})/r_i$，如果总的蛋糕表面积 $surface + remain \geqslant best$ 时予以剪枝；

（8）根据给定的初始蛋糕体积和层数，可以预估得到最小表面积 *best* 和初始的最大底面半径 *r* 及最大高度 *h*。

值得一提的是，本题中对底面半径和高度的搜索方向显著影响了搜索效率，从大到小进行搜索比从小到大进行搜索明显要快得多。可能的原因是在枚举较大的底面半径时，缩小了高度的范围，从而更快地得到一个较优的最小表面积，进而能够剪除更多的搜索分支，最终带来效率的较大提升。

参考代码

```
int n, m, best;

void dfs(int depth, int volume, int surface, int r, int h)
{
   // 优化技巧（1）。
   if (volume > n || surface >= best) return;
   // 回溯层次达到要求，检查体积是否满足条件，若满足更新最小表面积。
   if (depth == m) {
      if (volume == n) best = min(best, surface);
      return;
   }
   // 优化技巧（2）。
   if (depth) {
      int remain = (n - volume) * 2 / r;
      if (surface + remain >= best) return;
   }
   // 优化技巧（3）。
   int maxr = sqrt(1.0 * (n - volume) / (m - depth));
   for (int ri = min(maxr, r); ri >= (m - depth); ri--) {
      // 优化技巧（4）。
      if (volume + ri * ri * (m - depth) > n) continue;
      // 优化技巧（5）。
      int maxh = (n - volume) / (ri * ri);
      for (int hi = min(maxh, h); hi >= (m - depth); hi--) {
         // 优化技巧（6）。
         if (volume + (m - depth) * (m - depth) * hi > n) continue;
         int volumeDiff = ri * ri * hi, areaDiff = 2 * ri * hi;
         if (!depth) areaDiff += ri * ri;
         // 优化技巧（7）。
         int remain = (n - volume - volumeDiff) * 2 / ri;
         if (surface + remain >= best) break;
         dfs(depth + 1, volume + volumeDiff, surface + areaDiff, ri - 1, hi - 1);
```

```
            }
        }
    }

    int main(int argc, char *argv[])
    {
        int cases = 0;
        while (cin >> n) {
            if (n == 0) break;
            cin >> m;
            // 优化技巧(8)。
            best = 4 * n;
            dfs(0, 0, 0, sqrt(n), n);
            if (best == (4 * n)) best = 0;
            cout << "Case " << ++cases << ": " << best << '\n';
        }
        return 0;
    }
```

强化练习

222 Budget Travel[B], 525 Milk Bottle Data[E], 560 Magic[D], 1217 Route Planning[E], 10890 Maze[D], 11127 Triple-Free Binary Strings[D]。

扩展练习

229 Scanner[D], 835 Square of Primes[D], 11199 Equations in Disguise[E]。

提示

10890 Maze 的题目描述中未明确说明进入某个包含宝物的方格是否必须要将其拾取，按照 Accepted 代码的预设，不需要一定将其拾取，而是可以忽略所经路径的某件宝物。

对于 835 Square of Primes，如果不考虑顺序，使用回溯法进行搜索很容易超时。根据题意，最后一行和最后一列的素数必定是数位全部为奇数的素数，则当给定和为偶数时，必定无解。在 10000～99999 中，共有 8363 个素数，而其中全部数位均为奇数的素数共有 608 个。因此，按照如下策略来设置搜索顺序可以显著提高搜索效率：预先生成具有指定和且首位数字为给定数字的所有素数，先确定主对角线上的素数，之后枚举位于最后一列和最后一行的素数，接着再确定倒数第 2 列的素数，之后再确定第 1 行～第 4 行的素数，在确定第 1 行～第 4 行的素数时，之前的素数已经确定了至少两个数位（第 1 行～第 3 行已经确定了 3 个数位），因此搜索范围可以进一步缩小。最后只需进行第 1 列～第 3 列和副对角线的素数检测，如果通过，则为符合题意的一种素数方阵。

1.3.1 正方形剖分

完美正方形剖分（perfect square dissection）是指给定一个边长为 n 的正方形，确定能否将其剖分为若干大小各异的小正方形，使得这些小正方形能够拼接得到原始的正方形。如果放宽问题的限制，剖分得到的小正方形不要求大小各异，则可以得到以下问题。

10270 Bigger Square Please...[D]（拼接正方形）

Tomy 有许多正方形纸片，边长处于 $1 \sim N-1$ 不等。实际上，每种边长的正方形他都有无数张。他曾经以拥有这些正方形而自豪，但是某一天，他突然想要得到一个更大的正方形——边长为 N 的正方形。虽然他手头上并没有这样的正方形，但是他可以通过将边长更小的正方形纸片拼接起来的以得到想要的正方形。例如，一个边长为 7 的正方形，可以由 9 个更小的正方形组成，如图 1-13 所示。

图 1-13　9 个小正方形组成边长为 7 的正方形

注意，在拼接过程中，不能留下空白区域，也不能将纸片放置在正方形的范围之外，而且纸片也不能互相重叠。正如你所猜想的，Tomy 希望使用的纸片张数尽可能地少，你能帮助他完成这个任务吗？

输入

输入第 1 行包含一个单独的整数 T，表示测试数据的组数。每组测试数据为一个单独的整数 N（$2 \leqslant N \leqslant 50$）。

输出

对于每组测试数据，输出一行，包含一个整数 K，表示最少需要的纸片数。接下来 K 行，每行 3 个整数 x，y，l，表示纸片左上角的坐标（$1 \leqslant x$，$y \leqslant N$）以及纸片的边长。

样例输入

```
1
3
```

样例输出

```
4
1 1 2
1 3 2
3 1 2
3 3 2
```

分析

令需要拼接的正方形边长为 N，根据题意易知，拼接方案是若干平方数之和。那么问题转化为如何将 N 表示为若干平方数之和且平方数的个数最小，这可以通过回溯法解决。但是，得到了一个将 N 拆分为平方数之和的方案，并不表示就能将这些大小的纸片拼接成边长为 N 的正方形。例如，对于 $N=5$，可以拆分为 9 与 16 的和，虽然 9 和 16 都是平方数，但是实际上无法将一张边长为 3 和一张边长为 4 的纸片拼接为边长为 5 的正方形。所以，在生成一个平方数和方案后，需要进行验证放置，若能放置，则表明此方案可行，予以记录，将所有可行的方案记录后，挑选其中纸片数最小的方案即为所求。这样的话，将 N 拆分为平方数之和是一层回溯，将拆分方案尝试放置又是一层回溯，需要通过两层回溯来解决本问题。

考虑到需要两层回溯来搜索可能的解决方案，如果不进行充分剪枝，在限定的时间内无法获得通过。在将 N 拆分为平方数之和的这一环节，如果能够得到一个拆分方案（尽管不是最优的，但是它的总个数较小且能实际放置），将此方案中平方数的个数作为阈值可“剪除”很多无效的搜索分支。可以按照以下方法构造一个符合上述要求的非最优方案：左上角放置一张边长为$(N-2)$的纸片，然后在右侧和下方尽可能多地放置边长为 2 的纸片，剩余的空间放置边长为 1 的纸片，这样总的纸片数 $N_{\text{threshold}} \leqslant 1+\lfloor N/2 \rfloor+\lfloor (N-2)/2 \rfloor+4$，$N_{\text{threshold}}$ 与 N 接近，可以做为一个较好的剪枝阈值。通过回溯发现了总个数更少的“平方数之和”方案后，则开始尝试实际放置：建立一个网格（可以使用二维数组表示），当填充边长为 A 的纸片时，在网格中查找是否有起始坐标为(x, y)且边长为 A 的空白区域，若无此类空白区域，表明该方案无法实际放置；若能找到，则枚举所有这样的起始位置，逐一进行放置。在尝试某位置后，需要将该区域标记为已填充，若后继填充不成功返回时则撤销标记。对于已经生成但不能实际拼接的拆分方案需要予以记录，在后继生成的方案中，若有方案与记录的方案相同，则直接忽略，不必再次浪费时间进行搜索。

当 $N \bmod 2=0$ 或 $N \bmod 6=3$ 时，有特殊的解法。当 $N \bmod 2=0$ 时（即 N 为偶数），拼接方法为：用 4 张边长为 $N/2$ 的纸片拼接得到边长为 N 的正方形。当 $N \bmod 6=3$ 时，放置方法与 $N=3$ 的方案类似，只不过将相应的纸片边长增加同样的数量。与此同时，平方数 25 的拼接方案和 5 的拼接方案类似，49 的拼接方案和 7 的拼接方案类似，则对于 2～50 的数，只需要求出素数的拼接方法即可。万维网上已经有 2～50 的素数的拼接方案和最少需要纸片数，如果只是为了解题，利用这些信息能够显著减少计算时间，也可以生成拼接方案后再提交。

1.3.2　关灯问题

关灯问题（lights out puzzle）的形式如下：给定 $R \times C$ 的网格，其中 $R \geqslant 1$，$C \geqslant 1$，网格上每个方格内包含一盏电灯，当按下某个方格内电灯的开关时，会将此方格及其上下左右 4 个方格内的电灯亮灭状态反转，亦即原先点亮的灯会熄灭，原先熄灭的灯会点亮。假定按下某个方格内的电灯开关一次为一个步骤，给定初始的电灯亮灭状态（有的方格内电灯是亮的，有的方格内电灯是灭的），请确定是否可通过若干步骤将所有电灯熄灭，如果可以则确定所需要的最少步骤数。如图 1-14 所示，这是一个 8 × 8 的网格中电灯的初始亮灭状态。

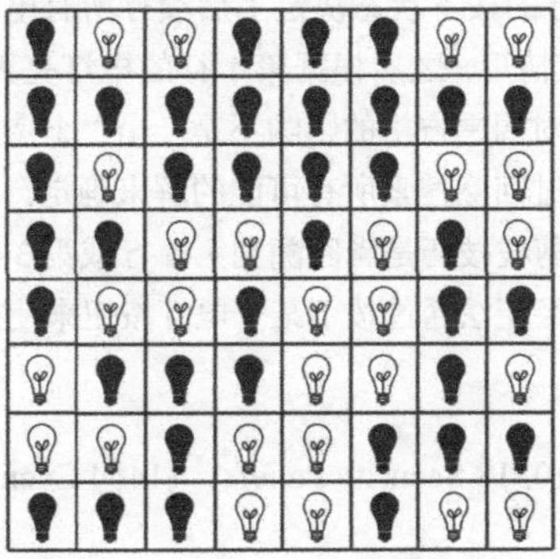

图 1-14 初始电灯状态，点亮的电灯为白色，熄灭的电灯为黑色

分析

将网格视为一个矩阵，亮的灯对应矩阵中为 1 的元素，灭的灯对应矩阵中为 0 的元素，则图 1-14 所示的初始状态可以使用一个矩阵表示。

$$L=\begin{bmatrix}0&1&1&0&0&0&1&1\\0&0&0&0&0&0&0&0\\0&1&0&0&0&0&1&1\\0&0&1&1&0&1&0&1\\0&1&1&0&1&1&0&0\\1&0&0&0&1&1&0&1\\1&1&0&1&1&0&0&0\\0&0&0&1&1&0&1&1\end{bmatrix}$$

按下网格内位于(i,j)的电灯开关等价于将初始状态矩阵 $\boldsymbol{L}$ 与一个“反转矩阵”$\boldsymbol{A}_{ij}$ 相加。其中“反转矩阵”$\boldsymbol{A}_{ij}$ 定义为一个 3 × 3 的矩阵，此矩阵中只有按下的位置及上下左右 4 个位置为 1，其他位置为 0，如果上下左右的 4 个位置位于边界之外则不予考虑。例如，$\boldsymbol{A}_{11}$ 对应于在网格(1，1)按下电灯开关时所对应的“反转矩阵”，同理可以推出 $\boldsymbol{A}_{12}$ 和 $\boldsymbol{A}_{22}$ 的含义。

$$\boldsymbol{A}_{11}=\begin{bmatrix}1&1&0\\1&0&0\\0&0&0\end{bmatrix},\ \boldsymbol{A}_{12}=\begin{bmatrix}1&1&1\\0&1&0\\0&0&0\end{bmatrix},\ \boldsymbol{A}_{22}=\begin{bmatrix}0&1&0\\1&1&1\\0&1&0\end{bmatrix}$$

由于矩阵的加法满足交换律，即各个矩阵相加的顺序和最终结果无关，因此可以将按下电灯的操作表示为一个线性代数方程。由于电灯的状态在反转两次后会恢复成原始的状态，因此上述线性方程可以视为模 2 状态下的线性方程组，有

$$\boldsymbol{L}+\sum_{ij}x_{ij}\boldsymbol{A}_{ij}=0\Rightarrow\sum_{ij}x_{ij}\boldsymbol{A}_{ij}=\boldsymbol{L}$$

使用高斯消元法在模 2 的情况下求解此线性方程组即可得到需要按下的电灯开关，计数为 1 的变量数量即为最少的操作步骤数。该方法的时间复杂度为 $O(R^3C^3)$。

可以证明，对于 $R=C$ 的情形，总是存在步骤数最少的唯一解。由于按下某个电灯开关时，反转的是一个“十字形”范围内电灯的状态，也就是说，在第 i 行第 j 列按下电灯，至多能使第$(i-1)$行第 j 列的电灯状态发生反转，而对第$(i-1)$行以前的电灯状态不可能产生影响。同时考虑到当 $R=C$ 时必定存在解，而且按下开关的先后顺序对最后结果不产生影响，因此可以先枚举第 1 行电灯的按下状态，由此逐步确定后续行电灯是否按下。也就是说，如果在预先确定了第 1 行电灯的按下状态后，当回溯到第 2 行的第 j 列，如果此时第 1 行的第 j 列电灯仍然是亮的，那么就只能通过按下第 2 行第 j 列的电灯开关来使得第 1 行的第 j

列的电灯变成熄灭状态，对于后续行的每一列，都可以根据上一行对应列电灯的状态来确定此列的电灯是否需要按下。换句话说，第 1 行电灯的按下状态决定了后续行所有电灯是否按下的状态。那么可以使用回溯法枚举第 1 行电灯按下与否的所有情形，之后根据第 1 行的电灯亮灭状态推导后续行电灯是否按下即可。

需要注意，如果按下电灯开关后对周围方格的影响不是一个“十字形”，而是其他不规则的模式，则关灯问题不一定存在可行解，此时需要通过回溯搜索所有可能的解来确定。当 n 较大时，还需要使用剪枝技巧才能在限定时间获得通过。一个有效的剪枝技巧是当回溯到第 3 行或第 3 行以后，若第 1 行仍有未熄灭的电灯，则此回溯分支可以剪除，因为后续已经无法通过按下某个电灯按钮来使得第 1 行的电灯状态发生反转。

强化练习

10309 Turn the Lights Off[C]，10318 Security Panel[C]，11464 Even Parity[C]。

1.4　15 数码问题

10181 15-Puzzle Problem[B]（15 数码游戏）

15 数码问题是一个很流行的游戏，即使你没有听说过这个名字，你也一定见过。它由 15 个滑块构成，每个滑块标记有 1～15 的数字，所有滑块被放置在一个边长为 4 的正方形外框中，留有一个空位。游戏的目标是移动滑块使得它们最终排列成如图 1-15 所示的形式。

1	2	3	4
5	6	7	8
9	10	11	12
13	14	15	

图 1-15　目标排列方式

唯一符合规则的移动方式是将空位旁的若干滑块中的一个移动到空位，考虑如图 1-16 所示的一组移动。

2	12	11	14
6	15	10	5
3		9	13
8	7	1	4

2	12	11	14
6	15	10	5
3	9		13
8	7	1	4

2	12	11	14
6	15		5
3	9	10	13
8	7	1	4

2	12	11	14
6		15	5
3	9	10	13
8	7	1	4

图 1-16　（从左至右依次为）起始布局，空位右移（R），空位上移（U），空位左移（L）。注意是空位移动而不是滑块移动

我们用与空位交换的邻位滑块来表示移动方式。可能的值为 R, L, U, D，分别表示空位向右、左、上、下移动。

给出一个 15 数码问题的初始布局，找出一种移动方法使其转化为目标布局。测试数据中有解的问题均可以在不超过 45 步内解决，你的解最多只能用 50 步。

输入

输入的第 1 行包含一个整数 N，表示测试数据的组数。接下来共 $4N$ 行输入描述了 N 个问题，每 4 行描述一个。其中 0 表示空位。

输出

对于每组输入数据输出一行。如果给定的初始状态无解，输出 `This puzzle is not solvable.`。如果有解，输出一个可行序列来描述操作过程。

样例输入

```
2
2 3 4 0
1 5 7 8
9 6 10 12
13 14 11 15
13 1 2 4
5 0 3 7
9 6 10 12
15 8 11 14
```

样例输出

```
LLLDRDRDR
This puzzle is not solvable.
```

分析

定义单个滑块的 n 值为：按行优先顺序，在当前滑块之后出现并小于当前滑块数字的滑块数量。给定某种布局，可以使用下述方法来判断是否有解：令 e 表示空滑块所在的行序号（从 1 开始计数），统计各滑块的 n 值总和为

$$N = \sum_{i=1}^{15} n_i = \sum_{i=2}^{15} n_i$$

如果 $N + e$ 为偶数，则当前布局有解，否则无解。例如，给定以下初始布局：

$$\begin{matrix} 13 & 10 & 11 & 6 \\ 5 & 7 & 4 & 8 \\ 1 & 12 & 14 & 9 \\ 3 & 15 & 2 & 0 \end{matrix}$$

按照行优先顺序，在 13 号滑块之后出现且滑块数字小于 13 的滑块数量为 12（滑块数字依次为 10、11、6、5、7、4、8、1、12、9、3、2），在 10 号滑块之后出现且滑块数字小于 10 的滑块数量为 9（滑块数字依次为 6、5、7、4、8、1、9、3、2）……类似地，可以得到其他滑块的 n 值分别为（方括号内为滑块的数值，方括号之前为滑块的 n 值）：9[11]，5[6]，4[5]，4[7]，3[4]，3[8]，0[1]，3[12]，3[14]，2[9]，1[3]，1[15]，0[2]。所有滑块的 n 值之和 $N = 59$，空滑块在第 4 行，即 $e = 4$，则 $N + e = 63$，为奇数，故以上布局不可解。

```
// 判断给定的布局是否可解。
bool solvable(vector<int> tiles)
{
   int sum = 0;
   for (int i = 0; i < tiles.size(); i++) {
      if (tiles[i] == 0) sum += (i / 4 + 1);
      else {
         for (int j = i + 1; j < tiles.size(); j++)
            if (tiles[j] && tiles[j] < tiles[i])
               sum++;
      }
   }
   return (sum % 2 == 0);
}
```

由于空滑块至少可向两个方向移动，每增加一步，产生的布局数量以指数形式增长，不同的布局数量可能有 16! = 20922789888000 种，远远超过穷尽搜索在限制时间内所能解决的数据规模。对于此类搜索类型题目，可以使用以下几种方法尝试解决。

深度优先搜索

深度优先搜索（Depth First Search，DFS）[1]不断地向前寻找可行状态，试图一次找到通向目标状态的路径，它不会重复访问一个状态。由于某些问题所对应的搜索树包含大量的状态，一般来说，DFS 只有在最大搜索深度固定的情况下才具有实用性。DFS 维护一个栈，保存未访问过的状态，在每次迭代时，DFS 从栈中弹出一个未访问的状态，然后从这个状态开始扩展，根据规定的走法计算其后继状态。如果达到了目标状态，那么搜索终止，否则，任何在闭合集中的后继状态都会被忽略，其他的未访问状态被压入栈中，继续搜索。使用 DFS 解题的过程可以使用伪代码描述如下[13]。

```
// initial 为初始状态，goal 为目标状态。
dfs (initial, goal)
{
    // 如果初始状态即为目标状态，不需继续搜索。
    if (initial = goal) return "Solution"
    // 将初始状态的深度置为 0。
```

[1] 此处的深度优先搜索和后续的广度优先搜索是图遍历的两种基本方式，对图论及图遍历尚不熟悉的读者可以在阅读本书第 2 章的内容后再回过来理解本节内容。

```
    initial.depth = 0
    // 设置开放集，开放集表示尚未访问的状态。此处使用栈来存储开放集。
    open = new Stack
    // 设置闭合集，闭合集表示已经访问的状态。
    closed = new Set
    // 当开放集不为空且尚未找到符合要求的方案时继续搜索。
    while (open is not empty)
    {
        // 从开放集中取出尚未访问的某个状态 n。
        n = pop(open)
        // 将状态 n 送入闭合集中。
        insert(closed, n)
        // 根据游戏规则，检查状态 n 的所有可行后继操作 m。
        foreach valid move m at n
        {
            // 在状态 n 上执行操作 m 以获得某个后继状态 next。
            next = state when playing m at n
            // 若闭合集中不包含状态 next，则表明该状态尚未访问，其深度增加 1。
            // 检查状态 next 是否已经为目标状态 goal，若为目标状态则返回解决方案。
            // 若不为目标状态且深度小于预设深度限制则将其置入开放集等待继续搜索。
            if (closed doesn't contain next)
            {
                next.depth = n.depth + 1
                if (next = goal) return "Solution"
                if (next.depth < maxDepth) insert(open, next)
            }
        }
    }
    // 若在限制深度内未发现解决方案则返回无解。
    return "No Solution"
}
```

需要注意，上述伪代码通过栈来实现 DFS，与使用递归实现的 DFS 稍有差异。使用递归实现的 DFS，在每个深度层次一般只保存一个状态，而此处使用栈实现的 DFS，在每个深度层次会生成当前状态“紧随其后下一步”的多个状态并压入栈中，相对于使用递归实现的 DFS 栈状态，栈中同层次的状态可能不止一个。

DFS 属于盲目搜索，在此过程中，大部分时间都用于在闭合集中搜索某个状态是否存在，如何快速地确定某个状态是否已经访问是提升算法效率的关键。如果能够为布局生成一个唯一键值，通过键值来判定两个布局的不同则相对方便得多。也就是说，如果两个布局有着相同的键值则表示两个布局是等价的，若两个布局拥有不同的键值，则其必定不同，这样就能够通过检索键值是否存在来确定布局是否已经访问。观察滑块所处的正方形外框，共有 16 个位置，最大滑块数字为 15，不妨将布局视为 16 进制的数制系统，每个滑块作为一个数位，按行优先顺序将布局表示成一个 `unsigned long long int` 类型的整数。以前述的示例布局为例，可以将其唯一表示成：

$$
\begin{aligned}
S &= 13\times16^{15}+10\times16^{14}+11\times16^{13}+6\times16^{12}+5\times16^{11}+7\times16^{10}+4\times16^{9}+8\times16^{8}+\\
&\quad 1\times16^{7}+12\times16^{6}+14\times16^{5}+9\times16^{4}+3\times16^{3}+15\times16^{2}+2\times16^{1}+0\times16^{0}\\
&= \mathrm{DAB657481CE93F20}_{16}\\
&= 15759879913263939360_{10}
\end{aligned}
$$

通过此种方式，可以将布局唯一映射到一个整数，便于使用 `set` 数据结构来查询局面是否已经在闭合集合中。更进一步地，如果将布局对应的整数表示为二进制数形式，则每 4 个二进制位恰好表示一个滑块，后继移动空滑块的操作可以转换为位操作，这样可以减少状态表示所占用的空间，同时使用位操作也可以提高代码效率。

因为事先无法确定某个布局所对应解的长度，如果初始时的深度限制较小，当实际解的长度大于深度限制时，会出现 DFS 无法获得解的情形，其原因是 DFS 在达到解的深度之前就已经停止了搜索。对于本题来说，可能出现如下“诡异”的情形：某个布局距离目标布局只差几步，但由于达到了最大搜索深度限制而被放到了闭合集中，那么后续不可能再次对此布局进行扩展，即使之后的 DFS 过程在较小的深度等级访问到这个布局，它也不会继续搜索，因为这个布局已经在闭合集中。反过来，如果限制深度过大，则 DFS 会在某些无解的搜索分支上耗费大量时间，导致搜索时间大幅增加。因此，搜索深度设置是否合理直接影响着能否获得解和获得解所需要的时间。一般来说，对于可以使用 DFS 解题的题目，其搜索深度都有一定限制（或者题目本身所蕴含的搜索树深度不大，不需在题目描述中予以明确限定）。由于本题已经限定有解布局均可在 45 步之内解决，而且解的长度不应超过 50 步，则可设最大搜索深度为 50。

广度优先搜索

广度优先搜索（Breadth First Search，BFS）尝试在不重复访问状态的情况下，寻找一条从初始状态到达目标状态的最短路径。BFS 能够保证：如果存在一条从初始状态到目标状态的路径，那么找到的肯定是最短路径。BFS 和 DFS 唯一不同的就是 BFS 使用队列来保存开放集，而 DFS 使用栈。每次迭代时，BFS 从队列首部取出一个尚未访问的状态，然后从这个状态开始，确定能够到达的后继状态，如果已经达到目标状态，则结束搜索，任何已经在闭合集中的后继状态会被忽略，否则，新生产的后继状态将会放入开放集队列尾部，继续供后续搜索使用。使用 BFS 解题的过程可以使用伪代码描述如下（由于使用 BFS 解题和使用 DFS 解题差异非常小，请读者参照使用 DFS 解题的伪代码注释进行理解）：

```
bfs(initial, goal)
{
    if (initial = goal) return "Solution"
    initial.depth = 0
    // BFS 使用队列来存储开放集。
    open = new Queue
    closed = new Set
    insert(open, initial)
    while (open is not empty)
    {
        // 从队列首部取出尚未访问的状态。
        n = head(open)
        insert(closed, n)
        foreach valid move m at n
        {
            next = state when playing m at n
            if (closed doesn't contain next)
            {
                if (next = goal) return "Solution"
                insert(open, next)
            }
        }
    }
    // BFS 搜索结束仍未找到解则返回无解。
    return "No Solution"
}
```

BFS 的优点是找到的解其长度必定最短，但缺点是空间占用较大，因为在迭代的每一步，BFS 会将下一层的所有状态压入队列，如果搜索空间或解的深度较大，将会有大量的状态停留在队列中，很容易超出内存的限制。

A*搜索

如果给定的布局存在解，BFS 能够找到一个最优解，但是可能需要访问大量的顶点，它并没有尝试对候选走法进行排序，相反，DFS 是尽可能地向前探测路径，不过，DFS 的搜索深度必须得到限制，否则它很可能会在没有任何结果的路径上花费大量的时间。

给定如图 1-17 所示的两个布局，直观来看，左侧布局要比右侧布局更接近目标状态，因为其“无序度”更小。直觉上，无序度较小的布局更有可能经过较少步骤的扩展后达到目标状态，相对的，无序度较大的布局在经过同等步骤的扩展后，到达目标状态的可能性要低。在搜索过程中，对于无序度低的布局可以优先考虑进行扩展，因为其更有可能在较短的步骤内到达目标状态。不过计算机并不具有类似于人类的直觉，需要程序员明确告知特定布局的无序度，或者指定一组规则，使得计算机能够按照规则计算布局的无序度。在物理学中，表示系统无序程度时有一个物理量，称之为熵（entropy），熵值的增加可以使用系统增加的热量及温度进行衡量。类似地，衡量给定布局的无序度，使用何种指标较为合适呢？观察左侧布局，之所以会得出其无序度较小的印象，是因为较多滑块处于其“正确”位置，而右侧布局则有相对较多的滑块未处于目标状态的“正确”位置，因此可以根据滑块与其“正确”位置的“距离”来度量布局的无序度。具体来说，就是使用滑块移动到其“正确”位置所需要使用的最少步骤数来量化某个滑块的无序度，所有滑块无序度的和即为整个布局的无序度。

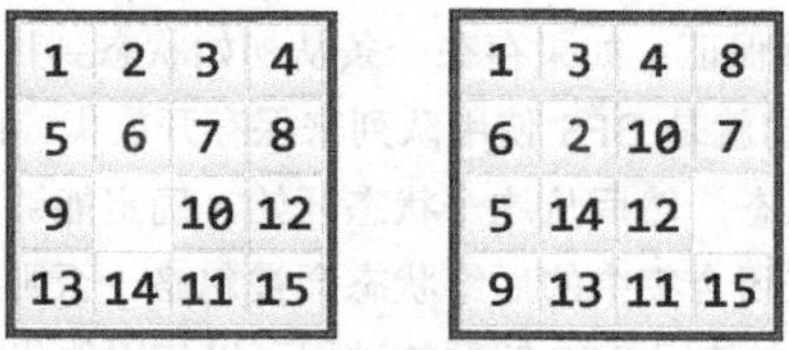

图 1-17　两个布局，左侧布局比右侧布局的“熵”要低。左侧布局到达目标状态最少只需要 3 步——RDR，而右侧布局到达目标状态最少需要 15 步——“LURULLDLDDRURDR”

定义 3 个函数如下。

f(*n*)：从初始状态开始，经过状态 *n*，到达目标状态的最短走法序列。

g(*n*)：从初始状态到状态 *n* 的最短走法序列。

h(*n*)：从状态 *n* 到目标状态的最短走法序列。

对于给定的搜索问题，在得到实际解之前，状态 *n* 的 *f*(*n*)、*g*(*n*)、*h*(*n*)值是未知的，那么是否有一种方法来估算这些函数值，从而能够为搜索提供剪枝的决策信息呢？也就是说，能否使用一种方法得到这 3 个函数的尽可能准确的近似估计值，在搜索的时候，依据该估计值将那些大于估计值而不可能获得解的搜索分支予以剪除，从而提高搜索效率。这就是以下介绍的 A*搜索。

A*搜索在搜索时能够利用启发式信息，智能地调整搜索策略[14]。A*搜索是一种迭代的有序搜索，它维护一个布局的开放集合。在每次迭代时，A*搜索使用一个评价函数 $f^*(n)$评价开放集合中的所有布局，选择具有最小“评分”的布局。定义

$$f^*(n) = g^*(n) + h^*(n)$$

其中 3 个函数定义如下。

$f^*(n)$：估算从初始状态开始，经过状态 *n*，到达目标状态的最短走法序列。

$g^*(n)$：估算从初始状态到状态 *n* 的最短走法序列。

$h^*(n)$：估算从状态 *n* 到目标状态的最短走法序列。

星号表示使用了启发式信息[1]，因此 $f^*(n)$，$g^*(n)$，$h^*(n)$是对实际开销 *f*(*n*)，*g*(*n*)，*h*(*n*)的估算，这些实际开销只能在得到解之后才能够知道。$f^*(n)$越低，表示状态 *n* 越接近目标状态。$f^*(n)$最关键的部分是启发式地计算 $h^*(n)$，因为 $g^*(n)$能够在搜索的过程中，通过记录状态 *n* 的深度计算出来。如果 $h^*(n)$不能够准确地区分开有继续搜索价值的状态和没有价值的状态，那么 A*搜索不会表现得比 DFS 更好。如果能够准确地估算 $h^*(n)$，那么使用 $f^*(n)$就能够得到一个开销最小的解。可以将 A*搜索使用伪代码描述如下。

```
a_star (initial, goal)
{
    if (initial = goal) return "Solution"
    initial.depth = 0
    // A*搜索使用优先队列存储开放集。
    open = new PriorityQueue
```

1　自从 1968 年开发出此算法后，这个记法被广泛接受。

```
        closed = new Set
        insert(open, initial)
        while (open is not empty)
        {
            n = minimum(open)
            insert(closed, n)
            if (n = goal) return "Solution"
            foreach valid move m at n do
            {
                next = state when playing m at n
                next.depth = n.depth + 1
                if (closed contains next)
                {
                    prior = state in closed matching next
                    if (next.score < prior.score)
                    {
                        remove(closed, prior)
                        insert(open, next)
                    }
                    else insert(open, next)
                }
            }
        }
        return "No Solution"
    }
```

由于 $h^*(n)$ 在算法中非常关键，而且它是高度特化的，根据问题的不同而有所差异，所以需要找到一个合适的 $h^*(n)$ 函数是比较困难的。在这里使用的是每个方块到其目标位置的曼哈顿距离之和，曼哈顿距离是该状态要达到目标状态至少需要移动的步骤数。$g^*(n)$ 为到达此状态的深度，在这里采用了如下评估函数。

$$f^*(n) = g^*(n) + \frac{4}{3} \times h^*(n)$$

其中 $h^*(n)$ 为当前状态与目标状态的曼哈顿距离，亦可以考虑计算曼哈顿配对距离。对于本题来说，效率比单纯曼哈顿距离要高，但比曼哈顿距离乘以适当系数的方法低[15]。

```
const int SQUARES = 4;
// 预先计算的曼哈顿距离。
int manhattan[SQUARES * SQUARES][SQUARES * SQUARES];
// 预先计算曼哈顿距离。
void getManhattan()
{
    for (int i = 0; i < SQUARES * SQUARES; i++)
        for (int j = 0; j < SQUARES * SQUARES; j++) {
            int tmp = 0;
            tmp += (abs(i / SQUARES - j / SQUARES) + abs(i % SQUARES - j % SQUARES));
            manhattan[i][j] = tmp;
        }
}
// 计算某个布局的评分。
int getScore(vector<int> &state, int depth)
{
    int gn = depth, hn = 0;
    for (int i = 0; i < state.size(); i++)
        if (state[i] > 0)
            hn += manhattan[state[i] - 1][i];
    return (gn + 4 * hn / 3);
}
```

迭代加深 A*搜索

迭代加深 A*搜索（Iterative Deepening A* Search，IDA*）依赖于一系列逐渐扩展的有限制的深度优先搜索。对于每次后继迭代，搜索深度限制都会在前次的基础上增加。IDA*比单独的深度优先搜索或广度优先搜索要高效得多，因为每次计算出的开销值都是基于实际的走法序列而不是启发式函数的估计。使用

IDA*进行解题的过程可以使用伪代码描述如下。

```
ida_star (initial, goal)
{
    if (initial = goal) return "Solution"
    // nowDepthLimit 为当前搜索的最大深度限制。
    nowDepthLimit = 0
    // nextDepthLimit 为已搜索状态的最小估计深度，是下一次迭代的参考深度限制。
    // 初始时，其值设置为给定布局的评分。
    nextDepthLimit = initial.score
    // 在未找到解之前继续迭代。
    while (true)
    {
        // 每完成一次迭代，更新 DFS 的最大深度限制。
        if (nowDepthLimit < nextDepthLimit)
            nowDepthLimit = nextDepthLimit
        else
            nowDepthLimit = nowDepthLimit + 1
        nextDepthLimit = INF
        // 根据上一次迭代得到的深度限制开始下一次 DFS。
        open = new Stack
        closed = new Set
        insert(open, initial)
        // 当开放集不为空时继续搜索。
        while (open is not empty)
        {
            n = pop(open)
            insert(closed, initial)
            foreach valid move m at n
            {
                next = state when playing m at n
                if (next = goal) return "Solution"
                if (closed doesn't contain next)
                {
                    // 将评分小于限制深度的布局压入栈中，对于评分大于限制深度的布局，
                    // 取最小的评分值作为下一次 DFS 的预设深度。
                    if (next.score < nowDepthLimit) insert(open, next)
                    else nextDepthLimit = min(nextDepthLimit, next.score)
                }
            }
        }
    }
    return "No Solution"
}
```

IDA*搜索实际上可以看成使用启发式信息对 DFS 进行剪枝的过程。其中的剪枝阈值基于当前的实际走法步数和相对“智能”的对到达目标状态所需步数的估计。IDA*搜索的缺点是每次迭代均需要重新开始搜索，前一次迭代搜索的结果未能加以有效利用。在具体的实现中，避免重复生成之前的状态可以免去闭合集的使用，使得程序的效率更高。对于 15 数码问题来说，在移动空滑块时，如果当前将空滑块向右移动一个方格，那么下一步就应该避免将空滑块向左移动一个方格，因为这样会使得布局恢复到上一步的状态，对于将布局恢复到上一步状态的空滑块移动操作，需要将其剔除，这样就能够保证在 DFS 过程中遇到的布局是不重复的，从而免去了判断布局是否在闭合集中这一步骤，自然效率会提升。

参考代码

```
struct config
{
   int hn, dir, r, c;
   bool operator<(const config &cfg) const { return hn < cfg.hn; }
};

string directions = "URLD";
int offset[4][2] = {{-1, 0}, {0, 1}, {0, -1}, {1, 0}};    // 位置偏移量。
int puzzle[5][5]; // 记录布局。
```

```
int Hn[16][5][5] = {}; // 编号为i的滑块从正确位置移动到位置[r, c]时的熵的变化。
int dHn[16][5][5][5][5] = {};   // 编号为i的滑块从位置[r, c]移动到[rr, cc]时熵的变化。
int done; // 搜索是否结束的标志
int depthLimit;    // 最大深度限制。
int path[64]; // 记录移动步骤。

void dfs(int hn, int gn, int dir, int missingr, int missingc)
{
   if (hn + gn > depthLimit) return;
   // 当布局的熵降低为零时，表明布局已经为目标状态。
   if (hn == 0) {
      done = 1;
      for (int i = 0; i < gn; i++) cout << directions[path[i]];
      cout << '\n';
      return;
   }

   // 确定从当前布局能够得到的后续布局。
   int cnt = 0;
   config next[4];
   for (int k = 0; k < 4; k++) {
      if (k == dir) continue;
      int rr = missingr + offset[k][0], cc = missingc + offset[k][1];
      if (rr < 1 || rr > 4 || cc < 1 || cc > 4) continue;
      // 更新布局的熵。
      next[cnt].hn = hn +
         dHn[puzzle[rr][cc]][rr][cc][missingr][missingc];
      next[cnt].dir = k, next[cnt].r = rr, next[cnt].c = cc;
      cnt++;
   }

   // 对具有较低熵的布局优先搜索。
   sort(next, next + cnt);
   for (int k = 0; k < cnt; k++) {
      swap(puzzle[missingr][missingc], puzzle[next[k].r][next[k].c]);
      // 记录移动的类型。
      path[gn] = next[k].dir;
      dfs(next[k].hn, gn + 1, 3 - next[k].dir, next[k].r, next[k].c);
      if (done) return;
      swap(puzzle[missingr][missingc], puzzle[next[k].r][next[k].c]);
   }
}

void IDAStar(int missingr, int missingc)
{
   // 通过累加每个非空滑块的熵来确定给定布局的熵。
   int hn = 0;
   for (int r = 1; r <= 4; r++)
      for (int c = 1; c <= 4; c++)
         if (puzzle[r][c])
            hn += Hn[puzzle[r][c]][r][c];

   // 每当搜索不成功时，搜索的限制深度递增1。
   depthLimit = 0;
   while (true) {
      done = 0;
      dfs(hn, 0, -1, missingr, missingc);
      if (done) break;
      depthLimit++;
   }
}

// 判断给定的布局是否可解。
bool solvable(vector<int> tiles)
{
```

```
    int sum = 0;
    for (int i = 0; i < tiles.size(); i++) {
        if (tiles[i] == 0) sum += (i / 4 + 1);
        else {
            for (int j = i + 1; j < tiles.size(); j++)
                if (tiles[j] && tiles[j] < tiles[i])
                    sum++;
        }
    }
    return (sum % 2 == 0);
}

int main(int argc, char *argv[])
{
    // 预先计算正确位置为[r1, c1]的滑块移动到位置[r2, c2]时熵的改变。
    for (int r1 = 1; r1 <= 4; r1++)
        for (int c1 = 1; c1 <= 4; c1++)
            for (int r2 = 1; r2 <= 4; r2++)
                 for (int c2 = 1; c2 <= 4; c2++)
                    Hn[(r1 - 1) * 4 + c1][r2][c2] = abs(r1 - r2) + abs(c1 - c2);

    // 预先计算编号为 i 的滑块从位置[r1, c1]移动到位置[r2, c2]时熵的变化。
    for (int i = 1; i <= 15; i++)
        for (int r1 = 1; r1 <= 4; r1++)
            for (int c1 = 1; c1 <= 4; c1++)
                for (int r2 = 1; r2 <= 4; r2++)
                    for (int c2 = 1; c2 <= 4; c2++)
                        dHn[i][r1][c1][r2][c2] = Hn[i][r2][c2] - Hn[i][r1][c1];

    int cases = 0;
    cin >> cases;
    for (int cs = 1; cs <= cases; cs++) {
        vector<int> tiles;

        // missingr 和 missingc 表示空滑块所在的行和列。
        int missingr, missingc;
        for (int r = 1; r <= 4; r++)
            for (int c = 1; c <= 4; c++) {
                cin >> puzzle[r][c];
                tiles.push_back(puzzle[r][c]);
                if (puzzle[r][c] == 0) missingr = r, missingc = c;
            }

        // 若布局可解，则进行 IDA*搜索。
        if (solvable(tiles)) IDAStar(missingr, missingc);
        else cout << "This puzzle is not solvable.\n";
    }

    return 0;
}
```

强化练习

529 Addition Chains[C]，652 Eight[D]，10073 Constrained Exchange Sort[D]，11163 Jaguar King[D]。

提示

652 Eight 中，由于 8 数码问题搜索空间较小，可以预先生成所有布局的走法序列，从而能够以查表的方式来输出解。或者使用 IDA*搜索实时生成解。

10073 Constrained Exchange Sort 题目描述中“l_1~$l_2 = d_i$”的含义为 $abs(l_1 - l_2) = d_i$，即 $l_1 - l_2$ 的绝对值为 d_i。初看似乎可以使用双向搜索予以解决，但是由于搜索空间较大，很难在限定时间内获得 Accepted。可将其转化为类似于三维形式的 15 数码问题，使用 IDA*搜索加以解决。给定字符串 ABCDEFGHIJKL，可将其转换为如图 1-18 所示的三维形式（其中 L 对应“空滑块”）。

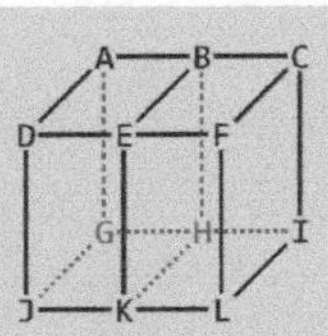

图 1-18 转换后的三维形式

11163 Jaguar King 的解题关键是根据题目的约束条件寻找合适的启发式信息估算函数，使得能够较为准确地确定中间状态到目标状态所需的最少步骤数。观察题目所给定的位置变换规则，可以将其转换为与 15 数码问题类似的问题予以解决。由于此题所求的是达到目标状态的最少步骤数，在设置深度限制时，每迭代一次，深度限制增加 1，而不能像 15 数码问题那样，每次迭代后深度限制可能增加不止 1。因为 15 数码问题所求的不是最优解，所以可以在每次迭代时对深度限制的增量放宽。若 15 数码问题所求的是最短走法步骤，则每次迭代后深度限制的增量也需要限制为 1。

1.5 小结

回溯法（探索与回溯法）是一种选优搜索法，又称为试探法，按选优条件向前搜索，以达到目标。当探索到某一步时，如果发现原先的选择并不理想或达不到目标，就退回一步重新进行选择。这种无法走通就回退，之后再前进的技术就称为回溯法，而满足回溯条件的某个状态就称为“回溯点”。在回溯法中，每次扩大当前部分解时，都面临一个可选的状态集合，新的部分解就通过在该集合中选择构造而成。这样的状态集合，其结构是一棵多叉树，每个树结点代表一个可能的部分解，它的儿子是在它的基础上生成的其他部分解。树根为初始状态，这样的状态集合称为状态空间树。

如果某个问题需要在所有可能的方案中确定某些方案是否符合要求，而且总的方案数不是太大（例如，约 10^6 种方案），那么使用回溯法是一种既简单又实用的方法。回溯法和穷举法类似，但有一定差异。穷举法要将一个解的各个部分全部生成后，才检查是否满足条件，若不满足，则直接放弃该完整解，然后再尝试另一个可能的完整解，它并没有沿着一个可能完整解的各个部分逐步回退再次生成解的过程。而对于回溯法，一个解的各个部分是逐步生成的，当发现当前生成的某部分不满足约束条件时，就放弃该步所做的工作，退到上一步进行新的尝试，而不是放弃整个解重来。在回溯法实现时，最关键的就是既不重复也不遗漏地遍历所有可能的方案，然后再对方案进行合法性检查。回溯法最常见的实现形式是递归，递归实际上就是在问题所对应的隐式图中进行深度优先搜索，因此需要标记已经访问的状态以便回溯。如果标记状态不当，很容易造成遗漏某些可能的解或者重复检查方案。

回溯法一般是从初始状态向终止状态进行搜索（或者相反），是单向的过程，也可以从初始状态和终止状态同时进行搜索，在中间状态相遇，此为双向搜索，双向搜索能够减少回溯中每增加一步所造成的状态的大量增长，有利于减少空间和时间消耗，但不是所有问题都适合使用双向搜索技巧，双向搜索只适用于记录状态不需太多空间的搜索类型题目。

对于大多数搜索类型的问题来说，它的问题空间都比较大，因此，需要根据问题的特点在回溯的过程中进行剪枝，将一些明显不可能得到解的搜索分支予以剪除，以提高效率。剪枝是一把双刃剑，剪枝过少对效率提升不明显，剪枝过多，用于确定是否剪除的计算量过大，反而会影响最终的效率，因此剪枝需要选择计算量较小而又能高效确定该分支是否可能走向可行解。需要具体题目具体分析，要靠解题者多接触、多练习、多思考，以期触类旁通、举一反三、熟能生巧。

对于更为复杂的问题，可以应用 A*搜索，即启发式搜索，启发式搜索是根据特定问题的特点构造的代价函数，可以更为高效地判定当前搜索路径是否更有可能走向可行解。代价函数与问题密切相关。

对于类似于数独的精确覆盖问题，还可以应用称之为舞蹈链 X 算法的搜索技巧，舞蹈链 X 算法提高了标记和回溯的效率，因此可以较好地提高搜索效率。

第2章 图和图遍历

其实地上本没有路，走的人多了，也便成了路。

——鲁迅，《故乡》

图（graph）是数学同时也是计算机科学的一个重要领域，是一种重要的数学模型和数据结构，通常用来描述某些事物之间的某种特定关系，它可以为运输系统、电路、人际交往、电线网络的组织结构提供抽象描述。很多不同的结构都可以用图来进行统一的形式建模，之后再运用特定的图算法对其进行解决。图论中的术语和记号非常多，每种图论专著或者论文都有可能不尽相同，为了一致性，本书中有关图论的术语和记号均取自徐俊明编著的《图论及其应用（第 3 版）》的相关内容[16]。

2.1 基本概念

图 $G=(V, E)$包含一个顶点集（vertex set）V和一个边集（edge set）E，其中每条边是 V 中两个点的有序对或无序对。边与它的两个端点称为关联的（incident），与同一条边关联的两个端点或者与同一个顶点关联的两条边称为相邻的（adjacent）。两端点相同的边称为环（loop）。有公共起点并有公共终点的两条边称为平行边（parallel edges）或者重边（multi edges）。端点相同但方向相反的两条有向边称为对称边（symmetric edges）。

2.1.1 图的属性

按照图具有的各种特点，可将图进行如下分类。

- 无向图和有向图。如果边(x, y)在边集中，同时(y, x)也在边集中，则称图 $G=(V, E)$是无向图（undirected graph），否则称该图是有向图（directed graph）。常见的例子是城市中的街道，如果任意两个相邻路口之间都可以双向行驶，则可以把相邻路口之间的道路视为一条无向边，城市的交通图对应无向图。如果某些相邻路口之间的道路是单行道，则对应着一条有向边，相应的交通图是有向图。
- 连通图和非连通图。如果无向图 G 中任意一对顶点之间都是连通的，则称此图是连通图（connected graph），否则称之为非连通图（disconnected graph）。对于非连通图 G，其极大连通子图称为连通分支（connected component，或称连通分量），连通分支数通常记为 $w(G)$。
- 加权图和无权图。在加权图（weighted graph）中，G 中的每个顶点或每条边都具有一个权值，该权值可能表示距离、时间等。在无权图中，顶点或边不具有权值。
- 有圈图和无圈图。如果图中存在一个顶点序列，从该序列的任意一个顶点出发沿着顶点间的边走能够回到起始顶点则称 G 为有圈图。在无向图中的圈称为无向圈，在有向图中的圈称为有向圈。如果一个有向图不存在圈，则称之为有向无圈图（directed acyclic graph，DAG）。
- 简单图和非简单图。不包含环或平行边的图称为简单图，否则称为非简单图。图中顶点和边的数量分别记为 v 和 e，定义 $v=|V|$，$e=|E|$，顶点的数量也称为阶（order），阶为 1 的简单图称为平凡图（trivial graph），边数为 0 的图称为空图（empty graph）。v 和 e 都是有限的图称为有限图（finite graph）。
- 嵌入图。嵌入图（embedded graph）是指点和边都被赋予几何位置的图。因此，把图画出来以后得到的就是该图的一个嵌入。

- 平面图和非平面图。若图 G 可以嵌入平面（或球面），则称 G 是平面图（planar graph），不能嵌入平面（或球面）的图称为非平面图（non-planar graph）。
- 隐式图和显式图。在实际应用中，很多图不是先被完整地构造出来然后再遍历，而是在使用的时候逐步扩展。
- 有标号图和无标号图。在有标号图（labeled graph）中，每个顶点都被赋予一个唯一的名称，将其与其他顶点区分开。在无标号图（unlabeled graph）中，所有顶点均视为相同。在实际应用中，大多数图的顶点都赋予了标号。在图的同构判定（isomorphism testing）中，需要忽略标号对两个图的拓扑结构进行判断，确定两个图是否完全相等。一般需要通过回溯法解决，即尝试两个图中的所有标号方案，判断得到的有标号图是否相同。
- 完全图和非完全图。完全图（complete graph）是一个简单图，图中每对顶点间有且只有一条边相连。具有 n 个顶点的完全图称为 n 阶完全图，图中的边数为 $n(n-1)$。非完全图则是不满足完全图定义的图。

强化练习

11550 Demanding Dilemma[C]。

2.1.2 欧拉公式

欧拉于 1753 年证明，对于连通平面图，其顶点数 v，边数 e，面数 f 之间有

$$v-e+f=2$$

对于凸多边体，也存在上述关系。如果平面图不连通，设其连通子图数为 k，则有

$$v-e+f=1+k$$

例如，在图 2-1 中，连通平面图（a）有 4 个顶点，3 条边，1 个面。连通平面图（b）有 6 个顶点，7 条边，3 个面。若（a）和（b）共同构成 1 个图，则总共有 10 个顶点，10 条边，3 个面，连通子图数为 2。

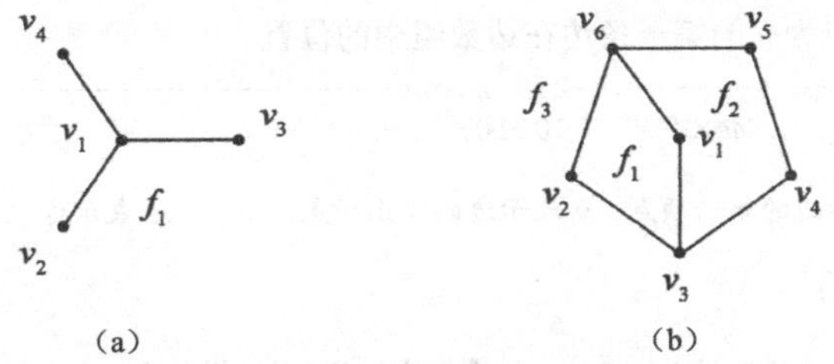

图 2-1 连通平面图

扩展练习

10178 Count the Faces[C]。

2.1.3 路与连通

图中连接顶点 x 和 y 的链（chain 或 walk）W 称为 xy 链，是指顶点 x_i 和边 a_j 交错出现的序列，即

$$W=(x=)x_{i_0}a_{i_1}x_{i_1}a_{i_2}\cdots a_{i_k}x_{i_k}(=y)$$

其中与边 a_{i_j} 相邻的两个顶点 $x_{i_{j-1}}$ 和 x_{i_j} 正好是 a_{i_j} 的两个端点，x 和 y 称为 W 的端点（end-vertices），其余的点称为内部点（internal vertices）。W 中边的数量 k 称为 W 的长度（length），简称为长。

边互不相同的链称为迹（trail），内部点互不相同的迹称为路（path）。两端点相同的链（迹、路）称为闭链（闭迹、闭路）。闭迹称为回（circuit），闭路称为圈（cycle）。

指定有向图 D 中 xy 链（迹、路）W 的方向从 x 到 y。若 W 中所有边的方向与此方向一致，则称 W 为 D 中从 x 到 y 的有向链（迹、路），记为（x，y）链（迹、路）。

图中长度最大的路称为最长路（longest path）。包含图中每个顶点的路称为 Hamilton 路。长为 $n-1$ 的路通常记为 P_n。

2.2 图的表示

图有几种常用的表示方法，每种表示方法都有其适用的场合，可以根据具体解题需要灵活选择。

2.2.1 邻接矩阵

对于具有 n 个顶点的图，可以使用一个 $n \times n$ 的矩阵来表示图中的边。令矩阵为 M，若顶点 i 和顶点 j 之间有一条边，则置 $M[i][j]=1$，否则置 $M[i][j]=0$。此种表示方法的优点是可以快速查询某条边是否存在，只要检查矩阵中的元素 $M[i][j]$是否为 1 即可，对于新增和删除边也很便利，只需将相应矩阵元素置为 1 或置为 0。但对于和某个顶点相连的顶点有哪些的查询，需要对矩阵进行遍历，不是很方便。其次当顶点数量较多但边数较少，邻接矩阵表示法效率不高，矩阵中会有大量的元素为 0。

在解题应用中，对图进行拓扑排序时，若顶点数量不多（例如顶点数量在 1000 个左右），使用该种表示方法较为适宜，因为在拓扑排序中，关注的是某两个顶点间是否有边。

2.2.2 边列表和前向星

对于某些特定的图算法来说，只需要维护所有边的数组即可，不需要考虑边的具体顺序，例如求最小生成树的 Kruskal 算法、求最大流的 Edmonds-Karp 算法等。在这些应用中，只需从输入中读取边，将其存放到边数组中，对边数组进行处理后按顺序取用即可。

前向星是一种通过存储边信息来表示图的一种数据结构。通过读入每条边的信息，将边存放在数组中，把数组中的边按照起点顺序排列，就完成了前向星的构造。为了方便查询某个顶点的相邻边，可以使用另外一个数组 *head* 来存储起点为 u 的第一条边在边数组中的位置。

```
//-----------------------------2.2.2.cpp------------------------------//
const int MAXV = 1010, MAXE = 1000010;

// 定义边的结构。u 表示边的起始顶点，v 表示边的终止顶点，weight 表示边权。
struct edge {
   int u, v, weight;

   // 重载小于比较符。当边的起点相同时，按终点的大小比较，若终点相同则按照边权大小比较。
   bool operator<(const edge &e) const
   {
      if (u == e.u) {
         if (v == e.v) return weight < e.weight;
         else return v < e.v;
      } else return u < e.u;
   }
} g[MAXE];

// n 表示图中顶点的数量，m 表示图中边的数量
int n, m;

int head[MAXV];

int main(int argc, char *argv[])
{
   // 读入边数据。
   cin >> n >> m;
```

```
    for (int i = 0; i < m; i++)
        cin >> g[i].u >> g[i].v >> g[i].weight;

    // 对边进行排序。
    sort(g, g + m);

    // 确定每个顶点起始边在数组中的位置，注意第一条边的处理。
    memset(head, -1, sizeof(head));
    head[g[0].u] = 0;
    for (int i = 0; i < m; i++)
        if (g[i - 1].u != g[i].u)
            head[g[i].u] = i;

    // 遍历边数组，逐条输出每个顶点的邻接边。
    for (int i = 0; i < n; i++)
        for (int j = head[i]; g[j].u == i; j++) {
            cout << g[j].u << ' ' << g[j].v << ' ' << g[j].weight << '\n';
        }

    return 0;
}
//-------------------------------2.2.2.cpp-------------------------------//
```

可以看出，前向星构造的时间复杂度主要取决于排序函数，一般来说，时间复杂度为 $O(|E|\log|E|)$，$|E|$ 为边的数量，空间上需要两个数组，故空间复杂度为 $O(|V| + |E|)$。前向星的优点在于当顶点数量较多时仍然可以很好地处理，适用于稀疏图，同时可以存储重复边，缺点是不能直接判断图中任意两个顶点间是否有边。

2.2.3 邻接表

可以为每个顶点设立一个数组，将它的相邻顶点保存在其中，称为邻接表（adjacent list）表示。动态数组可以使用 STL 中的 vector 来实现。在实际应用时，一般从 0 开始对顶点进行编号（也可以从 1 开始，符合日常习惯），为每个顶点创建一个 vector，保存其相邻顶点，所有存储相邻顶点的 vector 组合为一个更大的 vector，类似于二维数组。在绝大多数图相关的题目中，这种表示方法非常实用。

```
//-------------------------------2.2.3.cpp-------------------------------//
const int MAXV = 1010;

// n 为顶点数量，m 为边的数量。
int n, m;

// 声明存储顶点邻接表的 vector，顶点序号从 0 开始计数。
vector<vector<int>> g(MAXV + 1);
// 如果图数据中边可能重复给出但不需要重复的边，可以使用 set 来存储。
// vector<set<int>> g(MAXV + 1);
// 如果边的数量较多且不对边进行增删操作，可以使用 list 来存储。
// list<list<int>> g(MAXV + 1);

int main(int argc, char *argv[])
{
    // 如果是无向图，在建立邻接表时需要添加正反两个方向的边。
    // 如果是有向图，则只需添加指定方向的边。
    cin >> n >> m;
    for (int i = 0, u, v; i < m; i++) {
        cin >> u >> v;
        g[u].push_back(v);
        g[v].push_back(u);
    }

    // 输出邻接表。
    for (int i = 0; i < n; i++)
```

```
      if (g[i].size() > 0) {
         cout << i;
         for (int j = 0; j < g[i].size(); j++)
            cout << ' ' << g[i][j];
         cout << '\n';
      }

   return 0;
}
//-------------------------------2.2.3.cpp-------------------------------//
```

强化练习

10973 Triangle Counting[D]。

2.2.4　链式前向星

链式前向星由前向星拓展而来，相当于将邻接表存储在数组中，而且省去了前向星的排序步骤。该种表示方法既能够快速遍历顶点的邻接边又能够节省存储空间，可以认为是遍历效率和存储效率最高的图表示方法。

```
//-------------------------------2.2.4.cpp-------------------------------//
const int MAXV = 1010, MAXE = 1000010;

// 定义边结构。next 表示边数组中下一条边的位置。
struct edge { int u, v, weight, next; } g[MAXE];

int n, m;
int head[MAXV], idx;

int main(int argc, char *argv[])
{
   idx = 0;
   memset(head, -1, sizeof(head));

   // 读入边数据。这里假设读入的是无向图的边数据。注意边添加的方式。
   cin >> n >> m;
   for (int i = 0, u, v, weight; i < m; i++) {
      cin >> u >> v >> weight;
      g[idx] = edge{u, v, weight, head[u]};
      head[u] = idx++;
      g[idx] = edge{v, u, weight, head[v]};
      head[v] = idx++;
   }

   // 输出所有顶点的邻接边。
   for (int i = 0; i < n; i++)
      for (int j = head[i]; ~j; j = g[j].next)
         cout << g[j].u << ' ' << g[j].v << ' ' << g[j].weight << '\n';

   return 0;
}
//-------------------------------2.2.4.cpp-------------------------------//
```

168 Theseus and the Minotaur[B]（提修斯与米诺陶）

提修斯与米诺陶的神话传说是一个和充满羊肠小道的地下迷宫有关的故事。迷宫由一些相互连通的洞穴构成，有些洞穴只能从一个走向另外一个而不能反过来走。为了将米诺陶抓住，提修斯带了很多蜡烛进入迷宫，因为他发现米诺陶很怕光。开始的时候，提修斯在迷宫里漫无目的地寻找，等到他听见米诺陶靠近时，就立即点亮一支蜡烛开始追捕米诺陶。米诺陶转身选择与当前所在洞穴相连的一条道路逃跑。提修斯紧跟不放，慢慢地，提修斯到达了自点亮蜡烛以来经过的第 k 个洞穴。这时，他有足够的时间将点亮的蜡烛放在洞穴的中心，并将另外一支蜡烛点燃，继续追捕。在此追捕过程中，每当提修斯经过 k 个洞穴时，都会在第 k 个洞穴中心留下一支点亮的蜡烛，从而能够限制米诺陶的活动范围。当米诺陶进入某个洞穴后，它会按照特定的顺序查看该洞穴的离开通道，并选择第一个不会将它导向有点亮蜡烛的通道逃走。（记住，提修斯拿着点亮的蜡烛在追捕，因此米诺陶不会从进入该洞穴的通道原路逃走）。最终米诺陶被困住，使得提修斯有机会将它打败。

考虑如图 2-2 所示的一个迷宫作为例子，在这里，米诺陶按照字典序对离开洞穴的通道进行检查。

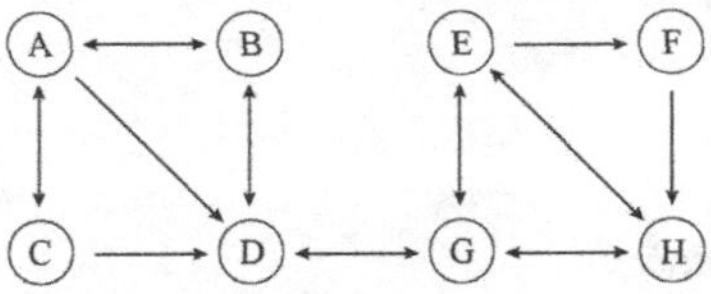

图 2-2 迷宫案例

假设提修斯在洞穴 C 时听到米诺陶从洞穴 A 靠近，在此示例中，设 k 为 3，提修斯点亮蜡烛开始追捕，依次通过洞穴 A、B、D（留下一支蜡烛），G、E、F（留下另外一支蜡烛），H、E、G（留下一支蜡烛），H、E（米诺陶被困）。

编写程序模拟提修斯追捕米诺陶的过程。迷宫通过以下方式进行描述：每个洞穴以一个大写字母表示，与该洞穴相连通的洞穴按照米诺陶在逃走时选择的顺序相继给出，跟着给出第一次相遇时米诺陶和提修斯所在洞穴的编号，最后给出的是 k 值。

输入

输入包含多行。每行包含一种迷宫情形，每种情形的格式如下（样例输入给出的是之前讨论的情形）：每行输入不超过 255 个字符。输入以只包含#字符的一行作为结束。

输出

为每一种迷宫情形输出一行。输出时按照蜡烛被放置的顺序，给出洞穴的编号，以及米诺陶最终被困住时洞穴的编号，格式要求与样例输出的格式一致。

样例输入

```
A:BCD;B:AD;D:BG;F:H;G:DEH;E:FGH;H:EG;C:AD. A C 3
#
```

样例输出

```
D F G /E
```

分析

构建图的邻接表表示，按题目给定的规则进行模拟。每次米诺陶离开的洞穴为提修斯到达的洞穴，每隔指定数量的洞穴放置蜡烛，并标记此洞穴不能再次进入。注意对每个洞穴可达的其他洞穴按照字典序进行排序以方便决定米诺陶的逃走路线。

强化练习

173 Network Wars[D]，243 Theseus and the Minotaur (II)[E]，10507 Waking up Brain[B]。

2.3 图遍历

图遍历（graph traversal）是指从图中的某个顶点出发，以某种方式沿着边访遍图中所有顶点的过程，在遍历过程中每个顶点仅被访问一次。图遍历操作在与图相关的题目中几乎是必需的。常用的遍历方法有两种：广度优先遍历（Breadth-First Search，BFS）和深度优先遍历（Depth-First Search，DFS）。由于遍历的本质是有序地访问所有顶点，上述两种方法的区别只不过是在遍历时访问顶点的顺序选择有所不同。

2.3.1 广度优先遍历

在广度优先遍历过程中，如果与当前顶点相连接的其他顶点尚未处理完毕，不会处理下一个未访问顶点。广度优先遍历总是尽可能“广泛”地遍历与当前顶点连接的边，遍历首先会发现与起始顶点 s 距离为 k

条边的所有顶点，然后才会发现与 s 距离为 $k+1$ 条边的顶点，此即“广度优先”的含义。

广度优先遍历使用队列来存储已经发现的顶点，其遍历过程可以使用伪代码表示如下。

```
// 从顶点 s 开始进行广度优先遍历。
bfs（顶点 s）
{
    设置起始顶点 s 的为状态已访问，其他顶点状态为未访问；
    设置起始顶点的前驱顶点为空；
    将顶点 s 放入队列；
    while （队列不为空）
    {
        取出队列首的顶点 u；
        for 顶点 u 的每个邻接顶点 v
            if （顶点 v 未被访问）
            {
                将顶点 v 的状态设置为已访问；
                将顶点 v 的前驱顶点设置为 u；
                将顶点 v 放入队列中；
            }
    }
}
```

下面通过遍历一个无向连通图来示例广度优先遍历的使用。如图 2-3 所示，遍历从编号为 1 的顶点开始，目标是通过遍历确定其他顶点与编号为 1 的顶点间的最短距离。

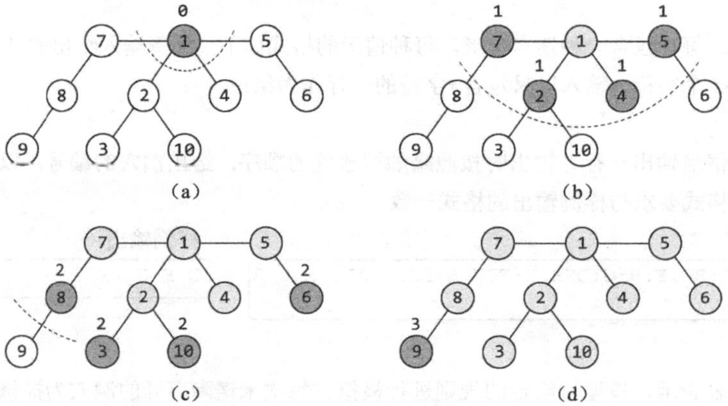

图 2-3　深灰色顶点表示已发现的顶点（上方的数值表示和顶点 1 的距离），浅灰色顶点表示已经访问过的顶点，白色顶点表示尚未发现的顶点。从编号为 1 的顶点开始遍历，在遍历过程中，已发现的顶点是已访问顶点和未访问顶点之间的边界（虚线所示为已访问顶点和未访问顶点的分界线）。(a)（b）(c)（d）表示遍历过程中 4 个不同的阶段

以下为图数据，其格式为：第 1 行为顶点的数量 n，之后 n 行为编号从 $1\sim n$ 的各个顶点所连接的其他顶点的数量和编号。

```
10
4 2 4 5 7
2 3 10
1 2
1 1
2 1 6
1 5
2 1 8
1 7
1 8
1 2
```

根据广度优先遍历的伪代码，可以容易地将其实现为以下代码。

```
//--------------------------------2.3.1.cpp--------------------------------//
const int MAXV = 1010;
```

```
// 图中顶点的数量。
int n;

// parent 记录顶点的前驱，visited 记录顶点是否已经发现，dist 记录最短路径的边数。
int parent[MAXV], visited[MAXV], dist[MAXV];

// 以邻接表方式来表示图。
vector<int> g[MAXV];

// 广度优先遍历。
void bfs(int u)
{
   // 初始化。
   memset(parent, -1, sizeof(parent));
   memset(visited, 0, sizeof(visited));
   memset(dist, -1, sizeof(dist));

   // 将起始顶点放入队列中。
   queue<int> q;
   q.push(u);
   visited[u] = 1, dist[u] = 0;

   // 当队列不为空时继续处理。
   while (!q.empty()) {
      // 取出尚未访问的顶点。
      u = q.front(); q.pop();
      // 遍历与当前顶点相连接的其他顶点。
      for (auto v : g[u])
         if (!visited[v]) {
            q.push(v);
            visited[v] = 1, parent[v] = u, dist[v] = dist[u] + 1;
         }
   }
}

int main(int argc, char *argv[])
{
   while (cin >> n) {
      // 读入图数据。
      for (int u = 1, edges; u <= n; u++) {
         g[u].clear();
         cin >> edges;
         for (int e = 1, v; e <= edges; e++) {
            cin >> v;
            g[u].push_back(v);
            g[v].push_back(u);
         }
      }

      // 使用广度优先遍历从第 1 个顶点开始遍历图。
      bfs(1);

      // 输出各顶点的父顶点以及与起始顶点间的最短距离。
      cout << "Vertex  Parent  Distance\n";
      for (int i = 1; i <= n; i++) {
         cout << setw(6) << right << i;
         cout << setw(10) << right << parent[i];
         cout << setw(12) << right << dist[i];
         cout << '\n';
      }
   }
```

```
    return 0;
}
//-----------------------------2.3.1.cpp------------------------------//
```

将上述代码应用于图 2-3 所对应的数据，其输出为：

```
Vertex    Parent    Distance
     1        -1           0
     2         1           1
     3         2           2
     4         1           1
     5         1           1
     6         5           2
     7         1           1
     8         7           2
     9         8           3
    10         2           2
```

可以看到，由于广度优先遍历访问顶点的方式，离起始顶点近的顶点先发现，离起始顶点远的顶点后发现，可以利用这个性质来找到无权图中的最短路径。那么究竟该如何找到最短路径呢？可以借助 *parent* 数组来实现。在遍历过程中，起始顶点的前驱可以设置为一个“空值”（例如 -1），表示该顶点是遍历的起始顶点，对于每一个在遍历过程中发现的顶点 v，将其前驱设置为当前正在处理的顶点 u。当遍历完成后，根据每一个顶点的前驱，逐次往回查找，即可得到从起始顶点到其他任意可达顶点的最短路径。在广度优先遍历过程中，每次只扩展一步，这样可以保证得到的最短距离中边数是最少的。如果边赋予的权值不等，那么得到的最短路径中，边权之和可能不是最小的。

在实际解题时，题目所给的图可能是隐式图，需要先根据题目的约束构建显式图，然后再使用广度优先遍历。下面以两道难度递增的题目来示例广度优先遍历的应用。

924 Spreading the News[A]（道听途说）

在大型机构中，每个员工都认识很多同事。然而，朋友关系只在员工中的少数人中存在，小道消息也只在朋友圈中传播。

假设以下情况：一旦某个员工知道了一条消息，在次日他会把这条消息告诉他的所有朋友。如果把第 1 个知道消息的员工称之为消息源，那么，在第 1 天的时候，消息源把消息告诉了他的朋友；第 2 天，消息源的朋友把消息告诉了自己的朋友；第 3 天，消息源的朋友的朋友把消息告诉了自己的朋友，如此继续。定义每天第 1 次（在此之前从未听说过该消息）得知该消息的人数为日知晓量，本题的目标为确定如下两项：

（1）最大日知晓量，即在一天中，第 1 次得知此消息的员工的最大数量；

（2）首次最大日知晓量天数，在这一天，日知晓量首次达到最大日知晓量。

编写程序，在给定员工间的朋友关系及消息源的情况下，确定消息扩散过程中的最大日知晓量及首次最大日知晓量天数。

输入

输入的第 1 行包含一个整数 E（$1 \leq E \leq 2500$），表示员工的数量。员工的编号为 $0 \sim E-1$。在接下来的 E 行中，每行给出一组员工的朋友关系（从编号为 0 的员工到编号为 $E-1$ 的员工）。每组朋友关系的第 1 个数值 N（$0 \leq N < 15$），表示该员工的朋友数量，接着 N 个不同的整数表示该员工所有朋友的编号，编号以一个空格分隔。

接下来的一行包含一个整数 T（$1 \leq T < 60$），表示消息源的个数。后续的 T 行，每行包含一个员工的编号，即消息源的编号。

输出

对于每组测试数据输出一行。假如除了消息源之外的员工均未得知该消息，输出整数 0；否则输出两个整数 M 和 D，M 为最大日知晓量，D 为首次最大日知晓量天数，中间间隔一个空格。

样例输入

```
6
2 1 2
2 3 4
3 0 4 5
1 4
0
2 0 2
3
0
4
5
```

样例输出

```
3 2
0
2 1
```

分析

由题意可知，员工之间的朋友关系构成了一张图。员工将消息告诉朋友的整个过程就是一个广度优先遍历的过程。为每个员工设立一个标记，表示该员工是第几天才第 1 次知晓该消息，可以认为消息源是于第 0 天知晓该消息，然后利用广度优先遍历，模拟消息传播的过程，计数每天第 1 次知晓该消息的员工数量。由于某个员工要么至少有一个朋友，要么没有朋友，消息在 *n* 个员工组成的朋友圈中传播完毕，至多需要 *n* 天。需要注意的是本题环境下，员工之间的朋友关系不是相互的，对应的图是有向图而不是无向图，也就是说，如果员工 *A* 的朋友中有 *B*，表示 *A* 会于次日将消息告知 *B*，但并不表示 *B* 会于得知消息的次日将消息再告诉 *A*。

强化练习

10044 Erdös Numbers[B]，10067 Playing with Wheels[A]，10187 From Dusk till Dawn[C]。

扩展练习

368 Indexing Web Pages[E]，407 Gears on a Board[D]，487 Boggle Blitz[C]，704[1] Color Hash[C]，10039 Railroads[C]。

在有关 BFS 的题目中，有一部分题目所蕴含的是隐式有向图。出题者一般会将题目的底层模型进行适当伪装，但是具有解题经验的解题者往往能够立即判断出需要使用 BFS 进行解题。此类题目大致可以分为两种主要的类型。

第 1 种类型，题目只要求确定从初始状态达到目标状态的最少步骤数，并不要求给出到达目标状态的具体路径，可按照下述步骤解题。

（1）判定初始状态的构成，将其表示成一个结构体或者类，使用相应的域来表示状态的各个属性。

（2）构建状态队列，可以使用 STL 中的 queue 数据结构来实现；将初始状态送入队列。

（3）从队列中取出位于队首的状态，判断该状态是否已经达到目标状态。若不为目标状态，则根据题目所给定的规则将此状态转换为后继状态并送入队列。这一步骤往往是难点所在，解题者可能需要应对以下挑战：（a）出题者所设置的状态转换规则较为复杂，具体实现时需要谨慎细致；（b）需要应用特定的技巧来高效地表示状态，例如使用位来表示属性，使用位运算来进行状态的转换；（c）搜索空间较大，需要使用类似于回溯法中的剪枝技巧来缩小搜索空间，即设立一个已访问状态集合 *S*，每次在将状态放入队列之前先检查该状态是否已经在 *S* 中存在，如果已经存在，则后续 BFS 中不需再次访问，这样可以减小搜索空间，提高效率。

第 2 种类型，题目不仅要求确定到达目标状态的最少步骤数，而且还要确定具体的路径，此时需要将题目所蕴含的隐式有向图显式进行表示，构建完整的邻接表，使用标准的 BFS 过程进行遍历，记录前驱顶点和距离，之后根据前驱顶点信息构建最短路径。

321 The New Villa[C]（新别墅）

布莱克先生（Mr. Black）最近在市郊购买了一套别墅。这套别墅其他都好，只有一点让他不满意——

1 704 Color Hash 题目所蕴含的隐式图搜索空间较大，可使用双向搜索降低搜索量以提高效率，否则容易超时。

尽管大多数房间都有顶灯的开关，但是这些开关所控制的却是其他房间的顶灯。房地产中介将开关的这个“特性”做为一个卖点向顾客推销，但是布莱克先生认定这是由于电工的粗心大意，把不同房间的开关线路接混了而导致这种情况的出现。

某天晚上，布莱克先生回家有点晚，当他站在别墅的大厅时，发现除了大厅以外，其他房间的灯都是关着的。由于布莱克先生怕黑，所以他不敢走进没有开灯的房间，也不敢将当前所在房间的灯关掉。

在思考了一阵子之后，布莱克先生意识到他可以利用开关的“特性”来控制灯的关闭顺序，以便他从大厅到达卧室时，保证除了卧室的灯是开着的之外，其他房间的灯都是关闭的。

现在需要你编写一个程序，给定别墅的描述，在最初只有大厅的灯是开着的情况下，确定如何从大厅到达卧室。你不能进入尚未开灯的房间，在进入卧室之后，需要能够使得除了卧室的灯是开着的，其他房间的灯都是关闭的。假如有多种方法到达卧室，你必须找到其中步骤数最少的方法，在本问题的环境下，“从一个房间进入另外一个房间”“打开某个房间的灯”“关上某个房间的灯”均视为一个步骤。

输入

输入包含多座别墅的描述。每座别墅描述的起始一行包含 3 个整数 r，d，s。r 表示别墅的房间数，最多有 10 个房间。d 表示别墅中门的扇数，s 表示别墅中开关的总数。房间从 1～r 编号，编号为 1 的房间为大厅，编号为 r 的房间为卧室。之后接着 d 行，每行包含两个整数 i 和 j，表示房间 i 和房间 j 之间有一扇门相连。之后的 s 行，每行包含两个整数 k 和 l，表示在房间 k 的开关控制着房间 l 的顶灯。在每两座别墅的描述之间有一个空行。输入以 $r=d=s=0$ 结束，该行不需处理。

输出

对于每座别墅，先输出测试用例的序号（Villa #1、Villa #2 等，依次编号）。假如存在可行的步骤序列，使得布莱克先生能够从大厅到达卧室，且满足最后只有卧室的灯是亮着的要求，输出其中具有最少步骤数的一种方案。输出格式参照样例输出。假如不存在这样的序列，输出信息“The problem cannot be solved.”在每组测试用例的输出后面附加一个空行。

样例输入

```
3 3 4
1 2
1 3
3 2
1 2
1 3
2 1
3 2
0 0 0
```

样例输出

```
Villa #1
The problem can be solved in 6 steps:
- Switch on light in room 2.
- Switch on light in room 3.
- Move to room 2.
- Switch off light in room 1.
- Move to room 3.
- Switch off light in room 2.
```

分析

初看似乎可以使用回溯法解决，因为题目本质上是确定一个进入房间和离开房间的序列 $r_1r_2\cdots r_n$，使得对于任意房间 r_i（$1<i\leqslant n$），可以在进入 r_i 之前打开该房间的灯，同时对于任意房间 r_j（$1\leqslant j<n$），可以在离开 r_j 后关闭该房间的灯。但是题目所求为具有最少操作步骤的解决方案，由于可以多次进入同一个房间，使用回溯法所对应的搜索空间很大，不太容易编码实现且容易超时。

可以从图论角度解决本问题。由于一个房间的灯要么是亮着的，要么是灭的，只有两种状态，且至多有 10 个房间，则所有房间灯的亮灭状态至多有 1024 种。将布莱克先生在不同房间时所有灯的亮灭状态之间的关系构建成一个有向图，通过对该图进行广度优先遍历，即可得到具有最少操作步骤的解决方案。关键是如何将房间位置和灯的状态表示成图中的顶点并找出顶点之间的边。

可以使用一个二进制数来表示灯的亮灭状态并将其转换为一个整数。例如，当 $r=3$ 时，使用 3 个二进制位来表示 3 个房间的灯，如果灯亮，该位为 1，否则为 0，则所有可能的灯的亮灭状态依次为：$000_2=0_{10}$，$001_2=1_{10}$，$010_2=2_{10}$，$011_2=3_{10}$，$100_2=4_{10}$，$101_2=5_{10}$，$110_2=6_{10}$，$111_2=7_{10}$，总的状态数为 $2^r=8$ 种，最后表示时使用对应的十进制数来标识灯亮灭状态。对于所处房间，由于灯的状态数最多为 1024 种，将房间编号数左移 10 位，然后与表示灯的状态进行“位或”操作即可得到唯一表示房间和灯状态的一个整数。进行转换时可以使用 STL 中的 `bitset` 数据结构来简化操作。

在将状态唯一映射到一个整数后，可以通过房间之间门的连接和开关的关系进一步得到各顶点之间的边。例如，令 s_i 表示在房间 r_i 时的状态，s_j 表示在房间 r_j 时的状态，如果房间 r_j 的灯是亮的，且房间 r_i 和 r_j 有门连通，则可以从状态 s_i 到达 s_j，表明顶点 s_i 和 s_j 之间有一条有向边。如果在同一房间，可以将开关打开或关闭，得到相应状态所对应的顶点之间的有向边。

强化练习

280 Vertex^A，298 Race Tracks^D，314 Robot^C，439 Knight Moves^A，532 Dungeon Master^A，627 The Net^B，816 Abbott's Revenge^C，899 Colour Circles^D，928 Eternal Truths^D，10085 The Most Distant State^C，10097[1] The Color Game^C，11198 Dancing Digits^D，11513 9 Puzzle^D，11974 Switch The Lights^D，12135 Switch Bulbs^D。

扩展练习

176 City Navigation^D，224 Kissin' Cousins^E，859 Chinese Checkers^D，949 Getaway^D，985 Round and Round Maze^D，1251 Repeated Substitution with Sed^E，1253 Infected Land^E，1601 The Morning after Halloween^D，11329 Curious Fleas^E。

2.3.2 深度优先遍历

深度优先遍历所遵循的策略是尽可能深地搜索一个图，在搜索中，对于新发现的顶点，如果它还有以此为起点而未探测到的边，就沿此边继续探测下去。当顶点 v 的所有边都已被探寻过后，搜索将回溯到发现顶点 v 作为终止顶点的那些边的起始顶点 u。这一过程一直进行到已发现从源顶点可达的所有顶点为止。如果还存在未被发现的顶点，则选择其中一个作为源顶点并重复以上过程。整个过程反复进行，直到所有的顶点都已被发现为止。整个遍历过程形成了一个由数棵深度优先树组成的深度优先森林。

为了充分利用深度优先遍历，可以在遍历过程中为每个顶点设立额外的数据结构来记录顶点的发现时间 *dfn*[*u*]和完成时间 *ft*[*u*]，以及顶点的颜色 *color*[*u*]。*dfn* 为深度优先数（depth first number），在遍历时，如果深度优先数越小，表明在遍历的过程中更早地发现该顶点；*ft* 为顶点完成对其子树进行遍历的时间（finish time），完成时间越早表明其越靠近深度优先树的叶结点；*color* 表示 DFS 过程中顶点的访问状态，可以使用它来对边进行分类，开始时，每个顶点均为白色，搜索中被发现时设置为灰色，结束时设置为黑色，这样可以保证每个顶点在搜索结束时，只存在于一棵深度优先树中。

深度优先遍历利用了递归，相当于使用栈来替代广度优先遍历中的队列，显得更加简洁。当然也可以使用栈来消除递归的使用。

```
//------------------------------2.3.2.cpp------------------------------//
const int MAXV = 1010;
const int WHITE = 0, GRAY = 1, BLACK = 2;

// 使用邻接表来表示图。
vector<vector<int>> g(MAXV);

// parent 记录各顶点的前驱；
// dfn 记录顶点的发现时间；
// ft 记录顶点的完成时间；
// color 标记访问状态。
int parent[MAXV], dfn[MAXV], ft[MAXV], color[MAXV];

// 时间戳及顶点数量。
int dfstime, n;
```

[1] 10097 The Color Game 与 899 Colour Circles 基本相同。

```
// 深度优先遍历。
void dfs(int u)
{
   // 记录顶点的发现时间并标记顶点为灰色，表示该顶点已发现。
   dfn[u] = ++dfstime, color[u] = GRAY;
   // 处理与当前顶点相连接的其他顶点。
   for (auto v : g[u])
      if (!color[v]) {
         parent[v] = u;
         dfs(v);
      }
   // 记录顶点的完成时间并标记顶点为黑色，表示该顶点遍历已完成。
   ft[u] = ++dfstime, colur[u] = BLACK;
}

void search()
{
   memset(color, WHITE, sizeof(color));
   memset(parent, -1, sizeof(parent));
   dfstime = 0;
   for (int u = 0; u < n; u++)
      if (!color[u])
         dfs(u);
}
//------------------------------2.3.2.cpp------------------------------//
```

通过在 DFS 过程中为顶点着色，可以对输入图 $G=(V, E)$的边进行分类。根据图 G 上进行 DFS 所产生的深度优先森林 G_π，可以将图的边分为 4 种类型。

（1）树边（tree edge），是深度优先森林中的边，如果顶点 v 是在探寻边(u, v)时被首次发现，那么(u, v)就是一条树边。

（2）反向边（back edge），在深度优先树中，连接顶点 u 到它的某一祖先顶点 v 的那些边，即在深度优先遍历过程中再次访问到了颜色为灰色的顶点。有向图中出现的自环边可以认为是反向边。

（3）正向边（forward edge），在深度优先树中，连接顶点 u 到它的某个后裔 v 的非树边(u, v)。

（4）交叉边（cross edge），不同于上述 3 种其他类型的边，在同一棵（或者不同）深度优先树中的两个顶点之间的一条边，其中一个顶点不是另一个顶点的祖先，即在深度优先遍历过程中再次访问到了颜色为黑色的顶点。

可以证明，在对一个无向图 G 进行深度优先搜索的过程中，G 的每一条边要么是树边，要么是反向边。而在有向图中，如果出现反向边，则表明图中存在圈，使用这个性质可以判定给定的图是否存在圈。

11504 Dominos[A]（多米诺骨牌）

多米诺骨牌非常好玩。孩子们喜欢将骨牌排成长列，当把第 1 张骨牌推倒时，它会压倒第 2 张骨牌，第 2 张骨牌又会压倒第 3 张，最后整列的骨牌都会倒下，然而有时候，有些骨牌没能倒下，这时需要我们手动将其推倒以便它能够继续推倒其他骨牌。

给定一些骨牌的排列，你的任务是确定要使所有的骨牌都倒下，需要手动推倒的最少骨牌数。

输入

输入的第 1 行为一个整数，表示输入中测试数据的组数。每组测试数据的第 1 行包含两个整数，整数均不大于 100000，第 1 个整数 n 表示骨牌的数量，第 2 个整数 m 表示此组测试数据包含 m 行骨牌之间关系的数据。骨牌编号为 $1\sim n$。

每组数据中接下来的 m 行，每行包含两个整数 x 和 y，表示如果骨牌 x 倒下将导致骨牌 y 倒下。

输出

对于每组测试数据，输出一行，表示如果要使所有骨牌倒下，需要手动推倒骨牌的最少数量。

样例输入

```
1
3 2
1 2
2 3
```

样例输出

```
1
```

分析

初看似乎很简单，直接使用深度优先遍历或者并查集求连通分支数即可以解决，但是由于题目中给出的并不是无向图而是有向图，简单地使用深度优先遍历或者并查集算法并不总能够得到正确答案。读者可以自行尝试使用并查集和深度优先遍历进行解题，会发现总有一些无法正确处理的情况。之所以会出现这样的问题是因为给定的有向图可能会存在有向圈，仅靠一次单纯的深度优先遍历无法确定需要手动推倒的“关键骨牌”。另外一种解题方法是先寻找强连通分支，对强连通分支进行“缩点”操作，将题目给定的图转化为有向无圈图，之后统计新图中入度为 0 的顶点数即为需要手动推倒的骨牌数[1]。

参考代码

```
const int MAXV = 100010;

int visited[MAXV], cases, n, m;
vector<int> g[MAXV];
stack<int> s;

// 第 1 次深度优先遍历，记录骨牌倒下的顺序，先倒下的在栈顶，后倒下的在栈底。
void dfs(int u)
{
   visited[u] = 1;
   for (auto v : g[u])
      if (!visited[v])
         dfs(v);
   s.push(u);
}

// 第 2 次深度优先遍历，从栈顶开始。
void rdfs(int u)
{
   visited[u] = 1;
   for (auto v : g[u])
      if (!visited[v])
         rdfs(v);
}

int main(int argc, char *argv[])
{
   cin >> cases;
   for (int c = 1; c <= cases; c++) {
      // 初始化。
      while (!s.empty()) s.pop();
      for (int u = 1; u <= n; u++) g[u].clear(), visited[u] = 0;
      // 以邻接表方式读入图数据。
      cin >> n >> m;
      for (int e = 1, u, v; e <= m; e++) {
         cin >> u >> v;
         g[u].push_back(v);
      }
      // 按正常方式进行深度优先遍历，并将顶点入栈。
      for (int u = 1; u <= n; u++)
         if (!visited[u])
```

1 关于求强连通分支的算法，请读者参见 2.4.8 小节中的内容。

```
        dfs(u);
    // 从栈顶开始退栈，如果栈顶骨牌尚未推倒，表明它是需要手动推倒的骨牌。
    int cc = 0;
    for (int u = 1; u <= n; u++) visited[u] = 0;
    while (!s.empty()) {
        int u = s.top();
        if (!visited[u]) rdfs(u), cc++;
        s.pop();
    }
    cout << cc << '\n';
  }
  return 0;
}
```

强化练习

291 The House Of Santa Claus[A]，614 Mapping the Route[C]，988 Many Paths One Destination[C]，10562 Undraw the Trees[B]，10926 How Many Dependencies[B]，11518 Dominos 2[A]，11749 Poor Trade Advisor[C]，11906 Knight in a War Grid[B]，12376 As Long as I Learn I Live[C]。

扩展练习

284 Logic[E]，464 Sentence/Phrase Generator[D]，1263 Mines[D]，10802 Lex Smallest Drive[D]，11131 Close Relatives[D]，12442 Forwarding Emails[B]，12582 Wedding of Sultan[C]。

提示

10802 Lex Smallest Drive 中，需要准确理解题目描述 A walk, W, from a to b is lexicographically smallest if there is no other walk from a to b in G that is smaller than W.的含义，如果从起始顶点出发，可以反复通过图中的圈到达目标顶点，则认为不存在到达目标顶点的 walk，读者可以结合样例输入中的第 2 组数据的输出进行理解。

2.4　图遍历的应用

2.4.1　图的连通性

在解题中，根据题意在建立“显式图”后，通过 DFS（或 BFS）可以很容易地判断从某个起始顶点出发能否到达所有其他顶点，从而确定图的连通性（connectivity）。一般来说，解题的难点在于如何将给定的题目约束条件转换为“显式图”或者从中“提炼”出图的连通性模型。

718 Skyscraper Floors[D]（摩天大楼楼层）

某座摩天大楼有一套特别的电梯系统，每部电梯只能从 Y 楼层出发，向上每经过 X 层时停留，最低停留楼层为 Y 楼层。现在需要通过电梯将某件家具从楼层 A 搬运到楼层 B，给定电梯系统的描述，确定是否可以实现此目标。

输入

输入第 1 行为一个正整数 N，表示包含 N 组测试数据。每组测试数据的第 1 行包含 4 个整数 F、E、A、B。F（$1 \leqslant F \leqslant 50000000$）表示摩天大楼的楼层总数（即摩天大楼的楼层编号从 $0 \sim F-1$），E（$0<E<100$=表示电梯的数量，A 和 B（$0 \leqslant A$，$B<F$=是两个楼层的序号，表示需要将家具从楼层 A 搬运到楼层 B。接着是 E 行数据，每行描述一部电梯，包含两个整数 X 和 Y（$X>0$，$Y \geqslant 0$），Y 表示电梯从楼层 Y 出发，X 表示电梯每经过 X 层时停一次。例如，对于 $X=3$，$Y=7$，电梯将停留在第 7 层、第 10 层、第 13 层、第 16 层……

输出

对于每组测试数据输出一行。如果不借助楼梯，能够从楼层 A 将家具搬运到楼层 B，输出 `It is possible to move the furniture.`，否则输出 `The furniture cannot be moved.`。

样例输入

```
2
22 4 0 6
3 2
4 7
13 6
10 0
1000 2 500 777
2 0
2 1
```

样例输出

```
It is possible to move the furniture.
The furniture cannot be moved.
```

分析

将电梯视为图的顶点，如果电梯 e_1 所停留的楼层与电梯 e_2 所停留的楼层有重叠，且最低重叠的楼层编号 f 在 0 和 $F-1$ 之间，则 e_1 和 e_2 之间有一条无向边（因为电梯能够在可达楼层间上下移动，因此题目模型对应的是无向图而不是有向图）。将起始楼层 A 和 B 也视为图中的一个顶点，令其编号为 E 和 $E+1$，若电梯 e 经停楼层 A，则电梯 e 和楼层 A 之间具有一条无向边，同理，可判断电梯 e 和楼层 B 之间是否具有无向边。建立无向图后，从顶点 E 出发进行 DFS，检查顶点 $E+1$ 是否能够访问即可判定结果。解题的难点在于判定两部电梯是否在楼层 $0\sim F-1$ 之间产生重叠。设电梯 e_1 的参数 $Ye_1=a$，$Xe_1=b$，电梯 e_2 的参数 $Ye_2=c$，$Xe_2=d$，则前述判定问题可以转换为确定二元一次不定方程

$$a+bx=c+dy,\ x\geqslant 0,\ y\geqslant 0$$

是否有解，亦即判定一次同余方程

$$bx\equiv c-a(\mathrm{mod}\ d)$$

是否有解的问题。根据一次同余方程的性质，只有当 $\gcd(b,d)$能够整除 $c-a$ 时，同余方程才可能有解。若有解，则可以通过扩展欧几里得算法求出一个基本解 x_0（由于限定 $x\geqslant 0$，若 $x_0<0$，需要将其调整为非负整数），通过 x_0 可以确定一个最低楼层 $L=a+bx_0$（若 $L<c$，则需将其调整为不小于 c），若 L 满足 $0\leqslant L<F$ 的条件，则电梯 e_1 和 e_2 能够互相可达。需要注意边界情形，例如某部电梯 e 的 $Y\geqslant F$，则电梯 e 无法到达楼层 A 和 B，且电梯 e 和其他电梯间不存在无向边（尽管与其他电梯可能在大于等于 F 的楼层重叠，但不符合题意）。

强化练习

11474 Dying Tree[D]，11966 Galactic Bonding[C]，12460 Careful Teacher[D]。

扩展练习

295 Fatman[D]，676 Horse Step Maze[D]，10876 Factory Robot[D]，11967 Hic-Hac-Hoe[E]。

提示

对于 295 Fatman，将障碍物视为图中的顶点，将走廊的上侧边和下侧边也视为障碍，构建无向图，运用二分搜索解题。令胖子的直径为 d，将相互距离小于 d 的障碍物用无向边连接起来构成无向图，在此无向图中检测上侧边和下侧边对应的顶点是否连通，若不能连通，则表明直径为 d 的胖子能够穿越障碍到达走廊对侧，可以增大 d；若能够连通，则表明直径为 d 的胖子在穿行过程中必定会碰到一条边，这条边所连接的两个障碍物之间的距离小于 d，导致胖子无法通过，因此应减少 d。反复进行上述过程，直到 d 的值满足精度要求。

对于 676 Horse Step Maze，将迷宫视为国际象棋棋盘，按照题目给定的行走方式，从黑色方格出发只能进入黑色方格，从白色方格出发只能进入白色方格，亦即坐标差值的绝对值必须具有相同的奇偶性，若不同，则不可达，若相同则肯定可达。当起点坐标和终点坐标相同时，只需输出起点坐标即可。

10876 Factory Robot 的解题思路与 295 Fatman 类似。

2.4.2　最短路径

在图的广度优先遍历过程中，每次发现一个新的顶点时，会将当前顶点设置为这个新顶点的前驱（父）顶点。所有顶点的前驱信息保存在 *parent* 数组中，根据该数组，可以得到从起始顶点到达某个顶点的最短路径（shortest path），即边数最少的路径。由于 *parent* 数组保存的是各顶点的前驱，在构建路径的时候要求是从起点开始到终点的一条路径，可以通过以下两种方法来构建。

第 1 种方法：利用递归将路径反向。在 *parent* 数组中，存储的是各个顶点的前驱信息，对于起始结点来说，其前驱一般设置为一个特殊值（如 −1），这样在查找顶点的前驱时，只要其前驱为特殊值则表明该顶点为遍历的起始结点。在递归过程中，比较当前顶点的序号是否与起始顶点的序号相同，如果相同则停止递归，输出顶点的编号，由于递归所具有的栈性质，顶点输出的顺序正好构成从遍历起点开始到终点的路径。

```
// 使用递归输出路径。s 表示起始顶点，u 为当前顶点。
void findPath(int s, int u)
{
   if (u != s) {
      findPath(s, parent[u]);
      cout << ' ' << u;
   }
   else cout << s;
}
```

第 2 种方法：使用栈或模拟栈的功能来重建最短路径。最方便的方法是使用 vector。使用 vector 来构建路径时，每次将顶点编号插入到 vector 的前端（或者每次将顶点编号附加到最后，在结束时将 vector 反向）即可得到对应的最短路径。

```
// 使用回溯来输出路径。
void findPath(int s, int u)
{
   // 声明一个 vector，存储路径上顶点的编号。
   vector<int> path;

   // u 为终止顶点的序号，s 为起始顶点的序号。每次将顶点编号插入到路径的最前端。
   // 然后将当前顶点的编号设置为其父顶点的编号，重复此过程，直到找到起始顶点。
   while (u != s) {
      path.insert(path.begin(), u);
      u = parent[u];
   }
   // 在退出 while 循环时，u 和 s 相同，但起始顶点 s 的编号尚未加入。
   path.insert(path.begin(), s);

   // 输出路径。
   for (auto v : path) cout << ' ' << v;
   cout << '\n';
}
```

有关求解最短路径的题目，大致可以分为 4 种类型：（1）单个源点，单个终点；（2）单个源点，多个终点；（3）多个源点，单个终点；（4）多个源点，多个终点。对于这 4 种类型，处理思路是类似的。下面以一道例题来介绍具有多个源点和多个终点的图，其最短路径的求解方法。

11101 Mall Mania[C]（商场狂）

给定一个 R 行 C 列的城市网格，从东到西由经路划分，从北到南由纬路划分，经路和纬路从 0 开始编号，最大不超过 2000。在城市网格中有两个商场，商场由连续的网格单元构成，给定两个商场的边界描述，要求计算两个商场间的最短距离。最短距离是指在某个商场的边界上，通过经路和纬路到达另外一个商场的需要经过的最少网格单元数量。两个商场所包含的网格单元不会重合，未包含在商场中的网格单元是连续的。此处的“连续”是指两个网格单元具有公共边。商场与商场之间不会发生相交，并且不会将任何空的网格包围起来形成“孤岛”，也就是说，只要某个网格不属于商场，则其必定与其他不属于商场的网格是连接在一起的。

输入

输入包含多组测试数据。每组测试数据均包含了两个商场的描述。每个商场的描述包含一个整数 $p \geq 4$，表示商场的周长，接着的一行或多行共包含了 p 个整数对 (a, s)，按顺时针顺序给出了商场边界上经路与纬路交叉点的坐标。最后一组测试数据后是一行只包含 0 的数据，表示输入结束。

输出

对于每组测试数据，输出一个整数 d——沿着经路和纬路从某个商场的边界到达另外一个商场的边界需要行走的最短距离。

样例输入

```
4
0 0 0 1 1 1 1 0
6
4 3 4 2 3 2
2 2 2 3
3 3
0
```

样例输出

```
2
```

分析

朴素的方法是列出两个商场的边界坐标，计算两点之间的曼哈顿距离，但是题目所给的测试数据规模较大，使用此种时间复杂度为 $O(|V|^2)$ 的方法会超时。如果将某个商场边界上的方格均设置为起点，另外一个商场边界上的方格设置为终点，则可以使用 BFS 来求解最短距离，这样可以降低时间复杂度，能够在规定时限内获得通过。

强化练习

429 Word Transformation[A]，633 A Chess Knight[D]，762 We Ship Cheap[A]，1148 The Mysterious X Network[C]，10009 All Roads Lead Where[A]，10113 Exchange Rates[C]，10150 Doublets[B]，10422 Knights In FEN[B]，10610 Gopher And Hawks[C]，10653 Bombs NO They Are Mines[A]，10959 The Party Part I[A]，10977 Enchanted Forest[C]，12160 Unlock the Lock[B]。

扩展练习

589 Pushing Boxes[D]，656 Optimal Programs[D]，10068 The Treasure Hunt[D]，11049 Basic Wall Maze[C]，11624 Fire[B]，11730 Number Transformation[C]，11792 Krochanska is Here[D]，12101 Prime Path[D]，13295 Carrol’s Scrabble[E]。

2.4.3 最长简单路径

简单路径（simple path）是指两个顶点间的一条路径，该路径上的所有顶点不重复。在连通图中，两个顶点间的简单路径可能不止一条。最长路径（longest path）在多数情况下没有太大的意义——如果无向图中包含圈，多次经过该圈，则路径的长度可以无限大——所以一般讨论两个顶点间的最长简单路径（longest simple path）。顾名思义，最长简单路径就是具有最大长度的简单路径。对于一般图来说，最长简单路径尚无有效算法，所有已知算法在最坏的情况下均需要指数级别的时间。如果给定的图是无圈图，则可以使用广度优先遍历进行求解，只需在更新距离时取更大的距离即可[1]。对于有圈图，最长简单路径可以通过深度优先遍历（回溯）求出，在求解的过程中需要记录路径上包含的顶点以避免重复。下述代码示例了给定起点 s 和终点 t 时，如何使用深度优先遍历来寻找两个顶点之间的最长简单路径。

[1] 或者先对有向无圈图进行拓扑排序，然后根据顶点的拓扑顺序使用动态规划，更新与起点的最大距离。抑或将有向边的边权置为−1，使用 3.4.2 小节介绍的 Bellman-Ford 算法求最短路径，则最后得到的最短路径对应着原图的最长简单路径。

```
const int MAXV = 1010;

// 邻接边链表。
list<int> g[MAXV];

// t 为最长简单路径的终点，maxDist 为最长简单路径的长度，visited 标记顶点是否已经被访问。
int t, maxDist = 0, visited[MAXV];

// 深度优先搜索查找最长简单路径，s 为当前顶点。
void dfs(int s, int d)
{
    if (s == t) { maxDist = max(maxDist, d); return; }
    visited[s] = 1;
    for (auto v : g[s])
        if (!visited[v])
            dfs(v, d + 1);
    visited[s] = 0;
}
```

强化练习

539 The Settlers of Catan^A，685 Least Path Cost^D，10000 Longest Path^A，10285 Longest Run on a Snowboard^A。

扩展练习

10029 Edit Step Ladders^B，10051 Tower of Cubes^B，10259 Hippity Hopscotch^C。

提示

对于 10029 Edit Step Ladders，可将题目约束构建为有向无圈图，则题目所求即为该有向无圈图中的最长简单路径，应用动态规划结合备忘技巧可以求解。亦可将此题转化为最长递增子序列问题，然后使用动态规划解决。

10051 Tower of Cubes 与 10029 Edit Step Ladders 类似，将题目约束构建为有向无圈图，则题目所求即为该有向无圈图中的最长简单路径，应用动态规划结合备忘技巧可以求解。亦可将此题转化为最长递增子序列问题，然后使用动态规划解决。

2.4.4　图的着色

在有关图的着色（coloring）问题中，一般是给定一个无向图，然后要求判断该图是否可二着色（two-coloring）。利用前述介绍的图遍历可以容易地解决——使用深度（或广度）优先遍历着色并检查是否存在染色冲突即可。若在遍历过程中发现已处理顶点的颜色与当前顶点的颜色相同，则表明无法按要求着色。需要注意，给定的无向图有可能是由多个子图构成，在判断时，需要对每个子图使用染色过程进行判断其是否可二着色，如果所有子图是可二着色的，整个图才能称为可二着色的。关于图的顶点染色，还存在以下结论。

（1）假设图 G 是简单图，其中最大顶点度为 d_{max}，则图 G 是可$(d_{max}+1)$着色的。

（2）假设图 G 是简单连通非完全图，其最大顶点度为 d_{max}（$d_{max} \geqslant 3$），则图 G 是可 d_{max} 着色的。

强化练习

10004 Bicoloring^A，10505 Montesco vs Capuleto^B，11080 Place the Guards^B，11396 Claw Decomposition^B。

扩展练习

1613 K-Graph Oddity^E。

提示

10505 Montesco vs Capuleto 在 UVa OJ 上的测试数据中可能包含部分“非常规”的测试数据，即某个人的敌人列表中出现的编号会大于给定的 N 值。处理的方法是在构建图时将这些边忽略，因为题目描述中“暗示”只考虑给定的 N 个人，因此对于编号大于 N 的敌人不予考虑（编号大于 N 的敌人可能会导致受邀请者所在的连通子图无法构成二分图）。

2.4.5 最近公共祖先

给定一棵有根树 T 及树中的两个结点 u 和 v，它们的最近公共祖先（或称最小公共祖先；Lowst Common Ancestor 或 Least Common Ancestor，LCA）定义为结点 u 和 v 的公共祖先结点中具有最大深度的结点 w。从定义不难推知，最近公共祖先是唯一的。如图 2-4 所示，虽然结点 a 和结点 c 都是结点 d 和 e 的公共祖先，但 c 才是 d 和 e 的最近公共祖先而 a 不是，因为 c 的深度要比 a 的深度大。

基本算法

通过一次深度（或广度）优先图遍历，能够确定遍历过程中各个结点的父结点，将这些信息记录在相应的数据结构中，就可以通过此数据结构“逆向”查找，从而得到一条从指定结点到根结点的路径，而两个不同结点的最近公共祖先就是沿着各自的路径向根结点前进时第一次产生交汇时所处的结点。

根据以上思路，在求结点对(u, v)的最近公共祖先时，可以先确定结点 u 的各个祖先结点，将其放在一个集合中，不妨令其为 S_u，然后再沿着从 v 到根结点的路径，逐次查找结点 v 以及 v 的祖先结点是否在 u 的祖先结点集合 S_u 中出现，其中最早出现的结点即为两者的最近公共祖先。例如图 2-5 中，n 到根结点 a 的路径为 $\langle n, j, g, e, c, b, a\rangle$，$l$ 到根结点 a 的路径为 $\langle l, i, f, c, b, a\rangle$，两条路径最初于 c 发生交汇，故 c 是 n 和 l 的最近公共祖先。

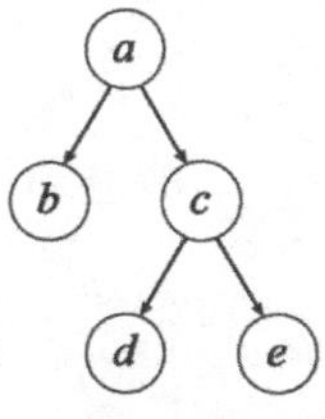

图 2-4　一棵包含 5 个结点的二叉树

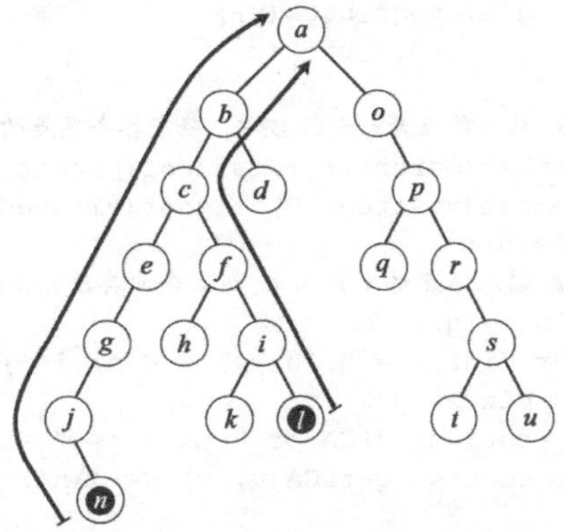

图 2-5　利用父结点信息确定 n 和 l 的最近公共祖先

```
//------------------------------2.4.5.1.cpp------------------------------//
const int MAXV = 10010;

// 以邻接表形式表示树。
vector<int> g[MAXV];
// parent 表示各个顶点的父顶点，根结点的父顶点为-1;
// visited 记录结点是否已被访问。
int parent[MAXV], visited[MAXV];

// 通过深度优先遍历确定各顶点的父结点。
void dfs(int u)
{
    visited[u] = 1;
    for (auto v : g[u])
        if (!visited[v]) {
```

```
            parent[v] = u;
            dfs(v);
        }
    }

// 通过确定两条路径的交点来确定最近公共祖先。
int getLCA(int u, int v)
{
    unordered_set<int> Su;
    while (u != -1) {
        Su.insert(u);
        u = parent[u];
    }
    while (v != -1) {
        if (Su.find(v) != Su.end()) return v;
        v = parent[v];
    }
}

int main(int argc, char *argv[])
{
    // n 为顶点数量，q 为查询的数量。
    int n, q;
    while (cin >> n) {
        // 读入树。
        for (int i = 0; i < n; i++) g[i].clear();
        // n 个结点的树共有 n-1 条无向边。
        for (int i = 1, u, v; i < n; i++) {
            cin >> u >> v;
            g[u].push_back(v);
            g[v].push_back(u);
        }
        // 从根结点开始进行 DFS，确定各个顶点的父顶点。
        memset(parent, -1, sizeof(parent));
        memset(visited, 0, sizeof(visited));
        dfs(0);
        // 读入结点对 (u, v)，然后查询其最近公共祖先。
        cin >> q;
        for (int i = 0, u, v; i < n; i++) {
            cin >> u >> v;
            cout << "LCA of " << u << " and " << v << " is ";
            cout << getLCA(u, v) << '\n';
        }
    }
}
//-------------------------------2.4.5.1.cpp-------------------------------//
```

由于上述算法需要反复查询结点是否在集合中，只适用于树规模不是很大的最近公共祖先查询。在具体实现时，一般需要借助类似于标准库中的 map 或 set 数据结构来提高查询效率。如果结点数量为$|V|$，查询数量为Q，上述算法的时间复杂度为$O(Q|V|\log|V|)$。

在前述算法中，需要反复查询才能确定两个结点的最近公共祖先，效率较低，可以对其进行适当改进，使效率更高。改进的方法很简单，同样也是利用深度优先遍历得到的父结点数组，只不过在深度优先遍历的同时记录结点的深度。给定结点对(u, v)，如果两者的深度不同，先将深度较大的结点沿着从结点到根的路径移动，直到两个结点的深度相同，然后检查两个结点是否相同，如果相同，说明最近公共祖先已经找到。若不相同，接下来两个结点每次都向上移动一个结点，一直到两个结点为同一个结点为止，此时的结点即为u和v的最近公共祖先。例如图 2-6 中，初始时m先向上移动两个结点到达g，此时g和i的深度相同，然后同时向上移动，到达c，此时为同一个结点，故c为m和i的最近公共祖先。

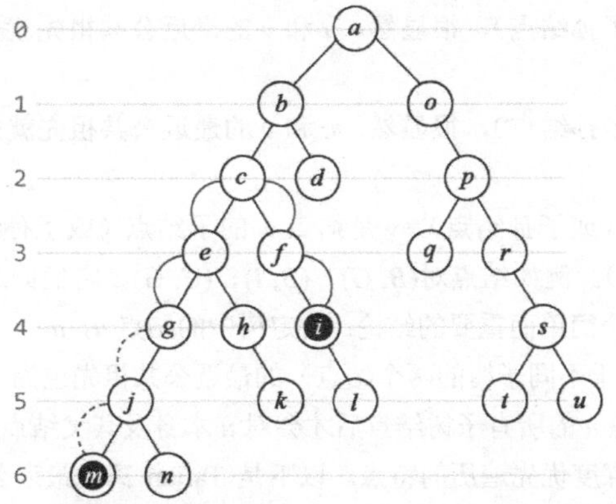

图 2-6　利用父结点和深度信息确定 m 和 i 的最近公共祖先

第 2 种算法的原理非常简单，与第 1 种算法的差别在于利用了结点的深度，从而避免了反复查询，其时间复杂度为 $O(Q|V|)$。算法效率有了一定提升，但仍然不够理想，之所以在此予以介绍是因为此方法是后续介绍的倍增算法的基础。

```
//-----------------------------2.4.5.2.cpp-----------------------------//
const int MAXV = 10010;

vector<int> g[MAXV];
int parent[MAXV], depth[MAXV], visited[MAXV];

// 通过深度优先遍历确定父结点和深度。
void dfs(int u)
{
   visited[u] = 1;
   for (auto v : g[u])
      if (!visited[v]) {
         parent[v] = u;
         depth[v] = depth[u] + 1;
         dfs(v);
      }
}

// 根据深度来确定最近公共祖先。
int getLCA(int u, int v)
{
   if (depth[u] < depth[v]) swap(u, v);
   int diff = depth[u] - depth[v];
   while (diff--) u = parent[u];
   if (u != v)
      while (u != v) u = parent[u], v = parent[v];
   return u;
}
//-----------------------------2.4.5.2.cpp-----------------------------//
```

离线算法

给定有根树 T，如果已经知道了所有需要查询最近公共祖先的结点对，那么可以应用更为高效的离线算法。下面介绍离线算法中巧妙而简洁的 Tarjan 算法[1]，该算法由 Robert Tarjan 根据深度优先遍历的特点拓展而来。

为了更好地理解算法，让我们首先来了解一下最近公共祖先的一些特点。如图 2-7 所示，对于该二叉树中任意给定的结点对(u, v)，它们的相互关系及最近公共祖先必定是下列情况中的一种。

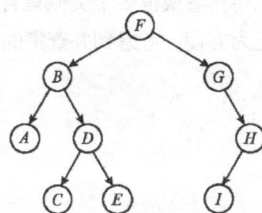

图 2-7　一棵包含 9 个结点的二叉树

[1] Robert Endre Tarjan（1948—），美国计算机科学家、数学家。本章包含多个以 Tarjan 命名的算法，包括离线最近公共祖先 Tarjan 算法，强连通分支 Tarjan 算法，以及求割顶和桥的 Tarjan 算法，它们均为 Tarjan 所发现。

（1）v 是 u 的子结点（或子孙结点），很显然，u 和 v 的最近公共祖先就是 u。例如结点对(F, B)，两者的最近公共祖先为结点 F。

（2）u 是 v 的子结点（或子孙结点），很显然，u 和 v 的最近公共祖先就是 v。例如结点对(G, F)，两者的最近公共祖先为结点 F。

（3）u 是结点 w 的子结点（或子孙结点），v 是结点 w 的子结点（或子孙结点），则 u 和 v 的最近公共祖先为 w（或 w 的某个子孙结点）。例如结点对(B, G)、(B, I)、(C, G)，它们的最近公共祖先均为结点 F。

根据以上分析可以得出一个简单而重要的结论：给定树中的结点 u，u 和 u 的子树结点的最近公共祖先为 u，u 的不同子树结点之间（属于不同子树的两个结点）的最近公共祖先也为 u。回顾深度优先遍历，其遍历过程有如下特点：在遍历完结点 u 的所有子树结点后才会对 u 本身及其父结点进行遍历。Tarjan 算法的巧妙之处在于充分利用了上述结论和深度优先遍历的特点。以下是 Tarjan 离线最近公共祖先算法的伪代码表示，在伪代码中，使用了并查集，其中的 *ancestor*[*i*]表示结点 i 的祖先（在此处，结点 i 的祖先可以为结点本身）。

```
int dfs(int u)
{
    // 将u所在集合的代表的祖先设置为u本身。
    ancestor[find_set(u)] = u
    // 遍历u的每个子结点v。
    for each child v of u in T
        do dfs(v)
            // 将u和v合并到一个集合中。
            union_set(u, v)
            // 将合并后集合的代表的祖先设置为u。
            ancestor[find_set(u)] = u
    // 当u的所有子结点着色后才标记u为已着色。
    colored[u] = true
    // 对与u有关联的结点对（u, v）进行最近公共祖先查询。
    for each node v such that [u, v] in P
        // 只有当v也是已着色状态时查询才能得到正确的结果。
        do if colored[v] = true
            // v所在集合的代表的祖先即为u和v的最近公共祖先。
            then lca(u, v) = ancestor[find_set(v)]
}
```

Tarjan 算法按照深度优先遍历过程，从一个指定结点 u 开始，逐个访问 u 的子结点 v，递归求解结点对的最近公共祖先。在伪代码中，使用了并查集和 *ancestor* 数组，它们起着怎样的作用呢？由前述讨论可知，对于结点 u 和 u 的任意一个子树结点 v 来说，u 和 v 的最近公共祖先是 u。进一步地，对于 u 的任意一个子树结点 v，以下两者相同：（1）v 与树中除了以 u 为根的子树以外的其他的任意结点 x 的最近公共祖先；（2）u 与树中除了以 u 为根的子树以外的其他的任意结点 x 的最近公共祖先。也就是说，可以将 u 和以 u 为根的子树看成一个结点的集合，并且将 u 作为这个集合的一个代表，这个结点集合与集合之外的树中的其他结点的最近公共祖先，等同于 u 与结点集合之外的其他结点的最近公共祖先。例如图 2-8 所示的树中，对于 u 及 u 的子树结点构成的灰色区域来说，该区域内的任意一个结点 v 与灰色区域外任意一个结点 x 的最近公共祖先等价于 u 与 x 的最近公共祖先，也就是说，u 可以作为灰色区域结点集合的“代表”。由于树具有“自相似”的内部结构，实际上可以将树看成很多个类似集合的组合。使用集合的代表进行最近公共祖先的求解，对结果的正确性并无影响而且更为方便。考虑到并查集的特性，在此种情况下应用并查集来表示结点的集合非常合适。

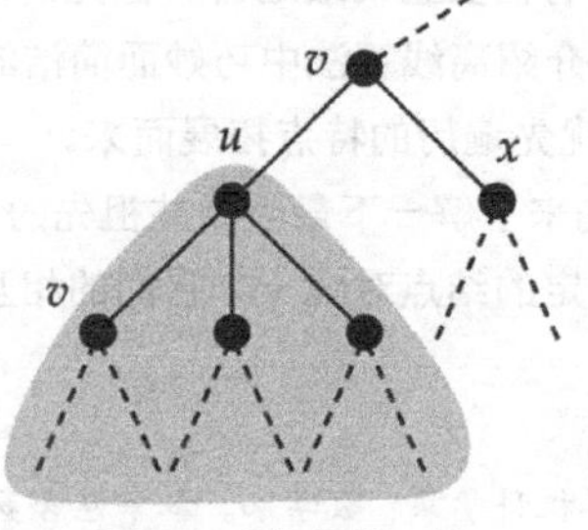

图 2-8 “自相似”树

假设使用 Tarjan 算法求解如图 2-7 所示二叉树中结点对的最近公共祖先，我们跟随算法查看每一步的执行情况来尝试理解算法的正确性，如图 2-9 所示。

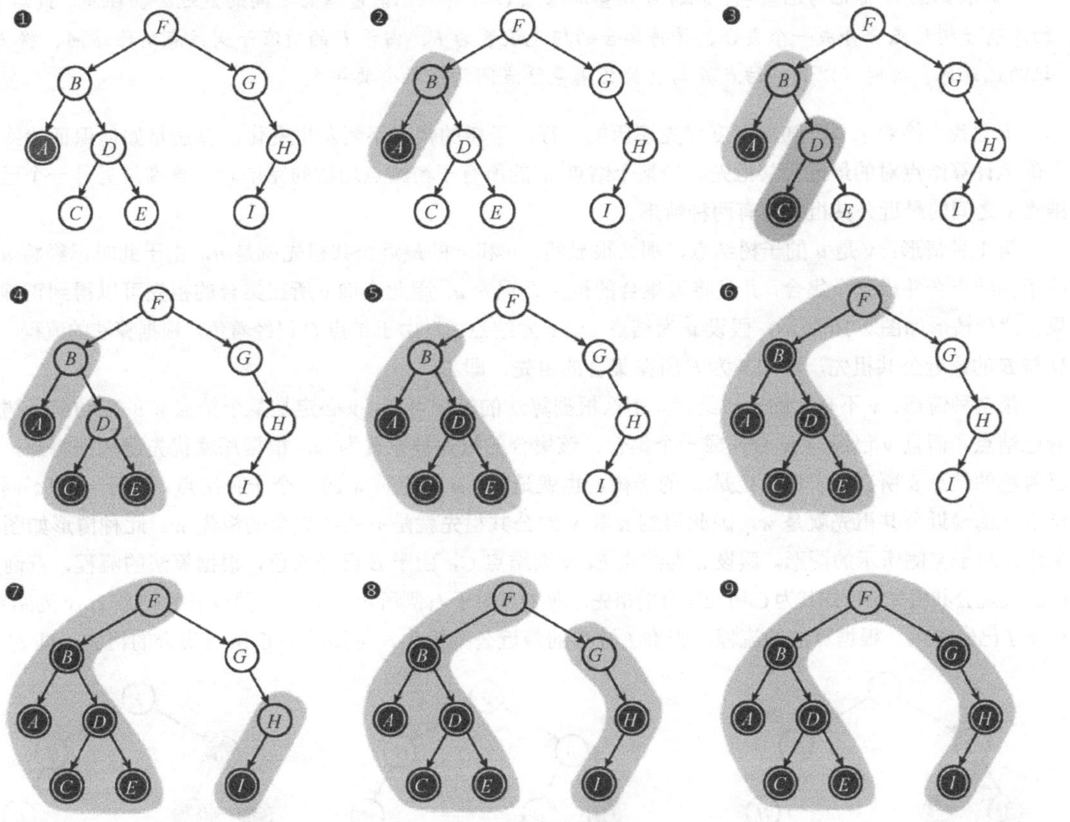

图 2-9 Tarjan 算法在图 2-7 所示二叉树上的具体执行过程

注意

图 2-9 所示各步骤如下。

❶ 沿着二叉树到达叶结点 A，此时叶结点 A 自身构成一个集合，由于结点 A 已无子结点，不必继续递归向下对子结点进行操作，直接将其标记为已着色。此时，除了结点 A 已经被着色，其他结点均尚未被着色，所以还不能进行查询。

❷ 返回上一层结点 B，执行将结点 B 和结点 A 合并的操作，这样结点 A 和结点 B 在同一个集合中，这个集合的祖先被设置为 B。

❸ 访问叶结点 C，并标记结点 C 为已访问，此时可查询结点对(C, A)的最近公共祖先，可知结点对(C, A)的最近公共祖先为 A 所在集合的祖先，即 B。与第 2 步类似，将结点 C 和结点 D 合并成一个集合，并设置这个集合的祖先为 D。

❹ 访问 D 的另外一个子结点 E，由于 E 并无子结点，在遍历 E 后会将结点 E 标记为已着色，此时可查询结点对(E, A)、(E, C)的最近公共祖先，接着将结点 C、D、E 合并为一个集合，集合的祖先设置为 D。

❺ 由于 D 的两个子结点均已着色，将结点 D 标记为已着色，此时可查询结点对(D, A)、(D, C)、(D, F)的最近公共祖先，接着将结点 B 和 B 的子树结点合并，集合的祖先设置为 B。

❻ 将结点 B 设置为已着色，此时可查询结点 B 和任意已经着色的结点的最近公共祖先，接着将结点 F 与 F 的左子树结点合并，并将集合的祖先设置为 F。

❼ 访问结点 I，并将 I 标记为已着色，此时可以查询 I 与其他已着色的结点之间的最近公共祖先，接着将 I 与 H 合并成一个集合并将集合的祖先设置为 H。

❽ 由于结点 H 的子结点 I 已访问，将 H 标记为已着色，此时可以查询 H 与其他已着色的结点之间的最近公共祖先，接着将 G 与 G 的子树合并称一个集合，并将集合的祖先设置为 G。

❾ 将结点 G 标记为已着色，此时可以查询结点 G 与其他已着色结点之间的最近公共祖先。最后将 F 的所有子树结点合并成一个集合，并将集合的祖先设置为 F，由于 F 的所有子树结点均已访问，将 F 标记为已着色，此时可以查询结点 F 与其他已着色结点间的最近公共祖先。

下面我们接着来看，随着深度优先遍历的进行，子树的代表不断发生变化，算法是如何保证始终能够正确地计算结点对的最近公共祖先。当某个结点 u 的所有子树结点均访问完毕时，查询与另外一个已着色结点 v 之间的最近公共祖先，有两种情形。

第 1 种情形：v 是 u 的子树结点，那么很显然，u 和 v 的最近公共祖先就是 u，由于此时已经将 u 和 u 的子孙结点合并成一个集合，并且将该集合的祖先设置为 u，因此查询 v 所在集合的祖先可以得到正确的结果。此种情形如图 2-10 所示，假设 u 为结点 D，v 为结点 E，由于结点 D 已经着色，根据算法的流程，查询 D 与 E 的最近公共祖先，可知其为 E 所在集合的祖先，即 D。

第 2 种情形：v 不是 u 的子树结点，那么根据算法的流程可知，v 必定是某个结点 w 的已访问子树中的着色结点，而且 v 已经与 w 合并成一个集合，该集合的祖先被设置为 w。根据深度优先遍历的特点，此时已着色的结点 u 所在的子树必定是 w 的子树，也就是说，u 必定是 w 的一个子孙结点，由于 w 的不同子孙结点间的最近公共祖先就是 w，因此得到 u 和 v 的公共祖先就是 v 所在集合的祖先 w。此种情形如图 2-11 所示，对于左侧所示的图形，假设 u 为结点 E，v 为结点 C，由于 E 已经着色，根据算法的流程，查询 E 与 C 的最近公共祖先，可知其为 C 所在集合的祖先，即 D。对于右侧所示的图形，假设 u 为结点 I，v 为结点 C，由于 I 已经着色，根据算法的流程，查询 I 与 C 的最近公共祖先，可知其为 C 所在集合的祖先，即 F。

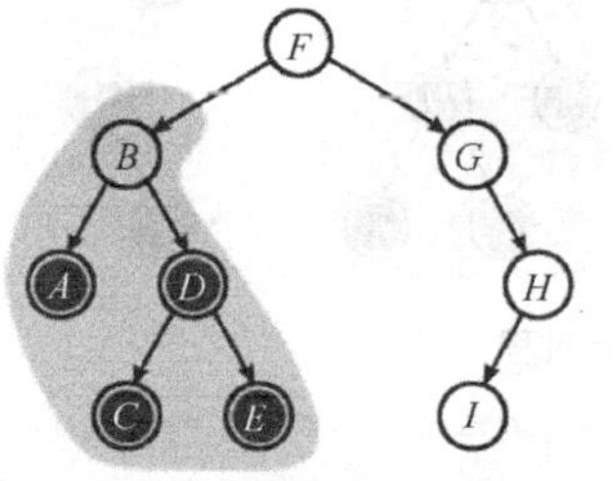

图 2-10 v 是 u 的子树结点时的情形

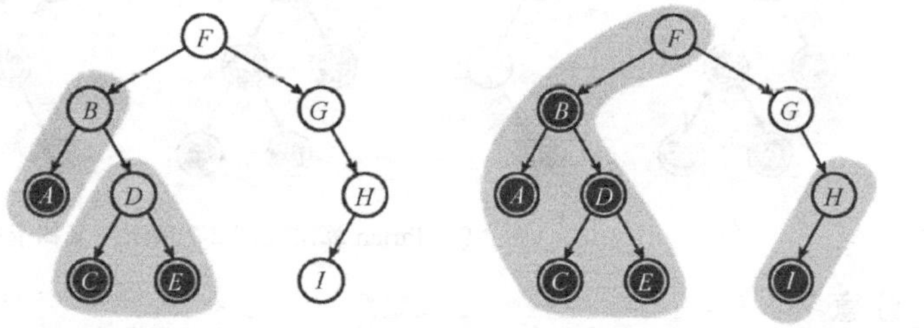

图 2-11 v 不是 u 的子树结点时的情形

在算法的具体实现时需要注意以下几点。

（1）给定的查询中，可能有的结点对中的结点先后顺序并不是按照算法中结点的先后访问顺序给出的，例如给定结点对(A, D)，在算法实际执行过程中，在 A 着色时，D 尚未被着色，此时无法进行最近公共祖先的查询，因而也无法得到结果，应当在 D 着色后再进行查询，因为此时 A 已经被着色。所以在读取需要查询的结点对时，不仅需要读取(A, D)结点对，还应读取其顺序对调后的结点对(D, A)，因为事先并不知道两个结点的先后访问顺序，如果结点对(A, D)无法被查询，则应该查询结点对(D, A)，这样能够保证得到该结点对的最近公共祖先。

（2）如果使用邻接表的方式存储边，当结点数量较多时，可能无法使用限定的内存表示，此时可以选用更为高效的链式前向星来存储边。

（3）在给定有根树的过程中，结点关系可能重复给出，导致邻接链表中可能包含重复的边，因此在深度优先遍历过程中需要标记结点的访问状态，以避免重复访问而进入无限循环。

Tarjan 算法相较基本算法在效率上有很大提升，其时间复杂度为 $O(|V| + Q)$，$|V|$为树中结点的数量，Q 为查询的数量，可以认为是线性时间复杂度的算法。

```
//------------------------------2.4.5.3.cpp------------------------------//
const int MAXV = 50010, MAXE = 100010;

struct edge {
   int id, u, v, next;
```

```
};

edge data[MAXE], query[MAXE];
int idx, headD[MAXV], headQ[MAXV];
int numberOfVertices, numberOfQueries;
int parent[MAXV], ranks[MAXV], ancestor[MAXV], visited[MAXV];
int colored[MAXV], lca[MAXV];

// 并查集的实现从略。

// Tarjan 离线算法求最近公共祖先。
void dfs(int u)
{
   ancestor[findSet(u)] = u;
   visited[u] = 1;
   for (int i = headD[u]; ~i; i = data[i].next)
      if (!visited[data[i].v]) {
         dfs(data[i].v);
         unionSet(u, data[i].v);
         ancestor[findSet(u)] = u;
      }
   colored[u] = 1;
   for (int i = headQ[u]; ~i; i = query[i].next)
      if (colored[query[i].v])
         lca[query[i].id] = ancestor[findSet(query[i].v)];
}

int main(int argc, char *argv[])
{
   int u, v;
   while (cin >> numberOfVertices) {
      idx = 0;
      memset(headD, -1, sizeof(headD));
      // 读入边，以链式前向星方式存储。对于树来说，边的数量为顶点的数量减 1。
      for (int i = 0; i < numberOfVertices - 1; i++) {
         cin >> u >> v;
         data[idx] = (edge){idx, u, v, headD[u]};
         headD[u] = idx++;
         data[idx] = (edge){idx, v, u, headD[v]};
         headD[v] = idx++;
      }
      // 将查询也视为边，以链式前向星方式存储。
      idx = 0;
      memset(headQ, -1, sizeof(headQ));
      cin >> numberOfQueries;
      for (int i = 0; i < numberOfQueries; i++) {
         cin >> u >> v;
         query[idx] = (edge){i, u, v, headQ[u]};
         headQ[u] = idx++;
         query[idx] = (edge){i, v, u, headQ[v]};
         headQ[v] = idx++;
      }

      // 数据结构初始化。
      memset(visited, 0, sizeof(visited));
      memset(colored, 0, sizeof(colored));
      makeSet();

      // 因为顶点编号从 1 开始，故默认从第 1 个顶点开始进行遍历。
      dfs(1);

      // 输出顶点对的最近公共祖先。
      for (int i = 0; i < numberOfQueries; i++)
```

```
        cout << lca[i] << '\n';
    }
    return 0;
}
//------------------------------2.4.5.3.cpp------------------------------//
```

在线算法

在线算法有多种，此处介绍使用倍增算法（doubly algorithm）来求解最近公共祖先问题。回顾基本算法中的第 2 种算法，该算法先将结点调整为相同深度后，然后同时向上移动来寻找最近公共祖先，由于每次只向上移动一个结点，其效率较低。如果能够在向上移动时跳过某些明显不可能是最近公共祖先的结点，则求解速度可以显著提高。倍增算法的基本思想即缘此而来。算法在每次向上移动结点时，总是以 2 的幂次数量进行移动，可以形象地将每次移动看成一次“跳跃”。假设总的结点数为$|V|$，则取最大跳跃幂次为$i=\lceil \log|V| \rceil$（运算“$\lceil f \rceil$”表示对实数f向上取整），即从叶结点向上跳跃2^i个祖先结点一定可以到达根结点。将u和v调整为相同深度，逐次检查在跳过$2^i, 2^{i-1}, \cdots, 2^1, 2^0$个祖先结点后$u$和$v$是否相同，如果$u$和$v$不同，说明跳过的那些祖先结点不可能是$u$和$v$的最近公共祖先，可以“安全”地忽略这些结点；如果$u$和$v$相同，说明最近公共祖先的深度不会比当前所在结点的深度更小，此时应当减少跳过的结点数量，再进行检查，直到最后u和v的父结点相同，那么u和v的最近公共祖先就是两者的父结点。

那么如何确定某个结点跳跃2^i个结点后到达的是哪个结点呢？可以通过深度优先遍历过程中确定的各结点父结点及深度信息，预先构建一个数据结构来明确。该数据结构中包含了如下的信息：结点u的第2^i个祖先是哪个结点。根据 2 的幂次特性：$2^i=2^{i-1}+2^{i-1}$，结点u的第2^i个祖先结点等同于结点u的第2^{i-1}个祖先结点的第2^{i-1}个祖先结点。这也是为什么选择以 2 的幂次进行跳跃的原因，如果选择 3 的幂次，不存在上述特性。

```
//++++++++++++++++++++++++++++++2.4.5.4.cpp++++++++++++++++++++++++++++++//
// 预处理，根据父结点和深度信息构建结点指定幂次的祖先结点。
void getReady()
{
    // u的第 2^d 个父结点即为 u 的第 2^(d-1) 个父结点的第 2^(d-1) 个父结点，因为 2^d=2^(d-1)+2^(d-1)。
    for (int d = 0; (1 << d) <= numberOfVertices; d++)
        for (int u = 0; u < numberOfVertices; u++)
            if (ancestor[u][d - 1] != -1)
                ancestor[u][d] = ancestor[ancestor[u][d - 1]][d - 1];
}
```

在调整两个结点的深度时，同样也可以使用倍增方式——将深度差转换为一个二进制数B，如果二进制数B中位于第d个二进制位的数位为 1，则将深度较大的结点往上跳跃2^d个结点。

```
// 使用倍增方式调整两个结点的深度使之相同。
void adjustDepth(int &u, int &v)
{
    if (depth[u] < depth[v]) swap(u, v);
    int diff = depth[u] - depth[v];
    for (int d = 0; (1 << d) <= diff; d++)
        if ((1 << d) & diff)
            u = ancestor[u][d];
}
```

例如，假设两个结点的深度差为 25，由于 25 对应的二进制数为11001_2，在进行深度调整时，将深度较大的结点依次向上移动2^0，2^3，2^4个结点，这样两个结点的深度即可相同，如图 2-12 所示。

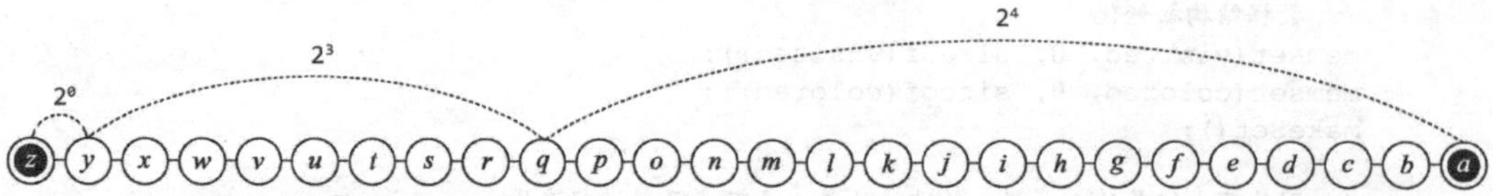

图 2-12　使用倍增方式调整两个深度差为 25 的结点使之相同的过程，结点z的深度为 25，结点a的深度为 0

```
const int MAXV = 100010, MAXD = 20, MAXE = 200010;

struct edge {
```

```
    int id, u, v, weight, next;
};

edge data[MAXE];
int idx, headD[MAXV];
int numberOfVertices, numberOfQueries;
int ancestor[MAXV][MAXD], depth[MAXV], visited[MAXV];

// 深度优先遍历确定父结点和深度。
void dfs(int u)
{
    visited[u] = 1;
    for (int i = headD[u]; i != -1; i = data[i].next)
        if (!visited[data[i].v]) {
            ancestor[data[i].v][0] = u;
            depth[data[i].v] = depth[u] + 1;
            dfs(data[i].v);
        }
}

int getLCA(int u, int v)
{
    adjustDepth(u, v);
    // 比较两个结点是否相同，若不相同则每次跳跃 2^d 个结点。到算法最后，只需向上跳跃 1 个结点
    // 后两者相同，则 u 和 v 的最近公共祖先即为 u 的父结点。
    if (u != v) {
        int maxd = log2(numberOfVertices);
        for (int d = maxd; d >= 0; d--)
            if (ancestor[u][d] != -1 && ancestor[u][d] != ancestor[v][d])
                u = ancestor[u][d], v = ancestor[v][d];
        u = ancestor[u][0];
    }
    return u;
}

int main(int argc, char *argv[])
{
    int u, v, weight;
    while (cin >> numberOfVertices, numberOfVertices) {
        idx = 0;
        memset(headD, -1, sizeof(headD));
        for (int from = 1; from <= numberOfVertices - 1; from++) {
            cin >> v >> weight;
            data[idx] = (edge){idx, from, v, weight, headD[from]};
            headD[from] = idx++;
            data[idx] = (edge){idx, v, from, weight, headD[v]};
            headD[v] = idx++;
        }

        memset(ancestor, -1, sizeof(ancestor));
        memset(visited, 0, sizeof(visited));
        memset(depth, 0, sizeof(depth));
        memset(dist, 0, sizeof(dist));

        dfs(0);
        getReady();

        cin >> numberOfQueries;
        for (int i = 0; i < numberOfQueries; i++) {
            cin >> u >> v;
            cout << getLCA(u, v) << '\n';
        }
```

```
    }

    return 0;
}
//++++++++++++++++++++++++++++++2.4.5.4.cpp++++++++++++++++++++++++++++++//
```

倍增算法预处理过程的时间复杂度为 $O(|V|\log|V|)$，查询过程的时间复杂度为 $O(Q\log|V|)$，$|V|$为树中结点的数量，Q 为查询的数量。

强化练习

10938 Flea Circus[C]，12238 Ants Colony[D]。

2.4.6 割顶

在无向连通图中，如果移除某个顶点及与其相连的边后，导致图不再连通，则称这个顶点为割顶［又称割点（cut vertex）或关节点（articulation point）］。给定一个图，其中可能存在多个割顶。移除割顶会使图分割为两个或更多的不连通子图。在现实世界中，国际互联网结构中的枢纽结点即是割顶，一旦枢纽结点发生故障（例如断电或遭受袭击），会导致依赖于枢纽结点进行消息中转的其他网络结点无法再相互联系。识别图中的割顶对于设计高可靠性的网络具有参考作用，因为割顶的重要性，可以采取备份措施保证整个网络的连通性。

在图中寻找割顶，朴素的方法是逐个移除顶点及与其关联的边，然后检查图是否连通，若图不再连通，则该顶点为割顶。检查图是否连通可以使用图遍历算法对图进行一次遍历，若所有顶点均被访问，则表明图仍是连通的，则移除的顶点不是割顶，否则是割顶。具体实现时，并不需要真正移除每个顶点及其所关联的边，只需要在遍历过程中搜索到该顶点时跳过即可。朴素算法的时间复杂度为 $O(|V|(|V| + |E|))$。

```
//------------------------------2.4.6.1.cpp------------------------------//
// 使用邻接表方式表示图。每个顶点的出边使用一个集合来表示。
vector<set<int>> g;

// 标记顶点是否已访问的向量。
vector<bool> visited;

// 深度优先遍历。v 为移除的顶点，在遍历过程中需要跳过。
void dfs(int u, int v)
{
   for (auto w : g[u])
      if (w != v && !visited[w]) {
         visited[w] = true;
         dfs(w, v);
      }
}

// 获取无向连通图中割顶的个数。
int getCutVertices()
{
   // 设置图的顶点数量。顶点序号从 1 开始。
   int n = g.size();
   // 当图的顶点数不大于 1 时，割顶数为 0。
   if (n <= 1) return 0;
   // 设置访问标记向量的大小。
   visited.resize(g.size() + 1);
   // 逐个顶点判断是否为割顶。
   int count = 0;
   for (int v = 1; v <= n; v++) {
      fill(visited.begin(), visited.end(), false);
      // 顶点数为 1 的特殊情况已经处理，此处从任意一个剩余的顶点开始遍历。
```

```
        int u = (v - 1 > 0 ? v - 1 : v + 1);
        // 设置移除的顶点和起始顶点为已访问状态，后续检查连通时不考虑这两个顶点。
        visited[v] = visited[u] = true;
        // 深度优先遍历。
        dfs(u, v);
        // 检查图是否连通，如果不再连通，则该顶点是割顶。
        for (int j = 1; j <= n; j++)
            if (!visited[j]) {
                count++;
                break;
            }
    }
    // 返回割顶的数量。
    return count;
}
//------------------------------2.4.6.1.cpp------------------------------//
```

强化练习

11902 Dominator[B]。

Tarjan 算法可以在 $O(|V| + |E|)$的时间内找到给定连通图中的所有割顶。回忆深度优先遍历，整个过程会生成数棵深度优先树组成的深度优先森林，其中的边要么为树边，要么为反向边。对于无向连通图来说，深度优先遍历只会生成一棵深度优先树。顶点 u 是割顶当且仅当满足下述两个条件中的任意一个。

（1）顶点 u 是生成树的根结点，且 u 至少有两个子结点。

（2）顶点 u 不是生成树的根结点，且顶点 u 拥有至少一个子结点 v，以 v 为根的子树中不存在能够连接到顶点 u 的祖先结点的反向边。

第 1 个条件容易理解，如果根结点 u 只有一个子结点，移除根结点 u 后，图仍然是连通的，若根结点有两个子结点，移除根结点 u 后会导致其子结点不再连通。第 2 个条件不太容易理解，在此做进一步解释。如果顶点 u 不包含子结点，则顶点 u 为生成树的叶结点，移除顶点 u 不会导致图不连通，故顶点 u 不是割顶；若顶点 u 拥有子结点 v，且以 v 为根的生成子树中有反向边连接到顶点 u 的祖先，那么删除顶点 u，u 的子结点可以通过此反向边与 u 的祖先连通，因此不会改变图的连通性，故顶点 u 也不会是割顶。如果顶点 u 同时满足拥有子结点且子结点中不存在反向边连接到 u 的祖先的条件，则 u 必定是割顶。通过如图 2-13 所示的无向连通图的深度优先搜索树可以更直观地理解这一点——深度优先遍历顺序为 a、b、c、d、e、f、g、h、i、j，图中数字表示各个顶点的深度优先数。从图中可知，结点 a 为深度优先搜索树的根，且 a 有两个子结点，故 a 是割顶。结点 c 有两个子结点，其中一个子结点 d 拥有能够连接到 c 的祖先结点 b 的反向边，另外一个子结点 e 不存在反向边能够连接到 c 的任意祖先结点，将 c 移除，将使得原图不再连通，故 c 是割顶。结点 h 有两个子结点，两个子结点均有反向边能够连接到 h 的祖先结点 g，将 h 删除，不影响图的连通性，故 h 不是割顶。

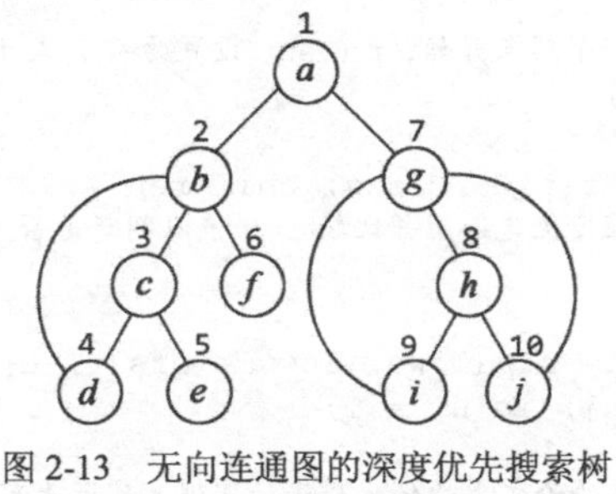

图 2-13 无向连通图的深度优先搜索树

第 1 个条件很容易用代码实现，只需在深度遍历过程中记录顶点的子结点数量，并判断是否为根结点即可。第 2 个条件的判断需要更巧妙的方法——在深度优先遍历的过程中，通过 *dfn* 数组记录顶点深度优先数，利用该深度优先数来判断第 2 个条件是否满足。对图 G 中的每个顶点 u 定义一个 *low* 值，*low*[*u*]表示从 u 或 u 的子孙结点出发通过反向边可以达到的最小深度优先数，即最早的发现时间。*low*[*u*]取以下 3 项中的最小值：顶点 u 本身的深度优先数，u 的子孙结点中所具有的最小深度优先数，顶点 u 通过反向边可以达到的最小深度优先数，即

$$low[u]=\min\{dfn[u],\min\{low[v]\mid v\text{是}u\text{的子孙结点},(u,v)\text{是树边}\},\min\{dfn[v]\mid v\text{与}u\text{邻接，且}(u,v)\text{为反向边}\}\}$$

则第 2 个条件对应的判断条件是：u 有一个子结点 v，使得 $low[v]\geqslant dfn[u]$。

注意

此处不能将条件 $low[v]\geqslant dfn[u]$修改为 $low[v]>dfn[u]$。例如，对于如图 2-14 所示的情况，按照结点 1、2、3、4 的顺序进行 DFS，在完成 DFS 后，结点 3 和结点 4 的 *low* 值均等于结点 2 的 *dfn* 值，如果按照条件 $low[v]\geqslant dfn[u]$进行判定，结点 2 是割顶，若按条件 $low[v]>dfn[u]$进行判定，则结点 2 不是割顶，但实际上结点 2 是割顶。

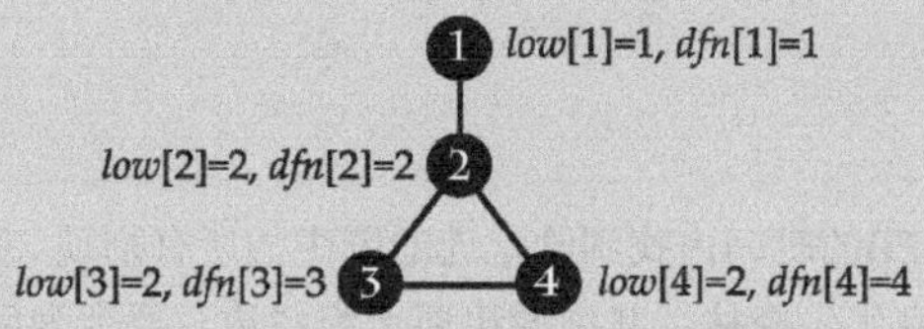

图 2-14　割顶条件

这里需要注意的是，当顶点 v 是顶点 u 的邻接顶点且 v 已经访问时，表明无向边(u, v)是一条反向边，此时顶点 u 的 *low* 值应该取 min(*low*[*u*], *dfn*[*v*])，而不是 min(*low*[*u*], *low*[*v*])。为什么呢？因为 *low*[*u*]表示的是顶点 u 通过邻接顶点或子孙结点的反向边所能达到的最小深度优先数，这里的反向边只能“反向”一次（对应的是 *dfn*[*v*]），不能从反向边到达的顶点继续“反向”（对应的是 *low*[*v*]），否则 *low* 值将失去对算法应有的意义，从而导致错误的结果。

以下是使用深度优先遍历查找割顶的 Tarjan 算法实现，在此实现中，使用保存深度优先数的数组来保存各顶点的最小深度优先数。

```
//------------------------------2.4.6.2.cpp------------------------------//
// 顶点数量。
const int MAXV = 1000;

// 使用邻接表方式表示图。
vector<set<int>> g;

// dfn 保存各顶点的深度优先数，如果顶点的 dfn 值为 0，表明该顶点尚未被访问。
// ic 记录各顶点是否为割顶，为 1 表示为割顶，为 0 表示不是割顶。
// dfstime 为时间戳。
int dfn[MAXV], ic[MAXV], dfstime = 0;

// Tarjan 算法。调用时从任意一个顶点开始，parent 设置为-1，表示起点为根结点。
int dfs(int u, int parent)
{
   int lowu = dfn[u] = ++dfstime, lowv, children = 0;
   // 对未访问的非根结点进行深度优先遍历并比较 low 值以判断是否为割顶。
   for (auto v : g[u]) {
      if (!dfn[v]) {
         ++children, lowu = min(lowu, lowv = dfs(v, u));
         if (lowv >= dfn[u]) ic[u] = 1;
      }
      // 此处是按照 Tarjan 算法论文中的伪代码进行实现，实际上可以略去条件判断，即
      // else lowu = min(lowu, dfn[v]);
      else if (dfn[v] < dfn[u] && v != parent) lowu = min(lowu, dfn[v]);
   }
```

```
    // 如果为树的根结点且子孙结点数量少于两个，不是割顶。
    if (parent < 0 && children == 1) ic[u] = 0;
    // 返回顶点 u 的最小深度优先数。
    return lowu;
}
//--------------------------------2.4.6.2.cpp--------------------------------//
```

强化练习

315 Network[A]，10199 Tourist Guide[A]，10765 Doves and Bombs[C]。

2.4.7 割边

在无向连通图 G 中，如果移除某条边后，图不再连通，称这样的边为割边（cut edge）或桥（bridge）。朴素的方法是使用图遍历逐一判断一条边是否为桥：先从连通图中移除该条边（并不需要实际删除该边，只需在遍历时跳过该条边即可），然后使用深度优先（或者广度优先）遍历对图进行一次遍历操作，检查从起点到其他各点之间是否仍相互连通，如果是，则该边不是桥，否则为桥。此种方法简单直接，但是需要对每条边都进行一次图遍历，效率不高，用于数据规模较小的题目尚可，对于数据规模较大的题目一般会超时。

强化练习

610 Street Directions[B]。

一个具有 n 个顶点的无向图，至多包含$(n-1)$条桥，如果在任意两个顶点间再增加一条边，则会形成圈。具有 n 个顶点且恰好包含$(n-1)$条桥的无向图实际上就是一棵树（tree），如果一个无向图中的所有边均为桥，则该无向图称为林（forest）。利用前述的 Tarjan 算法，对其做少量修改，即可只进行一次深度优先遍历操作，就能够找出无向连通图中所有的桥。在寻找割顶的 Tarjan 算法中，如果无向图中的一条边(u, v)是桥，当且仅当(u, v)为生成树中的边，且满足 $dfn[u] < low[v]$。(u, v)为生成树中的边，表明 v 是以 u 为根的深度优先树中的子孙结点，而 $dfn[u] < low[v]$表明结点 v 无法通过反向边到达比 u 更早发现的顶点，意味着只要把边(u, v)断开，顶点 v 和顶点 u 的祖先顶点无法连通，故(u, v)是桥。如果两个顶点间有平行边存在，则任意一条平行边均不是桥。

796 Critical Links[A]（关键连接）

在计算机网络中，如果有至少两台主机 A 和 B 之间的所有互连路径均通过连接 L，则连接 L 为关键连接。移除关键连接会产生两个不连通的计算机子网络，而在子网络中的任意两台主机是互相连通的。例如图 2-15 所示的计算机网络，有 3 条加粗的连接均为关键连接，它们是：0-1，3-4，6-7。

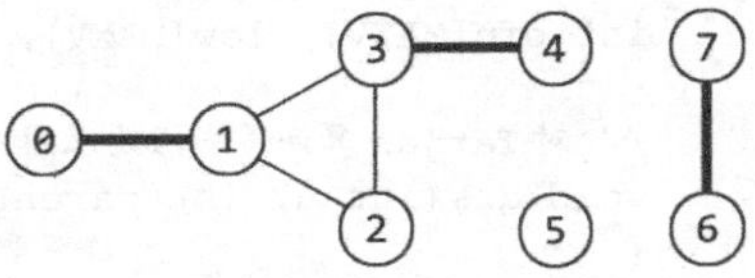

图 2-15　0-1，3-4，6-7 为 3 条加粗的关键连接

假定：（1）所有连接为双向连接；（2）主机不存在直接连到自身的连接；（3）两台主机如果直接相连或者同时和一台主机互连，则这两台主机是互连的；（4）计算机网络中可以存在不与其他子网络相连通的其他子网络。编写程序找出给定计算机网络中的所有关键连接。

输入

输入文件包含多组测试数据。每组测试数据按以下格式指定一个计算机网络：

```
no_of_servers
server0 (no_of_direct_connections) connected_server ... connected_server
...
server_no_of_server-1 (no_of_direct_connections) connected_server ... connected_server
```

每组测试数据的第 1 行包含一个正整数 *no_of_servers*（可能为 0），表示在该计算网络中主机的数量。接着的 *no_of_servers* 行数据，每行表示一台主机和其他主机的互连情况，其顺序是随机排列的。对于主机 $server_k$，$0 \leqslant k \leqslant no\_of\_servers - 1$，该行指明了与主机 $server_k$ 直接连接的主机数量和相应的主机编号。你可以假定输入数据是正确无误的。样例输入数据的第 1 组数据对应图示中的计算机网络，第 2 组数据指定了一个空的计算机网络。

输出

对于每组测试数据，输出关键连接的数量和每条关键连接的信息。输出格式参见样例输出。在输出关键连接时，起始主机编号小的排列在前，如果多个关键连接具有相同的起始主机编号时，按终止主机编号升序排列。在每组测试数据后输出一个空行。

样例输入

```
8
0 (1) 1
1 (3) 2 0 3
2 (2) 1 3
3 (3) 1 2 4
4 (1) 3
7 (1) 6
6 (1) 7
5 (0)

0
```

样例输出

```
3 critical links
0 - 1
3 - 4
6 - 7

0 critical links
```

分析

题目所求的“关键连接”对应图论中桥的概念。使用 Tarjan 算法求图的所有桥即可。需要注意的是，由于给定的图并不一定是连通图，可能是由多个连通子图构成，故在寻找桥时，需要搜索所有的连通子图。

参考代码

```
const int MAXV = 2010;

struct edge {
   int start, end;
   bool operator<(const edge &e) const {
      if (start != e.start) return start < e.start;
      else return end < e.end;
   }
};

// 以邻接表方式表示图。
vector<int> g[MAXV];
vector<edge> bridge;
int dfn[MAXV], low[MAXV], visited[MAXV];

// 对 Tarjan 算法适当修改求图中的割边。
void dfs(int u, int parent, int depth)
{
   visited[u] = 1; dfn[u] = low[u] = depth;
   for (auto v : g[u]) {
      if (v != parent && visited[v] == 1) low[u] = min(low[u], dfn[v]);
      if (!visited[v]) {
         dfs(v, u, depth + 1);
         low[u] = min(low[u], low[v]);
         if (dfn[u] < low[v]) bridge.push_back((edge){u, v});
      }
   }
   visited[u] = 2;
}

int main(int argc, char *argv[])
{
   int servers;
```

```
    while (cin >> servers) {
        // 构建图。
        for (int i = 0; i < servers; i++) g[i].clear();
        string s;
        for (int i = 1, u, v, c; i <= servers; i++) {
            cin >> u >> s;
            c = stoi(s.substr(1, s.length() - 2));
            for (int j = 1; j <= c; j++) {
                cin >> v;
                g[u].push_back(v), g[v].push_back(u);
            }
        }
        // Tarjan 算法求图中割边。
        bridge.clear(); memset(dfn, 0, sizeof(dfn));
        memset(low, 0, sizeof(low)); memset(visited, 0, sizeof(visited));
        for (int u = 0; u < servers; u++)
            if (!visited[u])
                dfs(u, -1, 1);
        // 输出。
        for (int i = 0; i < bridge.size(); i++)
            if (bridge[i].start > bridge[i].end)
                swap(bridge[i].start, bridge[i].end);
        cout << bridge.size() << " critical links\n";
        sort(bridge.begin(), bridge.end());
        for (int i = 0; i < bridge.size(); i++)
            cout << bridge[i].start << " - " << bridge[i].end << '\n';
        cout << '\n';
    }
    return 0;
}
```

强化练习

1310 One-Way Traffic[E]。

2.4.8 强连通分支

给定有向图 D，如果 D 中的任意两个顶点 u 和 v，既存在从 u 到 v 的通路，也存在从 v 到 u 的通路，则称图是强连通的（strongly connected），而强连通分支（strongly connected component，或称强连通分量）则是指有向图的一个子图，在这个子图中，任意两个顶点之间存在有向通路，即该子图是强连通的。寻找强连通分支是处理有向图的一个常见操作，在找到强连通分支后，由于其内部顶点是双向连通的，可以使用一个虚拟的新顶点来替代原来的强连通分支中的所有顶点——称之为“缩点”（condensation），这样可以将原有包含圈的有向图转化为有向无圈图，从而对下一步图的处理带来便利。求有向图强连通分支有两种常用的算法，一种是 Kosaraju 算法，另一种是 Tarjan 算法，下面分别予以介绍。

Kosaraju 算法

Kosaraju 算法通过对有向图 D 进行一次 DFS，然后对 D 的逆图 D^T 再进行一次 DFS，从而找出原图的强连通分支。逆图 D^T 是指将原有向图 D 中的边反向后得到的图，设 $D=(V,E)$，则 $D^T=(V,E^T)$，$E^T=\{(u,v)|(v,u)\in E\}$。Kosaraju 算法基于以下结论：有向图 D 与其逆图 D^T 具有完全相同的强连通分支。换句话说，如果有向图 D 的一个子图 D' 是强连通子图，在将图 D' 中的各条边反向之后，D' 仍然是强连通子图，但反过来不成立——如果子图 D' 是单向连通的，将各边反向后可能某些顶点之间将不再连通，即 D' 不再是强连通子图。究其原因，属于某强连通分支的顶点，边反向操作不会对其构成影响，如果不是强连通分支内的顶点，边反向会导致其不属于逆图中的某个强连通分支，因此可以将边反向的操作看成是对非强连通块的过滤处理，如图 2-16 所示。

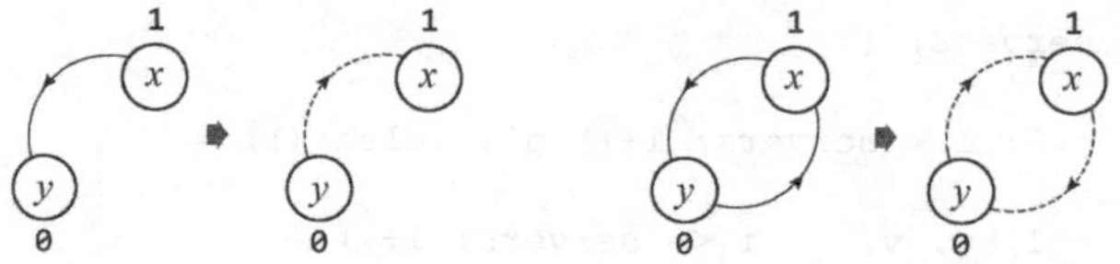

图 2-16　Kosaraju 算法中将边反向所起的“过滤”作用

注意

图 2-16a 中，顶点 y 的 DFS 完成时间为 0，顶点 x 的 DFS 完成时间为 1，将边反向后，从 DFS 完成时间晚的顶点 x 出发访问，y 无法访问，表明 x 和 y 属于不同的强连通分支。图 2-16b 中，从顶点 y 到顶点 x 的有向边经过反向后成为从顶点 x 到达顶点 y 的有向边，从而保证能够从 DFS 完成时间晚的顶点 x 访问顶点 y，表明顶点 x 和 y 同属一个强连通分支。

Kosaraju 算法的执行步骤如下。

（1）构建原图 D，对原图 D 进行 DFS，记录每个顶点在 DFS 过程中的完成时间 $ft[u]$（注意不是顶点的发现时间 $dfn[u]$）。

（2）构建原图 D 的逆图 D^T。

（3）选择从第 1 次遍历得到的 $ft[u]$ 最大的顶点出发，对逆图 D^T 进行 DFS，删除能够访问的顶点，这些被删除的顶点构成了一个强连通分支。

（4）如果还有顶点尚未删除，继续执行第（3）步，否则算法结束。

在下述 Kosaraju 算法的实现中，第 1 次遍历使用普通的 DFS，记录顶点在深度优先遍历过程中的完成时间。为了简便，使用 vector（或者 stack）来记录顶点的完成访问的顺序，在 vector 的末尾是最后完成访问的顶点。第 2 次 DFS 针对逆图进行，形式上与第 1 次 DFS 类似，使用了 vector 来记录强连通分支的顶点以便输出。Kosaraju 算法的时间复杂度为 $O(|V| + |E|)$。

```
//--------------------------------2.4.8.1.cpp--------------------------------//
const int MAXV = 110;

// visited 记录顶点是否已被访问，n 表示顶点的数量，cscc 记录强连通分支数。
int visited[MAXV], n, cscc;
// g1 表示原图，g2 表示逆图。
vector<list<int>> g1(MAXV), g2(MAXV);
// ft 记录顶点在 DFS 中的完成时间顺序，scc 记录单个强连通分支所包含的顶点。
vector<int> ft, scc;

// 对原图进行 DFS，按完成遍历的时间将顶点送入 vector 中。
// 越靠近 vector 末端的顶点，其发现时间越早，与之相对应的完成时间越晚。
void dfs(int u)
{
   visited[u] = 1;
   for (auto v : g1[u])
      if (!visited[v])
         dfs(v);
   ft.push_back(u);
}

// 将原图的边反向，构建逆图。
void reverseEdge()
{
   for (int u = 1; u <= n; u++)
      for (auto v : g1[u])
         g2[v].push_back(u);
}
```

```
// 对逆图进行 DFS，找出强连通分支。
void rdfs(int u)
{
   visited[u] = 1;
   for (auto v : g2[u])
      if (!visited[v])
         rdfs(v);
   scc.push_back(u);
}

void kosaraju()
{
   // 对原图进行 DFS。
   ft.clear();
   memset(visited, 0, sizeof visited);
   for (int u = 1; u <= n; u++)
      if (!visited[u])
         dfs(u);
   // 将边反向，构建逆图。
   reverseEdge();
   // 从第 1 次 DFS 过程中完成时间最大的顶点开始，对逆图进行 DFS，找出强连通分支并输出。
   cscc = 0;
   memset(visited, 0, sizeof visited);
   while (ft.size()) {
      int u = ft.back();
      if (!visited[u]) {
         cscc++, scc.clear();
         rdfs(u);
         cout << "cscc = " << cscc << ':';
         for (auto v : scc) cout << ' ' << v;
         cout << '\n';
      }
      ft.pop_back();
   }
}
//------------------------------2.4.8.1.cpp------------------------------//
```

强化练习

247 Calling Circles[A]。

Tarjan 算法

Tarjan 算法以此算法的发现者 Robert Endre Tarjan 的名字命名，相较于 Kosaraju 算法，Tarjan 算法显得更为简洁而巧妙，其时间复杂度同样为 $O(|V|+|E|)$。该算法充分利用了 DFS 过程中记录的深度优先数。在 DFS 过程中，随着遍历的深入，各个顶点形成了一棵深度优先树。而在树的生成过程中，Tarjan 算法使用了一个栈来保存各个顶点，由于顶点的入栈顺序保持了一个称为“栈不变量”的性质，算法根据“栈不变量”将顶点划分到各个强连通分支中。以下给出的是 Tarjan 算法中通过 DFS 过程确定强连通分支根结点的伪代码表示：

```
dfs(u)
{
    // 设置结点 u 的深度优先数和 low 值。
    low[u] = dfn[u] = ++dfntime
    // 将结点 u 压入栈中。
    stack.push(u)
    // 遍历每一条边。
    for each (u, v) in E
        // 如果尚未访问则继续往下找，并更新 low 值。
        if (v is not visited)
            dfs(v)
```

```
                low[u] = min(low[u], low[v])
            // 如果已经访问，但是仍在栈中，表明该结点尚未成为强连通分支中的顶点，更新其 low 值。
            else if (v in stack)
                low[u] = min(low[u], dfn[v])
        // 如果结点 u 是强连通分支的根则开始退栈。
        if (low[u] == dfn[u])
            // 持续退栈，退出的结点 v 为该强连通分支的一个顶点。
            repeat
                v = stack.top()
                stack.pop()
                print v
            until (u == v)
}
```

算法中结点的 *low* 值应用非常巧妙，它记录的是结点通过反向边所能达到的最早发现时间 *dfn*。回顾 DFS 过程，数组 *dfn* 记录的是结点的发现时间，称之为深度优先数，深度优先数是单调递增的，当第 1 次访问某个结点 *u* 时，其 *dfn*[*u*]和 *low*[*u*]的值是相等的。在 DFS 过程中，结点 *u* 的 *low* 值取其子树中所有结点 *low* 值的最小值，如果以结点 *u* 为根的子树中存在能够到达 *u* 的祖先结点的反向边，那么结点 *u* 的 *low*[*u*]会小于 *dfn*[*u*]。对于结点 *u*，当其所有的子树结点均已访问完毕时，如果发现 *low*[*u*]等于 *dfn*[*n*]，可以证明，从结点 *u* 在栈中的位置直到栈顶的任意结点 *v*，均有 *low*[*v*]小于等于 *dfn*[*n*]，而且在这些结点中，一定有且只有一个结点 *x*，其 *low*[*x*]等于 *dfn*[*x*]，这个结点就是某个强连通分支的根，也就是结点 *u*——该性质即为前述所提到的“栈不变量”性质。为什么会这样呢？因为从 Tarjan 算法的伪代码中可以看到，如果某个结点 *u* 的 *low*[*u*] = *dfn*[*u*]，表明该结点的 *low* 值无法通过其本身或者子孙结点得到改变，那么就表示该结点和其子孙结点不存在能够到达该结点祖先结点的反向边，从而使得该结点要么是一个只包含一个结点的强连通分支，或者是与其若干个子孙结点共同组成一个强连通分支。从图 2-17 的算法执行过程中可以很清楚地看到这一点。

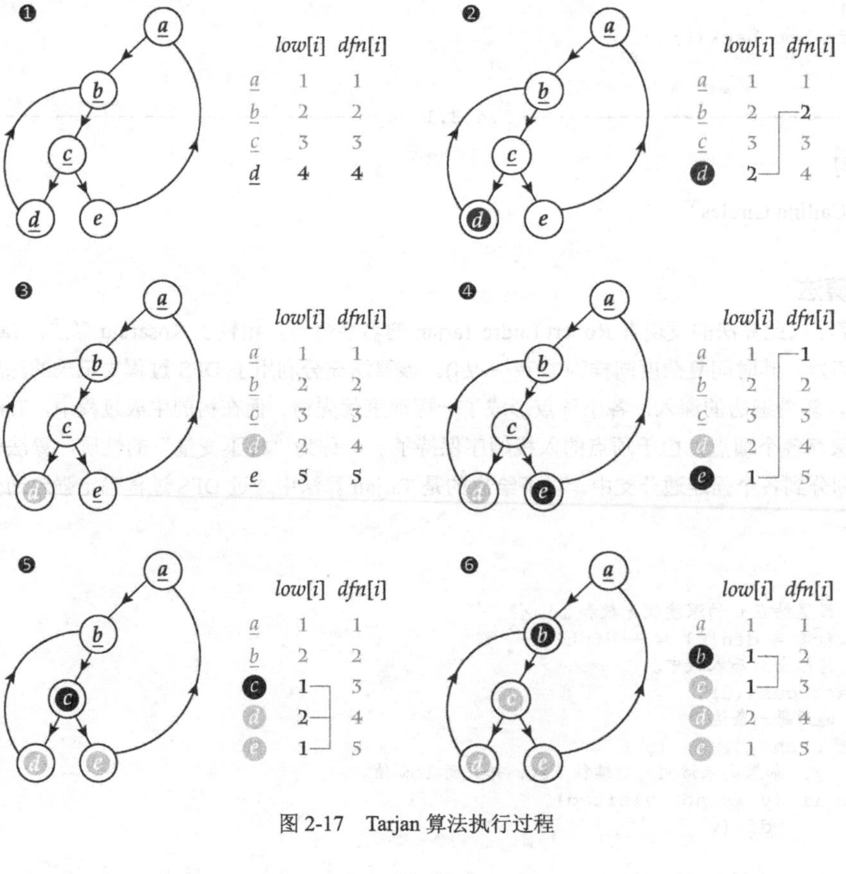

图 2-17　Tarjan 算法执行过程

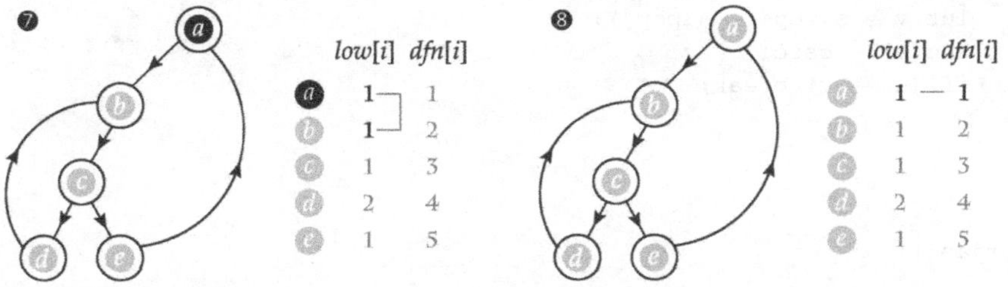

图 2-17 Tarjan 算法执行过程（续）

注意

图 2-17 所示各步骤如下。

❶ 按照深度优先遍历的顺序，访问起始结点 *a*，此时 *low*[*a*] = *dfn*[*a*] = 1；访问结点 *b*，此时 *low*[*b*] = *dfn*[*b*] = 2；访问结点 *c*，此时 *low*[*c*] = *dfn*[*c*] = 3；访问结点 *d*，此时 *low*[*d*] = *dfn*[*d*] = 4；

❷ 结点 *d* 有一条有向边连接到结点 *b*，在深度优先遍历中，该边为反向边，因为结点 *b* 已经在栈中，故最终 *low*[*d*] = min(*low*[*d*], *dfn*[*b*]) = 2；

❸ 访问结点 *e*，此时有 *low*[*e*] = *dfn*[*e*] = 5；

❹ 结点 *e* 有一条有向边连接到结点 *a*，同样为反向边，由于结点 *a* 在栈中，故 *low*[*e*] = min(*low*[*e*], *dfn*[*a*]) = 1；

❺ 结点*c*的子结点*d*和*e*均已访问完毕，结点*c*的*low*值取结点*d*和*e*的*low*值的较小值，即 *low*[*c*] = min(*low*[*d*], *low*[*e*]) = 1；

❻ 结点 *b* 的子结点 *c* 已经访问完毕，DFS 过程退回结点 *b*，此时有 *low*[*b*] = min(*low*[*b*], *low*[*c*]) = 1；

❼ DFS 过程退回结点 *a*，此时有 *low*[*a*] = min(*low*[*a*], *low*[*b*]) = 1；

❽ 最终，只有结点 *a* 满足 *dfn*[*a*] = *low*[*a*]的条件。开始退栈，一直退栈到结点 *a* 为止，从栈顶到结点 *a* 的所有结点均属于同一强连通分支，即结点 *a*、*b*、*c*、*d*、*e* 均属于同一强连通分支。

以下为 Tarjan 算法的具体实现。在使用栈存储访问的结点时，由于栈数据结构一般不支持查找，需要辅助数据结构来记录结点是否已经进入某个强连通分支。如果某个结点已经进入强连通分支，则该结点肯定不会在栈中。栈可以使用 STL 中的 stack 数据结构，或者使用一维数组来模拟。

```
//-----------------------------2.4.8.2.cpp-------------------------------//
const int MAXV = 10010;

int n;
int dfstime = 0, dfn[MAXV], low[MAXV], scc[MAXV], cscc = 0;
vector<vector<int>> g;
stack<int> s;

void dfs(int u)
{
   // 记录深度优先数，初始化 low 值。
   low[u] = dfn[u] = ++dfstime;
   // 将当前结点入栈。
   s.push(u);
   // 遍历所有子树，更新 low 值。
   for (auto v : g[u]) {
      if (!dfn[v]) dfs(v), low[u] = min(low[u], low[v]);
      else if (!scc[v]) low[u] = min(low[u], dfn[v]);
   }
   // 退栈，直到强连通分支的根。
   if (low[u] == dfn[u]) {
      ++cscc;
      while (true) {
```

```
            int v = s.top(); s.pop();
            scc[v] = cscc;
            if (u == v) break;
        }
    }
}

void tarjan()
{
    dfstime = 0, cscc = 0;
    while (!s.empty()) s.pop();
    memset(dfn, 0, sizeof(dfn));
    memset(scc, 0, sizeof(scc));
    for (int i = 0; i < n; i++)
        if (!dfn[i])
            dfs(i);
}
//---------------------------------2.4.8.2.cpp---------------------------------//
```

理解 Tarjan 算法的关键在于理解以下核心语句：

```
for (auto v : g[u]) {
    if (!dfn[v]) dfs(v), low[u] = min(low[u], low[v]);
    else if (!scc[v]) low[u] = min(low[u], dfn[v]);
}
```

`if` 语句的第 1 个分支：先对 *u* 所有尚未访问的子结点 *v* 进行遍历，然后再更新 *u* 的 *low* 值。这个很容易理解，因为有可能 *u* 的子结点（或者 *u* 的子孙结点）存在反向边，这些反向边能够到达 *u* 的祖先结点，因此 *u* 的 *low* 值能够发生改变，从而使得 *u* 不会是强连通分支的根，所以应该先遍历 *u* 的子结点后再确定 *u* 的 *low* 值。此种情形如图 2-18 所示。

`if` 语句的第 2 个分支：当 *u* 的某个子结点 *v* 已经访问，那么就检查 *v* 是否已经属于某个强连通分支，如果已经属于某个强连通分支，说明 *u* 和 *v* 之间是一条交叉边，则不予处理，因为 *u* 和 *v* 之间的边并不是圈的一部分，所以不应对 *u* 的 *low* 值产生影响，此种情形如图 2-19 所示。

若 *v* 尚未进入某个强连通分支，则表明 *u* 和 *v* 之间的边是圈的一部分，此种情形如图 2-20 所示。

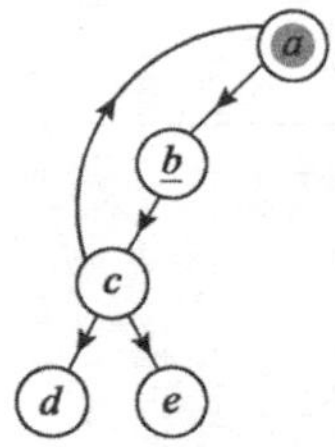

图 2-18　Tarjan 算法核心语句中第 1 个判断分支

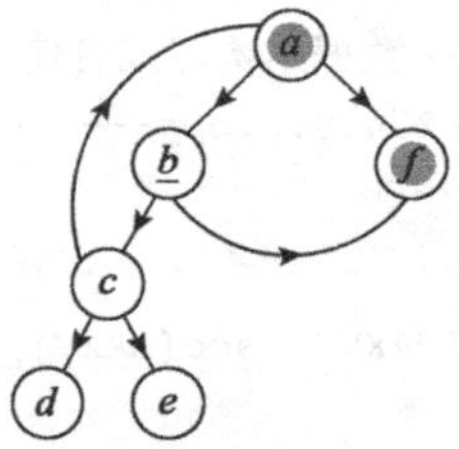

图 2-19　Tarjan 算法核心语句中第 2 个判断分支，子结点属于强连通分支

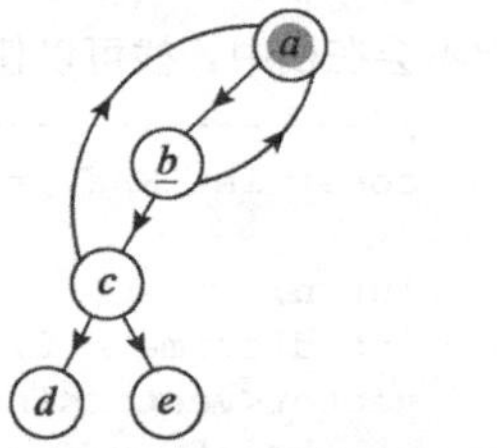

图 2-20　Tarjan 算法核心语句中第 2 个判断分支，子结点尚未进入强连通分支

注意

图 2-18 中，假设结点 *a* 已经访问，当前访问结点 *b*，由于结点 *b* 的子结点 *c* 具有一条反向边能够到达 *b* 的祖先结点 *a*，在遍历 *c* 后，*b* 能够具有更小的 *low* 值。

图 2-19 中，假设结点 *a* 和结点 *f* 已经访问，当前访问结点 *b*，由于结点 *b* 的一条边指向结点 *f*，而结点 *f* 已经自身构成一个强连通分支，不应对结点 *b* 的 *low* 值产生影响。

图 2-20 中，假设结点 *a* 已经访问，当前访问结点 *b*，由于结点 *b* 的一条边指向结点 *a*，则该有向边将 *a* 和 *b* 组成一个圈，此时，结点 *a* 尚未进入某个强连通分支，因此结点 *b* 的 *low* 值应取结点 *a* 的 *dfn* 值。

在 `if` 语句的第 2 个分支中，当结点 v 尚未进入某个强连通分支时，为什么 u 的 *low* 值是取 $low[u]$和 $dfn[v]$的较小值而不取 $low[u]$和 $low[v]$的较小值呢？这是因为 v 可能是 u 的祖先，而此时 v 的 *low* 值还未最终确定，因此并不能取 $low[v]$，而 $dfn[v]$是确定的，不会发生改变，此时 $low[u]$的含义就是 u 通过反向边能够到达的具有最小 *dfn* 值的某个结点的相应的 *dfn* 值，符合 *low* 值的定义，若取 $low[u]$和 $low[v]$的较小值，则不符合 *low* 值的定义。值得一提的是，在求强连通分支时，如果实现时 `if` 语句的第二个分支取 $low[u]$和 $low[v]$的较小值，仍然会得到正确的结果，尽管这不符合算法的原理。但是在使用 Tarjan 算法求割顶时，这样做就很可能会导致错误的结果，因为求强连通分支本质是求边双连通分支，而求割顶实质是求点双连通分支，两者是不同的问题。

12167 Proving Equivalences[D]（等价证明）

考虑如下线性代数练习题：设 $\boldsymbol{A}$ 为 $n \times n$ 的矩阵，证明下列 4 个命题相互等价。

（a）矩阵 $\boldsymbol{A}$ 不可逆。

（b）对于每个 $n \times 1$ 的矩阵 $\boldsymbol{b}$，方程 $\boldsymbol{Ax} = \boldsymbol{b}$ 只有一个解。

（c）方程 $\boldsymbol{Ax} = \boldsymbol{b}$ 对于任意一个 $n \times 1$ 的矩阵 $\boldsymbol{b}$ 来说都是一致的。

（d）方程 $\boldsymbol{Ax} = \boldsymbol{0}$ 只有一个平凡解 $\boldsymbol{x} = \boldsymbol{0}$。

常规的证明方法是证明一系列的隐含关系。例如，可以先证明由（a）可以推出（b），然后证明（b）可以推出（c），再证明（c）可以推出（d），最后证明（d）可以推出（a），由以上 4 个推断可以得出 4 个命题是等价的。

另外一种证明方法是先证明（a）和（b）等价，即证明（a）可以推出（b），（b）可以推出（a），再证明（b）和（c）等价，最后证明（c）和（d）等价，不过这样的证明方法需要证明 6 个隐含关系，比前一种只需要证明 4 个隐含关系的证明方法，其证明量显然要多。

现在我手头上有一些类似的作业需要完成，有的作业中已经证明了一部分隐含关系。现在我想知道的是至少还需要证明多少个隐含关系才能完成所有命题等价性的证明，你能帮助我确定这个数量吗？

输入

输入的第 1 行是一个正整数，表示测试数据的组数，最多有 100 组测试数据。每组测试数据的第 1 行包含两个整数 n（$1 \leqslant n \leqslant 20000$）和 m（$0 \leqslant m \leqslant 50000$），分别表示命题的数量和已经证明的隐含关系的数量，后面接着 m 行每行包含两个整数 s_1 和 s_2（$1 \leqslant s_1$，$s_2 \leqslant n$ 且 $s_1 \neq s_2$），表示 s_1 隐含 s_2 的关系已经证明。

输出

对于每组测试数据输出一行，该行包含一个整数，表示为了证明所有命题是等价的，至少还需要证明多少个隐含关系。

样例输入

```
2
4 0
3 2
1 2
1 3
```

样例输出

```
4
2
```

分析

将命题视为顶点，可以将题目所给条件构造成一个有向图，之后对该有向图进行“缩点”操作，即先找到有向图中的所有强连通分支，将每个强连通分支使用一个顶点予以替代。为什么可以这样操作呢？因为某个顶点 u 和给定强连通分支 s 中的某个顶点 v 双连通，则顶点 u 必定和该强连通分支 s 中的其他顶点双连通，所以可以将整个强连通分支 s 使用一个顶点作为代表。进行缩点操作后，得到的有向图中的任意两个顶点要么是单向连通，要么不连通，即原图成为有向无圈图，问题转化为在这个新图中至少需要添加多少条有向边才能使之成为强连通图。可以对构造得到的有向无圈图进行一次 DFS，这样会得到若干棵深度优先树。如图 2-21 所示，图中左侧的深度优先树中，有 1 个结点的入度为 0，两个结点的出度为 0，直观地，从出度为 0 的叶结点 b 连接一条有向边到入度为 0 的结点 a 即可构成一个有向圈，形成一个强连通分支，从而"消除"一个叶结点。同此法，可添加有向边将结点 c 并入强连通分支。右侧的深度优先树中，有一个独立的结点 g，可以通过从叶结点 f 连接有向边到 g，然后从 g 连接有向边到 e 形成一个强连通分支，之后按照类似左侧深度优先树的操作，将树变成强连通图。

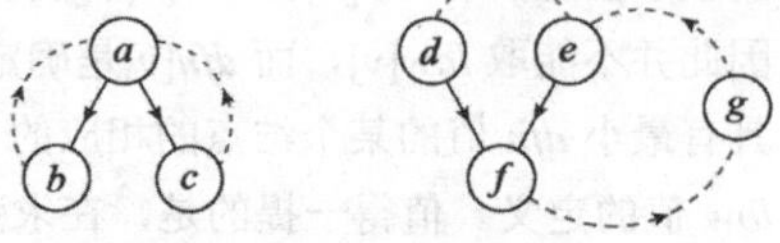

图 2-21 "缩点"操作后进行 DFS 得到的深度优先树

在深度优先树中，直观地，只需从出度为 0 的结点（叶结点）引一条有向边到入度为 0 的结点（根结点），即可将这些结点联系在一起，构成一个强连通分支。经过观察，可以得出结论：需要添加的边数为缩点后新图中出度为 0 的顶点数 V_1 和入度为 0 的顶点数 V_2 两者的较大值——$\max(V_1, V_2)$。当原图已经是强连通图时，不需再进行缩点和后续操作，可以进行特殊判断以节省时间。在进行缩点操作时，新图的顶点编号可以使用强连通分支的标号数来表示。

参考代码

```
const int MAXV = 20010;

int dfn[MAXV], low[MAXV], scc[MAXV], dfstime, cscc;
int cases, n, m;
vector<list<int>> g(MAXV);
stack<int> s;

void dfs(int u)
{
   // 代码省略，请参考前述给出的 Tarjan 算法实现。
}

// Tarjan 算法求强联通分支。
void tarjan()
{
   // 代码省略，请参考前述给出的 Tarjan 算法实现。注意，本题中顶点序号从 1 开始计数。
}

int main(int argc, char *argv[])
{
   cin >> cases;
   for (int c = 1; c <= cases; c++) {
      for (int u = 1; u <= n; u++) g[u].clear();
      // 以邻接表方式读入图数据。
      cin >> n >> m;
      for (int e = 1, u, v; e <= m; e++) {
         cin >> u >> v;
         g[u].push_back(v);
      }
      // Tarjan 算法求强连通分支。
      tarjan();
      // 如果已经是强连通的则不需继续计算。
      if (cscc == 1) cout << "0\n";
      else {
         // 将同一强连通分支中的顶点视为一个顶点，计数其出度及入度。
         int id[MAXV] = {0}, od[MAXV] = {0};
         for (int u = 1; u <= n; u++)
            for (auto v : g[u]) {
               if (scc[u] == scc[v]) continue;
               od[scc[u]] = id[scc[v]] = 1;
            }
         // 计数缩点操作后新图中出度或入度为 0 的顶点数的较大值即为所求。
         int tid = 0, tod = 0;
         for (int u = 1; u <= cscc; u++) {
            if (!id[u]) tid++;
```

```
            if (!od[u]) tod++;
        }
        cout << max(tid, tod) << '\n';
    }
  }
  return 0;
}
```

除了前述介绍的 Kosaraju 算法和 Tarjan 算法，求强连通分支还有一种算法称为 Gabow 算法[17]，此算法是 Tarjan 算法思想的另外一种实现，相较于 Tarjan 算法，虽然时间复杂度相同，但 Gabow 算法更为巧妙，不需要频繁更新 *low* 值，因而具有更小的常数项。

强化练习

10731 Test^C，11686 Pick up Sticks^B，11709 Trust Groups^B，11770 Lighting Away^B，11838 Come and Go^B。

扩展练习

1229 Sub-Dictionary^D，13057 Prove Them All^E。

2.4.9 半连通分支

有向图 D 是强连通的，要求图 D 中任意顶点对 u 和 v 之间既存在 u 到 v 的有向通路，也存在 v 到 u 的有向通路。如果有向图 D 中任意顶点对 u 和 v 之间，存在 u 到 v 的有向通路或者 v 到 u 的有向通路，则称图 D 是半连通的（semi-connected）。若 D'是 D 的导出子图，且 D'是半连通的，则称 D'为 D 的半连通子图。若 D'是 D 的所有半连通子图中包含顶点数最多的，则称 D'是 D 的最大半连通子图。

通过前述介绍的强连通分支算法，可以对有向图中的所有圈进行缩点操作，使之成为有向无圈图，则寻找最大半连通子图相当于在此有向无圈图中寻找一个“最长链”，从缩点得到的新图中入度为 0 的顶点开始进行 DFS，在 DFS 过程中统计链上所包含顶点的数量，包括经过缩点后的强连通分支中包含的顶点数，其中最长的一条路径所包含的顶点数即为最大半连通子图的顶点数。

强化练习

11324 The Largest Clique^C。

2.4.10 2-SAT

布尔适定性问题（boolean satisfiability problem）或适定性问题（satisfiability problem）是指给定一组布尔值变量，确定由这些变量构成的布尔表达式是否能够全为真。一般为了方便，将适定性问题取其英文名称前 3 个字母，简称为 SAT。SAT 的一般形式是 NP[1]完全的，只有特殊情况下才存在有效算法，其中 2-SAT 即为一个特例。2-SAT 是指布尔表达式由若干个子句（clause）的合取（conjunction，即布尔与）构成，而每个子句由两个布尔变量的析取（disjunction，即布尔或）或者单个布尔值构成，即表达式的形式类似于

$$(b_1)\wedge(b_1\vee b_2)\wedge(b_1\vee\neg b_3)\wedge(\neg b_2\vee\neg b_3)\wedge\cdots\wedge(b_i\vee b_j);\quad 1\leqslant i,j\leqslant n$$

在表达式中出现的各种形式的布尔变量（或布尔变量的否定）称之为字面量（literal），例如 b_1 和$\neg b_3$。若所有表达式中，子句中的字面量最多为 k 个，则称为 k-SAT 问题，当 $k>2$ 时，k-SAT 问题为 NP 完全的。2-SAT 存在多种有效算法，下面介绍通过求图的强连通分支来巧妙地解决 2-SAT 问题的方法[18]。此方法可以概述为以下步骤。

（1）将给定的 n 个布尔变量使用 $2n$ 个顶点予以表示，变量 b_i 和$\neg b_i$ 各对应一个顶点。

（2）根据布尔表达式在顶点间建立有向边，从而得到变量间的拓扑关系图。

（3）对该有向图进行“缩点”操作，使之转化为有向无圈图。

---

[1] NP 代表 Non-deterministic Polynomial，即非确定性多项式。

（4）如果某个强连通分支中包含一个变量所对应的两个顶点，则原问题无解。

（5）对得到的有向无圈图进行拓扑排序。

（6）按照拓扑排序的逆序为变量赋值，位于前面的变量尽量取真，即可得到原问题的一组解。

接下来介绍如何将给定的布尔表达式建模为有向图。对于布尔变量 b_i，将变量 b_i 取真时的状态使用图中的一个顶点予以表示，为了简便起见，仍然使用 b_i 来指示图中的这个顶点。类似地，使用$\neg b_i$ 表示当 b_i 取假时所对应的图中的顶点，将图中同一个变量取真值和假值所对应的两个顶点互称为补（complements）。假设一个子句中的析取式为 $b_i \vee b_j$，则在对应的有向图中建立两条边，一条边为$\neg b_i \to b_j$，含义为若$\neg b_i$ 为真，则 b_j 必定为真；另一条边为$\neg b_j \to b_i$，含义为若$\neg b_j$ 为真，则 b_i 必定为真。为什么需要这样建立有向边呢？因为这样可以将变量间隐含的拓扑关系表示出来。对于析取式 $b_i \vee b_j$，变量间的拓扑关系意味着不随图的变化而始终存在的性质，如果将上述建立的有向图全部边反向，同时将相应的变量变换为它的“补”，可以发现新图和原图是同构的，此即对偶性（duality property）。对偶性是由建立有向边的方式决定的，如图 2-22 所示。

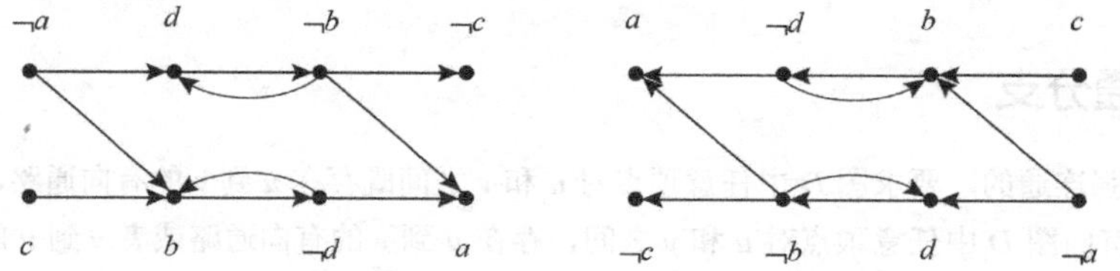

图 2-22　对偶性。左侧为根据布尔表达式$(a \vee b) \wedge (b \vee \neg c) \wedge (\neg b \vee \neg d) \wedge (b \vee d) \wedge (d \vee a)$所构建的有向图。将所有顶点更换为对应顶点的补，同时将边反向所得到的右侧有向图与左侧有向图同构

如果变量赋值使得 $b_i \vee b_j$ 为真，那么有 3 种情况，要么 b_i 为真，要么 b_j 为真，要么两者都为真。把拓扑关系图中的边理解为“必须”，则初始赋值结果使得$\neg b_i$ 为真（亦即 b_i 为假），“必须”要求 b_j 为真。类似地，如果$\neg b_j$ 为真（亦即 b_j 为假），“必须”要求 b_i 为真。根据这样的形式建立的有向图能够反映出原布尔变量间的拓扑关系。对于其他形式的析取式，可以类似地建立边。例如析取式 $b_i \vee \neg b_j$，则建立有向边$\neg b_i \to \neg b_j$ 和 $b_j \to b_i$。对于由单个字面量构成的子句，例如(b_i)，则由于$(b_i) \equiv (b_i \vee b_i)$，则从$\neg b_i$ 到 b_i 建立一条有向边[1]。需要注意，有些题目中给定的初始条件可能并不是前述所提到的“规则”的布尔合取式，需要使用布尔运算将其转化为符合要求的合取式，从而能够将其转化为变量间的拓扑关系图，例如$(b_1 \wedge b_2) \vee (b_3 \wedge b_4)$不是建模所需要的合取式，但可以将其转化为$(b_1 \vee b_3) \wedge (b_1 \vee b_4) \wedge (b_2 \vee b_3) \wedge (b_2 \vee b_4)$，从而成为期望的合取式。

对于有向图的“缩点”操作，既可以选择 Kosaraju 算法，也可以选择 Tarjan 算法，不同之处在于后续拓扑排序的处理。Tarjan 算法得到的强连通分支顺序恰为拓扑排序的逆序，而 Kosaraju 算法得到的强连通分支顺序为拓扑排序而非逆序。缩点操作完成后，如果某个变量取真、假值所对应的两个顶点位于同一强连通分支，则原问题无解，因为不可能保证同一个变量的本身和逆反同时为真。

10319 Manhattan[C]（曼哈顿）

某个城市的街道由方格网构成，类似于曼哈顿的街道布局。为了缓解交通拥堵的状况，市长决定将所有街道变为单行道以提高出行效率，但是有些线路需要保持至少一条以上的“简单路径”可供通行，简单路径是指从起点到达终点至多经过一个直角拐弯的路径。给定一份列表，列表上列出了在所有街道变为单行道之后需要保持仍有至少一条以上简单路径的“起点—终点”对，要求你判断是否可以为所有街道指定单行道的方向后，这些“简单路径”（如图 2-23 所示）能够存在。

---

[1] 对于 $b_i \equiv b_i \vee b_i$，严格按照前述建立有向边的规则，应该建立两条$\neg b_i$ 到 b_i 的有向边，但由于重边对强连通分支无影响，只需使用一条即可。同样地，对于$\neg b_i \equiv \neg b_i \vee \neg b_i$，只需建立一条从 b_i 到$\neg b_i$ 的有向边。若布尔表达式要求 b_i 和$\neg b_i$ 同时为真，则建立的有向图中，顶点 b_i 和$\neg b_i$ 之间有互相到达的有向边，则两者一定属于同一强连通分支，因而无解。

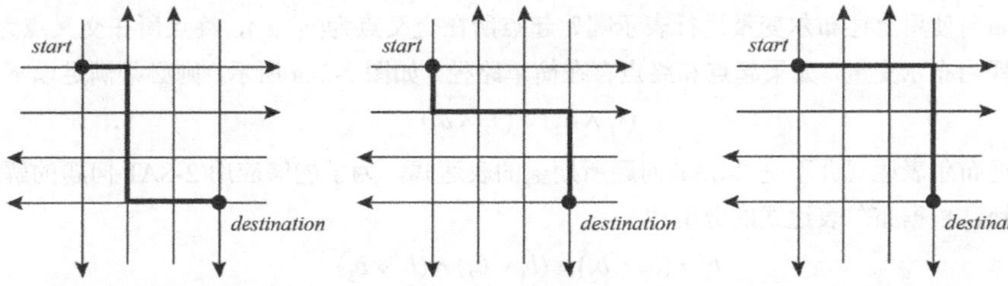

（a）一条不合法的路径，因为从起点到终点逆着街道方向行走　（b）一条合法的路径，但这不是一条简单路径，因为有两个转弯　（c）一条简单路径

图 2-23　简单路径

输入

输入包含多组测试数据。输入的第 1 行包含一个整数 n，表示测试数据的组数。每组数据的第 1 行包含 3 个整数：$S(0<S\leqslant30)$，表示街道网格中经路的数量；$A(0<A\leqslant30)$，表示街道网格中纬路的数量；$m(0<m\leqslant200)$，表示需要存在至少一条简单路径的路线。接下来的 m 行，每行定义了一条路线。每条路线的定义包含 4 个整数 s_1、a_1、s_2、a_2，表示路线的起点在经路 s_1 和纬路 a_1 的交叉口，终点在经路 s_2 和纬路 a_2 的交叉口，$0<s_1\leqslant S$，$0<s_2\leqslant S$，$0<a_1\leqslant A$，$0<a_2\leqslant A$。

输出

对于每组测试数据，如果存在一种为街道指定行驶方向的方案，使得所有街道成为单行道后，所给定的路线仍存在至少一条简单路径，则输出 Yes，否则输出 No。

样例输入

```
2
6 6 2
1 1 6 6
6 6 1 1
7 7 4
1 1 1 6
6 1 6 6
6 6 1 1
4 3 5 1
```

样例输出

```
Yes
No
```

分析

要使得街道单向通行，必须为街道指定一个通行方向，街道分为经路和纬路，这两种类型的道路只能分配一个方向，将街道的通行方向看做一个布尔变量，经路向东通行视为真，向西通行视为假，纬路向南通行视为真，向北通行视为假，则问题转化为能否为经路和纬路指定一个值，使得简单路径能够存在，如图 2-24 所示。

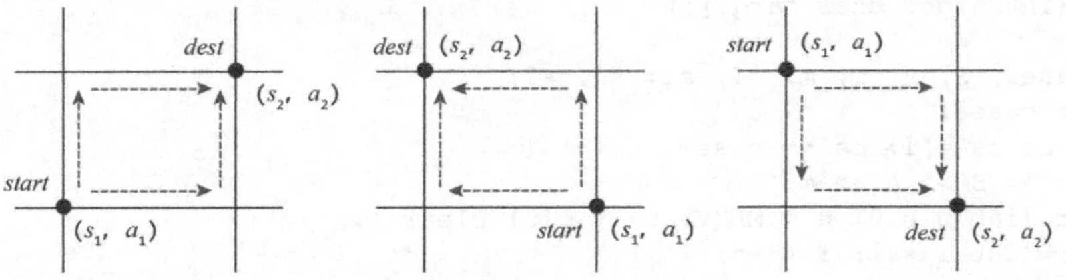

（a）　（b）　（c）

图 2-24　起点和终点处于不同位置时所得到的布尔表达式

> **注意**
>
> 图 2-24 中，假设向右和向上取真，向左和向下取假，位于下方的经路具有较小的序号，位于左侧的纬路具有较小的序号：（a）起点在左下方，终点在右上方。此时 $(s_1\wedge a_2)\vee(a_1\wedge s_2)$ 为真；（b）起点在右下方，终点在左上方，此时 $(\neg s_1\wedge a_2)\vee(a_1\wedge\neg s_2)$ 为真；（c）起点在左上方，终点在右下方，此时 $(s_1\wedge\neg a_2)\vee(\neg a_1\wedge s_2)$ 为真。

简单路径如何使用上述布尔变量进行表示呢？起点所在交叉点为(s_1, a_1)，终点所在交叉点为(s_2, a_2)，将交叉点的坐标视为布尔变量，如果起点和终点存在简单路径，如图 2-24a 所示，则必须满足以下布尔表达式

$$(s_1 \wedge a_2) \vee (s_2 \wedge a_1)$$

为真。但是上述布尔表达式并不是 2-SAT 问题所期望的表达式，为了能够应用 2-SAT 问题的解题方法，需要对其进行变换，根据布尔表达式的分解律

$$b_1 \vee (b_2 \wedge b_3) \equiv (b_1 \vee b_2) \wedge (b_1 \vee b_3)$$

可得

$$(s_1 \wedge a_2) \vee (s_2 \wedge a_1) \equiv ((s_1 \wedge a_2) \vee s_2) \wedge ((s_1 \wedge a_2) \vee a_1) \equiv (s_1 \vee s_2) \wedge (s_1 \vee a_1) \wedge (a_1 \vee a_2) \wedge (s_2 \vee a_2)$$

这样即可将题目约束转换为有向图，进而使用前述介绍的方法求解。

在下述实现中，类似于使用数组存储二叉树结点的方法，将同一个变量所对应的两个顶点相邻存储，取真值的顶点序数为偶数，取假值的顶点序数为奇数，这样可以通过异或操作由一个顶点的序号直接获得另外一个顶点的序号。对于本题来说，可能给出的起点和终点位置存在特殊情形，例如 $s_1 = s_2$，$a_1 = a_2$，需要进行特殊处理。

参考代码

```
const int MAXV = 256;

int dfn[MAXV], low[MAXV], scc[MAXV], dfstime, cscc;
vector<list<int>> g(MAXV);
stack<int> s;

void dfs(int u)
{
   // 代码省略，请参考前述给出的 Tarjan 算法实现。
}

// Tarjan 算法求强联通分支。
void tarjan(int T)
{
    // 代码省略，请参考前述给出的 Tarjan 算法实现。需要注意，本题中的顶点数量为 T。
}

// 根据布尔表达式添加有向边。
void addEdge(int u, int v)
{
   g[u ^ 1].push_back(v);
   g[v ^ 1].push_back(u);
}

int main(int argc, char *argv[])
{
   int cases, S, A, T, m, s1, a1, s2, a2;
   cin >> cases;
   for (int cs = 1; cs <= cases; cs++) {
      cin >> S >> A >> m;
      for (int u = 0; u < MAXV; u++) g[u].clear();
      for (int i = 1; i <= m; i++)  {
         cin >> s1 >> a1 >> s2 >> a2;
         // 为布尔变量设置对应的有向图顶点。
         s1--, a1--, s2--, a2--;
         s1 *= 2, s2 *= 2, a1 *= 2, a2 *= 2;
         a1 += 2 * S, a2 += 2 * S;
         // 根据布尔表达式建立有向图。
         if (s1 == s2 && a1 == a2) continue;
         if(a1 > a2) s1 ^= 1, s2 ^= 1;
         if(s1 > s2) a1 ^= 1, a2 ^= 1;
         if(s1 == s2) { g[s1 ^ 1].push_back(s2); continue; }
         if(a1 == a2) { g[a1 ^ 1].push_back(a2); continue; }
```

```
      addEdge(s1, a1), addEdge(s1, s2), addEdge(a1, a2), addEdge(s2, a2);
    }
    // 求强连通分支。
    T = 2 * (S + A);
    tarjan(T);
    // 判断同一个布尔变量取真值和取假值所对应的图顶点是否位于同一强连通分支。
    bool flag = true;
    for (int j = 0; j < T && flag; j += 2)
      if (scc[j] == scc[j ^ 1])
        flag = false;
    cout << (flag ? "Yes" : "No") << '\n';
  }
  return 0;
}
```

在确定 2-SAT 有解后，如何为变量设定值以得到一组解呢？只需将缩点得到的新图进行拓扑排序，按拓扑排序的逆序为变量赋值，位于前面的变量尽量取真，相对应的变量取假，可以通过染色方法较为直观地证明，这样可以得到原问题的一组解[19]。

由于使用 Tarjan 算法得到的强连通分支恰为拓扑排序的逆序，因此可以在求出强连通分支后，按照框架中所给出的方法为变量指定值，而无需进行更多处理。如果使用 Kosaraju 算法求强连通分支，则需将所有边反向后进行拓扑排序，此时得到的顺序即为拓扑排序的逆序。为变量指定值时，位于拓扑排序逆序前端的变量取真，与变量处于同一强连通分支的取值相同，位于不同强连通分支但与当前强连通分支有边连接的取值相同，后续的强连通分支则按照继承关系取对应的值即可。

```
//------------------------------2.4.10.cpp------------------------------//
// value 记录各个变量的取值。
vector<int> value;

// components 记录位于同一个强连通分支内的顶点。
vector<vector<int>> components;

// 获取某个变量的取值。需要注意的是，同一个变量，对应两个顶点，两个顶点的取值总是相反的。
int getValue(int idx)
{
  int x = (idx & 1) ? (idx ^ 1) : idx;
  if (value[x] == -1) return -1;
  return (idx & 1) ? !value[x] : value[x];
}

// 按拓扑排序的逆序为变量赋值。
void setValue()
{
  // 由于 Tarjan 算法获得的强连通分支按序号从小到大恰为拓扑排序的逆序，因此可以根据各个顶点
  // 所归属的强连通分支序号，将顶点划分到不同的强连通分支中。因为强连通分支从 1 开始计数，故
  // 在重设 component 的大小时将其设置为比 cscc 大 1。
  components.assign(cscc + 1, vector<int>());
  for (int i = 0; i < 2 * n; i++)
    components[scc[i]].push_back(i);
  // 初始时假定所有变量均未被赋值。
  value.assign(n, -1);
  for (int i = 1; i <= cscc; i++) {
    // 赋值原则：尽量为同一强连通分支内的变量赋予真值。
    int boolean = 1;
    // 检查是否存在冲突。存在冲突是指在之前已经为此变量赋值，且其值为假，
    // 或者从此变量出发的边所到达的变量其取值为假，根据对偶性，
    // 有向边连接的顶点其取值应该相同。
    for (auto u : components[i]) {
      if (getValue(u) == 0) boolean = 0;
      for (auto v : g[u])
        if (getValue(v) == 0) {
          boolean = 0;
```

```
            break;
         }
         // 存在冲突则表明只能为当前强连通分支内的顶点取假值。
         if (boolean == 0) break;
      }
      // 根据取值为该强连通分支中的顶点赋值。注意同一变量所对应的两个顶点其取值相反。
      for (auto u : components[i])
         if (u & 1) value[u ^ 1] = !boolean;
         else value[u] = boolean;
   }
}
//------------------------------2.4.10.cpp------------------------------//
```

如果题目描述中提示某个状态或者某个值只能够取两种值的一种，那么往往提示此问题和 2-SAT 有关。对于该类题目，由于算法是相对不变的，难点在于如何从给定的题目描述中推断出其底层模型为 2-SAT 问题，进而将限制条件转化为有向边。出题者一般会将限制条件予以隐藏，解题者需要仔细分析题意得出限制关系，进而将其转化为布尔表达式。有时还需对初步得到的布尔表达式实施进一步的转换，从而得到期望的合取范式。以下列出常见的几种约束形式及对应的建图方式。

（1）对于 b_1 和 b_2，两者必须一真一假，可推导出布尔表达式 $(b_1 \vee b_2) \wedge (\neg b_1 \vee \neg b_2)$，则建图时，从 $\neg b_1$ 到 b_2、从 $\neg b_2$ 到 b_1、b_1 到 $\neg b_2$、b_2 到 $\neg b_1$ 建立有向边。也就是说，选择了 $\neg b_1$，即 b_1 为假，就必须选择 b_2，即 b_2 必须为真，其他可类似推知其含义。

（2）对于 b_1 和 b_2，两者不能同时为真，可推导出布尔表达式 $(\neg b_1 \vee \neg b_2)$，则建图时，从 b_1 到 $\neg b_2$、从 b_2 到 $\neg b_1$ 建立有向边。若两者不能同时为假，可推导出布尔表达式 $(b_1 \vee b_2)$，则建图时，从 $\neg b_1$ 到 b_2、从 $\neg b_2$ 到 b_1 建立有向边。

（3）对于 b_1 和 b_2，两者同时为真，或同时为假，可推导出布尔表达式 $(\neg b_1 \vee b_2) \wedge (b_1 \vee \neg b_2)$，则建图时，从 b_1 到 b_2、从 $\neg b_2$ 到 $\neg b_1$、$\neg b_1$ 到 $\neg b_2$、b_2 到 b_1 建立有向边。

（4）对于 b_1 和 b_2，b_1 为真时 b_2 不能为假，可推导出布尔表达式 $(\neg b_1 \vee b_2)$，则建图时，从 b_1 到 b_2、从 $\neg b_2$ 到 $\neg b_1$ 建立有向边。若 b_1 为假时 b_2 不能为真，可推导出布尔表达式 $(b_1 \vee \neg b_2)$，则建图时，从 $\neg b_1$ 到 $\neg b_2$、b_2 到 b_1 建立有向边。

（5）对于 b_1，b_1 必须取真，可推导出布尔表达式 $(b_1 \vee b_1)$，则建图时，从 $\neg b_1$ 到 b_1 建立有向边。若 b_1 必须取假，可推导出布尔表达式 $(\neg b_1 \vee \neg b_1)$，则建图时，从 b_1 到 $\neg b_1$ 建立有向边。

强化练习

1146 Now or Later[D]，1391 Astronauts[D]，11294 Wedding[D]。

扩展练习

359 Sex Assignments and Breeding Experiments[E]，11930 Rectangles[E]。

提示

359 Sex Assignments and Breeding Experiments 中，根据题意可知有向图需要满足以下约束：（1）任意一个顶点的入度不超过 2；（2）有向图不存在圈；（3）能够为有向图的顶点指定一个性别，使得遗传关系能够满足。第（2）条约束可通过 DFS 进行检查；第（3）条约束可通过 2-SAT 进行检查。

2.4.11 图的直径

设 G 是无向图，顶点 $x, y \in V(G)$，G 中所有 (x, y) 路的最短长度称为从 x 到 y 的距离（distance），记为 $d_G(x, y)$，长度等于距离的路称为最短路（shortest path），若 G 中不存在 (x, y) 路，则约定 $d_G(x, y) = \infty$。G 的直径（diameter）定义为

$$d(G) = \max\{d_G(x, y) : \forall x, y \in V(G)\}$$

对于有向图，可按照上述方式类似地定义其距离和直径。简单来说，图的直径就是图中的最长简单路径。对于一般图来说，需要使用后续介绍的 Floyd-Warshall 算法确定所有点对间的最短距离，然后从中选出

具有最大距离的最短路径，时间复杂度为 $O(|V|^3)$，当图中顶点数量较多时无法有效计算。

如果给定的图是树，则存在 $O(|V|)$ 的解决方法。如图 2-25 所示，从树的任意一个顶点 w 出发，使用 DFS（或 BFS）确定能够到达的最远顶点 x，需要注意，此时的最远顶点对 (w, x) 可能还不是树的最远顶点对，需要再从最远顶点 x 开始再进行一次 DFS（或 BFS），确定能够到达的最远顶点 y，此时的顶点对 (x, y) 就是树的最远顶点对，顶点对 (x, y) 之间的最短路就是树的直径。上述方法对于加权树也同样有效。

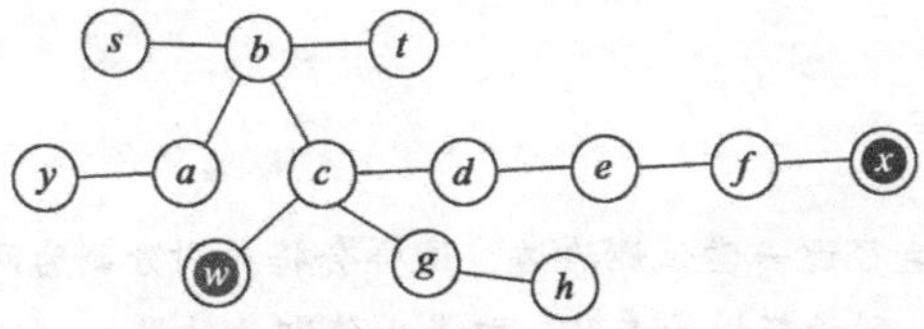

（a）从 w 开始，通过第 1 次 DFS（或 BFS）能够到达的最远顶点为 x

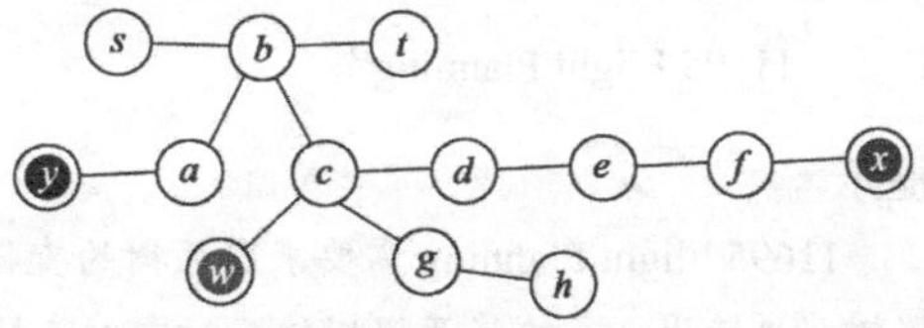

（b）从 x 开始，通过 DFS（或 BFS）能够到达的最远顶点为 y，则树的直径就是 x 和 y 之间的最短路径

图 2-25　从任意一个顶点开始，通过两次 DFS（或 BFS）确定树的直径

为什么上述方法可行呢？下面给出典型情形的论证，其他特殊情形可以使用类似的方法予以论证。容易知道，从起始顶点 w 到 x 的最短路径与图的直径的关系只有两种，相交或者不相交。我们首先说明“w 到 x 的最短路径与图的直径不相交”这种情况不可能发生。

这可以通过反证法予以证明。如果 w 到 x 的路径与直径没有交点，设直径的两个端点为 s 和 t，如图 2-26 所示，令 w 与 t 的最短路径与直径相交于顶点 b，根据假设，顶点 x 相较于顶点 t 距离顶点 w 不会更近，故有

$$d(w,c)+d(c,x)=d(w,x)\geqslant d(w,t)=d(w,c)+d(c,b)+d(b,t)$$

即

$$d(c,x)\geqslant d(c,b)+d(b,t)>d(b,t)$$

不等式两边同时加上 $d(s, b)$，有

$$d(s,b)+d(c,x)>d(s,b)+d(b,t)=d(s,t)$$

而

$$d(s,x)=d(s,b)+d(b,c)+d(c,x)>d(s,b)+d(b,t)>d(s,t)$$

亦即 s 和 x 之间最短路的长度比直径还要大，与 s 和 t 是直径的两个端点相矛盾，故假设不成立，即 w 不在直径上，则 w 到 x 的路径与直径必有交点。

下面证明，若 w 与 x 的最短路径与直径相交，则 x 必定是直径的一个端点。若不然，如图 2-27 所示，假设直径的端点不为顶点 x 而是顶点 h，根据前述论证，顶点 w 到顶点 x 的最短路径必定与直径相交，设交点为顶点 c，由于顶点 x 是从顶点 w 出发的、距离顶点 w 最远的顶点，则从直径的另外一个端点 y 出发，经过交点 c，再到达 x 的最短路长度不会比假设的直径（即顶点 y 和顶点 h 之间的最短路长度）更短，这与顶点 x 不是直径的端点而顶点 h 是端点的假设矛盾。

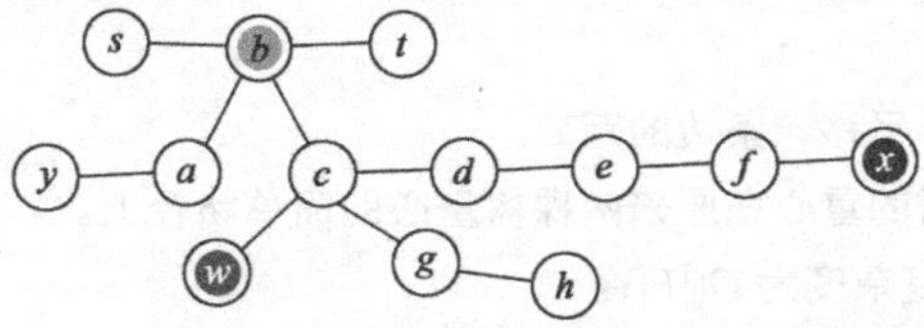

图 2-26　假设顶点 w 与 x 的最短路径与树的直径不相交

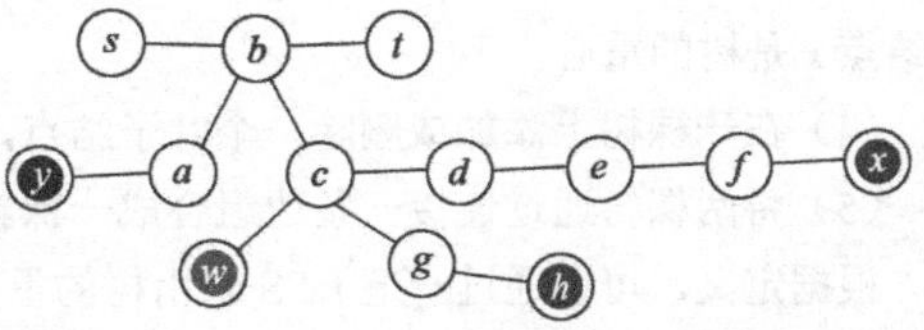

图 2-27　假设顶点 w 与 x 的最短路径与树的直径相交

根据前述推导，x 必定是直径的一个端点，同理可证第 2 次 DFS（或 BFS）确定的顶点 y 是直径的另外一个端点，那么显然顶点对 (x, y) 之间的距离就是直径。

与图的直径密切相关的是图的中心（central vertex），图的中心是指与图中其他顶点最短距离的最大值最小的顶点。可以证明，图的中心必定位于直径所在路径上。对于树来说，如果将边权定为 1，则树的中心

在求出其直径后就能立即确定，树的中心即为直径所在路径上的中间顶点，如果直径大小为偶数，则有两个中心，如果为奇数，则只有一个中心。

强化练习

10308 Roads in the North[C]，10459 The Tree Root[C]。

扩展练习

11695 Flight Planning[D]。

提示

11695 Flight Planning 需要求出原树的直径，然后沿着直径逐一尝试删除边，这样会将原树分割为两棵树，再使用一条边将两棵树的绝对中心连接起来，确定得到的新树的直径，取最小值即为结果。

2.4.12　树的重心

给定一棵具有 n 个结点的无根树，将其中的任意一个结点 u 作为根，可以构成一棵以 u 为根的有根树。将该有根树以 u 为分界点分为若干棵子树，设 v 为 u 的子结点，令 v 所在子树的结点数为 $s_u(v)$，进一步令

$$S_u = \max\{s_u(v)\}，v\text{是 }u\text{的子结点}$$

即 S_u 表示以 u 为根的最大子树所具有的结点数，再令

$$S_{\min} = \min\{S_i\}，\quad 1 \leqslant i \leqslant n$$

如果某个结点 x 满足 $S_x = S_{\min}$，则将结点 x 称为该无根树的重心。换句话说，计算以无根树每个结点为根结点时的最大子树大小，将具有最小值的结点称为无根树的重心。

树的重心具有的性质如下。

（1）某个结点 x 是树的重心等价于以该结点为根的最大子树大小不大于整棵树大小的一半，即若结点 x 满足

$$S_x \leqslant \frac{n}{2}$$

则结点 x 是重心。

（2）一棵树至少有一个重心，至多有两个重心。如果树有两个重心，则两个重心相邻，即两个重心之间有直接边相连，而且此时树一定包含偶数个结点。

（3）令 $d_u[i]$ 表示树中结点 i 与结点 u 之间最短路径的长度（即结点 i 和结点 u 之间简单路径的边数），定义

$$D_u = \sum_{i=1}^{n} d_u[i]$$

则对于树的重心 x 来说，D_x 最小，即有

$$D_x = D_{\min} = \min\{D_i\}，\quad 1 \leqslant i \leqslant n$$

若树有两个重心 x 和 y，则 $D_x = D_y$。本性质的逆命题也成立，即对于某个结点 x 来说，如果 D_x 最小，则结点 x 是树的重心。

（4）在一棵树上添加或删除一个叶子结点，其重心最多平移一条边的距离。

（5）将两棵树通过连接一条边组合成一棵新树，则新树的重心在原来两棵树重心的简单路径上。

根据定义，可以通过一遍 DFS 求出树的重心，其时间复杂度为 $O(|V|)$。

```
//--------------------------------2.4.12.cpp--------------------------------//
const int MAXN = 10010, INF = 0x7fffffff;

// n 为树的结点数，bestU 记录单个重心。
int n;
int d[MAXN], s[MAXN];
int bestU, bestD = INF;
```

```
// edges 为边列表，center 记录所有重心。
vector<int> edges[MAXN], center;

void dfs(int u, int father)
{
    s[u] = 1, d[u] = 0;
    for (auto v : edges[u]) {
        if (v == father) continue;
        dfs(v, u);
        s[u] += s[v];
        d[u] = max(d[u], s[v]);
    }
    d[u] = max(d[u], n - s[u]);
    // 根据定义确定树的一个重心。
    if (d[u] < bestD) bestD = d[u], bestU = u;
    // 根据性质（1）确定树的所有重心。
    if (d[u] <= n / 2) center.push_back(u);
}
//-------------------------------2.4.12.cpp--------------------------------//
```

2.5 拓扑排序

在有向无圈图中，将所有顶点排成一列，使得所有有向边在序列中都是从左指向右的操作称为拓扑排序（topological sort）。拓扑排序经常用来为给定的活动（activity）确定完成先后次序。

在无向图中，查找圈可以仅使用单纯的 DFS，若在 DFS 过程中遇到已经访问的顶点，则表明图中存在无向圈。但是对于有向图来说，使用单纯 DFS 来查找圈的方法，并不总是能够得到正确的结果。如图 2-28 所示，使用 DFS，会重复访问顶点 c（或顶点 d），会得到存在有向圈的错误结论。关键在于有向图中的边存在方向性，顶点 u 和 v 之间存在有向边并不代表顶点 v 和 u 之间存在有向边。正确的方法是在 DFS 过程为顶点标记颜色，初始时所有顶点为白色，当顶点被发现时着色为灰色，当顶点完成访问时着色为黑色，如果在遍历过程中遇到了着色为灰色的顶点，表明存在有向圈。

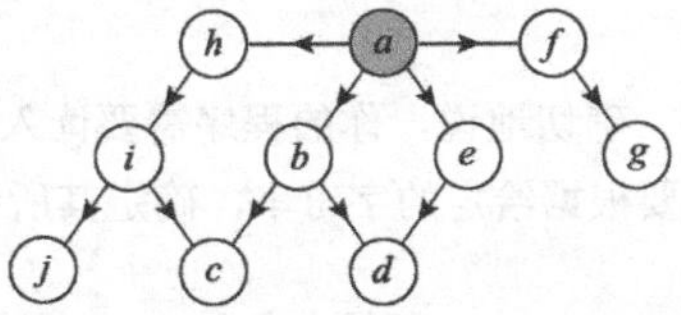

图 2-28　从顶点 a 开始简单 DFS，在第 2 次遇到到顶点 c（或顶点 d）时会得出存在有向圈的错误结论

拓扑排序有两种常见的的实现方法，一种是根据 DFS 过程中访问顶点的完成时间来实现，另一种方法是根据入度的性质来实现。

第 1 种方法根据 DFS 过程中访问顶点的完成时间来确定顶点在拓扑排序中的位置。如果有向图不存在圈，在 DFS 过程中，不会发生遇到标记为灰色顶点的情况（但如果发生这种情况，根据深度优先遍历的顶点着色性质，表明图中就存在有向圈），每个顶点在遍历过程中的完成时间都不同，越靠后完成的顶点在拓扑排序序列中应该越靠前。以下给出使用 DFS 确定拓扑排序的代码框架，其时间复杂度为 $O(|V| + |E|)$。在记录拓扑排序时，可以使用 STL 的 vector 或 stack 数据结构。

```
//-------------------------------2.5.cpp--------------------------------//
const int MAXV = 110;

int visited[MAXV];
vector<list<int>> g(MAXV);
stack<int> ts;

// 将 DFS 过程中发现的顶点按遍历完成时间入栈，从栈顶到栈底的顺序即为一种可行的拓扑排序。
```

```
void dfs(int u)
{
   visited[u] = 1;
   for (auto v : g[u])
      if (!visited[v])
         dfs(v);
   ts.push(u);
}

void topologicalSort()
{
   // 反复调用 DFS 过程，直到所有顶点为已访问状态。
   while (!ts.empty()) ts.pop();
   memset(visited, 0, sizeof visited);
   for (int u = 1; u <= n; u++)
      if (!visited[u])
         dfs(u);
}
//------------------------------2.5.cpp------------------------------//
```

第 2 种方法是根据入度的性质来实现拓扑排序，称为 Kahn 算法[20]。对于每个顶点，计数其入度，然后找到一个入度为 0 的顶点，如果不存在这样的顶点，则必定存在圈。因为入度为 0 的顶点没有其他顶点的有向边进入，表明可以将此顶点放在拓扑排序的首位，然后将该顶点的有向边所连接的顶点的入度分别减去 1，再寻找下一个入度为 0 的顶点，放到拓扑排序的第 2 位，依此循环，直到将所有顶点放入拓扑排序序列中，如果尚存在不能放入排序的顶点，则表明图中存在圈。在寻找入度为 0 的顶点过程中，如果同时有多个入度为 0 的顶点，则有多种不同的拓扑排序，顶点选择的先后顺序不同会产生不同的拓扑排序。下面结合一道例题给出 Kahn 算法的代码实现。

200 Rare Order[A]（珍藏排序）

一位珍藏本书籍收藏家最近发现了一本书，它用一种陌生的语言写成，所使用的字母表与英文字母表相同。该书包含一份简短的索引，但在索引中的项目并未按照正常英文字母表的顺序进行排列。这位收藏家尝试通过索引来确定这种陌生语言的字母表顺序，但是他很快由于这件事枯燥乏味而以沮丧告终。

现在要求你来完成收藏家的任务。确切地说，你的程序需要读入一组字符串，这组字符串是根据某种特定的字母表顺序进行排列的，你需要根据给定的字符串，确定其所依据的字母表顺序。

输入

输入包含多个以大写字母构成的字符串列表，每行一个字符串，列表中的字符串已排序。每个字符串不超过 20 个字母。每个列表以只包含字符#的一行作为结束标记。列表中出现的字母并不需要全部使用，但是每个列表都会暗含所用字母确定的相对顺序。

输出

为每个字符串列表生成一行输出，输出由大写字母构成，按照生成此字符串列表的字母表顺序进行输出。

样例输入

```
XWY
ZX
ZXY
ZXW
YWWX
#
```

样例输出

```
XZYW
```

分析

对于每个字符串列表，依次比较相邻的两个字符串。在比较两个字符串时，从字符串的第 1 位字母开始比较，如果相同则比较后一位字母，如果不同，则得到一对字母的相对顺序。把每个字母看成一个顶点，则一对字母的相对顺序相当于在两个顶点间建立了一条有向边，将所有依次比较得到的字母相对顺序进行转换，最后得到的是一个有向图，求字母表顺序相当于对图进行拓扑排序。在构建有向图的同时为顶点计数入度，使用队列存储入度为 0 的顶点，然后将队列中顶点所邻接的其他顶点的入度减去 1，再次寻找入度为 0 的顶点放入队列中，直到队列为空。

参考代码

```
const int MAXV = 26;

vector<int> g[MAXV];
int degreeOfIn[MAXV], visited[MAXV];

int main(int argc, char *argv[])
{
   string word; vector<string> words;
   // 读入索引中的单词。
   while (getline(cin, word)) {
      if (word != "#") {
         words.push_back(word);
         continue;
      }
      // 构建有向图。
      for (int u = 0; u < MAXV; u++) g[u].clear();
      memset(degreeOfIn, 0, sizeof(degreeOfIn));
      memset(visited, 0, sizeof(visited));
      for (int i = 0; i < words.size() - 1; i++) {
         int t = min(words[i].length(), word[i + 1].length());
         for (int j = 0; j < t; j++) {
            int u = words[i][j] - 'A', v = words[i + 1][j] - 'A';
            visited[u] = visited[v] = 1;
            if (u != v) {
               g[u].push_back(v);
               degreeOfIn[v]++;
               break;
            }
         }
      }
      // 将入度为 0 的顶点置入队列，删除出边，反复寻找入度为 0 的顶点。
      queue<int> q;
      for (int u = 0; u < MAXV; u++)
         if (visited[u] && degreeOfIn[u] == 0)
            q.push(u);
      while (!q.empty()) {
         int u = q.front(); q.pop();
         for (auto v : g[u])
            if (--degreeOfIn[v] == 0)
               q.push(v);
         cout << (char)('A' + u);
      }
      cout << '\n';
      words.clear();
   }
   return 0;
}
```

强化练习

452 Project Scheduling[C]，10305 Ordering Tasks[A]，11060 Beverages[A]。

扩展练习

192 Synchronous Design[E]，10672 Marbles on a Tree[C]。

2.6 小结

在对图进行处理之前，首先需要以一定的方式来表示图，在表示图的几种方式中，链式前向星的效率最高，但不代表其他几种表示方式毫无优点，它们各自在特定的应用场景能够发挥优势。例如，在 Kruskal 算法中使用边列表方式来表示图对实现算法来说非常简便。

图遍历是对图进行进一步处理前的标准操作。图遍历有两种常见的形式：BFS 和 DFS。BFS 就是在遍历当前顶点时，先尽可能“广”地遍历与该顶点连接的顶点，类似于剥洋葱，一层一层地剥除，而 DFS 则是从一个顶点出发，尽可能“深”地沿着图中的边走，直到遇到已经访问的顶点才停止，之后进行回溯，沿着另外尚未访问的边前进，类似于在洋葱上钻孔，从表层直达核心，然后回退，从另外一个地方再开始钻孔。

之前介绍的回溯法，实际就相当于在问题所对应的隐式图中进行 DFS。对树进行的前序遍历、中序遍历、后序遍历都是 DFS，而层序遍历则属于 BFS。BFS 一般使用队列来实现。DFS 一般使用栈来实现，由于递归属于一种隐式栈，故在编程竞赛中，DFS 以递归的形式出现较为常见。

BFS 和 DFS 有各自的应用场景。一般来说，BFS 较常用于解决最短路径问题，即从给定顶点出发，到达指定的终止顶点，最少需要经过多少条边。DFS 一般用于解决连通性问题，即给定的两个顶点之间是否具有路径连通。

BFS 和 DFS 是两种非常重要的搜索算法，从思想上来说，是采用两种不同方式对问题空间进行穷举以得到合适的解。BFS 和 DFS 还是众多算法的基础步骤，因此掌握这两种方法是非常必要的。在掌握两种遍历方法的基础上，重点需要掌握两者的拓展运用，例如强连通分支、割点、割边、2-SAT、图的直径、树的重心、拓扑排序等。

第3章 图算法

人有从学者，遇不肯教，而云："必当先读百遍。"言："读书百遍而义自见。"

——陈寿，《三国志·魏志·董遇传》

图论（graph theory）主要研究图的结构和性质，是数学的一个重要分支，它为图的讨论提供了相应的数学语言。在图论的发展过程中，形成了许多有效的算法，这些算法的构思非常巧妙，充分理解并灵活运用它们，会为你带来解题的乐趣和成就感。与此同时，你也会折服于发现这些算法的计算机科学先辈们的创造性思维[21]。

3.1 基本概念

顶点度

设 G 是无向图，顶点 v 的顶点度（vertex degree）定义为 G 中与 v 关联边的数量（环要计算两次），记为 $d_G(v)$。顶点度为 d 的顶点称为 d 度点（a vertex of degree d），零度点称为孤立点（isolated vertex）。

设 D 是有向图，顶点 v 的顶点出度（vertex out-degree）定义为 D 中以 v 为起点的有向边的数量。顶点 v 的顶点入度（vertex in-degree）定义为 D 中以 v 为终点的有向边的数量，顶点 v 的顶点度为顶点入度和顶点出度的和。若顶点 v 的入度和出度相等，称 v 为平衡点（balanced vertex），如果有向图 D 中的每个顶点均为平衡点，称该有向图为平衡有向图（balanced digraph）。

强化练习

10928 My Dear Neighbours^{B}。

一般把度数为偶数的顶点称为偶点（even vertex），把度数为奇数的顶点称为奇点（odd vertex）。欧拉[1]于1736年证明：对有限图 G，所有顶点度之和为边数的两倍。因为每条边为顶点所贡献的度数均为2，令有限图 G 的边数为 e，顶点为 $v_1, v_2, \cdots, v_n$，各自的顶点度为 $d_1, d_2, \cdots, d_n$，有

$$d_1 + d_2 + \cdots + d_n = 2e$$

由于有限图的边数是一个整数，而所有顶点度之和也是一个整数，由上述关系可知，$d_1 + d_2 + \cdots + d_n$ 必定是一个偶数，则 $d_1, d_2, \cdots, d_n$ 中必定包含偶数个奇数，亦即任意有限图必定包含偶数个奇点。在图论中，人们将该结论称为握手引理（handshaking lemma）。例如，参加宴会的所有人如果互相握手，则与其他人握手次数为奇数的人数必定为偶数。

扩展练习

11393 Tri-Isomorphism^{D}，12428 Enemy at the Gates^{D}。

提示

11393 Tri-Isomorphism 中，可观察当 n 较小时的结果，归纳总结以便发现规律。

12428 Enemy at the Gates 题目描述中的 critical road 对应图论中的"割边（桥）"。令割边数为 k，由于每条割边会"占用"一个顶点，余下的 $(N-k)$ 个顶点至少需要构成 $(M-k)$ 条边，而题目要求不能出现

---

1 莱昂哈德·欧拉（Leonhard Euler，1707—1783），瑞士数学家。

平行边或者自环，则由余下的$(N-k)$个顶点构成一个$(N-k)$阶完全图，能够使得图的边数最大化。容易知道，n阶完全图中每个顶点与其他顶点均有一条边相连，即每个顶点的度均为$n-1$，根据握手引理，n阶完全图总的边数为$n(n-1)/2$。二分搜索割边数k，检查条件$(N-k)(N-k-1)/2 \geqslant M-k$是否满足，若满足，表明$k$可行，否则不可行。

对于有限图G，若将图G所有顶点的度数排成一列，会构成一个有限非负整数序列，记为s，称s为图G的度序列（degree sequence）。如果一个由非负整数构成的有限序列s满足

$$\sum_{i=1}^{n} s_i = 2k,\ \ 0 \leqslant s_i,\ \ k \in \mathbb{Z}_0^+$$

则称该序列是可图化的(graphic)，简称可图。若s是某个简单图的度序列，则称序列s是可简单图化的(simple graphic)。当给定图G后，确定其度序列非常简单，但给定一个由非负整数构成的有限序列s，判定其是否为某个简单图的度序列却相对困难。可以应用 Erdös–Gallai 定理予以判定。

Erdös-Gallai 定理

给定非负整数序列 $d_1 \geqslant d_2 \geqslant \cdots \geqslant d_n \geqslant 0$，该序列可表示为某个简单图的度序列的充分必要条件是：$d_1+d_2+\cdots+d_n$为偶数（根据握手引理）且满足

$$\sum_{i=1}^{k} d_i \leqslant k(k-1) + \sum_{i=k+1}^{n} \min(d_i, k),\ 1 \leqslant k \leqslant n$$

除了应用 Erdös–Gallai 定理来判断图是否可简单图化，还可使用 Havel-Hakimi 算法进行判定并同步构建满足要求的简单图[22]。

Havel-Hakimi 算法

由非负整数构成的递减序列

$$s:\ \ d_1, d_2, \cdots, d_n, d_i \geqslant d_{i+1},\ \ n > i \geqslant 1,\ \ n \geqslant 2,\ \ d_1 \geqslant 1$$

是可简单图化的[1]，当且仅当由序列s得到的下列序列

$$s_1:\ \ d_2-1, d_3-1, \cdots, d_k-1, d_{k+1}-1, d_{k+2}, \cdots, d_n,\ \ k = d_1$$

是可简单图化的。序列s_1中有$(n-1)$个非负整数，序列s中d_1后的前d_1个度数（即d_2～d_{k+1}，$k=d_1$）减 1 后构成s_1中的前d_1个数。

例如，给定序列 7, 3, 2, 5, 5, 4, 1, 6，可按以下步骤判定该序列是否可图。

（1）将序列按照递减序排列为：7, 6, 5, 5, 4, 3, 2, 1。如果序列的个数小于d_1，则该序列不可图。

（2）首项为 7，删除首项后，将剩余序列前 7 项减 1 后得：5, 4, 4, 3, 2, 1, 0。

（3）此时首项为 5，删除首项后，将剩余序列前 5 项减 1 后得：3, 3, 2, 1, 0, 0。

（4）首项为 3，删除首项后，将剩余序列前 3 项减 1 后得：2, 1, 0, 0, 0。

（5）首项为 2，删除首项后，将剩余序列前 2 项减 1 后得：0, −1, 0, 0。

此时序列中出现负数，由于顶点的度不可能为负数，故上述给定的序列是不可图的。需要注意，在判定过程中可能需要对序列再次进行排序以保证序列具有递减的性质。

在判定给定的序列可图后，如何根据顶点度来实际构造一个满足要求的简单图呢？可以在前述判定过程中同步进行。将顶点度序列按递减序排列后，记为$d_1, d_2, \cdots, d_n$，令度数最大的顶点为v_1，对应的顶点度为d_1，在v_1与d_1之后的前d_1个顶点之间构建边，则相当于完成了顶点v_1的构造，此时可以删除首项d_1，并把后面的d_1个度数减 1，再把剩余的序列按递减序排列，继续此过程构建边，直到构建出完整的图。

强化练习

10720 Graph Construction[B]，11387 The 3-Regular Graph[C]，11414 Dream[D]。

---

[1] 此处"可简单图化的"的含义是序列s是某个简单图的度序列。简单图是指不包含平行边或自环的连通图。

3.2 图的回路

3.2.1 欧拉回

对于无向连通图，欧拉迹（Eulerian trail）是指包含图中每个顶点和每条边的链，直观地说就是访问图中所有边一次并且仅一次的一条通路[1]。特别地，如果欧拉迹的起点和终点相同，则称为欧拉回（Eulerian circuit）。对于有向图，如果其基图是连通的，则称经过有向图的每条边一次并且仅一次的有向链为有向欧拉迹，如果有向欧拉迹的起点和终点相同，则称之为有向欧拉回。将包含欧拉回的图称为欧拉图（Eulerian graph），将只包含欧拉迹的图称为半欧拉图（semi-Eulerian graph），如图 3-1 所示。

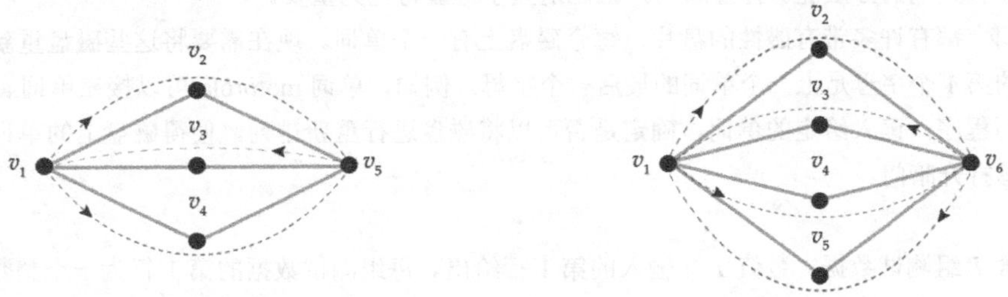

（a）欧拉迹：$v_1—v_2—v_5—v_3—v_1—v_4—v_5$，该图为半欧拉图

（b）欧拉回：$v_1—v_2—v_6—v_3—v_1—v_4—v_6—v_5—v_1$，该图为欧拉图

图 3-1 半欧拉图和欧拉图

可以证明，对于无向连通图 G，如果 G 中只有两个奇点或者不存在奇点，则 G 存在欧拉迹；如果 G 所有顶点均为偶点，则存在欧拉回。进一步可以推导出如下几点。

（1）如果图 G 是只有两个奇点的连通图，则 G 的欧拉迹必定以此两个顶点为端点。

（2）当图 G 不存在奇点时，G 必有欧拉回。

（3）G 中存在欧拉回的充分必要条件是 G 为无奇点的连通图。

对于有向图 D，如果 D 的基图连通，而且所有顶点的出度与入度相等，或者除了两个顶点外，其余顶点的出度与入度都相等，而这两个顶点中的一个顶点的出度与入度之差为 1，另一个顶点的出度与入度之差为−1，则有向图 D 存在欧拉迹。类似地，可以推导出如下几点。

（1）当 D 除了出、入度之差为 1 和−1 的两个顶点外，其他顶点的出度与入度均相等，那么 D 的有向图欧拉迹必定以出、入度之差为 1 的顶点作为起点，以出、入度之差为 − 1 的顶点作为终点。

（2）当 D 的所有顶点其各自的出、入度相等时，D 中存在有向欧拉回。

（3）有向图 D 为有向欧拉图的充分必要条件是 D 的基图为连通图，且所有顶点各自的出、入度相等。

利用上述结论判断给定图是否存在欧拉迹（回）相对简单，其关键在于如何按照题目约束构造图中的顶点和边，这一环节在解题过程中相对困难，往往是题目设置者的考察所在。

知识拓展

1735 年，欧拉向圣彼得堡科学院提交了一篇题为“The solution of a problem relating to the geometry of position”（有关位置几何的一个问题的解）的论文，对哥尼斯堡七桥问题进行了讨论并给出了最终结论：“如果通奇数座桥的地方不止两个，则满足要求的路线是找不到的。然而，如果只有两个地方通奇数座桥，则可以从这两个地方之一出发，找出所要求的路线。最后，如果没有一个地方是通奇数座桥的，则无论从哪里出发，所要求的路线总能实现。”然而，欧拉只是说明了欧拉迹存在条件的必要性，并未证明其充分性。第一个完整的证明由德国数学家 Hierholzer[2]给出，但 Hierholzer 在将工作成果正式予以发表前于 1871 年不幸去世。在去世前不久，Hierholzer 曾向他的数学家同行展示了该证明，后来由 Wiener 予以整理，在 1873

[1] 关于图论概念“迹”“链”“回”的定义，请读者参阅本书第 2 章的内容。

[2] Carl Hierholzer（1840—1871），德国数学家。

年以“Ueber die Möglichkeit, einen Linienzug ohne Wiederholung und ohne Unterbrechung zu umfahren”（论不重复且不间断地走遍一个线系的可能性）为题公开发表。在论文中，Hierholzer 证明了以下结论：给定一个连通图，该图存在欧拉迹的充分必要条件是图中的奇度点不超过两个（根据握手引理，图中的奇度点数量必定为偶数，则奇度点要么为 0 个，要么为两个。若为 0 个，该连通图具有欧拉回，否则，该连通图只有欧拉迹）。除此之外，Hierholzer 还提出了一种巧妙的方法来构建欧拉回，人们将之称为 Hierholzer 算法。

10129 Play on Words[A]（单词游戏）

在进行考古发掘时，有些墓室的暗门上会附带有趣的字谜，考古学家们必须先解开这些字谜才能打开暗门，由于没有其他的方法能够打开暗门，因此这些字谜显得尤为重要。

每道暗门上都有许多带有磁性的盘片，每个磁盘上有一个单词。现在需要将这些磁盘重新排列，使得磁盘上单词的第 1 个字母是上一个单词的最后一个字母。例如，单词 motorola 可以接在单词 acm 之后。你的任务是编写程序，读入给定的单词，确定是否可以将磁盘进行重新排列，使得磁盘上的单词满足上述要求，从而能够打开暗门。

输入

输入包含 T 组测试数据。数值 T 在输入的第 1 行给出。每组测试数据的第 1 行为一个整数 N，表示磁盘的数量，$1 \leqslant N \leqslant 100000$，之后是 N 行数据，每行包含一个单词。每个单词至少包含 2 个，至多包含 1000 个小写字母（也就是说只有 a 到 z 的字母会出现在单词中）。相同的单词可能会出现多次。

输出

你的程序需要确定是否存在一种方法来重新排列所有磁盘，使磁盘上单词的第 1 个字母是上个单词的最后一个字母。磁盘上的所有单词都必须使用且只使用一次。重复出现多次的同一个单词的使用次数必须达到其出现的次数。假如存在满足要求的排列方案，打印语句 `Ordering is possible.`，否则打印语句 `The door cannot be opened.`。

样例输入

```
1
2
acm
ibm
```

样例输出

```
The door cannot be opened.
```

分析

如果将单词本身视为图的顶点进行建模，问题转化为在图中寻找一条链，该链经过所有顶点一次且仅一次，也就是后续将要介绍的哈密顿路问题。由于哈密顿路问题不易解决，需要换一个角度考虑。在满足要求的排列方案中，某个单词的首字母是前一个单词的尾字母，其尾字母又是下一个单词的首字母，那么可以将某个单词视为在 26 个字母的某两个字母间（这两个字母可能相同）的一条边，例如样例输入中的单词 acm，相当于在字母 a 和字母 m 之间构成了一条边，则问题可以转化为能否从图中找出一条欧拉迹。从这个角度构建图，图中的顶点最多只有 26 个，处理起来更为简便和高效。

在解题中还需要注意以下几个方面：（1）由于磁盘排列方案中，要求前一个单词的尾字母是下一个单词的首字母，因此构建得到的图是一个有向图，需要使用有向图欧拉迹的判断规则。（2）所有 26 个字母可能并不会在图中都出现，只需要对出现的字母顶点做相应的出入度检查。（3）在确定有向图是否具有欧拉迹之前，需要判定其基图是否连通，这个操作可以通过对基图进行一次深度优先遍历来完成，不过更为常见的做法是使用并查集来完成基图连通性的判断：在构建图的过程中，只要两个顶点间具有有向边，则将其合并到同一个集合中，在图建立完毕时，检查图中所有的顶点是否都在同一个集合中，为否则表明基图不连通，不可能存在有向欧拉迹。

参考代码

```
// 为了节省篇幅，省略了并查集相关的实现代码。
int main(int argc, char *argv[])
```

```
{
    // 变量声明。
    int cases, n;
    cin >> cases;
    for (int c = 1; c <= cases; c++) {
        cin >> n;
        // letterUsed 记录单词的首尾字母；inDegree 记录入度；outDegree 记录出度。
        int letterUsed[26] = {0}, inDegree[26] = {0}, outDegree[26] = {0};
        string word;
        // 初始化并查集。
        makeSet();
        // 构建有向图，记录各顶点的出入度。
        for (int i = 1; i <= n; i++) {
            cin >> word;
            int u = word.front() - 'a', v = word.back() - 'a';
            // 假如两个顶点间存在有向边但不在同一集合中则予以合并。
            if (findSet(u) != findSet(v)) unionSet(u, v);
            letterUsed[u] = letterUsed[v] = 1;
            outDegree[u]++, inDegree[v]++;
        }
        // 判定是否存在有向欧拉迹。
        bool eulerianTrail = true;
        int moreOne = 0, lessOne = 0;
        for (int first = -1, i = 0; i < 26; i++) {
            if (!letterUsed[i]) continue;
            // 检查已经使用的字母是否位于同一集合，为否表明基图不连通，不存在有向欧拉迹。
            if (first == -1) first = i;
            if (findSet(first) != findSet(i)) { eulerianTrail = 0; break; }
            // 检查顶点的出、入度是否符合要求。
            int diff = outDegree[i] - inDegree[i];
            if (abs(diff) >= 2) { eulerianTrail = 0; break; }
            if (diff == 1 && ++moreOne > 1) { eulerianTrail = 0; break; }
            if (diff == -1 && ++lessOne > 1) { eulerianTrail = 0; break; }
        }
        // 检查出、入度相差为 1 的顶点数量是否符合要求。
        if (moreOne != lessOne) eulerianTrail = false;
        // 输出结果。
        if (eulerianTrail) cout << "Ordering is possible.\n";
        else cout << "The door cannot be opened.\n";
    }
    return 0;
}
```

强化练习

10203 Snow Clearing[C]，10596 Morning Walk[C]，11586 Train Tracks[A]。

扩展练习

12118 Inspector's Dilemma[D]。

如果给定的图中存在欧拉迹，如何将其找出呢？朴素的方法是应用深度优先遍历来寻找欧拉迹。其基本思想为：选择一个正确的起始顶点，使用深度优先遍历算法遍历所有的边，在遍历过程中确保每条边只遍历一次，中途遇到已经访问的边则回退，在遍历的同时将访问的边按照顺序予以记录，最后记录的边顺序就构成了一条欧拉迹。使用此方法，其递归深度与顶点所关联的边数量及总的边的数量有关，一般只适用于图中的边数较少的情况，当边数较大时，容易导致递归栈溢出。

强化练习

302 John's Trip[B]。

Fleury 算法

相较于朴素的方法，还有一种更为巧妙的方法可以找出图中存在的欧拉迹（回），这就是下面要介绍的 Fleury 算法。Fleury 算法可以概括为以下 3 个步骤。

（1）如果给定图只存在欧拉迹，则选取符合要求的奇度顶点 v_0 作为起点；如果是欧拉图，则任取图中某个顶点 v_0 作为起点。此时的欧拉迹（回）为 $P_0 = v_0$；

（2）假设已经确定了 $P_i = v_0e_1v_1\cdots v_{i-1}e_iv_i$，取边 $e_{i+1} \in E(G)\backslash\{e_1, e_2, \cdots, e_i\}$，使得边 e_{i+1} 连接了顶点 v_i 和 v_{i+1}，并且除非无其他的选择，e_{i+1} 不是图 $G_i = G - \{e_1, e_2, \cdots, e_i\}$ 的桥（割边）；

（3）当第（2）步不能再执行时，算法停止，构造得到的路径 P 是图 G 的欧拉迹（回）。

算法描述非常简洁，但是如何将其实现为代码呢？如果是“漫不经心”地选取边，即使图中存在欧拉迹（回），也可能无法正确地将其找出。如图 3-2 所示，从顶点 v_0 开始寻找欧拉迹，如果起始就选择边 e_1（连接了顶点 v_0 和 v_1），沿着边前进将最终回到 v_1，但由于 e_1 已经访问，后续将无法继续前进，将导致 e_5、e_6、e_7 无法访问，从而无法得到欧拉迹。

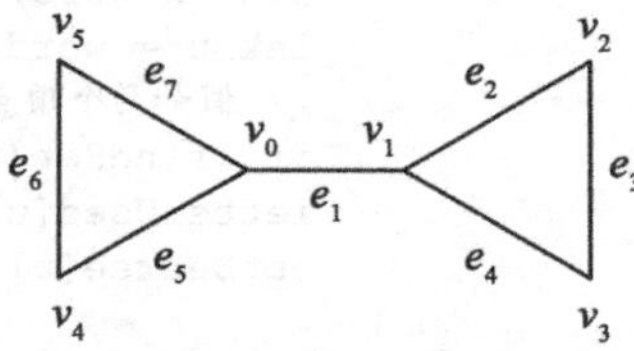

图 3-2　不恰当地选择边会导致无法得到欧拉迹

在 Fleury 算法中，需要判断选择的边是否为桥，对于无向图来说，可以通过一次深度优先遍历后，检查图的连通性来进行判定，而对于有向图，需要判断其基图是否仍旧连通，使用深度优先遍历不够便利，可以应用并查集对顶点的连通性进行判断。

以下给出一个找出给定图中欧拉迹（回）的 Fleury 算法框架实现。由于欧拉迹（回）需要选择所有边，而每选择一条边的平均时间复杂度是 $O(|E|)$，因此，Fleury 算法总的时间复杂度为 $O(|E|^2)$。

```
//-------------------------------3.2.1.1.cpp-------------------------------//
/*
Fleury 算法框架实现。图采用边链表进行表示，某个顶点所关联的顶点序号存储在 list 中。在实现中，首先判断图的连通性，之后区分无向图和有向图分别统计顶点度；接着按照规则判断是否可能包含欧拉迹（回），如果存在，则找出欧拉迹（回）的起始顶点；最后，若存在欧拉迹（回），则从选择的起始顶点出发，应用 Fleury 算法找出。在判断候选边是否为桥时，先将边临时删除，检查删除前后当前顶点所能连通顶点数量是否改变（使用并查集来实现，为了便于调用并查集，在下述代码中将并查集实现为一个类），如果发生改变，说明此边为桥，如果未改变，则可以选择该边作为可行边。确定可行边后，即可将临时删除的边进行恢复，同时记录选择的边，再将其从图中永久删除。删除边的做法是将关联的终止顶点设置为负值，之所以采用此种删除边的方法，是由于算法采用了递归的形式，有可能上一层递归调用仍然在使用当前顶点的边链表，从边链表中移除边会引起运行时错误。
*/
class Graph
{
private:
   // 是否为无向图，无向图和有向图在处理上有所不同。
   bool isUndirectedGraph;
   // 图的顶点数，欧拉迹的起始顶点，顶点是否使用。
   int vertices, startOfEulerianTrail, *appeared;
   // 使用边链表表示图。
   list<int> *edges;

public:
   Graph(int v, bool ug)
   {
      vertices = v;
      edges = new list<int>[v];
      appeared = new int[v];
      memset(appeared, 0, sizeof(int) * v);
      isUndirectedGraph = ug;
   }
   ~Graph() { delete [] edges, appeared; }

   bool findEulerianTrail();          // 寻找图中存在的欧拉迹（回）。
   void addEdge(int u, int v);        // 添加边。
   void removeEdge(int u, int v);     // 删除边。
```

```
private:
    bool isEulerian();                          // 判断图中是否包含欧拉迹（回）。
    void printTrail(int u, int v);              // 输出欧拉迹（回）的一条边。
    void fleury(int u);
    int getConnectedVertices(int u);            // 使用并查集判断图中顶点的连通性。
    bool isValidNextEdge(int u, int v);         // 判断候选边是否为桥。
    void deleteEdge(int u, int v);              // 从图中临时删除一条边。
    void restoreEdge(int u, int v);             // 将临时删除的边恢复。
};

// 根据顶点度判断图是否包含欧拉迹（回）。
bool Graph::isEulerian()
{
    bool eulerian = true;

    // 判断图的连通性。
    int connected = count(appeared, appeared + vertices, 1);
    for (int u = 0; u < vertices; u++)
        if (appeared[u]) {
            eulerian = (connected == getConnectedVertices(u));
            break;
        }
    if (!eulerian) return eulerian;

    // 无向图和有向图分别处理。
    if (isUndirectedGraph) {
        startOfEulerianTrail = 0;
        // 统计奇度顶点的数量。
        int odd = 0;
        for (int u = 0; u < vertices; u++) {
            if (!appeared[u]) continue;
            if (edges[u].size() & 1)
                odd++, startOfEulerianTrail = u;
        }
        // 根据规则判断是否存在欧拉迹（回）。
        eulerian = (odd == 0 || odd == 2);
    }
    else {
        // 计数有向图中顶点的出度、入度。
        int *id = new int[vertices], *od = new int[vertices];
        memset(id, 0, sizeof(int) * vertices);
        memset(od, 0, sizeof(int) * vertices);
        for (int u = 0; u < vertices; u++)
            for (auto v : edges[u])
                od[u]++, id[v]++;

        // 根据规则判断是否存在欧拉迹（回）。
        int moreOne = 0, lessOne = 0, evenStart = -1, oddStart = -1;
        for (int u = 0; u < vertices; u++) {
            if (!appeared[u]) continue;
            int diff = od[u] - id[u];
            if (abs(diff) >= 2) { eulerian = false; break; }
            if (diff == 1 && ++moreOne > 1) { eulerian = false; break; }
            if (diff == -1 && ++lessOne > 1) { eulerian = false; break; }
            if (moreOne  && oddStart < 0) oddStart = u;
            if (diff == 0 && evenStart < 0) evenStart = u;
        }
        delete [] id, od;
        if (moreOne != lessOne) { eulerian = false; }
        startOfEulerianTrail = oddStart >= 0 ? oddStart : evenStart;
    }
    return eulerian;
```

```
}

// 寻找图中的欧拉迹（回）。
bool Graph::findEulerianTrail()
{
   bool eulerian = isEulerian();
   if (eulerian) fleury(startOfEulerianTrail);
   return eulerian;
}

// Fleury 算法递归实现。
void Graph::fleury(int u)
{
   for (auto v : edges[u])
      if (v >= 0 && isValidNextEdge(u, v)) {
         printTrail(u, v);
         removeEdge(u, v);
         fleury(v);
         break;
      }
}

// 输出欧拉迹（回）中的一条边，可根据具体应用进行修改。
void Graph::printTrail(int u, int v)
{
   cout << u << '-' << v << '\n';
}

// 判断给定的边是否为可行的候选边。
bool Graph::isValidNextEdge(int u, int v)
{
   // 如果当前顶点只有一条边，则根据 Fleury 算法只能选择该边。
   int connected = 0;
   for (auto v : edges[u])
      if (v >= 0)
         connected++;
   if (connected == 1) return true;
   // 判断删除边后顶点连通性是否改变，未改变表明为非桥边。
   int connected1 = getConnectedVertices(u);
   deleteEdge(u, v);
   int connected2 = getConnectedVertices(u);
   restoreEdge(u, v);
   return connected1 == connected2;
}

// 使用并查集判断余图的连通性，进而判断选择的边是否为桥。
int Graph::getConnectedVertices(int source)
{
   DisjointSet ds(vertices);
   ds.makeSet();
   for (int u = 0; u < vertices; u++)
      for (auto v : edges[u])
         if (v >= 0 && ds.findSet(u) != ds.findSet(v))
            ds.unionSet(u, v);
   int connected = 0;
   for (int u = 0; u < vertices; u++)
      if (ds.findSet(source) == ds.findSet(u))
         connected++;
   return connected;
}

// 为图中添加一条边。
void Graph::addEdge(int u, int v)
```

```
{
    appeared[u] = appeared[v] = 1;
    edges[u].push_back(v);
    if (isUndirectedGraph) edges[v].push_back(u);
}

// 将边从图中永久删除。
void Graph::removeEdge(int u, int v)
{
    *find(edges[u].begin(), edges[u].end(), v) = -1;
    if (isUndirectedGraph) *find(edges[v].begin(), edges[v].end(), u) = -1;
}

// 临时删除一条边。
void Graph::deleteEdge(int u, int v)
{
    *find(edges[u].begin(), edges[u].end(), v) = -2;
    if (isUndirectedGraph) *find(edges[v].begin(), edges[v].end(), u) = -2;
}

// 将临时删除的边恢复。
void Graph::restoreEdge(int u, int v)
{
    *find(edges[u].begin(), edges[u].end(), -2) = v;
    if (isUndirectedGraph) *find(edges[v].begin(), edges[v].end(), -2) = u;
}
//-------------------------------3.2.1.1.cpp-------------------------------//
```

10441 Catenyms[D]（首尾相连的单词串）

一个 catenym 是由两个单词组成的字符串，中间用点号隔开，而且第 1 个单词的最后一个字母和第 2 个单词的第 1 个字母相同。例如，以下字符串均为 catenym：

```
dog.gopher
gopher.rat
rat.tiger
aloha.aloha
arachnid.dog
```

一个复合的 catenym 是由 3 个或更多的单词组成的序列，相邻的单词同样使用点号隔开，而且都构成 catenym。例如：

```
aloha.aloha.arachnid.dog.gopher.rat.tiger
```

给定一个由小写字母构成的单词字典，尝试在字典中找出一个复合 catenym，使得该 catenym 包含字典中的每个单词一次且仅一次。

输入

输入的第 1 行为一个整数 t，表示测试数据的组数。每组测试数据的第 1 行为一个正整数 n，$3 \leq n \leq 1000$，表示字典中单词的数量。接下来共有 n 个不同的单词，每个单词由 1 至 20 个小写字母组成，每个单词独占一行。

输出

对于输入中的每组测试数据，输出字典序最小的复合 catenym，包含字典中每个单词一次且仅一次。如果无解，则输出 3 个星号（***）。

样例输入

```
1
6
aloha
arachnid
dog
gopher
rat
tiger
```

样例输出

```
aloha.arachnid.dog.gopher.rat.tiger
```

分析

虽然题目描述中说明字典中“包含 n 个不同的单词”，但是在线测试的数据中却包含重复的单词，也就是说，如果某个单词重复 k 次，则寻找的复合 catenym 必须包含此单词 k 次。解题思路是先判断给定的字典是否存在复合 catenym，如果存在，则应用算法将字典序最小的复合 catenym 找出。判断是否存在复合 catenym，可将字母作为顶点，单词看成字母顶点之间的边，使用有向图的欧拉迹判定规则对建立的图进行判断。下述代码利用了前述的 Fleury 算法框架实现，不同的地方是修改了输出边的函数 `printTrail`，因为题目要求是将字典序最小的复合 catenym 输出，那么要求在选择时，每个单词都尽可能是字典序最小的，因此在处理输入时，先将所有单词排序，接着按单词所连接的字母顶点将“单词边”添加到图中，这样能够保证边链表中添加的边是按照字典序进行排列的，最后算法输出的复合 catenym 也是字典序最小的。

参考代码

```
// dictionary 存储字母顶点间的单词，trail 存储欧拉迹。
vector<string> dictionary[26][26], trail;

// 请读者参考前述给出的 Fleury 算法框架实现。
class Graph
{
private:
    bool isUndirectedGraph;
    int vertices, startOfEulerianTrail, *appeared;
    list<int> *edges;

public:
    Graph(int v, bool ug)
    {
        vertices = v;
        edges = new list<int>[v];
        appeared = new int[v];
        memset(appeared, 0, sizeof(int) * v);
        isUndirectedGraph = ug;
    }
    ~Graph() { delete [] edges, appeared; }

    bool findEulerianTrail();
    void addEdge(int u, int v);
    void removeEdge(int u, int v);
private:
    bool isEulerian();
    void printTrail(int u, int v);
    void fleury(int u);
    int getConnectedVertices(int u);
    bool isValidNextEdge(int u, int v);
    void deleteEdge(int u, int v);
    void restoreEdge(int u, int v);
};

// 对输出边的函数进行了修改以适应题目的需要。
void Graph::printTrail(int u, int v)
{
    trail.push_back(dictionary[u][v].front());
    dictionary[u][v].erase(dictionary[u][v].begin());
}

int main(int argc, char *argv[])
{
    int cases, n;
```

```
    string word;
    cin >> cases;
    for (int c = 1; c <= cases; c++) {
        cin >> n;
        // 读入单词列表，排序以保证字典序最小。
        vector<string> words;
        for (int i = 0; i < n; i++) {
            cin >> word;
            words.push_back(word);
        }
        sort(words.begin(), words.end());
        // 初始化保存从某个字母顶点到其他字母顶点的“单词边”。
        for (int i = 0; i < 26; i++)
            for (int j = 0; j < 26; j++)
                dictionary[i][j].clear();
        // 构建图。
        Graph g(26, false);
        for (int i = 0; i < n; i++) {
            word = words[i];
            int u = word.front() - 'a', v = word.back() - 'a';
            g.addEdge(u, v);
            dictionary[u][v].push_back(word);
        }
        // 使用 Fleury 算法寻找欧拉迹。
        trail.clear();
        if (!g.findEulerianTrail()) cout << "***";
        else {
            for (int i = 0; i < trail.size(); i++) {
                if (i > 0) cout << '.';
                cout << trail[i];
            }
        }
        cout << '\n';
    }
    return 0;
}
```

Hierholzer 算法

使用 Fleury 算法可以找出图中的一条欧拉迹（回），但其效率不是很高，对于边数量较多的图可能会导致超时，下面介绍更为高效的 Hierholzer 算法。

Hierholzer 算法的基本思想：从欧拉图中的任意一个顶点 u 出发，沿着离开 u 的一条边前进，到达另外一个顶点，标记已经访问的边不再使用，重复此过程，直到回到顶点 u 本身。在此过程中，不会因为其他原因导致到达了某个顶点 w 而无法回到顶点 u，因为欧拉图中任意顶点均为偶度点保证了最后必将回到顶点 u，从而使得到的路是一条闭迹。令上述闭迹为 t_1，由于可能尚未访问图中所有边，此时需要检查当前得到的闭迹 t_1，如果闭迹中的某个顶点 v 存在关联边，但其尚未纳入当前闭迹 t_1，则从顶点 v 出发，按照前述过程找到另外一条闭迹 t_2，然后将 t_2 合并到 t_1 即可构成一个更大的回路。反复进行上述过程，直到图中所有的边都包含至回路中，此时的回路即为所求图的欧拉回。

需要说明，Hierholzer 算法也适用于寻找欧拉迹，不同的是需要选择合适的起点，而且在寻找欧拉迹的过程中，可能每次并不是回到当前顶点，但这并不影响最后结果的正确性。在 Hierholzer 算法的实现中，一个难点是如何确定当前的闭迹中哪些顶点仍有边尚未访问，这可以使用栈数据结构来巧妙地解决。在欧拉图中，从任意一个顶点 u 出发，“随意”沿着尚未访问的边前进，已经访问的边予以标记以便不重复进行访问，在访问的过程中，将遇到的顶点压入栈中，那么最后一定会回到顶点 u，此时顶点 u 所有的边均已访问，可以将其输出，然后从栈顶开始退栈，检查栈顶的顶点，如果该顶点的所有边均已访问，则可以直接输出，否则继续从该顶点开始访问尚未访问的边，重复此过程，直到栈为空，此时输出的顶点序列即构成一个欧拉回路。

以下给出 Hierholzer 算法的一种实现，该实现采用邻接矩阵的方式来表示图，万维网上很多人错误地认为这是 Fleury 算法的实现，甚至某些正规的教材也未加仔细辨别导致以讹传讹。

```
//-------------------------------3.2.1.2.cpp---------------------------------//
const int MAXV = 1010;                // 图中最大顶点数量。

int stk[MAXV], top;                   // 使用数组模拟栈，用于保存遍历过程所经过的顶点。
int connected[MAXV][MAXV];            // 使用邻接矩阵表示图。
int n;                                // 顶点的数量。
int m;                                // 边的数量。

void dfs(int x)
{
   // 使用深度优先遍历遍历边，将遇到的顶点入栈，选择当前顶点的一条出边，删除此边。
   stk[top++] = x;
   for (int i = 0; i < n; i++) {
      if (connected[x][i]) {
         connected[x][i] = connected[i][x] = 0;
         dfs(i);
         break;
      }
   }
}

void hierholzer(int u)
{
   // 将起始顶点压入栈中。
   top = 0;
   stk[top++] = u;
   // 栈顶为当前顶点，若栈不为空，则检查从当前顶点出发是否能够继续沿着尚未访问的边前进。
   while (top > 0) {
      // 检查当前顶点是否存在尚未访问的边。
      int going = 1;
      for (int i = 0; i < n; ++i)
         if (connected[stk[top - 1]][i]) {
            going = 0;
            break;
         }
      // 当前顶点所有边均已访问，可以输出。
      if (!going) cout << stk[--top] << ' ';
      // 当前顶点仍有边尚未访问，继续使用深度优先遍历沿着未访问的边前进。
      else dfs(stk[--top]);
   }
   cout << '\n';
}
//-------------------------------3.2.1.2.cpp---------------------------------//
```

如图 3-3 所示，这是上述参考实现在给定欧拉图上的具体执行过程，通过观察该执行过程，读者可以更为直观地理解 Hierholzer 算法。

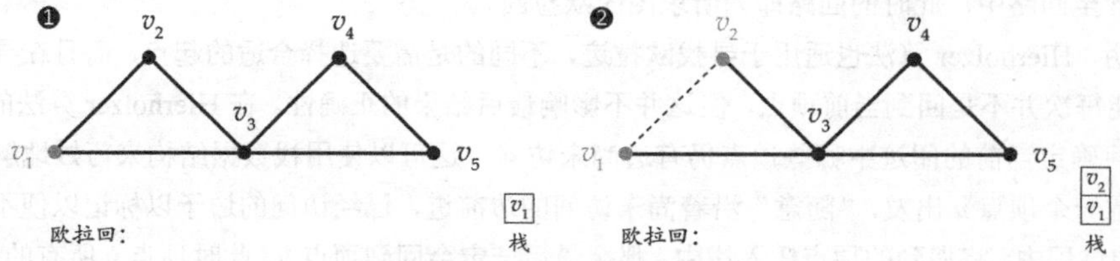

图 3-3 Hierholzer 算法的工作过程

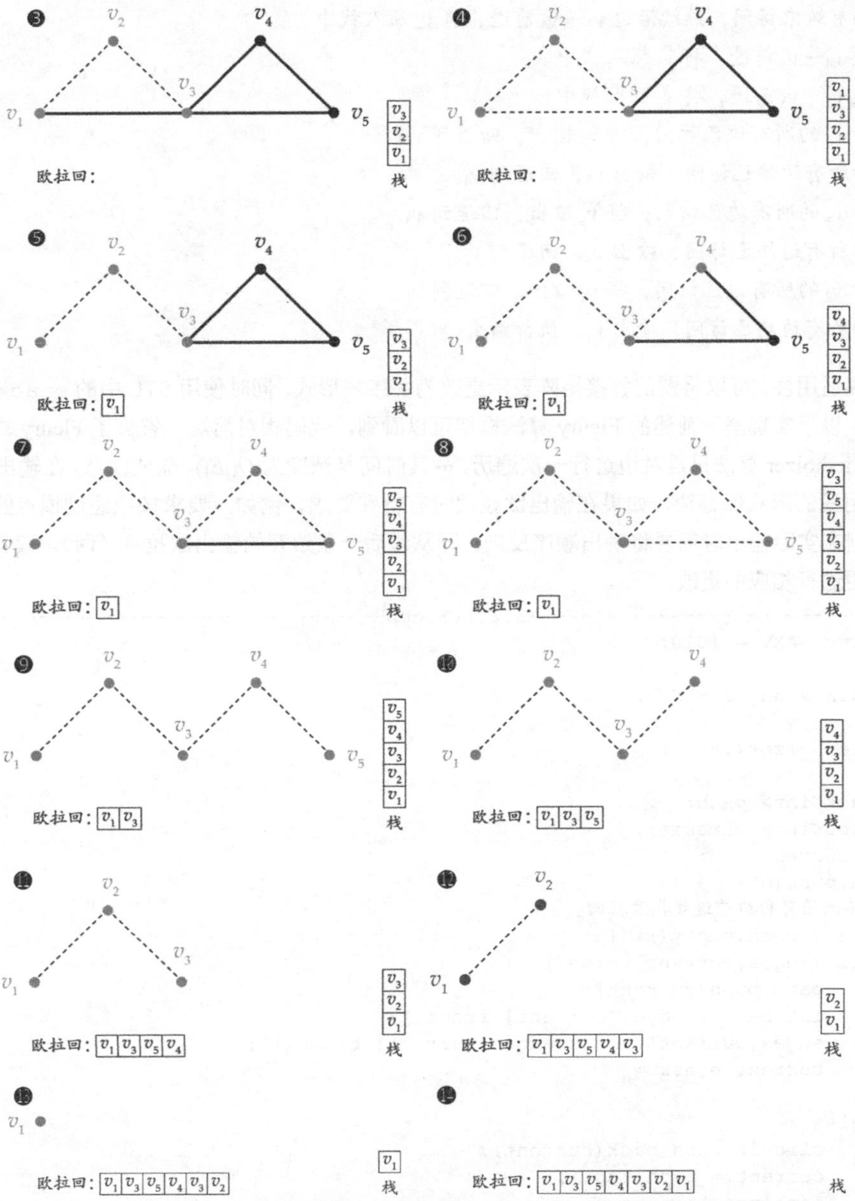

图 3-3 Hierholzer 算法的工作过程（续）

注意

图 3-3 所示各步骤如下：

❶ 从 v_1 开始构建欧拉回，将 v_1 压入栈中。

❷ 由于 v_1 尚有边未访问，从尚未访问的边中任意选择一条进行访问，此处选择 v_1 到 v_2 的边，到达 v_2 后将 v_2 压入栈中，并将边 v_1-v_2 标记为已访问（实线表示尚未访问的边，虚线表示已访问的边）。

❸ 从 v_2 到达 v_3，将 v_3 压入栈中，将边 v_2-v_3 标记为已访问。

❹ v_3 有多条边可供选择，此处为了演示栈的作用，选择先访问边 v_3-v_1，将该边标记为已访问，然后将 v_1 入栈。

❺ 到达 v_1 后，由于 v_1 的所有边均已访问，此时可以退栈，将 v_1 作为欧拉回所经过的顶点予以输出，此时栈顶为 v_3。

❻ v_3尚有边未访问，继续沿边 v_3-v_4 前进，将 v_4 压入栈中。
❼ 沿边 v_4-v_5 前进，将 v_5 压入栈中。
❽ 沿边 v_5-v_3 前进，将 v_3 压入栈中。
❾ 由于 v_3 的所有边已访问，将 v_3 输出，回退到 v_5。
❿ v_5的所有边均已访问，输出 v_5，回退到 v_4。
⓫ 由于 v_4 的所有边已访问，将 v_4 输出，回退到 v_3。
⓬ v_3的所有边均已访问，输出 v_3，回退到 v_2。
⓭ 由于 v_2 的所有边已访问，将 v_2 输出，回退到 v_1。
⓮ v_1的所有边均已访问，输出 v_1，执行结束。

为了提高适用性，可以将图的邻接矩阵表示更改为邻接表形式，同时使用 STL 中的 `stack` 容器类来实现栈的功能。以下实现基于前述的 Fleury 算法框架可以看到，代码相对简短，省去了 Fleury 算法中的许多步骤。由于 Hierholzer 算法只需对边进行一次遍历，故其时间复杂度为 $O(|E|)$。需要注意，在输出欧拉迹（回）时，由于采用栈的形式保存边，如果在输出欧拉回时有特殊要求，例如，要求按照经过顶点的顺序为字典序且最小，则在实际输出时需要将输出顺序反向，即从最后一条边开始输出欧拉迹（回）。读者可根据需要结合具体应用进行相应的更改。

```
//-----------------------------3.2.1.3.cpp-----------------------------//
const int MAXV = 1010;

vector<int> edges[MAXV];

void hierholzer(int u)
{
    stack<int> path;
   vector<int> circuit;
   int current = u;
   path.push(u);
   // 不断沿可行边前进寻找欧拉回。
   while (!path.empty()) {
      if (edges[current].size()) {
         path.push(current);
         int next = edges[current].front();
         edges[current].erase(edges[current].begin());
         current = next;
      }
      else {
         circuit.push_back(current);
         current = path.top();
         path.pop();
      }
   }
}
//-----------------------------3.2.1.3.cpp-----------------------------//
```

10040 Ouroboros Snake[D]（咬尾蛇）

咬尾蛇是古埃及神话中一种虚构的蛇，它经常把尾巴放在嘴里不停地吞噬自己。环数（Ouroboros number）类似于咬尾蛇，它是一个 2^n 位的二进制数，能够生成 0 至 2^n-1 之间的所有数，方法如下：将给定环数的 2^n 个数位首尾相连形成一个环，使得环数的末位在首位之前，然后以每个数的起始位置的下一位置作为下一个数的起始位置，就可以从中取出 2^n 组 n 位二进制数，对应着 0 至 2^n-1 之间的所有数。

例如，当 $n=2$ 时，只有 4 个环数，它们是 0011，0110，1100 及 1001。以 0011 为例，图 3-4 示例了找出所有位串的过程。

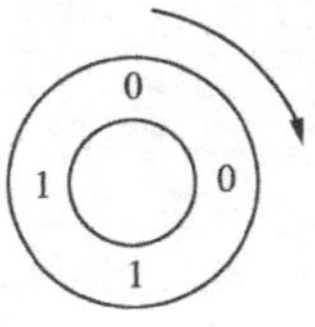

k	00110011...	$o(n=2, k)$
0	00	0
1	01	1
2	11	3
3	10	2

图 3-4 找出所有位串的过程

编写程序，计算函数 $o(n, k)$的值，$0<n$，$0\leqslant k<2^n$。$o(n, k)$表示大小为 n 的最小环数中的第 k 个数。

输入

输入包含多组测试数据。输入的第 1 行为测试数据的组数，接下来每行一组测试数据，每组测试数据包含两个整数 n 和 k，$0<n<22$，$0\leqslant k<2^n$。

输出

对于每组测试数据，输出计算得到的函数值。

样例输入

```
4
2 0
2 1
2 2
2 3
```

样例输出

```
0
1
3
2
```

分析

在求解本题之前，有必要介绍一下 de Brujin 序列（de Brujin sequence）。在大小为 k 的字符集 A 上，可以定义阶为 n 的 de Brujin 序列，该序列是一个环形序列，即可将其末位和首位相连构成一个环，使得在字符集 A 上长度为 n 的所有字符串以子串的形式在环中出现且仅出现一次。一般将此序列记为 $B(k, n)$，它的长度为 k^n。在大多数应用中，字符集 A 取{0, 1}，按此约束，$B(2,3)$只有两个序列：00010111 和 11101000。以 00010111 为例，从序列的首位开始，每 3 位作为一组，共出现了：000，001，010，101，011，111，110，100，恰好包含了长度为 3 的由 0 或 1 组成的所有字符串，也恰好包含了 0 至 2^3-1 之间所有数的 3 位二进制表示。de Brujin 序列和 de Brujin 图密切相关，构造一个阶为 n 的 de Brujin 序列实际上可以通过在其对应的$(n-1)$阶 de Brujin 图中寻找一条欧拉回来完成。为了构造 $B(2, 4)$，可以先绘制其对应的 de Brujin 图，其顶点是字符集 A 上长度为 $n-1$ 的子串，顶点间根据子串的相互关系构成有向边。如图 3-5 所示，如果从某一顶点出发，遍历所有的边仅且一次然后再回到起点，则所有 4 位数字恰好只出现一次（对应一个欧拉回）；如果从某一顶点出发，遍历所有的顶点仅且一次，则所有 3 位数字恰好只出现一次（对应一条哈密顿路）。

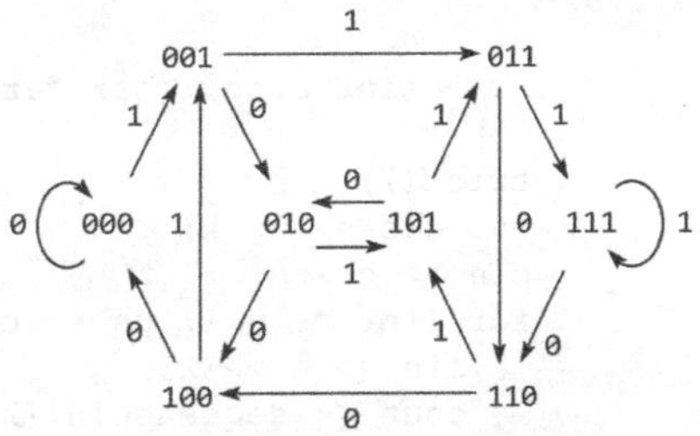

图 3-5 在字符集 $A=\{0, 1\}$上为了构造 $B(2, 4)$所建立的 de Brujin 图

观察图可知，建立的图是一个有向图，而且所有顶点的出入度均相等，因此是有向欧拉图。可以应用之前介绍的 Hierholzer 算法构建欧拉回。容易得到，图中的一条欧拉回为：$000 \xrightarrow{0} 000 \xrightarrow{1} 001 \xrightarrow{1} 011 \xrightarrow{1} 111 \xrightarrow{1} 111 \xrightarrow{0} 110 \xrightarrow{1} 101 \xrightarrow{1} 011 \xrightarrow{0} 110 \xrightarrow{0} 100 \xrightarrow{1} 001 \xrightarrow{0} 010 \xrightarrow{1} 101 \xrightarrow{0} 010 \xrightarrow{0} 100 \xrightarrow{0} 000$（有向箭头上方的数字为顶点所经过的边）。将欧拉回所经过边按序连接起来便可得到 $B(2, 4)$——0111101100101000。

综上所述，求解本题的关键是将问题建模成有向欧拉图，然后找出一条欧拉回，该欧拉回满足在路径的每一步所选择的边都是字典序最小的，这样得到的就是最小的环数。

参考代码

```
int used[1 << 20][2], sequence[22][1 << 21];

void hierholzer(int n)
{
```

```
    int mask = (1 << (n - 2)) - 1, u = 0;
    stack<int> path;
    vector<int> circuit;
    memset(used, 0, sizeof(int) * (1 << (n - 1)) * 2);
    path.push(u);
    while (!path.empty()) {
        int v = 0;
        for (v = 0; v <= 1; v++)
            if (!used[u][v])
                break;
        if (v <= 1) {
            path.push(u);
            used[u][v] = 1;
            u = ((u & mask) << 1) + v;
        }
        else {
            circuit.push_back(u);
            u = path.top();
            path.pop();
        }
    }

    int bits = circuit.back();
    mask = (1 << (n - 1)) - 1;
    for (int i = circuit.size() - 2, j = 0; i >= 0; i--, j++) {
        sequence[n][j] = ((bits & mask) << 1) + (circuit[i] & 1);
        bits = sequence[n][j];
    }
}

void trick()
{
    sequence[1][0] = 0, sequence[1][1] = 1;
    for (int i = 2; i <= 21; i++) hierholzer(i);
}

int main(int argc, char *argv[])
{
    trick();
    int cases, n, k;
    cin >> cases;
    for (int cs = 1; cs <= cases; cs++) {
        cin >> n >> k;
        cout << sequence[n][k] << '\n';
    }
    return 0;
}
```

强化练习

10054 The Necklace[A]，10506 The Ouroboros Problem[D]。

扩展练习

13252 Rotating Drum[E]。

提示

13252 Rotating Drum 的常规解题方法是使用 Hierholzer 算法构建目标序列，在遍历顶点的出边时采用从小到大的顺序取用边，这样就能够保证得到的目标序列具有最小的字典序。具体编码时需要使用适当的数据结构来高效地表示图，否则容易超时。此问题还可使用其他更为巧妙的方法来解题，例如使用 Burrows-Wheeler 逆变换和置换的循环来进行求解。

3.2.2 中国投递员问题

中国投递员问题（Chinese Postman Problem，CPP），由我国管梅谷教授于 1960 年首先提出并加以研究[23][24]。它所描述的问题可以表述如下：假设一个投递员每次投送邮件都要走遍他所负责投递区域的每条街道（如图 3-6 所示），完成投递任务后回到邮局，他应该选择一条什么样的投递路线，使得他所走的总路程最短？

可以将此问题建模为图论问题加以解决。将街道的交叉口看做图的顶点，街道视为边（无向或有向），街道的长度视为边的权，则问题可转化为确定一条经过图中每条边至少一次的有向闭链，且闭链具有最小的权值。为了便于讨论，将有向闭链称为邮路（post tour），具有最小权的邮路称为最优邮路（optimal post tour）。因为欧拉图中的欧拉回具有经过所有边一次且仅且一次的性质，因此解决此问题的一个思路是设法使用最小的花费将原图改造成欧拉图。根据图的性质，可将其分为以下几种情况。

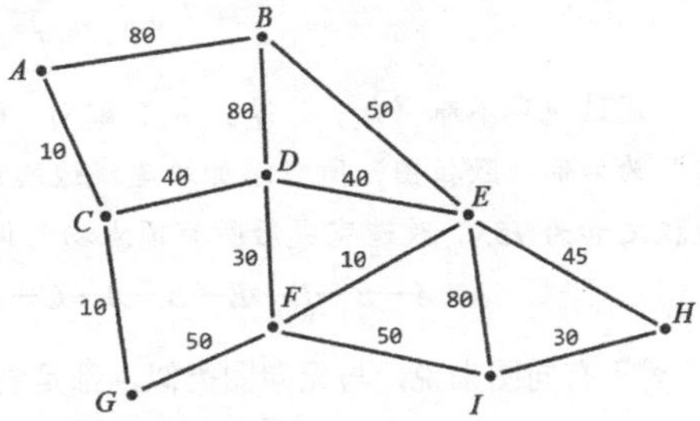

图 3-6　假设投递员起始位置为路口 A，则投递员从路口 A 出发，走过所有街道返回出发路口 A 的最短路程为 755，其中一条可行的路线是：A—B—D—E—B—A—C—D—F—E—H—I—E—F—I—F—G—C—A

对于无向图来说，如果所有顶点的度数均为偶数，则为欧拉图，只需找出图中的一条欧拉回即可。如果图中只有两个顶点的度数为奇数，其他顶点的度数均为偶数，则属于半欧拉图，那么可以先确定图中的欧拉迹，然后使用最短路径算法确定这两个奇度点之间的最短路径，先沿着欧拉迹从一个奇度点到达另外一个奇度点，然后再沿着最短路径返回起始顶点，容易理解这样的路线是最优的。当奇度点的个数大于两个时，为了将其改造成欧拉图，且添加的边的权值总和最小。根据握手引理，如果图中的具有奇度点，则奇度点的个数一定是偶数，为了将这些奇度点改造成偶度点，一个直观的方法是在这些奇度点间建边，使之配对，所建边的权是两个奇度点之间最短路径的权，约束条件是所有添加的边的权和最小。因此有以下直接的算法。

（1）列出图中的所有奇度点。

（2）列出所有可能的奇度点配对。

（3）对于每个配对，确定此配对中两个奇度点之间的最短路径。

（4）从所有配对中选择某些配对进行组合，使所有奇度点成为偶度点，且配对的权和最小。

（5）将配对所对应的最短路径以边的形式添加到原图中。

（6）寻找新图的欧拉回。

一般来说，有关 CPP 的题目中，给定的顶点数量一般都较小，因此可以使用回溯法来确定具有最小权的配对组合[1]，确定奇度点间的最短路径则可以使用 Moore-Dijkstra 算法或者 Floyd-Warshall 算法。

注意

通过添加边的方式将无向非欧拉图“改造”为欧拉图的过程如图 3-7 所示。

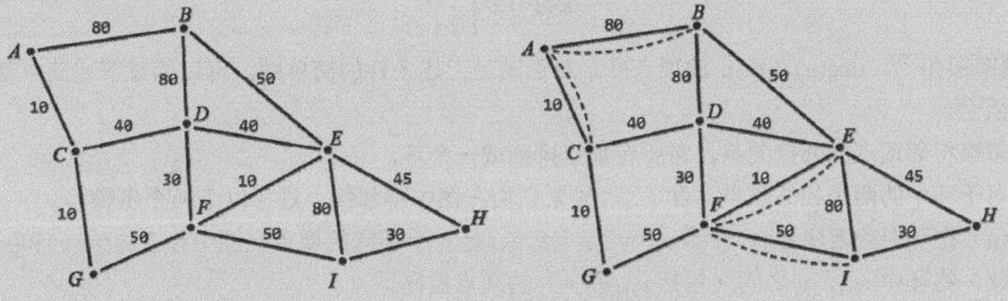

图 3-7　改造无向非欧拉图

[1] 或者使用第 4 章中介绍的“集合型动态规划”并结合备忘技巧来确定具有最小权的配对组合。

图 3-7 中，左侧无向图中有 4 个奇度点，分别为 B，C，E，I。根据 Floyd-Warshall 算法可以得到 4 个奇度点之间的最短距离矩阵为

	B	C	E	I
B	0	90	50	110
C	90	0	70	110
E	50	70	0	60
I	110	110	60	0

通过观察不难得知，选择 B 和 C 配对，E 和 I 配对，可以使用最小的“代价”将左侧的非欧拉图“改造”为右侧的欧拉图，所需添加的虚线边的最小权值为 $90+60=150$。原有边权之和为 605，“改造”后边权之和为 755。改造完成后所有顶点均为偶度点，一条可行的欧拉路径为：

$$A—B—D—E—B—A—C—D—F—E—H—I—E—F—I—F—G—C—A$$

对于有向图来说，与无向图类似，都是尝试使用最小的代价来构造欧拉图，对此种类型，存在有效算法——Edmonds-Johnson 算法[25]，感兴趣的读者可以进一步查阅相关文献。

对于混合图（即某些街道是单向通行，另外的街道是双向通行）来说，CPP 属于 NP 问题，当数据规模较小时可以使用回溯法予以解决。

强化练习

117 The Postal Worker Rings Once[A]。

扩展练习

10296 Jogging Trails[C]。

3.2.3　哈密顿回

哈密顿路（Hamiltonian path）是经过给定图 G 中的每个顶点一次并且仅一次的路。哈密顿回（Hamiltonian circuit）是一条哈密顿路，且起点和终点相同，将包含哈密顿回的图称为哈密顿图（Hamiltonian graph），类似于半欧拉图，将只包含哈密顿路的图称为半哈密顿图（semi-Hamiltonian graph）。

不同于欧拉回问题的判定，哈密顿回问题目前尚未找到有效的判定方法。在某些特殊情况下，可以应用一些充分条件或者必要条件来判定给定的图是否为哈密顿图，例如前述的 de Brujin 序列问题，其对应的 de Brujin 图必定存在哈密顿路。下面给出一个判断给定简单图是否有哈密顿回的充分条件。设 G 是包含 n（$n\geqslant 3$）个顶点的简单图，如果对于图中的任意两个非邻接的顶点 v 和 w 都满足

$$\deg(v)+\deg(w)\geqslant n$$

则图 G 是哈密顿图[26]。根据此充分条件可以进一步作出推论：G 是包含 n（$n\geqslant 3$）个顶点的简单图，如果对任意顶点 v 均有

$$\deg(v)\geqslant\left\lceil\frac{n}{2}\right\rceil$$

则 G 为哈密顿图[27]。$\deg(u)$表示 u 的顶点度。对于满足上述条件的简单图，可以通过下述简单算法构建一条哈密顿回[28]。

（1）忽略相邻顶点的邻接关系，将所有顶点排列成一个环。

（2）对于环中的两个相邻顶点 v_i 和 v_{i+1}，如果它们在图中不邻接，进行以下两个步骤。

（a）在环中搜索序号 j，使得 v_i，v_{i+1}，v_j，v_{j+1} 是 4 个不同的顶点且图中存在边(v_i, v_j)和(v_{j+1}, v_{i+1})。

（b）将环中 v_{i+1}，v_j 之间（包括 v_{i+1} 和 v_j）的顶点反向。

对于一般图来说，找出图中的哈密顿路属于 NP 难问题，目前尚未发现有效的算法，一般是通过回溯法（深度优先搜索）予以解决。对于例题 10040 Ouroboros Snake，下面给出使用深度优先搜索进行求解的方法，其目标是遍历 n 阶的 de Brujin 图中的每个顶点恰好一次。相对于寻找欧拉回的求解方法，此解法递归深度

较大，对于某些内存较小的主机，容易导致栈溢出，需要将递归实现转换为非递归实现来避免栈溢出问题。

参考代码

```
//------------------------------3.2.3.cpp------------------------------//
int n, k;
int used[1 << 21], sequence[22][1 << 21], top;
int bits, mask;

void dfs(int u)
{
   u = (u & mask) << 1;
   for (int v = 0; v <= 1; v++) {
      if (used[u + v]) continue;
      used[u + v] = 1;
      dfs(u + v);
      sequence[n][top++] = u + v;
   }
}

void trick()
{
   for (int i = 1; i <= 21; i++) {
      n = i;
      top = 0, bits = 1 << n, mask = (1 << (n - 1)) - 1;
      memset(used, 0, sizeof(int) * bits);
      dfs(0);
   }
}

int main(int argc, char *argv[])
{
   int cases;
   trick();
   cin >> cases;
   for (int c = 1; c <= cases; c++) {
      cin >> n >> k;
      cout << sequence[n][(1 << n) - 1 - k] << '\n';
   }
   return 0;
}
//------------------------------3.2.3.cpp------------------------------//
```

强化练习

775 Hamiltonian Cycle[D]。

3.2.4　旅行商问题

旅行商问题（Travelling Salesman Problem，TSP）是指以下的问题：一个旅行商计划在他所在区域内的所有城市（如图3-8所示）进行商品推销，他应该选择怎样的一条旅行路线，以便他能够从某个城市出发，至少去每个城市一次，最后回到出发的城市，使得路线的总路程最短。

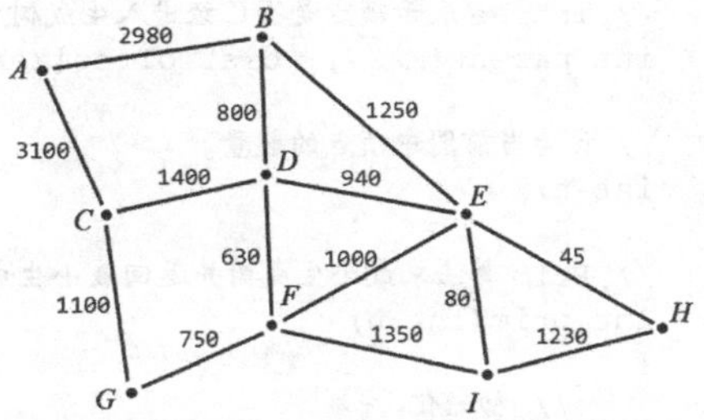

图3-8　假设旅行商起始位置为城市 A，则从城市 A 出发，经过所有其他城市然后返回出发城市 A 的总路程最短为10920，其中一条可行的路线是：A—B—D—E—H—E—I—E—F—G—C—A

旅行商问题和中国投递员问题相似，已经证明它属于一类NP完全问题，目前尚未发现有效算法。如果需要确定精确解，则对于顶点数量较小的图可以使用回溯法（当$|V|\leqslant 10$时）或者使用动态规划算法（当$11\leqslant|V|\leqslant 16$时）予以解决[1]，但是对于顶点数量较多的图，尚无有效算法。如果不需要精

[1] 关于使用动态规划算法解决TSP的介绍，请读者参阅本书4.6.3节的有关内容。

确解，则可以通过使用近似算法进行求解。

强化练习

216 Getting in Line[A]，10496 Collecting Beepers[A]。

3.3　最小生成树

对于无向连通图 $G = (V, E)$，它的生成树（spanning tree）[1]是边集合 E 的一个子集 E'，E'中不存在圈且连接了 V 中所有顶点。边集 E'和相应的顶点集 V 构成了一棵树，称为图 G 的生成树。在所有的生成树中，具有"边权之和最小"性质的生成树称为最小生成树（minimum spanning tree，MST）。求图的最小生成树一般是求其边权值之和，而不是求边的数量，因为最小生成树的边数均为$|V| - 1$。

强化练习

11597 Spanning Subtrees[A]。

在现实生活中，最小生成树有许多实际的应用。例如：城市规划中求连接各小区的光缆最小长度、自来水管网的最小铺设费用、电子集成电路连接所有引脚的最少连接方案等。求最小生成树的常用算法有 Prim 算法和 Kruskal 算法。

3.3.1　Prim 算法

Prim 算法的核心思想是贪心策略——从一个给定顶点开始逐步扩展以得到最小生成树，在每一次增加顶点时，总是选择从树中指向树外的边中权值最小的一条[2][29]。在以下的 Prim 算法实现中，为每个树外顶点保存了从树出发到该顶点边权最小的边（代码中的 distToTree 数组），由于每次只在树中增加一个顶点，所以只需要更新从该点出发的所有相邻顶点的 distToTree 值。

```
//-------------------------------3.3.1.1.cpp-------------------------------//
// MAXV 表示图中顶点的最大可能数量；INF 表示"无限大"距离，其值的设置和具体应用有关。
const int MAXV = 1010, INF = 0x7f7f7f7f;

// 表示边的结构体，v 表示结束顶点，weight 表示边权。
struct edge { int v, weight; };

// 使用邻接表方式表示图。
vector<edge> edges[MAXV];

// parent 表示各顶点的父顶点；
// distToTree 表示尚未加入树中的顶点与树中顶点的最小边权，可以将其理解为与树的距离；
// intree 表示顶点是否已经进入生成树中。
int parent[MAXV], distToTree[MAXV], intree[MAXV];

// n 为当前图中顶点的数量。
int n;

// Prim 算法求最小生成树并返回最小生成树的边权之和。
int prim(int u)
{
    // 初始化。
    int minSumOfWeight = 0;
```

[1] 有的图论著作也将其称为支撑树。

[2] 此算法最初由捷克数学家 Vojtěch Jarník 于 1930 年提出，后由计算机科学家 Robert C. Prim 于 1957 年、Edsger W. Dijkstra 于 1959 年分别重新发现并再次发表。因此，该算法有时候也被称为 Jarník 算法、Prim-Jarník 算法、Prim-Dijkstra 算法，或者 DJP 算法。

```
    for (int i = 0; i < n; i++) parent[i] = -1, intree[i] = 0, distToTree[i] = INF;
    // 从指定的顶点u开始逐步扩增最小生成树。
    distToTree[u] = 0;
    while (!intree[u]) {
        // 将树外的顶点添加到生成树中。
        intree[u] = 1, minSumOfWeight += distToTree[u];
        // 更新与当前顶点u连接的顶点v到生成树的距离。
        for (auto e : edges[u])
            if (!intree[e.v] && distToTree[e.v] > e.weight)
                distToTree[e.v] = e.weight, parent[e.v] = u;
        // 找到尚未加入树中且与树距离最小的顶点（边权最小），将其标记为进入最小生成树的候选顶点。
        int minDistToTree = INF;
        for (int i = 0; i < n; i++)
            if (!intree[i] && minDistToTree > distToTree[i])
                minDistToTree = distToTree[i], u = i;
    }
    return minSumOfWeight;
}
//------------------------------3.3.1.1.cpp------------------------------//
```

强化练习

1208 Oreon[C]，1235 Anti Brute Force Lock[C]。

在上述 Prim 算法的实现中，使用邻接表的方式来表示图，每次选取从树中指向树外的具有最小边权值的边时，使用的是朴素的线性扫描方法，算法总的时间复杂度为 $O(|V|^2)$。如果顶点的数量较多，此方法的效率不高，若要提高效率，可考虑使用标准模板库中的优先队列（内部以堆排序实现，效率较高）来获取当前具有最小边权值的边。

```
//------------------------------3.3.1.2.cpp------------------------------//
const int MAXV = 1010, INF = 0x7f7f7f7f;

struct edge {
    int v, weight;
    edge (int v = 0, int weight = 0): v(v), weight(weight) {}
    bool operator<(const edge &e) const { return weight > e.weight; }
};

vector<edge> edges[MAXV];
int n, parent[MAXV], distToTree[MAXV], intree[MAXV];

int prim(int u)
{
    // 初始化。
    int minSumOfWeight = 0;
    for (int i = 0; i < n; i++) parent[i] = -1, intree[i] = 0, distToTree[i] = INF;
    // 将起始顶点本身作为一条边加入优先队列。
    priority_queue<edge> q;
    q.push(edge(u, 0));
    // 从优先队列中获取边权值最小的边进行处理。
    while (!q.empty()) {
        edge e1 = q.top(); q.pop();
        if (intree[e1.v]) continue;
        intree[e1.v] = 1, minSumOfWeight += e1.weight;
        for (auto e2 : edges[e1.v]) {
            if (!intree[e2.v] && distToTree[e2.v] > e2.weight) {
                distToTree[e2.v] = e2.weight;
                parent[e2.v] = e1.v;
                q.push(edge(e2.v, e2.weight));
            }
        }
    }
```

```
    return minSumOfWeight;
}
//------------------------------3.3.1.2.cpp------------------------------//
```

如果使用二叉最小堆来实现优先队列并选取与当前生成树具有最小距离的候选顶点，则时间复杂度可优化为 $O(|E|\log|V|)$。更进一步地，如果使用斐波那契堆来实现优先队列，则时间复杂度度可优化为 $O(|E| + |V|\log|V|)$。

强化练习

1151 Buy or Build[D]，10034 Freckles[A]。

3.3.2 Kruskal 算法

Kruskal 算法的核心思想也是贪心策略——在算法的每一步，添加到森林中的边，其权值都尽可能小[1][30]。Kruskal 算法采用并查集来实现，可将其概述如下：将图中的每个顶点表示成只包含单个元素的集合，根据边权值的大小按升序排列，对于排好序的边逐一处理，如果边连接的两个顶点不在同一个集合中，则将包含这两个顶点的集合予以合并，直到最后所有顶点均包含在同一个集合中，集合中的顶点之间具有最小权值的边即构成最小生成树。

```
//------------------------------3.3.2.cpp------------------------------//
// MAXV 表示可能的最大顶点数量，MAXE 表示可能的最大边数量，需要根据具体题目进行设置。
const int MAXV = 110, MAXE = 12100;

// 以边列表的形式表示图。
struct edge {
   int u, v, weight;
   edge (int u = 0, int v = 0,int weight = 0): u(u), v(v), weight(weight) {}
   bool operator < (const edge &e) const { return weight < e.weight; }
} edges[MAXE];

// n 表示图中顶点的数量，m 表示图中边的数量。顶点和边的编号均从 0 开始计数。
int n, m;

// parent 记录并查集中各元素的代表，ranks 记录元素的秩。
int parent[MAXV], ranks[MAXV];

// 初始化并查集。
void makeSet()
{
   for (int i = 0; i < n; i++) parent[i] = i, ranks[i] = 0;
}

// 查找元素的代表。
int findSet(int x)
{
   return (parent[x] == x ? x : parent[x] = findSet(parent[x]));
}

// 合并元素。
bool unionSet(int x, int y)
{
   x = findSet(x), y = findSet(y);
   if (x != y) {
      if (ranks[x] > ranks[y]) parent[y] = x;
      else {
         parent[x] = y;
```

[1] Joseph Bernard Kruskal Jr.（1928—2010），美国数学家、计算机科学家。

```
            if (ranks[x] == ranks[y]) ranks[y]++;
        }
        return true;
    }
    return false;
}

// Kruskal 算法求最小生成树以及最小边权和。
int kruskal()
{
    // sumOfWeight 记录最小边权和，cntOfMerged 记录并查集合并的次数。
    int sumOfWeight = 0, cntOfMerged = 0;
    // 初始化并查集。
    makeSet();
    // 将所有边按权值升序进行排列。
    sort(edges, edges + m);
    // 逐条边进行处理，当两个顶点分属不同集合（连通分支）时，予以合并，累加最小边权和。
    for (int i = 0; i < m; i++)
        if (unionSet(edges[i].u, edges[i].v)) {
            sumOfWeight += edges[i].weight;
            // 计数合并的次数，如果合并次数等于 n-1，表明所有顶点已在生成树中。
            if (++cntOfMerged == n - 1) break;
        }
    // 通过合并次数判断是否存在最小生成树。
    if (cntOfMerged != n - 1) sumOfWeight = -1;
    return sumOfWeight;
}
//------------------------------3.3.2.cpp------------------------------//
```

在 Kruskal 算法中，每进行一次合并，就有一个顶点进入最小生成树，在经过$|V|-1$次合并后，最小生成树就已经得到，因此可以通过检查合并的次数来判断是否可以得到最小生成树，这个技巧在解题时非常有用。从 Kruskal 算法的参考实现中不难看出，Kruskal 算法的时间复杂度主要取决于边排序算法，因此可以得到 Kruskal 算法的时间复杂度为$O(|E|\log|E|)$。

强化练习

908 Re-Connecting Computer Sites[A]，1174 IP-TV[C]，1395 Slim Span[C]，10147 Highways[B]，10369 Arctic Network[A]，10397 Connect the Campus[A]，11228 Transportation System[B]，11631 Dark Roads[A]，11710 Expensive Subway[B]，11733 Airports[B]，11747 Heavy Cycle Edges[B]，11857 Driving Range[B]。

扩展练习

1040 The Traveling Judges Problem[D]，1216 The Bug Sensor Problem[D]，1265 Tour Belt[D]，10307 Killing Aliens in Borg Maze[B]，10807 Prim Prim[D]，11267 The Hire-a-Coder Business Model[D]。

提示

1040 The Traveling Judges Problem 题目所求为包括裁判所在城市和目标城市在内的一棵最小生成树。枚举城市的所有可能组合，确定满足要求的最小生成树，之后使用 BFS 得到最短路径。需要注意，在输出时，每组测试数据的输出后面都要输出一个空行，这在题目描述中未予明确说明。

10807 Prim Prim 要求从给定的边中找出两组互不重叠的边，使得每组边都构成一棵生成树且两棵生成树的权和最小。注意两棵生成树不一定都是最小生成树。该问题无特定算法，可考虑使用回溯法解决，命题者设定的数据规模也暗示了这一点。在具体编码实现时要注意回溯的控制，否则很容易超时。在回溯过程中，将两组边分别构造，同时运用适当的剪枝技巧进行优化，可以显著减少运行时间。

11267 The Hire-a-Coder Business Model 中，对于给定的连通图，检查是否可以二着色，若能够二着色则求图的最小生成树。注意，由于求的是损失最小的配对方案，如果给定的某条边未进入生成树，但其边权为负值，则应将其加入，因为这样可以使损失更小。

3.3.3 最小生成树的扩展问题

许多相关的问题可以使用最小生成树的特性来解决。

- 最大生成树（maximum spanning tree）。最大生成树与最小生成树正好相反，它所求的是边权和最大的生成树。可以采用一个小技巧——将所有边权取其相反数构成一个新图，新图的最小生成树即为原图的最大生成树——予以解决。或者，在使用 Kruskal 算法求最小生成树时将边按照权值从大到小的顺序排列，这样得到的生成树即为最大生成树。
- 乘积最小的生成树。如果所有边权均为正值，要求一棵边权乘积尽量小的生成树，则根据对数运算规则 $\log(ab) = \log(a) + \log(b)$，只需使用边权的对数来代替，求新图的最小生成树就是原图边权乘积最小的生成树。
- 瓶颈生成树（bottleneck spanning tree）。对于无向图 G 来说，瓶颈生成树的最大边权在 G 的所有生成树中是最小的，最小生成树正好满足此性质。根据 Kruskal 算法的正确性可以很容易证明这一点。

强化练习

1234 RACING[C]，10842 Traffic Flow[B]。

扩展练习

10805 Cockroach Escape Networks[D][31][32]。

提示

10805 Cockroach Escape Networks 要求使用最少的边将所有顶点连接起来，则对应的边集合就是一棵最小生成树，因此题目可以归结为求无向图的最小直径生成树（minimum diameter spanning tree，MDST）问题。Hassin 和 Tamir 证明，求无向图的 MDST 等同于寻找图的绝对 1-中心（absolute 1-center），可以使用 Kariv-Hakimi 算法来确定图的绝对 1-中心，进而直接得出最小直径生成树所对应的直径。在本题的特定条件下，可以将边权认为是 1，进而可以使用下述更为直观的算法：由于图的绝对中心可能在顶点上也可能位于边上，对于图给出的所有边，以边的两个端点同时作为起点，使用 BFS 算法生成一棵最短路径树 T（设边的两个端点为 u 和 v，初始时 u 和 v 已进入队列并置为已访问，即忽略此边，在最后 BFS 完毕时再将此边添加到以 u 和 v 为根的最短路径树，使得两棵最短路径树相连接而构成原图的一棵最小生成树），求 T 的直径，取最小值即为结果。因为对于连通图来说，通过上述方法生成的最短路径树必定是一棵最小生成树，而对所有边进行上述处理考虑了绝对中心的所有可能性（位于顶点或者位于边的中心），所以能够得到正确结果。如果仅仅是从每个顶点开始进行 BFS 来生成最短路径树，则由于未考虑图的绝对中心位于边的中心的可能性，会得到错误的结果。

3.3.4 度限制最小生成树

度限制最小生成树（minimum bounded degree spanning tree）问题是指给定无向加权图 $G = (V, E)$及正整数 $k \geqslant 2$，要求确定一棵最小生成树，该生成树中所有顶点的度最大不超过 k。如果 $k = 2$，则问题转化为哈密顿路问题。度限制最小生成树问题被认为属于 NP 难问题，目前尚未发现有效算法[33]。

如果对问题的条件进一步加以约束，度限制仅限于某个特定的顶点 v_0，即 T 是 G 的生成树且在此生成树 T 中 v_0 的顶点度 $d_T(v_0) = k$，则称 T 为 G 的单顶点 k 度限制最小生成树（k-degree bounded minimum spanning tree）[34]。

可采用下述算法确定单顶点 k 度限制最小生成树。

（1）对除顶点 v_0 以外的点集$\{v_1, v_2, \cdots, v_n\}$求一次最小生成森林，令最小生成森林的连通分支数为 m，若 $m > k$，则无解，因为至少需要 m 条边才能将所有连通分支与顶点 v_0 连接；若 $m \leqslant k$，但顶点 v_0 与各连通分支之间可供连接的边数小于 m，同样无解。

（2）接着通过交换可行边来增加顶点 v_0 的度，检查是否能够减少最小生成树的大小。具体方法是每次尝试加入一条和 v_0 关联但未使用的边，由于加入这样的边后会形成圈，必须删去所形成圈上的最长边来得到最小生成树，因此需要确定圈上每个顶点到 v_0 的最长边，选择增量最小的边进行交换（增量可能为负值）。

算法的主要难点在于如何确定圈上每个顶点到 v_0 的最长边，这可以通过树形动态规划预处理得到。具体方法如下：设 *longest*[*v*]为顶点 v 与 v_0 的路径上的最长边，对于 v_0 本身及与 v_0 有关联边的顶点 v_x，令 $longest[v_0] = longest[v_x] = \infty$，对于其他顶点有：$longest[v_y] = \max(longest[father[v_y]], e(father[v_y], v_y))$，其中 $father(v_y)$为 v_y 所在子树的根，以 v_0 为根进行一次 DFS 即可得到 *longest*[*v*]。

```
//------------------------------3.3.4.cpp------------------------------//
const int MAXV = 110, MAXE = 10010, INF = 0x7f7f7f7f;

struct edge {
   int u, v, w;
   edge (int u = 0, int v = 0, int w = 0): u(u), v(v), w(w) {}
   bool operator<(const edge &e) const { return w < e.w; }
} edges[MAXE];

vector<edge> g[MAXV], ue;

int n, m;

// 并查集。
int parent[MAXV];
void makeSet() { for (int i = 0; i < n; i++) parent[i] = i; }
int findSet(int x)
{
   return parent[x] == x ? x : parent[x] = findSet(parent[x]);
}
bool unionSet(int x, int y)
{
   x = findSet(x), y = findSet(y);
   if (x == y) return false;
   parent[x] = y;
   return true;
}

// 将边列表中序号为 i 的边添加到无向图中。
void addEdge(int i)
{
   edge e = edges[i];
   g[e.u].push_back(edge(i, e.v, e.w));
   g[e.v].push_back(edge(i, e.u, e.w));
}

// chosen[i]记录边列表中序号为 i 的边是否进入最小生成树;
// connected[i]记录代表为 i 的强连通分支是否已经有边予以连接;
// longest[i]记录到顶点 i 的路径上的最长边;
// link[i]记录到顶点 i 的路径上的最长边在边列表中的序号;
// idx[i]记录顶点 i 关联的边在边列表中的序号;
int chosen[MAXE], connected[MAXV], longest[MAXV], link[MAXV], idx[MAXV];

// 通过深度优先遍历确定根结点到其他顶点的路径上的最长边。
void dfs(int father, int u)
{
   for (auto e : g[u]) {
      if (!chosen[e.u]) continue;
      if (e.v == father) continue;
      if (~father) {
         longest[e.v] = e.w;
         link[e.v] = e.u;
```

```
        if (longest[u] > longest[e.v])
        {
            longest[e.v] = longest[u];
            link[e.v] = link[u];
        }
      } else longest[e.v] = -INF;
      dfs(u, e.v);
    }
}

// 确定以顶点 u 为根的单顶点 k 度限制最小生成树。
int kdbmst(int u, int k)
{
    memset(chosen, 0, sizeof(chosen));
    memset(idx, -1, sizeof(idx));

    makeSet();
    sort(edges, edges + m);

    ue.clear();
    for (int i = 0; i < m; i++) {
        edge e = edges[i];
        if (e.u == u) { ue.push_back(edge(i, e.v, e.w)); continue; }
        if (e.v == u) { ue.push_back(edge(i, e.u, e.w)); continue; }
        if (unionSet(e.u, e.v)) chosen[i] = 1;
    }
    // 确定最小生成树森林的分支数。
    int components = 0;
    connected[u] = 0;
    for (int i = 0; i < n; i++)
        if (i != u && findSet(i) == i) {
            components++;
            connected[i] = 0;
        }
    if (components > k) return INF;
    // 将指定顶点 u 与各个连通分支连接。
    sort(ue.begin(), ue.end());
    for (auto e : ue) {
        int eid = e.u, scc = findSet(e.v);
        idx[e.v] = eid;
        if (!connected[scc]) connected[scc] = chosen[eid] = 1;
    }
    // 检查所有连通分支是否均有边连接。
    for (int i = 0; i < n; i++)
        if (i != u && findSet(i) == i)
            if (!connected[i])
                return INF;
    // 生成以 u 为根的图。
    for (int i = 0; i < n; i++) g[i].clear();
    for (int i = 0; i < m; i++)
        if (chosen[i])
            addEdge(i);
    // 尝试替换边，增加顶点 u 的度。
    while (components < k) {
        dfs(-1, 0);
        int delta = INF, selected = INF;
        for (auto e : ue) {
            if (chosen[e.u]) continue;
            if (e.w - longest[e.v] < delta) {
                delta = e.w - longest[e.v];
                selected = e.v;
            }
```

```
        }
        // 若不存在可替换的边则退出，否则更新最小生成树。
        if (delta == INF) return INF;
        chosen[link[selected]] = 0;
        chosen[idx[selected]] = 1;
        addEdge(idx[selected]);
        components++;
    }
    // 统计最小生成树的边权和。
    int sum = 0;
    for (int i = 0; i < m; i++)
        if (chosen[i])
            sum += edges[i].w;
    return sum;
}
//-------------------------------3.3.4.cpp-------------------------------//
```

强化练习

1537 Picnic Planning[E]。

提示

1537 Picnic Planning 中，将公园所对应的顶点视为 0 号顶点，则题目所求为 0 号顶点的度不大于 s 的最小生成树，将单度限制最小生成树算法稍作修改即可用于解题（先求出最小生成森林，将 0 号顶点与最小生成森林的各个连通分量相连接，然后进行边交换，因为要求是 0 号顶点的度不大于 s，那么只有当边交换所产生的增量为负时才进行交换，否则可以立即退出）。由于时间限制较为宽松且 n 较小（$n \leq 20$），亦可采用以下较为简单的方法解题：令公园为 0 号顶点，将与 0 号顶点有邻接边的顶点“挑选”出来构成顶点集 A，由于最小生成树中与 0 号顶点相连的其他顶点必定是点集 A 的子集，于是可以逐个枚举 A 的子集 a（对于$|a|>s$ 的子集不予考虑，在具体编码时可使用位掩码技巧来简化实现），使用 Kruskal 算法生成最小生成树，在合并边时，如果边的一端为 0 号顶点，另一端必须是子集 a 中的顶点时才予以考虑（有可能在此限制下无法得到最小生成树），求能够得到的最小生成树的最优值。

3.3.5 次最优最小生成树

设 $G=(V, E)$是一个无向连通图，在其上定义了权值函数 w：$E \to \mathbb{R}$，并假设$|E| \geq |V|$，如果所有边的权值都是不同的，那么 G 的最小生成树是唯一的，但次最优最小生成树（second-best minimum spanning tree）却未必唯一。次最优最小生成树的定义如下：令 T_A 为 G 的所有生成树的集合，并令 T'为 G 的一棵最小生成树，那么次最优最小生成树是这样的一棵最小生成树 T_s，它满足

$$w(T_s) = \min_{T'' \in T_A - \{T'\}} \{w(T'')\}，w(T)表示生成树 T 的边权和$$

求解次最优最小生成树有两种常用的方法。第 1 种方法思路较为直接：先求出原图的最小生成树 T，然后逐次移除 T 中的某条边 e，由尚未进入最小生成树 T 的边及 T 中除 e 以外的其他边构成新图 G'，确定 G' 的最小生成树 T'，取能得到的新生成树 T'的最小值。需要注意，移除初始最小生成树 T 的一条边后，有可能通过剩余的边无法得到最小生成树。这种情况可以通过预先进行一次图遍历，由图的连通性是否满足来予以排除。或者，在求最小生成树过程中计数已经加入生成树的顶点数，与总的顶点数进行比较，如果尚有顶点未进入最小生成树，则表明由这些剩余的边构成的图是非连通图，无法构成一棵最小生成树。由于最小生成树共有$(|V|-1)$条边，上述方法相当于反复求$(|V|-1)$次最小生成树，总的时间复杂度为 $O(|V||E|\log|E|)$。

```
//-------------------------------3.3.5.1.cpp-------------------------------//
const int MAXV = 110, MAXE = 12100, INF = 0x7f7f7f7f;

// 使用边列表方式表示图。
struct edge {
```

```
    int u, v, weight, enabled;
    bool operator<(const edge &e) const { return weight < e.weight; }
} edges[MAXE];

// n 为顶点的数量，m 为边的数量。
int n, m;

// 并查集。
int parent[MAXV], ranks[MAXV];

// 并查集：初始化。
void makeSet()
{
    for (int i = 0; i < n; i++) parent[i] = i, ranks[i] = 0;
}

// 并查集：查找。
int findSet(int x)
{
    return (parent[x] == x ? x : parent[x] = findSet(parent[x]));
}

// 并查集：合并。
bool unionSet(int x, int y)
{
    x = findSet(x), y = findSet(y);
    if (x != y) {
        if (ranks[x] > ranks[y]) parent[y] = x;
        else {
            parent[x] = y;
            if (ranks[x] == ranks[y]) ranks[y]++;
        }
        return true;
    }
    return false;
}

// 利用 Kruskal 算法求次最优最小生成树。
void kruskal()
{
    // fbSumOfWeight 用于记录最小生成树的边权和；
    // intree 用于记录原图进入最小生成树的边的序号；
    // cntOfIntree 用于记录原图进入最小生成树的边的数量；
    // cntOfMerged 用于记录 Kruskal 算法中并查集的合并次数。
    int fbSumOfWeight = 0, intree[MAXV], cntOfIntree = 0, cntOfMerged = 0;
    makeSet();
    sort(edges, edges + m);
    for (int i = 0; i < m; i++)
        if (unionSet(edges[i].u, edges[i].v)) {
            // 记录进入最小生成树的边序号。
            intree[cntOfIntree++] = i;
            fbSumOfWeight += edges[i].weight;
            if (++cntOfMerged == n - 1) break;
        }
    // 检查合并的次数以确定是否存在最小生成树，如果存在则输出最小边权和。
    if (cntOfMerged != (n - 1)) {
        cout << "No MST exists!\n";
        return;
    } else cout << "MST = " << fbSumOfWeight << '\n';
    // 逐次移除原图最小生成树的一条边，然后对新图求最小生成树。
    int sbSumOfWeight = INF, sum;
    for (int i = 0; i < cntOfIntree; i++) {
```

```
        // 删除边。
        edges[intree[i]].enabled = 0;
        // 在新图上执行 Kruskal 算法。
        makeSet();
        sum = 0, cntOfMerged = 0;
        for (int j = 0; j < m; j++)
            if (edges[j].enabled && unionSet(edges[j].u, edges[j].v)) {
                sum += edges[j].weight;
                if (++cntOfMerged == n - 1) break;
            }
        // 恢复边。
        edges[intree[i]].enabled = 1;
        // 更新最小生成树的权值和。
        if (cntOfMerged == n - 1) sbSumOfWeight = min(sbSumOfWeight, sum);
    }
    // 检查是否存在次最小生成树，如果存在则输出其边权和。
    if (sbSumOfWeight == INF) cout << "No second best MST exists!\n";
    else cout << "Second best MST = " << sbSumOfWeight << '\n';
}
//-------------------------------3.3.5.1.cpp-------------------------------//
```

可以证明，如果 G 存在次最优最小生成树，令 T 是 G 的一棵最小生成树，则必定存在边 $(u, v)\in T$ 及边 $(x, y)\notin T$，使得 $(T-(u, v))\cup(x, y)$ 是 G 的一棵次最优最小生成树。那么如何高效地找到这两条边呢？考虑到最小生成树 T 的边数为 $|V|-1$，如果加入任意一条未进入最小生成树的边，则 T 中将出现圈，将此圈中的任意一条边移除，仍然为一棵生成树，但不一定是最小生成树。由于替换边可能会导致 T 的权值之和发生变化，易知确定次最优最小生成树就是找出具有最小差值的替换。由此产生了第 2 种方法：根据 Prim 算法可以得到最小生成树 T，对于得到的最小生成树 T 中的两个顶点 u、v，令 $maxEdge[u, v]$ 表示 T 中 u 和 v 之间最短路径上具有最大权值的边，若将一条不属于 T 的边 (u, v) 加入 T 中，能够引起 T 的权值之和变化最小的选择是替换 $maxEdge[u, v]$ 所指向的边。$maxEdge[u, v]$ 可以通过 BFS（或者 DFS）以 $O(|V|^2)$ 的时间复杂度确定。具体方法是根据 Prim 算法得到的最小生成树 T，从 T 中的每个顶点 u 出发，利用 BFS（或者 DFS）确定与 T 中其他顶点 v 最短路径上具有最大权值的边。由于 T 是生成树，故 T 中的边均为树边，当访问树边 (x, y) 时，可以通过以下递推关系确定 $maxEdge[u, y]$：

$$maxEdge[u, y]=\begin{cases}maxEdge[u, x], & w(maxEdge[u, x])\geqslant w((x, y))\\(x, y), & w(maxEdge[u, x])<w((x, y))\end{cases}$$

由于 T 包含 $(|V|-1)$ 条边，对于单个顶点 u，通过 BFS（或者 DFS）确定 u 到 T 中其他顶点 y 的 $maxEdge[u, y]$ 的时间复杂度为 $O(|V|)$，故总的时间复杂度为 $O(|V|^2)$。

综上所述，可以通过以下步骤来确定次最优最小生成树。

（1）由 Prim 算法确定最小生成树 T；

（2）从 T 中每个顶点 u 出发进行 BFS（或者 DFS），确定到 T 中其他顶点 v 的 $maxEdge[u, v]$；

（3）对于每条未进入最小生成树 T 的边 (x, y)，计算边权差[1]：$diff[x, y]=|w((x, y))-w(maxEdge[x, y])|$，从边权差中选取最小的 $diff[x', y']$，然后在最小生成树 T 中删除 $maxEdge[x', y']$ 所对应的边，加入边 (x', y') 即可得到次最优最小生成树。

如果使用最小堆来实现 Prim 算法，步骤（1）的时间复杂度为 $O(|E|\log|V|)$，步骤（2）的时间复杂度为 $O(|V|^2)$，步骤（3）中需要考虑的边数 $|E|=O(|V|^2)$，故步骤（3）的时间复杂度为 $O(|V|^2)$，则上述求次最优最小生成树算法总的时间复杂度为 $O(|V|^2)$。

```
//-------------------------------3.3.5.2.cpp-------------------------------//
const int MAXV = 110, MAXE = 12100, INF = 0x7f7f7f7f;

// 边。
```

[1] 根据最小生成树的 Prim 算法，必有 $w((x, y))\geqslant w(maxEdge[x, y])$，故可以去掉绝对值符号，即：$diff[x, y]=w((x, y))-w(maxEdge[x, y])$。

```
struct edge { int u, v, weight, next; } edges[MAXE];

// 使用链式前向星表示图，n 为顶点数，m 为边数。
int head[MAXV], n, m;

// distToTree[u]表示顶点 u 与最小生成树的最短距离；
// intree[u]表示顶点 u 是否已经进入最小生成树；
// parent[u]表示最小生成树中顶点 u 的父顶点；
// used[i]表示边列表中第 i 条边是否已经进入最小生成树。
int distToTree[MAXV], intree[MAXV], parent[MAXV], used[MAXE];

// idx[u][v]记录顶点 u 和 v 之间具有最小权值的边(u, v)在边列表 edges 中的对应序号。
int idx[MAXV][MAXV];

// maxEdge[u][v]记录最小生成树中顶点 u 和 v 之间最短路径上边的最大权值。
int maxEdge[MAXV][MAXV];

// 利用 Prim 算法确定次最优最小生成树。
// 需要注意，在此参考实现中，使用的是 Prim 算法中的 parent 数组同步更新 maxEdge[u][v]，
// 而不是先确定生成最小树，然后再使用 BFS（或 DFS）确定 maxEdge[u][v]。
void prim(int u)
{
   // 最小边权和。
   int minWeightSum = 0;
   // 初始化。
   for (int i = 0; i < n; i++) {
      distToTree[i] = INF, intree[i] = 0, parent[i] = -1;
      for (int j = 0; j < n; j++)
         maxEdge[i][j] = 0;
   }
   // 将指定的顶点置为已在最小生成树中。
   distToTree[u] = 0;
   while (!intree[u]) {
      for (int i = 0; i < n; i++) {
         if (intree[i]) {
            int weight = edges[idx[parent[u]][u]].weight;
            // 更新树中顶点与拟加入顶点间通路上的最大边权。
            if (i != parent[u])
               maxEdge[i][u] = max(maxEdge[i][parent[u]], weight);
            else
               maxEdge[i][u] = weight;
            // 根据对称性更新最大边权。
            maxEdge[u][i] = maxEdge[i][u];
         }
      }
      // 将顶点加入最小生成树并累加边权和。
      intree[u] = 1;
      minWeightSum += distToTree[u];
      // 更新尚未进入树中的顶点与树的距离。
      for (int i = head[u]; ~i; i = edges[i].next) {
         edge e = edges[i];
         if (!intree[e.v] && distToTree[e.v] > e.weight)
            distToTree[e.v] = e.weight, parent[e.v] = u;
      }
      // 选取尚未进入树中且与树具有最小距离的顶点。
      int minDistToTree = INF;
      for (int i = 0; i < n; i++)
         if (!intree[i] && minDistToTree > distToTree[i])
            minDistToTree = distToTree[i], u = i;
   }
   // 标记已经使用的边。
   memset(used, 0, sizeof(used));
```

```
    for (int i = 0; i < n; i++) {
        if (~parent[i])
            used[idx[i][parent[i]]] = used[idx[parent[i]][i]] = 1;
    }
    // 逐一枚举尚未使用的边，寻找替换后的最小边权差。
    int minWeightDiff = INF;
    for (int i = 0; i < m; i++)
        if (!used[i]) {
            int diff = edges[i].weight - maxEdge[edges[i].u][edges[i].v];
            if (minWeightDiff > diff) minWeightDiff = diff;
        }
    cout << minWeightSum << ' ' << (minWeightSum + minWeightDiff) << '\n';
}
//------------------------------3.3.5.2.cpp------------------------------//
```

注意在应用第 2 种方法时对平行边的处理：如果存在平行边，在选取候选边时，总是要选取具有最小边权的那条边，标记已经使用的边时，也是标记具有最小边权的那条平行边。

可以对第 2 种方法中求两个顶点 u 与 v 之间最短路径上最大边权的过程进行优化。由于 Prim 算法过程得到了最小生成树中各个顶点的父顶点，可以根据最小公共祖先算法确定任意两个顶点 u 与 v 的公共祖先 c，然后根据 *parent* 数组得到 u 与 c 之间的最大边权及 v 与 c 之间的最大边权，取最大值即为两个顶点间通路上的最大边权。

强化练习

10462 Is There a Second Way Left[B]，10600 ACM Contest and Blackout[A]，11354 Bond[D]。

扩展练习

1494 Qin Shi Huang's National Road System[D]。

提示

1494 Qin Shi Huang's National Road System 中，首先得到最小生成树，然后枚举使用“魔法道路”连接的两个城市，如果两个城市之间的道路尚未进入最小生成树，则将此道路加入最小生成树会使得最小生成树出现圈，目标是找到此圈中除刚加入的道路以外的最长道路，必须预先进行处理以得到最小生成树中任意顶点对之间的最短路径上的最长边，否则容易超时。

3.4 最短路径问题

最短路径（shortest path）问题是图论的经典问题。从图中某一顶点（称为源点）出发，到达另一顶点（称为终点）的所有路径中（路径可能不存在或者存在不止一条），各边权值之和最小的路径，称为最短路径。最短路径问题分为两类：一类是求单个顶点和其他所有顶点的最短路径，称为单源最短路径问题；另一类是求所有顶点相互之间的最短路径，称为多源最短路径问题。对于以上两类最短路径问题，都有相应的有效算法予以解决。

3.4.1 Moore-Dijkstra 算法

Moore-Dijkstra 算法适用于在有点权或边权的图中寻找两个顶点之间的最短路径。该算法由 Moore（1957）、Dijkstra（1959）、Whiting 与 Hillier（1960）各自独立发现[35]。Moore-Dijkstra 算法应用贪心策略进行设计，在每次选择下一个顶点更新最短路径时，总是选择和起点具有最小距离且尚未被访问过的顶点。

算法的工作过程可以概述如下：先将图中的顶点划分为两个集合 S 和 T，S 表示已经求得最短路径的顶点集合，T 表示尚未求得最短路径的顶点集合。初始时 S 中只包含源点 s，源点 s 和自身的最短路径为 0。接下来每次从集合 T 中选取一个和源点 s 具有最短路径的顶点 v，通过 v 更新源点 s 和 T 中其他顶点间的最短路径，更新完毕后将 v 加入集合 S 中，如此循环直到集合 T 为空，此时源点 s 和所有其他顶点间的最短路径已经求得。算法的工作过程示例如图 3-9 所示。

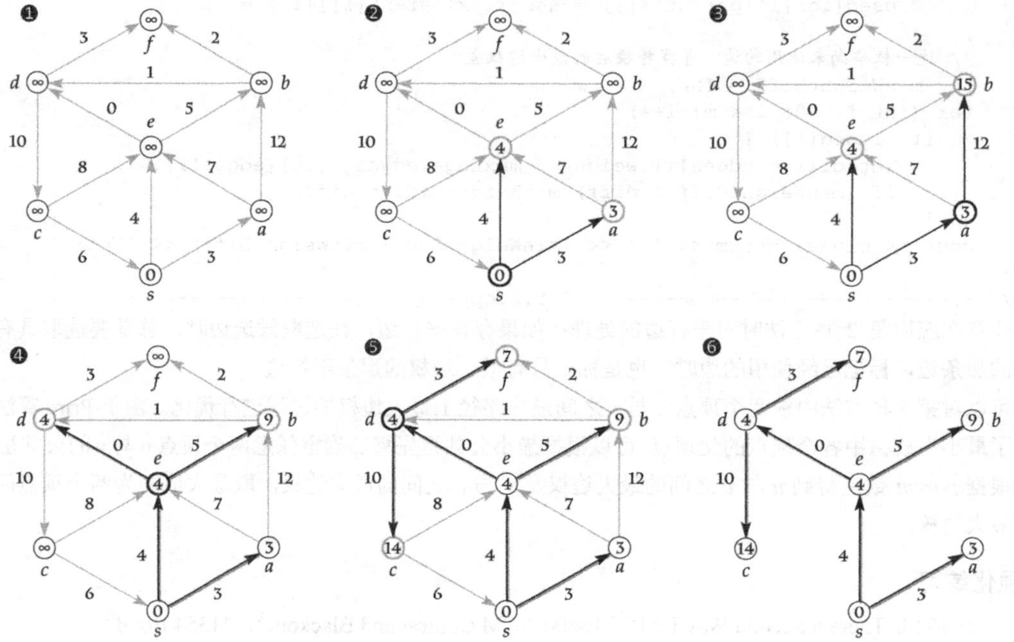

图 3-9　Moore-Dijkstra 算法的工作示例

> **注意**
>
> 图 3-9 中各步骤具体如下。
>
> ❶ 有向图从源点 s 开始，要求确定到其他顶点的最短路径。
>
> ❷ 初始时，选择源点 s 进入集合 S，此时源点 s 距离起点的最短距离为 0，以源点 s 为当前顶点，更新其他尚未进入集合 S 的顶点与源点 s 的最短距离。此处更新了顶点 a 和顶点 e 与源点 s 的最短路径。
>
> ❸ 由于顶点 a 是尚未扫描的顶点中与源点 s 距离最短的顶点，从尚未进入集合 S 的顶点中选择一个与源点 s 具有最短路径的顶点，此处为顶点 a，标记其进入集合 S，以顶点 a 为当前顶点，更新其他尚未进入集合 S 的顶点与源点 s 的最短距离。
>
> ❹ 由于顶点 e 是尚未扫描的顶点中与源点 s 距离最短的顶点，继续从集合 T 中选择顶点 e 进入集合 S，以顶点 e 为当前顶点，更新其他尚未进入集合 S 的顶点与源点 s 的最短距离。
>
> ❺ 由于顶点 d 是尚未扫描的顶点中与源点 s 距离最短的顶点，从集合 T 中选择顶点 d 进入集合 S，以顶点 d 为当前顶点，更新其他尚未进入集合 S 的顶点与源点 s 的最短距离。
>
> ❻ 按照前述步骤直到所有顶点均进入集合 S。最终得到的以源点 s 为根的最短路径树。

从算法的工作过程描述可以看出，此算法和之前介绍的求最小生成树的 Prim 算法非常相似（实际上，实现代码仅有细微差别）。算法的基本原理很容易理解：源点 s 和尚未进入集合 S 的顶点 v 间的最短路径要么是由源点 s 和 v 之间的直接边构成，要么就是源点 s 通过 S 中的某个顶点 u 到达 v 所形成的路径。

在具体实现时，使用 $dist[v]$ 表示源点 s 和顶点 v 之间最短路径的长度，$visited[v]$ 表示顶点 v 是否已经进入集合 S。初始时 $dist[s] = 0$，其他顶点 v 与源点 s 的最短路径长度 $dist[v]$ 设置为一个“无穷大值”，表示起始顶点和其他顶点间的距离尚未确定[1]。同时设置 $visited[s] = 1$，表示源点 s 已经进入集合 S，其他顶点 $visited[v] = 0$，表示尚未进入集合 S。接下来从与 s 相邻接的顶点中选出具有最小边权值的一条边所连接的

[1] 该值与具体的应用有关，需要将其设置为一个“足够大”的数，使得源点 s 到其他所有顶点的最短距离不会超过此数。或者将其设置为−1，以便在更新最短距离时使用额外的判断来予以区分。

顶点 u，将 u 标记为已经访问，即 $visited[u] = 1$，表示已经加入集合 S 中，然后通过 u 来更新源点 s 到其他顶点 v 的最短路径，重复上述过程直到所有顶点已经访问。

```
//-------------------------------3.4.1.1.cpp-------------------------------//
// 最大值的设置和具体应用有关，注意防止在运算过程中超出数据类型的表示范围。
const int MAXV = 1010, INF = 0x3f3f3f3f;

// 表示边的结构，v 为边的结束顶点编号，weight 为边权。
struct edge {
   int v, weight;
   edge (int v = 0, int weight = 0): v(v), weight(weight) {}
};

// 使用邻接表方式表示图。
vector<edge> edges;

// 图中顶点数量。
int n;

// dist 记录其他顶点与源点间的最短距离；parent 记录前驱；visited 记录顶点是否已经访问。
int dist[MAXV], parent[MAXV], visited[MAXV];

// 求其他顶点与源点 s 的最短路径长度。
void mooreDijkstra(int s)
{
   // 初始化。
   for (int i = 0; i < n; i++)
      dist[i] = INF, parent[i] = -1, visited[i] = 0;
   dist[s] = 0;
   // 反复应用贪心策略选取距离源点最近的顶点，然后从该顶点更新与其他顶点的最短距离。
   int u = s;
   while (!visited[u]) {
      // 将顶点 u 标记为已经进入集合 S。
      visited[u] = 1;
      for (auto e : edges[u])
         if (!visited[e.v] && dist[e.v] > dist[u] + e.weight)
            dist[e.v] = dist[u] + e.weight, parent[e.v] = u;
      // 选取和源点 s 具有最短距离且尚未进入集合 S 的顶点。
      int least = INF;
      for (int i = 0; i < n; i++)
         if (!visited[i] && least > dist[i])
            least = dist[i], u = i;
   }
}
//-------------------------------3.4.1.1.cpp-------------------------------//
```

在实现中可以根据需要设置一个数据结构，用以记录构成最短路径的顶点的各自前驱顶点，以便根据这些信息重建最短路径本身而不仅仅是获得最短路径的长度（例如上述参考代码中的 *parent* 数组）。Moore-Dijkstra 算法除了源点 s 之外，需要将$(|V|-1)$个顶点加入到集合 S 中，在每加入一个顶点时，要在集合 T 的$(|V|-1)$个顶点中搜索和源点具有最短路径长度的顶点，进而更新源点与其他顶点的最短路径长度，加上在算法过程中遍历了所有的边，因此时间复杂度为 $O(|V|^2+|E|)$。

强化练习

157 Route Finding[C], 186 Trip Routing[B], 238 Jill's Bike[E], 341 Non-Stop Travel[B], 1112 Mice and Maze[B], 10389 Subway[C]。

扩展练习

10350 Liftless EME[C]，10816 Travel in Desert[C]。

在前述的 Moore-Dijkstra 算法实现中，每次通过扫描所有顶点获取与起点具有最短路径的顶点，然后开始下一次距离的更新过程。若顶点数量较多，则总的时间开销较大。如果使用优先队列来获取与起点具有最小距离的候选访问顶点，则有以下更为简洁和高效的实现，其时间复杂度为 $O(|E|\log|V|)$。

```
//-----------------------------3.4.1.2.cpp-----------------------------//
// MAXV 表示顶点的最大数量；INF 表示顶点间不可达的距离值，具体数值和应用有关。
const int MAXV = 1010, INF = 0x3f3f3f3f;

// 表示边的结构，v 为终止顶点的编号，weight 为边权。
struct edge {
   int v, weight;
   edge (int v = 0, int weight = 0): v(v), weight(weight) {}
   // 重载小于比较符，使得优先队列为最小优先队列。离起点距离小的顶点排列在前。
   bool operator < (const edge &e) const { return weight > e.weight; }
};

// 以顶点的邻接边列表来表示图。
list<edge> edges[MAXV];

// 图中顶点数量。
int n;

// dist 表示起点和各顶点的最短路径，parent 表示最短路径上各顶点的前驱。
int dist[MAXV], parent[MAXV];

// Moore-Dijkstra 算法求单源最短路径。
void mooreDijkstra(int u)
{
   // 初始化。
   for (int i = 0; i < n; i++) dist[i] = INF, parent[i] = -1;
   dist[u] = 0;
   // 将起点作为第 1 个待访问的顶点。
   priority_queue<edge> q;
   q.push(edge(u, dist[u]));
   while (!q.empty()) {
      // 贪心策略：利用优先队列的性质，获取与起点具有最短路径的顶点。
      edge e1 = q.top(); q.pop();
      // 优化：检查是否有必要进行更新，因为当前最短距离可能已经比优先队列中的距离更优。
      if (dist[e1.v] < e1.weight) continue;
      // 对于具有最短路径顶点的所有出边，检查是否存在更短的距离，如果存在则更新距离和路径。
      for (auto e2 : edges[e1.v]) {
         if (dist[e2.v] > dist[e1.v] + e2.weight) {
            dist[e2.v] = dist[e1.v] + e2.weight;
            parent[e2.v] = e1.v;
            q.push(edge(e2.v, dist[e2.v]));
         }
      }
   }
}
//-----------------------------3.4.1.2.cpp-----------------------------//
```

观察前述两种实现的时间复杂度不难发现，使用集合方式的实现适用于图较为稠密的情形，使用优先队列的方法适用于图较为稀疏的情形。

扩展练习

658 It's Not a Bug It's a Feature[C]，10246 Asterix and Obelix[C]，11635 Hotel Booking[C]。

提示

658 It's Not a Bug It's a Feature 的本质是加权有向图的最短路径问题。由于题目所对应的隐式图中状态（顶点）较多，而且很多状态（顶点）可能在实际求最短路径的过程中并未使用，因此预先生成完整的图会耗费较多时间，可以采取现场计算的方法生成顶点的有向边，这样可以减少运行时间，从而获得 Accepted。可以通过位运算技巧来提高邻接边的生成效率。

某些题目可能需要获得具有最短长度的所有路径，这可以通过在更新最短距离时记录当前顶点的多个前驱顶点予以解决。

```
// 前驱数组，用于记录每个顶点的多个前驱。
vector<int> parent[MAXV];
// 此处省略了算法执行所需要的相关初始化代码。
while (!q.empty()) {
   edge e1 = q.top(); q.pop();
   if (dist[e1.v] < e1.weight) continue;
   for (auto e2 : edges[e1.v]) {
      if (dist[e2.v] > dist[e1.v] + e2.weight) {
         dist[e2.v] = dist[e1.v] + e2.weight;
         parent[e2.v].clear();
         parent[e2.v].push_back(e1.v);
         q.push(edge(e2.v, dist[e2.v]));
      } else {
         if (dist[e2.v] == dist[e1.v] + e2.weight)
            parent[e2.v].push_back(e1.v);
      }
   }
}
```

929 Number Maze[A]（数字迷宫）

考虑如图 3-10 所示的一个数字迷宫。迷宫以二维数组表示，其中只包含 0～9 的数字。迷宫可以按照上下左右 4 个方向进行遍历。将每个方格中的数字认为是某种代价的衡量，你面临的挑战是从表示入口的方格开始，找到一条具有最小“代价和”的路径到达表示出口的方格。简言之，你需要从迷宫的左上角方格出发，寻找一条路径到达右下角的方格，该路径上所有方格的“代价和”最小。迷宫的大小为 $N \times M$（$1 \leqslant N, M \leqslant 999$）。图 3-10 所示的数字迷宫中，具有最小“代价和”的路径（0—7—1—2—3—4—2—5）的代价为 24。

0	3	1	2	9
7	3	4	9	9
1	7	5	5	3
2	3	4	2	5

图 3-10　数字迷宫

输入

输入包含多组迷宫。输入的第 1 行包含 1 个正整数，表示迷宫的数量。每个迷宫按以下格式给出：包含行数 N 的一行，包含列数 M 的一行，以及具体的 N 行 M 列的迷宫数字，迷宫数字以空格分隔。

输出

对于每个迷宫，输出指定的最小值。

样例输入

```
1
4
5
0 3 1 2 9
7 3 4 9 9
1 7 5 5 3
2 3 4 2 5
```

样例输出

```
25
```

分析

将方格视为图的顶点，方格内的数字视为相邻方格间的距离，则题目可转换为求无向连通图的单源最短路径问题。将问题所对应的隐式图构建出来，使用 Moore-Dijkstra 算法求解即可。注意下述实现中，Moore-Dijkstra 算法求出的是起始方格与其他方格的最小代价，起始方格本身的代价尚未加入路径的代价中，故在输出时需要予以“补偿”，否则结果将不正确（或者在初始化时，将起点与自身的代价设置为起始方格内的数值而不是 0，这样得到的最短路径就是代价，不需再“补偿”初始方格的代价）。由于本题顶点数量较多，故编码时采用 Moore-Dijkstra 算法的优先队列实现。

参考代码

```
const int MAXV = 1010, MAXE = 1000010, INF = 0x3f3f3f3f;

struct edge {
   int v;
   long long weight;
   edge (int v = 0, long long weight = 0): v(v), weight(weight) {}
   bool operator < (const edge &e) const { return weight > e.weight; }
} edges[MAXE][4];

long long dist[MAXE];
int cases, N, M, maze[MAXV][MAXV];
int offset[4][2] = {{1, 0}, {-1, 0}, {0, 1}, {0, -1}};

void mooreDijkstra(int u)
{
   fill(dist, dist + N * M, INF);
   dist[u] = maze[0][0];
   priority_queue<edge> q;
   q.push(edge(0, dist[u]));
   while (!q.empty()) {
      edge e1 = q.top(); q.pop();
      for (int i = 0; i < 4; i++) {
         edge e2 = edges[e1.v][i];
         if (e2.v == 0) continue;
         if (dist[e2.v] > dist[e1.v] + e2.weight) {
            dist[e2.v] = dist[e1.v] + e2.weight;
            q.push(edge(e2.v, dist[e2.v]));
         }
      }
   }
}

int main(int argc, char *argv[])
{
   cin >> cases;
   for (int c = 1; c <= cases; c++) {
      // 读入迷宫。
      cin >> N >> M;
      for (int i = 0; i < N; i++)
         for (int j = 0; j < M; j++)
            cin >> maze[i][j];
      // 根据迷宫建立无向图。
      for (int i = 0; i < N; i++) {
         for (int j = 0; j < M; j++) {
            int c = i * M + j;
            for (int k = 0; k < 4; k++) {
               edges[c][k].v = 0;
               int ii = i + offset[k][0], jj = j + offset[k][1];
               if (ii >= 0 && ii < N && jj >= 0 && jj < M)
                  edges[c][k] = edge(ii * M + jj, maze[ii][jj]);
            }
         }
      }
      // 求最短距离并输出。
      mooreDijkstra(0);
      cout << dist[N * M - 1] << '\n';
   }
   return 0;
}
```

11463 Commandos[A]（敢死队）

一组敢死队员需要摧毁敌人的指挥部。敌人的指挥部由多栋建筑构成，建筑间有道路相连。敢死队员在建筑的底部安放炸弹从而将之摧毁。他们在某栋建筑集结，然后利用建筑间的道路向各栋建筑渗透破坏。敢死队员可以接续摧毁建筑，但是在最终完成任务时他们必须在某栋建筑再次集结。在本问题中，给出不同的敌人指挥部的描述，编写程序确定完成任务的最短时间。每名敢死队员从一栋建筑移动到另外一栋建筑都只需相同的单位时间。你可以忽略安置炸弹的时间，每名敢死队员能够携带数量不限的炸弹，为了完成这项任务，有数量不限的敢死队员可供派遣。

输入

输入的第 1 行包含一个整数 $T<50$，表示测试数据的组数。每组测试数据起始为一个整数 $N\leqslant 100$，表示敌人指挥部包含的建筑栋数，接着一行包含一个正整数 R，表示连接这些建筑的道路数量，后面的 R 行每行包含两个不同的整数 $0\leqslant u$，$v<N$，表示在建筑 u 和建筑 v 之间有一条道路。建筑从 0 到 $N-1$ 进行编号。每组测试数据的最后一行包含两个整数 $0\leqslant s$，$d<N$，表示敢死队员初始集结的建筑编号和完成任务后集结的建筑编号。你可以假定任意两栋建筑间至多只有一条道路相连。输入保证从任何一栋建筑出发沿着给定的道路能够到达任意其他的建筑。

输出

对于每组测试数据输出一行，包含测试数据的组数及完成任务的最短时间。

样例输入

```
1
4
3
0 1
2 1
1 3
0 3
```

样例输出

```
Case 1: 4
```

分析

题目要求确定完成任务的最短时间，由于可以派遣数量不限的敢死队员，而且队员携带的炸弹数量也不限，则完成此项任务的最短时间取决于所有建筑均被摧毁的最晚时间。由于给定的是连通图，从起点和终点能够到达任意其他的建筑，则最短时间取决于距离起点和终点距离之和最大的那栋建筑的摧毁时间。因此可以分别从起始集结点 s 和最终集结点 d 出发，计算其他建筑和起始集结点 s 的最短距离 $dist_1$ 以及与最终集结点 d 的最短距离 $dist_2$，然后取距离和的最大值即为任务的最短完成时间，即

$$T_{\min}=\max_{0\leqslant k<N}\{dist_1[k]+dist_2[k]\}$$

使用前述介绍的 Moore-Dijkstra 算法分别从起点 s 和终点 d 计算与其他顶点的最短路径即可。

强化练习

318 Domino Effect[B]，388 Galactic Import[C]，10171 Meeting Prof. Miguel[A]，10986 Sending Email[A]，11374 Airport Express[D]，11377 Airport Setup[C]，12047 Highest Paid Toll[C]。

扩展练习

10874 Segments[D]。

11367 Full Tank?[C]（油箱加满？）

这个夏天，你完成了以自驾游的形式穿越整个欧洲的壮举。事后，在整理加油账单的时候，你注意到旅行时路过的每个城市的油价是有差异的，如果更明智地选择加油的地点也许能够节省不少油钱。为了帮助其他旅行者（同时也为自己下一次旅行）省钱，你决定编写程序找到在两个城市之间旅行最便宜的加油方式。假定汽车每行驶一单位的距离消耗一单位的汽油，而且出发时油箱是空的。

输入

输入第 1 行包含两个整数 $1 \leqslant n \leqslant 1000$ 及 $0 \leqslant m \leqslant 10000$，分别表示城市和道路的数量。接着一行包含 n 个整数 p_i，$1 \leqslant p_i \leqslant 100$，$p_i$ 表示在第 i 个城市加一个单位汽油的价格。后续 m 行，每行包含 3 个整数，$0 \leqslant u, v < n$ 及 $1 \leqslant d \leqslant 100$，表示在城市 u 和城市 v 之间有一条长度为 d 的道路。然后一行包含一个整数 $1 \leqslant q \leqslant 100$，表示查询的数量，接着 q 行，每行包含 3 个整数 $1 \leqslant c \leqslant 100$，$s$ 和 e，其中 c 表示油箱的容量，s 表示出发城市，e 表示目标城市。

输出

对于每个查询，如果从城市 s 到城市 e 不可达，输出 impossible，否则在给定的油箱容量限制下，确定最便宜的加油方式所需的花费。

样例输入

```
5 5
10 10 20 12 13
0 1 9
0 2 8
1 2 1
1 3 11
2 3 7
2
10 0 3
20 1 4
```

样例输出

```
170
impossible
```

分析

此题考察的是解题者的图论建模能力。实际上，问题隐含给出的是一个加权有向图，但是仅仅依靠此图无法解决问题，因为最便宜的加油方式不仅与在何处加油有关，而且与当时的油箱剩余容量有关。除此之外，还需确定从某个城市到另外一个城市是否有足够的油能够到达（因为无法在中途进行加油）。为了表示不同城市和油量的状态，需要两个域，即($location, fuel$)，$location$ 表示某个状态所处的城市编号，$fuel$ 表示此状态下汽车油箱内所剩余的汽油数量，则原图中的顶点将从 1000 个暴涨到约 $1000 \times 100 = 100000$ 个。在原图上构建的这个新图也称之为状态-空间（State-Space）图。在此状态—空间图中，起始顶点为(s, 0)，表示在起始城市油箱为空；终止顶点为(e, any)，表示在终止城市 e，0 到 c 的任意状态油量都是可接受的。然后根据题意建边，如果从城市 x 到 y，汽车有足够的油能够到达，则在状态($x, fuel_x$)和($y, fuel_x - length(x, y)$)之间建立一条权值为 0 的边；在每个城市，从状态($x, fuel_x$)到($x, fuel_x + 1$)建立一条权值为 p_i 的边，表示油箱在第 i 个城市从 $fuel_x$ 到达 $fuel_x + 1$ 的状态需要支付 p_i 的费用（显然油箱加油量不能超过 c，即有 $fuel_x \leqslant c$）。在新图上执行 Moore-Dijkstra 算法即可求得从起始状态到目标状态的最小费用，最后取状态(e, any)的最小值即为结果。为了简便，可以再新增一个终止状态即($sink$, 0)，从(e, any)到($sink$, 0)引一条权值为 0 的边，从起始状态(s, 0)求到达终止状态($sink$, 0)的最小费用。最后检查($sink$, 0)的最小费用即可，而不必遍历(e, any)的每种油箱状态以获取最小费用。

强化练习

1025 A Spy in the Metro[C]，1027 Toll[D]，1202 Finding Nemo[D]，10354 Avoiding Your Boss[C]，10525 New to Bangladesh[D]，10967 The Great Escape[D]，11338 Minefield[D]，11833 Route Change[D]，12144 Almost Shortest Path[D]，12950 Even Obsession[D]。

扩展练习

1057 Routing[E]，1233 USHER[D]，13172 The Music Teacher[E]。

提示

1025 A Spy in the Metro 中，利用两个域来表示 Maria 的状态，即所处的站点编号和当前时间，将状态视为图的顶点，根据题目所给条件在状态之间建立有向边，最后使用 Moore-Dijkstra 算法求最短路径。

10525 New to Bangladesh 在题目描述中未明确顶点的数量，取 256 即可。题目所求为具有最短时间的路径，若多条路径同时具有最短时间，则选择具有最短距离的路径，即时间最短是优先选择条件。此外，还需注意给定的两个顶点间可能存在平行边。解题可以使用 Moore-Dijkstra 算法，也可以使用后续介绍的 Floyd-Warshall 算法。若使用后者，在读入边数据时优先选择时间更短的平行边，若平行边的时间相同，则选择长度更短的平行边。

对于 1057 Routing，读者可在 TopCoder 上通过题目名称来搜索相关的发帖来获得解题思路。

1233 USHER 实质上是求题目隐含给出的有向图中的最小权值圈。可以使用“顶点拆分”技巧将起始顶点拆分为两个顶点，之后使用 Moore-Dijkstra 算法计算最短路径来获得圈的最小权值。

3.4.2 Bellman-Ford 算法

Moore-Dijkstra 算法适用于在不包含负边权的图上解决单源最短路径问题，如果图中存在负权值的边，很有可能得到错误的结果。与之相比，Bellman-Ford 算法[1]，能够在更一般的情况下（即图中存在负权边时），解决单源最短路径问题，如图 3-11 所示，只要图中不包含权值总和为负值的圈[36]。Bellman-Ford 算法使用松弛（relaxing）技术[2]，对于每个顶点 $v \in V$，逐步减小从源点 s 到顶点 v 的最短路径权值的估计值 $dist[v]$，直至其达到实际最短路径的权值 $\delta(s, v)$。

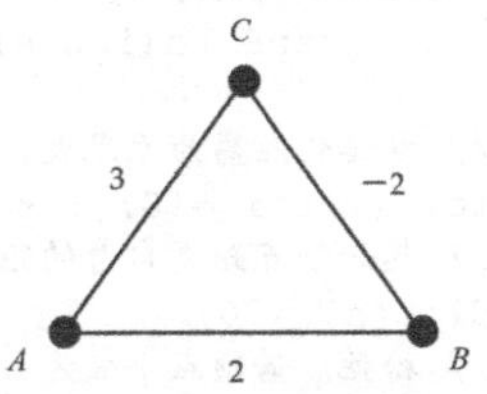

图 3-11 当图中包含负边权时，Moore-Dijkstra 算法无法正确处理最短路径问题。

注意

图 3-11 中，假设源点为 A，按照 Moore-Dijkstra 算法的流程，会立即确定与顶点 B 的最短距离为 2，与顶点 C 的最短距离为 3，然后标记顶点 A 为已处理顶点。接着选取与源点 A 具有最短距离的顶点 B 继续更新距离，此时会将顶点 C 与源点 A 的最短距离更新为 0 并标记顶点 B 为已处理顶点。再选取与源点 A 具有最短距离的顶点 C 继续更新距离，由于顶点 A、B 均标记为已处理顶点，更新距离的过程停止。最终得到顶点 B 与源点 A 的最短距离为 2，顶点 C 与源点 A 的最短距离为 0。但实际上，顶点 B 到源点 A 的最短距离为 1，对应的最短路径为：A—C—B

假设有向图中有 n 个顶点且图中不存在负权值圈。如果顶点 u 和顶点 v 之间存在最短路径，那么该路径至多有$(n-1)$条边，如果路径上的边数超过$(n-1)$条，必然会重复经过某个顶点，从而形成圈，当该圈的权值和为非负值时，可以将圈从最短路径中去除，从而使 u 到 v 的最短路径长度缩短。Bellman-Ford 算法的过程就是通过不断的迭代，构造一个最短路径数组序列：$dist^1[t], dist^2[t], \cdots, dist^{n-1}[t]$，其中，$dist^1[t]$表示从源点 s 到终点 t 只经过 1 条边的最短路径长度，且有 $dist^1[t] = weight[s][t]$，$dist^2[t]$表示从源点 s 出发最多经过不构成负权值圈的 2 条边到达终点 t 的最短路径长度……$dist^{n-1}[t]$表示从源点 s 出发最多经过不构成负权值圈的$(n-1)$条边到达终点 t 的最短路径长度。假设已经求出了 $dist^{k-1}[t]$，$t=0, 1, \cdots, n-1$，即从源点 s 最多经过不构成负权值圈的$(k-1)$条边到达终点 t 的最短路径的长度，如果采用邻接矩阵方式来表示图中的边，那么可以使用以下的递推公式计算 $dist^k[t]$：

$$dist^1[t] = weight[s][t]，s\text{为源点}$$

$$dist^k[t] = \min\{dist^{k-1}[t]，\min\{dist^{k-1}[i] + weight[i][t]\}\}$$

$$i = 0, 1, \cdots, n-1，i \neq t；k = 2, 3, \cdots, n-1$$

[1] 1954 年，Shimbel 在 Dijkstra 算法的基础上，使用先进先出（FIFO）数据结构替换堆，最先描述了 Bellman-Ford 算法的框架，Moore 于 1957 年给出了更为具体的算法描述，之后由 Woodbury 和 Dantzig 于 1957 年、Bellman 于 1958 年分别独立重新发现。由于 Bellman 在算法描述中使用了 Ford 提出的松弛边的方法，因此算法一般被称为 Bellman-Ford 算法，而一些早期的文献则将之称为 Bellman-Shimbel 算法或 Shimbel 算法。

[2] 松弛和动态规划有密切关系，在第 4 章中，从动态规划的角度对应用松弛技术的图算法进行了进一步介绍。

在下述的 Bellman-Ford 算法实现中，当且仅当图中不包含从源点可达的负权圈时函数返回 true，否则返回 false。如果存在负权圈，当继续进行迭代时，最短距离还会减小，因此利用该性质判断有向图是否包含负权值圈。

```
//--------------------------------3.4.2.1.cpp--------------------------------//
// 注意 INF 的取值，需要避免超出数据类型的表示范围，从而防止溢出导致的结果错误。
const int MAXV = 110, MAXE = 12100, INF = 0x3f3f3f3f;

// 使用边列表来表示图。u 为边的起始顶点，v 为终止顶点，weight 为边的权值。
struct edge { int u, v, weight; } edges[MAXE];

// dist 记录最短距离，parent 记录各顶点的前驱，n 为图中顶点数量，m 为图中边的数量。
int dist[MAXV], parent[MAXV], n, m;

// s 为起始顶点的序号。
bool bellmanFord(int s)
{
   // 初始化距离为无限大，各顶点的前驱顶点为未定义。
   for (int i = 0; i < n; i++) dist[i] = INF, parent[i] = -1;
   // 起始顶点距离自身的距离为 0。
   dist[s] = 0;
   // 松弛。若顶点个数为 n，则松弛的次数为 n-1。
   for (int k = 1, updated = 1; k < n && updated; k++) {
      // 设置标记，当最短距离不再发生改变时及早退出。
      updated = 0;
      // 逐条边对最短距离进行更新。
      for (int i = 0; i < m; i++)
         if (dist[edges[i].v] > dist[edges[i].u] + edges[i].weight) {
            dist[edges[i].v] = dist[edges[i].u] + edges[i].weight;
            parent[edges[i].v] = edges[i].u;
            updated = 1;
         }
   }
   // 检查是否存在权和为负值的圈。
   for (int i = 0; i < m; i++)
      if (dist[edges[i].v] > dist[edges[i].u] + edges[i].weight)
         return true;
   return false;
}
//--------------------------------3.4.2.1.cpp--------------------------------//
```

强化练习

558 Wormholes[A]，10449 Traffic[C]。

扩展练习

10557 XYZZY[B]。

提示

10557 XYZZY 要求在有向图中确定是否存在一条从起点到终点的路径：沿着此路径行走时，能量处处为正。如果起点和终点不连通则肯定不存在这样的路径。若从起点到终点的路径上存在正权圈，则可以反复经过此正权圈使得能量值趋于无穷大，只要正权圈上的任意一个顶点和终点存在有向路径，则必定能够以正能量的状态到达终点。需要注意，在从起点到达正权圈中的任意一个顶点时，要求路径上的能量处处为正，而且经过正权圈时，能量也必须处处为正，若正权圈上某处能量不为正，则不符合题意的要求。

Bellman-Ford 算法的朴素实现要迭代$|V|$次，每次迭代均需要扫描所有出边共$|E|$次，故时间复杂度为$O(|V||E|)$，运行效率不高。究其原因是由于在算法执行过程中存在许多不必要的判断，导致效率下降。最短

路径加速算法（Shortest Path Faster Algorithm，SPFA）是 Bellman-Ford 算法的一种队列实现，减少了不必要的冗余判断，从而提高了效率[37]。以下是 SPFA 的参考实现，使用链式前向星来表示每个顶点的出边。

```
//--------------------------------3.4.2.2.cpp--------------------------------//
const int MAXV = 110, MAXE = 12100, INF = 0x3f3f3f3f;

// 每个顶点的出边表示成链式前向星。
struct edge { int u, v, weight, next; } edges[MAXE];

// dist 记录最短距离，parent 记录最短距离路径上各顶点的前驱。
int dist[MAXV], parent[MAXV];

// n 为图中顶点的数量，m 为图中边的数量。
int n, m, head[MAXV];

// visited 记录顶点是否在队列中，cnt 记录顶点进入队列的次数。
int visited[MAXV], cnt[MAXV];

// s 为起始顶点的序号。
bool spfa(int s)
{
   // 初始化。
   for (int i = 0; i < n; i++)
      dist[i] = INF, parent[i] = -1, visited[i] = 0, cnt[i] = 0;
   // 压入源点，开始松弛过程。
   dist[s] = 0, visited[s] = 1;
   queue<int> q; q.push(s);
   while (!q.empty()) {
      int u = q.front(); q.pop();
      // 某个顶点进入队列次数超过图中顶点数量，表明图中存在负权值圈。
      if (cnt[u] > n) return true;
      // 标记顶点为未访问状态。
      visited[u] = 0;
      // 遍历顶点的出边，更新最短距离。
      for (int i = head[u]; ~i; i = edges[i].next) {
         int v = edges[i].v, w = edges[i].weight;
         if (dist[v] > dist[u] + w) {
            dist[v] = dist[u] + w;
            parent[v] = u;
            if (!visited[v]) {
               q.push(v);
               visited[v] = 1;
               cnt[v]++;
            }
         }
      }
   }
   return false;
}
//--------------------------------3.4.2.2.cpp--------------------------------//
```

在 SPFA 中，如果每个顶点都进入队列一次，则在遍历边时每条边只会扫描一次，时间复杂度为 $O(|E|)$，假设每个顶点平均进入队列的次数为 k 次，则算法的时间复杂度为 $O(k|E|)$，实验表明，k 远小于$|V|$（一般来说 k 为 2 左右，特殊情况下 k 接近$|V|$，具体值和图的结构有关，算法效率是一个不确定值）。若某个顶点进入队列的次数超过$|V|$次，则表明此图中存在负权值圈，且此顶点位于该负权值圈上，可以使用适当的方式来记录每个顶点进入队列的次数（例如上述示例代码中的 *cnt* 数组）。

11721 Instant View of Big Bang[D]（见证宇宙大爆炸）

虫洞能够将两个处于不同时空的恒星系统连接起来。虫洞具有以下性质：（1）单向通行；（2）通过虫洞的时间可以忽略不计；（3）每个虫洞具有一个入口和一个出口，分别位于不同的恒星系统中；（4）每个恒星系统可能包含不止一个虫洞入口或出口；（5）从某个恒星系统出发，直接到达另外一个恒星系统的虫洞最多只有一个；（6）某个虫洞的出入口不会同时在一个恒星系统中。所有虫洞在其出入口之间存在固定的时间差。比如，某个虫洞能够使穿越它的人到达 15 年之后，而另外一个虫洞可能使得穿越者回到 42 年以前。一位才华横溢的物理学家想利用虫洞来研究宇宙大爆炸。因为曲速引擎尚未发明，所以无法直接在任意两个恒星系统之间进行时间跃迁旅行。当然，可以通过虫洞间接实现这个目标。该物理学家可以从某个合适的恒星系统出发，之后进入一个虫洞环，通过在虫洞环中不断地穿越，从而到达过去的任意时刻，这样他就能够亲眼见证宇宙大爆炸的那一刻。编写程序帮助他找出可以从哪些恒星系统开始她的旅程。

输入

输入的第 1 行包含整数 T，表示测试数据的组数。每组测试数据以一个空行开始，接着一行包含两个整数 n 和 m，n 表示恒星系统的数量（$1 \leqslant n \leqslant 1000$），$m$ 表示虫洞的数量（$0 \leqslant m \leqslant 2000$）。恒星系统的编号从 0 到 $n-1$。接着每个虫洞一行数据，包含 3 个整数 x，y 和 t，表示该虫洞允许旅行者从恒星系统 x 出发到达恒星系统 y，最终的时刻为 t（$-1000 \leqslant t \leqslant 1000$），如果 t 为负数则表示到达 t 年之前，否则表示到达 t 年之后。

输出

对于每组测试数据，先输出测试数据的序号，接着按照升序输出符合要求的出发恒星系统编号。如果不存在这样的出发恒星系统，输出 impossible。

样例输入

```
2

3 3
0 1 1000
1 2 15
2 1 -42

4 4
0 1 10
1 2 20
2 3 30
3 0 -60
```

样例输出

```
Case 1: 0 1 2
Case 2: impossible
```

分析

本题可以归结为以下问题：给定加权有向图，确定图中是否存在权和为负值的圈，如果存在负权值圈，找出位于负权值圈上的顶点及能够通过有向边到达负权值圈的顶点。使用前述介绍的 Bellman-Ford 算法可以容易地确定有向图是否包含负权值圈，但是如何确定哪些顶点在负权值圈上呢？设有向图的顶点个数为 n，使用 Bellman-Ford 算法检测负权值圈的方法是以某个顶点作为起始顶点，进行$(n-1)$次迭代，更新从起点到其他顶点的最短距离，在进行$(n-1)$次迭代后，再对得到的最短距离进行一次检查，如果对于某个顶点还能够获得更小的最短距离，则表明图中存在负权值圈。但是在检查过程中，满足检测条件的顶点却不一定位于负权值圈上。

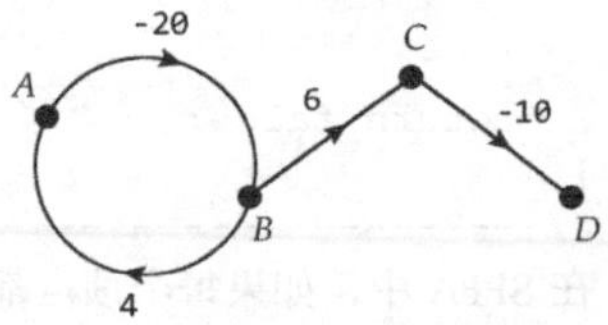

图 3-12　在进行第 n 次迭代时，最短距离继续变小的顶点不一定位于负权值圈上

以包含 4 个恒星系统的有向图为例，如图 3-12 所示，假设顶点 A 为起始顶点，经过 3 次迭代后，$dist[A]=-48$，$dist[B]=-52$，$dist[C]=-46$，$dist[D]=-56$。为进行负权值圈检查而进行第 4 次迭代，此时 $dist[B] > dist[A]+(-20)$，$dist[B]$更新为-68，接着 $dist[A]$、$dist[C]$、$dist[D]$会因为 $dist[B]$的更新而相继更新，但顶点 C 和 D 并不在负权值圈上，且从顶点 C 或 D 出发也无法到达负权值圈 A—B—A 上。

解决此问题的技巧是在最初构建有向图时将全部有向边反向。在边反向之后，有向圈仍然保持不变，且此时满足检测条件的顶点必定位于负权值圈上，或者从负权值圈上的顶点通过一系列有向边可达。否则按照 Bellman-Ford 算法的性质，在前$(n-1)$次迭代后，这些顶点与起始顶点的最短距离就会固定下来，不再发生改变，除非该顶点位于负权值圈上，或者位于负权值圈上的顶点能够到达的路径上，才有可能在后续第 n 次迭代更新距离的过程中发生最短距离的改变。

在编码实现时，由于 Bellman-Ford 算法需要指定一个起始顶点，而从原有的任意一个恒星系统中选择一个作为起始顶点都可能造成部分顶点的最短距离无法更新。为了解决这一问题，可以将原有恒星系统的编号递增 1，虚拟一个编号为 0 的顶点，从此虚拟顶点向其他所有顶点各引一条权值为 0 的有向边，在 Bellman-Ford 算法中，以编号为 0 的顶点作为起始顶点，求所有其他顶点相对于此虚拟顶点的最短距离。使用 SPFA 进行编码实现相对于前述方法更为简便，此时判断某个顶点是否在负权值圈上（或从负权值圈可达）的依据是此顶点是否已经进入队列超过 n 次。同样地，在建立图结构时，需要使用反向边的方式建立图。

在获得在负权值圈上（或从负权值圈可达）的顶点后，可能还不是题意所要求的全部解，因为有可能会有部分顶点不能被前述的检测过程“筛选”出来，此时可以通过以已经“筛选”的符合要求的顶点作为起点，在反向图上进行一次 DFS，则所有能够到达的顶点均是符合要求的解。

强化练习

10278 Fire Station[B]，11280 Flying to Frederiction[D]。

扩展练习

11090 Going in Cycle[C][38]，11097 Poor My Problem[D]。

提示

11090 Going in Cycle 实质上是最小平均权值圈问题，对于该问题存在有效算法——Karp 最小平均权值圈算法，其时间复杂度为 $O(|V||E|)$。本题亦可使用时间复杂度为 $O(|V||E|\log|V|)$ 的二分搜索算法予以解决，即将所有边权减去一个常数值 c，然后使用 Bellman-Ford 算法检测是否存在负权圈，如果存在负权圈，表明常数 c 大于图中圈的最小平均权值，若不存在负权圈，则表明常数 c 小于或等于圈的最小平均权值，不断缩小搜索范围直到常数 c 满足精度要求，此时的常数 c 即可认为是圈的最小平均权值。二分搜索算法的正确性容易理解，因为将每条边的权值均减去 c，则相当于将所有圈的平均权值减小 c，只要 c 刚好使得图中不存在负权圈，那么 c 就是最小平均权值圈所对应的平均权值。

3.4.3 Floyd-Warshall 算法

如果需要确定图中每对顶点间的距离，一种方法是对每个顶点都运行一次 Moore-Dijkstra 算法来得到结果。而使用 Floyd-Warshall 算法，可以更为方便地计算每对顶点间的最短路径[39]。该算法使用了动态规划的思想，同样采用了松弛技术。虽然算法的基本框架很简单，但是透彻理解算法的精髓却需要进行深入的思考[1]。

```
const int MAXV = 110, INF = 0x3f3f3f3f;

int n, dist[MAXV][MAXV];

void floydWarshall()
{
   memset(dist, INF, sizeof(dist));
   for (int i = 0; i < n; i++) dist[i][i] = 0;
   // 读入图数据，确定初始边权矩阵。
   for (int k = 0; k < n; k++)
      for (int i = 0; i < n; i++)
         for (int j = 0; j < n; j++)
            dist[i][j] = min(dist[i][j], dist[i][k] + dist[k][j]);
}
```

算法包含了一个三重循环，最外层的循环表示当前松弛的顶点，也就是说，在仅通过前 k 个顶点的情况下，从顶点 i 到顶点 j 的最短路径，由于最短路径具有最优子结构的性质，亦即最短路径的子路径同样是

[1] 对于 Floyd-Warshall 算法使用松弛技术的进一步分析，请读者参阅本书 4.3 节的内容。

最短路径，则在求出仅通过前 $k-1$ 个顶点的最短路径后就可以求出仅通过前 k 个顶点的最短路径。注意“无限大”——INF——的取值要恰当，使得在进行操作 dist[i][k] + dist[k][j]时不发生溢出，从而保证结果的正确性。一般来说，取 INF = 0x3f3f3f3f 在编程竞赛中的大多数情况下都是合适的。

在确定最短路径的过程中，可能还需要确定最短路径经过了哪些顶点，这可以通过在更新最短距离时记录从顶点 i 到顶点 j 的最短路径是由哪个顶点作为中间顶点达到的，即：

```
const int MAXV = 110;
int parent[MAXV][MAXV];

for (int i = 0; i < n; i++)
   for (int j = 0; j < n; j++)
      parent[i][j] = i;

for (int k = 0; k < n; k++)
   for (int i = 0; i < n; i++)
      for (int j = 0; j < n; j++) {
         int d = dist[i][k] + dist[k][j];
         if (dist[i][j] > d) {
            dist[i][j] = d;
            parent[i][j] = parent[k][j];
         }
      }
```

这样可以依据 *parent* 数组所记录的信息，通过递归重建得到最短路径的顶点序列。

```
void printPath(int i, int j)
{
   if (i != j) {
      printPath(i, parent[i][j]);
      cout << ' ';
   }
   cout << j;
}
```

如果图中存在圈，但是圈中的边均具有正的边权值，Floyd-Warshall 算法仍然是适用的。若圈中包含了负的边权值，使得整个圈的权值之和为负值，那么算法会失效，因为可以无限次经过这个圈，导致最短路径的长度仍可不断减小。Floyd-Warshall 算法的时间复杂度为 $O(|V|^3)$，因此只适用于顶点数量较少的图。

104 Arbitrage[A]（套利）

套利是指在货币交易中，利用各种货币兑换率之间的微小差异来获利的行为。例如，如果 1 美元能够兑换 0.7 英镑，1 英镑能够兑换 9.5 法郎，1 法郎能够兑换 0.16 美元，那么套利者就能够从 1 美元开始，通过不断地兑换得到 $1\times0.7\times9.5\times0.16=1.064$ 美元，最终获取 6.4 美分的利润。编写程序以确定给定的货币兑换过程是否能够获得上述的额外利润。为了实现一次成功的套利，在货币兑换过程中，起始货币和最终货币必须相同，但任何货币种类都可以作为起始货币。

输入

输入包含一张或多张兑换表，要求程序确定每张兑换表中是否存在套利序列。每张兑换表以描述表大小的数字 n 开始，n 最大不超过 20，最小为 2。每张兑换表以行优先顺序给出，但是省略了对角线上的表元素（这些元素的值为 1.0），所以表的第 1 行表示国家 1 和其他$(n-1)$个国家之间的货币兑换比率 c，即国家 i（$2\leqslant i\leqslant n$）的指定数量 c 的货币能够使用国家 1 的一个单位的货币进行兑换。在输入文件中，每张兑换表由 $n+1$ 行构成，第 1 行包含 n，随后的 n 行包含各个国家之间的货币兑换比率。

输出

对于输入中给出的每张兑换比率表，确定是否存在一个货币兑换序列，使得获利能够大于 1 分钱(0.01)。如果存在该兑换序列则予以输出。如果存在多个符合要求的兑换序列，输出具有最小长度的兑换序列，即具有最少兑换次数的兑换序列。要求所有的获利序列必须由不超过 n 次的货币兑换构成，其中 n 表示兑换表的维度大小。兑换序列`1 2 1`表示两次兑换。如果不存在上述交易序列则输出`no arbitrage sequence exists`。

样例输入

```
3
1.2 .89
.88 5.1
1.1 0.15
```

样例输出

```
1 2 1
```

分析

题目要求找出有向图中一个具有最少边数且边权的积大于或等于 1.02 的圈。可以结合动态规划和Floyd-Warshal 算法（实际上 Floyd-Warshall 算法本身就已经应用了动态规划的思想）来解决本题。令 $profit(i, j, s)$表示“由货币种类 i 经过 s 步套汇到货币种类 j 时能够得到的最大获利值”，则有以下递推关系

$$profit(i, j, s) = \max_{0 \leqslant k < n, k \neq i, k \neq j} \{profit(i, k, s-1) \times profit(k, j, 1)\}, 2 \leqslant s \leqslant n$$

更新当前值的条件是：$profit(i, k, s-1) \times profit(k, j, 1) > profit(i, j, s)$，递推初始值：$profit(i, i, 1) = 1.0$。

强化练习

125 Numbering Paths[B], 336 A Node Too Far[A], 383 Shipping Routes[A], 423 MPI Maelstrom[A], 567 Risk[A], 593 MBone[D]，1056 Degrees of Separation[C]，1247 Interstar Transport[D]，10724 Road Construction[D]，10793 The Orc Attack[C]，10803 Thunder Mountain[B]，11015 05-2 Rendezvous[B]，12319 Edgetown's Traffic Jams[D]。

扩展练习

208 Firetruck[B]，436 Arbitrage (II)[B]，523 Minimum Transport Cost[C]，1198 The Geodetic Set Problem[D]，11047 The Scrooge Co Problem[D]，11693 Speedy Escape[D]。

提示

208 Firetruck 中，由于街角的数量不超过 20，可以通过回溯法来确定所有可能的路径。但是由于此题本质是求无向连通图的所有简单通路问题，如果在回溯过程中不予剪枝，对于特殊的测试数据，代码很容易超时。例如给定一组共有 20 个街角的测试数据，其中街角 1 和街角 4 相连构成一个连通子图，所有其他街角构成另外一个连通子图，但与街角 1 和街角 4 不连通，对于这样的测试数据，如果不加剪枝，在回溯时大量时间将耗费在枚举不可能的路线上。一种可行的剪枝做法是先使用 Floyd-Warshall 算法确定各个街角之间的连通性，如果两个街角是不连通的，则不需要在此线路上继续进行搜索，从而能够节省时间，提高效率。

11693 Speedy Escape 中，劫犯选择的逃跑路线需要满足以下条件：以某个固定的速度到达路线上的某个交叉口的时间总是要小于警察以 160km/h 的速度通过某条具有最短距离的路线到达此交叉口的时间。需要确定劫犯和警察到达各个交叉路口的最短距离，然后计算出劫犯到达某个交叉路口所需的最低速度，之后使用二分搜索来确定最低可能的速度，即设定某个速度，检查是否能够在前述的最低速度限制下到达任意一个出口。注意，劫犯在到达某个交叉路口的过程中，不能经过警察所在的交叉路口。另外，由于输出时精度要求较高，在二分搜索时需要控制迭代的次数，而不是仅控制上限值和下限值之间的差值，若仅控制后者，可能会造成无限循环而导致超时。

3.4.4 传递闭包

设 R 是集合 A 上的二元关系，如果对于任意的 $a, b, c \in A$，若$(a, b) \in R$，$(b, c) \in R$，必有$(a, b) \in R$，则称 R 是 A 上的传递的二元关系，简称为 R 是 A 上的传递关系（transitive relation），而 R 的传递闭包（transitive closure）是包含 R 并且具有传递关系性质的最小二元关系，记做 $t(R)$。例如，设 A 是中国所有省会城市的集合，定义 aRb 为 A 中的两个省会城市 a 和 b 之间有直达航班，假设 R 是对称的，即$(a, b) \in R$，必有$(b,$

$a)\in R$，那么 R 的传递闭包即为最小二元关系 $t(R)=\{(a, b)|a\in A, b\in A$, 从城市 a 可飞往城市 b（直达或经过中转）$\}$。

给定有向图 $G=(V, E)$，定义 iRj 当且仅当顶点 i 和顶点 j 之间有一条有向边 $e(i, j)\in E$，那么有向图 G 的传递闭包 $t(R)=\{(i, j)|i\in V, j\in V$, 从顶点 i 可到达顶点 j（经过若干个中间顶点）$\}$。需要注意的是，对于有向图来说，传递关系一般是不对称的，顶点 i 可以通过顶点 k 到达顶点 j 并不代表顶点 j 可以通过顶点 k 到达顶点 i，而无向图中，顶点 i 和顶点 j 之间的连通性是对称的。

求解传递闭包的算法称为 Warshall 算法，由 Stephen Warshall 于 1960 年给出。算法采用动态规划思想，利用了松弛的技巧。因为与求解所有顶点对之间最短距离的 Floyd 算法思想本质相同，因此合称为 Floyd-Warshall 算法。算法的具体过程是通过一系列 n 阶矩阵 A^k 来构造最终阶段 n 阶传递闭包矩阵 A^n。其中：

A^0 表示该矩阵不允许它的路径中包含任何中间顶点，即从该矩阵的任意顶点出发的路径不含有中间顶点，此即图 G 的邻接矩阵；

A^1 表示允许路径中包含第 1 个顶点作为中间顶点；

A^2 表示允许路径中包含前 2 个顶点作为中间顶点；

A^k 表示允许路径中包含前 k 个顶点作为中间顶点；

……

A^n 允许路径中包含全部 n 个顶点作为中间顶点。

每个后继矩阵 A^k 对其前驱矩阵 A^{k-1} 来说，在路径上只允许增加一个顶点。在初始时，邻接矩阵 A 对应算法中的 A^0，若 A 中的元素 $A[i, j]$ 为 1，表示顶点 i 与顶点 j 连通，为 0 则表示不连通。接下来依次增加可以作为中间顶点的数量，检查是否可以通过这些中间顶点到达目标顶点，对于 A^k 来说，如果 A^{k-1} 中 $A^{k-1}[i, j]=1$，那么有 $A^k[i, j]=1$，如果有 $A^{k-1}[i, k]=1$ 且 $A^{k-1}[k, j]=1$，也有 $A^k[i, j]=1$。由于 A^k 依赖于 A^{k-1}，存储的 A^{k-1} 在 A^k 计算完毕后不再需要，因此可以利用滚动数组的技巧，将计算在原有数组上进行，这样可以将空间复杂度从 $O(|V|^3)$ 降低为 $O(|V|^2)$。

```
// 由邻接矩阵计算所有点对间的可达性。
const int MAXV = 110;

int n;
bool A[MAXV][MAXV];

// Floyd-Warshall 算法。
for (int k = 0; k < n; k++)
   for (int i = 0; i < n; i++)
      for (int j = 0; j < n; j++)
         A[i][j] = A[i][j] || (A[i][k] && A[k][j]);
```

不难看出，上述实现相当于将求解任意点对间最短距离中的 `min` 和+运算换成了“布尔或”（`||`）及“布尔与”（`&&`）运算。由算法可知，只要知道了初始的传递关系，也就是 A^0，就可以使用 Floyd-Warshall 算法计算传递闭包，因此在实际解题应用中，关键在于构造初始的邻接矩阵。Floyd-Warshall 算法的时间复杂度为 $O(|V|^3)$。

521 Gossiping[D]（闲聊）

某镇拥有自己的公交系统。公交车按照环形方式开行，且每条线路至少有两个公交站，有时候多条线路会在同一个公交站交汇。当多名司机在同一个公交站会车时，他们会互相透露自己所知道的消息，这样在离开时，所有在此公交站闲聊的司机均知道了同样的消息。每名司机在每天的同一个时刻启动公交车，而且知道一些其他司机均不知道的消息。每辆公交车均按照固定的公交线路开行，有时候，可能会出现多名司机在同一条线路上开行的情况，只不过他们的初始站点不一样。所有公交车的运行都是高度同步的。对于任意公交线路，从一个公交站到达下一个公交站所需的时间都是一样的。公交系统总共拥有 n（$0<n<20$）条线路，d（$0<d<320$）名司机，s（$0<s<50$）个公交站，司机按照 1～d 的顺序进行编号，公交站按照 1～

s 的顺序进行编号。司机闲聊俱乐部乐于知道是否存在这样一个时刻——在该时刻，所有司机都从其他司机那里知道了所有的消息。

输入

输入包含多组测试数据。每组测试数据的第 1 行包含以单个空格分隔的 3 个整数 n，d，s，其含义如前所述。接下来的 $2n$ 行包含 n 条线路的描述，每条线路使用两行数据来描述。第 1 行是以单个空格相间隔的编号列表，表示在此线路上，按照公交车经过的顺序给出的公交站编号，公交车在经过线路的最后一个站后立即返回起始站点继续开行[1]。第 2 行描述在此条公交线路上开行司机的始发情况，描述包括若干组数值对 s_i 和 d_i，表示编号为 d_i 的司机从编号为 s_i 的公交站启动公交车。最后一组测试数据只包含一行数据 `0 0 0`，该组数据不需处理。

输出

对于输入的每组数据，除了最后一组之外，如果存在某个时刻，所有司机都从其他司机那里知道了所有的消息，输出 `Yes`，否则输出 `No`。

样例输入

```
2 3 5
1 2 3
1 1 2 2
2 3 4 5
2 3
0 0 0
```

样例输出

```
Yes
```

分析

本题是典型的确定隐式图中顶点间连通性的问题，可以使用 Floyd-Warshall 算法予以解决，解题关键是构造初始的邻接矩阵。由题意可知，每个司机都具有相应的开行线路和始发站点（始发站点可能并不是线路的第一个站点），司机从始发站点出发到达线路的最后一个站点，然后返回线路的第一个站点，之后再到达始发站点时就完成了一个周期的运行。如果两名司机的公交线路站点之间没有交叉或重叠，那么他们是无法在同一站点停靠的，进而无法通过闲聊交换信息。如果两名司机的线路之间有交叉或重叠，不妨设有 a 和 b 两名司机，他们各自所在线路一个运行周期所需时间分别为 x 单位时间和 y 单位时间，只需检查在 $x \times y$ 单位时间内 a 和 b 是否能够在同一站点停靠即可，如果不能在同一站点停靠，在此后的时间内，两名司机肯定也不会在同一站点停靠，因为在经过了 $x \times y$ 单位时间后两名司机于同一时刻各自回到了他们的始发站点，开始了下一个运行周期。由于题目中站点数量并不是很多，可以对公交车的运行情况进行模拟，列出两名司机经过的站点编号，逐次检查对应时间点的站点编号是否相同。

强化练习

334 Identifying Concurrent Events[D]，869 Airline Comparison[C]，1757 Secret Chamber at Mount Rushmore[A]。

扩展练习

925 No More Prerequisites Please[D]，1243 Polynomial-Time Reductions[D]。

提示

1243 Polynomial-Time Reductions 中，可将问题视为顶点，归约关系视为有向边，题目约束可转化为有向图 D，如果若干问题在有向图 D 中构成有向圈，记该有向圈中的顶点数为 n，则位于该有向圈中的

[1] 此处原文为"After passing the last stop listed on the line the bus goes again to the first stop listed on the line."，从字面上理解容易产生歧义。假如某条公交线路的停靠站点为"1 2 3 4 5 6"，司机每天从站点 3 启动公交车，那么公交车依次经过的站点可能有两种理解，一种是经过站点 6 之后按原路返回，这样所经过的站点依次是"3 4 5 6 5 4 3 2 1 2 3 4 5 6 …"，另一种是经过站点 6 之后直接返回站点 1 开始，这样经过的站点依次是"3 4 5 6 1 2 3 4 5 6 1 2 3 4 5 6 …"，出题者所要表达的是后一种情况。不过在真实生活中，前一种情况应该更常见。

问题至多需要 n 个归约关系，多余的归约关系可以予以简化。因此，先对有向图 D 进行“缩点”操作，构建新图 D'，在此新图 D' 中，通过 Floyd-Warshall 算法确定新图中各顶点间的归约关系，对于能够通过中间顶点实现归约的两个顶点，则原有的归约关系可以简化，否则应予保留。需要注意，进行“缩点”操作后，新图的一个顶点可能对应原图中的一个有向圈，也可能对应原图中的单个顶点。如果对应的是单个顶点，在转换前后，需要累加的归约关系数量为零；如果对应的是一个有向圈，记该有向圈中的顶点数量为 n，为了能够使该有向圈在新图中存在，新图中必须至少具有 n 个归约关系，因此需要将这 n 个归约关系累加到总的归约关系数量中去。

3.4.5 最小化的最大距离

给定图 G，两个顶点 v_1 和 v_n 之间存在 m 条不同的简单路径。如果将路径按照经过顶点的顺序逐次列出的方式来表示，为 $v_1, v_2, \cdots, v_n$，其中 v_1 为起点，v_n 为终点，定义 $w_i(v_j, v_{j+1})$ 为第 i 条路径上两个相邻顶点间的边权值，则最小化的最大距离（minmax-distance）定义为

$$\text{minmax}(v_1, v_n) = \min\{\max\{w_i(v_i, v_{i+1}), 1 \leqslant j \leqslant n-1\}, 1 \leqslant i \leqslant m\}$$

即所有简单路径中两个顶点间的边权值最大值中的最小值。

最大化的最小距离（maxmin-distance）和最小化的最大距离类似，即所有路径中两个顶点间的边权值最小值中的最大值。这两种距离均可以使用 Floyd-Warshall 算法予以计算。

```
const int MAXV = 110;

int n, dist[MAXV][MAXV];

// 使用 Floyd-Warshall 算法计算最小化的最大距离。
for (int k = 0; k < n; k++)
  for (int i = 0; i < n; i++)
    for (int j = 0; j < n; j++)
      dist[i][j] = min(dist[i][j], max(dist[i][k], dist[k][j]));
```

强化练习

534 Frogger[A]，544 Heavy Cargo[A]，10048 Audiophobia[A]，10099 The Tourist Guide[A]。

3.4.6 差分约束系统

给定以下的不等式组

$$\begin{cases} x_1 - x_2 \leqslant 3 \\ x_1 - x_3 \leqslant -1 \\ x_1 - x_4 \leqslant -2 \\ x_2 - x_3 \leqslant -5 \\ x_2 - x_4 \leqslant -3 \\ x_3 - x_4 \leqslant 3 \end{cases}$$

每个不等式都是两个未知数的差小于等于某个常数的形式（如果不等式是大于等于某个常数的形式，可以将不等式两边同时乘以−1，将其转换成小于等于某个常数的形式），称这样的不等式组为差分约束系统（system of difference constraints）。

在前述介绍的单源最短路径问题中，最终求得的最短路径长度均满足三角不等式（triangle inequality）

$$dist(v) \leqslant dist(u) + weight[u][v]$$

在上述不等式中，$dist(u)$和 $dist(v)$是从源点 s 到顶点 u 和 v 的最短路径长度，$weight[u][v]$是有向边(u, v)的权值。将不等式移项可得

$$dist(v) - dist(u) \leqslant weight[u][v]$$

该形式和差分约束系统中的不等式类似，因此可以把一个差分约束系统转化为一个有向图，进而使用求单源最短路径的方法进行求解。

有向图可按照以下方法构造[40]。

（1）不等式组中的每个未知数 x_i 对应图中的一个顶点 v_i。

（2）将所有不等式转化为图中的一条有向边，对于不等式

$$x_i - x_j \leqslant c$$

将其转化为三角不等式

$$x_i \leqslant x_j + c$$

那么就可以转化为有向边(v_j, v_i)，边权值为 c。

（3）对构造得到的有向图求单源最短路径，由最短路径的性质可知求得的最短路径长度必定满足所有三角不等式。

既然是求单源最短路径，必须要选定一个顶点作为源点。如果构造得到的是一个连通图，那么任意选择一个顶点作为源点均是可行的。然而，在绝大多数情况下，构造得到的有向图是非连通图，此时需要自行构造一个源点。对于上述的不等式组，可以为其再增加一个未知数 x_0，然后对原来的每个未知数 x_i 相对于 x_0 增加一个不等式，增加的不等式和原有的不等式形式相同，即都是两个未知数的差小于等于某个常数的形式。考虑到不等式要么无解，要么就有无数组解（因为如果有一组解$\{x_1, x_2, \cdots, x_n\}$，则将解加上一个常数 k 后，$\{x_1 + k, x_2 + k, \cdots, x_n + k\}$肯定也是一组解，调整 k 的大小，肯定可以使得所有的 x_i 均小于等于 0），又因为 x_0 对应源点 s，而源点的最短路径长度为 0，也就是说不等式组中存在条件

$$x_0 = 0$$

进而不等式组中可以增加下述条件

$$\begin{cases} x_1 - x_0 \leqslant 0 \\ x_2 - x_0 \leqslant 0 \\ x_3 - x_0 \leqslant 0 \\ x_4 - x_0 \leqslant 0 \end{cases}$$

这样转化得到的有向图就保证从源点 s 到其他顶点间至少存在一条路径。

对于上述构造得到的有向图来说，可以证明，不等式有解的充分必要条件是有向图中不存在负权值圈。根据前述的 Bellman-Ford 算法，可以容易地判断有向图中是否存在负权值圈。如果图中不存在负权值圈，则最后求得的从源点到各顶点的最短路径长度即是不等式的一组解。

515 King[c]（国王）

从前，有一个王国的皇后怀孕了，她祈祷到：如果我生的是儿子，我希望他是一个健康的国王。9 个月后，她的孩子出生了，的确，她生了一个漂亮的儿子。

但不幸的是，正如皇室家庭经常发生的那样，皇后的儿子智力发育迟钝。经过多年的学习后，也只能做整数的加法，以及比较加法的结果比给定的一个整数是大还是小。另外，用来求和的数必须排列成一个序列，因为他只能对序列中连续的整数进行求和。

老国王对他的儿子非常不满意，但他还是决定准备好一切，以便在他去世后，他的儿子能够统治王国。考虑到他儿子的能力，他规定国王需要决断的所有问题都必须表示成有限的整数序列，并且国王需要决断的只是判断这个序列的和与给定的一个约束的大小关系。作出这样的规定后，至少还有一些希望，可以让他的儿子作出一些决策。

老国王去世后，新国王开始统治王国。但很快，许多人开始不满意他的决策，决定废黜他。人们通过试图证明新国王的某些决策是错误的，从而能够名正言顺地废黜新国王。

因此，试图篡位的人们给新国王出了一些题目，让国王作出决策。问题是从序列 $S = \{a_1, a_2, \cdots, a_n\}$ 中取出一

个子序列 $S_i=\{a_{s_i},a_{s_{i+1}},\cdots,a_{s_i+n_i}\}$，国王有一分钟的时间可以思考，然后必须作出判断。他对子序列 S_i 中的整数求和，即 $a_{s_i}+a_{s_{i+1}}+\cdots+a_{s_i+n_i}$，然后对每个子序列的和设定一个约束 k_i，即 $a_{s_i}+a_{s_{i+1}}+\cdots+a_{s_i+n_i}<k_i$ 或 $a_{s_i}+a_{s_{i+1}}+\cdots+a_{s_i+n_i}>k_i$。

过了一会，他意识到他的判断是错误的。他不能取消他所设定的约束，但是他可以通过伪造篡位者给他的整数序列来挽救自己。他命令他的幕僚找出能够满足他所设定的这些约束条件的一个序列 S。请编写程序来帮助国王的幕僚，判断这样的序列是否存在。

输入

输入文件中包含多组测试数据。除最后一组外，每组测试数据对应一组问题和国王关于该组数据的决策。每组数据的第 1 行包含两个整数 n 和 m，其中 $0<n\leqslant 100$ 表示序列 S 的长度，$0<m\leqslant 100$ 为子序列 S_i 的个数。接下来有 m 行国王的决策，每个决策的格式为：s_i n_i o_i k_i 其中 o_i 代表关系运算符＞（用 gt 表示）或者＜（用 lt 表示），s_i、n_i 和 k_i 的含义如题目描述中所述。最后一组数据只有一行，包含一个 0，表示输入结束，该组数据不需处理。

输出

对输入中的每组数据，输出一行字符串。当满足约束的序列 S 不存在时，输出 successful conspiracy，否则输出 lamentable kingdom。

样例输入

```
4 2
1 2 gt 0
2 2 lt 2
0
```

样例输出

```
lamentable kingdom
```

分析

对于一个给定的序列 $S=\{a_1,a_2,\cdots,a_n\}$，为其添加一个元素 $a_0=0$，使其成为序列 $S=\{a_0,a_1,a_2,\cdots,a_n\}$，假设 A_j 表示从第 0 个元素到第 j 个元素的和，即

$$A_j=\sum_{i=0}^{j}a_i,\quad 0\leqslant j\leqslant n$$

那么序列 S 的任意一个子序列 $S_i=\{a_{s_i},a_{s_i+1},\cdots,a_{s_i+n_i}\}$ 的和 S_{s_i} 可以表示成

$$S_{s_i}=A_{s_i+n_i}-A_{s_i-1},\ s_i\geqslant 1,\ n_i\geqslant 0$$

对于题目给定的限制条件

$$A_{s_i+n_i}-A_{s_i-1}>k_i \text{ 或 } A_{s_i+n_i}-A_{s_i-1}<k_i$$

由于都是整数，可以将大于、小于不等式转化为大于等于、小于等于不等式，得

$$A_{s_i+n_i}-A_{s_i-1}\geqslant k_i+1 \text{ 或 } A_{s_i+n_i}-A_{s_i-1}\leqslant k_i-1$$

再将大于等于不等式转化为小于等于不等式，得

$$A_{s_i-1}-A_{s_i+n_i}\leqslant -k_i-1 \text{ 或 } A_{s_i+n_i}-A_{s_i-1}\leqslant k_i-1$$

也就是说，可以将题目所给定的约束关系转化为一个小于等于不等式组，进而构成一个差分约束系统。对于 $A_{s_i-1}-A_{s_i+n_i}\leqslant -k_i-1$，可以将其转化为有向边 $(A_{s_i+n_i},A_{s_i-1})$，权值为 $-k_i-1$。对于 $A_{s_i+n_i}-A_{s_i-1}\leqslant k_i-1$，可以将其转化为有向边 $(A_{s_i-1},A_{s_i+n_i})$，权值为 k_i-1。最后使用 Bellman-Ford 算法来判断该差分约束系统所对应的有向图中是否存在负权值圈，如果不存在负权值圈则不等式组有解，相应的满足约束条件的序列存在，反之则满足约束条件的序列不存在。

在下述参考实现中，使用边列表的方式来存储有向边。由于为序列增加了一个值为 0 的首元素 a_0，以使得不等式组能够构建，在构造源点时，需要调整序列和 A_j 与顶点序号间的对应关系，即源点 s 对应顶点 v_0，A_0 对应顶点 v_1，A_1 对应顶点 v_2……A_n 对应顶点 v_{n+1}，因此有向图中总共有 $(n+2)$ 个顶点。

参考代码

```
// 使用边列表方式来表示有向图。
struct edge { int u, v, weight; } edges[1024];
int nedges, dist[1024], n, m, si, ni, ki;
string oi;

// 为有向图添加边。
void addEdge(int u, int v, int weight) { edges[nedges++] = edge{u, v, weight}; }

int main(int argc, char *argv[])
{
   while (cin >> n, n > 0) {
      cin >> m;
      // 将约束关系转化为有向边。
      nedges = 0;
      for (int i = 1; i <= m; i++) {
         cin >> si >> ni >> oi >> ki;
         if (oi.front() == 'g') addEdge(si + ni + 1, si, -ki - 1);
         else addEdge(si, si + ni + 1, ki - 1);
      }
      // 调整顶点数量，添加源点与其他顶点的有向边。
      n += 2;
      for (int i = 1; i < n; i++) addEdge(0, i, 0);
      // 初始化源点到其他顶点的最短路径距离。
      dist[0] = 0;
      for (int i = 1; i < n; i++) dist[i] = (1 << 30);
      // 使用 Bellman-Ford 算法检查是否存在负权值圈。
      int iterations = 0, updated = 0;
      do {
         updated = 0;
         for (int i = 0; i < nedges; i++) {
            int weight = dist[edges[i].u] + edges[i].weight;
            if (dist[edges[i].v] > weight)
               updated++, dist[edges[i].v] = weight;
         }
      } while (updated && iterations++ < n);
      cout << (updated ? "successful conspiracy\n" : "lamentable kingdom\n");
   }
   return 0;
}
```

强化练习

522 Schedule Problem[E]。

扩展练习

1723 Intervals[E]，11478 Halum[D]。

提示

1723 Intervals 的难点在于如何将题目给定的约束条件转化为有向图中的边。设 $S[i]$是集合 Z 中小于等于 i 的元素个数，即 $S[i]=|\{s|s\in Z,\ s\leqslant i\}|$。集合 Z 中范围在$[a_i,\ b_i]$中的整数个数 $S[b_i]-S[a_i-1]$至少为 c_i，则有 $S[b_i]-S[a_i-1]\geqslant c_i$，转换成：$S[a_i-1]-S[b_i]\leqslant -c_i$。根据 $S[i]$的定义，还存在两个约束条件：$S[i]-S[i-1]\leqslant 1$ 和 $S[i]-S[i-1]\geqslant 0$（即 $S[i-1]-S[i]\leqslant 0$）。设所有区间右端点的最大值为 max，所有区间左端点的最小值为 min，最终要求的是 $S[max]-S[min-1]$，令 $M=S[\max]-S[\min-1]$，假设最终求得的各顶点到源点的最短距离长度保存在数组 $dist$ 中，那么 $M=dist[max]-dist[min-1]$，即 $M=dist[max]-dist[min-1]$。因为可以将集合 Z 指定为区间$[min,\ max]$，故必定有解。

11478 Halum 中，将题目给定的约束条件转化为差分约束系统，使用二分搜索予以解决。由于操作是可以分开进行的，令 $sum[u]$表示对顶点 u 的操作所累积的 d 值，$weight[u][v]$表示顶点 u 和 v 之间有向边的权值，如果顶点 a 和 b 之间存在有向边(a, b)，令经过调整后最后能得到的边权最小值为 x，则有

$$weight[a][b]+sum[a]-sum[b]\geqslant x$$

亦即

$$sum[b]-sum[a]\leqslant weight[a][b]-x$$

可知其为差分约束形式，二分搜索 x 的最大值即可。对于特定的值 x，如果转换得到新图中存在负权值圈则表明不可行，否则表示最终经过调整后所有边权均能大于等于 x。

3.4.7　第 K 短路径问题

第 K 短路径（the K Shortest Path，KSP）问题是对最短路径问题的扩展。众所周知，使用 Moore-Dijkstra 算法能够确定最短路径，但是在某些情形下，我们除了想知道最短路径外，还想知道次短路径、第三短路径，等等。一个现实中的例子就是在使用手机中的地图 App 导航时，需要从某个出发点到达一个目标点，在查询驾车路线时，地图 App 一般会给出 3 条候选路径，一条具有最少的行车时间，一条具有最短的行车距离，另外一条是备用路线，这 3 条路径可能具有不同的路径长度，地图 App 确定这些路径就是第 K 短路径问题的实际应用。

为了便于讨论，首先对 KSP 问题进行形式化的定义。令 P_i 表示从起点 s 到终点 t 的第 i 短路径，KSP 问题是确定路径集合 $P_k=\{p_1, p_2, p_3, \cdots, p_k\}$，使得 P_k 满足以下 3 个条件。

（1）K 条路径是按次序产生的，即对于所有的 i（$i=1, 2, \cdots, K-1$），p_i 是在 p_{i+1} 之前确定的；

（2）K 条路径是按长度由小到大排列的，即对于所有的 i（$i=1, 2, \cdots, K-1$），均有 $c(p_i)<c(p_{i+1})$；

（3）K 条路径是最短的，即对于所有的 $p\in(P_{st}-P_k)$，均有 $c(p_k)<c(p)$。

某些情况下，可能并不需要上述严格的第 K 短路径，即可能并不满足第（2）个或者第（3）个条件，在算法中很容易实现，只需将路径长度的限制从原先的“不能相同”放松到“能够相同”即可。求解第 K 短路径有多种算法，以下介绍最为常用的 A*算法。

A*算法是一种启发式算法，在 1.4 节中，已经对 A*算法做了介绍。在 A*算法中，对于每个状态 x，启发函数 $f(x)$具有以下的形式

$$f(x)=g(x)+h(x)$$

其中 $g(x)$表示从初始状态到达状态 x 时的代价，$h(x)$表示从状态 x 到达目标状态时的估算代价。状态 x 包含两个域：u 和 fx，$x.u$ 表示状态 x 所在的顶点，$x.fx$ 表示状态 x 已经走过的路径长度，按照前述的约定可知 $g(x)=x.fx$。

简便起见，我们先介绍如何解决有向图中的第 K 短路径问题，第 K 短路径中可以包含圈，但是有向图中不能出现负权圈（负权圈的出现可能导致最短路径失去意义，因为有可能通过无限次经过负权圈使得最短路径无限短）。典型的启发式搜索算法步骤如下。

（1）以终止顶点 t 为起点，使用 Moore-Dijkstra 算法确定 t 到其他顶点 u 的最短距离 $d[u]$，这样在启发式搜索过程中，可以使用 $d[u]$的值作为 $h(x)$的参考值，此时 $h(x)$的精确值 $h^*(x)=d[x.u]$。

（2）状态 x 的初始值设置为：$x.u=s$，$x.fx=0$。根据启发式函数，有

$$f(x)=g(x)+h(x)=x.fx+d[x.u]=d[x.u]$$

将状态 x 及 $f(x)$压入优先队列，将优先队列以 $f(x)$为键值进行排序，具有较小 $f(x)$值的状态排在队列的前端；

（3）从优先队列中取出位于队首的状态 x，根据图中从 $x.u$ 出发的边扩展状态 y，得到 $f(y)$，将状态 y 及 $f(y)$压入优先队列；

（4）如果队首状态 x 所在顶点 $x.u$ 第 1 次到达目标顶点 t，则表明找到了一条从 s 到 t 的最短路径，它

的长度就是 $f(x)$。容易知道，当状态 x 第 2 次到达目标顶点 t 且当前的路径长度 $x.fx$ 大于最短路径的长度时，表明找到了次最短路径……当状态 x 第 K 次到达目标顶点 t 且 $x.fx$ 大于第 $K-1$ 短路径的长度时，就找到了从 s 到 t 的第 K 短路径。

```
//------------------------------3.4.7.cpp------------------------------//
const int MAXV = 1010, MAXE = 100010, INF = 0x3f3f3f3f;

int n, m;
int cnt, head[MAXV];
int dist[MAXV], visited[MAXV];

struct edge { int v, w, next; } edges[MAXE];
struct state {
  int u, fx;
  bool operator < (const state &s) const { return fx > s.fx; }
};

void clearEdge()
{
  cnt = 0;
  memset(head, -1, sizeof head);
}

void addEdge(int u, int v, int w)
{
  edges[cnt] = edge{v, w, head[u]};
  head[u] = cnt++;
}

priority_queue<state> q;

int ksp(vector<tuple<int, int, int>> &data, int s, int t, int k)
{
  // 根据边数据建立原有向图的逆图。
  clearEdge();
  for (auto d : data) addEdge(get<1>(d), get<0>(d), get<2>(d));
  // 使用 Moore-Dijkstra 算法确定目标顶点 t 到其他顶点的最短距离。
  for (int i = 0; i < n; i++) dist[i] = INF, visited[i] = 0;
  int u = t;
  dist[u] = 0;
  while (!visited[u]) {
    visited[u] = 1;
    for (int i = head[u]; ~i; i = edges[i].next)
      if (!visited[edges[i].v] && dist[edges[i].v] > dist[u] + edges[i].w)
        dist[edges[i].v] = dist[u] + edges[i].w;
    int least = INF;
    for (int i = 0; i < n; i++)
      if (!visited[i] && dist[i] < least)
        least = dist[i], u = i;

  }

  // 根据有向边数据建立正向图。
  clearEdge();
  for (auto d : data) addEdge(get<0>(d), get<1>(d), get<2>(d));
```

```
    // 压入初始状态。
    while (!q.empty()) q.pop();
    q.push(state{s, dist[s]});

    // 根据启发式规则确定第 K 短路径。
    int lastPathLength = -INF;
    while (!q.empty()) {
        state s = q.top(); q.pop();
        int fx = s.w - dist[s.u];
        if (s.u == t && fx > lastPathLength) {
            lastPathLength = fx;
            if (!(--k)) return fx;
        }
        for (int i = head[s.u]; ~i; i = edges[i].next)
            q.push(state{edges[i].v, fx + edges[i].w + dist[edges[i].v]});
    }
    return -1;
}
//------------------------------3.4.7.cpp------------------------------//
```

对于无向图来说，如果允许第 K 短路径出现圈，则可将一条无向边拆分为两条有向边，使用前述介绍的启发式搜索算法予以解决。如果第 K 短路径不允许出现圈，应该如何处理呢？此时需要在状态 x 中增加域，用于记录该状态经过的顶点，在扩展状态时，对于后续顶点，如果某个顶点是经过的顶点，则不能将此顶点作为后续顶点进行扩展。当路径上的顶点数目较小时，例如不大于 64 个，则可以使用一个 `long long int` 型整数，以一个二进制位来表示某个顶点是否在路径上，通过位运算来判定某个顶点是否是经过的顶点。不过此种方法存在局限，不能处理路径上具有较多顶点的情形。

知识拓展

如果需要更为高效地确定不带圈的第 K 短路径，可以考虑使用 Yen 在 1971 年提出的以其名字命名的 Yen 算法。Yen 算法的核心思想是以最短路径 P_1 或者已经求得的第 i 条最短偏离路径 P_i 为基础，在 P_i 上除了终止节点外的其他节点中确定偏离节点，构造候选路径，从候选路径集中找到最短的一条为最短偏离路径 P_{i+1}。该算法在求 P_{i+1} 时，要将 P_i 上除了终止节点外的所有节点都视为偏离节点，并计算每个偏离节点到终止节点的最短路径，再与之前的 P_i 上起始节点到偏离节点的路径拼接，构成候选路径，进而求得最短偏离路径。令图中的顶点数为 n，边数为 m，需要确定路径数为 K，算法的时间复杂度为 $O(Kn(m+n\log n))$。Yen 算法的优点是易于理解，可以准确地找到图中任意两节点间的 K 条最短路径，缺点是时间复杂度较高，时间代价较大，主要原因是在求 P_{i+1} 时，要将 P_i 上除了终止节点外的所有节点都视为偏离节点，从而在选择偏离节点发展候选路径时占用了大量的时间。为提高运行速度，后人在此算法的基础上不断改进和发展。比较有效的算法之一是 Martins 在 1999 年提出的 MPS 算法，其特点是简化了偏离路径的长度计算，在生成候选边时不像 Yen 算法那样计算每条候选路径的长度，而是要求更新每条弧上的减少长度，只选择长度减少最小的弧作为最短偏离路径，该算法在一般情况下可以提高运行速度，但是在最差的情况下与 Yen 算法的时间复杂度相同。

强化练习

10740 Not the Best^{D}。

3.5　网络流问题

网络流问题来源于确定铁路运输系统的运输量问题，最初由 Harris 予以形式化[41]，可以将其近似地描述如下：城市 A 和 Z 之间拥有铁路运输网络，该铁路网络同时连接着 A 和 Z 之间的其他城市 $B, C, D, \cdots$，两个城市间的货运列车具有特定的单位时间载运量，给定所有货运列车的单位时间载运量，要求货物不能在中间城市产生积压，确定该铁路网络在单位时间内从某个指定城市到其他城市的最大运输量。如图 3-13 所示的铁路运输网络，当给定各城市间铁路运输线的载运量后，如何确定城市 A 和城市 E 之间的最大运输量呢？

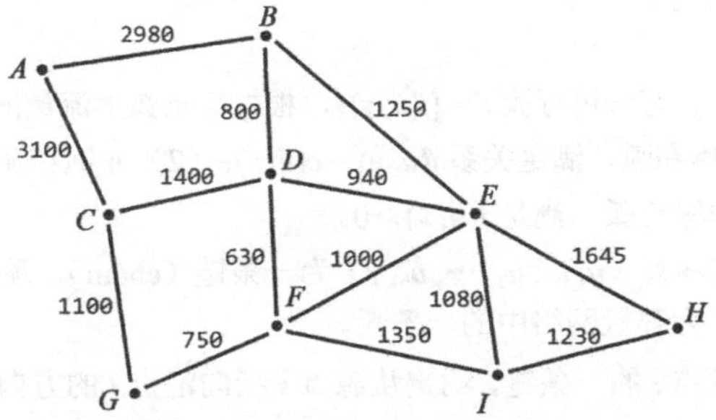

图 3-13 具有载运量上限的铁路运输网络

上述问题可以转化为线性规划问题并使用单纯形方法予以解决，不过在大多数情况下可以将其转化为网络流问题，从而得到更为简便且有效的解决方案。网络流问题是图论中一类常见的问题，许多现实中的系统都包含流量，如公路系统中的车辆流，控制系统中的信息流，供水系统中的水流，金融系统中的现金流等。从问题求解的需求出发可以将网络流问题分为：网络最大流，流量有上下界的最大流和最小流，最小费用最大流，流量有上下界网络的最小费用最大流等。网络流算法也是求解其他一些图论问题的基础，如求解图的顶点连通度和边连通度、匹配问题等。

由于最大流最小截定理是网络流理论的基础，而该定理包含容量网络、可行流、最大流、增广路、残留网络、残留容量、最小截等概念，掌握这些概念是理解和应用网络流算法的前提，故本节按照概念、定理、算法、例题的顺序逐一予以介绍。

3.5.1 基本概念

容量网络和网络流

设 $G=(V,E)$是一个有向图，其中每条边 $e(u,v)\in E$ 均有一个权值（一般均为非负值），记为 $c(u,v)\geqslant 0$，如果 $e(u,v)\notin E$，则假定 $c(u,v)=0$，称该边的权值为容量（capacity）。在此有向图中有两个特别的顶点——源点（source）和汇点（sink），分别记为 s 和 t，其余的每个顶点均处于从源点到汇点的某条路径上，即对于每个顶点 $x\in V\backslash\{s,t\}$，存在一条路径 $s\rightarrow x\rightarrow t$，称以上定义的加权有向网络 G 为容量网络（capacity network）。如果任意边上的容量均为非负整数，则称 G 为整数容量网络（integer capacity network），简称为整容量网络。

按照习惯，在网络流问题中，一般将有向图中的边称为弧（arc），顶点 u 和 v 之间的有向边 $e(u,v)$记为弧 $a\langle u,v\rangle$。通过容量网络 G 中每条弧 $a\langle u,v\rangle$ 上的实际流量，称为弧的流量（flow rate），记为$f(u,v)$。所有弧上流量的集合 $f=\{f(u,v)\}$，称为该容量网络 G 的一个网络流（network flow），简称流（flow）。

在容量网络 $G=(V,E)$中，满足以下 3 个条件的网络流，称为可行流（feasible flow）。

（1）容量限制（capacity constraints）：对所有 u，$v\in V$，满足 $f(u,v)\leqslant c(u,v)$，即从一个顶点到另一个顶点的流量不能超过此条弧所能承载的容量。

（2）反对称性（skew symmetry）：对所有 u，$v\in V$，满足 $f(u,v)=-f(u,v)$，从顶点 u 到顶点 v 的流是其反向流求负所得，即从顶点 u 到顶点 v 的流量和从顶点 v 到顶点 u 的流量绝对值相等，方向相反。

（3）流守恒性（flow conservation）：对所有 $u\in V-\{s,t\}$，满足

$$\sum_{v\in V} f(u,v)=0$$

即非源点或非汇点的顶点 u 的总流量为 0，可以理解为除了源点和汇点外，进入顶点 u 和离开顶点 u 的流量是相等的，不会产生流量积压在顶点 u 处的情形。

对于任何一个容量网络，可行流总是存在的——$f=\{0\}$，即每条弧上的流量均为 0，该可行流称为零流（zero flow）。如果一个网络流只满足上述 3 个条件中的容量限制条件，不满足其他两个条件，则称此流为伪流（pseudoflow）。在容量网络 $G=(V, E)$中，具有最大流量的可行流，称为网络最大流（network max-flow），简称最大流（maximum flow）。

链与增广路径

在容量网络 $G=(V, E)$中，设有一可行流 $f=\{f(u, v)\}$，根据每条弧上流量的多少及流量和容量的关系，可将弧分为以下 4 种类型：（1）饱和弧，满足关系 $f(u, v)=c(u, v)$；（2）非饱和弧，满足 $f(u, v)<c(u, v)$；（3）零流弧，满足 $f(u, v)=0$；（4）非零流弧，满足 $f(u, v)>0$。

在容量网络 G 中，称顶点序列（$u, u_1, u_2, \cdots, u_n, v$）为一条链（chain），顶点序列要求相邻两个顶点之间有一条弧，如 $\langle u, u_1\rangle$ 或 $\langle u_1, u_2\rangle$ 为容量网络中的一条弧。

令 P 是 G 中从源点 s 到汇点 t 的一条链，约定从源点 s 指向汇点 t 的方向为该链的正方向。根据弧的方向和链的方向，可将弧分为两类：（1）前向弧，方向与链的方向相同的弧，记为 P^+；（2）后向弧，方向与链的方向相反的弧，记为 P^-。注意前向弧和后向弧是相对的，是相对于指定链的正方向而言。

令 f 是给定容量网络 G 中的一个可行流，P 是从源点 s 到汇点 t 的一条链，若 P 满足条件如下。

（1）在 P 的所有前向弧 $\langle u, v\rangle$ 上，$0\leqslant f(u, v)<c(u, v)$，即 P^+中的每一条弧都是非饱和弧。

（2）在 P 的所有后向弧 $\langle u, v\rangle$ 上，$0<f(u, v)\leqslant c(u, v)$，即 P^-中的每一条弧都是非零流弧。

那么称 P 为关于可行流 f 的一条增广路径（augmenting path），简称增广路（或称增广链、可改进路）。沿着增广路改进可行流，使可行流具有更大的流量的过程称为增广（augmenting）。

增广路定理（augmenting path theorem）：令容量网络 $G=(V, E)$的一个可行流为 f，f 为最大流的充要条件是在容量网络中不存在增广路。

3.5.2 Ford-Fulkerson 方法

网络最大流的求解算法主要有两大类：增广路算法（augmenting path algorithm）和预流推进算法（preflow-push algorithm）。

首先介绍增广路算法。由增广路定理，要得到最大流，需要找到一个初始的可行流，在此可行流基础上不断进行增广，直到无法再增广为止，此时的可行流即为最大流。算法的关键在于寻找增广路，如果能够快速构造接近最大流的可行流，后续的增广可以更快地完成，从而能够提高算法的效率。增广路算法中最为常见的是基于 Ford-Fulkerson 方法的衍生或改进算法。

预流推进算法是从一个预流出发对活跃顶点沿着允许弧进行流量增广，每次增广称为一次推进（push）。在推进过程中，流一定满足容量限制条件，但一般不满足流量守恒条件，因此是一个伪流。如果一个伪流中，除了源点和汇点，其他每个顶点流出的流量之和总是小于等于流入该顶点的流量之和，称这样的伪流为预流（preflow），故这类算法称为预流推进算法。预流推进算法包括一般预流推进算法和最高标号预流推进算法。在竞赛中，一般不会出现只能使用预流推进算法才能解决的题目，而且受篇幅所限，在此对预流推进算法不做进一步介绍，有兴趣的读者请参考相关资料[42]。

Ford-Fulkerson 方法的理论基础是最大流最小截定理和增广路定理[43]，之所以称为"方法"而不是"算法"，缘于其提出的是一个求最大流的方法框架，并未明确指出使用何种方式来寻找增广路。以下是 Ford-Fulkerson 方法的伪代码表示：

```
// G为容量网络，s为源点，t为汇点
fordFulkerson(G, s, t)
{
    初始化可行流 f 为零流;
    while 存在增广路 p
        沿增广路 p 增广可行流 f;
    返回最大流 f;
}
```

Ford-Fulkerson 方法是一种迭代方法。它从零流开始，通过迭代，每次寻找一条“增广路”来增加流值。这里的“增广路”可以视为从源点 s 到汇点 t 的一条路径，沿着增广路可以压入更多的流，以增加当前可行流的流值，反复进行这一过程，直到所有增广路均被找到，此时根据增广路定理，当前的可行流已经是最大流。

Ford-Fulkerson 方法的最初实现被称为标号法（labeling method）[44]，其基本思想是从容量网络的任意一个可行流开始，构造出一个流量不断增加的流序列，并且终止于最大流。

标号法

（1）从给定容量网络 G 的一个可行流 f 开始（初始时一般取零流，后续则取经过标号过程后得到的改进流），为源点 s 标记$(0, +\infty)$，并令 $L = \{s\}$。

（2）若 L 为空集，则停止，f 是最大流。若 L 不为空集，取 L 最前面的元素 u，从 L 中删去元素 u，对与 u 邻接且未标号的顶点 v 进行标号操作，并将顶点 v 加入 L 的后端。标号采用如下规则：如果 $a = \langle u, v\rangle \in E(G)$ 且 $f(a) < c(a)$，则予 v 以标号$(+u, \min(\alpha_u, c(a) - f(a)))$，若 $a = \langle v, u\rangle \in E(G)$ 且 $f(a) > 0$，则予 v 以标号$(-u, \min(\alpha_u, f(a)))$，$\alpha_u$ 表示经过顶点 u 可改进的流量值。

（3）若汇点 t 被标号，转入第（4）步，否则转入第（2）步。

（4）已被标号的顶点构成 G 中一条 f 增广路 P，有

$$s(=u_0)a_1u_1a_2u_2\cdots u_{n-1}a_nt(=u_n)$$

其中，对每个 $i = 1, 2, \cdots, n$，当 $a_i = \langle u_{i-1}, u_i\rangle$ 时，u_i 的标号为(u_{i-1}, α_{u_i})，使用 $f(a_i) + \alpha_t$ 替代 $f(a_i)$；当 $a_i = \langle u_i, u_{i-1}\rangle$ 时，u_i 的标号为$(-u_{i-1}, \alpha_{u_i})$，使用 $f(a_i) - \alpha_t$ 替代 $f(a_i)$。清除标号，转入第（1）步。

标号法为容量网络中的每个顶点赋予一个标号（label），标号有两个分量(p, α)，第 1 个分量 p 表示当前顶点的标号是从哪一个顶点获得，第 2 个分量 α 表示可改进的流量值。标号法的总体思想是从可行流开始（一般选择零流），逐步求出容量网络 G 的顶点标号序列。首先对源点 s 进行标号操作，其标号为$(0, +\infty)$，第 1 个分量为 0，表示该顶点为源点 s，第 2 个分量为$+\infty$，表示源点 s 流出的流量可以是任意正数值，只要与源点 s 邻接的其他顶点能够接受从源点流出的流量。在源点 s 具有标号后，从源点 s 出发使用 BFS 进行遍历，并对遍历过程中遇到的每个顶点进行标号，如图 3-14 所示。

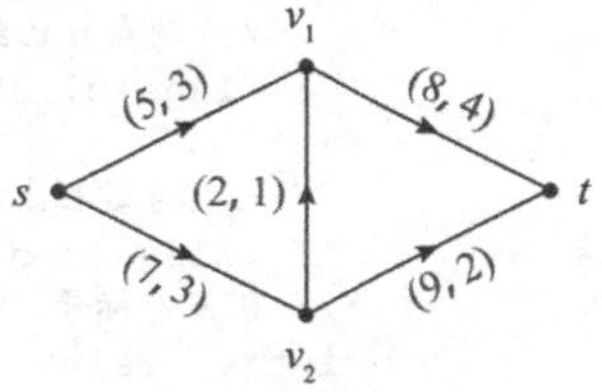

图 3-14　标号法

注意

图 3-14 中，源点 s 有两个邻接顶点 v_1 和 v_2，先对 v_1 进行标号，由于弧$\langle s, v_1\rangle$的容量为 5，流量为 3，则顶点 v_1 最多只能接受来自源点 s 大小为 2 的流量，故 v_1 的标号为$(0, 2)$，同理，v_2 的标号为$(0, 4)$。接着对 v_1 的邻接顶点进行标号，此时 v_2 已经具有标号，不能再通过 v_1 对其进行标号。对 v_1 的邻接顶点 t 进行标号，弧$\langle v_1, t\rangle$ 的容量为 8，流量为 4，则 t 的标号为$(1, 2)$，标号过程到达汇点，可以终止此轮标号过程。

在标号法中，Ford 和 Fulkerson 创造性地提出了反向弧的概念。反向弧对于正确求解最大流是一个不可缺少的环节，反向弧的存在实质上是为增广路的构建提供了“反悔”的机会，使得后续增广路的选取能够调整，让非最优的可行流转化为更优的可行流。

由于在标号过程中需要检查与当前顶点正向和反向连接的其他顶点，在以下标号法的参考实现中，使用邻接矩阵来存储有向弧。

```
//---------------------------------3.5.2.cpp---------------------------------//
const int MAXV = 1000, INF = 0x3f3f3f3f;
const int UNLABELED = -1, UNCHECKED = 0, CHECKED = 1;

struct arc { int capacity, flow; } arcs[MAXV][MAXV];
struct flag { int status, parent, alpha; } flags[MAXV];
int source, sink;

int fordFulkerson()
{
```

```
    // 反复执行标号过程直到不存在改进路。
    while (true) {
      // 首先，将源点标记为已标号但尚未检查的顶点。
      memset(flags, -1, sizeof(flags));
      flags[source] = flag{UNCHECKED, -1, INF};
      queue<int> unchecked; unchecked.push(source);
      // 当汇点尚未被标记且队列非空时继续。
      while (flags[sink].status == UNLABELED && !unchecked.empty()) {
        // 检查与顶点 u 正向或反向连接的其他顶点 v。如果顶点 v 尚未被标号则予以标号。
        int u = unchecked.front(); unchecked.pop();
        for (int v = source; v <= sink; v++) {
          if (flags[v].status == UNLABELED) {
            // 当前弧为正向弧且流量未达到容量。
            if (arcs[u][v].capacity < INF &&
              arcs[u][v].flow < arcs[u][v].capacity) {
              flags[v].status = UNCHECKED, flags[v].parent = u;
              flags[v].alpha = min(flags[u].alpha,
                arcs[u][v].capacity - arcs[u][v].flow);
              unchecked.push(v);
            }
            // 当前弧为反向弧且有流量。
            else if (arcs[v][u].capacity < INF && arcs[v][u].flow > 0) {
              flags[v].status = UNCHECKED, flags[v].parent = -u;
              flags[v].alpha = min(flags[u].alpha, arcs[v][u].flow);
              unchecked.push(v);
            }
          }
        }
        // 顶点 u 已经标号且已经检查完毕。
        flags[u].status = CHECKED;
      }
      // 当标号过程未能到达汇点或者汇点的调整量为 0，表明已经不存在改进路。
      if (flags[sink].status == UNLABELED || flags[sink].alpha == 0) break;
      // 汇点有标号，根据汇点的改进量沿着改进路对容量网络进行调整。
      int v = sink, u = abs(flags[v].parent), delta = flags[v].alpha;
      while (true) {
        if (arcs[u][v].flow < INF) arcs[u][v].flow += delta;
        else arcs[v][u].flow -= delta;
        // 调整到源点，退出。
        if (u == source) break;
        v = u, u = abs(flags[u].parent);
      }
    }
    // 统计从源点流出的总流量。
    int maxFlow = 0;
    for (int u = source; u <= sink; u++)
      if (arcs[source][u].flow < INF)
        maxFlow += arcs[source][u].flow;
    return maxFlow;
}
//-------------------------------3.5.2.cpp-------------------------------//
```

可以证明，如果在标号过程中采用 BFS，则每次修正流 f 都是通过最短 f 增广路获得，则标号过程至多进行 $|V||E|/2$ 次即可获得最大流，因此标号法总的时间复杂度为 $O(|V||E|^2)$。为了简便，上述实现使用邻接矩阵来表示容量网络的有向弧，因此，时间复杂度会达到 $O(|V|^2|E|^2)$，对于顶点数量较多的图无法高效处理，容易导致超时。

强化练习

820 Internet Bandwidth[A]。

3.5.3 Edmonds-Karp 算法

Edmonds-Karp 算法是对标号法的改进，应用了残留容量和残留网络的概念[45]。

给定容量网络 $G=(V, E)$及可行流 f, 弧 $\langle u, v\rangle$ 上的残留容量（residual capacity）记为 $c_f(u, v)=c(u, v)-f(u, v)$。每条弧的残留容量表示该弧上可以增加的流量。从顶点 u 到顶点 v 的流量减少，等效于从顶点 v 到顶点 u 的流量增加。除了正向的残留容量 $c_f(u, v)$，还有反向的残留容量 $c_f'(v, u)=-f(u, v)$。

设有容量网络 $G=(V, E)$及其上的网络流 f，G 关于 f 的残留网络（residual network）记为 $G_f=(V_f, E_f)$，其中，G_f 的顶点集 V_f 和 G 的顶点集 V 相同，即 $V_f=V$，对于 G 中的任何一条弧 $\langle u, v\rangle$，如果 $f(u, v)<c(u, v)$，那么在 G_f 中有一条弧 $\langle u, v\rangle\in E_f$，其容量为 $c_f(u, v)=c(u, v)-f(u, v)$，如果 $f(u, v)>0$，则在 G_f 中有一条弧 $\langle v, u\rangle\in E_f$，其容量为 $c_f(v, u)=f(u, v)$。

残留网络 G_f 和原容量网络 G 有以下关系：令 f_1 是容量网络 $G=(V, E)$的可行流，f_2 是残留网络 G_f 的可行流，则 f_1+f_2 仍是容量网络 G 的一个可行流，且可行流的值$|f_1+f_2|=|f_1|+|f_2|$。

Edmonds-Karp 算法的具体步骤为：选定一个可行流作为初始流（一般选择零流），将容量网络表示成相应的残留网络，接着从源点 s 开始出发，沿着残留容量不为零的弧对残留网络进行广度优先遍历，如果遍历过程能够到达汇点 t，说明源点 s 和汇点 t 之间存在一条路径，该路径上弧的残留容量均大于零，也就意味着找到了一条增广路，按照此路径上的最小残留容量对原可行流进行增广，更新残留网络，再次进行广度优先遍历寻找增广路，直到某次遍历无法到达汇点 t，说明此时的残留网络不存在从源点 s 到汇点 t 的增广路，根据增广路定理，当前的可行流已经为最大流。由于在寻找增广路时使用的是广度优先搜索，得到的增广路在残留网络中具有最少的路径边数，因此属于最短增广路径（Shortest Augmenting Path，SAP）算法。可以使用如下代码来表示 Edmonds-Karp 算法的整个过程。

```
// 使用广度优先遍历寻找增广路，确定增广路的流量，更新残留网络，直到无法再找到增广路。
int edmondsKarp(arc *arcs, int source, int sink)
{
    int flow = 0;
    // 通过广度优先遍历确定是否存在从源点到汇点的路径。
    while (bfs(arcs, source, sink)) {
        // 确定增广路的容量，该容量由增广路上最小的残留容量确定。
        int volume = pathVolume(arcs, source, sink);
        // 更新当前可行流的流量。
        flow += volume;
        // 沿着增广路更新残留网络。
        augmentPath(arcs, source, sink, volume);
    }
    // 当前已不存在从源点到汇点的路径，返回最大流的流量。
    return flow;
}
```

为了更为方便地实现 Edmonds-Karp 算法，可将表示有向弧的结构体进行适当修改，增加相应的域来表示有向弧的容量和残留容量。由于在寻找增广路的过程中，关注的是增广路径和其上的瓶颈残留容量，对有向弧的取用顺序无特殊要求，故可使用链式前向星数据结构，将全部有向弧存储在数组中，把从某个顶点出发的有向弧构造成一个链表。

```
struct arc {
    int u, v;           // 有向弧的起始和终止顶点。
    int capacity;       // 弧的容量。
    int residual;       // 弧的残留容量。
    int next;           // 从顶点 u 出发的下一条有向弧在整个有向弧数组中的序号。
};
```

在建立顶点有向弧链表的过程中，与常规建立链表的顺序稍有不同，先发现的有向弧，位于链表的后端，后发现的有向弧，位于链表的前端，使用数组记录每个顶点最后发现的有向弧的序号。从有向弧在有向弧数组中的序号来看，链表中位于前端的有向弧其序号较大，之所以使用这种方式是因为在使用链表的过程中并不需要对链表进行双向遍历。在更新残留网络时，由于不仅要更新前向弧，还要更新后向弧，为了便于访问前向弧和其对应的后向弧（或者相反），此处使用了一个技巧：将正向弧和反向弧相邻存放，使得正向弧的序号始终为偶数，对应的反向弧序号为相邻的奇数。这样在更新容量网络的过程中，若需获取正向弧所对应的反向弧序号（或者相反），使用有向弧的序号与常数 1 进行“与或”（^）操作即可。

```
// 将有向弧添加到数组中，建立链表。
void addArc(int u, int v, int capacity)
{
   // 建立正向弧。
   arcs[idx] = (arc){u, v, capacity, capacity, head[u]};
   head[u] = idx++;
   // 建立反向弧。
   arcs[idx] = (arc){v, u, capacity, 0, head[v]};
   head[v] = idx++;
}
```

需要注意的是，如果给定的图是有向图，在将其转化为容量网络时，建立顶点 u 和 v 之间的有向弧 $\langle u, v\rangle$ 时，只需调用一次 addArc(u, v, capacity)。若给定的是无向图，则需要将顶点 u 和 v 之间的无向边转换为有向弧 $\langle u, v\rangle$ 和 $\langle v, u\rangle$，不仅需要调用 addArc(u, v, capacity)，还需调用 addArc(v, u, capacity)，这样才能够建立完整的容量网络。

以下是 Edmonds-Karp 算法的参考实现。初始时先构建容量网络所对应的残留网络，选择零流作为初始流，从源点出发，沿着残留容量为正的有向弧对残留网络进行广度优先遍历，如果发现从源点到汇点的路径，则存在增广路，确定增广路的流量，更新容量网络和当前可行流的流量，直到不存在增广路，返回最大流的流量。

```
//-----------------------------3.5.3.cpp-----------------------------//
const int INF = 0x7f7f7f7f;

struct arc { int u, v, capacity, residual, next; };

class EdmondsKarp
{
private:
   arc *arcs;
   int vertices, idx, source, sink, *head, *parent, *visited;

   // 使用广度优先遍历寻找从源点到汇点的增广路。
   bool bfs()
   {
      memset(parent, -1, vertices * sizeof(int));
      memset(visited, 0, vertices * sizeof(int));
      visited[source] = 1;
      queue<int> q; q.push(source);
      while (!q.empty()) {
         int u = q.front(); q.pop();
         if (u == sink) break;
         // 遍历以当前顶点为起点的有向弧链表，沿着残留容量为正的弧进行遍历。
         for (int i = head[u]; ~i; i = arcs[i].next)
            if (!visited[arcs[i].v] && arcs[i].residual > 0) {
               q.push(arcs[i].v);
               visited[arcs[i].v] = 1;
               // 注意路径记录的是有向弧的序号而不是顶点的序号。
               parent[arcs[i].v] = i;
            }
      }
      // 如果遍历未能到达汇点，表明不存在增广路，当前可行流已经为最大流。
      return visited[sink];
   }

   // 将流量网络还原到初始状态。
   void restoreFlowNetwork()
```

```
    {
        for (int i = 0; i < idx; i++) {
            if (i & 1) arcs[i].residual = 0;
            else arcs[i].residual = arcs[i].capacity;
        }
    }

public:
    // v 表示顶点的数量，e 表示边的数量，s 表示源点的序号，t 表示汇点的序号。
    EdmondsKarp(int v, int e, int s, int t)
    {
        vertices = v;
        head = new int[v], parent = new int[v], visited = new int[v];
        arcs = new arc[e];
        idx = 0, source = s, sink = t;
        memset(head, 0xff, vertices * sizeof(int));
    }

    ~EdmondsKarp() { delete [] head, parent, visited, arcs; }

    int maxFlow()
    {
        // 若需多次运行最大流算法，则在每次运行后，流量网络中的流量可能已经发生改变，
        // 故需将流量网络还原到初始状态。
        restoreFlowNetwork();
        // 使用 BFS 搜索增广路。
        int flow = 0;
        while (bfs()){
            // 确定增广路的流量并更新可行流及残留网络。
            int delta = INF;
            for (int i = parent[sink]; ~i; i = parent[arcs[i].u])
                delta = min(delta, arcs[i].residual);
            flow += delta;
            for (int i = parent[sink]; ~i; i = parent[arcs[i].u]) {
                arcs[i].residual -= delta;
                arcs[i ^ 1].residual += delta;
            }
        }
        return flow;
    }
};
//-------------------------------3.5.3.cpp-------------------------------//
```

Edmonds-Karp 算法每次使用 BFS 寻找增广路的时间复杂度为 $O(|E|)$，可以证明，对于整数容量网络，至多需要 $O(|V||E|)$次迭代即可获得最大流，故 Edmonds-Karp 的时间复杂度为 $O(|V||E|^2)$。在解题应用中，主要难点在于如何将问题建模成网络流问题，很多情况下，出题者会将题目“改头换面”，使得解题者不太容易一眼看出问题的底层模型为网络流。

563 Crimewave[C]（犯罪浪潮）

某镇的交通图由经路和纬路构成的方格网组成。作为重要的经贸中心，该镇建有多家银行——几乎每个交叉路口都有一家（但两家银行不会位于同一个交叉路口）。不幸的是，这也导致了很多劫案的发生。在这里，银行抢劫司空见惯，而且经常是一天发生好几起。这不仅对银行来说是一个大问题，对劫犯来说也是一样。在抢劫银行后，劫犯总会尝试驾车尽快逃离，在大多数时候，警察都会在后面展开高速汽车追捕。有些时候，两个逃跑的劫犯会经过同一个交叉路口，这会带来危险：撞车或者在同一地点警察太多而增加被捕的风险。

为了防止这种不愉快的事情发生，劫犯们一致同意提前计划逃跑路线。每个星期六的晚上，他们碰头并商议下周的计划，内容包括哪一天谁抢劫哪个银行，每天的逃跑路线方案等。两条逃跑路线不会使用同一个

交叉路口，有些时候因为上述条件的限制，他们未能成功制定计划，但是他们相信这样的计划应该存在。

给定一个大小为 $s \times d$ 的网格及被抢劫的银行所处的交叉口位置，确定是否存在可能的逃离路线方案，使得任意两条逃离路线不会在同一个交叉路口相会。

输入

输入的第 1 行包含一个数字 p，表示需要解决的问题数量。接下来每个问题的第 1 行包含 3 个数字，第 1 个数字 s（$1 \leqslant s \leqslant 50$）表示经路的数量，第 2 个数字 a（$1 \leqslant a \leqslant 50$）表示纬路的数量，第 3 个数字 b（$b \geqslant 1$）表示被抢劫的银行数。接下来的 b 行，每行给出了一个银行的位置信息，它由两个数字 x（表示银行所处经路的编号）和 y（表示银行所处纬路的编号），$1 \leqslant x \leqslant s$，$1 \leqslant y \leqslant a$。

输出

输出包含 p 行，如果存在一个方案，使得任意两条逃离路线不会发生在同一个交叉路口相会的情况，则输出 possible，否则输出 not possible。

样例输入

```
1
6 6 10
4 1
3 2
4 2
5 2
3 4
4 4
5 4
3 6
4 6
5 6
```

样例输出

```
possible
```

分析

本问题实质上是边不相交独立路径（independent and edge-disjoint paths）问题，可以将交叉路口视为有向图中的顶点，将问题建模成网络最大流予以解决。由于在逃脱过程中要求两条路线不能在同一个交叉路口相会，如果按照常规的方式在两个顶点间建立有向弧，将难以确保此要求的实现，此处可以使用“拆点技巧”（vertex splitting technique），即将一个顶点拆分为两个顶点，分别称之为“前点”和“后点”，在“前点”和“后点”间建立容量为 1 的前向弧和反向弧，这样在求最大流时，由于容量限制，“前点”和“后点”间的流量最大可能为 1，该流量要么沿着前向弧通过，要么沿着反向弧通过，而不可能同时在前向弧和反向弧上均有非零流量，由此得到的各条增广路均代表着一条逃离路线，这些增广路不会产生交会。建立源点 s，向每家银行所处交叉路口的“前点”建立正向弧，容量和残留容量均为 1，反向弧容量为 1，残留容量为 0；建立汇点 t，处于城镇边界上的交叉路口的“后点”向汇点 t 建立正向弧，容量和残留容量均为 1，反向弧容量为 1，残留容量为 0；其他每个顶点的“后点”与上下左右顶点的“前点”建立正向弧和反向弧，那么可以将问题归结为如上构造的容量网络的最大流是否能够满流的问题。只要求出该容量网络的最大流，检查是否和被抢劫的银行数量相等即可确定是否存在满足条件的逃跑路线方案。

在进行拆点操作时，“前点”的编号为$(x-1) \times avenues + y$，其中 x 为交叉路口的经路编号，y 为纬路编号，后点的编号在“前点”编号的基础上增加 $streets \times avenues$，这样可以不重复地标记拆分得到的顶点。源点的编号为 0，汇点的编号可以任意取，只要不与已有的顶点编号重复即可。例如，汇点可取编号为 $2 \times streets \times avenues + 1$。

参考代码

```
const int MAXV = 5100, MAXA = 31000, INF = 0x7f7f7f7f;

struct arc {
  int u, v, capacity, residual, next;
};
```

```
class EdmondsKarp
{
    // 代码省略，请参考前述给出的 Edmonds-Karp 算法代码实现。
};

int problem, streets, avenues, banks;

void createGraph(EdmondsKarp &ek)
{
    // 在源点和银行之间建立有向弧。
    for (int b = 1, x, y; b <= banks; b++) {
        cin >> x >> y;
        ek.addArc(0, (x - 1) * avenues + y, 1);
    }
    // 在交叉路口之间和交叉路口与汇点间建立有向弧。
    int offset[4][2] = {{1, 0}, {0, -1}, {-1, 0}, {0, 1}};
    int base = streets * avenues;
    for (int s = 1; s <= streets; s++)
        for (int a = 1; a <= avenues; a++) {
            int index = (s - 1) * avenues + a;
            // 将交叉路口拆分为前点和后点并建立有向弧。
            ek.addArc(index, base + index, 1);
            // 如果交叉路口不位于城镇的边界上，则每个交叉路口的后点向上下左右 4 个
            // 交叉路口的前点建立有向弧，否则在交叉路口的后点和汇点间建立有向弧。
            if (s > 1 && s < streets && a > 1 && a < avenues) {
                for (int f = 0; f < 4; f++) {
                    int ss = s + offset[f][0], aa = a + offset[f][1];
                    if (ss >= 1 && ss <= streets && aa >= 1 && aa <= avenues)
                        ek.addArc(base + index, (ss - 1) * avenues + aa, 1);
                }
            }
            else
                ek.addArc(base + index, 2 * streets * avenues + 1, 1);
        }
}

int main(int argc, char *argv[])
{
    cin >> problem;
    for (int p = 1; p <= problem; p++) {
        cin >> streets >> avenues >> banks;
        EdmondsKarp ek(MAXV, MAXA, 0, 2 * streets * avenues + 1);
        createGraph(ek);
        cout << (ek.maxFlow() == banks ? "possible" : "not possible") << '\n';
    }
    return 0;
}
```

强化练习

10092 The Problem With the Problem Setter^{B}，10249 The Grand Dinner^{B}，10511 Councilling^{D}，10779 Collector's Problem^{C}，11358 Faster Processing Feasibility^{E}。

扩展练习

1242 Necklace^{D}，10735 Euler Circuit^{D}，10983 Buy One Get the Rest Free^{D}。

提示

10249 The Grand Dinner 一题存在更为简单的贪心算法，但贪心算法的正确性似乎不容易证明。

10983 Buy One Get the Rest Free 可以使用二分搜索求解。

3.5.4 Dinic 算法

在 Edmonds-Karp 算法中，通过一次广度（或深度）优先遍历，只能确定一条增广路，之后沿着该增广路进行增广。Dinic 算法（或称 Dinitz 算法）[46][47]在残留网络上先使用广度优先遍历生成层次网络（layered network），之后使用一次深度优先遍历寻找阻塞流（blocking flow）以完成多次增广，由于 Dinic 算法能够在一次 BFS 基础生成的层次网络上使用 DFS 进行多次增广，在实践中效率一般比 Edmonds-Karp 算法要高。

知识拓展

Dinic 算法提出者为 Yefim Dinitz（计算机科学家，现居以色列），其发表的论文为了满足杂志稿件篇幅的要求（杂志为关于算法的权威俄文期刊，要求文章不超过 4 页），对文章进行了“压缩”，使得算法的描述较为晦涩难懂。Shimon Even 和 Alon Itai（均为计算机科学家）经过努力，在理解 Dinitz 论文的基础上，结合 Alexander Karzanov 的阻塞流思想（Karzanov 亦为计算机科学家，其论文和 Dinitz 的论文发表在同一杂志上，也仅为 4 页），使用 BFS 和 DFS“优美而精巧”地实现了 Dinitz 算法，并开始做关于 Dinitz 算法的报告，但在讲授时使用了 Dinic's algorithm 这个错误拼写的名称，不过后续由于使用非常广泛，Dinic 算法这个名称便“约定俗成”地沿用至今。

Dinic 算法可以概括为以下步骤。

（1）初始化容量网络和网络流。

（2）在残留网络上使用 BFS 构建层次网络，若汇点不在层次网络中，算法结束。

（3）在层次网络中寻找阻塞流，使用 DFS 进行多次增广。

（4）若未能找到阻塞流，算法结束，否则转到步骤（2）。

残留网络的概念已经在 Edmonds-Karp 算法中介绍，此处介绍层次网络和阻塞流的概念。层次网络实际上是按照流网络中各个顶点与源点的距离，将相同距离的顶点进行分层的预处理过程。进行此操作后，在每次使用 DFS 进行增广时，不再需要遍历每一个顶点以判断是否可能是增广路上的下一个顶点，而是根据层次网络，对当前顶点的邻接顶点进行筛选。在具体实现时，并不需要显式构建层次网络，只需获得各个顶点与源点的距离信息即可。如图 3-15 所示，在从源点 s 到汇点 t 的有向路径中，顶点 v_1、v_2、v_3 与源点具有相同的距离，故其位于层次网络的同一层 L_1。同理，v_4、v_5、v_6 位于层次网络中的 L_2，v_7、v_8、v_9 位于层次网络中的 L_3。在寻找增广路径时，当前顶点为 v_1 时，只需考虑层次比 v_1 大 1 的邻接顶点 v_4、v_5。

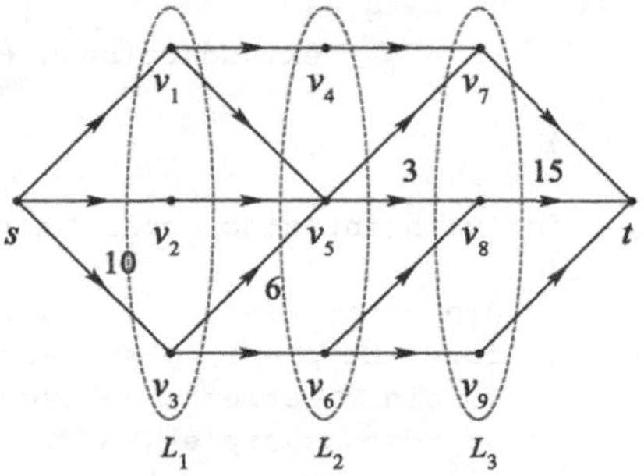

图 3-15　层次网络

阻塞流的概念也很容易理解。在增广过程中，位于增广路径上的顶点间的可用流量大小可能并不相等，增广路径所能利用的最大流量取决于该路的“瓶颈”流量，即可用流量最小的一条有向弧，这条有向弧所表示的流就成为阻塞流。注意，在考虑阻塞流时，只考虑正向弧，不考虑反向弧。如图 3-16 所示，在从源点 s 到汇点 t 的增广路径中，只考虑正向有向弧，则增广路 s - v_3 - v_5 - v_8 - t 的最大流量由有向弧 $\langle v_5, v_8\rangle$ 的残余容量所“阻塞”，故名“阻塞流”。

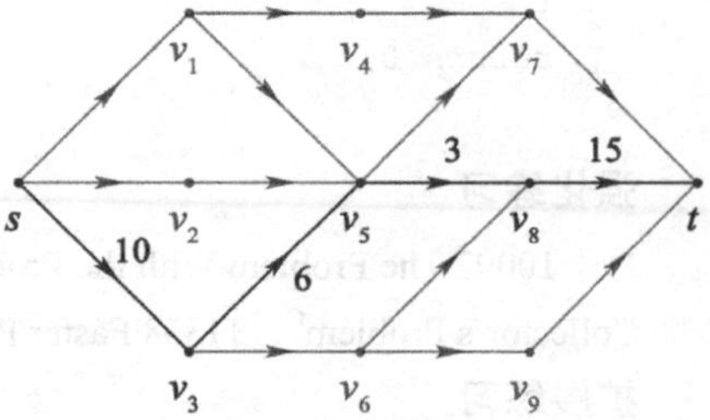

图 3-16　阻塞流

以下给出 Dinic 算法的参考实现。实现以类的形式给出，在使用时，需要将图的顶点数量、有向弧数量、源点序号、汇点序号作为参数进行类的初始化。如果需要反复使用该类，可增加一个初始化方法，以便在每次构建流量网络时将表示图的链式前向星数据结构重置。

```
//------------------------------3.5.4.cpp------------------------------//
const int INF = 0x7fffffff;
```

```
// 有向弧。
struct arc {
    int u, v, capacity, residual, next;
};

class Dinic
{
private:
    // 有向弧数组。
    arc *arcs;
    // vertices 表示顶点数量，source 为源点序号，sink 为汇点序号，idx 为弧序号计数器，
    // head 记录顶点关联弧在弧数组中的起始序号，dist 记录层次网络中顶点与源点的距离。
    int vertices, source, sink, idx,  *head, *dist;

    // 使用 BFS 对流网络进行分层。
    bool bfs()
    {
        memset(dist, -1, sizeof(int) * vertices);
        queue<int> q; q.push(source);
        dist[source] = 1;
        while (!q.empty()) {
            int u = q.front(); q.pop();
            // 到达汇点，直接退出分层过程。
            if (u == sink) break;
            for (int i = head[u]; ~i; i = arcs[i].next)
                // 沿着残余流量为正且未被标记的弧前进。
                if (arcs[i].residual > 0 && dist[arcs[i].v] < 0) {
                    dist[arcs[i].v] = dist[u] + 1;
                    q.push(arcs[i].v);
                }
        }
        return dist[sink] > 0;
    }

    // 使用 DFS 寻找阻塞流。
    int dfs(int u, int flow)
    {
        // 到达汇点，返回流的大小。
        if (u == sink) return flow;
        for (int i = head[u]; ~i; i = arcs[i].next) {
            int v = arcs[i].v, r = arcs[i].residual;
            // 在分层网络中沿着残余流量不为零的弧前进。
            if (dist[v] == (dist[u] + 1) && r > 0) {
                // 递归寻找阻塞流。
                int volume = dfs(v, min(r, flow));
                // 更新位于阻塞流上的正向弧和反向弧的容量。
                if (volume > 0) {
                    arcs[i].residual -= volume;
                    arcs[i ^ 1].residual += volume;
                    return volume;
                }
            }
        }
        return 0;
    }

public:
    // v 为顶点的数量，e 为有向弧的数量，s 为源点的序号，t 为汇点的序号。
    // 为了避免运行时错误，建议在设置 v 和 e 时都比实际需要稍大一些。
    Dinic(int v, int e, int s, int t)
    {
        arcs = new arc[e];
        vertices = v;
        source = s, sink = t;
        idx = 0, head = new int[v], dist = new int[v];
        memset(head, 0xff, sizeof(int) * v);
```

```
    }

    ~Dinic() { delete [] arcs, head, dist; }

    // 向流网络新增正向弧和反向弧。
    void addArc(int u, int v, int capacity)
    {
       arcs[idx] = (arc){u, v, capacity, capacity, head[u]};
       head[u] = idx++;
       arcs[idx] = (arc){v, u, capacity, 0, head[v]};
       head[v] = idx++;
    }

    // Dinic 算法求最大流。
    int maxFlow()
    {
       int flow = 0;
       while (bfs()) {
          while (int delta = dfs(source, INF))
             flow += delta;
       }
       return flow;
    }
};
//-------------------------------3.5.4.cpp-------------------------------//
```

构建层次网络，可以使用广度优先遍历予以完成，其时间复杂度为 $O(|E|)$，使用深度优先遍历寻找阻塞流的时间复杂度为 $O(|V|^2)$，因而 Dinic 算法的时间复杂度为 $O(|V|^2|E|)$。与 Edmonds-Karp 算法相比较，在实际应用中，由于流网络中的有向弧一般都比顶点的数量要多，因而 Dinic 算法的运行效率更高。如果采用动态树（dynamic tree）数据结构来实现 Dinic 算法，则寻找阻塞流的时间可以降低为 $O(|E|\log|V|)$，总的时间复杂度可降低为 $O(|V||E|\log|V|)$。

当前弧优化

为了进一步提高 Dinic 算法的效率，可以使用当前弧优化（current arc optimization）[1]。在使用 DFS 进行增广的过程中，某条弧被遍历后，在此轮增广过程中肯定不会再被使用，因此在遍历顶点的关联弧时不必每次从头开始，而是可以使用一个数组，记录每个顶点当前所使用弧的序号，在后续增广时从此弧开始寻找阻塞流，这样可以在一定程度上提高效率。需要注意以下两点：一是当前弧只作用于当前轮次的 DFS 增广，每构建一次层次网络，均需要重新初始化当前弧；二是记录的当前弧是上次使用完毕时的弧序号，下次遍历时仍需要从此弧序号开始，而不是从此弧序号的下一条弧开始。

```
class Dinic
{
private:
// 在变量声明中加入记录当前弧的数组。
    int vertices, source, sink, idx,  *head, *dist, *current;

public:
    Dinic(int v, int e, int s, int t)
    {
       // ...
       // 初始化时为记录当前弧的数组分配空间。
       idx = 0, head = new int[v], dist = new int[v], current = new int[v];
       // ...
    }

    ~Dinic() { delete [] arcs, head, dist, current; }
```

[1] 当前弧优化是 Ahuja 和 Orlin 发明的 ISAP 算法中提出的一种优化技巧，经过研究发现，Dinic 算法实际上可以看做是 ISAP 算法的一种特例，因此该优化技巧可以“无缝衔接式”地应用到 Dinic 算法中。

```
    int dfs(int u, int flow)
    {
        // ...
        // 记录当前弧。此处使用了取引用运算符，以便在更新 i 的同时更新 current[u]。
        for (int &i = current[u]; ~i; i = arcs[i].next) {
            // ...
        }
        // ...
    }

    int maxFlow()
    {
        int flow = 0;
        while (bfs()) {
            // 在每次构建层次网络之后、寻找阻塞流之前，都需要对当前弧进行初始化。
            for (int i = 0, i < vertices, i++) current[i] = head[i];
            while (int delta = dfs(source, INF))
                flow += delta;
        }
        return flow;
    }
}
```

强化练习

11380 Down Went The Titanic^{C}，12125 March of the Penguins^{D}。

扩展练习

11167 Monkeys in the Emei Mountain^{D}。

3.5.5 ISAP 算法

在前述介绍的 Edmonds-Karp 算法和 Dinic 算法中，如果使用 BFS 来确定增广路径，则寻找得到的增广路径在可行增广路径中具有最少的边数，因此被称为最短增广路径（Shortest Augmenting Path，SAP）算法。改进最短增广路径（Imporved Shortest Augmenting Path，ISAP）算法由 Ahuja 和 Orlin 提出，它是一种基于距离（distance-directed）的最大流算法[48]，相较于 Dinic 算法，虽然其时间复杂度同为 $O(|V|^2|E|)$，但使用相应的优化策略后，在实践中一般具有更短的运行时间，而且可以使用非递归予以实现，适合处理数据规模较大的最大流问题。下面简要介绍此算法并给出参考实现。

在残留网络中，相对于有向弧 $\langle u, v\rangle$ 的残余容量 r_{u-v}，可以定义距离函数 d: $V \to \mathbb{Z}^+$，即定义一个将顶点映射到非负整数的函数 d。进一步地，将残留网络中某个顶点 u 的距离函数值 $d(u)$称作 u 的距离标号。如果距离函数 d 满足以下两个条件，则称该距离函数 d 是有效的（valid）。

（1）对于汇点 t，有 $d(t) = 0$，即汇点 t 的距离标号为 0。

（2）对于残留网络中每条可用流量 r_{u-v} 大于零的弧 $\langle u, v\rangle$，满足 $d(u) \leqslant d(v) + 1$。

距离标号实际上给出了残留网络中顶点 u 与汇点 t 最短距离的下限。如果对于残留网络的任意一个顶点 u 来说，其距离标号 $d(u)$恰等于从顶点 u 到汇点 t 的最短距离，则称距离函数 d 是精确的（exact）。可以证明，对于源点 s 来说，一旦 $d(s) \geqslant |V|$，则表明在残留网络中不存在从源点 s 到达汇点 t 的增广路径。

对于残留网络中的一条有向弧 $\langle u, v\rangle$ 来说，如果它满足条件 $d(u) = d(v) + 1$，则称该有向弧为允许弧（admissible arc），其他不满足条件 $d(u) = d(v) + 1$ 的有向弧称为非允许弧（inadmissible arc）。如果一条从源点 s 到汇点 t 的路径均由允许弧构成，那么这条路径称为允许路径（admissible path）。实际上，允许路径是从源点 s 到汇点 t 的一条最短路径，由于允许路径上的每条弧都满足残余容量 r_{u-v} 大于零的条件，因此允许路径构成了一条最短增广路径。

以下是 ISAP 算法的伪代码表示[1]。算法维护了一条不完整的允许路径（partial admissible path），这条路径从源点 s 出发，到达某个顶点 u，中间由允许弧构成路径的主体。算法基于此条路径的最后一个顶点——称为当前顶点（current node）——执行前进（advance）和后退（retreat）操作。如果从当前顶点出发存在允许弧 $\langle u, v\rangle$，算法执行前进操作，将此允许弧添加到路径的末端，否则，算法执行后退操作，将路径末端的弧删除，同时对当前顶点的距离标号执行更新操作。如果路径到达汇点 t，表明寻找到一条可以用于增广的路径，算法执行增广操作，更新最大流的流量及残留网络本身。若在算法过程中发现 $d(s) \geq |V|$，表明在残留网络中已不存在从源点 s 到汇点 t 的可行增广路径，算法结束。

```
algorithm IMPROVED-SHORTEST-AUGMENTING-PATH
x←0
Perform a (reverse) breadth-first search of the residual network
starting with the sink node to compute exact distance labels d(u)
u←0
while d(s)<n
  do if Gx contains an admissible arc <u,v>∈ Ex(u)
        then ADVANCE(u)           // 发现允许弧，执行“前进”操作。
           if u=t                 // 到达汇点，发现一条允许路径。
             then AUGMENT         // 执行“增广”操作。
                  u←s             // 开始寻找下一条允许路径。
        else RETREAT(u)           // 从 u 出发未发现允许弧，执行“回退”操作。
return x

procedure ADVANCE(u)
let <u,v> be an admissible arc in Ex(u)
π(v)←u      // 维护前驱列表。
u←v         // 更新顶点 v 为当前顶点。

procedure RETREAT(u)
d(u)←1+min{d(v):u,v∈ Ex(u)}     // 重标记距离标号。
if u≠s
 then u←π(u)    // 回溯。

procedure AUGMENT
using the predecessor indices π identity an augmenting path P
δ←min{r_{u-v}:<u,v>∈ P}
augment δ units of flow along P
update Gx (or, Ex)
```

Ahuja 和 Orlin 在论文中建议应用一种被人们称为当前弧优化（current arc optimization）技巧来提高算法的运行效率。在算法中，维护一个有向弧列表 *Arcs*(u)，*Arcs*(u)包含从顶点 u 出发的全部有向弧。可以使用任意的顺序来安排有向弧在 *Arcs*(u)中的位置，一旦确定后即保持有向弧的顺序固定不变。为每个顶点 u 定义一条当前弧（current arc），当前弧表示在 *Arcs*(u)中将被进行“是否满足允许弧约束”测试的那条有向弧。在初始的时候，顶点 u 的当前弧是 *Arcs*(u)中的第 1 条弧，使用允许弧的约束条件对该有向弧进行测试，检查其是否满足条件，如果不满足条件，将 *Arcs*(u)中的下一条有向弧作为当前弧。算法重复该过程，直到出现以下两种情形之一：要么发现 1 条允许弧，要么到达列表的末端。在后一种情形中，算法宣布 *Arcs*(u)不包含允许弧，接着算法重新将 *Arcs*(u)的第 1 条弧作为当前弧，执行后退操作，并重标记顶点 u 的距离标号。由于避免了每次执行后退操作时都从 *Arcs*(u)的第 1 条弧开始寻找允许弧，因此能够在一定程度上提升算法的运行效率。Ahuja 和 Orlin 在论文中论证了 Dinic 算法和 ISAP 算法的关联，证明 Dinic 算法实际上是 ISAP 算法在某种条件下的特例，因此当前弧优化可以应用于较早提出的 Dinic 算法中。

Ahuja 和 Orlin 还建议对算法应用一种被人们称为间隙优化（gap optimization）的技巧来提高运行效率[49]，实践证明，该优化在绝大多数情况下都非常有效。观察算法的执行过程，如果不提前退出主循环，算法在发现最大流后仍然会进行很多无用的距离重标记操作，如果能够提前结束算法，自然能够带来效率的提升。

[1] 在 Ahuja 和 Orlin 的论文中，伪代码由 4 个步骤（procedure）构成：主循环（main cycle）、前进（advance）、后退（retreat）、增广（augment）。

基于这个原因，可以考虑引入一个大小为$|V|+1$的一维数组 *gap*，其下标从 0 到$|V|$，数组元素 *gap*[*i*]表示距离标号为 *i* 的顶点数量。算法在初始时通过 BFS 来确定顶点的距离标号，从而为数组 *gap* 赋予初值。初始化完成后，数组 *gap* 中的元素值具有如下特征：数组中值为正整数的元素必定是连续的，也就是说，一定存在某个序号 *j*，对于 *gap*[0], *gap*[1], …, *gap*[*j*]来说，其值均为正整数，而对于大于序号 *j* 的数组元素，其值为 0。当算法执行回退操作，需要为有向弧$\langle u, v\rangle$的起始顶点 *u* 更新其距离标号，如果将顶点 *u* 的距离标号从 *x* 增加到 *y*，则将数组元素 *gap*[*x*]的值减少 1，同时将数组元素 *gap*[*y*]的值增加 1，再检查 *gap*[*x*]是否为 0，如果 *gap*[*x*]为 0，即距离标号为 *x* 的顶点数量为 0，表明距离标号在 *gap* 数组中出现了"断层"，亦即"间隙"。可以证明，在此种情况下，残留网络中已不存在增广路，当前的可行流已经为最大流，算法可以安全地终止。间隙优化在某种程度上来说属于一种启发式优化技巧，但实验表明，相较于 Edmonds-Karp 算法和 Dinic 算法，间隙优化对 ISAP 算法的效率提升确实非常明显。可能原因是 Edmonds-Karp 算法和 Dinic 算法的时间复杂度上界都是比较紧的，而 ISAP 算法的时间复杂度上界则比较松。

以下是 ISAP 算法的非递归参考实现，使用链式前向星表示图，加入了当前弧优化和间隙优化来提高运行效率。

```
//-----------------------------3.5.5.1.cpp--------------------------------//
const int MAXV = 1010, MAXE = 1 << 20, INF = 0x7fffffff;

struct arc
{
   int u, v, capacity, residual, next;
} arcs[MAXE];

struct ISAP
{
   int idx, vertices, source, sink;
   int head[MAXV], d[MAXV], father[MAXV], current[MAXV], gap[MAXV];

   // 注意：在使用 ISAP 算法之前，需要使用该方法进行初始化。
   // V 表示残留网络中顶点的数量，S 为源点的序号，T 为汇点的序号。
   void initialize(int V, int S, int T)
   {
      idx = 0;
      vertices = V, source = S, sink = T;
      memset(head, -1, sizeof(head));
   }

   // 向残留网络添加有向弧的方法。
   void addArc(int u, int v, int capacity)
   {
      arcs[idx] = (arc){u, v, capacity, capacity, head[u]};
      head[u] = idx++;
      arcs[idx] = (arc){v, u, capacity, 0, head[v]};
      head[v] = idx++;
   }

   // 以汇点为起点，使用 BFS 确定各个顶点的精确距离标号。
   bool bfs()
   {
      int u, v;
      for (int i = 0; i < vertices; i++) d[i] = vertices;
      queue<int> q;
      q.push(sink);
      d[sink] = 0;
      while (!q.empty()) {
         u = q.front(); q.pop();
         for (int i = head[u]; ~i; i = arcs[i].next) {
            v = arcs[i].v;
```

```
            if (d[v] == vertices && arcs[i ^ 1].residual) {
               d[v] = d[u] + 1;
               q.push(v);
            }
         }
      }
      // 初始化间隙数组。
      memset(gap, 0, sizeof(gap));
      for (int i = 0; i < vertices; i++) gap[d[i]]++;
      return d[source] < vertices;
   }

   int maxFlow()
   {
      int u, v, advanced, volume = INF, flow = 0;
      // 若无法建立有效的距离标号则退出。
      if (!bfs()) return flow;
      // 初始化当前弧。
      memcpy(current, head, sizeof(head));
      // 以源点为起点构建增广路径。
      u = father[source] = source;
      while (d[source] < vertices) {
         advanced = 0;
         // 从当前顶点出发寻找允许弧，使用变量引用技巧同步更新当前弧。
         for (int &i = current[u]; ~i; i = arcs[i].next) {
            v = arcs[i].v;
            if (d[u] == (d[v] + 1) && arcs[i].residual) {
               // 执行前进操作。
               father[v] = u, u = v;
               volume = min(volume, arcs[i].residual);
               if (v == sink) {
                  // 增广，更新最大流和残留网络。
                  flow += volume;
                  for (u = father[v]; u != source; u = father[u]) {
                     arcs[current[u]].residual -= volume;
                     arcs[current[u] ^ 1].residual += volume;
                  }
                  volume = INF;
               }
               advanced = 1;
               break;
            }
         }
         if (advanced) continue;
         // 执行回退操作。
         int dist = vertices - 1;
         for (int i = head[u]; ~i; i = arcs[i].next)
            if (arcs[i].residual && d[arcs[i].v] < dist) {
               dist = d[arcs[i].v];
               current[u] = i;
            }
         // 间隙优化。
         if (--gap[d[u]] == 0) break;
         d[u] = dist + 1, ++gap[d[u]];
         u = father[u];
      }
      return flow;
   }
};
//------------------------------3.5.5.1.cpp------------------------------//
```

以下是 ISAP 算法的递归形式实现，形式上与 Dinic 算法的参考实现类似，相较于之前给出的非递归实现来说，代码显得更为紧凑，不过在可理解性上会要稍弱一些。

```
//-------------------------------3.5.5.2.cpp-------------------------------//
const int MAXV = 1010, MAXE = 1 << 20, INF = 0x7fffffff;

struct arc
{
   int u, v, capacity, residual, next;
} arcs[MAXE];

struct ISAP
{
   int idx, vertices, source, sink;
   int head[MAXV], d[MAXV], father[MAXV], current[MAXV], gap[MAXV], q[MAXV];

   void initialize(int V, int S, int T)
   {
      idx = 0;
      vertices = V, source = S, sink = T;
      memset(head, -1, sizeof(head));
   }

   void addArc(int u, int v, int capacity)
   {
      arcs[idx] = (arc){u, v, capacity, capacity, head[u]};
      head[u] = idx++;
      arcs[idx] = (arc){v, u, capacity, 0, head[v]};
      head[v] = idx++;
   }

   bool bfs()
   {
      int u, v, front, rear;
      // 初始化相关变量。
      memset(d, 0, sizeof(d));
      memset(gap, 0, sizeof(gap));
      memcpy(current, head, sizeof(head));
      // 与前述非递归实现不同，此处汇点的距离标号定为 1。
      gap[d[sink] = 1]++;
      // 将汇点作为 BFS 的起点放入队列中。
      q[front = rear = 0] = sink;
      // 执行 BFS。
      while (front <= rear) {
         u = q[front++];
         for (int i = head[u]; ~i; i = arcs[i].next) {
            v = arcs[i].v;
            if (!d[v] && arcs[i ^ 1].residual) {
               gap[d[v] = d[u] + 1]++;
               q[++rear] = v;
            }
         }
      }
      // 返回源点是否可达。
      return d[source] <= vertices;
   }

   int dfs(int u, int volume)
   {
      if (u == sink) return volume;
      int flow = 0;
      // 使用变量引用技巧同步更新当前弧。
      for (int &i = current[u]; ~i; i = arcs[i].next) {
         int v = arcs[i].v;
         if (d[u] == d[v] + 1 && arcs[i].residual) {
```

```
            // 沿着允许弧前进，利用递归的“隐式栈”更新最大流和残留网络。
            int tmp = dfs(v, min(volume, arcs[i].residual));
            flow += tmp, volume -= tmp;
            arcs[i].residual -= tmp, arcs[i ^ 1].residual += tmp;
            if (!volume) return flow;
        }
    }
    // 间隙优化。
    if (!(--gap[d[u]])) d[source] = vertices + 1;
    gap[++d[u]]++, current[u] = head[u];
    return flow;
}

int maxFlow()
{
    if (!bfs()) return 0;
    int flow = dfs(source, INF);
    // 由于汇点的距离标号定为 1，故此处不等式需要加上等号。
    while (d[source] <= vertices) flow += dfs(source, INF);
    return flow;
}
};
//------------------------------3.5.5.2.cpp------------------------------//
```

强化练习

10330 Power Transmission[A]。

3.5.6　最小截问题

在容量网络 $G=(V,E)$中，设 E'是 E 的子集，如果在 G 的基图中删去 E'后不再连通，则称 E'是 G 的截（cut）。截将 G 的顶点集 V 划分为两个子集 S 和 $T=V-S$，将截记为(S,T)。如果截所划分成两个子集满足源点 V_s 在顶点集 S 中，汇点 V_t 在顶点集 T 中，则称该截为 $S-T$ 截。根据顶点归属集合的不同，将截(S,T)中的弧 $\langle u,v\rangle$，$u\in S$，$v\in T$，称为截的前向弧，而将弧 $\langle u,v\rangle$，$u\in T$，$v\in S$ 称为截的反向弧。在以上定义的基础上，可以定义以下若干概念。

截的容量（capacity of cut）：设(S,T)为容量网络 $G=(V,E)$的截，其容量为所有前向弧的容量之和，记为 $c(S,T)$，可以表示为

$$c(S,T)=\sum c(u,v),\ u\in S,\ v\in T,\ \langle u,v\rangle\in E$$

最小截（minimum cut）：容量网络 $G=(V,E)$的最小截是指容量最小的截。

截的净流量（flow of cut）：设 f 是容量网络 $G=(V,E)$的一个可行流，(S,T)是 G 的截，定义截的净流量 $f(S,T)$为

$$f(S,T)=\sum f(u,v),\ u\in S,\ v\in T,\ \langle u,v\rangle\in E\text{或}\langle v,u\rangle\in E$$

反向弧的流量在统计截的净流量时为负值，统计截的容量时，不计入反向弧的容量。

在一个容量网络 $G=(V,E)$中，设有任意一个流为 f，关于 f 的任意一个截为(S,T)，则 f 的流量等于截(S,T)的净流量，且小于或者等于截(S,T)的容量。

最大流最小截定理（max-flow min-cut theorem）：给定容量网络 $G=(V,E)$，其最大流的流量等于最小截的容量。

设容量网络 $G=(V,E)$的一个可行流为 f，根据上述定理，可以得出以下 4 个命题是等价的。

（1）f 是容量网络 G 的最大流。

（2）$|f|$等于容量网络最小截的容量。

（3）容量网络中不存在增广路。

（4）残留网络 G_f 中不存在从源点到汇点的路径。

根据最大流最小截定理，如果需要求最小截的容量，则可以将其转化为网络最大流问题进行求解。如果还需要进一步知道最小截由哪些边构成，或者需要求出最小截将顶点划分为哪两个子集，则可按照下述方法求解：根据网络最大流的求解思路，当在残留网络中从源点 V_s 出发无法遍历汇点时，所求得的网络流就是最大流，此时，从源点 V_s 能遍历到的顶点就构成最小截(S, T)中的顶点集合 S，其余顶点构成顶点集合 T，因此，可以先求得网络最大流，然后在残留网络 G' 中，从源点 V_s 出发，使用 DFS，将遍历到的顶点加入集合 S，其余未遍历到的顶点加入集合 T，那么连接 S 和 T 的所有弧构成了容量网络的一个最小截(S, T)。在最小截(S, T)中的所有前向弧在网络最大流中一定是饱和弧，但饱和弧不一定就是最小截中的弧。

强化练习

1515 Pool Construction[D]，10480 Sabotage[B]，11506 Angry Programmer[C]。

扩展练习

10982 Troublemakers[D]。

提示

10982 Troublemakers 对应图论中的最大截问题（max-cut problem），最大截问题为 NP 难问题，目前尚未发现有效算法。有两种解题方法：（1）随机算法。将学生随机分配到两个班中，最后检查分配方案是否符合要求，如果符合则予以输出。（2）贪心算法。将学生逐个分配到两个班中，原则是与已分配到某班中的学生构成的配对越少就分配到哪个班，实际上，贪心算法是随机算法使用条件概率去随机化后得到的算法。需要注意，根据最大截定理，对于无向图 $G = (V, E)$，至少有$|E|/2$ 条边是截，因此，在题目给定条件下，总是存在符合要求的分配方案。

3.5.7 最小费用最大流问题

在一般的最大流问题中，考虑的仅仅是有向边的流量，如果有向边不仅拥有流量还赋予了另外的边权属性——该属性表示该有向边的一种“费用”属性，例如价值、距离、高度，等等，在求解最大流时，不仅需要流量最大，而且要求所使用的费用最小，此即最小费用最大流（min cost max flow，MCMF）问题。MCMF 问题和 MF 问题的求解，其基本框架是一致的，都是不断地寻找增广路直到不能继续进行增广为止，不同之处在于 MCMF 问题在寻找增广路时，每次都是寻找费用最小的增广路。可以证明，只要每次寻找的都是费用最小的增广路，则最后得到的就是最小费用最大流。寻找最小费用增广路相当于在加权图中寻找单源最短路径。MCMF 问题的建模和一般网络流问题建模步骤类似，其中的差别是“费用”的处理，对于正向弧来说，“费用”是正值，但是在对应的反向弧中，“费用”需要设置为相应的负值，因为经过反向弧时，总费用应该是抵消而不是增加，也就是说，建模得到的容量网络存在负权边，在包含负权边的图中寻找最短路径需要使用 Bellman-Ford 算法，而不能使用 Moore-Dijkstra 算法。

10806 Dijkstra, Dijkstra.[B]（狄克斯特拉，狄克斯特拉。）

两名犯人准备越狱，他们计划沿着街道到达火车站然后乘车离开。为了尽量避人耳目，两名犯人到达火车站的路径不能经过同一条街道两次。经过每条街道都需要一定时间，如果存在满足要求的逃离方案，输出最少的用时。所用时间指两名犯人从监狱到达火车站所花费的时间之和。两名犯人不能同时逃离，只有当第 1 名犯人到达火车站之后，第 2 名犯人才能从监狱出发。

输入

输入包含多组测试数据，每组测试数据以整数 n（$2 \leqslant n \leqslant 100$）开始，表示十字路口的数量，监狱位于十字路口 1，火车站位于十字路口 n。接着是一个整数 m，表示街道的数量，之后的 m 行给出每条街道的信息，每行由 3 个整数构成，分别表示该条街道所连接的十字路口编号和穿过此条街道所需花费的时间（单位为秒），所有街道的穿越时间不会超过 1000 秒或者小于 1 秒，每条街道连接不同的两个十字路口，而且不同十字路口之间最多只有一条街道连接。输入最后一行为 0。

输出

如果存在满足要求的逃离方案，输出最少的用时，如果不存在，输出 Back to jail。

样例输入

```
3
3
1 3 10
2 1 20
3 2 50
0
```

样例输出

```
80
```

分析

简单来说，题目给定了一个加权无向图，要求从指定点出发，找到两条边不重合路径到达指定终点，并计算最小边权和。可以将其建模为 MCMF 问题加以解决。此处需要注意“费用”的处理，正向弧“费用”表示的是穿越某条街道所花费的时间，为正值，反向弧的“费用”则是花费时间的相反值，为负值。之后应用 SPFA 寻找最小费用增广路，反复增广直到不存在增广路，最后所得即为最小费用最大流。

参考代码

```
const int MAXV = 110, MAXE = 20100, INF = 0x7f7f7f7f;

struct arc { int u, v, capacity, residual, cost, next; } arcs[MAXE];

int idx, source, sink, dist[MAXV], head[MAXV], parent[MAXV], visited[MAXV];
int n, m, fee, flow;

bool spfa()
{
   for (int i = 0; i < MAXV; i++)
      dist[i] = INF, parent[i] = -1, visited[i] = 0;
   dist[source] = 0, visited[source] = 1;
   queue<int> q; q.push(source);
   while (!q.empty()) {
      int u = q.front(); q.pop(); visited[u] = 0;
      for (int i = head[u]; ~i; i = arcs[i].next) {
         arc e = arcs[i];
         if (e.residual > 0 && dist[e.v] > dist[u] + e.cost) {
            dist[e.v] = dist[u] + e.cost;
            parent[e.v] = i;
            if (!visited[e.v]) {
               q.push(e.v);
               visited[e.v] = 1;
            }
         }
      }
   }
   return dist[sink] < INF;
}

void addArc(int u, int v, int capacity, int cost)
{
   arcs[idx] = (arc){u, v,  capacity, capacity, cost, head[u]};
   head[u] = idx++;
   arcs[idx] = (arc){v, u, capacity, 0, -cost, head[v]};
   head[v] = idx++;
}

void mcmf()
{
```

```
    fee = flow = 0;
    while (spfa()) {
        int delta = INF;
        for (int i = parent[sink]; ~i; i = parent[arcs[i].u])
            delta = min(delta, arcs[i].residual);
        flow += delta, fee += delta * dist[sink];
        for (int i = parent[sink]; ~i; i = parent[arcs[i].u]) {
            arcs[i].residual -= delta;
            arcs[i ^ 1].residual += delta;
        }
    }
}

int main(int argc, char *argv[])
{
    int u, v, t;
    while (cin >> n, n > 0) {
        idx = 0, source = 0, sink = n;
        memset(head, -1, sizeof(head));
        cin >> m;
        for (int i = 1; i <= m; i++) {
            cin >> u >> v >> t;
            addArc(u, v, 1, t);
            addArc(v, u, 1, t);
        }
        addArc(0, 1, 2, 0);
        mcmf();
        if (flow < 2) cout << "Back to jail\n";
        else cout << fee << '\n';
    }
    return 0;
}
```

强化练习

10594 Data Flow[C]，11301 Great Wall of China[D]。

3.6 边独立集与二部图匹配

设非空无向图 $G=(V, E)$，取边集 $E(G)$的非空子集 M，若 M 中任何两条边均不相邻，则称 M 为 G 的边独立集（edge independent set）。在解题应用中，一般需要求解极大边独立集和最大边独立集，其目标是将图中尽可能多相互独立的边包含到 M 中，同时使 M 符合边独立集的定义。若在 M 中加入一条属于 $E(G)\backslash M$ 的边后，所得到的集合 M'不再满足边独立集的定义，则称 M 为极大边独立集。最大边独立集则容易理解，顾名思义，它是指具有最大边数的边独立集。将图 G 中最大边独立集所包含的边数称为边独立数（edge independent number），记做 $\alpha(G)$。需要注意，极大边独立集不一定是最大边独立集，而最大边独立集一定是极大边独立集。如图 3-17 所示，$\{e_4, e_7\}$是边独立集但不是极大边独立集，也不是最大边独立集；$\{e_2, e_5\}$是极大边独立集，但不是最大边独立集，$\{e_1, e_4, e_7\}$和$\{e_3, e_5, e_8\}$是最大边独立集同时也是极大边独立集，由此可知，图的最大边独立集可能不唯一。

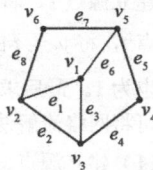

图 3-17 边独立集、极大边独立集和最大边独立集

通过观察图 3-17 可以发现，边独立集等价于将顶点集 $V(G)$中的顶点进行“配对”，“顶点对”之间相互独立，不会发生重叠，因此，有的文献也将边独立集称为 G 的匹配（matching），进而将图 G 中最大边独立集所包含的边数称为匹配数（matching number），记做 $\alpha'(G)$。还有的文献则从饱和点（saturated vertex）的角度来引入匹配和完备匹配的概念。将图 G 中与边集 M 中边关联的顶点称为 M 饱和点，反之，称为 M 非饱和点（unsaturated vertex）。

令顶点集 X 是 $V(G)$的非空子集，若 X 中的每个顶点都是 M 饱和点，则称 M 饱和 X，若 M 饱和 $V(G)$，则称 M 为 G 的完备匹配（perfect matching，又称完美匹配），若对 G 的任何匹配 M'均有$|M'|\leqslant|M|$，则称 M 为 G 的最大匹配（maximum matching）。显然每个完备匹配都是最大匹配，但最大匹配不一定是完备匹配，如图 3-18 所示，其中实线表示该边属于匹配，虚线表示该边不属于匹配。在本书的后续行文中，均以匹配来指代边独立集。

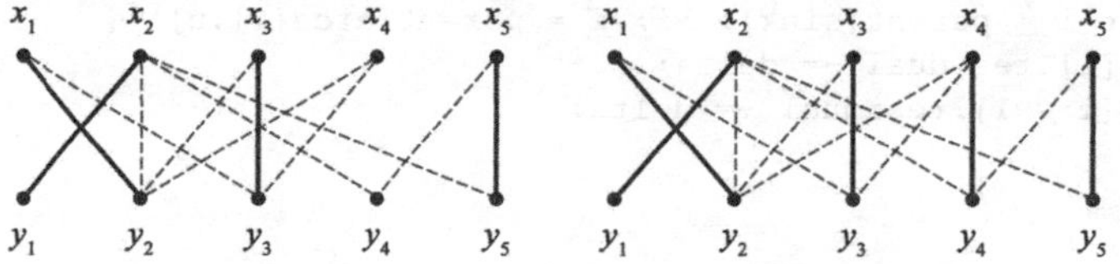

（a）最大匹配　　（b）完备匹配

图 3-18　最大匹配和完备匹配

若图 G 的顶点集 V 能划分为两个非空子集 X 和 Y，使得 X 中任意两个顶点之间无边相连，并且 Y 中任意两个顶点之间也无边相连，则称该图为二部图（bipartite graph），与此同时，将$\{X, Y\}$称为二部划分（bipartition）。如果图 G 不包含奇圈，则可对图 G 进行二着色，也就意味着可以对图 G 进行二部划分，亦即图 G 为二部图。二部划分为$\{X, Y\}$的二部图即为$(X\cup Y, E)$，如果$|X| = |Y|$，则$(X\cup Y, E)$称为等二部图（equally bipartite graph）。对于给定的简单二部图$(X\cup Y, E)$，如果 X 中的每个顶点和 Y 中的每个顶点均有边相连，则称该二部图为完全二部图（complete bipartite graph），如图 3-19 所示。

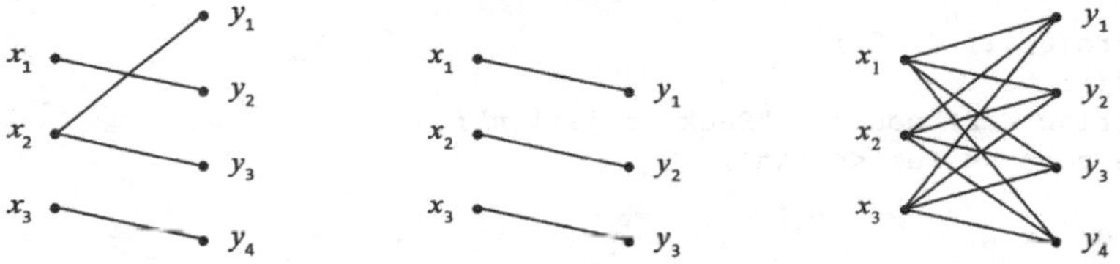

（a）二部图　　（b）等二部图　　（c）完全二部图

图 3-19　二部图分类

二部图匹配实际上来源于人员安排问题（personnel assignment problem），可简要叙述如下：某工厂有 m 名工人 $x_1, x_2, \cdots, x_m$，每名工人能够从事 n 个工种 $y_1, y_2, \cdots, y_n$ 中的若干种，限制每名工人同一段时间只能从事一个工种，为了使尽可能多的工种有工人从事，问如何安排工人和工种之间的对应关系，使得该段时间内有工人从事的工种数量最大。人员安排问题可以转化为图论中的二部图匹配问题，并存在相应的有效算法予以解决。

3.6.1　网络流解法

可以将二部图匹配问题转化为网络最大流问题进行解决。设二部图为 $G = (V, E)$，它的顶点集 V 所包含的两个子集为 $X = \{x_1, x_2, \cdots, x_m\}$和 $Y = \{y_1, y_2, \cdots, y_n\}$，如果把二部图视为一个容量网络，边$(x_i, y_j)$对应网络中的弧$\langle x_i, y_j\rangle$，则在求最大匹配时要保证从顶点 x_i 出发的边最多只选一条，进入顶点 y_j 的边最多也只选一条。建立源点 s，将 s 到 x_i 的弧$\langle s, x_i\rangle$的容量设定为 1，这样就能保证从顶点 x_i 出发的边最多只选一条；建立汇点 t，将 y_j 至 t 的弧$\langle y_j, t\rangle$的容量设定为 1，这样就能保证进入顶点 y_j 的边最多也选一条，弧$\langle x_i, y_j\rangle$的容量也为 1。最后求建立的容量网络的最大流即可，如图 3-20 所示。

可将网络流解法具体求解步骤归纳如下。

（1）建立源点 s 和汇点 t。

（2）从 s 向 X 的每一个顶点 x_i 都建立一条有向弧，从 Y 的每一个顶点 y_j 向 t 建立一条有向弧。

（3）图 G 中的边都改成有向弧，方向从 X 的顶点 x_i 指向 Y 的顶点 y_j。

（4）将所有有向弧的容量都设定为 1。

（5）求构造得到的容量网络 G'的最大流 F。

（6）在最大流 F 中，检查从 X 的顶点 x_i 指向 Y 的顶点 y_j 的弧集合，其中流量为 1 的弧对应着二部图中最大匹配的边，最大流 F 的流量对应二部图的最大匹配的边数。

上述方法特别适合于求解某些具有特殊条件限制的二部图匹配问题，因为可以方便地将约束转换为流量网络中的容量限制。需要注意，在使用网络流算法求解二部图匹配问题时，一般需要根据题目测试数据的规模来选用不同时间复杂度的最大流算法。

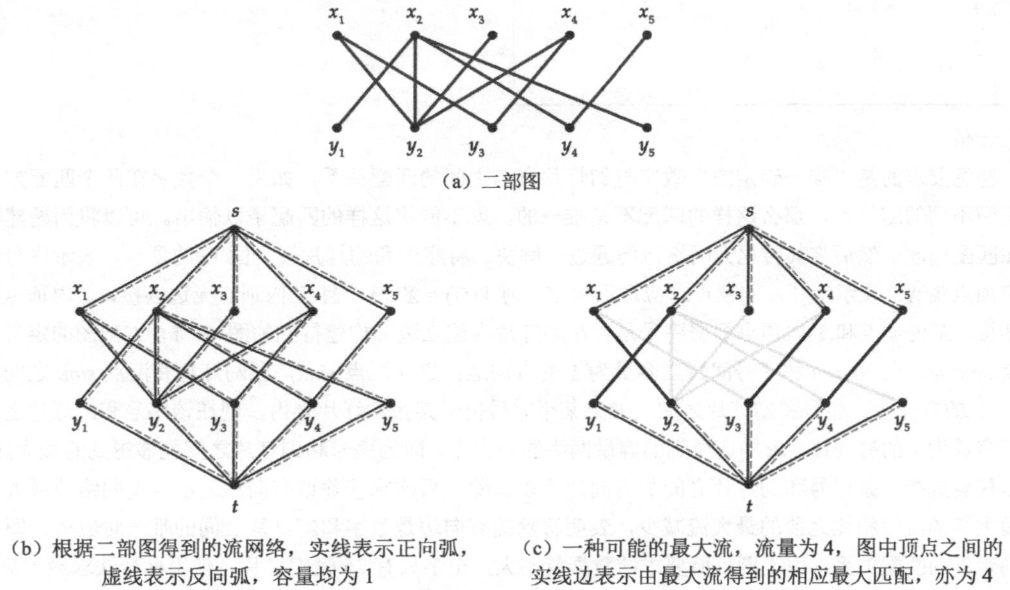
x_1
x_2
x_3
x_4
x_5
y_1
y_2
y_3
y_4
y_5
（a）二部图
s
t
（b）根据二部图得到的流网络，实线表示正向弧，虚线表示反向弧，容量均为 1
（c）一种可能的最大流，流量为 4，图中顶点之间的实线边表示由最大流得到的相应最大匹配，亦为 4

图 3-20　网络流解法

663 Sorting Slides[D]（幻灯片排序）

Clumsey 教授今天下午有一堂重要的授课。不巧的是，教授不是一个非常有条理的人，他把所有的幻灯片堆成了一大摞，而在讲课之前，需要将这些幻灯片按演示顺序进行排列。作为一个极简主义者，教授想通过最少的步骤来达到此目的。

情况是这样的：所有的幻灯片上都有一个数字，该数字表示幻灯片在演示时的序号。由于幻灯片叠在一起而且是透明的，所以难以直接判断到底哪个数字印在哪张幻灯片上。尽管无法直接分辨数字在哪张幻灯片上，但可以通过推理来确定数字的归属。如图 3-21 所示，使用字母 A, B, C, D 命名幻灯片，很显然，D 的序号为 3，A 的序号为 4，C 的序号为 2，B 的序号为 1。

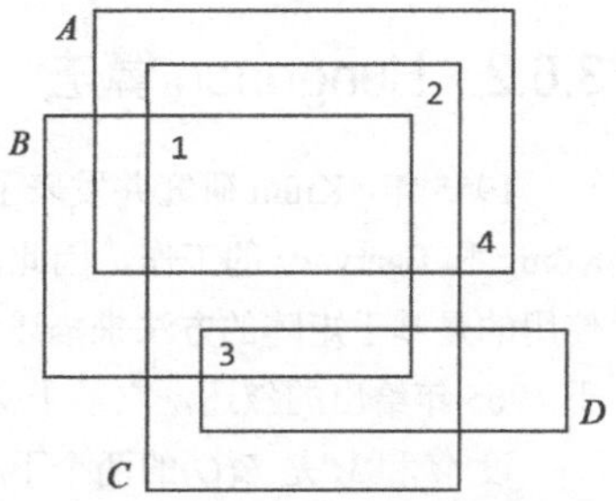
A
B
C
D
1
2
3
4

图 3-21　幻灯片

现在要求你根据给定的条件确定幻灯片的命名和序号之间的对应关系。

输入

输入包含多组堆叠的幻灯片描述。每组描述以一个数字 n 开始，表示该叠幻灯片的数量，接着 n 行每行包含 4 个整数 $x_{\min}, y_{\min}, x_{\max}, y_{\max}$，表示幻灯片矩形的左下角和右上角坐标（坐标系原点位于屏幕的左下角），幻灯片按照字母顺序命名，再接着 n 行，每行包含两个整数，表示印在幻灯片上的序号数字的 x 坐标及 y 坐标，第 1 组坐标表示序号 1 的坐标，第 2 组坐标表示序号 2 的坐标，依此类推。序号数字不会位于幻灯片的边界上。输入以 $n = 0$ 的一组幻灯片描述作为结束，不需处理该组数据。

输出

对于输入中给出的每组幻灯片描述，先输出数据组的编号，然后按字母顺序，依次输出能够唯一确定的数字和幻灯片命名之间的配对。如果不能推断出任何唯一的配对，输出 `none`。在每组测试数据后输出一个空行。

样例输入

```
4
6 22 10 20
4 18 6 16
8 20 2 18
10 24 4 8
9 15
19 17
11 7
21 11
0
```

样例输出

```
Heap 1
(A,4) (B,1) (C,2) (D,3)
```

分析

题意要求的是“唯一确定的”数字与幻灯片命名之间的匹配关系，如果一个数字在两个匹配方案中能够匹配不同的幻灯片，那么这样的匹配不是唯一的，就不能将这样的匹配予以输出。可以将问题建模为二部图匹配问题，然后将其转化为网络流问题进行解决。将序号和幻灯片视为图 G 的顶点，表示序号的顶点对应顶点集 X，表示幻灯片的顶点对应顶点集 Y，则 $V(G)=X\cup Y$，且 X 内顶点无边连接，Y 内顶点同样无边连接，X 内顶点和 Y 内顶点根据序号是否在幻灯片内建立边，构建得到的图 G 符合二部图的定义。建立源点 *source*，在 *source* 和序号间建立容量为 1 的有向边；建立汇点 *sink*，在幻灯片和汇点 *sink* 之间建立容量为 1 的有向边；序号和幻灯片之间，如果某个序号位于某张幻灯片之内，则在该序号和幻灯片之间建立一条容量为 1 的有向边，求构造得到的容量网络的最大流，即为序号和幻灯片之间能够得到的最大匹配数。之后任意选择一条序号和幻灯片之间的有向边予以移除，再次求移除该有向边之后容量网络的最大流，如果最大流的流值相比之前的最大流减少，表明移除的有向边是数字和幻灯片之间的唯一对应边，即为“唯一确定”的匹配关系。由于题目所要求的数据量不大，至多只有 26 张幻灯片，使用标号法求最大流即可，如果数据量较大，可选用 Edmonds-Karp 算法或 Dinic 算法。

强化练习

753 A Plug for UNIX[C]，10080 Gopher II[A]，11045 My T-Shirt Suits Me[B]，11418 Clever Naming Patterns[C]。

3.6.2 Hungarian 算法

1955 年，Kuhn 研究并发表了解决人员安排问题的一种有效方法，因为该方法大部分基于匈牙利数学家 König 和 Egerváry 的工作，因此，Kuhn 将该方法命名为 Hungarian（匈牙利）算法[50]。在 Kuhn 的论文中，使用的是基于矩阵的方法来描述 Hungrian 算法，在叙述、理解和实现上有诸多不便，此处介绍的是 Edmonds 于 1965 年给出的叙述，它基于交错路的概念和相关结论[51]。

设 M 和 M' 是 $E(G)$ 的两个不相交的非空真子集，(M, M') 交错路（alternating path）是指其边在 M 和 M' 中交错出现的路。$(M, \overline{M})$ 交错路简称 M 交错路，其中，$\overline{M}=E(G)\backslash M$。若 M 是 G 的匹配，则将两端点不同且都是 M 非饱和的 M 交错路称为 M 增广路（augmenting path），增广路的特点是非匹配边一定比匹配边多恰好 1 条，将增广路“取反”，即匹配边变为非匹配边，非匹配边变为匹配边，可以得到一个比先前匹配数增大 1 的匹配，因此不断寻找增广路，就可以不断增加匹配。Berge 证明：若 M 是 G 的匹配，则 M 是最大匹配的充要条件是 G 中不存在 M 增广路[52]。若不然，设 M 是 G 的最大匹配，并设 $P=x_0e_1x_1e_2\cdots e_mx_m$ 是 G 中 M 增广路，根据 M 增广路的定义，m 是奇数，并且 $e_1, e_3, \cdots, e_m \notin M$，而 $e_2, e_4, \cdots, e_{m-1}\in M$，令

$$M'=M\Delta E(P)=(M\{e_2,e_4,\cdots,e_{m-1}\})\bigcup\{e_1,e_3,\cdots,e_m\}$$

则 M' 是 G 的匹配，并且 $|M'|=|M|+1$，与 M 是最大匹配产生矛盾。

Hungarian 算法的正确性即基于上述结论，其基本思想为：从 G 的任意匹配 M 开始，检查每一个 M 非饱和点，然后从它出发构造可增广路，沿着增广路进行扩增，直到不存在增广路时算法结束，根据 Berge

所证明的结论，此时的匹配即为最大匹配。

Hungarian 算法

（1）任取 G 的匹配 M，若 M 饱和 X，则停止；若 M 不能饱和 X，则取 X 的 M 非饱和点 x，令 $S=\{x\}$，$T=\varnothing$。

（2）若 $N(S)$[1] $=T$，则停止；此时 G 中无完备匹配，若 $N(S)\neq T$，则取 $y\in N(S)\backslash T$。

（3）若 y 是 M 饱和的，则存在 $z\in X\backslash S$，使 $yz\in M$，用 $S\cup\{z\}$ 替代 S，$T\cup\{y\}$ 替代 T，转入第（2）步；若 y 是 M 非饱和的，则 G 中存在以 x 为起点且以 y 为终点的 M 增广路 P，用 $M'=M\Delta E(P)$ 替代 M，转入第（1）步。

由于是以图论记号进行算法描述，初看难以理解，下面以一个实例来说明算法的工作流程。如图 3-22 所示，划分为 $\{X, Y\}$ 的二部图 G，其中 $X=\{x_1,x_2,x_3,x_4,x_5\}$，$Y=\{y_1,y_2,y_3,y_4,y_5\}$，取初始匹配 $M_0=\{x_2y_2,x_3y_3,x_5y_5\}$，$x_1$ 是 X 中 M_0 非饱和点，令 $S_0=\{x_1\}$，$T_0=\varnothing$，因为 $N(S_0)=\{y_2,y_3\}\neq T_0$，取 $y_2\in N(S_0)\backslash T_0$。$y_2$ 是 M_0 饱和点，$x_2\in X$ 使 $x_2y_2\in M_0$。令 $S_1=\{x_1,x_2\}$，$T_1=\{y_2\}$，则 $N(S_1)=\{y_1,y_2,y_3,y_4,y_5\}\neq T_1$，取 $y_1\in N(S_1)\backslash T_1$，$y_1$ 是 M_0 非饱和点，所以 $P_0=x_1y_2x_2y_1$ 是 M_0 增广路，进一步令

$$M_1=M_0\Delta E(P_0)=\{x_1y_2,x_2y_1,x_3y_3,x_5y_5\}$$

用 M_1 替代 M_0 再执行第（1）步。$x_4\in X$ 是 M_1 非饱和点，令 $S_0=\{x_4\}$，$T_0=\varnothing$，则 $N(S_0)=\{y_2,y_3\}\neq T_0$，$y_2$ 是 M_1 非饱和点，并且 $x_1y_2\in M_1$，令 $S_1=\{x_1, x_4\}$，$T_1=\{y_2\}$，因为 $N(S_1)=\{y_2, y_3\}\neq T_1$，取 $y_3\in N(S_1)\backslash T_1$，$y_3$ 是 M_1 饱和的，而且 $x_3y_3\in M_1$，令

$$S_2=\{x_1,x_3,x_4\},\ T_2=\{y_2,y_3\}=N(S_2)$$

算法停止，由于 $|N(S_2)|<|S_2|$，故 G 无完备匹配。

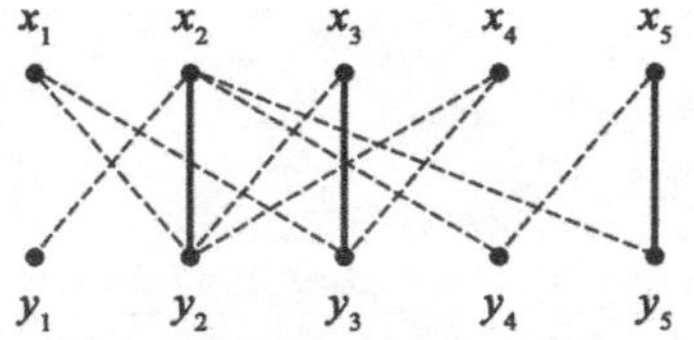

（a）匹配 M_0（实线边）

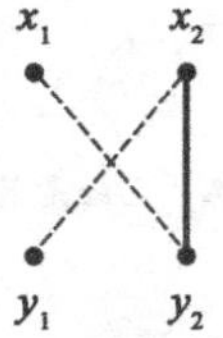

（b）M_0 增广路

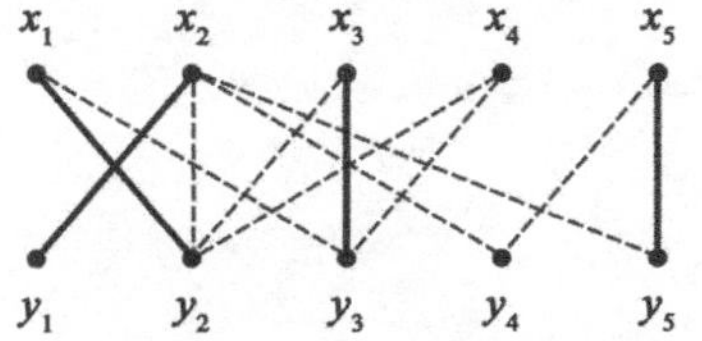

（c）匹配 M_1（实线边）

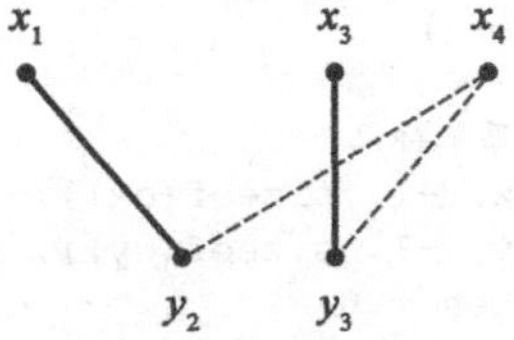

（d）$N(S_2)=T_2$

图 3-22 Hungarian 算法

由于算法的描述使用了较多的图论语言，理解起来可能较为晦涩难懂，下面对其作进一步的解释。更为通俗地说，Hungarian 算法就是不断地从 X 侧尚未匹配的某个顶点开始，试图构建一条由“非匹配边－匹配边－非匹配边……”所组成的交错路，这条交错路的最后一条边要求是非匹配边，因此是一条增广路，将此交错路“取反”，即非匹配边变成匹配边，将匹配边变成非匹配边，可以得到一个比原有匹配更大的匹配，其匹配数会增加 1，持续寻找如上所述的交错路，直到不能找出这样的交错路，则此时的匹配就为最大匹配。

在寻找增广路时，可以使用 DFS 寻找，也可以使用 BFS 寻找。DFS 寻找增广路的特点是程序结构清晰、易于理解，适用于边较多的稠密图；而 BFS 寻找增广路，适用于边较少的稀疏二部图，其增广路较短。不过在大多数解题应用中，使用上述两种不同方式寻找增广路的效率差别不是很大，因为它们的时间复杂度是相同的。

---

[1] $N(S)$是图论记号，表示 S 在 G 中的邻集。S 在此处为顶点集合，则 $N(S)$表示与 S 中顶点有边连接的相邻顶点的集合。

以下仅给出 Hungarian 算法使用 DFS 寻找增广路的实现。使用 BFS 寻找增广路及使用非递归的 DFS 寻找增广路的实现，读者可以作为“思考题”加以完成，并结合练习进行实际运用。

```
//------------------------------3.6.2.cpp------------------------------//
const int MAXV = 110;

// tx 表示 X 侧顶点的数量，ty 表示 Y 侧顶点的数量。
int tx, ty;

// g 为邻接矩阵表示的图；
// visited 记录某个顶点是否已经在交错路中；
// cx 记录与某个 X 侧顶点匹配的 Y 侧顶点；
// cy 记录与某个 Y 侧顶点匹配的 X 侧顶点。
int g[MAXV][MAXV], visited[MAXV], cx[MAXV], cy[MAXV];

// 使用深度优先搜索寻找增广路。
int dfs(int u)
{
    // 考虑所有与 u 邻接且尚未访问的顶点 v。
    for (int v = 0; v < ty; v++)
        // 检查顶点 u 和 v 之间是否有边连接且顶点 v 尚未访问。
        if (g[u][v] && !visited[v]) {
            visited[v] = 1;
            // 检查 v 是否已经匹配或者从“已与 v 匹配的顶点”出发是否可以找到交错路。
            if (cy[v] == -1 || dfs(cy[v])) {
                // 找到增广路，将顶点 u 和 v 配对。
                cx[u] = v, cy[v] = u;
                return 1;
            }
        }
    // 未能找到增广路，已经是最大匹配。
    return 0;
}

// 匈牙利算法求最大匹配数。
int hungarian()
{
    // 初始化匹配标记。
    memset(cx, -1, sizeof(cx));
    memset(cy, -1, sizeof(cy));
    int matches = 0;
    for (int i = 0; i < tx; i++)
        // 从 X 侧的每个非饱和点出发寻找增广路。
        if (cx[i] == -1) {
            // 寻找之前需要将访问标记重置为初始状态。
            memset(visited, 0, sizeof(visited));
            // 每找到一条增广路，可使得匹配数增加 1。
            matches += dfs(i);
        }
    // 返回匹配数。
    return matches;
}
//------------------------------3.6.2.cpp------------------------------//
```

如果使用邻接链表来表示图，使用 BFS 或者 DFS 来寻找增广路，则 Hungarian 算法每次寻找增广路的时间复杂度为 $O(|E|)$，总共可能增广的次数为 $O(|V|)$，则算法总的时间复杂度为 $O(|V||E|)$。

10615 Rooks[D]（车）

给定一个 $N \times N$ 的棋盘，上面放置了一些棋子——车。你需要使用最少的颜色为这些车着色，使得任意一行和任意一列都不包含两个相同颜色的车。

输入

输入的第 1 行包含整数 S（$0<S<10$），表示测试数据的组数。每组测试数据的格式描述如下：第 1 行包含整数 N（$0 \leqslant N \leqslant 100$），接下来的 N 行包含棋盘的描述（使用 $N \times N$ 的方阵来表示），空位标记为 .，车标记为*（在一行的标记之间不存在空白字符）。

输出

每组测试数据的输出格式如下：输出的第 1 行为整数 M，表示所需的最少颜色数量。接着是使用 N 行输出表示的棋盘，空位使用 0 进行标记，车使用 K 进行标记，其中，K 为该棋子的颜色编号（从 1 开始计数）。如果存在多种符合要求的着色方案，输出其中任意一种即可。

样例输入

```
2
2
*.
**
4
*.*.
*.*.
***.
..**
```

样例输出

```
2
2 0
1 2
4
1 0 2 0
3 0 1 0
2 1 3 0
0 0 4 1
```

分析

将棋盘的行视为 X 侧顶点，棋盘的列视为 Y 侧顶点，棋盘上的车视为所在行和列之间的边，可以将题目约束建模为一个二部图，同样颜色的车实际上构成了行和列之间的一个匹配，因此得到以下直观的算法：使用 Hungarian 算法不断求最大匹配，匹配的性质可以保证不会有重复的行和列被选择，将每次匹配的行和列的交叉点的车染色，接着删除已经匹配的行和列之间的边，继续使用 Hungarian 算法求最大匹配，一直到最大匹配的数量为 0 为止，则总的所需要的染色数就是求最大匹配过程中成功的次数。由于每次最大匹配至少将一行与一列进行匹配，因此所需匹配的最大次数由某行（或某列）所包含车的最大数量决定。由此得到以下解题方案。

```
int main(int argc, char *argv[])
{
   int n, cases, board[MAXN][MAXN];
   cin >> cases;
   for (int cs = 1; cs <= cases; cs++) {
      cin >> n;
      // 初始化。
      tx = ty = n;
      memset(g, 0, sizeof(g));
      // 读入数据。
      char c;
      for (int i = 0; i < n; i++)
         for (int j = 0; j < n; j++) {
            cin >> c;
            board[i][j] = 0;
            if (c == '*') g[i][j]++;
         }
      // 使用 Hungarian 算法不断求最大匹配。
      int colors = 0;
      while (hungarian()) {
         colors++;
         for (int i = 0; i < n; i++)
            if (cx[i] != -1) {
               // 根据匹配进行染色。
               board[i][cx[i]] = colors;
               g[i][cx[i]]--;
            }
```

```
      }
      // 输出染色方案。
      cout << colors << '\n';
      for (int i = 0; i < n; i++) {
         for (int j = 0; j < n; j++) {
            if (j) cout << ' ';
            cout << board[i][j];
         }
         cout << '\n';
      }
   }
   return 0;
}
```

上述代码看上去没有明显的“破绽”，但是对于以下测试输入：

```
1
3
..*
*..
*.*
```

其输出为：

```
3
0 0 1
1 0 0
2 0 3
```

可以容易地看出，结果显然是错误的——着色所需的最少颜色数为 2，一种可行的着色方案为：

```
0 0 2
1 0 0
2 0 1
```

为什么前述算法不能得到正确的结果呢？下面通过观察算法的执行过程来查看一下究竟在何处出现了问题。

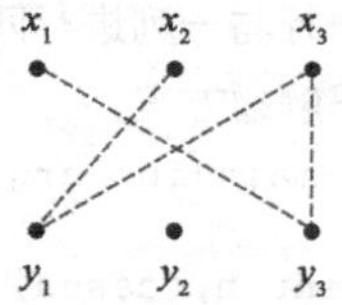

图 3-23　测试数据所对应的二部图。x_i表示第 i 行对应的顶点，y_i表示第 i 列对应的顶点（从 1 开始计数序号）

如图 3-23 所示，这是测试输入所对应的二部图。前述算法在第 1 次执行 Hungarian 算法求最大匹配时，先将 x_1 和 y_3、x_2 和 y_1 匹配，此时位于第 1 行第 3 列、第 2 行第 1 列的车先染色为 1，接着删除 x_1 和 y_3、x_2 和 y_1 之间的边；在第 2 次执行 Hungarian 算法时，只有 x_3 和 y_1、x_3 和 y_3 之间有边，此时最大匹配只能是 1，要么选择 x_3 匹配 y_1，要么选择 x_3 匹配 y_3，“错误算法”选择的是 x_3 匹配 y_1，因此将 3 行第 1 列的车染色为 2，删除 x_3 和 y_1 之间的边；继续执行 Hungarian 算法中，此时最大匹配仍为 1，结果是将 x_3 匹配 y_3，使得第 3 行第 3 列的车染色为 3，最终总的染色数为 3 种。“错误算法”之所以得出了错误的结果，表面原因似乎在于第一次选择了将 x_1 和 y_3、x_3 和 y_1 匹配，导致后续无法一次性将剩余的顶点进行匹配，但究其根本原因却在于通过上述方法所构建的二部图并不是一个完全二部图，这样会导致每次进行匹配时得到的可能并不是完备匹配，如果不是每次都是完备匹配，就有可能出现前述所出现的情形。

那么如何避免出现这种情况呢？这就需要应用 Hall 定理的推论[1]。基于 Hall 定理，可以得到两个推论：(1) Forbenius 证明（婚姻定理）：二部划分为$\{X, Y\}$的二部图 G 有完备匹配 $\Leftrightarrow |X| = |Y|$，并且对于任何 $S \subseteq X$（或 Y）均有$|N_G(S)| \geqslant |S|$。(2) König 证明：设 G 是 k（$k>0$）正则二部图，则 G 有完备匹配。根据上述两个推论，要使构建得到的二部图每次都能够得到完备匹配，需要保证给定的二部图是完全二部图，又由于每次完备匹配后会删除已经匹配的边，为了仍能够得到完备匹配，要求在删除边后剩下的二部图仍然是完全二部图，这就要求原图必须是一个 k 正则二部图，其中 k 为原图中顶点的最大度数。进一步地，如果原图不是 k 正则二部图，需要通过“补边”操作将其“改建”为 k 正则二部图。

1　Hall 定理是组合数学的基本定理之一，它有各种表达形式，其图论表达形式为：设 G 是二部划分为$\{X, Y\}$的二部图，则 G 有饱和 X 的匹配 $\Leftrightarrow |S| \leqslant |N_G(S)|$，$\forall S \subseteq X$。

知识拓展

本题存在更为简单的“贪心”解题方法。由于最少颜色数由某行（或某列）所包含车的最大数量决定，可以考虑为车逐个染色。先将具有最多数量车的一行（或一列）内的车从 1 开始染色，然后从方阵的左上角开始以行优先顺序为尚未染色的车逐个染色。当为某个车染色时，检查该行可用的颜色集合 C_1 及该列可用的颜色集合 C_2，如果两者存在交集 I，使用交集 I 中的任意一种颜色为该车染色，若两者无交集，取 C_1 中的颜色 A，C_2 中的颜色 B，将该车染色为 A，这会导致该车的颜色与同列上的另外一个车颜色相同，将另外一个车染色为 B，这时可能又会使另外一个车与所在行上的第 3 个车的颜色相同，继续将第 3 个车染色为 A，如果导致第 3 个车所在列颜色存在冲突，同前处理。可以证明，整个过程可以在不影响第 1 个车染色的情况下终止。为了简便，染色过程可以使用递归实现。

在具体实现时，需要注意以下两点：(1) 进行补边操作时，如果第 r 行和第 c 列之间已经有边，但是对应的顶点度数均不超过最大度数 D，则可以一直补边，不需要考虑顶点之间已经存在重复边；(2) 在每次找到完备匹配后，需要根据匹配情况进行染色，如果第 r 行与第 c 列匹配，而位于第 r 行第 c 列的不是车（或者是车但是已经染色）则忽略。

参考代码

```
int main(int argc, char *argv[])
{
   int n, cases, board[MAXN][MAXN];
   cin >> cases;
   for (int cs = 1; cs <= cases; cs++) {
      cin >> n;
      // 初始化。
      tx = ty = n;
      memset(g, 0, sizeof(g));
      // D 记录顶点的最大度数，dx 记录 X 侧顶点的度数，dy 记录 Y 侧顶点的度数。
      int D = 0, dx[MAXN] = {0}, dy[MAXN] = {0};
      // 读入数据。
      char c;
      for (int i = 0; i < n; i++)
         for (int j = 0; j < n; j++) {
            cin >> c;
            board[i][j] = 0;
            if (c == '*') {
               g[i][j]++, dx[i]++, dy[j]++;
               board[i][j] = -1;
               D = max(D, max(dx[i], dy[j]));
            }
         }
      // 通过“补边”将二部图构造成 D 正则二部图。
      for (int i = 0; i < n; i++)
         for (int j = 0; j < n && dx[i] < D; j++)
            while (dx[i] < D && dy[j] < D)
               g[i][j]++, dx[i]++, dy[j]++;
      // 使用 Hungarian 算法求完备匹配。
      int colors = 0;
      while (hungarian()) {
         colors++;
         for (int i = 0; i < n; i++)
            if (cx[i] != -1) {
               // 只对未染色的车进行染色，已经染色的车忽略。
               if (board[i][cx[i]] == -1) board[i][cx[i]] = colors;
               // 通过删除边使原有的 k 正则二部图变成 k-1 正则二部图。
               g[i][cx[i]]--;
            }
      }
      // 输出染色方案。
```

```
        cout << colors << '\n';
        for (int i = 0; i < n; i++) {
            for (int j = 0; j < n; j++) {
                if (j) cout << ' ';
                cout << board[i][j];
            }
            cout << '\n';
        }
    }
    return 0;
}
```

强化练习

670 The Dog Task[C]，11159 Factors and Multiples[C]，12159 Gun Fight[D]。

扩展练习

1221[1] Against Mammoths[E]，10804 Gopher Strategy[D]，11262 Weird Fence[D]。

3.6.3 Hopcroft-Karp 算法

Hopcroft-Karp 算法是对 Hungarian 算法的改进，它采用多增广路的方式进行增广，提高了效率[53]。回顾 Hungarian 算法，每次 DFS 只能发现一条 M 增广路，因此只能使匹配数增加 1，而 Hopcroft-Karp 算法能够通过一次 DFS 来发现多条增广路，从而增加多个匹配，提高了效率。Hopcroft-Karp 算法先使用 BFS 建立层次网络，之后使用嵌套的 DFS 来实现一次遍历增加多个匹配，从形式上看，该算法和 Dinic 算法非常类似，这并不是偶然，Even 和 Tarjan 指出，Hopcroft-Karp 算法实际上可以认为是 Dinic 算法在二部图这种特殊流量网络上的应用[54]。

可以证明，在二部图中使用 Hopcroft-Karp 算法寻找匹配，其迭代次数最多为 $2\sqrt{V}$，则算法总的时间复杂度为 $O(\sqrt{|V|}\,|E|)$。

```
//------------------------------3.6.3.cpp------------------------------//
const int MAXV = 110, INF = 0x7f7f7f7f;

int tx, ty;
int g[MAXV][MAXV], visited[MAXV], cx[MAXV], cy[MAXV], dx[MAXV], dy[MAXV];

int bfs()
{
    int dist = INF;
    // 初始化变量。
    memset(dx, -1, sizeof(dx));
    memset(dy, -1, sizeof(dy));
    // 将未饱和点压入队列。
    queue<int> q;
    for (int i = 0; i < ty; i++)
        if (cx[i] == -1) {
            q.push(i);
            dx[i] = 0;
        }
    // 根据距离分层。
    while (!q.empty()) {
        int u = q.front(); q.pop();
        if (dx[u] > dist) break;
        for (int v = 0; v < ty; v++)
            if (g[u][v] && dy[v] == -1) {
                dy[v] = dx[u] + 1;
```

1　1221 Against Mammoths 中，人类星球在攻打外星人星球时不需要同时出发。

```
            if (cy[v] == -1)
               dist = dy[v];
            else {
               dx[cy[v]] = dy[v] + 1;
               q.push(cy[v]);
            }
         }
      }
      // 确定从 X 侧顶点是否可以到达 Y 侧顶点。
      return dist != INF;
   }

   int dfs(int u)
   {
      int dist = INF;
      for (int v = 0; v < ty; v++)
         // 沿着分层之间的可行边前进寻找交错路。
         if (g[u][v] && !visited[v] && dy[v] == (dx[u] + 1)) {
            visited[v] = 1;
            if (cy[v] != -1 && dy[v] == dist) continue;
            if (cy[v] == -1 || dfs(cy[v])) {
               cx[u] = v, cy[v] = u;
               return 1;
            }
         }
      return 0;
   }

   int hopcroftKarp()
   {
      int matches = 0;
      memset(cx, -1, sizeof(cx));
      memset(cy, -1, sizeof(cy));
      while (bfs()) {
         memset(visited, 0, sizeof(visited));
         for (int i = 0; i < ty; i++)
            if (cx[i] == -1)
               matches += dfs(i);
      }
      return matches;
   }
   //------------------------------3.6.3.cpp------------------------------//
```

强化练习

11138 Nuts and Bolts[C]。

扩展练习

1663 Purifying Machine[E]，10122 Mysterious Mountain[D]。

提示

1663 Purifying Machine 中，如果两块受感染的奶酪之间仅相差一个位，则可使用一个操作将病毒清除，因此目标是尽可能多地找到这样的受感染奶酪配对，如果确定了受感染奶酪与自身的最大匹配数 M，则 $M/2$ 即为能够使用一次操作清除两块受感染奶酪的模式数量，但是，由于对未感染的奶酪执行清除病毒操作会导致奶酪变质，因此，某些受感染的奶酪可能未与其他受感染奶酪匹配，这些受感染奶酪需要使用不包含*的模式进行匹配，令这些受感染奶酪的数量为 K，则总共所需的最少模式数量为 $M/2+K$。

10122 Mysterious Mountain 中，令最迟到达时间为 T，以 T 为限制构建二部图，二分搜索确定 T，条件为二部图的最大匹配是否为 M。

3.6.4 Gale-Shapley 算法

稳定匹配（stable matching）问题，又称稳定婚姻（stable marriage）问题，由 Gale 和 Shapley 于 1962 年首先提出[55]，可以将其表述如下：有 n 位男士和 n 位女士，在不允许出现偏好程度相同的情况下，每位男士按照其对每位女士作为配偶的偏爱程度给所有女士排序，类似地，每位女士也按照偏爱程度给所有男士排序。容易知道，这些男士和女士构成完备婚姻匹配的方式有$n!$种。如果某个完备婚姻匹配中存在两位男士 A、B 和两位女士 a、b，满足下列条件。

（1）A 和 a 结婚，B 和 b 结婚；

（2）A 更偏爱 b 而非 a，B 更偏爱 a 而非 b。

则称该完备婚姻匹配是不稳定的（unstable），否则称之为稳定的（stable），人们将求解稳定完备婚姻匹配问题称为稳定婚姻问题。

Gale 和 Shapley 证明，稳定婚姻问题一定存在解，可以通过 Gale-Shapley 算法（又称“延迟认可算法”）在多项式时间内得到一组解。

Gale-Shapley 算法如下。

（1）初始化所有男士和女士均为单身的。

（2）当存在单身男士时：（a）选择一位单身男士 m；（b）令 w 为 m 的偏好列表中排名最高且 m 尚未向其求婚的女士；（c）如果 w 为单身的，m 和 w 订婚；（d）如果 w 已经和其他男士 m'订婚，则检查 w 对 m' 的偏好程度是否大于 m，如果是，则 m 仍旧是单身的，否则 m 和 w 订婚，此时 m'将成为单身的。

在 Gale-Shapley 算法的具体实现中，通过男士去选择女士所得到的解是男士最优的，反之则是女士最优的。

```
//-------------------------------3.6.4.cpp--------------------------------//
const int MAXN = 1010;

// 男士和女士的数量。
int n;
// mList 记录男士偏好列表，wList 记录女士偏好列表。
int mList[MAXN][MAXN], wList[MAXN][MAXN];
// mPrefer[i][j]记录男士 i 对女士 j 的偏好程度。
// wPrefer[i][j]记录女士 i 对男士 j 的偏好程度。
int mPrefer[MAXN][MAXN], wPrefer[MAXN][MAXN];
// mLast 记录男士向偏好列表中的女士求婚时最后一位被求婚女士在偏好列表中的序号。
// wLast 记录女士向偏好列表中的男士求婚时最后一位被求婚男士在偏好列表中的序号。
int mLast[MAXN], wLast[MAXN];
// mMatched 记录与男士订婚的女士的序号。
// wMatched 记录与女士订婚的男士的序号。
int mMatched[MAXN], wMatched[MAXN];
// 记录男士是否在单身队列中。
int in[MAXN];

// 通过男士来选择女士的 Gale-Shapley 算法。
void galeShapley()
{
   // 初始化所有男士为单身。
   for (int i = 1; i <= n; i++) mLast[i] = wMatched[i] = in[i] = 0;
   queue<int> q;
   for (int i = 1; i <= n; i++) {
      q.push(i);
      in[i] = 1;
   }
   while (!q.empty()) {
      int m = q.front(); q.pop();
      in[m] = 0;
```

```
        // 从男士m上一次求婚的女士之后的一位女士开始，继续向其他尚未求婚的女士求婚。
        for (mLast[m]++; mLast[m] <= n; mLast[m]++) {
            int w = mList[m][mLast[m]];
            int mm = wMatched[w];
            // 检查该女士是否已经订婚，如果已经订婚则检查男士m是否更佳。
            if (!mm || (wPrefer[w][m] > wPrefer[w][mm])) {
                if (mm && !in[mm]) {
                    q.push(mm);
                    in[mm] = 1;
                }
                mMatched[m] = w;
                wMatched[w] = m;
                break;
            }
        }
    }
}
//-------------------------------3.6.4.cpp-------------------------------//
```

上述实现能够以$O(n^2)$的时间复杂度得到稳定婚姻问题的解。从算法的执行过程容易看出，每对一位单身男士进行一次匹配操作，会使一位女士得到匹配，不会出现某位单身男士已经向所有女士求婚但均被拒绝的情况[1]，可以证明，算法最终得到的匹配是稳定的。

强化练习

1175 Ladies' Choice。

3.6.5 Edmonds 算法

对于一般图的最大匹配，起初人们认为这是一个 NP 问题，不存在有效算法。1963 年，Edmonds 首次提出了一个多项式算法，称之为 Edmonds 算法，可以用于解决一般图的最大匹配问题。Edmonds 算法也是基于增广路定理，即不断地在图中寻找增广路径，直到不存在增广路径。与二部图不同，在一般图中寻找增广路径的过程中，可能会出现“奇圈”，而在二部图中不存在奇圈（可能存在偶圈，但偶圈不影响二部图的划分），正是这个原因给一般图的最大匹配问题带来了难度。

在一般图上应用增广路算法寻找增广路，如果经过长为奇数的交错路到达的顶点在之前的增广路搜索中已经被长为偶数的交错路到达过，那么就发现了一个奇圈，这两条交错路的“并”就称为花（flower），这个奇圈就称为花朵（blossom），两条交错路的最长公共子路称为茎（stem），起点称为根（root），终点称为蒂（tip）或基（base）。

由于奇圈的外形与花朵的外形相似，故 Edmonds 将之称为“花朵”，将“花朵”收缩，使之成为一个超级顶点，在此新图上进行增广，可以证明，“缩点”后的新图和原图具有相同的增广路径。每一条增广路径都可以通过把“花朵”展开还原回去，因为一个奇圈的两段路径必然是一奇一偶，总能找到一段满足要求的增广路[56]。如图 3-24 所示，交错路 u, v, a 的长度为 2，是偶数，而交错路 $u, v, a, b, c, d, e, f, g, h, i, a$ 的长度为 11，是奇数，而且到达了已经经过的顶点 a，称交错路 $u, v, a, b, c, d, e, f, g, h, i$ 为花，奇圈 $a, b, c, d, e, f, g, h, i$ 为花朵，路 u, v, a 称为茎，顶点 u 为根，顶点 a 为基。

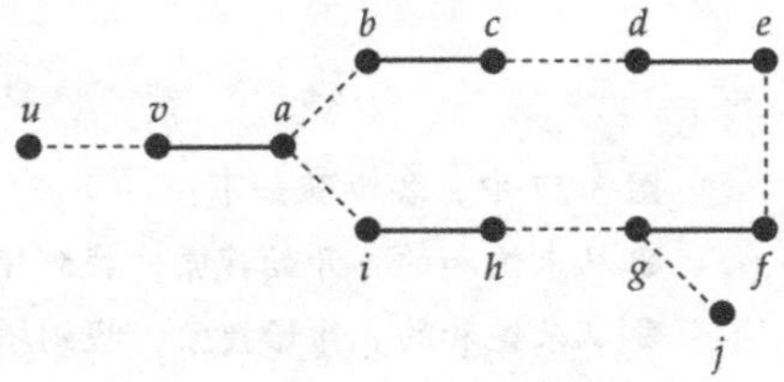

图 3-24 从顶点 u 开始寻找增广路

在增广过程中，一旦发现奇圈，可以将其收缩为一个顶点，再继续搜索，如图 3-25 所示。如果新图中的增广路经过收缩后的顶点，可以将“花朵”还原，之后利用奇

1 可以通过反证法予以证明这种情形不会出现。假设在算法执行的某个时刻出现了某个单身男士 m，m 已经向所有女士求婚但均未被接受。对于某位女士 w 来说，一旦 w 接受某个男士的求婚后，她后续的配偶只会越来越好，也就是说，女士 w 会一直保持已订婚的状态。“m 已经向所有女士求婚但均未被接受”意味着所有女士已经订婚，而每位女士只与一位男士订婚，因此所有男士应该都已经订婚，不会出现单身男士的情形，出现矛盾。

圈中两条交错路之一将其还原为原图中的增广路，从而实现增广——这是 Edmonds 算法的精髓所在，如图 3-26 所示。Edmonds 算法的执行过程如图 3-27 所示。

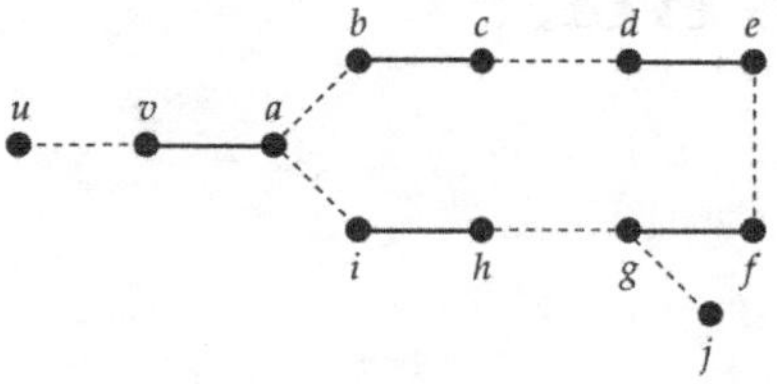

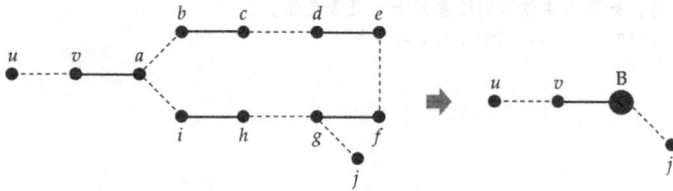

图 3-25　将奇圈 $a, b, c, d, e, f, g, h, i$ 收缩为超级顶点 B

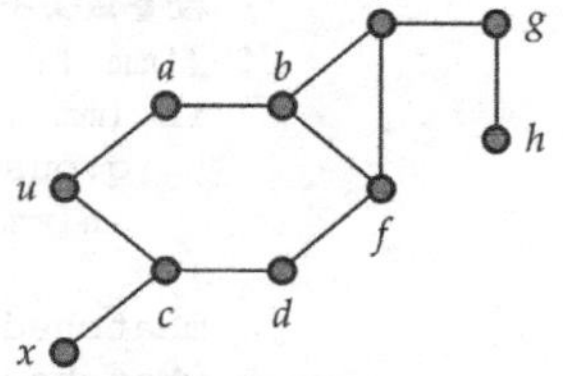

图 3-26　具有 10 个顶点和 11 条边的图，包含偶圈（u, a, b, f, d, c）和奇圈（b, e, f）

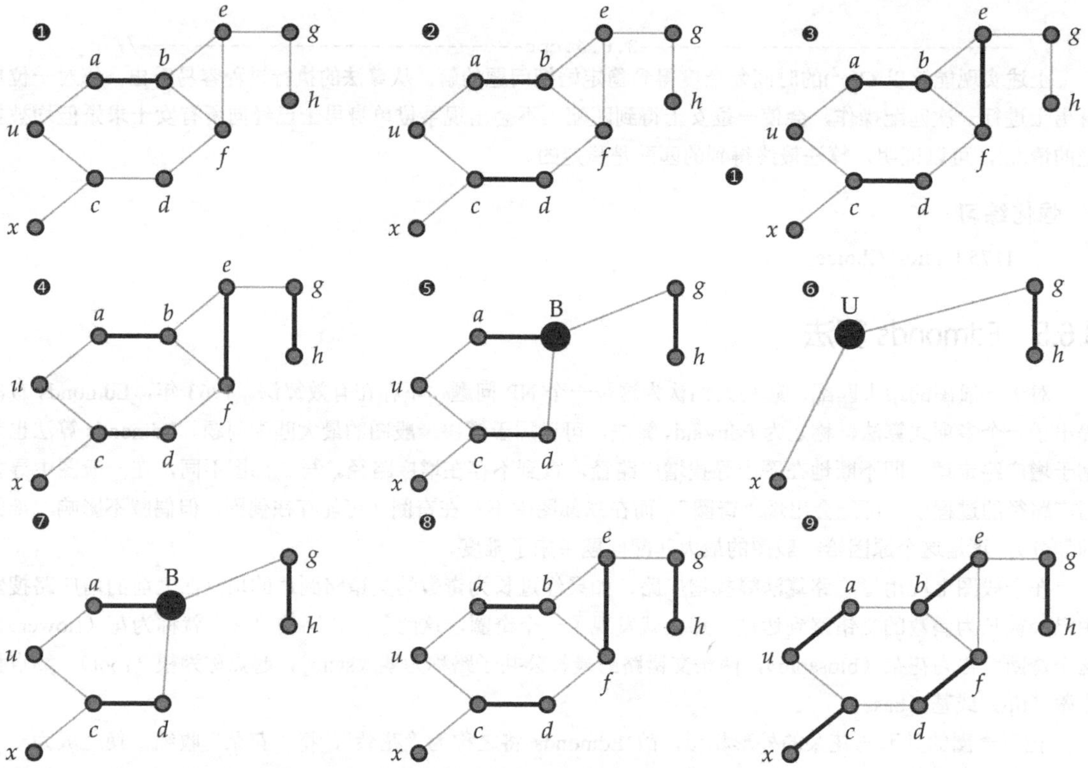

图 3-27　Edmonds 算法的执行过程

注意

图 3-27 中，各步骤如下：

❶ 从未饱和的 a 开始搜索，找到增广路 ab。

❷ 从未饱和的 c 开始搜索，找到增广路 cd。

❸ 从未饱和的 e 开始搜索，找到增广路 ef。

❹ 从未饱和的 g 开始搜索，找到增广路 gh。

❺ 从未饱和的 u 开始搜索，找到交错路 $uabefb$，此时长为 5 的交错路 $uabefb$ 到达了之前长为 2 的交错路 ab 到达过的顶点 b，发现花，其中花朵为 bef，茎为 uab，基为 b。收缩 bef 为 B，继续搜索。

❻ 从未饱和的 u 开始搜索，找到交错路 uaBdcu，此时长为 5 的交错路 uaBdcu 到达了之前长为 0 的

交错路 u 到达过的顶点 u，发现花，其中花朵为 $uaBdc$，茎为空，基为 u。收缩 $uaBdc$ 为 U，继续搜索。

❼ 找到增广路 xU，涉及收缩顶点 U，将 U 还原，从关联到 x 的不在当前匹配中的边 cx 起，沿交错路 $uaBdcx$ 退回到基 u。

❽ 找到增广路 $uaBdcx$，涉及收缩顶点 B，将 B 还原，从关联到 d 的不在当前匹配中的边 fd 起，沿交错路 bef 退回到基 b。

❾ 找到增广路 $uabefdcx$，不涉及收缩顶点，将增广路上的边取反，替换进当前匹配，则当前匹配增加 1。由于所有顶点已经匹配，算法结束。

Edmonds 算法虽然思想并不复杂，但是实现起来却有一定难度，因为要考虑“缩点”成“花朵”、“花朵”的展开、寻找最近公共祖先、增广等一系列操作，若想简洁、精巧地实现此算法，必须对算法的核心思想及实现步骤有非常清晰和深刻的理解。在具体实现时，需要考虑以下细节问题。

（1）如何区分偶圈和奇圈。可以使用为图进行二着色所使用的方法，在 BFS（或 DFS）过程中，为顶点交替着色，如果出现已经访问的两个顶点着色相同则表明找到了一个奇圈；

（2）奇圈的表示。可以考虑使用并查集来表示奇圈，或者使用奇圈的基作为代表来表示奇圈，如果使用后者，需要查找奇圈中两个顶点公共祖先的操作。

Edmonds 算法，如果使用朴素的方法予以实现，其时间复杂度为 $O(n^4)$，如果能够高效地处理花的收缩和展开，可以将时间复杂度降低到 $O(n^3)$。以下给出 Edmonds 算法的一种参考实现，读者可以结合注释进行理解和运用。除此之外，Gabow 提出了另外一种高效实现 Edmonds 算法的方法[57]，其时间复杂度亦为 $O(n^3)$。

```
//------------------------------3.6.5.cpp------------------------------//
const int MAXN = 210, UNVISITED = -1, WHITE = 0, BLACK = 1;

// n 为图中顶点数目，m 为图中边的数目。
int n, m;
// 使用边列表表示图。
vector<int> g[MAXN];
// parent 记录顶点的前驱；
// linked 记录顶点匹配；
// base 记录奇圈中各个顶点的代表；
// color 记录顶点的访问状态。
int parent[MAXN], linked[MAXN], base[MAXN], color[MAXN];

void initialize() { for (int i = 0; i <= n; i++) g[i].clear(); }
void addEdge(int u, int v) { g[u].push_back(v), g[v].push_back(u); }

// 查找顶点 u 和 v 的最近公共祖先。
int lca(int u, int v)
{
   static int token = 0, key[MAXN] = {};
   for (++token; ; swap(u, v)) {
      if (u == 0) continue;
      if (key[u] == token) return u;
      key[u] = token;
      u = base[parent[linked[u]]];
   }
}

// 将奇圈缩成“花朵”。
void shrink(int u, int v, int p, queue<int> &q)
{
   while (base[u] != p) {
      parent[u] = v, v = linked[u];
      if (color[v] == BLACK) q.push(v), color[v] = WHITE;
      base[u] = base[v] = p, u = parent[v];
   }
}
```

```
// 使用 BFS 寻找增广路。
int bfs(int u)
{
   for (int i = 0; i <= n; i++) base[i] = i;
   memset(color, UNVISITED, sizeof(color));
   queue<int> q;
   q.push(u); color[u] = WHITE;
   while (!q.empty()) {
      u = q.front(); q.pop();
      for (auto v : g[u]) {
         if (color[v] == UNVISITED) {
            parent[v] = u, color[v] = BLACK;
            if (!linked[v]) {
               for (int prev; u; v = prev, u = parent[v]) {
                  prev = linked[u];
                  linked[u] = v, linked[v] = u;
               }
               return 1;
            }
            q.push(linked[v]); color[linked[v]] = WHITE;
         } else if (color[v] == WHITE && base[v] != base[u]) {
            int p = lca(u, v);
            shrink(v, u, p, q);
            shrink(u, v, p, q);
         }
      }
   }
   return 0;
}

// 使用 Edmonds 算法求一般图最大匹配。
int edmonds()
{
   memset(parent, 0, sizeof(parent));
   memset(linked, 0, sizeof(linked));
   int matches = 0;
   for (int i = 1; i <= n; i++) {
      if (!linked[i] && bfs(i))
         matches++;
   }
   return matches;
}

int main(int argc, char *argv[])
{
   while (cin >> n >> m) {
      // 初始化，读入图数据。
      initialize();
      for (int i = 1, u, v; i <= m; i++) {
         cin >> u >> v;
         addEdge(u, v);
      }
      cout << edmonds() << '\n';
   }
   return 0;
}
//-------------------------------3.6.5.cpp--------------------------------//
```

除了使用 Edmonds 算法求一般图最大匹配外，还存在其他的有效算法来解决这个问题，例如通过高斯消元法来求解一般图的最大匹配问题[58][59]。

扩展练习

11439 Maximizing the ICPC[D]。

提示

11439 Maximizing the ICPC 中，令所有比赛中最低的 ICPC 为 x，只在比赛双方 ICPC 大于等于 x 的摔跤运动员之间建立无向边，使用一般图最大匹配算法求最大匹配数，若最大匹配数 M 不小于 2^{N-1}，则表明 x 可行，二分搜索 x 的最大值即可。

3.7 二部图加权完备匹配

如果在二部图中，X 侧的所有顶点均有对应的匹配且 Y 侧的所有顶点也有相应的匹配，则称该匹配为完备匹配（perfect matching，又称完美匹配）。如果为二部图中的边赋予权值，要求在获得最大匹配的前提下，所得匹配的边权之和最大（或最小），称为二部图加权完备匹配问题。二部图加权完备匹配分最大权完备匹配（maximum weight perfect matching）和最小权完备匹配（minimum weight perfect matching）。对于此问题，可以尝试使用以下两种方式进行解决[1]。

3.7.1 网络流解法

可以将加权完备匹配问题建模为最小费用最大流问题予以解决。其步骤一般如下。

（1）划分二部图。

（2）根据题目的约束条件构建加权容量网络。

（3）虚拟一个源点 *source*，一个汇点 *sink*，从源点 *source* 向二部图的 X 侧顶点各引一条容量为 1，费用为 0 的有向弧，从二部图的 Y 侧顶点向汇点 *sink* 各引一条容量为 1，费用为 0 的有向弧。

（4）在构建得到的加权容量网络上使用 SPFA 不断寻找增广路，即从源点 *source* 出发，能够到达 *sink* 且具有最短距离的路径，更新容量。

（5）在无法找到增广路时停止，此时根据增广路定理，得到的最大流具有最小费用。

如果所求为最大权完备匹配，则将初始权值设置为其对应的负值，求最小费用最大流，最后将结果取反即可。

强化练习

10746 Crime Wave The Sequel[C]，10888 Warehouse[D]。

扩展练习

1006 Fixed Partition Memory Management[D]。

提示

10746 Crime Wave The Sequel 中，由于涉及浮点数运算，截至 2020 年 1 月 1 日，对于 UVa OJ 的评测数据，需要对计算结果进行精度修正才能获得 Accepted。

1006 Fixed Partition Memory Management 中，程序的时限（turnaround）是指从最开始（0 秒）到程序运行结束的时间，而不是程序在特定大小内存区域运行所需的时间 t_i。也就是说，如果有程序先于当前程序运行，则当前程序的起始运行时间为先前运行程序的时限。可以将题目约束建模为二部图最小权匹配问题予以解决。解题的难点是如何获得平均最短时限。有两种处理方式，第 1 种方式是通过多个轮次的最小权匹配来逐步获得所有程序的最短时限，即将程序视为 X 侧顶点，内存区域视为 Y 侧顶点，当

[1] 对于本节给出的每一道习题，建议读者使用网络流解法和 Kuhn-Munkres 算法分别解决一次以提高解题能力。

内存区域大小满足程序的内存要求时，在程序和该内存区域间连接一条容量为 1 权值为程序运行时间的有向弧，使用最小费用最大流算法得到第一轮最小权最大匹配的结果，如果第 1 个轮次未能将所有程序运行完毕，则将已经运行的程序剔除，对剩余的程序重新建立容量网络，再次求最小权最大匹配，直到所有程序运行完毕。需要注意，后续在建立容量网络时，有向弧的权值应该是内存区域已经累积执行的程序时间加上需要在该内存区域上执行的程序的运行时间。例如，假设内存区域 1 已经先后运行了 A、B 两个程序，A 程序的运行时间为 10 秒，B 程序的运行时间为 6 秒，则 A 程序的时限为 10 秒，运行时间从 0 秒到 10 秒，B 程序的时限为 16 秒，运行时间从 10 秒到 16 秒，若后续拟运行程序 C，其运行时间为 20 秒，则在容量网络中，程序 C 与内存区域 1 所对应的顶点间连接的有向弧其权值应该为 16 秒＋20 秒＝36 秒。不过由于 UVa OJ 上的测试数据规模较大，使用多个轮次的最小费用最大流求最小权最大匹配难以在限定时间内获得通过。第 2 种方式是将每个程序在内存区域上执行的次序 k 考虑在内，一次性建立容量网络的所有弧，通过一个轮次的最小费用最大流来求得最小权最大匹配。考虑 A、B、C 3 个程序先后在内存区域 1 运行，其运行时间分布为 10 秒、6 秒、20 秒，则 3 个程序的时限分别为 10 秒、16 秒、36 秒，不难看出，在统计总的时限时，相当于 A 程序的运行时间被统计了三次，B 程序的运行时间被统计了两次，C 程序的运行时间被统计了一次，由此可以看出，在建立容量网络时，边权值 w（表示单个程序对总的运行时限的贡献）和程序在该内存区域上的运行时间 t 的比值正为次序 k。

3.7.2 Kuhn-Munkres 算法

除了将加权完备匹配问题转化为网络流解决以外，也可以使用针对加权完备匹配问题而提出的有效算法——Kuhn-Munkres 算法[60]，由于该算法经由 Kuhn 和 Munkres 分别独立提出，故而得名。

为了确定二分图的最大权完备匹配，Kuhn-Munkres 算法引入了顶标（vertex labelling）的概念，顶标指的是为每个顶点所赋予的一个标号值。在顶标的基础上，可以引出可行顶标（feasible vertex labelling）和相等子图（equality subgraph）的概念，从而将求二部图的最大权匹配问题转化为求相等子图的完全匹配问题。令顶点 x_i 的顶标为 $lx[i]$，顶点 y_j 的顶标为 $ly[j]$，顶点 x_i 与 y_j 之间的边权为 $weight[i][j]$，如果对于任一条边(i, j)，$lx[i] + ly[j] \geqslant weight[i][j]$均成立，则将该顶标赋值方案称为可行顶标。相等子图由原图构建而来，它包括原图的所有顶点，但可能未包括原图中的所有边。相等子图中只包含原图中顶标满足 $lx[i] + ly[j] = weight[i][j]$ 的边(i, j)，这些边称为可行边（feasible edge）。可以证明，若由二部图中所有满足 $lx[i] + ly[j] = weight[i][j]$ 的边(i, j)构成的相等子图具有完备匹配，那么这个完备匹配就是二部图的最大权匹配。Kuhn-Munkres 算法的正确性即基于以上结论。可以这样来理解此结论：因为对于二部图的任意一个匹配，如果它包含于相等子图，那么它的边权和等于所有顶点的顶标和；如果它有的边不包含于相等子图，那么它的边权和小于所有顶点的顶标和，所以相等子图的完备匹配一定是二部图的最大权匹配。

为了保证 Kuhn-Munkres 算法的正确性，需要始终保持顶标是可行顶标，即对于相等子图中的任意边，均有 $lx[i] + ly[j] = weight[i][j]$成立。初始时为了使 $lx[i] + ly[j] \geqslant weight[i][j]$对所有边均成立，令 $lx[i]$为所有与顶点 x_i 关联的边的最大权，同时令 $ly[j] = 0$，此时的可行顶标称为平凡顶标（trivial labelling）。如果当前的相等子图没有完备匹配，就按下面的方法修改顶标以使得相等子图扩大，直到相等子图具有完备匹配为止。当前相等子图的完备匹配未能成功，其原因在于对于某个 X 侧顶点 x_u，无法找到一条从它出发的增广路，而在此时根据匹配算法所获得的是一条交错路，但该交错路的第一条边是未匹配边，最后一条边是匹配边，是一条“伪增广路”，为了将该条“伪增广路”扩展成为增广路，现在把交错路中 X 侧顶点的顶标全都减少某个值 d，Y 侧顶点的顶标全部增加同一个值 d，如果将二部图中的边位于 X 侧的顶点称为 x 端，位于 Y 侧的顶点称为 y 端，那么就会发现如下几点。

（1）x 端和 y 端都在交错路中的边(x_i, y_j)，其“顶标和”在修改后为$(lx[x_i] - d) + (ly[y_j] + d) = lx[x_i] + ly[y_j]$，即“顶标和”不会发生变化，也就是说，它原来属于相等子图，现在仍然属于相等子图。

（2）x 端和 y 端都不在交错路中的边(x_i, y_j)，其顶标 $lx[x_i]$与 $lx[y_j]$都未发生变化，也就是说，它原来属于（或不属于）相等子图，现在仍然属于（或不属于）相等子图。

（3）x 端不在交错路中，y 端在交错路中的边(x_i, y_j)，它的“顶标和”$lx[x_i] + ly[y_j] + d$ 有所增大，它原来不属于相等子图，现在仍然不属于相等子图。

（4）x 端在交错路中，y 端不在交错路中的边(x_i, y_j)，它的“顶标和”$lx[x_i] - d + ly[y_j]$有所减少，它原来不属于相等子图，现在可能进入了相等子图，因而可能使相等子图得到了扩大。

在调整顶标后，至少会有一条边进入相等子图，此时再次寻找完备匹配，如果 X 侧每个顶点至少有一条匹配边，Y 侧每个顶点至少有一条匹配边，说明最后补充完毕的相等子图存在完备匹配，根据前述的结论，这个完备匹配就是该二部图的最大权匹配。那么如何确定 d 值呢？为了使 $lx[x_i] + ly[y_j] \geqslant weight[x_i][y_j]$始终成立，且至少有一条边进入相等子图，应该使得[1]

$$d = \min\{lx[x_i] + ly[y_j] - weight[x_i][y_j],\ x_i\text{在交错路中，}y_j\text{不在交错路中}\}$$

根据上述讨论，可以将 Kuhn-Munkres 算法的基本思路概况为以下 4 个步骤。

（1）初始化所有顶点可行顶标的值。

（2）使用 Hungarian 算法寻找完备匹配。

（3）若未找到完备匹配则修改可行顶标的值。

（4）重复第（2）和（3）步骤直到找到相等子图的完备匹配为止，根据前述给出的结论，此时相等子图的完备匹配即为原图的最大权完备匹配，最大权完备匹配的权值为相等子图中各顶点的顶标之和。

如果使用朴素的方法来实现 Kuhn-Munkres 算法，其时间复杂度为 $O(n^4)$。Kuhn-Munkres 算法需要寻找 $O(n)$次增广路，每次增广最多需要修改 $O(n)$次顶标，每次修改顶标需要枚举所有边来求 d 值——这部分的时间复杂度为 $O(n^2)$，因此总的时间复杂度为 $O(n^4)$。通过应用一种优化技巧，可以将 Kuhn-Munkres 算法的时间复杂度降到 $O(n^3)$。具体做法是为每个 Y 侧顶点赋予一个“松弛量”——$slack[y_j]$，每次开始寻找增广路时将其初始化为无穷大，在寻找增广路的过程中，当检查边(x_i, y_j)时，如果它不在相等子图中，则将 $slack[y_j]$更新为原值与 $lx[x_i] + ly[y_j] - weight[x_i][y_j]$两个值中的较小值。在修改顶标时，取所有不在交错路中的 Y 侧顶点的 $slack[y_j]$值中的最小值作为 d 值即可。

```
//-------------------------------3.7.2.cpp--------------------------------//
const int MAXN = 110, INF = 0x7f7f7f7f;

// n表示二部图中X侧顶点的数量。
int n;
// weight记录边权值，linky记录与Y侧顶点匹配的X侧顶点。
int weight[MAXN][MAXN], linky[MAXN];
// cx记录X侧顶点是否已经匹配，cy记录Y侧顶点是否已经匹配，slack为松弛量。
int cx[MAXN], cy[MAXN], slack[MAXN];
// lx记录X侧顶点的顶标，ly记录Y侧顶点的顶标。
int lx[MAXN], ly[MAXN];
bool dfs(int x)
{
   cx[x] = true;
   for (int y = 0; y < n; y++) {
      if (cy[y]) continue;
      int delta = lx[x] + ly[y] - weight[x][y];
      // 如果顶标之和与边权相等，表明此边为可行边，可以进入相等子图用于寻找增广路。
      if (delta == 0) {
         cy[y] = true;
         // 条件：顶点y尚未匹配或从“已与顶点y匹配的顶点”开始能够寻找到增广路。
         if (linky[y] == -1 || dfs(linky[y])) {
            linky[y] = x;
            return true;
         }
      }
      // 更新松弛量。
```

[1] 此处利用 d 值修改顶标使得相等子图扩大的技巧与“松弛”技巧有异曲同工之妙。

```
        else slack[y] = min(slack[y], delta);
    }
    return false;
}

int kuhnMunkres()
{
    // 确定初始顶标。
    for (int i = 0; i < n; i++) {
        linky[i] = -1, lx[i] = 0, ly[i] = 0;
        for (int j = 0; j < n; j++)
            lx[i] = max(lx[i], weight[i][j]);
    }
    for (int x = 0; x < n; x++) {
        while (true) {
            memset(cx, 0, sizeof(cx));
            memset(cy, 0, sizeof(cy));
            // 每次匹配前均需要初始化松弛量。
            for (int i = 0; i < n; i++) slack[i] = INF;
            if (dfs(x)) break;
            int delta = INF;
            // 根据松弛量确定顶标的最小变化量 d。
            for (int i = 0; i < n; i++)
                if (!cy[i])
                    delta = min(delta, slack[i])
            // 调整顶标，扩大相等子图。
            for (int i = 0; i < n; i++) {
                if (cx[i]) lx[i] -= delta;
                if (cy[i]) ly[i] += delta;
            }
        }
    }
    // 统计完备匹配的权值。
    int r = 0;
    for (int y = 0; y < n; y++)
        if (~linky[y])
            r += weight[linky[y]][y];
    return r;
}
//-------------------------------3.7.2.cpp-------------------------------//
```

Kuhn-Munkres 算法适用于求完全二部图的最大权匹配，如果给定的二部图不是完全二部图，即二部图中 X 侧顶点和 Y 侧顶点数量有差异，可以采用如下技巧将顶点予以“补齐”：假设当前 X 侧顶点数量小于 Y 侧顶点数量，可以在 X 侧“虚拟”若干顶点，使得两侧的顶点数目相同，同时在 X 侧虚拟的顶点和 Y 侧顶点间建立边权值为 0 的边，使得二部图成为完全二部图，然后执行 Kuhn-Munkres 算法求最大匹配即可。

图 3-28 是 Kuhn-Munkres 算法的参考实现代码在给定图上的具体执行过程。通过观察该执行过程，读者可以进一步增进对 Kuhn-Munkres 算法的理解。

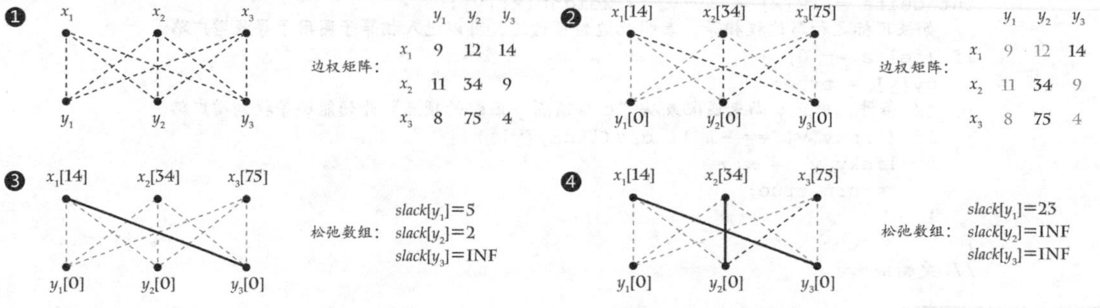

图 3-28 Kuhn-Munkres 算法的执行过程

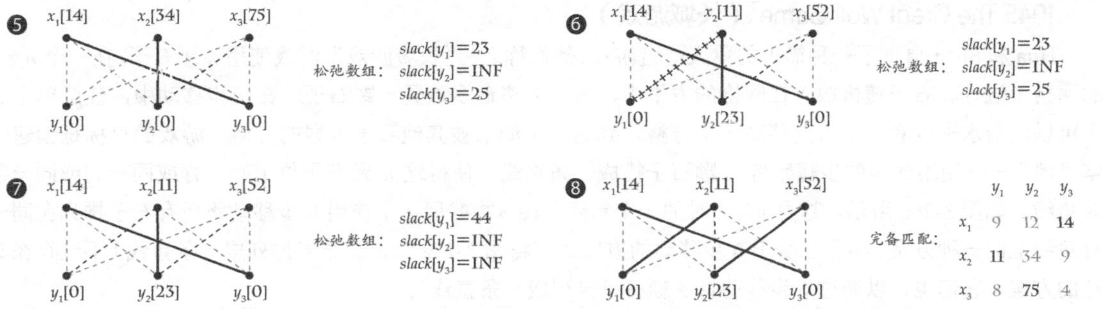

图 3-28 Kuhn-Munkres 算法的执行过程（续）

注意

图 3-28 中，各步骤具体如下。

❶ 给定包含 6 个顶点的完全二部图及其边权矩阵，X 侧顶点为 x_1, x_2, x_3，Y 侧顶点为 y_1, y_2, y_3。

❷ 由边权矩阵获得初始的可行顶标和相等子图，顶点标记右侧方括号内的数字为顶点的顶标。初始时，相等子图只包括 3 条可行边：x_1-y_3，x_2-y_2，x_3-y_3。

❸ 从 X 侧的顶点 x_1 开始进行匹配。x_1 依次与 y_1, y_2, y_3 进行匹配。在相等子图中，x_1 与 y_1 不存在边，$slack[y_1] = lx[x_1] + ly[y_1] - weight[x_1][y_1] = 14 + 0 - 9 = 5$。$x_1$ 与 y_2 不存在边，$slack[y_2] = lx[x_1] + ly[y_2] - weight[x_1][y_2] = 14 + 0 - 12 = 2$。$x_1$ 与 y_3 存在边，且 x_1 和 y_3 均未被匹配，故可将 x_1 与 y_3 进行匹配，由于 x_1 与 y_3 已经匹配，$slack[y_3]$未计算，其值为默认值 INF。

❹ 从 X 侧的顶点 x_2 开始进行匹配。x_2 依次与 y_1, y_2, y_3 进行匹配。在相等子图中，x_2 与 y_1 不存在边，$slack[y_1] = lx[x_2] + ly[y_1] - weight[x_2][y_1] = 34 + 0 - 11 = 23$。$x_2$ 与 y_2 存在边且均未被匹配，故可将 x_2 与 y_2 匹配，由于 x_2 与 y_2 已经匹配，后续的 $slack[y_2]$、$slack[y_3]$未计算，其值为默认值 INF。

❺ 从 X 侧的顶点 x_3 开始进行匹配。x_3 依次与 y_1, y_2, y_3 进行匹配。在相等子图中，x_3 与 y_1 不存在边，$slack[y_1] = lx[x_3] + ly[y_1] - weight[x_3][y_1] = 75 + 0 - 8 = 67$。$x_3$ 与 y_2 存在边，但 y_2 已经与 x_2 匹配，x_2 与其他 Y 侧顶点无法匹配，最终得到一条交错路：x_3-y_2-x_2，但该交错路不是增广路，故无法从 x_3 出发构建增广路，需要扩大相等子图。在使用 Hungarian 算法寻找匹配的过程中，从 x_3 出发，经过 y_2，再到达 x_2，由于 x_3 能够与 y_2 匹配，故 $slack[y_2]$未计算，其值为初始值 INF。Hungarian 算法使用递归寻找增广路，在此过程中，从 x_2 出发又再次与 y_1, y_2, y_3 进行匹配，由于 x_2 与 y_2 已经匹配，故 $slack[y_2]$仍未计算，其值仍为初始值 INF，而 $slack[y_1] = \min\{67,\ lx[x_2] + ly[y_1] - weight[x_2][y_1]\} = \min\{67,\ 34 + 0 - 11\} = 23$，$slack[y_3] = lx[x_2] + ly[y_3] - weight[x_2][y_3] = 34 + 0 - 9 = 25$。

❻ 根据松弛数组，易知 $d = slack[y_1] = 23$，将交错路 x_3-y_2-x_2 中的 X 侧顶点的顶标减少 d，Y 侧顶点的顶标增加 d，修改顶标后，边 x_2-y_1 进入相等子图，相等子图得到扩大。

❼ 从 X 侧的顶点 x_3 开始再次进行匹配。x_3 依次与 y_1, y_2, y_3 进行匹配。当前相等子图中，x_3 与 y_1 不存在边，$slack[y_1] = lx[x_3] + ly[y_1] - weight[x_3][y_1] = 52 + 0 - 8 = 44$；$x_3$ 与 y_2 存在边，但 y_2 已经与 x_2 匹配，而 x_2 可与 y_1 匹配，最终可以得到一条交错路：x_3-y_2-x_2-y_1，该交错路为增广路，可以进行增广。由于 x_3 与 y_2 已经匹配，x_2 与 y_1 又已经匹配，后续的 $slack[y_2]$和 $slack[y_3]$未计算，其值为默认值 INF。

❽ 对增广路 x_3-y_2-x_2-y_1 "取反"以扩大匹配。增广完成后，X 侧和 Y 侧顶点均已匹配：x_1 匹配 y_3，x_2 匹配 y_1，x_3 匹配 y_2。易知，最大权完备匹配的权值和为 100。

在有关 Kuhn-Munkres 算法应用的题目中，由于算法本身是"固定不变"的，只要知道了问题的底层模型是最大（小）权完备匹配，则构建二部图后应用算法模板即可顺利解决，因此解题难点在于分析题意并将题目建模为完全二部图这个环节。

1045 The Great Wall Game[D]（长城游戏）

Hua 和 Shen 自创了一种简单的单人棋盘游戏，他们称之为"长城游戏"。游戏使用 n 颗石子，在一个 $n \times n$ 的网格上进行。石子随机放置在网格的方格中，每个方格最多放置一颗石子。在一步移动中，任意单个石子可以沿着水平或者垂直方向移动一个方格，到达一个尚未被其他石子占据的方格。游戏的目标是创建一堵"墙"——使用最少的步骤数将 n 颗石子排成一条直线，使得这 n 颗石子位于同一行或同一列或同一条对角线。如图 3-29a 所示，这是 $n = 5$ 时的一个示例。图 3-29b 展示了使用 6 步移动将所有石子排列在同一对角线上的一种方案。不存在少于 6 步移动的方案能够将图 3-29a 给定的布局排列成一条直线（不过存在其他的方案，它们也可以通过 6 步移动将 5 颗石子排列成一条直线）。

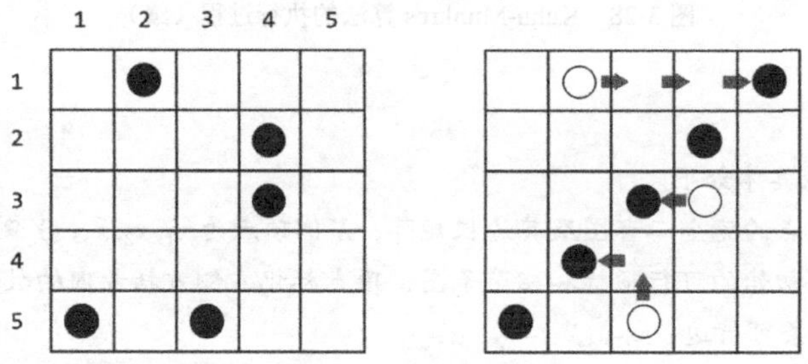

图 3-29　展示示例

这里只有一个问题——对于给定的初始布局，Hua 和 Shen 不知道将其排列成一条直线所需的最少移动步数。期望你能够编写一个程序，能够将任意一个初始布局作为输入，确定创建一堵墙所需要的最少移动步数。

输入

输入包含多组测试数据，每组测试数据的第 1 行为一个整数 n，$1 \leqslant n \leqslant 15$。接下来的一行包含 n 颗石子的位置，第 1 个和第 2 个整数表示第 1 颗石子所在的行和列，第 3 个和第 4 个整数表示第 2 颗石子所在的行和列，如此类推。行和列的计数方式如图 3-29a 所示。最后一组测试数据后面包含一行，该行只有一个 0，表示输入结束。

输出

对于每组测试数据，输出测试数据的组数（1, 2, …），接着是将 n 颗石子排成一条直线所需的最少步骤数。需要在每组测试数据的输出后面打印一个空行。

样例输入

```
5
1 2 2 4 3 4 5 1 5 3
2
1 1 1 2
3
3 1 1 2 2 2
0
```

样例输出

```
Board 1: 6 moves required.

Board 2: 0 moves required.

Board 3: 1 moves required.
```

分析

以样例输入的第 1 组测试数据为例，假设将所有石子排列在副对角线上构成一条直线，那么对于某颗石子 s_i 来说，它可以移动到副对角线的任意一个位置，而且每移动到副对角线上的一个特定位置都有着相应的最少移动步数，于是，可以将石子视为二部图的 X 侧顶点，副对角线上的每个方格视为二部图的 Y 侧顶点，单个石子移动到副对角线上的某个特定方格所需的最少移动步数就是顶点间边权的值，那么问题转化为求该完全二部图的最小权完备匹配。

前面介绍了使用 Kuhn-Munkres 算法求二部图最大权完备匹配的方法，那么如何求最小权完备匹配呢？有以下两种方法。

第 1 种方法是将边权值“取反”，即将边权值转换成对应的负值，仍然使用前述的求最大权完备匹配的 Kuhn-Munkres 算法，只不过在最后统计完备匹配的权值时再次取反即可。

第 2 种方法是取边权矩阵中元素最大值 W，将所有边权值赋值为 $W - weight[i][j]$，令新边权下的完全二部图的最大权完备匹配的权值为 w'，则原边权下的完全二部图的最小权完备匹配的权值为 $w = nW - w'$，其中 n 为边权矩阵的阶，即图中 X（或 Y）侧顶点的数目[1]。

由于需要确定将 n 颗石子排列成一条直线的最少移动步数，而排列成一条直线可以有多种选择，可以选择排列成 n 行中的某一行，或者排列成 n 列中的某一列，或者排列成主、副对角线之一，因此要检查所有情形的最小权匹配，取其中具有最小移动步数的方案作为结果输出。

参考代码采用第 2 种方法进行解题，使用了全局变量 *slack* 来替代松弛量数组，对于边权值为整数的加权匹配，不会出现问题，但是对于边权值为实数的加权匹配，在遇到某些特殊的测试数据时，可能由于实数的精度问题导致陷入无限循环[2]。

参考代码

```
const int MAXN = 110, INF = 0x7f7f7f7f;

int weight[MAXN][MAXN], linky[MAXN], cx[MAXN], cy[MAXN], slack;
int lx[MAXN] = {0}, ly[MAXN] = {0}, n;

bool dfs(int x)
{
   cx[x] = true;
   for (int y = 0; y < n; y++) {
      if (cy[y]) continue;
      int delta = lx[x] + ly[y] - weight[x][y];
      if (!delta) {
         cy[y] = true;
         if (linky[y] == -1 || dfs(linky[y])) {
            linky[y] = x;
            return true;
         }
      }
      // 使用全局 slack 变量而不是松弛量数组。
      else slack = min(slack, delta);
   }
   return false;
}

int kuhnMunkres()
{
   memset(linky, -1, sizeof(linky));
   for (int i = 0; i < n; i++) {
      lx[i] = -INF, ly[i] = 0;
      for (int j = 0; j < n; j++)
         lx[i] = max(lx[i], weight[i][j]);
   }
   for (int x = 0; x < n; x++)
      while (true) {
         memset(cx, 0, sizeof(cx));
```

[1] 此方法的正确性基于以下结论：设 a 是$(K_{n,n}, w)$的加权矩阵 $W=(w_{ij})_n$ 中元素的最大值，J_n 是 n 阶全 1 方阵，$W^*=(\overset{*}{w_{ij}})_n=aJ_n-W$ 是$(K_{n,n}, w^*)$中加权矩阵，则 M^*是$(K_{n,n}, w^*)$中最大权完备匹配 $\Leftrightarrow$ M^*是$(K_{n,n}, w)$中最小权完备匹配，而且 $w(M^*)=na-w^*(M^*)$。$K_{n,n}$ 表示二部划分为$\{X, Y\}$的完全二部图且$|X|=|Y|=n$。此结论的证明过程可参阅徐俊明著《图论及其应用（第 3 版）》第 222～223 页。

[2] 例如 1411 Ants，如果使用松弛量数组的方法解题能够获得 Accepted，但如果使用全局变量来表示松弛量，则会得到 Time Limit Exceeded 的提交结果。

```
            memset(cy, 0, sizeof(cy));
            slack = INF;
            if (dfs(x)) break;
            for (int i = 0; i < n; i++) {
                if (cx[i]) lx[i] -= slack;
                if (cy[i]) ly[i] += slack;
            }
        }
        int r = 0;
        for (int y = 0; y < n; y++)
            if (~linky[y])
                r += weight[linky[y]][y];
        return r;
    }

    // 对边权进行调整然后调用 Kuhn-Munkres 算法求最大匹配。
    int modifiedKuhnMunkres()
    {
        int a = 0;
        for (int i = 0; i < n; i++)
            for (int j = 0; j < n; j++)
                a = max(a, weight[i][j]);
        for (int i = 0; i < n; i++)
            for (int j = 0; j < n; j++)
                weight[i][j] = a - weight[i][j];
        int r = kuhnMunkres();
        return n * a - r;
    }

    int main(int argc, char *argv[])
    {
        int sx[16], sy[16], cases = 0;
        while (cin >> n, n > 0) {
            for (int i = 0; i < n; i++) cin >> sx[i] >> sy[i];
            int r = INF;
            // 将石子排在某一行上。
            for (int row = 1; row <= n; row++) {
                memset(weight, 0, sizeof(weight));
                for (int cln = 1; cln <= n; cln++)
                    for (int si = 0; si < n; si++)
                        weight[si][cln - 1] = abs(sx[si] - row) + abs(sy[si] - cln);
                r = min(r, modifiedKuhnMunkres());
            }
            // 将石子排在某一列上。
            for (int cln = 1; cln <= n; cln++) {
                memset(weight, 0, sizeof(weight));
                for (int row = 1; row <= n; row++)
                    for (int si = 0; si < n; si++)
                        weight [si][row - 1] = abs(sx[si] - row) + abs(sy[si] - cln);
                r = min(r, modifiedKuhnMunkres());
            }
            // 将石子排在主对角线上。
            memset(weight, 0, sizeof(weight));
            for (int row = 1, cln = 1; row <= n; row++, cln++)
                for (int si = 0; si < n; si++)
                    weight [si][row - 1] = abs(sx[si] - row) + abs(sy[si] - cln);
            r = min(r, modifiedKuhnMunkres());
            // 将石子排在副对角线上。
```

```
        memset(weight, 0, sizeof(weight));
        for (int row = n, cln = 1; cln <= n; row--, cln++)
            for (int si = 0; si < n; si++)
                weight[si][cln - 1] = abs(sx[si] - row) + abs(sy[si] - cln);
        r = min(r, modifiedKuhnMunkres());
        // 输出。
        cout << "Board " << ++cases << ": " << r << " moves required.\n";
        cout << '\n';
    }
    return 0;
}
```

强化练习

1411 Ants[D]，11383 Golden Tiger Claw[D]。

扩展练习

1349 Optimal Bus Route Design[D]。

提示

1411 Ants 中，将蚂蚁视为 X 侧顶点，苹果树视为 Y 侧顶点，以蚂蚁和苹果树之间路线的长度（平面欧几里得距离）为权值，求最小权完备匹配，可以通过三角不等式（三角形的任意两条边边长之和大于第三条边的边长）证明，所得到的完备匹配中任意两条路线必定不相交。如图 3-30 所示，假设在最小权完备匹配中，路线发生相交，即蚂蚁 A 匹配苹果树 E，蚂蚁 B 匹配苹果树 D，则根据三角不等式，有 $AE + BD = (AC + CD) + (BC + CE) > AD + BE$，表明"蚂蚁 A 与苹果树 D 匹配，蚂蚁 B 与苹果树 E 匹配"能够获得更小的边权和，与当前匹配是最小权完备匹配产生矛盾，故假设错误，即以路线长度为权值所得到的最小权完备匹配中，路线必定不相交。在 Cormen 等人所著的《算法导论（第 2 版）》中，位于第 33 章"计算几何"的思考题"33 − 3 Ghostbusters and ghosts"（中文版翻译为"魑魅和鬼问题"，在题目描述中又将 Ghostbuster 翻译为"巨人"，显然"魑魅"或"巨人"与英文 Ghostbuster 所要表达的含义不相符合，可以考虑直译为"猎鬼者"）与本题实质上是同一问题。假设平面上蚂蚁和苹果树不存在三点共线，可以证明，在 $O(n\log n)$的运行时间内，可以找到一条通过蚂蚁和苹果树的直线，使得直线一边的蚂蚁和同一边的苹果树数量相等。进一步地，可以在 $O(n^2\log n)$的运行时间内，使其按不会有路线交叉的条件把蚂蚁和苹果树配对。具体方式是通过分治法予以解决。参考使用 Graham 法求凸包的过程，将所有点按照 Y 坐标值排序（若有两个点的 Y 坐标相同，则取 X 坐标较小的点），取排序后的第 1 个点作为参考点，将其他点按照相对于参考点的极角从小到大排序，设置两个变量 S_{ant} 和 S_{apple}，分别表示当前类型为蚂蚁和苹果树的点的数量，初始时 $S_{\text{ant}} = S_{\text{apple}} = 0$，若参考点类型为蚂蚁则置 $S_{\text{ant}} = 1$，否则置 $S_{\text{apple}} = 1$，对极角排序后的点按照极角从小到大的顺序进行统计，若点类型为蚂蚁，则 S_{ant} 自增 1，否则 S_{apple} 自增 1，直到 $S_{\text{ant}} = S_{\text{apple}}$，那么将参考点和刚进入统计的点进行配对（此时两者的类型一定是相反的），并以参考点和刚进入统计的点的连线作为分界线，将点集划分为两个部分，这两部分中蚂蚁和苹果树的数量一定相等，继续递归解决划分得到的两个部分的匹配问题。

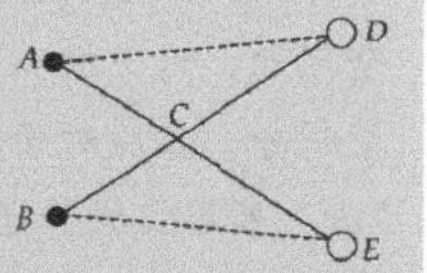

图 3-30 假设示例

1349 Optimal Bus Route Design 中，对于圈中的任意一个顶点 u 来说，它必有一个后继顶点 v，反过来，如果有向图中每个顶点 u 都有对应的后继顶点 v，则这些顶点必定构成一个圈。那么题目约束可以建模为二分图的最小权完备匹配问题，将顶点 i 拆分为两个顶点——"前点" x_i 和"后点" y_i，如果顶点 u 和 v 之间有一条有向边(u, v)，则二部图中顶点 y_u 和 x_v 之间有边，求构造得到的二部图的最小权完备匹配，如果不存在完备匹配则表明符合题意要求的巴士路线不存在。注意，UVa OJ 上的测试数据中两个顶点的有向边可能会存在重复边的情形。

3.8 点支配集、点覆盖集、点独立集

3.8.1 点支配集

设 G 是无向图，S 是 $V(G)$的非空子集，若对于任意顶点 $v \in V(G) \setminus S$，存在顶点 $u \in S$，在顶点 u 和顶点 v 之间存在无向边$(u, v) \in E(G)$，则称 u 支配 v，并称 S 为 G 的点支配集（vertex dominating set），简称点支配。如果 G 中任何异于 S 的点支配 S'均有$|S'| \geq |S|$，则称 S 为最小点支配（minimum vertex dominating）。若对任何 $x \in S$，$S \setminus \{x\}$均不是点支配，则称点支配集 S 为极小点支配（minimal vertex dominating）。最小点支配中的顶点数称为点支配数（vertex dominating number），记作 $\gamma(G)$。

对于一般图来说，求最小点支配为 NP 完全问题，只能通过枚举的方法进行解决，但是对于特殊的图，如树图，存在有效的贪心算法和动态规划算法。

强化练习

10160 Servicing Stations[C]。

提示

10160 Servicing Stations 的本质是求一般图的最小点支配数。由于求一般图的最小点支配数是 NP 完全问题，为了提高求解效率，可以采用以下优化技巧：（1）若原图可以拆分为多个不相连的子图，则先予拆分，然后对子图求最小支配集的顶点个数，最后求和得到原图的相应结果；（2）对于求两个集合的“并”采用位操作进行加速，预先将某个顶点的邻接表表示为一个整数以使用“位与”操作来代替集合的并；（3）枚举时先考虑顶点度较大的顶点。

3.8.2 点覆盖集

设 G 是无向连通图，S 是顶点集 $V(G)$的非空子集，若边集 $E(G)$中每条边都与 S 中某顶点关联，则称 S 为 G 的点覆盖集（vertex covering set），简称点覆盖。如果 G 中任何异于 S 的点覆盖 S'均有$|S'| \geq |S|$，则称 S 为最小点覆盖（minimum vertex covering）。对于某个点覆盖集 S，若对任何 $x \in S$，$S \setminus \{x\}$均不是点覆盖，则称 S 为极小点覆盖（minimal vertex covering）。最小点覆盖一定是极小点覆盖，但极小点覆盖不一定是最小点覆盖。

极小点覆盖和最小点覆盖的示例如图 3-31 所示。

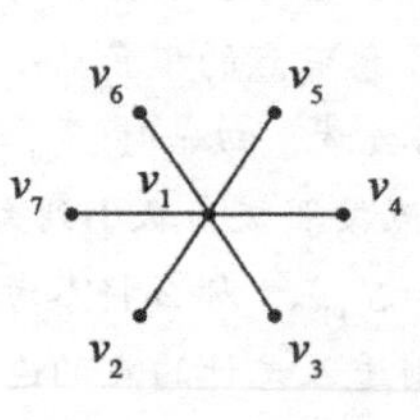

（a）$\{v_2, v_3, v_4, v_5, v_6, v_7\}$是极小点覆盖，但不是最小点覆盖，$\{v_1\}$是极小点覆盖，同时也是最小点覆盖

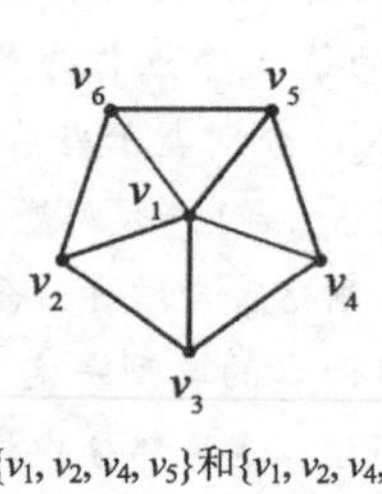

（b）$\{v_1, v_2, v_4, v_5\}$和$\{v_1, v_2, v_4, v_6\}$既是极小点覆盖，也是最小点覆盖

图 3-31 点覆盖

G 中最小点覆盖的顶点数称为点覆盖数（vertex covering number），记为$\beta(G)$，在二部图中，G 中最大匹配的边数称为匹配数（matching number），记为 $\alpha'(G)$，König 证明：对任何二部图 G 有 $\beta(G) = \alpha'(G)$，即求二部图 G 的点覆盖数等价于求其匹配数。注意，对于非二部图，上述结论不成立。

1194 Machine Schedule[D]（机器调度）

假设有两台机器 A 和 B，机器 A 有 n 种工作模式，分别为 $mode_0, mode_1, \cdots, mode_{n-1}$，机器 B 有 m 种工

作模式，分别为 $mode_0, mode_1, \cdots, mode_{m-1}$。初始时，$A$ 和 B 的工作模式均为 $mode_0$。

给定 k 项作业，每项作业可以工作在任何一台机器的特定模式下。例如，作业 0 可以工作在机器 A 的 $mode_3$ 模式或者机器 B 的 $mode_4$ 模式；作业 1 可以工作在机器 A 的 $mode_2$ 模式或机器 B 的 $mode_4$ 模式，等等。因此，对于作业 i，调度中的约束条件可以表述成一个三元组(i, x, y)，含义为作业 i 可以工作在机器 A 的 $mode_x$ 模式或机器 B 的 $mode_y$ 模式。

显然，为了完成所有作业，必须不定时切换机器的工作模式，但不巧的是，机器工作模式的切换只能通过手动重启机器完成。试编写程序，通过改变机器的顺序，给每台机器分配合适的作业，使得重启机器的次数最少。

输入

输入文件包含多组测试数据，每组测试数据的第 1 行包含 3 个整数：n, m（$n, m<100$），k（$k<1000$），接下来的 k 行给出了 k 项作业的约束条件，每行为一个三元组：i, x, y。输入文件的最后一行以 0 结束。

输出

对于输入文件的每组测试数据输出一行，包含一个整数，表示需要重启机器的最少次数。

样例输入

```
5 5 10
0 1 1
1 1 2
2 1 3
3 1 4
4 2 1
5 2 2
6 2 3
7 2 4
8 3 3
9 4 3
0
```

样例输出

```
3
```

分析

将机器 A 的 n 个模式和机器 B 的 m 个模式视为图的顶点，如果某项作业可以在 A 的 $mode_x$ 模式或 B 的 $mode_y$ 模式下完成，则从 $mode_x$ 到 $mode_y$ 连接一条边，最后得到的是一个二部图。若要使得机器的重启次数最少，应该使某个模式能够处理更多的作业，等价于使顶点覆盖尽可能的多的边，即题目所求为二部图的最小点覆盖。根据前述的 König 定理，任意二部图的点覆盖数与匹配数相等，因此求构造得到的二部图最大匹配即可。

参考代码

```
const int MAXV = 110;

int g[MAXV][MAXV], vx[MAXV], vy[MAXV], cx[MAXV], cy[MAXV], nx, my, kj;

// 使用深度优先搜索寻找增广路。
int dfs(int u)
{
    // 设置机器 A 的模式 u 为已访问。
    vx[u] = 1;
    // 考虑所有与模式 u 能够完成同一项作业的模式 v。由于机器的初始状态为模式 0，
    // 不需要重启机器，故从模式 1 开始寻找增广路。
    for (int v = 1; v < my; v++)
        if (g[u][v] && !vy[v]) {
            // 如果 v 尚未匹配或 v 已经匹配，但是从 v 出发可以找到增广路则匹配成功。
            vy[v] = 1;
            if (!cy[v] || dfs(cy[v])) {
                // 更改匹配。
                cx[u] = v, cy[v] = u;
                return 1;
```

```
            }
        }
        // 未能找到增广路，已经是最大匹配。
        return 0;
    }

    // 匈牙利算法求最大匹配数。
    int hungarian()
    {
        int matches = 0;
        memset(cx, 0, sizeof(cx));
        memset(cy, 0, sizeof(cy));
        // 机器 A 和机器 B 最初工作在模式 0，在模式 0 状态下可以完成的作业不需要重新启动机器，
        // 故从模式 1 开始匹配。
        for (int i = 1; i < nx; i++)
            if (!cx[i]) {
                // 注意寻找之前需要将访问标记置为初始状态。
                memset(vx, 0, sizeof(vx)); memset(vy, 0, sizeof(vy));
                // 每找到一条增广路，可使得匹配数增加 1。
                matches += dfs(i);
            }
        return matches;
    }

    int main(int argc, char *argv[])
    {
        while (cin >> nx, nx > 0) {
            cin >> my >> kj;
            // 根据作业约束建立二部图。
            memset(g, 0, sizeof(g));
            for (int t, x, y, i = 0; i < kj; i++) {
                cin >> t >> x >> y;
                g[x][y] = 1;
            }
            // 使用匈牙利算法求匹配数，从而得到点覆盖数。
            cout << hungarian() << '\n';
        }
        return 0;
    }
```

强化练习

12549 Sentry Robots[D]。

确定了二部图的点覆盖数$\beta(G)$后，如何从顶点集中选出$\beta(G)$个顶点来构造最小点覆盖呢？可以使用如下方法：设图 G 二部划分为$\{X, Y\}$，选取 Hungarian 算法结束后 X 侧尚未匹配的顶点（也可以选择 Y 侧尚未匹配的顶点），从这些顶点出发，按照 Hungarian 算法增广路的要求，寻找所有的交错路，这些交错路上的边也是按照“未匹配边－匹配边－未匹配边……”的交替顺序排列，只不过此时最后一条边一定是匹配边（若是未匹配边则会构成一条增广路，而在之前的 Hungarian 算法执行过程中，已经找到了所有的增广路，因此不会出现是未匹配边的情况），因此是“伪增广路”，将寻找“伪增广路”过程中所经过的顶点予以标记，则最后 X 侧未标记的顶点和 Y 侧已标记的顶点（如果起始时选择从 Y 侧的未匹配顶点开始寻找交错路，则最后选择 X 侧已标记的顶点和 Y 侧未标记的顶点）就构成了最小点覆盖集，如图 3-32 所示。

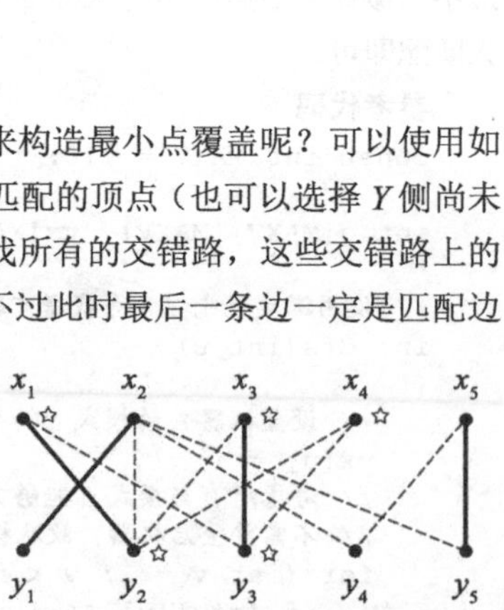

图 3-32　从最大匹配寻找最小点覆盖

注意

图 3-32 中，设图 G 二部划分为$\{X, Y\}$，$X=\{x_1, x_2, x_3, x_4, x_5\}$，$Y=\{y_1, y_2, y_3, y_4, y_5\}$，可行的最大匹配如实线边所示。从 X 侧未匹配的顶点 x_4 出发，沿着“未匹配－匹配－未匹配－匹配……”的顺序寻找“伪交

错路”，可以找到两条“伪交错路”，一条为 x_4-y_2-x_1-y_3-x_3，另外一条为 x_4-y_3-x_3，两条“伪交错路”标记了 X 侧的 x_1, x_3, x_4，Y 侧的 y_2, y_3，而 X 侧的 x_2, x_5 未标记，则 $\{x_2, x_5, y_2, y_3\}$ 构成了最小点覆盖集。

可使用类似于前述 Hungarian 算法中应用 DFS 过程寻找增广路的方法，沿着“伪增广路”标记交错路上的顶点。具体的代码实现请读者结合练习予以完成。

强化练习

11419 SAM I AM^C。

3.8.3 点独立集与最大团

设 G 是无圈图，S 是 $V(G)$ 的非空子集，若 S 中任意两顶点在 G 中均不相邻，则称 S 为 G 的点独立集（vertex independent set），简称点独立。如果对任何顶点 $x \in V\backslash S$，$S \cup \{x\}$ 都不是点独立集，则称 S 为极大点独立（maximal vertex independent set）。如果对 G 中任何异于 S 的点独立 S' 均有 $|S'| \leqslant |S|$，则称 S 为 G 的最大点独立（maximum vertex independent set）。G 中最大点独立中的顶点数称为 G 的点独立数（independent number），记为 $\alpha(G)$。

点独立和点覆盖之间的关系存在如下定理：设无向图 G 中无孤立顶点，若顶点集 S 为 $V(G)$ 的子集，则 S 是 G 的点覆盖的充分必要条件是 $V(G)\backslash S$ 是 G 的点独立，即 $\alpha(G) + \alpha'(G) = |V|$。也就是说，求最大点独立数和求最小点覆盖数是互补问题。对于二部图，其点覆盖数等于匹配数，则二部图的点独立数等于顶点个数减去匹配数。如果二部图中存在独立顶点，则从等式中扣除独立顶点后等式依然成立。对于一般图来说，求最大点独立数是 NP 问题，而对于规模较小的图，可以使用回溯法进行求解。在求点独立数的题目中，关键是如何根据题目描述建模得到相应的二部图，进一步使用相应的算法求最大匹配，然后间接求得点独立数，如图 3-33 所示。

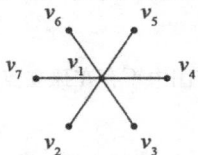

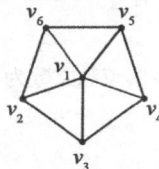

（a）$\{v_1\}$是极大点独立，但不是最大点独立，$\{v_2, v_3, v_4, v_5, v_6, v_7\}$是极大点独立，同时也是最大点独立

（b）$\{v_2, v_4\}$既是极大点独立，也是最大点独立，类似的还有$\{v_3, v_5\}$、$\{v_4, v_6\}$等

图 3-33 点独立

给定无向图 $G = (V, E)$，G 的团（clique）是 G 的一个子图 $G' = (V', E')$，对于 V' 中的任意两个不同顶点 u 和 v，存在边 $(u, v) \in E$。换句话说，如果图 G' 是图 G 的一个子图，G' 中包含 n 个顶点且这 n 个顶点中的任意两个不同顶点均有一条边相连，则称 G' 为 G 的团，亦即 G 的完全子图。如果一个团不被任意其他团所包含，即它不是其他团的真子集，则称该团为图 G 的极大团（maximal clique）。G 中包含顶点数量最多的团称为 G 的最大团（maximum clique）。求 G 的最大团等价于求 G 的补图的点独立数。求解极大团和最大团可使用 Bron–Kerbosch 算法[61]。

强化练习

10349 Antenna Placement^C，12083 Guardian of Decency^D，12168 Cat vs. Dog^D。

扩展练习

11065 A Gentlemen's Agreement^D，11069 A Graph Problem^A。

3.9 路径覆盖和边覆盖

路径覆盖（path covering）是指图中路径集 P 的一个子集 P'，P' 经过图中所有的顶点。边覆盖（edge covering）是指图 G 中边集 E 的一个子集 E'，E' 关联图 G 的所有顶点。

3.9.1 最小路径覆盖

若某个路径覆盖的任意真子集均不是路径覆盖，则称此路径覆盖为最小路径覆盖（Minimum Path Covering，MPC）。对于一般图，MPC 问题属于 NP 难问题，目前尚无有效算法，但是对于有向无圈图中的 MPC 问题，存在有效算法。有向无圈图中的最小路径覆盖可分为两种类型，一种是最小不相交路径覆盖，即所有路径经过的顶点均不相同，另一种是最小可相交路径覆盖，即路径可发生相交。对于最小不相交路径覆盖，可以将有向图中的每个顶点拆分为两个顶点 v_{in} 和 v_{out}，如果顶点 x 和顶点 y 之间具有有向边，则在新图中的顶点 x_{out} 和 y_{in} 间建立一条有向边，这样得到的新图就是一个二部图，而原图的最小路径覆盖就等于原图的顶点数减去新图的最大匹配。

对于最小可相交路径覆盖，可以将其转化为最小不相交路径覆盖解决。对于原图，使用 Floyd-Warshall 算法求出其传递闭包，如果顶点 u 和 v 之间具有有向路径，则在新图中为 u 和 v 添加一条有向边，这样就能够把原图的最小可相交路径覆盖问题转化为新图的最小不相交路径覆盖问题。

强化练习

1184 Air Raid[D]，1201 Taxi Cab Scheme[D]。

3.9.2 最小边覆盖

若某个边覆盖的任意真子集均不是边覆盖，则称此边覆盖为最小边覆盖（minimum edge covering）。最小边覆盖中的边数称为 G 的边覆盖数（edge covering number），记为 $\beta'(G)$。Norman 和 Rabin 证明，图的最小边覆盖和图的最大匹配实质上为互补问题[62]。令图 G 的顶点数为 n，边覆盖数为 $\beta'(G)$，匹配数为 $\alpha'(G)$，若图中不存在孤立点，有

$$\beta'(G) = n - \alpha'(G)$$

对于二部图 G 来说，令其点独立数为 $\alpha(G)$，边覆盖数为 $\beta'(G)$，若图中不存在孤立点，则有

$$\alpha(G) = \beta'(G)$$

3.10 树的相关问题求解

当给定的图是任意图时，图的点支配集、点覆盖集、点独立集问题都是 NP 问题，但是对于树，存在有效的算法。对于树的点支配集、点覆盖集、点独立集问题，有的可以将其转化为二部图后进一步使用本章介绍的算法予以求解，有的可以使用贪心算法或树形动态规划算法予以解决。

以下介绍在树中求最小点支配、最小点覆盖、最大点独立的相应算法[1]。需要注意的是，对于 3 种类型问题的贪心算法，贪心策略中贪心选择的顺序非常重要，需要按照 DFS 所得到的遍历序列的反方向进行贪心选择，这样可以确保对于每个结点来说，当其子树都被处理过后才会对该结点进行处理，从而能够保证贪心算法的正确性[63]。

3.10.1 最小点支配

对于图 $G = (V, E)$，选取 V 中尽可能少的顶点构成一个集合 V_1，使得 $V \backslash V_1$ 中的顶点均与 V_1 中的顶点有边关联，则称 V_1 为图 G 的最小顶点支配集，简称最小点支配。

贪心算法

以某个结点为根结点，从此结点开始对树进行深度优先遍历，按发现结点的先后顺序构建遍历序列，并记录各个结点的父结点，之后对得到的遍历序列按照相反的方向进行贪心选择，对于一个既不属于支配集同时也不与支配集中的结点相连的结点，如果它的父结点不属于支配集，将其父结点加入支配集，标记当前结点、当前结点的父结点和当前结点父结点的父结点。

1　使用动态规划解决树的最小点支配、最小点覆盖、最大点独立问题的方法，请读者参阅本书 4.6.2 小节的相关内容。

```
//-------------------------------3.10.1.cpp-------------------------------//
const int MAXV = 2048;

vector<int> edges[MAXV], sequence;
int n, visited[MAXV], parent[MAXV], in[MAXV];

// 通过深度优先遍历构建遍历序列。
void dfs(int u)
{
   sequeue.push_back(u);
   visited[u] = 1;
   for (auto v : edges[u])
      if (!visited[v]) {
         parent[v] = u;
         dfs(v);
      }
}

int greedy()
{
   memset(visited, 0, sizeof(visited));
   memset(in, 0, sizeof(visited));
   int r = 0;
   // 根结点满足贪心条件，需要对根结点进行检查。
   for (int i = n - 1; i >= 0; i--) {
      int u = sequeue[i];
      if (!visited[u]) {
         if (!in[parent[u]]) {
            in[parent[u]] = 1;
            r += 1;
         }
         // 当前结点、当前结点的父结点、当前结点父结点的父结点，均标记为已访问。
         visited[u] = visited[parent[u]] = visited[parent[parent[u]]] = 1;
      }
   }
   return r;
}
//-------------------------------3.10.1.cpp-------------------------------//
```

3.10.2 最小点覆盖

最大匹配算法

求树的最小点覆盖，可先将其转换为二部图，求其最大匹配。由于树是可以二着色的，先使用BFS（或DFS）将树进行二着色，例如着色为黑色和白色，那么可将黑色结点作为二部图的 *X* 侧，白色结点作为二部图的 *Y* 侧，然后根据黑色结点和白色结点间是否存在边构建二部图中的边，二部图构建完毕后，选用求最大匹配的算法求得最大匹配即为最小点覆盖。

贪心算法

以某个结点为树的根结点，从此结点开始对树进行深度优先遍历，按发现结点的先后顺序构建遍历序列，并记录各个结点的父结点，之后对得到的遍历序列按照相反的方向进行贪心选择，如果当前结点及其父结点都不属于顶点覆盖集合，则将父结点加入到顶点覆盖集合，并标记当前结点与其父结点均被覆盖。需要注意的是，贪心算法中选择的顺序非常重要，需要按照深度优先遍历得到遍历序列的反向顺序进行贪心，这样对于每个结点来说，可以保证当其子树都被处理完毕后才进行该结点的处理，从而能够保证贪心选择的正确性。注意，在最小点覆盖问题中，由于根结点的父结点为本身，不满足贪心条件，因此不能对根结点进行检查，否则会导致错误的结果。

```
//-------------------------------3.10.2.cpp-------------------------------//
int greedy()
{
```

```
    memset(visited, 0, sizeof(visited));
    memset(in, 0, sizeof(visited));
    int r = 0;
    // 根结点不满足贪心条件，不做检查，否则会导致错误的结果。
    for (int i = n - 1; i >= 1; i--) {
        int u = sequeue[i];
        if (!visited[u] && !visited[parent[u]]) {
            in[parent[u]] = 1;
            r += 1;
            visited[u] = visited[parent[u]] = 1;
        }
    }
    return r;
}
//------------------------------3.10.2.cpp------------------------------//
```

强化练习

1292 Strategic Game^{D}，10243 Fire Fire Fire^{C}。

3.10.3 最大点独立

最大匹配算法

求树的最大点独立，可先将其转换为二部图，求其最大匹配。由于树是可以二着色的，先使用 BFS（或 DFS）将树进行二着色，例如着色为黑色和白色，那么可将黑色结点作为二部图的 X 侧，白色结点作为二部图的 Y 侧，然后根据黑色结点和白色结点间是否存在边构建二部图中的边，二部图构建完毕后选用求最大匹配的算法求得最大匹配，由于二分图的最大匹配数即为最小点覆盖数，而最小点覆盖数与最大点独立数为互补问题，因此可以间接求解。

贪心算法

选择树中的某个结点作为根结点，按照 DFS 得到遍历序列，之后按照遍历序列所得到的反向序列的顺序进行贪心选择，贪心的策略是：如果当前结点未被覆盖，则将当前结点加入独立集，并标记当前结点及其父结点均被覆盖。由于根结点的父结点是其本身，故需要单独检查根结点是否满足贪心选择的条件。贪心算法的时间复杂度为 $O(|V|)$。

```
//------------------------------3.10.3.cpp------------------------------//
int greedy()
{
    memset(visited, 0, sizeof(visited));
    memset(in, 0, sizeof(visited));
    int r = 0;
    // 根结点满足贪心条件，需要对根结点进行检查。
    for (int i = n - 1; i >= 0; i--) {
        int u = sequeue[i];
        if (!visited[u]) {
            in[parent[u]] = 1;
            r += 1;
            visited[u] = visited[parent[u]] = 1;
        }
    }
    return r;
}
//------------------------------3.10.3.cpp------------------------------//
```

3.11 小结

图算法的内容非常丰富，是编程竞赛考察的一个重点和热点。由于图算法中每种算法都是针对特定的问题，因此在学习算法时，可以按照以下步骤来进行学习：了解算法所针对的问题背景，然后从算法的思想入手，尽可能对其思想有一个透彻的了解，然后就是琢磨算法实现，最后就是通过练习来熟练算法的应用。

图算法中的重点内容包括如下几点。

（1）欧拉回路算法。重点需要掌握 Fleury 算法的思想及 Hierholzer 算法的实现。作为拓展，读者可以进一步了解混合图中欧拉回路的求法。

（2）最小生成树算法。最小生成树算法主要包括 Prim 算法和 Kruskal 算法。Prim 算法和 Kruskal 算法同属贪心算法。总的来说，Prim 算法是以顶点为对象，挑选与顶点相连的最短边来构成最小生成树。而 Kruskal 算法是以边为对象，不断地加入新的不构成圈的最短边来构成最小生成树。在掌握最小生成树算法的基础上，需要掌握其衍生和扩展问题，包括但不限于次最优最小生成树、单度限制最小生成树、最优比例生成树、最小树形图等。

（3）单源最短路径算法。如果给定的图中不包含负权边，则最常使用的是 Moore-Dijkstra 算法。Moore-Dijkstra 使用了广度优先搜索解决加权有向图或无向图的单源最短路径问题，算法最终得到一个最短路径树。如果给定的图中包含负边权，则 Moore-Dijkstra 算法可能不适用，此时可以使用 Bellman-Ford 算法来求单源最短路径。在掌握最短路径算法的基础上，可以进一步了解第 k 短路径算法。SPFA 可以看做是 Bellman-Ford 算法的队列优化实现，在某些情况下可以大幅提高运行效率，但是往往也可以构造特殊的测试数据使得 SPFA 超时，这一点需要在实践中予以注意。

（4）多源最短路径算法。Floyd-Warshall 算法是解决多源最短路径的经典算法，该算法采用了动态规划中的松弛技巧。

（5）网络流算法。需要重点理解 Ford-Fulkerson 方法的思想，理解 Edmonds-Karp 算法对原始的 Ford-Fulkerson 方法的朴素实现的优化，重点需要掌握的是最大流的 Dinic 算法及 ISAP 算法的思想。对于学有余力的读者，建议进一步了解在网络流问题基础上增加限制得到的最小费用最大流问题，以及本书未予介绍的有上下界限制的最小费用最大流问题。

（6）二部图匹配算法。匹配算法中最基本的是 Hungarian 算法。在此基础上需要掌握 Hopcroft-Karp 算法以及针对最大权完备匹配问题的 Kuhn-Munkres 算法。

第 4 章

动态规划

Everything should be made as simple as possible, but not simpler.

——爱因斯坦[1]

复杂的问题要善于“退”，足够地“退”，“退”到最原始而不失去重要性的地方，是学好数学的一个诀窍。

——华罗庚

动态规划（Dynamic Programming，DP；其中 programming 指“规划”而不是“编程”）[64]作为解决一类问题的有效工具，具有以下两个重要的特点。

（1）动态规划既考虑了问题的所有可能性，保证了正确性，又在解决问题的时候，通过保存中间结果来避免不必要的重复计算，从而保证了效率。

（2）动态规划要求能将整个问题的解表示成若干子问题的解，一个重要的步骤是构建问题解的“递推关系式”，又称状态转移方程。

问题具有最优子结构且具有重叠的子问题是应用动态规划的标志，即问题的结构符合最优化原理，同时又具有无后效性的特点[65]。最优化原理可以这样阐述：一个最优化策略具有这样的性质，不论过去状态和决策如何，对之前决策所形成的状态而言，后继决策必须构成最优策略。简而言之，一个最优化策略的子策略总是最优的。最优化原理是动态规划的基础，任何问题，如果失去了最优化原理的支持，就不可能用动态规划方法求解。无后效性是指“过去的步骤只能通过当前状态影响未来的发展，当前的状态是历史的总结”。这条特征说明动态规划只适用于解决当前决策与过去状态无关的问题。某个状态，出现在策略的任何一个位置，它的地位相同，都可实施同样策略，这就是无后效性的内涵。最优化原理及无后效性，是动态规划必须符合的两个条件。

动态规划算法的设计一般可以分为以下 4 个步骤：（1）描述最优解的结构；（2）递归定义最优解的值；（3）按自底向上（或者自顶向下）的方式计算最优解的值；（4）由计算出的结果构造一个最优解。

4.1 背包问题

4.1.1 01 背包问题

给定一个容量为 C 的背包，现有 n 个物品，每个物品具有容量 C_i 和价值 P_i，$1 \leqslant i \leqslant n$，问如何选取放入背包的物品，使得背包内的物品容量之和不超过 C 且价值之和最大。由于物品要么放入背包，要么不放入背包，令 x_i 表示物品在背包中的状态，则有 $x_i \in \{0, 1\}$，故称 01 背包问题。

步骤 1：描述最优解的结构

朴素的方法是使用回溯法来解决 01 背包问题，即通过回溯法确定从 n 个物品中选出 1 个物品、2 个物品、3 个物品……n 个物品时所有可能的容量及价值和，从中选取容量小于等于 C 且价值最大的物品组合。很明显，一个物品要么被选择，要么不被选择，使用此种方法的时间复杂度将是 $O(2^n)$，当 n 增大时算法不

[1] 阿尔伯特·爱因斯坦（Albert Einstein，1879—1955），物理学家。他创立了相对论并且是质能等价公式（$E=mc^2$）的发现者。因为对理论物理的贡献，特别是发现了“光电效应”，荣获 1921 年诺贝尔物理学奖。

可行。为什么当 n 增大时，回溯法变得低效了？一个重要原因是在回溯过程中出现了许多重复的状态，如果对这些重复状态不加以剪枝会导致搜索时间显著增加。考虑问题所给定的条件，背包的状态由放入的物品数量和背包的容量决定，如果初始时不放入任何物品，那么背包最多只有$(n \times C + 1)$种状态，只需确定这些状态下背包的最大价值即可，相较于 2^n 级别的状态数，从这一角度考虑问题可以使得问题的状态数大大减少，从而有利于问题的解决。另外使用此种方式考虑问题可以额外带来一个好处，即后续状态可由前置状态递推而得到。

假设在最后的最优结果中总共放入了 x 个物品，那么这 x 个物品放入的先后顺序对最优结果是没有影响的，因此，不妨将物品按序号从 1 到 n 的顺序，逐个考虑是否放入背包中。假设当处理到第 i 个物品且背包的容量为 j 时（需要注意此时背包的容量并不一定已经全部使用）所对应的背包最大价值为 $V_{i,j}$，使用一个二维数组 V，以物品的序号 i 和背包容量 j 做下标来表示最大价值 $V_{i,j} = V[i][j]$，那么最终背包问题所求为 $V[n][C]$的值。

假设已经得到了当处理到物品序号为 $i-1$ 且背包容量为 0～j 时的背包价值最大值，即已经确定数组元素 $V[i-1][0]$～$V[i-1][j]$的值。当处理物品序号为 i 且背包容量为 j 时的背包最大值时，有两种可能，一种是背包的容量 j 小于物品 i 的容量 C_i，则物品 i 无法放入背包中，那么 $V[i][j]$应该更新为 $V[i-1][j]$；反之，若 j 大于物品 i 的容量 C_i，需要考虑放入物品 C_i 是否可使 $V[i][j]$的值更大，如果能增大背包价值则应该将物品 i 放入背包中，背包的最大价值为 $V[i-1][j-C_i]+P_i$（需要注意，对于 $V[i][j]$来说，考虑放入物品 i，其子问题中背包的容量为 $j-C_i$）。换句话说，如果有 $V[i-1][j-C_i]+P_i$ 大于 $V[i][j]$，则 $V[i][j]$应该更新为 $V[i-1][j-C_i]+P_i$，否则仍为 $V[i-1][j]$。

以下通过一个实例来说明最优解的构造过程。设背包的容量为 10，有 5 个物品，其编号、容量、价值如表 4-1 所示。

表 4-1　物品容量和价值

物品	*a*	*b*	*c*	*d*	*e*
容量	2	2	4	5	6
价值	2	3	2	4	5

按照解决问题的思路，在求解 $V[1][0]$至 $V[1][10]$的过程中，需要知道 $V[0][0]$至 $V[0][10]$的值，为便于问题的处理，可以设置一个虚拟物品 σ 作为初始值，其序号和价值均为 0，在对应的背包容量中其最大价值亦为 0。当背包容量为 0 的时候，无论处理到第几个物品，数组元素 $V[i][0]$均为 0。从物品 a 开始逐个处理，可以得到表 4-2。

表 4-2　背包容量和物品价值

背包容量		0	1	2	3	4	5	6	7	8	9	10
物品价值	σ	0	0	0	0	0	0	0	0	0	0	0
	a	0	0	2	2	2	2	2	2	2	2	2
	b	0	0	3	3	5	5	5	5	5	5	5
	c	0	0	3	3	5	5	5	5	7	7	7
	d	0	0	3	3	5	5	5	7	7	7	7
	e	0	0	3	3	5	5	5	7	7	9	10

第 1 行为虚拟物品 σ，由初始条件，σ 行对应的元素值均为 0。从物品 a 开始处理，a 物品对应行元素是背包容量为 0～10 时所能获得的最大价值，当背包容量为 1 时，由于物品 a 的容量为 2，很明显，物品 a 无法放下，背包的最大价值为 σ 行对应元素的值，当背包容量为 2～10 时，只有物品 a 可以放入，由于大

于 σ 行对应元素的值，即满足条件：$V[\sigma][0]+P_a > V[a][2]$，则 $V[a][2]$应更新为 $V[\sigma][0]+P_a$，即最大价值为 2。按照上述推导过程填表，最后可以得到 $V[e][10]=10$，即为问题所求。

步骤 2：递归定义最优解的值

由步骤 1，已经得到了最优子结构和使用子问题的解来得到整体问题解的方法，接下来要得到一个解的递归定义，即解可以由子问题的解来进行表示。该步骤亦为找到问题的递推关系式，或称状态转移方程。

当处理到物品 i 时，有两种可能，一种情况是背包的容量 j 小于物品 i 的容量 C_i，导致物品 i 无法放入，那么当前背包的最大价值仍然为 $V[i-1][j]$，即

$$V[i][j]=V[i-1][j],\quad j<C_i$$

另外一种情况是可以放入，即 $j \geqslant C_i$，若 $V[i-1][j-C_i]+P_i > V[i][j]$，则应更新 $V[i][j]$，有

$$V[i][j]=V[i-1][j-C_i]+P_i,\quad j \geqslant C_i$$

否则最大值仍为 $V[i-1][j]$，那么有递推关系

$$V[i][j]=\max\begin{cases}V[i-1][j], & j<C_i\\ V[i-1][j-C_i]+P_i, & j \geqslant C_i\end{cases}$$

步骤 3：按自底向上的方式计算最优解的值

按照递推关系进行计算，一般都是自底向上进行，保存相应的中间结果。下述实现中，*capacity* 为背包的容量，*volume*[*i*]为物品 *i* 的容量，*price*[*i*]为物品 *i* 的价值。初始时，物品数量为 0 或背包容量为 0 时，背包的最大价值为 0。

```
int v[n][capacity + 1] = {0};

for (int i = 1; i <= n; i++)
   for (int j = 1; j <= capacity; j++) {
      if (j >= volume[i] && v[i - 1][j - volume[i]] + price[i] > v[i - 1][j])
         v[i][j] = v[i - 1][j - volume[i]] + price[i];
      else
         v[i][j] = v[i - 1][j];
   }
```

步骤 4：回溯得到最优解

仅仅知道背包的最大价值在某些情况下还不足够，还需确定是放入了哪些物品而得到最大价值，这就需要在动态规划过程中保存相应记录，以便知道在更新背包最大值时使用了哪个物品。可以通过设立一个二维状态数组 *chosen* 记录处理第 *i* 个物品，背包容量为 *j* 时是否将第 *i* 个物品放入背包。如果 *chosen*[*i*][*j*]为 1 表示处理第 *i* 个物品，背包容量为 *j* 时放入物品 *i*，为 0 则表示不予放入。初始时，数组 *chosen* 的所有元素均设置为 0，即不放入任何物品。在更新背包最大价值时增加记录步骤如下。

```
if (v[i - 1][j - volume[i]] + price[i] > v[i - 1][j]) {
   v[i][j] = v[i - 1][j - volume[i]] + price[i];
   chosen[i][j] = 1;
}
else v[i][j] = v[i - 1][j];
```

当得到 $V[n][C]$的值时，可以通过此状态数组反向查找得到放入的物品序号。

```
indexer = n, capacity = C;
while(indexer > 0) {
   if (chosen[indexer][capacity] == 1) {
      cout << indexer << endl;
      capacity -= volume[indexer];
   }
   indexer--;
}
```

在网络上有关背包问题的讨论给出了 01 背包问题求解的伪代码[66]如下。

```
F[0, 0..V] <- 0
for i <- 1 to N
    for v <- Vi to V
        F[i, v] <- max(F[i - 1, v], F[i - 1, v - Vi] + Pi)
```

其中 $F[i, v]$表示将前 i 件物品放入容量为 v 的背包中所能得到的最大价值。伪代码并未提及初始化的细节，如果使用第 i 个物品的容量作为循环的初始值进行递推，则事先应该将 $F[i-1, V_i-1]$~ $F[i-1, V_i-1]$ 的值复制到 $F[i, V_i-1]$~ $F[i, V_i-1]$，否则会导致 $F[i, v]$的值仍为初始 0 值，在后续递推中产生错误的结果，而使用优化空间的从后往前进行递推的求解方法时，可省略此复制初始值的步骤，因为在递推过程中，使用的是同一数组，前一次递推的值仍然保留在数组中。

在前述的 01 背包问题中，问题要求确定的是“在不超过背包容量情况下所能得到的最大价值”，如果换一种提法，要求确定“恰好装满背包时的物品最大价值”，则在初始化时相应有不同。第 1 种提法，如果要求不超过背包容量，则在任意背包容量时，选择不放入任何物品都会产生一个合理的解，即背包的最大价值为 0。而对于第 2 种提法，只有当背包容量为 0 时，选择不放入任何物品能够产生一个合理的解，对于其他背包容量，不能确定是否存在放入物品的容量恰为指定背包容量的解，故其初始值应该设置为一个标记值（例如−1），表示在此种情况下，尚不确定是否存在解。在根据递推关系计算时，需要首先判断是否存在可行解（即判断数组元素是否为初始标记值），只有在存在可行解时才能进行背包最大价值的更新。

```
// 此处以-1 来表示解未定义。
int v[n + 1][capacity + 1] = {0};
memset(v, -1, sizeof(v));
v[0][0] = 0;
for (int i = 1; i <= n; i++)
   for (int j = 1; j <= capacity; j++)
      if (j >= volume[i] && v[i - 1][j - volume[i]] != -1)
         v[i][j] = max(v[i - 1][j], v[i - 1][j - volume[i]] + price[i]);
      else
         v[i][j] = v[i - 1][j];
```

990 Diving for Gold[B]（潜水寻金）

约翰是一名潜水寻宝者，他刚刚发现了一艘装满宝藏的海盗沉船。约翰乘坐的船上安装了精密的声呐系统，这套系统可以让约翰确定海底宝藏的位置、深度及包含金币的数量。不巧的是，约翰忘记了携带 GPS 设备，因此无法记录沉船的位置以便将来打捞财宝，只能现在打捞。更糟糕的是，约翰身边只有一瓶压缩空气可用。约翰想使用这唯一的一瓶压缩空气潜入水底，将尽可能多的金币打捞上来。现在需要你编写一个程序来帮助约翰，以便让他决定应该打捞哪些宝箱从而使得金币数量最大化。

本问题的限制条件如下。

（1）总共有 n 个宝箱，$\{(d_1, v_1), (d_2, v_2), \cdots, (d_n, v_n)\}$，每个二元组表示宝箱的深度和包含的金币数量。$n$ 最大为 30。

（2）压缩空气瓶只能让潜水者在水下保持 t 秒。t 最大为 1000。

（3）约翰每次潜水最多只能带上来一个宝箱。

（4）下潜所用时间 td_i 和宝箱的深度 d_i 线性相关：$td_i = w \times d_i$，w 是一个整数常数。

（5）上升所用时间 ta_i 和宝箱的深度 d_i 线性相关：$ta_i = 2w \times d_i$，w 是一个整数常数。

（6）由于设备的限制，所有参数均为整数类型。

输入

输入包含多组数据，每组数据包含若干整数值。每组数据的第 1 行包含两个整数 t 和 w，分别表示潜水总时间和整数常数。第 2 行表示宝箱的数量。接下来的输入每行包含两个整数 d_i 和 v_i，表示不同宝箱的深度和包含的金币数量。每两组输入数据之间有一个空行。

输出

对于每组测试数据，输出的第 1 行包含一个整数，表示约翰在给定的条件下能够打捞的金币数量的最大值。第 2 行表示能够打捞的宝箱数量。接下来的每一行表示打捞上来的宝箱的深度及所包含的金币数。宝箱的输出顺序要与输入时给出的顺序一致。在两组输入数据的输出之间打印一个空行。

样例输入

```
210 4
3
10 5
10 1
7 2
```

样例输出

```
7
2
10 5
7 2
```

分析

本题实质上是 01 背包问题的直接应用，增加了记录每次最佳选择的步骤。此处背包的容量为潜水的总时间，每件物品的容量为打捞一个宝箱时下潜和上升所消耗的总时间，物品的价值为宝箱包含的金币数。使用前述介绍的解决 01 背包问题的方法即可解决。

强化练习

562 Dividing Coins[A]，10130 SuperSale[A]，10819 Trouble of 13-Dots[A]。

扩展练习

233 Package Pricing[E]，431 Trial of the Millennium[D]，10072 Bob Laptop Woolmer and Eddie Desktop Barlow[D]，10163 Storage Keepers[C]，11341 Term Strategy[C]。

提示

对于 431 Trial of the Millennium，截至 2020 年 1 月 1 日，UVa OJ 上的评判程序似乎存在 bug，尝试了多种解题方案均无法获得 Accepted。

10072 Bob Laptop Woolmer and Eddie Desktop Barlow 既可以使用 01 背包问题的解题思路解决，也可以使用图论中的最小费用最大流算法予以解决。对于任意一名候选人员，可以选择其担任 batsman、bowler、all-rounder 三种角色之一，或者不选。需要注意，由于牵涉到小数的四舍五入，取整方法的不同可能导致无法获得 Accepted。以计算候选人员担任 batsman 为例，如果采用避免小数运算的取整方式，即使用 `(8 * bl[i] + 2 * fl[i] + 5) / 10` 作为评分，会获得 Wrong Answer 的评判，而采用库函数 `round` 进行四舍五入，即使用 `round(0.8 * bl[i] + 0.2 * fl[i])` 作为评分，则可以获得 Accepted，有理由推断生成评判答案的程序使用的是后一种取整方式。

10163 Storage Keepers 中，先使用二分搜索确定能够达到的最高安全底线 L，之后使用 01 背包问题解题思路确定最小费用 Y。

4.1.2 完全背包问题

给定一个容量为 C 的背包，有 n 种物品，每种物品都有容量 C_i 和价值 P_i，$1 \leqslant i \leqslant n$，假设每种物品的数量不限，问如何选取放入背包的物品，使得背包内的物品容量之和不超过 C 且价值之和最大。完全背包问题和 01 背包问题非常相似，差别仅在于可以放入的每种物品数量不限，而 01 背包问题中每种物品至多只能放入一件。

完全背包问题可以沿用 01 背包问题的思路予以求解。当处理第 i 种物品时，在背包容量仍有剩余的情况下，需要考虑是否仍可放入更多的此类物品，因此其递推关系为

$$V[i][j] = \max\begin{cases} V[i-1][j], & j < C_i \\ V[i][j-kC_i] + kP_i, & kC_i \leqslant j, 1 \leqslant k \end{cases}$$

完全背包问题和 01 背包问题递推关系的不同之处在于背包剩余容量的处理：完全背包问题物品为 i 容量为 j 时的最大值可能来自于第$(i-1)$件物品容量为 j 时的最大值，或者来自于处理到第 i 件物品且容量为减去物品 i 的 k 倍容量后的背包最大值再加上 k 倍的物品 i 的价值。

强化练习

10980 Lowest Price in Town[C]。

扩展练习

10645 Menu[D]。

提示

10645 Menu 是完全背包问题的变形。连续若干天烹饪同样的食物可以看做是一次性向背包中放入多个同样的物品。结合使用备忘技巧可以降低编码难度。需要注意的是，在记录最佳策略时，不仅需要记录选择的是哪种食物，而且需要记录连续烹饪的天数，这样在构建解时才能“有据可查”。

4.1.3 多重背包问题

给定一个容量为 C 的背包，有 n 种物品，每种物品都有容量 C_i 和价值 P_i，且有数量上限 Q_i，$1 \leqslant i \leqslant n$，问如何选取放入背包的物品，使得背包内的物品容量之和不超过 C 且价值之和最大。

多重背包问题的递推关系可由完全背包的递推关系增加数量上限而来

$$V[i][j]=\max\begin{cases}V[i-1][j], & j<C_i\\ V[i][j-kC_i]+kP_i, & kC_i\leqslant j, 1\leqslant k\leqslant Q_i\end{cases}$$

强化练习

11566 Let's Yum Cha[D]。

4.1.4 背包问题扩展

在深刻理解背包问题递推关系式的基础上，可以沿用其思维方式解决相应的背包问题扩展。这类问题和背包问题在形式上类似，在解决思路上亦有相似之处。

子集和问题

子集和问题（subset-sum problem）是指给定 n 个非负整数，确定是否可以从中选择若干个整数，使其和恰为 S。如果给定整数中存在负数，可以将其统一增加一个偏移量，使得所有整数均为非负整数，便于问题的处理。根据 n 的大小，可将子集和问题分为以下几种情况[1]。

（1）n 较小，例如 $n \leqslant 20$。此时可以使用位掩码技巧生成所有可能的子集和从而予以确定。

（2）n 较大，S 较大，例如 $n \geqslant 100$，$S \geqslant 1000000$。此时仍然可以尝试使用回溯法解题，不过需要在回溯过程中进行剪枝，在回溯过程中一旦当前和已经超过 S，则此回溯分支可以终止（因为均是非负整数，之后的和只可能更大）。

（3）n 较大，S 较小，例如 $n \geqslant 200$，$S \leqslant 10000$。对于此种情况，可以容易地给出其对应的背包问题形式描述：给定 n 个物品（$n>0$），每个物品的价值 P_i 与其容量 C_i 的比值均为 1，给定容量为 S 的背包，确定是否存在一种物品选择方案，使得背包恰好装满（此时的背包价值最大）。相对于使用回溯法，可以借鉴 01 背包问题的思路，得到更为简洁的解决方案。因为所有整数的和不超过 10000，那么可能的和只能在 0～10000 中，共 10001 种可能性，根据这个特点，设置一个二维数组 F，如果元素 $F[i][j]$ 为 1，表示可以通过前 i 个整数获得和 j，为 0 则表示无法获得。初始时，所有整数均不考虑，此时和为 0，则 $F[0][0]=1$。假设已经得到了前 $(i-1)$ 个整数的所有的不同和是否能够获取的情况，此时考虑加入第 i 个整数，如果前 $(i-1)$ 个整数能够得到和 j，那么考虑前 i 个整数时，很显然，可以得到和 j；如果前 $(i-1)$ 个整数未能得到和 j，则检查前 $(i-1)$ 个整数能否得到 $j-C_i$，如果能够得到，则前 i 个整数能够得到 j，因此递推关系式为

---

1 实际上，子集和问题是 NP 问题，使用动态规划的方法得到的是伪多项式时间（pseudo polynomial time）算法。

$$F[i][j]=\max\{F[i-1][j],F[i-1][j-C_i]\},1\leqslant i\leqslant n,1\leqslant j\leqslant S$$

可以参照 01 背包问题优化存储空间的做法，将二维数组 F 缩减为一维数组，与此同时，递推的方向需要做相应的改变。对于此种情形，算法的时间复杂度为 $O(nS)$。

```
const int MAXN = 10010, MAXC = 110;

int F[MAXN], C[MAXC], N, S;

// 读入数据并初始化。
N = S = 0;
for (int i = 0; i < N; i++) {
   cin >> C[i];
   S += C[i];
}
memset(F, 0, sizeof(F));
F[0] = 1;
// 根据递归关系进行递推。
for (int i = 0; i < N; i++)
   for (int j = S; j >= C[i]; j--)
      F[j] |= F[j - C[i]];
```

如果对构成和的整数个数加以限制，即从 n 个非负整数中选出不超过 m（$m\leqslant n$）个数，使其和恰为 S。解决思路和基本形式的子集和问题相同，只不过在递推时需要对整数的个数加以限制。令 $F[i][j][k]$ 表示从前 i 个数中选取 j 个数的和为 k，其递推关系式为

$$F[i][j][k]=\max\{F[i-1][j][k],F[i-1][j-1][k-C_i]\},\quad 1\leqslant i\leqslant n,\quad 1\leqslant j\leqslant i,\quad C_i\leqslant k\leqslant S$$

不难看出，其时间复杂度为 $O(nmS)$。更进一步，将构成和的整数个数限定恰为 m 个数，则递推关系式仍然不变，只不过状态含义发生了变化，$F[i][j][k]$ 表示从前 i 个数中恰好选取 j 个数的和为 k，其时间复杂度仍为 $O(nmS)$[1]。

平衡划分问题（balanced partion problem）是子集和问题的一种扩展。平衡划分问题是指将非负整数集合 I 划分为两个部分 I_1 和 I_2，其元素和分别为 S_{I1} 和 S_{I2}，使得 $|S_{I1}-S_{I2}|$ 最小。此问题可以通过先确定集合 I 所能构成的所有不同和，令 S_I 表示集合 I 的元素和，从 $S_I/2$ 开始，逐个枚举是否能够达到此和，取最先能够达到的值即为所求。

11997 *k* Smallest Sums[C]（*k* 最小和）

给定 k 个数组，每个数组包含 k 个整数，总共有 k^k 种方法从每个数组中取出一个数并计算它们的和，你的任务是找出所有和中最小的 k 个和。

输入

输入包含多组测试数据，每组测试数据的第 1 行包含整数 k，$2\leqslant k\leqslant 750$，接下来的 k 行，每行包含 k 个整数，所有整数均不大于 1000000。文件结束符表示输入结束。

输出

对于每组测试数据，按照升序输出最小的 k 个和。

样例输入

```
3
1 8 5
9 2 5
10 7 6
2
1 1
1 2
```

样例输出

```
9 10 12
2 2
```

1 在后续的集合型动态规划中，可以使用位压缩技巧来降低时间复杂度使之达到 $O(nS)$。

分析

可以使用前述介绍的求子集和问题的方法予以解决。由于本题的时间限制较严（UVa OJ 上的时间限制为 1 秒），需要对实现进行优化。由于只是求前 k 项最小和，因此每次在确定子集和时并不需要将所有和求出，只需每次求前 k 项即可。具体方法如下：在求和之前将数组按升序排列，假设当前已经求得前 i 个数组的最小的 k 个和，存放在数组 *sum* 中，现在对第 j 个数组进行求和操作，对于第 j 个数组中的某个数 x，如果 x 与 $sum[0]$的和大于等于 $sum[k-1]$，显然没有必要再对后续的数进行求和，在随后的求和过程中，保持数组 *sum* 一直处于有序状态，可以利用前述性质来避免不必要的更新，提高效率。保持数组 *sum* 有序可以通过插入排序来实现。

另外还有一种更为巧妙地利用优先队列的解题方法。考虑前两个数组，令其为 A 和 B，将所有数组元素按升序排列，第 1 个数组的元素为 $A_1 \sim A_k$，第 2 个数组的元素为 $B_1 \sim B_k$，有

$$A_1 \leqslant A_2 \leqslant \cdots \leqslant A_k$$
$$B_1 \leqslant B_2 \leqslant \cdots \leqslant B_k$$

枚举这两个数组中元素的所有和，可以得到

$$\begin{gathered}A_1+B_1 \leqslant A_1+B_2 \leqslant \cdots \leqslant A_1+B_k \\ A_2+B_1 \leqslant A_2+B_2 \leqslant \cdots \leqslant A_2+B_k \\ \cdots \\ A_k+B_1 \leqslant A_k+B_2 \leqslant \cdots \leqslant A_k+B_k\end{gathered}$$

由于数组 A 和 B 都是按升序排列，则对于同一列的和来说，从上到下满足小于等于关系（例如：$A_1+B_1 \leqslant A_2+B_1 \leqslant \cdots \leqslant A_k+B_1$），即 A_1+B_1 是最小的和，紧接着比 A_1+B_1 稍大的只可能是 A_1+B_2 和 A_2+B_1 中的某一个，也就是说，一旦确定了 A_i+B_j 是较小的，后续紧接最小的值是 A_i+B_{j+1} 和 $A_{i+1}+B_j$ 中的一个。因此，可以将当前最小值及获得当前最小值的下标信息同时记录，使用优先队列来获取当前最小值，同时得到最小值的下标信息，通过下标信息来获取后续紧邻的最小值，同时记录最小值和下标信息，并再次送入优先队列，持续上述过程，直到找到两个数组的前 k 个最小和。按照类似办法，先合并第 1 个和第 2 个数组得到最小的 k 个和，然后使用这 k 个和与第 3 个数组进行合并……直到与第 k 个数组合并即为最终结果。

强化练习

435 Block Voting[B]，10036 Divisibility[A]，10400 Game Show Math[B]，10616 Divisible Group Sums[A]，10664 Luggage[A]，10930 A-Sequence[B]，11658 Best Coalitions[D]，11780 Miles 2 Km[C]，12455 Bars[A]，12563 Jin Ge Jin Qu Hao[C]。

扩展练习

242 Stamps and Envelope Size[D]，430 Swamp County Supervisors[D]，10690 Expression Again[D]。

提示

435 Block Voting 的数据量较小，可以通过使用回溯法构造所有可能的子集和并予以计数来解题。与此题类似的是 430 Swamp County Supervisors，该题数据量较大，使用回溯法构造所有子集和的方法效率较低，无法在规定时间内获得 Accepted，使用动态规划解决较为适宜。

430 Swamp County Supervisors 中，经 `assert` 语句测试，评测数据中的 the minimum number of votes needed for passage of an ordinance，即“最小通过票数”的最大值不超过 10000。

计数问题

背包问题的另外一种形式是给定若干组整数，从每组整数中取一个整数，求能够获得的“不同和”的种数（或者获得指定和的不同方法总数），称为计数问题。可以看到，这类问题和后续介绍的兑换问题有相似之处，但又不完全相同。解决此类问题的关键仍然是得出递推关系式，如果递推关系式不易求得，可使

用后续介绍的备忘技巧，借助于自上而下的递归予以解决。

强化练习

10759 Dice Throwing[B]，10910 Marks Distribution[B]，10943 How Do You Add[A]，11450 Wedding Shopping[A]。

扩展练习

10238 Throw the Dice[D]，12063[1] Zeros and Ones[D]。

4.2　备忘

动态规划和分治法（divide and conquer）有相似之处，即都是通过合并子问题的解得到整个问题的解。分治法是将整个问题划分为一些独立的子问题后递归地进行求解，这些子问题相互之间是不重叠的。动态规划适用于处理子问题重叠的情形，在求解过程中，对同样的子问题只进行一次求解，然后将结果保存在一张表中，在后续遇到同样的子问题时只需查表即可，不需要重新计算。这种技巧称为备忘（memoization），有的也称为表格式动态规划。子问题既独立又相互重叠，初看起来是矛盾的，其实这描述的是问题的两个方面。在对动态规划问题使用自顶向下（或自底向上）的方法计算时，备忘技巧使用得更为频繁。

4.2.1　$3n+1$ 问题

100 The $3n + 1$ Problem[A]（$3n + 1$ 问题）

考虑如下算法。

```
1. input n
2. print n
3. if n = 1 then STOP
4. if n is odd then n = 3n + 1
5. else n = n/2
6. GOTO 2
```

给定输入 $n=22$，上述算法会产生以下输出：

```
22 11 34 17 52 26 13 40 20 10 5 16 8 4 2 1
```

存在以下猜想：对于给定的任意正整数，按照上述算法执行，最后都会终止于 1。尽管算法非常简单，但是对于所有整数来说，猜想是否成立尚未得到证明。曾经有人验证，对于所有整数 n（$0<n<1000000$），猜想均成立。

给定输入 n，可以统计在执行上述算法过程中输出整数的个数（包括最后的 1），将此个数称为 n 的循环节长度（cycle-length），以 $n=22$ 为例，其循环节长度为 16。

给定任意两个整数 i 和 j，确定在 i 和 j 之间（包括 i 和 j）所有整数的最大循环节长度。

输入

输入包含多组测试数据，每组测试数据一行，包含两个整数 i 和 j。所有整数均小于 1000000。

输出

对于每组数据输出一行，包含 3 个整数，分别为 i、j 及在 i 和 j 之间（包括 i 和 j）的所有整数的最大循环节长度。

样例输入

```
1 10
100 200
201 210
900 1000
```

样例输出

```
1 10 20
100 200 125
201 210 89
900 1000 174
```

[1] 12063 Zeros and Ones 中，当 N 为奇数或者 $K=0$ 时，符合要求的二进制数个数为 0。

分析

可以将题意重新表述如下：给定一个整数 n，如果 n 是偶数，则把它除以 2，如果 n 是奇数，把它乘以 3 后加 1，重复这个过程，直到 $n=1$（这里假定都为正整数，对于负整数同样有效，只不过最后结果收敛到 -1）。在得到 1 的过程中会生成一个序列，例如 $n=22$ 时该过程生成的序列为：22, 11, 34, 17, 52, 26, 13, 40, 20, 10, 5, 16, 8, 4, 2, 1。对于给定的 n，该序列的元素个数称为 n 的循环节长度。上述示例中，22 的循环节长度为 16。给定某个整数区间，例如[0, 1000000)，要求你确定该区间内整数的循环节长度的最大值[1]。

采用最简单的模拟算法，使用一个循环即可计算循环节长度：

```
// steps 表示整数 n 的循环节长度。
steps = 1;
while (n > 1) {
    steps++;
    if (n & 1) n = 3 * n + 1;
    else n = n >> 1;
}
```

但是使用这种方法解题容易出现超时错误[2]。分析一下整数 22 的循环节序列可知，其循环节长度为整数 11 的循环节长度加 1，如果已经知道了整数 11 的循环节长度，则很容易计算整数 22 的循环节长度。令整数 n 的循环节长度为 $L(n)$，则有

$$L(1)=1,\ L(n)=1+L(x),\ x=\begin{cases}\dfrac{n}{2}, & 若n为偶数\\ 3n+1, & 若n为奇数\end{cases},\ n>1$$

那么可以使用递归来计算循环节长度：

```
int getCycle(long long n)
{
    if (n == 1) return 1;
    if (n & 1) return 1 + getCycle(3 * n + 1);
    return 1 + getCycle(n >> 1);
}
```

但是仅仅有递归仍然是超时的，因为没有解决重复计算的问题。例如，在计算整数 22 的循环节过程中，仍然会将整数 11 的循环节计算过程重复一遍，就像使用递归计算斐波那契数列一样，中间存在较多的重复计算。可以使用保存中间结果的方法来避免重复计算，以 22 的循环节计算过程为例，其循环节构成为：

$$22, 11, 34, 17, 52, 26, 13, 40, 20, 10, 5, 16, 8, 4, 2, 1$$

观察循环节构成易知，如果在计算 22 的循环节过程中，保存了 17 的循环节长度，则计算 34 的循环节长度时，可直接利用 17 的循环节长度，将其加 1 即可得到 34 的循环节长度。那么如何标记某个整数的循环节长度已经计算并且能够方便地取出其值呢？可以通过设立一个中间结果保存数组 *cache* 来实现，其下标为 n 的元素值 *cache*[n]表示整数 n 的循环节长度，初始时数组的所有元素值为 0。在计算循环节的递归过程中，检查下标为 n 的数组元素其值是否为 0，如果不为 0 则表示整数 n 的循环节已经计算，直接取用其循环节长度 *cache*[n]，否则继续递归求解，并将求解所得的值保存到中间结果数组 *cache* 中。

注意

（1）此题的中间计算过程会超出 int 或 long int（如果 int 或 long int 均为 4 字节存储空间）类型数据的表示范围，故需要选择 long long int（8 字节存储空间）类型整数（除非你在做乘法运算时不使用内置的乘法，而是使用替代方法实现原数的三倍加一）；

（2）此题给定的输入，可能较大的数在前面，较小的数在后面，在输出时需要调整顺序，这个是导致算法正确却 Wrong Answer 的一个重要原因。

---

1 $3n+1$ 问题的证明曾经是克雷数学研究所百万美元待解决问题之一。

2 截至 2020 年 1 月 1 日，该题目的输入约束已经发生更改，缩小了输入数据的范围，从而降低了问题的难度。输入中所有整数均大于 0 且小于 10000，因此使用模拟算法即可获得 Accepted。

网络上的解题报告大多数都忽略了第（1）点，在求循环节长度的过程中，选择了 int 或 long int（按 32 位 CPU 来假定，4 字节存储空间）类型的数据，当计算（$n \times 3+1$）时会超出 32 位整数的表示范围而得到错误答案，只不过 Programming Challenges 和 UVa OJ 上的测试数据不是很强，所以尽管不完善，但都会获得 Accepted。在 1～999999 之间共有 41 个数在中间计算过程中会得到大于 32 位无符号整数表示范围的整数，当测试数据包含这些数时，选用 int 或 long int 类型很有可能会得到错误的答案。在中间计算过程中会超过 32 位整数表示范围的整数为(括号内为该数的循环节长度):159487(184),270271（407），318975（185），376831（330），419839（162），420351（242），459759（214），626331（509），655359（292），656415（292），665215（442），687871（380），704511（243），704623（504），717695（181）730559（380），736447（194），747291（248），753663（331），763675（318），780391（331），807407（176），822139（344），829087（194），833775（357），839679（163），840703（243），847871（326），859135（313），901119（251），906175（445），917161（383），920559（308），937599（339），944639（158），945791（238），974079（383），975015（321），983039（290），984623（290），997823（440）。

```
const int MAXV = 1000000;

int cache[MAXV];

int getCycle(long long n)
{
    // 递归出口。
    if (n == 1) return 1;
    // 执行除以 2 或乘以 3 后加 1 的操作。
    n = (n & 1) ? (n + (n << 1) + 1) : (n >> 1);
    // 检查整数 n 的值是否已经定义，为否则计算循环节长度并存储到数组中。
    if (n < MAXV) {
        if (!cache[n]) cache[n] = getCycle(n);
        return 1 + cache[n];
    }
    return 1 + getCycle(n);
}
```

强化练习

371 Ackermann Functions[A]，547 DDF[C]，694 The Collatz Sequence[A]，944 Happy Numbers[C]，10446 The Marriage Interview[B]，10520 Determine It[C]，10651 Pebble Solitaire[A]，10696 f91[A]，10721 Bar Codes[A]，10912 Simple Minded Hashing[B]，11703 sqrt log sin[B]。

扩展练习

249 Bang the Drum Slowly[E]，1261 String Popping[D]，11226 Reaching the Fix-Point[C]。

4.2.2　正交范围查询

给定如图 4-1 所示的 01 矩阵（即由 0 和 1 组成的矩阵），试回答如下形式的查询：给定矩阵中的一个子矩形，矩形内元素的和是多少？

由于任何边平行于坐标轴的矩形都可以由左上角(x_l, y_l)和右下角(x_r, y_r)两个点确定（假定 X 轴水平向右为正，Y 轴竖直向下为正），朴素的算法是使用嵌套循环把满足 $x_l \leqslant i \leqslant x_r$，$y_l \leqslant j \leqslant y_r$ 的所有元素 $m[i][j]$相加，不过这样做效率不高，特别是在需要反复进行类似查询的场合。例如，在矩阵元素频繁更改的情况下，要求你确定给定矩阵中具有最大或最小元素和的子矩形。

正交范围查询（orthogonal range queries）是对 $m \times n$ 矩阵网格进行的一种常用操作，它可以用来解决上述问题。该方法是构建一个新的矩阵，称之为优势矩阵（dominance matrix），该矩阵中的元素 $d[x][y]$表示下

标满足 $0 \leqslant i \leqslant x$ 且 $0 \leqslant j \leqslant y$ 的矩阵元素 $m[i][j]$的和，如图 4-1b 所示。

根据图 4-2 子矩形的关系以及容斥原理，容易得到

$$s(x_l, y_l, x_r, y_r) = d[x_r][y_r] - d[x_l - 1][y_r] - d[x_r][y_l - 1] + d[x_l - 1][y_l - 1]$$

那么如何构造优势矩阵呢？由容斥原理，根据同样的思路，可以得到以下递推关系

$$d[x][y] = d[x-1][y] + d[x][y-1] - d[x-1][y-1] + m[x][y]$$

在计算优势矩阵时，可以用行优先顺序填充优势矩阵，其时间复杂度为 $O(RC)$，R 为矩阵行数，C 为矩阵列数。

```
const int MAXN = 1000;
int m[MAXN][MAXN], d[MAXN][MAXN], n;
memset(d, 0, sizeof(d));
// 从 1 开始计数矩阵中存储元素的下标，这样便于计算。
for (int i = 1; i <= n; i++)
    for (int j = 1; j <= n; j++)
        d[i][j] = d[i][j - 1] + d[i - 1][j] - d[i - 1][j - 1] + m[i][j];
```

0	0	0	0	1	0	1	1
0	1	1	0	1	0	1	0
1	1	0	0	1	1	0	1
0	1	1	1	0	0	1	0
0	1	1	0	1	0	0	0
0	1	0	1	1	1	0	0
0	0	1	1	1	1	0	1
1	0	0	1	0	0	1	1

（a）01 矩阵

0	0	0	0	1	1	2	3
0	1	2	2	4	4	6	7
1	3	4	4	7	8	10	12
1	4	6	7	10	11	14	16
1	5	8	9	13	14	17	19
1	6	9	11	16	18	21	23
1	6	10	13	19	22	25	28
2	7	11	15	21	24	28	32

（b）优势矩阵

图 4-1 01 矩阵和优势矩阵

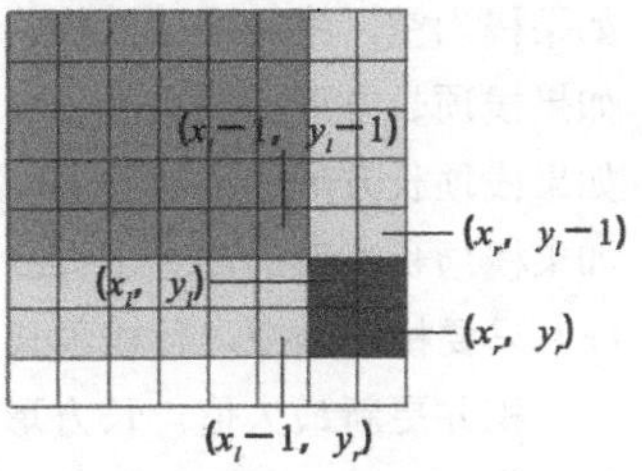

图 4-2 由容斥原理得到子矩形(x_l, y_l, x_r, y_r)的元素和

强化练习

108 Maximum Sum[A]，836 Largest Submatrix[A]，983 Localized Summing for Blurring[C]，10502 Counting Rectangles[B]，10827 Maximum Sum on a Torus[A]，10908 Largest Square[A]，11951 Area[C]。

4.2.3 最大正方形（长方形）

给定一个宽为 W，高为 H 的矩形网格，黑色方格已被占用，白色方格未被占用，要求计算由白色方格所能构成的最大正方形的边长。

令 $S(x_r, y_r)$表示以白色方格(x_r, y_r)为右下角的最大正方形的边长，观察图 4-3b 可知，有以下递推关系

$$S(x_r, y_r) = \min\{S(x_r - 1, y_r), S(x_r, y_r - 1), S(x_r - 1, y_r - 1)\} + 1$$

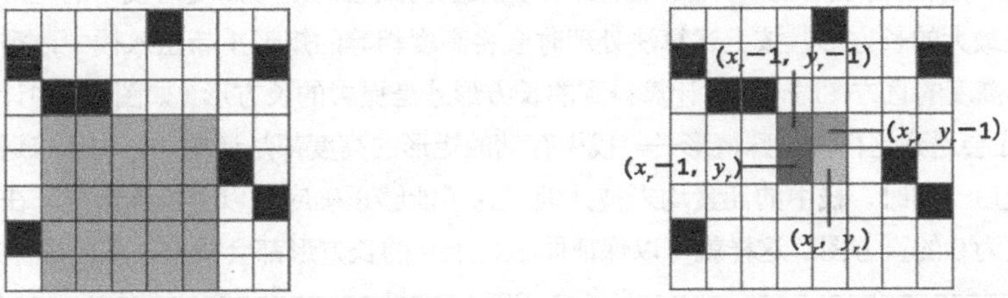

（a）图中由白色方格构成的最大正方形的边长为 5，即图中灰色的正方形

（b）以某个白色方格为右下角的最大正方形与左方、上方、左上方最大正方形边长之间的关系

图 4-3 白色方格所能构成的最大正方形

强化练习

559 Square (II)[D]，585 Triangles[C]。

但是对于求由白色方格构成的最大长方形来说，却并不具有前述简单的递推关系。当给定的数据范围

较小时，可以使用穷尽搜索，依次以某个白色方格为长方形的左上角，枚举可能的右下角，在此过程中记录能够得到的长方形的面积，从而获取具有最大面积的长方形。

更为高效的方法是将问题进行适当转换，然后再予以解决[67]。首先将给定的网格按照“黑色方格的值为 0，白色方格的值为 1”的规则将其转换为一个 01 矩阵，然后在 01 矩阵中计数各矩阵元素向上存在多少个连续的 1，通过对各列使用简单的动态规划就可以很方便地求出（如果某个方格内的数值为 1，则向上连续 1 的个数为此方格正上方的方格的相应计数加 1，否则当前方格的计数为 0）。把网格的每一行都看成一个直方图，问题就转化为求直方图内最大长方形的问题。

观察图 4-4 中的直方图，对于同一行的直方图，一旦右侧某列直方图的高度小于左侧一列直方图的高度，就可以确定左侧某些长方形的面积。为了更高效地求解，可以使用栈来记录局部问题的解。假设栈中记录的是“仍有可能扩张的长方形的信息（记为 *rect*）”，*rect* 记录有两个信息，一个是长方形的高 *height*，另一个是其左端的位置 *left*。首先将栈置为空，接下来对于直方图的各个值 H_i，$i = 0, 1, \cdots, W-1$，创建以 H_i 为高，以其下标 i 为左端位置的长方形 *rect*，然后进行以下处理。

（1）如果栈为空，将 *rect* 压入栈。

（2）如果栈顶长方形的高小于 *rect* 的高，将 *rect* 压入栈。

（3）如果栈顶长方形的高等于 *rect* 的高，不做处理。

（4）如果栈顶长方形的高大于 *rect* 的高：

（a）只要栈不为空，且栈顶长方形的高大于等于 *rect* 的高，就从栈中取出长方形，同时计算其面积并更新最大值。长方形的长等于当前位置 i 与之前记录的左端位置 *left* 的差值；

（b）将 *rect* 压入栈，在压入栈之前，将 *rect* 的左端位置 *left* 修改为最后从栈中取出的长方形的 *left* 值。

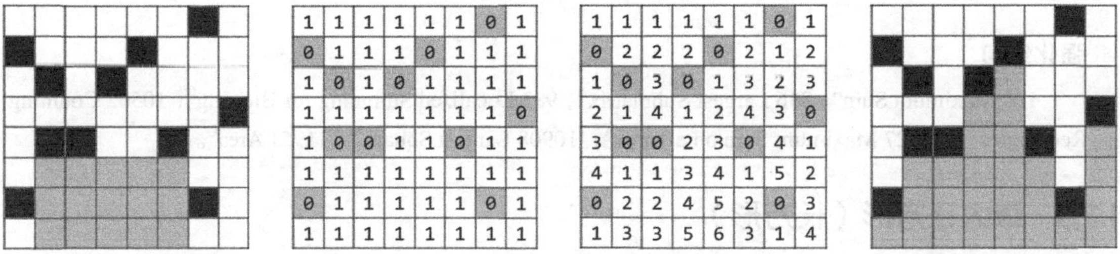

（a）图中由白色方格构成的最大的长方形面积为 15，即图中灰色的长方形　（b）将黑色方格置为 0，白色方格置为 1　（c）统计各个方格向上连续白色方格的数量，形成直方图　（d）寻找最大长方形，相当于在每行的直方图中寻找最大可能的长方形

图 4-4　将矩阵转换为直方图

需要注意，在使用栈查找最大长方形的过程中，如果当前处理的矩形高度与栈中的矩形高度相等，此时获取的长方形还不是最大的长方形，按上述算法处理时会将高度相等的矩形重新压入栈中，需要等待下一次遇到高度小于栈顶矩形高度的直方图时，此时计算得到的长方形才是更大的长方形（如图 4-5 中计算高度为 3 的长方形）。除此之外，还会遇到这样的特殊情形——栈中存储的矩形的高度都是递增的，由于未遇到高度小于栈顶的矩形，在处理到最后一列时，栈中的元素均未被处理。为了能够正确应对以上特殊情形，在实现时可以在每行末尾添加一个高度为 0 的直方图，这样就可以保证面积大于 0 的长方形都会找出，从而确保结果的正确性。

```
//------------------------------4.2.3.cpp------------------------------//
struct rectangle { int height, left; };
int m, n, matrix[110][110];

int getMaxArea()
{
    int area = 0;
    stack<rectangle> s;
    for (int i = 0; i < m; i++) {
        // 在每行末尾添加一个高度为 0 的直方图，保证结果的正确性。
        matrix[i][n] = 0;
```

```
        for (int j = 0; j <= n; j++) {
            rectangle rect = rectangle{matrix[i][j], j};
            if (s.empty() || s.top().height < rect.height) s.push(rect);
            else {
                if (s.top().height > rect.height) {
                    int last = j;
                    while (!s.empty() && s.top().height >= rect.height) {
                        rectangle previous = s.top(); s.pop();
                        area = max(area, previous.height * (j - previous.left));
                        last = previous.left;
                    }
                    rect.left = last;
                    s.push(rect);
                }
            }
        }
    }
    return area;
}
//------------------------------4.2.3.cpp------------------------------//
```

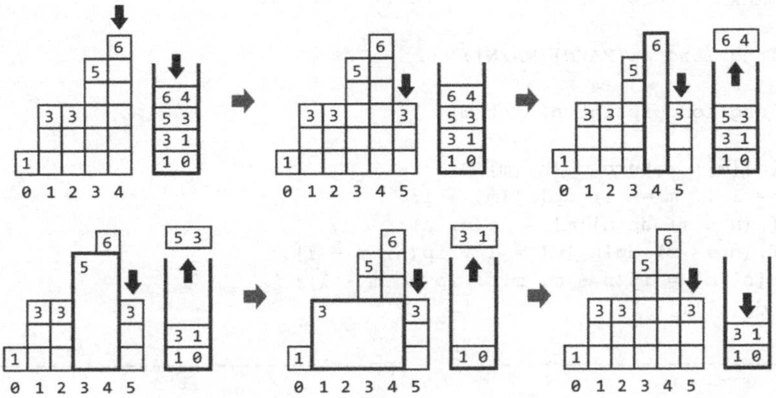

图 4-5 借助栈检测最大长方形

强化练习

1330 City Game[D]，10074 Take the Land[A]，10667 Largest Block[B]。

4.2.4 整数划分

给定正整数 n，将其表示成若干正整数之和的形式，即

$$n = m_1 + m_2 + \cdots + m_i,\quad 1 \leqslant m_i \leqslant n$$

称$\{m_1, m_2, \cdots, m_i\}$为 n 的一个划分，而整数划分（integer partition）所求的就是 n 的不同划分的方法个数。需要注意，在整数划分中，将两个加数更改顺序不属于一种新的划分方法。例如当 $n=4$ 时，只有5种划分：$\{4\}$、$\{3, 1\}$、$\{2, 2\}$、$\{2, 1, 1\}$、$\{1, 1, 1, 1\}$，其中$\{3, 1\}$和$\{1, 3\}$同属一种划分。如果某个划分中 $m_i \leqslant m$，则称该划分属于一个 n 的 m 划分。为了方便讨论，记 $f(n, m)$为 n 的 m 划分个数。根据 n 和 m 的关系，可以将其区分为以下若干情形。

（1）当 $n=1$ 时，只有一种划分，即$\{1\}$。

（2）当 $m=1$ 时，只有一种划分，即$\{1, 1, \cdots, 1\}$，共 n 个 1。

（3）当 $n=m$ 时，根据划分中是否包含 n，可以分为以下两种情况。

（a）划分中包含 n，只有一个划分，即$\{n\}$。

（b）划分中不包含 n，此时划分中最大的数一定比 n 小，即 n 的所有$(n-1)$划分；因此，$f(n, n) = 1 + f(n, n-1)$。

（4）当 $n<m$ 时，由于划分中不能出现负数，就相当于 $f(n, n)$；

（5）当 $n>m$ 时，根据划分中是否包含最大值 m，可以分为以下两种情况。

（a）划分中包含 m，即 $\{m, \{x_1, x_2, \cdots, x_i\}\}$，其中 $\{x_1, x_2, \cdots, x_i\}$ 的和为 $n-m$，可能再次出现 m，因此是 $(n-m)$ 的 m 划分，所以这种划分个数为 $f(n-m, m)$；

（b）划分中不包含 m，则划分中所有值都比 m 小，即 n 的 $(m-1)$ 划分，个数为 $f(n, m-1)$，因此，$f(n, m)=f(n-m, m)+f(n, m-1)$。

综上所述，n 的 m 划分个数可以归纳为

$$f(n,m)=\begin{cases}1, & n=1\text{或者}m=1\\ f(n,n), & n<m\\ 1+f(n,n-1), & n=m\\ f(n-m,m)+f(n,m-1), & n>m\end{cases}$$

在编码实现时，为了避免重复计算，可以使用备忘技巧记录已经求解的划分数（需要注意，在求解前应当将表格的元素初始化为 0 值以便区分检索）。

```
//------------------------------4.2.4.cpp------------------------------//
const int MAXN = 1024;

unsigned long long dp[MAXN][MAXN];

unsigned long long ip(int n, int m)
{
    if (dp[n][m]) return dp[n][m];
    if (n == 1 || m == 1) dp[n][m] = 1;
    else if (n < m) dp[n][m] = ip(n, n);
    else if (n == m) dp[n][m] = 1 + ip(n, m - 1);
    else dp[n][m] = ip(n - m, m) + ip(n, m - 1);
    return dp[n][m];
}
//------------------------------4.2.4.cpp------------------------------//
```

4.2.5　博弈树

博弈树（game tree），又称决策树（decision tree），是指在游戏过程中，由玩家的选择产生的不同后继局面状态所构成的一棵局面状态树。树中的每个结点都表示了游戏过程中的某个状态和此时需要执行操作的玩家，而根结点则表示初始游戏状态和先手玩家。当玩家执行某种游戏操作后，后继局面可能不止两种，因此是一棵多叉树。树中内部结点的子结点表示玩家从当前局面可行的子选择中选定一种后所得到的局面状态（与此同时，当前玩家变换为对方玩家）。

从图论的角度来看，由于树本身也是一种图，因此可以将博弈树视为结点对应的是游戏状态的有向图，图中的有向边对应于游戏的某个操作，整棵树包含了游戏的初始状态和所有可达状态。在博弈树中，叶子结点对应没有后继走法的游戏局面，在此种状态下，游戏双方均无可行的游戏操作，因此也称为终止状态。终止状态表示游戏的结束，在此状态下，可能有一方为胜者，或者为平局。

对于无偏博弈来说，由于其可能的游戏状态是有限的，在经过有限数量的游戏步骤之后必定会产生赢家，因此，可以使用回溯法（结合备忘技巧）遍历所有可能的后继状态，然后确定给定初始状态是否能够获胜。为了便于讨论，此处定义了必胜态和必败态的概念。如果某个状态至少有一个后继状态能够保证己方玩家获胜，则称此状态为必胜态，如果某个状态的所有后继状态都使对方玩家必胜，则称此状态为必败态。如果将必胜态称为 N 态，必败态称为 P 态，可以使用下述的框架来判断某个状态是否具有必胜策略。

```
// MAXN 表示最多可能具有的状态数。
const int MAXN = 1 << 20;
```

```
// 数组 dp 记录每种状态是否具有必胜策略。
// 如果 dp[x]为 0 表示状态 x 不存在必胜策略，为 1 表示状态 x 存在必胜策略。
int dp[MAXN];

// 初始时所有状态的必胜策略设置为 - 1，表示状态不确定。
// memset(dp, -1, sizeof(dp));

// 根据题目约束确定游戏最终状态是否具有必胜策略。
// dp[0] = 0;

// 使用回溯法，结合备忘技巧遍历所有可能的状态。
int dfs(int x)
{
    // 使用备忘技巧，避免重复搜索状态。
    if (~dp[x]) return dp[x];
    // 对于当前状态 x 的每个后继状态 y，检查其是否为 P 态，如果是，则状态 x 为 N 态。
    for each y in successor(x)
        if (!dfs(y))
            return dp[x] = 1;
    // 状态 x 的所有后继状态均为 N 态，则状态 x 为 P 态，即状态 X 不具有必胜策略。
    return dp[x] = 0;
}
```

对于此种类型的题目，解题的关键在于确定如何表示状态和根据规则得到当前状态的后继。题目设置者常常在状态的转移环节“做文章”，倾向于将状态转移规则设置得较为复杂，使得解题者容易出错。

10111 Find the Winning Move[C]（寻找胜着）

4 × 4 的 Tic-Tac-Toe 游戏是在 4 行（从上到下行号为 0～3）4 列（从左到右列号为 0～3）的棋盘上进行。有两名玩家 *A* 和 *B*，分别执 X 和 O，*A* 和 *B* 轮流走子，玩家 *A* 先行。如果某位玩家先于对方将己方的 4 个棋子沿着同一行、或同一列、或同一对角线连成直线则获胜。如果棋盘上已经布满棋子，但是仍然没有玩家获胜则为平局。

假如当前为执 X 的玩家 *A* 行棋，如果玩家 *A* 选择某个位置落子后，无论玩家 *B* 采取何种落子选择，玩家 *A* 都能够获胜，则称玩家 *A* 具有必胜策略。玩家 *A* 具有必胜策略并不意味着后续游戏过程中玩家 *A* 可以任意着子，只是说无论玩家 *B* 采取哪种落子选择，玩家 *A* 都能够通过选择相应的落子位置以保证最终的胜利。

给定一个已经部分完成的棋盘状态，接下来是玩家 *A* 行棋。编写程序，确定玩家 *A* 是否具有必胜策略。你可以假定在给定的棋盘状态中，每名玩家至少各自已经走了两步，尚无玩家获胜且棋盘未满。

输入

输入包含多组测试数据，输入最后一行以美元符号$结束。每组测试数据以问号?开始，接着 4 行表示棋盘状态，每行包含 4 个字符，其中点号.表示空白位置，小写字母 x 表示玩家 *A* 的落子，小写字母 o 表示玩家 *B* 的落子。

输出

对于每组测试数据，输出一行。如果玩家 *A* 具有必胜策略，则输出第 1 个必胜的落子位置，以行号、列号的方式输出，如果玩家 *A* 无必胜策略，则输出#####，具体输出格式参考样例输出。

对于本题来说，如果玩家 *A* 有必胜策略，要求输出的是第 1 个能够保证获得最终胜利的落子位置，并不是要求输出获得胜利所需要的着子步数。以行优先顺序逐次检查玩家 *A* 在位置(0, 0), (0, 1) , (0, 2) , (0, 3) , (1, 0) , (1, 1), ⋯, (3, 2), (3, 3)落子后（如果该位置可以落子）能否取得必胜，如果能，则输出第 1 个能取得必胜的位置。在样例输入的第 2 组测试数据中，玩家 *A* 可以在位置(0, 3)或者(2, 0)落子并立即获胜，但是在位置(0, 1)落子仍能够保证最终获胜（尽管这不必要地将胜利延迟），因此，位置(0, 1)是第 1 个能够取得必胜的落子位置。

样例输入

```
?
....
.xo.
.ox.
....
?
o...
.ox.
.xxx
xooo
$
```

样例输出

```
#####
(0,1)
```

分析

棋盘为 4 × 4 共 16 个方格，每个方格有 3 种状态，无棋子、已放置 X 棋子、已放置 O 棋子，则总共有 $3^{16} = 43046721$ 种状态，可以考虑使用三进制数来表示状态，使用一个全局整数数组（或者使用位压缩）表示三进制数所对应的必胜态或必败态。另外一种表示状态的方法是将 X 棋子和 O 棋子的状态用 32 位整数的高 16 位和低 16 位分别表示。由于需要寻找所有可能的初始获胜位置，故需要枚举每一个可以放置棋子的位置，检查其是否可能为必胜态。

参考代码

```
const int X = 0, O = 1, X_LOSE = 1, O_WIN = 2, O_LOSE = 3;
// 将棋盘的可能获胜情形编码为位掩码。
string bits[] = {
   "1111000000000000", "0000111100000000", "0000000011110000",
   "0000000000001111", "1000100010001000", "0100010001000100",
   "0010001000100010", "0001000100010001", "1000010000100001",
   "0001001001001000"
};
int wins[10], mask = 0xffff;
int board, empty[16], used[16] = {}, tot = 0, cnt = 0;
// 使用集合存储必胜态和必败态。
set<int> Ns, Ps;
// 判断当前棋盘状态是否包含表示获胜的位掩码。
inline bool isWin(int key)
{
   for (int i = 0; i < 10; i++)
      if ((key & wins[i]) == wins[i])
         return true;
   return false;
}
// 结合备忘技巧，使用递归来确定某个状态是 P 态还是 N 态。
int dfs(int player)
{
   // 使用备忘技巧检查当前状态是否已经访问，若已访问则直接返回结果。
   if (player == X) {
      if (Ns.find(board) != Ns.end()) return X_WIN;
      if (Ps.find(board) != Ps.end()) return X_LOSE;
   }
   // 若当前状态不在 P 态或 N 态集合中，检查其是否包含获胜的情形。
   if (player == X && isWin(board & mask)) return X_LOSE;
   if (player == O && isWin(board >> 16)) return O_LOSE;
   // 枚举尚未落子的空白位置。
   for (int i = 0; i < tot; i++)
      if (!used[i]) {
```

```
        used[i] = 1;
        if (player == X) board |= (1 << (16 + empty[i]));
        else board |= (1 << empty[i]);
        // 回溯，对方玩家行棋。
        int next = dfs(1 - player);
        // 更新棋盘状态。
        if (player == X) board ^= (1 << (16 + empty[i]));
        else board ^= (1 << empty[i]);
        used[i] = 0;
        // 记录玩家 A 的必胜态。
        if (player == X && next == O_LOSE) {
            Ns.insert(board);
            return X_WIN;
        }
        if (player == O && next == X_LOSE) return O_WIN;
    }
    // 记录玩家 A 的必败态。
    if (player == X) { Ps.insert(board); return X_LOSE; }
    else return O_LOSE;
}

int main(int argc, char *argv[])
{
    // 将表示获胜情形的棋盘状态转换为位掩码。
    for (int i = 0; i < 10; i++) {
        bitset<16> binary(bits[i]);
        wins[i] = (int)(binary.to_ulong());
    }
    // 读入棋盘状态，记录可以落子的位置。
    char piece;
    while (cin >> piece, piece != '$') {
        if (piece != '?') continue;
        board = cnt = tot = 0;
        while (cnt < 16) {
            cin >> piece;
            if (piece != '.' && piece != 'x' && piece != 'o') continue;
            if (piece == '.') empty[tot++] = cnt;
            else if (piece == 'x') board |= (1 << (16 + cnt));
            else board |= (1 << cnt);
            cnt++;
        }
        // 检查每一个可以落子的位置，如果可以获得必胜则输出。
        bool flag = false;
        memset(used, 0, sizeof(used));
        for (int i = 0; i < tot; i++) {
            used[i] = 1;
            board |= (1 << (16 + empty[i]));
            if (dfs(O) == O_LOSE) {
                cout << '(' << empty[i] / 4 << ',' << empty[i] % 4 << ")\n";
                flag = true;
                break;
            }
            board ^= (1 << (16 + empty[i]));
            used[i] = 0;
        }
        if (!flag) cout << "#####\n";
    }
    return 0;
}
```

强化练习

682 Whoever Pick The Last One Lose^{D}，10536 Game of Euler^{C}，10578 The Game of 31^{C}，11311 Exclusively Edible^{C}。

扩展练习

751 Triangle War[D]，1557 Calendar Game[E]，1558 Number Game[E]，1559 Nim[E]，1561 Cycle Game[E]。

提示

10536 Game of Euler 中，假设放入棋盘的不是图钉而是长度为 1～3 个方格宽度为 1 个方格的木条，木条可以横向和纵向放置，且木条可以置入棋盘中任意连续的空格内，则此时状态转移规则将发生改变。更进一步地，如果木条可以沿着对角线放置，或者给定的不是木条，而是类似于俄罗斯方块的不规则木块，则状态转移规则又将不同。作为扩展练习，思考在上述条件下应该如何解题。

11311 Exclusively Edible 亦可转化为 Nim 游戏加以解决。

751 Triangle War 中，如果玩家连线后能够构成三角形则奖励一次连线权，可叠加，即若能再次连线构成三角形，又奖励一次连线权，直到不能构成三角形为止，此时连线权交由对方玩家。

1561 Cycle Game 中，游戏的状态可由以下 3 个参数决定：当前所处的顶点，顶点左侧边的数值，顶点右侧边的数值。可以结合回溯法和备忘技巧解题。

4.2.6 备忘与递推

在一般的动态规划问题中，如果状态之间的转移关系容易得出，那么使用递推方式进行求解是比较容易的，在此种情形下，递推相当于以一种自底向上（bottom-up）的方式进行解题。与之相对应的备忘式动态规划，则类似于一种自顶向下（top-down）的解题方式。这两种方式有以下的异同点。

（1）两者都是以表格的形式来存储中间计算结果以避免重复计算，进而提高效率。递推方式解题是从解决基础的子问题开始，逐步将多个“较小”的子问题的解合并为“较大”的子问题的解，并将其填写到表格中。备忘式动态规划则递归地将“较大”的未知问题分解为“较小”的未知问题，直到这些“较小”的未知问题足够小，以至能够容易地进行求解。备忘式动态规划在分解并解决问题的过程中，将结果保存在备忘录（实际上也可以看做是一张表格）中以避免重复计算。

（2）对于每个可能的子问题都需要解决的动态规划问题，使用递推的方式效率较高。因为递推会将所有的子问题都解决一遍，不会产生遗漏，而填表的方式能够确保不会发生重复。如果动态规划中的每个可能的子问题不一定都会遇到，则使用递归方式解决效率较高，这样对于不会出现的子问题不会予以解决，可以节省一定的时间。

（3）从控制结构上看，递推式动态规划使用循环迭代方式对子问题的解决顺序进行控制，而备忘式动态规划则与回溯法的整体结构类似，不过其中最大的一点不同在于——典型回溯法中，某个状态只会访问一次，而动态规划中，某个状态会多次访问。显然，如果每个状态在访问时都要进行计算，时间消耗会明显增加，而运用备忘技巧将已访问状态的计算结果予以保存，在下次访问到该状态时直接返回结果，这样可以避免重复计算，从而显著提高程序的运行效率。

（4）从理论上来说，使用备忘方式能够解决的题目，使用递推方式也能解决，反之亦然，只不过在解题便利程度上有所差异。在某些情况下，题目给定的状态转移关系较为复杂，如果使用递推的方式解决，需要在迭代循环结构中处理多个约束条件，往往不甚方便，而使用递归的方式则能够较为清晰地表述问题的结构，同时结合备忘技巧又能够保证计算的高效率，因此，使用备忘方式解题具有优势。使用备忘方式解题的难点主要在于确定递归关系和递归出口。

下面，以经典的 01 背包问题为例来演示如何应用备忘技巧解决动态规划问题。01 背包问题包含两个状态参数，一个状态参数是当前能够进入背包的物品种数 N，另一个状态参数是背包的容量 V，动态规划中总的状态数量为 NV。从其递推关系式可以看出，对于某件物品 x 来说，只有两种选择，选或者是不选。如果不选，则背包的容量不会变化，总价值也不会变化。如果选择则有两种可能：当前背包的容量不足以放下该件物品，此时背包的容量和总价值仍然不会变化；另外一种是可以放下当前物品，则背包的剩余容量及总价值会发生变化，此时需要取具有最大总价值的选择。将上述过程使用递归的形式予以实现，非常“自然”而“优美”。

```
//------------------------------4.2.6.cpp------------------------------//
// N 表示物品的总数，V 表示背包的容量。
int N, V;
// volume 记录各个物品的容量，price 记录各个物品的价值。
int volume[128], price[128];
// dp1 用于备忘方式下记录状态的最优值，dp2 用于递推方式下记录状态的最优值。
int dp1[128][1024], dp2[1024];
// flag 标记物品是否出现在最优选择方案中。
int flag[128];

// 备忘方式进行解题。
int dfs(int n, int v)
{
   if (~dp1[n][v]) return dp1[n][v];
   if (n == N) return 0;
   // r1 为不选择物品 n 时的最优值。
   int r1 = dfs(n + 1, v);
   // r2 为能够选择物品 n 时的最优值。
   int r2 = 0;
   if (v + volume[n] <= V) r2 = dfs(n + 1, v + volume[n]) + price[n];
   // 确定哪种情况下具有最优值。
   flag[n] = r1 < r2;
   return dp1[n][v] = max(r1, r2);
}

int main(int argc, char *argv[])
{
   int cases;
   cin >> cases;
   for (int cs = 1; cs <= cases; cs++) {
      cin >> N >> V;
      for (int i = 0; i < N; i++) cin >> volume[i] >> price[i];
      // 使用备忘方式进行解题。
      memset(dp1, -1, sizeof(dp1));
      memset(flag, 0, sizeof(flag));
      cout << dfs(0, 0) << ' ';
      // 使用递推方式进行解题。
      memset(dp2, 0, sizeof(dp2));
      for (int n = 0; n < N; n++)
         for (int v = V; v >= volume[n]; v--)
            dp2[v] = max(dp2[v], dp2[v - volume[n]] + price[n]);
      cout << dp2[V] << '\n';
   }
   return 0;
}
//------------------------------4.2.6.cpp------------------------------//
```

对于以下的输入：

```
1

13 676
1 613
3 98
8 834
10 853
2 781
9 102
3 211
9 148
9 459
```

```
7 119
1 196
4 731
8 946
```

其输出为：

```
6091 6091
```

在解题中应用备忘技巧时有两种常见的递归方式，一种是“从前往后”的递归，一种是“从后往前”的递归，如图 4-6 所示。如果题目条件给定的是一种初始状态，从初始状态出发可以到达多个后继状态，同时从前置状态到后继状态的转移关系明确且最终需要从初始状态出发能够达到的最优值，那么以“从前往后”的递归形式来应用备忘技巧就较为方便。如果题目给定的是一种结束状态，从结束状态可以根据题目约束条件得到多个前置状态且最终需要确定结束状态的最优值，那么以“从后往前”的递归形式应用备用技巧较为便利。对于一般的动态规划，在使用递归实现时，既可以使用“从前往后”的递归方式，也可以选择“从后往前”的递归方式，两者不存在本质差别，只不过是在具体编码实现时哪种方式更为便利的问题。也就是说，能够使用“从前往后”式的备忘解决的动态规划问题，使用“从后往前”式的备忘同样能够解决。

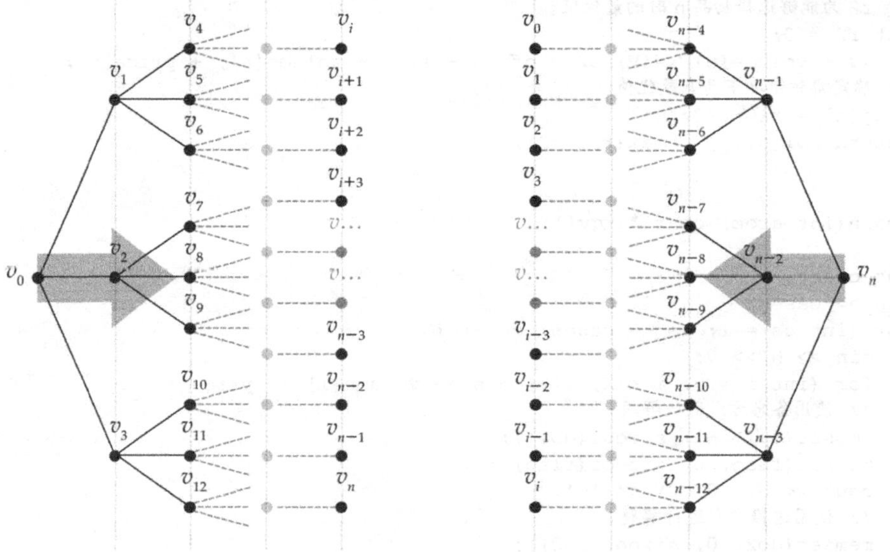

图 4-6 两种递归方式

注意

图 4-6 中，若顶点 v_0 表示某种初始状态，从 v_0 开始根据状态转移规则可以得到多个后继状态，则使用“从前往后”的递归较为合适；若顶点 v_n 表示某种结束状态，从 v_n 开始，根据状态转移规则可以得到多个前置状态，则使用“从后往前”的递归较为合适。

在“从后往前”的递归中有一种特殊的类型——“区间型”动态规划，在此类题目中，题目的条件给定的是一个总体区间，对于该区间划分为子区间后的子问题会以明确的形式给出，从而使得将较大的问题分解为较小的问题这一步骤较为容易，解题的关键转移到“如何将子区间的结果进行合并来表述总体区间的解”这一步骤上来（参见 4.5 节的内容）。如果从图论的角度来看，“区间型”动态规划所对应的隐式图是一棵二叉树，而其他类型动态规划所对应的隐式图一般是多叉树。

如果从图论的角度来审视此类问题，则可将状态视为图中的顶点，将关联状态之间进行转移的代价视为边权，最终可以将题目给定的约束条件建模为有向无圈图，题目的解就对应着该有向无圈图中从源点（初始状态）到终点（目标状态）的一条具有最短（或最长）距离的路径。

473 Raucous Rockers[D]（破锣摇滚乐队）

你刚刚继承了由破锣摇滚乐队创作的 n 首歌曲的所有权，这些歌曲之前并未发表。你打算从这些歌曲中选出一些，将其制作成一套包含 m 张 CD 的音乐专辑。每张 CD 最多能够刻录 t 分钟的歌曲，而且每首歌曲不能跨 CD 刻录（即一首歌曲不能分成多个部分刻录在不同的 CD 上，只能刻录在一张 CD 上）。因为你是一名古典音乐爱好者，对这些流行音乐的艺术价值无法作出判断，因此你决定按照以下规则来选取需要刻录的歌曲：（1）歌曲将按照创作日期的先后顺序排序并进行刻录；（2）刻录的歌曲数量应该尽可能多。

输入

输入包含多组测试数据。输入的第 1 行包含一个整数，表示测试数据的组数，接着是一个空行，每两组测试数据之间也间隔一个空行。每组测试数据由两行组成，第 1 行包含 3 个整数 n, t, m，第 2 行包含一个列表，表示 n 首歌的长度，$t_1, t_2, \cdots, t_n$，按照这些歌曲创作日期的先后顺序给出（每首歌的长度 t_i 小于 t，且有 $\sum_{i=1}^{n} t_i > m \times t$）。

输出

对于每组测试数据输出一个整数，表示按照前述给定的选取规则，在 m 张光盘上能够刻录的最大歌曲数量。在相邻两组测试数据的输出之间打印一个空行。

样例输入

```
2

10 5 3
3, 5, 1, 2, 3, 5, 4, 1, 1, 5

1 1 1
1
```

样例输出

```
6

1
```

分析

如果使用递推的方式解题，似乎不太容易推导出递推关系式。按照题意，需要根据歌曲创作日期的先后顺序进行选择，以决定某首歌曲是否刻录。假设从 0 开始为歌曲和光盘数量进行计数，使用一维数组 *songs* 记录每首歌曲的长度，*songs*[*i*]表示第 *i* 首歌曲的长度，那么初始时是什么状态呢？很明显，初始状态由歌曲的数量、已使用的光盘数量、当前光盘已经使用的时间这 3 个参数决定，不仅初始状态是这样，在问题的任意一个状态，都可以由前述 3 个参数决定。因此，可以将初始时的状态定义为“已经处理到第 0 首歌曲，当前为第 0 张光盘，当前光盘已经使用了 0 分钟”。我们所需要求解的就是在这种初始状态下能够刻录的最大歌曲数量。那么进一步可以假设当前是这样一种状态——“已经处理到第 *nSong* 首歌曲，当前为第 *mDisk* 张光盘，当前光盘已经使用了 *tMinute* 分钟”，对于第 *nSong* 首歌曲，有两种选择，要么略过，要么刻录。

（1）如果选择不刻录，则当前处理的歌曲序号递增 1，其他两个状态参数不变，继续进行递归，递归状态参数更新为“已经处理到第(*nSong* + 1)首歌曲，当前为第 *mDisk* 张光盘，当前光盘已经使用了 *tMinute* 分钟”。

（2）如果选择刻录，有以下 3 种情况。

（a）第 *mDisk* 张光盘能够容纳第 *nSong* 首歌曲且有剩余空间，则递归状态参数需要更新为“已经处理到第(*nSong* + 1)首歌曲，当前为第 *mDisk* 张光盘，当前光盘已经使用了(*tMinute* + *songs*[*nSong*])分钟”。

（b）第 *mDisk* 张光盘恰好能够容纳第 *nSong* 首歌曲，则递归状态参数需要更新为“已经处理到第(*nSong* + 1)首歌曲，当前为第(*mDisk* + 1)张光盘，当前光盘已经使用了 0 分钟”。

（c）第 *mDisk* 张光盘无法容纳第 *nSong* 首歌曲，需要将其刻录在第(*mDisk* + 1)张光盘上（因为每首歌曲的长度 t_i 均不会超过一张光盘的容量 t），则递归状态参数需要更新为“已经处理到第 *nSong* 首歌曲，当前为第(*mDisk* + 1)张光盘，当前光盘已经使用了 0 分钟”。

递归出口：如果当前处理的歌曲序号已经大于等于歌曲总数 n 或者已经使用的光盘序号大于等于 m 则返回 0，表示此种状态下能够刻录的最大歌曲数量已经为 0。

根据上述回溯法，解题的思路可以容易得到以下解题关键代码。

```
vector<int> songs;
int n, t, m;

int dfs(int nSong, int mDisk, int tMinute)
{
    // 超出可用歌曲或光盘的数量上限后还能够刻录的歌曲数量显然为 0。
    if (nSong >= n || mDisk >= m) return 0;
    // 选择不刻录第 nSong 首歌曲的情况下，当前状态能够刻录的最大歌曲数量。
    int r = dfs(nSong + 1, mDisk, tMinute);
    // 选择刻录第 nSong 首歌曲的情况下，当前状态能够刻录的最大歌曲数量。分以下 3 种情况。
    // （1）第 mDisk 张光盘能够容纳第 nSong 首歌曲且有剩余空间；
    // （2）第 mDisk 张光盘恰好能够容纳第 nSong 首歌曲；
    // （3）第 mDisk 张光盘无法容纳第 nSong 首歌曲，需要将其刻录在第 mDisk+1 张光盘上。
    if (tMinute + songs[nSong] < t)
        r = max(r, 1 + dfs(nSong + 1, mDisk, tMinute + songs[nSong]));
    if (tMinute + songs[nSong] == t)
        r = max(r, 1 + dfs(nSong + 1, mDisk + 1, 0));
    if (tMinute + songs[nSong] > t)
        r = max(r, dfs(nSong, mDisk + 1, 0));
    // 返回当前状态下能够刻录的最大歌曲数量。
    return r;
}
```

但是仅使用上述普通的回溯显然是不可行的。对于任意一首歌曲，要么刻录，要么不刻录，则总的状态数量为 2^n 级别，对于 $n\geqslant30$ 的情形无法在限定时间内得到解。为什么程序运行效率很低？观察递归求解的过程，在每次进入某种状态时，不管之前是否已经计算，都要重新开始计算，这显然会增加时间消耗。那么一个很自然的想法就是使用某种方法将此种状态下的计算结果予以保存，以待后续使用。因为状态只由 3 个参数决定，不同的状态数量只有 $n\times t\times m$ 种，只需确定这么多种状态下的计算结果即可，而不需要反复计算某个已经遇到过的状态的计算结果，进而能够根据递推关系使用递归结合备忘的方式进行求解。

```
vector<int> songs;
int dp[1024][128][128];
int n, t, m;

int dfs(int nSong, int mDisk, int tMinute)
{
    if (nSong >= n || mDisk >= m) return 0;
    // 使用备忘技巧。
    if (~dp[nSong][mDisk][tMinute]) return dp[nSong][mDisk][tMinute];
    int r = dfs(nSong + 1, mDisk, tMinute);
    if (tMinute + songs[nSong] < t)
        r = max(r, 1 + dfs(nSong + 1, mDisk, tMinute + songs[nSong]));
    if (tMinute + songs[nSong] == t)
        r = max(r, 1 + dfs(nSong + 1, mDisk + 1, 0));
    if (tMinute + songs[nSong] > t)
        r = max(r, dfs(nSong, mDisk + 1, 0));
    // 返回当前状态下能够刻录的最大歌曲数量。
    return dp[nSong][mDisk][tMinute] = r;
}
```

从此题的解题过程可以看出，解题的关键是确定状态由哪些参数决定，进而能够使用递归加备忘的方式进行求解。实际上，本题所对应的数学模型为一张隐式图，一个状态就相当于有向图中的一个顶点，从某个状态能够到达另外一个状态表明这两个状态所对应的顶点间存在一条有向边。

强化练习

672 Gangsters[D]，757 Gone Fishing[C]，801 Flight Planning[E]，10261 Ferry Loading[B]。

扩展练习

709 Formatting Text[D]，959 Car Rallying[E]，1250 Robot Challenge[E]，11084 Anagram Division[D]，11514 Batman[D]。

提示

10261 Ferry Loading 初看使用朴素的穷尽搜索法似乎不可行，因为本题车辆数量可达两百辆之多，指数级的计算时间会导致超时。不过 UVa OJ 上此题的评测数据相对较弱，使用回溯法可以勉强通过。使用回溯法解题的要点是：当车辆的长度小于某一车道的空余空间时，可以将车辆放置于该条车道，则继续回溯。不过使用回溯法解题一定要有效地记录已经访问过的状态，否则会超时，可以通过使用标准模板库中的 `set` 容器类来实现这个目标。

709 Formatting Text 中，对于给定一行，当单词长度之和一定时（该行单词长度之和，加上必要的空格——相邻两个单词至少一个空格，不超过一行的宽度限制），欲使得该行的 badness 最小，应该使相邻单词间的空格尽量平均分布，即任意两个相邻单词之间的空格数量最多相差一个。例如，宽度限制为 28，某行单词个数为 5 个，单词长度之和为 19，则由于 5 个单词之间至少需要 4 个空格分隔，则至少需要占用 23 的宽度，剩余的 5 个空格再平均分配给 4 个单词间隔，则具有最小 badness 且符合题意最后的输出要求的空格分配方案为 2, 2, 2, 3（空格分配方案 2, 3, 2, 2 具有同样的 badness 但是不符合输出要求）。

959 Car Rallying。一个 move 结束之后不管是否改变速度，都从下一个 unit 开始另外一个 move。到达最终的 unit 之后，还有一个 unit，此 unit 无速度限制，需要经过此 unit 后比赛才结束。由于需要查询区间的最小值，可以进行预先处理以提高效率，否则容易超时。

11084 Anagram Division 亦可通过回溯法（或者使用标准类库中的全排列函数 `next_permutation`）构建所有排列来进行解题（尽管效率上比动态规划算法差一些，但可在规定时间内获得 Accepted）。

11514 Batman 中，超人的每种超能力只能使用一次。

607 Scheduling Lectures[C]（课程安排）

你正在教授一门课程并且需要讲述 n（$1 \leqslant n \leqslant 1000$）个主题，每次授课的时长为 L（$1 \leqslant L \leqslant 500$）分钟，每个主题需要 $t_1, t_2, \cdots, t_n$（$1 \leqslant t_i \leqslant L$）分钟进行讲述。对于每个主题，你必须决定在哪次授课中予以讲述。这里有如下两个安排上的限制。

（1）每个主题必须在单次授课中讲述。它不能被分开在两次授课中讲述。这可以降低在两次授课间的不连续性。

（2）对于 $1 \leqslant i < n$，主题 i 必须在主题 $i+1$ 之前讲述。否则，学生在理解主题 $i+1$ 时可能不具备必要的前置知识。

在上述限制下，有时候在授课结束时必须剩余一些自由活动时间。假如自由活动时间最多只有 10 分钟，学生们将会很高兴地下课离开。然而，如果自由活动时间剩得更多，学生们则会感到学费有些白花了。因此，我们利用以下公式对一次授课的不满意度指数（Dissatisfaction Index，DI）进行建模：

$$DI = \begin{cases} 0, & \text{如果} t = 0 \\ -C, & \text{如果} 1 \leqslant t \leqslant 10 \\ (t-10)^2, & \text{其他情形} \end{cases}$$

此处，C 是一个正整数，t 是在授课结束时剩余的自由活动时间。总的不满意度指数为每次授课的不满意度指数的总和。

对于本问题来说，你必须确定在满足上述限制的条件下最少的授课次数。如果存在多种满足最少授课次数的授课安排，则选取具有最小的不满意度指数的授课安排。

输入

输入包含多组测试数据。每组测试数据的第 1 行包含一个整数 n，如果 $n=0$，表示后续已无测试数据。接着的一行包含整数 L 和 C，后续是 n 个整数 $t_1, t_2, \cdots, t_n$。

输出

对于每组测试数据，输出 3 行，分别为测试数据的组数、需要的最少课程节数、对应课程安排的不满意指数。在两组测试数据的输出间打印一个空行。

样例输入

```
6
30 15
10 10 10 10 10 10
10
120 10
80 80 10 50 30 20 40 30 120 100
0
```

样例输出

```
Case 1:
Minimum number of lectures: 2
Total dissatisfaction index: 0

Case 2:
Minimum number of lectures: 6
Total dissatisfaction index: 2700
```

分析

因为题意要求在最少课程节数的情况下所能得到的具有最小不满意度指数的课程安排，因此需要先确定最少的授课次数。由每次课程的长度 L 和每个主题的时间 t_i，使用贪心策略可以容易确定最少的授课次数，因此难点在于当有多种授课安排满足题目约束时，如何确定具有最小不满意度指数的授课安排方案。令 $dp[i][j]$表示 i 次授课讲述 j 个主题时的最小不满意度指数，$di(x)$表示一次授课剩余自由活动时间为 x 分钟时的不满意度指数，根据题意，有递推关系

$$dp[i][j]=\min\{dp[i-1][k]+di(t_{k+1}+\cdots+t_j), i\geqslant 1, k<j, t_{k+1}+\cdots+t_j\leqslant L\}$$

也就是说，假设前$(i-1)$次授课总共讲述了 k 个主题，那么从主题 t_{k+1} 到 t_j 必须在第 i 次授课中讲述，显然 $dp[i][j]$需要取所有可能的 k 中的最小值，而且根据题意，从主题 t_{k+1} 到 t_j 的时间不能超过一节课的时间 L。从递推关系的形式来看，使用备忘中的“从后往前”递归的方式进行求解较为方便，其时间复杂度为 $O(n^2)$。

参考代码

```
const int INF = 1 << 30, MAXN = 1024;

int N, L, C, ML, ti[MAXN], DI[MAXN][MAXN], visited[MAXN][MAXN];

// 根据时间 m 确定不满意指数。
int getDI(int m)
{
    int t = L - m;
    if (t == 0) return 0;
    if (1 <= t && t <= 10) return -C;
    return (t - 10) * (t - 10);
}

// 使用备忘技巧的动态规划算法。
int dfs(int lectures, int topics)
{
    // 如果某个状态已经计算，则直接返回结果。
    if (visited[lectures][topics]) return DI[lectures][topics];
    int *di = &DI[lectures][topics];
    if (lectures == 0) return topics ? INF : 0;
    else {
        *di = INF;
        int elapsed = 0;
        // 根据题意确定前置状态的最小不满意指数，从而进一步确定当前状态的最小不满意指数。
        for (int t = topics; t >= 1; t--) {
            elapsed += ti[t];
            if (elapsed > L) break;
```

```
            int best = dfs(lectures - 1, t - 1);
            if (best != INF) *di = min(best + getDI(elapsed), *di);
        }
        visited[lectures][topics] = 1;
        return *di;
    }
}

int main(int argc, char *argv[])
{
    int cases = 0;
    while (cin >> N, N > 0) {
        ML = 1;
        cin >> L >> C;
        memset(visited, 0, sizeof(visited));
        for (int i = 1, elapsed = 0; i <= N; i++) {
            cin >> ti[i];
            elapsed += ti[i];
            // 使用贪心策略确定最少的授课节数。
            if (elapsed > L) {
                ML++;
                elapsed = ti[i];
            }
        }
        if (cases++ > 0) cout << '\n';
        cout << "Case " << cases << ":\n";
        cout << "Minimum number of lectures: " << ML << '\n';
        cout << "Total dissatisfaction index: " << dfs(ML, N) << '\n';
    }
    return 0;
}
```

强化练习

882 The Mailbox Manufacturers Problem[D]，10328 Coin Toss[C]，10532 Combination Once Again[C]。

扩展练习

986 How Many[D]，10604 Chemical Reaction[D]。

提示

882 The Mailbox Manufacturers Problem 的题目要求可概括如下：使用一种固定的策略对邮箱进行测试，使得不论邮箱的可承受鞭炮当量如何，此种策略所需的鞭炮数量是最少的。以 $k=2$，$m=10$ 为例，令邮箱分别为 A 和 B，在此种情况下，选择先放入邮箱 A 中 2 枚鞭炮，如果邮箱 A 爆破，则只需再使用 1 枚鞭炮测试邮箱 B，总共只需 $2+1=3$ 枚鞭炮；若邮箱 A 未爆破，接着将 7 枚鞭炮放入邮箱 A 中（当前总共使用 $2+7=9$ 枚鞭炮），如果邮箱 A 爆破，则使用剩下的邮箱 B 测试 3、4、5、6 枚的鞭炮当量，共需 $2+7+3+4+5+6=27$ 枚鞭炮；若邮箱 A 仍未爆破，则继续将 9 枚鞭炮放入邮箱 A 中（当前共使用 $2+7+9=18$ 枚鞭炮），如果邮箱 A 爆破，则使用剩下的邮箱 B 测试 8 枚鞭炮，共需 $2+7+9+8=26$ 枚鞭炮；如果邮箱 A 还未爆破，可以继续使用邮箱 A 测试 10 枚鞭炮，则总共需要 $2+7+9+10=28$ 枚鞭炮。综合所有情形，即使在最坏的情况下，使用 2、7、9、10 的鞭炮当量策略，最多需要 28 枚鞭炮。读者可以验证，其他的测试策略不会比前述的测试策略更优。

986 How Many 的难点在于确定动态规划状态间的关系。考虑网格中的某个格点，令其坐标为(x, y)，如果 $y>0$，则该格点既能接受来自左上方格点$(x-1, y+1)$的路径也能接受来自左下方格点$(x-1, y-1)$的路径；若 $y=0$，则该格点只能接受来自左上方格点$(x-1, y+1)$的路径。令 $dp[x][y][r][0]$表示从左上方格点$(x-1, y+1)$出发并终止于格点(x, y)，且具有 r 个高度为 k 的峰的路径总数，$dp[x][y][r][1]$表示从左下方格点$(x-1, y-1)$出发并终止于格点(x, y)，且具有 r 个高度为 k 的峰的路径总数，那么只有当满足条件“$y+1$ 等于 k”时，从左下方到达格点$(x-1, y+1)$处的路径才能向右下到达格点(x, y)时形成一个高度为 k 的峰。可以使用备忘技巧并结合“从后往前”的递归予以解决。读者可以进一步思考如下扩展问题：如果可行的走法还包括水平向右平移一步(1, 0)，即可从(x, y)到达$(x+1, y)$，其他约束条件不变，那么本问题应该如何求解？

10604 Chemical Reaction 中，首先需要明确题目的子问题，然后确定如何有效地表示状态。截至 2020 年 1 月 1 日，此题目在 UVa OJ 上的测试数据与现实世界稍有差异。在现实世界中，物质 A 和 B 发生反应，在条件一定时，无论是往 A 中添加 B，还是往 B 中添加 A，其结果应该是一致的，但此题的测试数据中可能会出现这样一种情形：物质 A 和 B 反应顺序不同，其最终产物和释放的热量不同。因此需要考虑这样的测试数据才能获得 Accepted。可能是出题者在生成测试数据时并未加以斟酌，以致出现这样与现实世界不相符合的测试数据。

4.3 松弛

松弛（relaxing）作为解决优化问题一种技巧，在图算法中应用广泛。松弛是逐渐放宽条件约束使得欲求的量逐渐达到最优的过程。在某些情形，直接按照问题的约束解决问题很难，此时可以考虑将问题约束适当“放宽”，使得在具有更宽松约束的问题上取得相应进展后，再利用已有的结论往前推进，以便原有问题的解决[68]。松弛和动态规划的关系密切，在最优化问题中经常作为常用的两种技巧同时出现。例如，求单源最短路径的 Moore-Dijkstra 算法，在存在负权边的图中求最短路径的 Bellman-Ford 算法，求所有顶点对间最短路径的 Floyd-Warshall 算法……都能看到松弛和动态规划的身影。以下尝试从动态规划和松弛的视角，对之前介绍的图算法再进行一次回顾以获得更为深刻的理解。

4.3.1 Moore-Dijkstra 算法

单源最短路径（Single-Source Shortest Paths，SSSP）问题是图论中的基本问题。给定一个具有$|V|$个顶点和$|E|$条边的有（无）向图，图中所有边权均为非负值，同时给定一个起点 s，要求确定从起点 s 到所有其他顶点的最短路径长度和具体的最短路径构成（即最短路径是由哪些边组成的），此即 SSSP 问题。Moore-Dijkstra 算法是解决 SSSP 问题的经典方法。算法使用数组 *dist* 记录各个顶点与起点 s 的当前最短路径的长度（此时的最短路径可能不是最优的），初始时，起点本身的最短路径长度为 0，所有其他顶点的最短路径长度设为“无穷大”，即

$$dist[s]=0,\ dist[v]=\infty,\ v\neq s$$

此处的“无穷大”并不是指设置一个计算机无法表示的值，只需要将其设置得足够大，使得所有可能的最短路径长度均不会超过此值即可。与此同时，使用数组 *visited* 记录各个顶点是否已经访问（即是否已经经过处理），初始时所有顶点均未被访问，即

$$visited[v]=\text{false}$$

接着算法迭代$|V|$次，每次从未访问的顶点中选择一个与起点具有最短距离的顶点 v，顶点 v 满足

$$dist[v]=\min_{p:visited[p]=\text{false}} dist[p]$$

最初，起点 s 被选择。在顶点 v 确定后，将其标记为已访问状态，接着进行松弛操作：对于顶点 v 的所有出边(v, to)，算法逐一尝试是否能够改进 $dist[to]$。令出边的权值为 $weight[v][to]$，则松弛操作可以表示为

$$dist[to]=\min\{dist[to],\ dist[v]+weight[v][to]\}$$

可以将松弛操作视为动态规划中根据递推关系进行状态更新的操作。当顶点 v 的所有出边均处理完毕后，当前轮次的迭代完成。经过$|V|$次同样的迭代后，所有顶点均已被访问，算法终止，此时数组 *dist* 所记录的即是各个顶点与起点 s 的最短路径长度。

在与 Moore-Dijkstra 相关的动态规划题目中，通常是要求在各种约束下确定从某个起始状态到达终止状

态的最短距离，处理此类问题的一般步骤为：（1）定义动态规划的状态参数；（2）确定状态转移规则；（3）根据题目约束构建图；（4）从起始顶点出发，使用类似于 Moore-Dijkstra 算法的队列实现更新到达其他顶点时相应状态的最短距离。

10269 Adventure of Super Mario[C]（超级马里欧的冒险）

在拯救了美丽的公主之后，超级马里欧需要找到回家的路——当然了，是和公主一起！马里欧对“超级马里欧世界”非常熟悉，因此他不需要地图，他只需要一条最佳路径来节省时间。

在超级马里欧的世界中，总共有 A 座村庄和 B 座城堡。村庄编号为 $1 \sim A$，城堡编号为 $A+1 \sim A+B$。马里欧居住在村庄 1，他需要从城堡 $A+B$ 出发返回村庄 1。在不同的两个地点之间有双向道路连接，两个地点最多只有一条道路连接，不会出现一条道路的两端连接同一处地点的情形。马里欧已经测量了每条道路的长度，但是他并不想一直走路回家，因为每走一单位的距离就要花费他一单位的时间（这可真慢！）。

幸运地是，马里欧在拯救公主的城堡中发现了一双魔法鞋，如果穿上它们，他就能够从一个地方瞬间移动到另外一个地方，而且不用花费任何时间（不用担心公主，马里欧已经找到一种安全的方法带着公主和他一起移动，但他是不会告诉你究竟是如何做到的）。

由于城堡中存在陷阱，马里欧在瞬移过程中不会径直穿过某个城堡。如果有城堡在瞬移的路径中，他会在到达城堡时停下来，结束此次瞬移。马里欧总是在村庄或者城堡时开始瞬移或者停止瞬移，不会在两个地点连接的道路中途停止瞬移。不过，由于魔法鞋太旧了，马里欧使用魔法鞋一次最多只能瞬移 L 千米的距离，而且使用魔法鞋的次数总共不能超过 K 次。当返回家中之后，他或许可以修好魔法鞋以便能够再次使用它们。

输入

输入的第 1 行包含一个整数 T，表示测试数据的组数（$1 \leqslant T \leqslant 20$）。每组测试数据的第 1 行包含 5 个整数：$A, B, M, L, K$。$A$ 表示村庄的数量，B 表示城堡的数量，$1 \leqslant A$，$B \leqslant 50$，M 表示道路的数量，L 表示一次瞬移所能经过的最长距离（$1 \leqslant L \leqslant 500$），$K$ 表示魔法鞋能够使用的次数（$0 \leqslant K \leqslant 10$）。紧接着的 M 行，每行包含 3 个整数 X_i, Y_i, L_i，表示有一条道路连接地点 X_i 和 Y_i，它们之间的距离是 L_i，走完该道路的时间也是 L_i（$1 \leqslant L_i \leqslant 100$）。

输出

对于每组测试数据输出一行，此行包含一个整数，表示马里欧和公主回家所需花费的最少时间。可以假定，对于所有测试数据，马里欧总是能够找到回家的路。

样例输入

```
1
4 2 6 9 1
4 6 1
5 6 10
4 5 5
3 5 4
2 3 4
1 2 3
```

样例输出

```
9
```

分析

本题的第 1 个难点是定义动态规划的状态。将村庄和城堡视为图的顶点，则马里欧的状态可由 3 个参数确定：当前所处顶点的序号 u，已经使用的瞬移次数 k，当前瞬移已经移动的距离 $walked$，可以将其表示为一个三元组$(u, k, walked)$。令 $dist[u][k][walked]$表示马里欧到达状态$(u, k, walked)$时所需要花费的最少时间，则题目所求的是从初始状态$(A+B, 0, 0)$到达目标状态$(1, [0 \ldots K], [0 \ldots L])$的最短距离。需要注意的是，由于题目对目标状态无其他约束条件，因此到达目标状态时，瞬移的使用次数和当前瞬移已经移动的距离并不是一个固定值，而是一个范围，只要在此范围内均视为有效的目标状态。

本题的第 2 个难点是确定状态间如何发生转移。根据题目的约束条件，马里欧在前进过程中可以选择使用瞬移，也可以选择不使用瞬移，而且在瞬移过程中，遇到城堡时必须停止瞬移，因此有以下 3 种情形。

（1）如果当前未使用瞬移，即参数 $walked=0$，则对于当前所在顶点 u 的所有邻接顶点 v，当前状态会变更为 $(v, k, 0)$，令 L_{u-v} 表示顶点 u 和 v 之间某条道路的长度，若 $dist[u][k][walked]+L_{u-v}<dist[v][k][0]$，则可将状态 $(v, k, 0)$ 置入队列中继续更新。

（2）如果当前已经使用了瞬移，即 $walked>0$，则有以下 3 种情形。

（a）对于当前所在顶点 u 的某个邻接顶点 v，如果 v 是城堡，按照约束条件，马里欧需要停止瞬移，则状态变更为 $(v, k, 0)$，若 $dist[u][k][walked]+L_{u-v}<dist[v][k][0]$，则可将状态 $(v, k, 0)$ 置入队列中继续更新。

（b）若 v 是村庄，且 $walked+L_{u-v}\leqslant L$，表明可以继续当前瞬移，则后续状态变更为 $(v, k, walked+L_{u-v})$，若 $dist[u][k][walked]<dist[v][k][walked+L_{u-v}]$，则可将状态 $(v, k, walked+L_{u-v})$ 置入队列中继续更新。

（c）若 v 是村庄，但 $walked+L_{u-v}>L$，表明当前瞬移无法继续，则后续状态变更为 $(v, k, 0)$，若 $dist[u][k][walked]+L_{u-v}<dist[v][k][0]$，则可将状态 $(v, k, 0)$ 置入队列中继续更新。

（3）无论当前是否已使用瞬移，只要瞬移的次数未达到上限次数 K，且 $L_{u-v}\leqslant L$，则可以开始一次新的瞬移，即状态变更为 $(v, k+1, L_{u-v})$，若 $dist[u][k][walked]<dist[v][k+1][L_{u-v}]$，可将状态 $(v, k+1, L_{u-v})$ 置入队列继续更新。

建立图的过程较为简单，可以使用邻接表来表示图，之后使用类似于 Moore-Dijkstra 算法的队列实现来进行最短距离的更新。

强化练习

10166 Travel[D]，10356 Rough Roads[C]，10603 Fill[C]，10801 Lift Hopping[A]，11492 Babel[B]。

4.3.2 Bellman-Ford 算法

对于存在负权边的图，Moore-Dijkstra 算法可能无法正确计算最短距离，而 Bellman-Ford 算法能够在图中存在负权边的情况下正确计算最短距离，只要包含负权边的圈其总的权值不为负值即可。在有负权圈的情况下，Bellman-Ford 算法无法确定在负权圈上的顶点之间的最短距离，因为沿着负权圈可以使最短距离“越来越负”。Bellman-Ford 算法所采用的技巧也是松弛操作。初始时，对于每一个顶点 v 都定义一个属性 $d[v]$，表示从源点 s 到顶点 v 的最短路径上权值的上界，称为最短路径估计（shorest-path estimate），$\pi[v]$ 表示源点 s 到顶点 v 的最短路径上位于顶点 v 之前的顶点的编号。在初始化时，对 $v\in V$，$\pi[v]$ 为空，即当前尚未确定各个顶点的前驱顶点，而对于 $v\in V-\{s\}$，有 $d[s]=0$ 及 $d[v]=\infty$。在松弛操作中，需要检查能否通过边 (u, v) 来改进 $d[v]$，如果可以改进，则更新 $d[v]$ 和 $\pi[v]$。

```
// 对边（u, v）进行松弛，其边权为 w（u, v）。
relax(u, v, w)
{
    if (d[v] > d[u] + w(u, v)) {
        d[v] = d[u] + w(u, v);
        π[v] = u;
    }
}
```

每种单源最短路径算法中都会在初始化后重复对边进行松弛，松弛是改变最短路径和前趋的唯一方式。各种单源最短路径算法间的区别在于对每条边进行松弛操作的次数，以及对边执行松弛操作的次序。在 Moore-Dijkstra 算法及关于有向无圈图的最短路径算法中，对每条边执行一次松弛操作，而在 Bellman-Ford 算法中，每条边要执行多次松弛操作。

```
// 源点为 s。
bool bellmanFord(s)
{
    // 对每条边进行松弛操作，总共进行|V|-1 轮松弛操作。
    for (int i = 1; i <= |V| - 1; i++)
        for (edge e : E)
            relax(u, v, w);
```

```
    // 检查是否存在负权圈。如果再进行一次松弛能够获得更小的最短距离则表明存在负权圈。
    for (edge e : E)
        if (d[v] > d[u] + w(u, v))
            return false;
    return true;
}
```

从动态规划的角度来看，Bellman-Ford 算法所对应的递推关系式为

$$d[v] = \min\{d[v], d[u] + w(u, v)\}, \quad (u, v) \in E$$

在进行松弛操作时，总的松弛操作轮数只需($|V|-1$)个轮次。之所以只需进行($|V|-1$)轮松弛操作，原因在于若存在最短路径，则最短路径上的顶点数量最多不超过$|V|$个。如果最短路径上的顶点超过$|V|$个，则必定存在重复的顶点，将重复的顶点去除从而可以得到更优的最短路径，产生矛盾，因此只要两个顶点间存在最短路径，其路径上的顶点数量必定不会超过$|V|$个。

在动态规划中，应用较多的是 Bellman-Ford 算法的队列实现形式，即最短路径加速算法（SPFA）。出题者一般将解题的关键点设置在状态转移环节，需要解题者根据题意设计状态，然后正确地进行状态的转移才能得到正确的解答。总的来说，解题的一般步骤和应用 Moore-Dijkstra 算法解决相关动态规划问题的步骤是类似的。

4.3.3 Floyd-Warshall 算法

Floyd-Warshall 算法是解决所有顶点对间最短距离问题的一种有效算法，其时间复杂度为 $O(n^3)$。在使用邻接矩阵表示图的情形下，其核心代码仅由三重循环构成，非常简洁。尽管核心代码非常简洁，但算法背后所蕴含的动态规划思想却相当地精妙，具有艺术上的美感。

使用动态规划解决最优化问题，其中首要的步骤是定义问题的状态。在 Floyd-Warshall 算法中，将所有顶点从 1～n 编号，令 $w[i][j]$表示顶点 i 和顶点 j 之间无向边的权值，$d[k][i][j]$表示“在只能使用编号为 1 至 k 的顶点作为中间顶点时，从顶点 i 到顶点 j 的最短路径长度”[1]，则 $d[0][i][j]$表示从顶点 i 到顶点 j 不经过任何中间顶点时的最短路径长度，如果初始时顶点 i 和顶点 j 之间无关联边，则令其距离为无穷大，否则，$d[0][i][j] = w[i][j]$；$d[1][i][j]$表示从顶点 i 到顶点 j 只经过编号为 1 的顶点作为中间顶点时的最短路径长度；$d[2][i][j]$表示从顶点 i 到顶点 j 只经过编号为 1 和编号为 2 的顶点作为中间顶点时的最短路径长度……$d[n-1][i][j]$表示从顶点 i 到顶点 j 经过编号为 1～$n-1$ 的顶点作为中间顶点时的最短路径长度；那么所有点对间最短距离问题的所求即为 $d[n][i][j]$，也就是从顶点 i 到顶点 j 经过编号为 1～n 的若干顶点作为中间顶点时的最短路径长度。在合理地定义动态规划问题的状态后，接下来的步骤就是根据最优子结构所蕴含的关系得到递推关系式。

递推关系式可以认为是在问题的当前状态和原有状态之间建立联系，是一种状态转移的表示。按照前述状态的定义，$d[k][i][j]$的含义是在使用编号从 1～k 的顶点中的若干顶点作为中间顶点时，从顶点 i 到顶点 j 的最短路径的长度，那么建立递推关系式的目标就是将 $d[k][i][j]$使用 $d[k-1][i][j]$来表示，由于从状态 $d[k-1][i][j]$到 $d[k][i][j]$的差别在于是否使用第 k 号顶点作为中间顶点，因此只有以下两种情况。

（1）顶点 i 到顶点 j 的最短路径不经过顶点 k。

（2）顶点 i 到顶点 j 的最短路径经过顶点 k。

对于第（1）种情况，在不经过顶点 k 的情况下，显然有

$$d[k][i][j] = d[k-1][i][j], \quad 1 \leqslant i, j, k \leqslant n$$

对于第（2）种情况，有

$$d[k][i][j] = d[k-1][i][k] + d[k-1][k][j], \quad 1 \leqslant i, j, k \leqslant n$$

综合两种情况，有

$$d[k][i][j] = \min\{d[k-1][i][j], d[k-1][i][k] + d[k-1][k][j]\}, \quad 1 \leqslant i, j, k \leqslant n$$

因此有以下的 Floyd-Warshall 算法的初步实现。

---

[1] 需要注意，“中间顶点”并不要求一定是最短路径上的顶点，可以只使用“中间顶点”的若干顶点来构成从顶点 i 到顶点 j 的最短路径。

```
const int MAXV = 110;

int n, d[MAXV][MAXV], w[MAXV][MAXV];

void floydWarshall()
{
   for (int i = 1; i <= n; i++)
      for (int j = 1; j <= n; j++)
         d[0][i][j] = w[i][j];
   for (int k = 1; k <= n; k++)
      for (int i = 1; i <= n; i++)
         for (int j = 1; j <= n; j++)
            d[k][i][j] = min(d[k - 1][i][j], d[k - 1][i][k] + d[k - 1][k][j]);
}
```

在 Floyd-Warshall 算法中，每次迭代相较前一次迭代都增加了一个顶点作为中间顶点，接着检查是否有可能缩短当前两个顶点的最短距离。当进行 n 次迭代后，所有的顶点都已经作为中间顶点使用，此时获得的最短路径即为最优的。可以看到，每次增加一个顶点，即为“放宽”最短距离路径所能经过的中间顶点条件，因此称之为“松弛”非常形象。

在前述的背包问题中，介绍了使用滚动数组对动态规划问题的空间使用进行优化的技巧。在 Floyd-Warshall 算法中，同样可以使用该技巧来优化空间的使用。观察递推关系式

$$d[k][i][j]=\min\{d[k-1][i][j], d[k-1][i][k]+d[k-1][k][j]\},\quad 1\leqslant i,j,k\leqslant n$$

在计算 $d[k][i][j]$时，需要使用 $d[k-1][i][j], d[k-1][i][k], d[k-1][k][j]$，能否省略数组的第 1 个维度，从而节省算法所使用的运行空间呢？

答案是肯定的，方法就是使用滚动数组技巧。如图 4-7 所示，将三维数组视为多个二维数组“切片”构成，目前已经确定了第$(k-1)$层“切片”各个单元格的值，现在需要确定第 k 层“切片”各个单元格的值。$d[k][i][j]$在未更新前其值为为无穷大，由之前的递推关系式可知，$d[k][i][j]$要更新为 $d[k-1][i][j]$和 $d[k-1][i][k]+d[k-1][k][j]$之中的较小值，如果将表示“切片”层次的第 1 维参数 k 去除，使得递推关系式变成

$$d[i][j]=\min\{d[i][j], d[i][k]+d[k][j]\},\quad 1\leqslant i,j,k\leqslant n$$

可以发现，并不会影响最短距离的计算。因为省略掉第 1 维参数之后，在未更新之前，$d[i][j]$保存的是经过编号为 1～$k-1$ 的顶点作为中间顶点的最短路径，在更新 $d[i][j]$为经过编号为 1～k 的顶点作为中间顶点的最短路径时，可能需要利用 $d[i][k]$和 $d[k][j]$，此时，$d[i][k]$和 $d[k][j]$可能已经被更新，即 $d[i][k]\neq d[k-1][i][k]$和（或）$d[k][j]\neq d[k-1][k][j]$，但是由于递推关系式保证了 $d[i][k]\leqslant d[k-1][i][k]$和 $d[k][j]\leqslant d[k-1][k][j]$，因此，使用 $d[i][k]$和 $d[k][j]$分别替换 $d[k-1][i][k]$和 $d[k-1][k][j]$进行更新并不会得到“更差”的最短路径，因此，省略第 1 维参数后的递推关系式的正确性是有保证的。

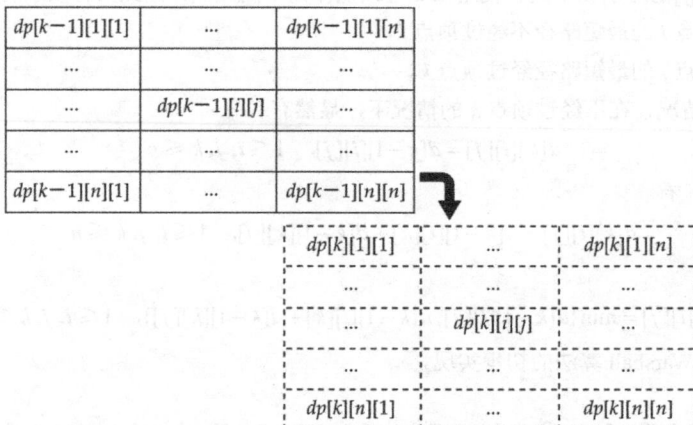

$dp[k-1][1][1]$	…	$dp[k-1][1][n]$
…	…	…
…	$dp[k-1][i][j]$	…
…	…	…
$dp[k-1][n][1]$	…	$dp[k-1][n][n]$

$dp[k][1][1]$	…	$dp[k][1][n]$
…	…	…
…	$dp[k][i][j]$	…
…	…	…
$dp[k][n][1]$	…	$dp[k][n][n]$

图 4-7　使用滚动数组技巧优化空间使用

以下是使用滚动数组技巧优化空间使用后的实现代码。

```
const int MAXV = 110;

int n, d[MAXV][MAXV], w[MAXV][MAXV];

void floydWarshall()
{
   for (int i = 1; i <= n; i++)
      for (int j = 1; j <= n; j++)
         d[i][j] = w[i][j];
   for (int k = 1; k <= n; k++)
      for (int i = 1; i <= n; i++)
         for (int j = 1; j <= n; j++)
            d[i][j] = min(d[i][j], d[i][k] + d[k][j]);
}
```

强化练习

821 Page Hopping^{A}，10543 Traveling Politician^{C}，10681 Teobaldo's Trip^{C}。

扩展练习

274 Cat and Mouse^{D}。

4.4 集合型动态规划

利用动态规划思维解决问题，需要考虑问题的所有可能性，在某些情况下可能需要一些特殊技巧来达到这个目的，以便提高效率。在集合型动态规划中，问题空间的每个状态由多个独立的单元构成，例如，棋盘放置棋子的状态，如果棋盘的某个方格放置了棋子，则视方格对应的二进制数位为 1，否则为 0，最后，棋盘的状态就可以转换为一个二进制数，对于二进制数，使用位操作可以显著提高状态比对和状态转移的效率。一般情况下，题目给定的状态可以使用 `int` 类型的整数进行存储，特殊情况下可能需要 `long long int` 类型的整数，但此时总的需要处理的状态数是较少的，否则无法在规定时间内处理完毕。“状态压缩”是集合型动态规划中经常使用的一种技巧，即使用位掩码（bit mask）将某种状态转换为一个二进制数来予以表示，通过这个技巧可以使解题过程更为简洁。下面通过一道题目的解析来初步了解何为“状态压缩”。

12348 Fun Coloring^{D}（趣味染色）

给定有限集 U 和一组 U 的子集 $S_1, S_2, S_3, \cdots, S_m$，$|S_i| \leqslant 3$，确定是否存在映射 f: $U \rightarrow$ {RED, BLUE}，使得对于每一个子集 S_i，至少有一个元素与同子集的其他元素颜色不同。

输入

对于本问题，集合 $U = \{x_1, x_2, x_3, \cdots, x_n\}$。输入的第 1 行包含一个整数 k，表示测试数据的组数。相邻两组测试数据间隔一个空行。每组测试数据的第 1 行包含两个整数 n 和 m，n 表示 U 中元素的个数，m 表示子集的个数。接下来的 m 行每行描述一个子集，第 1 行描述的是子集 S_1，第 2 行描述的是子集 S_2……第 m 行描述的是子集 S_m，每行包含若干整数 j，表示元素 x_j 在子集 S_i 中。$1 \leqslant k \leqslant 13$，$4 \leqslant n \leqslant 22$，$3 \leqslant m \leqslant 111$。

输出

对于每组测试数据，如果存在这样的映射，输出 `Y`，否则输出 `N`。输出由一行共 k 个字符构成，每个字符要么是 `Y`，要么是 `N`。第 1 个字符表示第 1 组测试数据是否存在满足要求的映射，第 2 个字符表示第 2 组测试数据是否存在满足题意要求的映射，依此类推。最后一个字符表示第 k 组测试数据是否存在满足题意要求的映射。

样例输入

```
2
5 3
1 2 3
2 3 4
1 3 5

7 7
1 2
1 3
4 2
4 3
2 3
1 4
5 6 7
```

样例输出

```
YN
```

分析

题意要求对于给定大小为 n 的集合 U，确定是否存在一种颜色的安排方法，使得若干 U 的子集 S_i 中不包含相同颜色的元素。以样例输入的第 1 组测试数据为例，可以为集合 U 中的元素指定如下颜色：

$$U = \{x_1 = \text{RED}, x_2 = \text{BLUE}, x_3 = \text{BLUE}, x_4 = \text{RED}, x_5 = \text{RED}\}$$

令 R = RED，B = BLUE，则有

$$S_1 = \{x_1 = \text{R}, x_2 = \text{B}, x_3 = \text{B}\}，S_2 = \{x_2 = \text{B}, x_3 = \text{B}, x_4 = \text{R}\}，S_3 = \{x_1 = \text{R}, x_3 = \text{B}, x_5 = \text{R}\}$$

满足“S_i 中至少有一个元素的颜色与其他元素不同”的条件（需要注意，符合要求的颜色指定方案可能不止一种），因此输出 `Y`。对于第 2 组测试数据，由于 $S_1 = \{1, 2\}$，$S_2 = \{1, 3\}$，则 2 和 3 必须安排不同的颜色，但是 $S_5 = \{2, 3\}$，使得不可能存在满足要求的颜色指定方案，因此输出 `N`。

由于题目条件中所给的数据规模不大，直觉上可以使用回溯法生成集合 U 的所有颜色组合，然后对各个子集进行检查，如果满足要求则表明符合题意要求的映射存在。但进一步地深入思考可以得知，由于每个元素只能指定两种颜色的一种，恰好可以使用二进制数数位来表示颜色。也就是说，将颜色指定方案压缩为一个二进制数，为 0 的位表示为此元素指定颜色 RED，为 1 的位表示为此元素指定颜色 BLUE，则从 $0 \sim 2^n - 1$ 的数就表示了所有的颜色指定方案。因此有如下解题步骤[1]。

（1）读入 n 和 m；

（2）读入子集 S_i，将子集表示成二进制数 X_{s_i}，若 S_i 包含 x_j，则 X_{s_i} 的第$(j-1)$位为 1；

（3）令 X 表示集合 U 的颜色指定方案，若 X 的第 i 个二进制位为 0，表示将第$(i+1)$个元素的颜色指定为 RED，否则指定为 BLUE，从 X=0 遍历到 $X=2^n-1$，将子集 S_i 对应的二进制数 X_{s_i} 和 X 进行“位与”运算，若结果为 X_{s_i} 或 0，表示此子集中元素为相同颜色，则对应的颜色指定方案 X 不满足要求；

（4）如果能够找到满足条件要求的 X，则输出 `Y`，否则输出 `N`。

强化练习

11205 The Broken Pedometer[B]。

在状态压缩过程中，需要将状态表示成一个二进制数，其中为 1 的位表示此元素已经被使用，为了获取此状态中使用了多少个元素，需要知道此二进制数中有多少个二进制位为 1（population count）。在早期的计算机系统中，一般都设计了一个特定的指令来完成这个工作，虽然现在计算机的速度得到了极大提高，但是仍然有某些型号的机器保留了类似的指令可供使用[69]。对于不提供此类指令的计算机来说，编程完成这项任务有多种多样的方法，最朴素的方法是使用右移位运算，计数最低位为 1 的次数。不过 GCC 提供了内建函数 `__builtin_popcount()`，使得完成这项任务变得更为简单，其函数声明为：

```
int __builtin_popcount (unsigned int x);
```

---

1 截至 2020 年 1 月 1 日，该题在 UVa OJ 上的评判程序似乎存在问题，导致正确的解题方案无法获得 Accepted。

它的作用是返回一个无符号整数的二进制表示中位为 1 的个数，其内部使用汇编调用的方式结合查表实现，效率很高。与之类似的还有：

```
// 返回 x 的二进制表示中从最高位开始的连续 0 的个数(count of leading zeros)。
int __builtin_clz (unsigned int x);

// 返回 x 的二进制表示中从最低位开始往最高位方向连续 0 的个数(count of trailing zeros)。
int __builtin_ctz (unsigned int x);
```

注意，对于后两个函数，如果给定的参数 x 为 0，则函数的返回值为“未定义状态”。对于这 3 个函数，有对应的 unsigned long int 和 unsigned long long int 数据类型版本，其名称稍有差异。

从状态压缩的特点来看，集合型动态规划算法适用的题目一般具有以下特点。

（1）解法需要保存一定的状态数据（表示一种状态的一个数据值），每个状态数据通常情况下是可以通过二进制来表示的。这就要求状态数据的每个单元只有两种状态，比如棋盘上的方格，放棋子或者不放，或者是硬币的正反两面。这样用 0 或 1 来表示状态数据的每个单元，而整个状态数据就是一个一串 0 和 1 组成的二进制数。

（2）解法需要将状态数据实现为一个基本数据类型，比如 int 数据类型等，即所谓的状态压缩。状态压缩的目的一方面是缩小了数据存储的空间，另一方面是在状态比对和状态整体处理时能够提高效率。这样就要求状态数据中的单元个数不能太大，比如用 int 来表示一个状态的时候，状态的单元个数不能超过 32 位二进制数所能表示的范围。

10032 Tug of War[B]（拔河）

某地方机构举办的野餐聚会将安排一次拔河比赛。为了使拔河比赛尽可能地公平，所有参与者将被分成两支队伍，且满足下列条件：每个人必须分配到两支队伍中的一支；两支队伍之间的人数之差不能超过 1 人；两支队伍各自的总体重需要尽可能地接近。

输入

输入的第 1 行包含一个正整数，表示测试数据的组数，每组测试数据的格式描述如下。之后接着是一个空行，每两组测试数据之间有一个空行。每组测试数据的第 1 行包含一个整数 n，表示参加野餐聚会的人数，接着是 n 行，第 1 行表示人员 1 的体重，第 2 行表示人员 2 的体重，依此类推。体重是一个整数，大小在 1～450 之间。野餐聚会至多有 100 人。

输出

对于每组测试数据，输出以空格分隔的两个整数，这两个整数表示两支队伍各自的体重和，较小的体重和排列在前。在相邻两组输出间打印一个空行。

样例输入

```
1

3
100
90
200
```

样例输出

```
190 200
```

分析

使用朴素的回溯法解决显然不可行。考虑到题目形式与子集和问题相类似，不妨从此角度切入思考。可以将问题重新表述为：从 n 个正整数中选出 $m = n/2$ 个数，使得这 m 个数的和与剩余的 $(n-m)$ 个数之和的差值尽可能小。那么需要确定从 n 个数中选取 m 个数所能得到的所有不同和，令 $F[i][j][k]$ 表示从前 i 个数中选取恰好 j 个数时和能否为 k，若 $F[i][j][k]=1$ 表示可行，$F[i][j][k]=0$ 表示不可行，那么有以下递推关系式

$$F[i][j][k]=\max\{F[i-1][j][k], F[i-1][j-1][k-W_i]\},\quad 1\leqslant i\leqslant n,\quad 1\leqslant j\leqslant i, W_i\leqslant k\leqslant S$$

边界条件为 $F[0][0][0]=1$。根据递推关系式，结合“滚动数组”技巧（请读者参见 4.9.1 节的相关内容），可以省略三维数组的第一维，从而可得到下述解题核心代码：

```
// N 为总人数，S 为体重和，W 记录人员体重，F 记录状态。
int N, S, W[101], F[64][45010];
```

```
    F[0][0] = 1;
    for (int i = 1; i <= N; i++)
        for (int j = 1; j <= min(i, N / 2); j++)
            for (int k = S / 2; k >= W[i]; k--)
                F[j][k] = max(F[j][k], F[j - 1][k - W[i]]);
```

上述通过递推方式解题的时间复杂度为 $O(n^2S)$，由于 UVa OJ 上的测试数据较弱，已经能够获得 Accepted，但是应对更为“严苛”的测试数据时显然会发生超时。能否将递推关系式进行优化以便提高效率？观察递推关系式，$F[i][j][k]$表示从前 i 个数中选取恰好 j 个数时其和为 k 的状态，数组第二维元素 j 所起的作用是标记当和为 k 时，“恰好有 j 个数”这种情况是否存在，那么不妨将状态的顺序予以调换，将 $F[i][j][k]$解释为“从前 i 个数中选取若干个数，其和为 j 时，恰已选择 k 个数时的状态”，那么从 $F[i][j][0]$到 $F[i][j][i]$的意义就是“从前 i 个数中选取若干数，其和为 j，而所选择的“若干个数”的数量恰为 $0, 1, \cdots, i$ 个时的状态”，则递推关系式为

$$F[i][j][k]=\max\{F[i-1][j][k], F[i-1][j-W_i][k-1]\},\quad 1\leqslant i\leqslant n, W_i\leqslant j\leqslant S,\quad 1\leqslant k\leqslant i$$

初始时，$F[0][0][0]=1$，其他数组元素的值均为 0。由于 n 最大为 100，那么 $n/2$ 最大为 50，于是，可以将前述递推关系式中三维状态数组的最后一维编码为一个 64 位二进制数，即使用 `long long int` 类型的数组元素 $F[i][j]$来表示这样的状态：如果 $F[i][j]$所对应的二进制数的第 k 个二进制位为 1，表示从前 i 个人中可以选择 k 个人使得体重之和为 j，第 k 个二进制位为 0 则表示无法在前 i 个人中选择 k 个人使得体重之和为 j，最终有以下递推关系式

$$F[i][j]=F[i][j]\,|\,(F[i-1][j-W_i]\ll 1),\quad 1\leqslant i\leqslant n, W_i\leqslant j\leqslant S$$

初始时，$F[0][0]=1$，其他数组元素的值均为 0。通过上述改进，可以将解题时间复杂度降低为 $O(nS)$[1]。

10149 Yahtzee[C]（Yahtzee 游戏）

Yahtzee 是一个用 5 个骰子来玩的游戏，共掷 13 轮。同样地，记分卡也包含 13 项。在每一轮中，游戏者可以任意指定一个计分项，并按照相应的规则计分，但在整个游戏的 13 轮中，每个计分项只能被选一次。13 个计分项规则如下。

计一：所有点数为 1 的骰子点数和。

计二：所有点数为 2 的骰子点数和。

计三：所有点数为 3 的骰子点数和。

计四：所有点数为 4 的骰子点数和。

计五：所有点数为 5 的骰子点数和。

计六：所有点数为 6 的骰子点数和。

机会：所有骰子点数之和。

三同：若掷出至少 3 个相同点数的骰子，计所有骰子点数和。

四同：若掷出至少 4 个相同点数的骰子，计所有骰子点数和。

五同：若掷出至少 5 个相同点数的骰子，计所有骰子点数和。

小顺：若 4 个骰子成顺（1, 2, 3, 4 或 2, 3, 4, 5），计 25 分。

大顺：若 5 个骰子成顺（1, 2, 3, 4, 5 或 2, 3, 4, 5, 6），计 35 分。

葫芦：如果 3 个骰子点数相同而另外 2 个骰子点数也相同，计 40 分。

在后 6 种计分项中，如果条件不满足，计 0 分。游戏的总分为所有 13 项计分的和。若前 6 个计分项的得分之和大于或等于 63，则在总分中加上 35 分作为奖励。你的任务是计算一次给定的完整游戏所可能得到的最大总分。

输入

每行输入包含 5 个 1～6 的整数，表示每轮掷骰子的情况。输入的第 13 行组成了一局完整的游戏。

1　严格来说，是将原来 $O(n^2S)$的时间复杂度降为 $O(knS)$，由于“位或”运算可以在常数时间内完成，因此 k 为常数，故优化后的时间复杂度可以认为是 $O(nS)$。

输出

对于每局游戏，输出一行共 15 个数，表示每个计分项的得分（按题目描述的顺序）、奖励分（0 或 35）及总分。如果存在多种具有同样最大总分的计分项选择，可以任意输出一种。

样例输入

```
1 1 1 1 1
6 6 6 6 6
6 6 6 1 1
1 1 1 2 2
1 1 1 2 3
1 2 3 4 5
1 2 3 4 6
6 1 2 6 6
1 4 5 5 5
5 5 5 5 6
4 4 4 5 6
3 1 3 6 3
2 2 2 4 6
```

样例输出

```
3 6 9 12 15 30 21 20 26 50 25 35 40 35 327
```

分析

每组骰子可以选择 13 种计分方式中的任意一种，已选择的计分方式不能再次选取。如果将每组骰子按每种计分方式进行计分，并将分值按顺序排列，则可以得到一个方阵：

$$\begin{bmatrix} s_{1-1} & s_{1-2} & \cdots & s_{1-12} & s_{1-13} \\ s_{2-1} & s_{2-2} & \cdots & s_{2-12} & s_{2-13} \\ \vdots & \vdots & & \vdots & \vdots \\ s_{12-1} & s_{12-2} & \cdots & s_{12-12} & s_{12-13} \\ s_{13-1} & s_{13-2} & \cdots & s_{13-12} & s_{13-13} \end{bmatrix}$$

其中，s_{i-j}表示第 i 组骰子按照第 j 种计分方式计分的得分（$i=1, \cdots, 13$ 为骰子组数；$j=1, \cdots, 13$ 为计分种类）。那么题目所求可以转化为下列问题（暂不考虑奖励分）：从一个大小为 13×13 的方阵中，每一行和每一列只取一个元素进行求和，确定能取到的最大值和相应的取法。根据乘法原理，第 1 行有 13 种取法，第 2 行有 12 种取法……第 13 行有 1 种取法，总共有 $13!=6227020800$ 种取法，如果使用朴素的穷尽搜索，肯定可以找到最大值，但会超时。为什么会超时？让我们来看一看穷尽搜索到底发生了什么。以下的伪代码使用了嵌套循环来实现穷尽搜索，用以寻找最大值。

```
int maxSum = 0;
for (int a = 1; a <= 13; a++) {
  // S[i][j]保存的是第 i 组骰子按照第 j 种计分方式计分的得分。
  int sum = S[1][a];
  for (int b = 1; b <= 13; b++) {
    if (b == a) continue;
    sum += S[2][b];
    for (int c = 1; c <= 13; c++) {
      if (c == a || c == b) continue;
      sum += S[3][c];
      // ...
      for (int m = 1; m <= 13; m++) {
        if (m == a || ... || m == l) continue;
        sum += S[13][m];
        if (sum > maxSum) {
          sum = maxSum;
          // 记录取法。
        }
      }
    }
  }
}
```

可以直观地看到，每完成一种取法的计算，中间结果就被丢弃，重新开始另外一种取法的计算，实际上，这些中间结果可以换一种方式善加利用以提高效率。

在朴素的穷尽搜索算法中，由于未能充分利用中间计算结果，导致了大量的重复计算，这是程序运行时间大大增加的根本原因，为了提高效率，必须减少重复计算。那么如何才能减少重复计算呢？需要换一个角度思考问题，从当前取法组合的路走不通，不妨从计分方式的组合考虑。题目给定了 13 种计分方式，根据这 13 种计分方式是否选择，可能的状态总共有 $2^{13} = 8192$ 种，采用自底向上的递推方式，对于每种状态确定能够获得的最大值，应该可以在时间限制内得到结果。假设第 1 组骰子选取了第 1 种计分方式，分值为 a_1，则第 2 组骰子只能在第 2～13 种计分方式中任选一种，怎样表示这种状态呢？把各次选择计分方式的状态表示成下列形式

$$\overline{c_{13}c_{12}c_{11}c_{10}c_9c_8c_7c_6c_5c_4c_3c_2c_1} \equiv 0000000000000$$

若某种计分方式已经使用，则对应序号的二进制位为 1，否则为 0。例如，第 1 组骰子选择了第 1 种计分方式，第 2 组骰子使用了第 2 种计分方式，则 c_1 和 c_2 为 1，将 c_1 到 c_{13} 的状态转换为一个二进制数（c_{13} 在高位，c_1 在低位）

$$0000000000011_2$$

该二进制数对应十进制数的 3。若相反，第 1 组骰子选择第 2 种计分方式，第 2 组骰子选择第 1 种计分方式，这样得到的二进制数仍然是

$$0000000000011_2$$

那么该状态表示的是不管第 1 组和第 2 组骰子选择第 1 种或第 2 种计分方式的顺序如何，只需比较两种选择下那种选择的分值大，即可获得此种状态所对应的策略的最大分值。如果设立一个数组 ***dp*** 记录计分策略的得分，将该二进制数即十进制的 3 作为数组的序号，则该数组元素 ***dp***[3]所表示的就是当第 1 组和第 2 组骰子选择第 1 种或第 2 种计分方式时的最大值。同理，对于以下二进制数

$$0000000000101_2$$

表示的是第 1 组骰子和第 3 组骰子各取第 1 种或第 3 种计分方式，同样以该二进制数即十进制下的 5 作为数组序号，将所得计分和的最大值储存到 *dp*[5]中。考虑以下二进制数所表示的状态

$$0000000000111_2$$

前 3 组骰子选择了前 3 种计分方式，此二进制数可能为 0000000000011_2 与 0000000000100_2 相加而来，也可以是 0000000000101_2 与 0000000000010_2 相加而来，两种操作的含义：第 1 种是当第 1 组和第 2 组骰子取遍第 1 种和第 2 种计分方式得到的最大值与第 3 组骰子取第 3 种计分方式得到的分值相加；第 2 种表示第 1 组和第 3 组骰子取遍第 1 种和第 3 种计分方式所得到的最大值与第 2 组骰子取第 2 种计分方式得到的分值相加。如果比较两种操作的所得到的分值，并将较大值储存到二进制数 0000000000111_2 即十进制数 7 为序数的数组元素 *dp*[7]中，则 ***dp***[7]的含义就是前 3 组骰子取前 3 种计分方式，不管选取顺序如何，所得到的最大值。依此类推，当状态为

$$1111111111111_2$$

即求得了最大值。在求最大值的过程中需要一个数组来保存各个策略状态最大值所采取的计分方式，以便在最后根据该数组回溯得到各个策略状态所采取的计分方式。

由上述讨论，我们可以设立一个二维数组 *dp*[*i*][*j*]，*i* 表示前 *j* 组骰子已选计分项的组合，*j* 表示最后一次是为第 *j* 组骰子选择计分项，*dp*[*i*][*j*]表示的是为前 *j* 组骰子选择计分项且最后一次是为第 *j* 组骰子选择计分项时的最大总分。*i* 的二进制表示中，从低位到高位，从 0 开始计数，序号为 *c* 的位为 1，表示计分项 *c* 已被选择，为 0 则表示此计分项尚未选择。假设目前已经为前($j-1$)组骰子确定了计分项，其最大总分为 *dp*[*i*][$j-1$]，那么当为第 *j* 组骰子选择计分项时，状态 *i* 中已经选择的计分项不能再次选择，通过检查剩余的可能计分项选择就可以得到前 *j* 组骰子选择 *j* 种计分项时的最大得分。因此，递推关系可以表示为

$$dp[i\,|\,(1 \ll k)][j] = \max\{dp[i\,|\,(1 \ll k)][j],\ dp[i][j-1] + s[j][k]\},\quad ((i \gg k)\ \&\ 1) = 0$$

其中，*k* 表示尚未选择的计分项序号（从 0 开始计数），*s*[*j*][*k*]表示第 *j* 组骰子选择第 *k* 个计分项的得分。观

察递推关系，由于 j 记录的是最后一次是为第几组骰子选择计分项，而此数值总是和状态 i 的二进制表示中位为 1 的个数相同，为了简化递推关系，实际上可以将 j 省略，转而使用状态 i 的二进制表示中位为 1 的个数来记录最后是为第几组骰子分配了计分项，递推关系可以简化为

$$dp[i\,|\,(1 \ll k)] = \max\{dp[i\,|\,(1 \ll k)], dp[i] + s[\_\_builtin\_popcount(i)][k]\}, \quad ((i \gg k)\ \&\ 1) = 0$$

现在来考虑如何处理奖励分。由于是前 6 项计分大于或等于 63 分时才给予 35 分的奖励分，在计算过程中，需要将同策略的不同前 6 项得分的总分区分开来，因为大于等于 63 的前 6 项得分效果是等同的，只需考虑 0～63 这 64 种情况。如果前 6 项总分大于等于 63，则将该总分放在数组序号为 63 的总分元素中，小于 63 的则放在相应分数为序号的元素中。在比较时，对前 6 项总分相同的元素比较总分大小，总分大的替代原来的元素项，那么数组的每一项储存的是前 6 项分数和等于数组元素序号时的最大总分。如 $dp[1111011100011_2][25]$表示的是采用策略 1111011100011_2 时前 6 项分数为 25 时的最大总分，可能采用该策略时前 6 项分数为 25 分的情况并不存在，故初始时数组元素值均赋值为 −1。同样地，需要在替换时记录替换前后的所采用的计分策略和前 6 项得分以便通过回溯来重建得到解的过程。

与朴素的穷尽搜索算法 $O(n!)$的时间复杂度相比，上述动态规划算法时间复杂度为 $O(n2^n)$，对于 $n = 13$ 的情形，可以在限制时间内获得通过。

强化练习

10898 Combo Deal[C]，10911 Forming Quiz Teams[A]，11088 End up with More Teams[C]，11218 KTV[B]，11284 Shopping Trip[C]。

扩展练习

1076 Password Suspects[D]，1240 ICPC Team Strategy[D]，1252 Twenty Questions[D]，10817 Headmaster's Headache[C]，11391 Blobs in the Board[D]。

提示

10911 Forming Quiz Teams 存在多种解题方法：（1）使用回溯法构造所有可能的组合辅以适当剪枝解题；（2）使用自顶向下的递归辅以记忆化搜索技巧解题；（3）使用自底向上的递推辅以位掩码技巧解题。读者可以逐一尝试使用上述方法分别解题。

11088 End up with More Teams 和 10911 Forming Quiz Teams 类似。

由 11218 KTV 亦可使用简单的三重循环来构建所有可能的组合情形而不必求助于动态规划，如果组数较多，则使用回溯法或动态规划解题较为适宜。

1076 Password Suspects 的本质是有向图的路径计数问题，可根据 Aho-Corasick 算法为所有模式建立转移图，在转移图基础上添加必要的有向边以构建完整的解题所需的有向图，动态规划的状态即在有向图的各个顶点间转移。动态规划的状态包含 3 个域：字符串的长度，有向图中当前所处顶点的编号，已经匹配的关键字组合的位掩码标记。如果可能的密码数量不超过 42 个，则根据动态规划过程中路径计数不为零的状态进行回溯输出。

1252 Twenty Questions 中，注意题目描述中的要求，并不是一开始就固定所需询问的问题，而是根据提问的前一个问题的结果来决定下一个提问，这两者之间是有差别的。

10817 Headmaster's Headache 中，可使用二进制数中的两个位来表示单个科目的状态，亦可考虑使用三进制数的一个位来表示单个科目的状态。

11391 Blobs in the Board 可以从 10651 Pebble Solitaire 的解题过程获得启发，利用备忘技巧可以提高程序运行效率。

4.5 区间型动态规划

区间型动态规划是线性动态规划的一种扩展，其表现形式一般为：给定直线（或环形）上一组离散的

点，每个点均有特定的权值（为整数或浮点数），要求选取若干点作为分界点，以便将这些离散的点划分为若干个部分，选取不同的分界点有不同代价，要求确定一种最优的划分方法，使得代价的总和最优（即使得代价最小或最大）。

4.5.1 矩阵链乘法

由 $m \times n$ 个数 a_{ij} 构成的 m 行 n 列的数表称为 m 行 n 列矩阵，可以记做

$$A = \begin{bmatrix} a_{11} & a_{12} & \cdots & a_{1n} \\ a_{21} & a_{22} & \cdots & a_{2n} \\ \vdots & \vdots & & \vdots \\ a_{m1} & a_{m1} & \cdots & a_{mn} \end{bmatrix}$$

这 $m \times n$ 个数称为矩阵 A 的元素，简称为元。矩阵的基本运算包括加法、减法、数乘等。这些运算的规则和四则运算类似，但是两个矩阵的乘法和四则运算中的乘法不同，两个矩阵的乘法仅当第 1 个矩阵 A 的列数和另一个矩阵 B 的行数相等时才有定义。如 A 是 $m \times n$ 矩阵，B 是 $n \times p$ 矩阵，它们的乘积 C 是一个 $m \times p$ 矩阵，所需的标量乘法次数为 $m \times n \times p$，矩阵 C 的某个元素可以通过以下方式计算

$$c_{i,j} = a_{i,1}b_{1,j} + a_{i,2}b_{2,j} + \cdots + a_{i,n}b_{n,j} = \sum_{r=1}^{n} a_{i,r}b_{r,j}$$

矩阵的乘法满足如下几点。

（1）结合律：$(AB)C = A(BC)$；

（2）左分配律：$(A+B)C = AC + BC$；

（3）右分配律：$C(A+B) = CA + CB$。

但是矩阵乘法不满足交换律，即 AB 不一定等于 BA，甚至 AB 有定义而 BA 无定义。

采用不同的顺序计算矩阵乘法所需的标量乘法次数可能相差很大。例如有 3 个矩阵，A 为 50×10 的矩阵，B 为 10×20 的矩阵，C 为 20×50 的矩阵，如果需要计算 ABC，采用$(AB)C$ 的顺序，需要 60000 次标量乘法操作，而采用 $A(BC)$的计算顺序，只需要执行 35000 次标量乘法操作。

强化练习

442 Matrix Chain Multiplication[A]。

当对一系列矩阵进行乘法操作时，如何确定它们进行相乘时的最少乘法次数呢？最简单的是使用回溯法，遍历所有可能的相乘顺序，找出其中次数最少的一种相乘顺序。显然这种方法的时间复杂度是指数级别的，对于矩阵数量较少时尚可应用，但当数量增大时，效率会很低而变得不可用。

考虑 n 个矩阵的链乘，有$(n-1)$种方法给这 n 个矩阵加第 1 组括号。例如 4 个矩阵的链乘 $ABCD$，有 3 种方法加第 1 组括号，它们是：$A(BCD)$，$(AB)(CD)$，$(ABC)D$。只要知道$(n-1)$种加括号后的链乘中乘法次数最少的一种，即可得知，n 个矩阵链乘所需的最少乘法次数。观察加括号后的链乘，已经分解成更短长度的矩阵链乘，连续使用以上方法，最终可以将链乘分解为单个矩阵相乘的问题。因此，矩阵链乘问题是具有最优子结构的。那么如何使用子问题的解来表示最终的解呢？给定一个长度为 n 的矩阵乘法链，令 $T[i][j]$ 表示对下标从 i 到 j 的矩阵进行链乘所需的最少乘法次数，$cost[i][j]$表示对矩阵 i 和 j 进行相乘操作所需要的乘法次数，则有以下递推关系式

$$T[i][j] = \min\{T[i][k] + T[k+1][j] + cost[k][k+1], i < k < j,\quad 1 \leqslant i < j \leqslant n\}$$

根据上述递推关系式，可以很容易使用递归进行求解。

```
// 使用递归求 n 个矩阵链乘的最小乘法次数。
// di 存储的是矩阵的维数，第 i 个矩阵的维数为 di[i-1]×di[i], i=1, 2, …, n。
const int MAXV = 32, INF = 0x7f7f7f7f;

int di[MAXV];
```

```
int dfs(int i, int j)
{
   // 当矩阵为本身时，乘法次数为 0。
   if (i == j) return 0;
   // 将括号放置在矩阵 i 和矩阵 j 之间的可选位置，递归计算乘法的次数，取最小值。
   int r = INF;
   for (int k = i; k <= j - 1; k++) {
      int cnt = dfs(i, k) + dfs(k + 1, j) + di[i - 1] * di[k] * di[j];
      r = min(r, cnt);
   }
   // 返回最小值。
   return r;
}
```

可以看到，类似于使用递归计算斐波那契数列的过程，在矩阵链乘法中，某些子问题被重复计算。假设有 4 个矩阵，编号为 1～4，在使用递归计算的过程中，产生了如图 4-8 所示的分支。

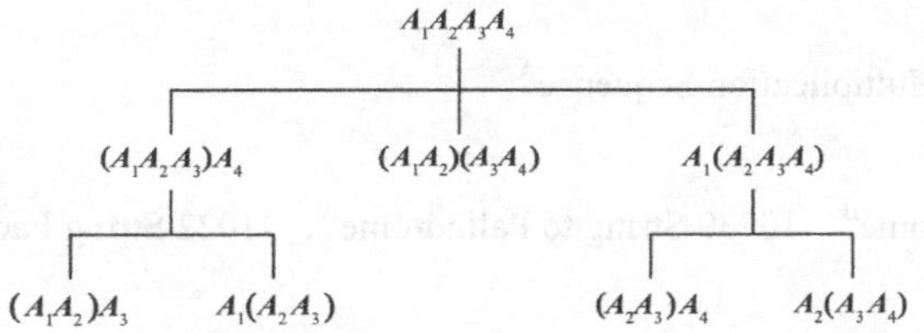

图 4-8　4 个矩阵的链乘法，递归求解时产生了重复计算，其中 A_1A_2，A_2A_3，A_3A_4 均重复计算了两次

因此矩阵链乘法问题存在重复的子问题，而最优子结构和重复子问题正是应用动态规划的标志。根据动态规划的思想，使用表格存储已经计算的值可以解决重复计算子问题，于是可以得到以下实现。

```
const int MAXV = 32, INF = 0x7f7f7f7f;

int di[MAXV];            // 矩阵的维数
int dp[MAXV][MAXV];         // 记录矩阵乘法的最小次数
int path[MAXV][MAXV];  // 记录最小乘法次数时选择的剖分位置以便重建乘法序列

// 初始化动态规划表格，dp[i][j]表示第 i 个至第 j 个矩阵相乘时的最小乘法次数。
// memset(dp, -1, sizeof(dp));

// 采用表格式的动态规划，递归计算矩阵链乘法的最小乘法次数。
int dfs(int i, int j)
{
   if (~dp[i][j]) return dp[i][j];
   dp[i][j] = INF;
   if (i == j) dp[i][j] = 0;
   else {
      for (int k = i; k <= j - 1; k++) {
         int cnt = dfs(i, k) + dfs(k + 1, j) + di[i - 1] * di[k] * di[j];
         if (cnt < dp[i][j]) {
            // 记录具有最小乘法次数的括号位置，以便重建加括号的方法。
            dp[i][j] = cnt;
            path[i][j] = k;
         }
      }
   }
   return dp[i][j];
}
```

在求解问题的同时，可以使用辅助数据结构记录每次选择具有最小次数的乘法时括号的位置，这样可以根据该数据结构重建具有最小乘法次数的加括号方法。

```
void printPath(int i, int j)
{
```

```
        if (i == j) cout << "A" << i;
        else {
            cout << "(";
            printPath(i, path[i][j]);
            cout << " x ";
            printPath(path[i][j] + 1, j);
            cout << ")";
        }
    }
```

从矩阵链乘法的动态规划解法不难看出，区间型动态规划与备忘（记忆化搜索）关系密切。解题的关键是将原始问题的解使用子问题的解来表示，具体就是将原区间划分为不重叠的子区间，对子区间递归进行求解，同时将解使用备忘技巧予以记录以避免重复求解，最后根据各个子区间的解获得上一级区间的最优解。

强化练习

348 Optimal Array Multiplication Sequence[A]。

扩展练习

10453 Make Palindrome[B]，10739 String to Palindrome[A]，11022 String Factoring[C]。

4.5.2 石子合并问题

给定从左到右排列的 n 堆石子，每堆包含 a_i 颗石子，现在可以进行以下操作：任选两堆相邻的石子，将其合并为一堆，得分为原来两堆石子的数量和。持续进行该操作直到所有石子堆合并为一堆，求该过程所得分数之和的最小值。约束：$1 \leqslant n \leqslant 100$，$1 \leqslant a_i \leqslant 10^6$。

举个例子，假设有 3 堆石子，从左到右依次包含 1 颗、2 颗、3 颗石子，那么总共有两种合并方法。第 1 种方法，先合并包含 1 颗、2 颗石子的石子堆，得分为 3，然后再与包含 3 颗石子的石子堆合并，总得分为 9。第 2 种方法，先合并包含 2 颗、3 颗石子的石子堆，得分为 5，然后再与包含 1 颗石子的石子堆合并，总得分为 11。很明显，可能的最低得分为 9。

当 $n \leqslant 2$ 时，属于简单情形，故考虑当 $n \geqslant 3$ 时的处理。将石子堆从左到右依次编号为 $1 \sim n$，假想在每两堆石子间均放置一块隔板，在合并相邻两堆石子的时候，把这块假想的隔板抽掉。不难推知，总共可以放置$(n-1)$块隔板，不妨将其从左到右依次编号为 $1 \sim n-1$。假设按照某种最优策略进行合并，观察石子堆不断合并且只剩下一块隔板时的情形。不妨令这块隔板的编号为 k，不难理解，隔板 k 从最初合并到现在并未被移动。那么，按照最优策略从 n 个石子堆开始合并直到只剩下两个石子堆且这两个石子堆之间的隔板编号为 k 的过程，实际上等价于以下过程：按照最优策略将编号 $1 \sim k$ 的石子堆合并，按照最优策略将编号 $k+1$ 到 $n-1$ 的石子堆合并。如果令 $dp[i][j]$表示将编号 i 至编号 j 的石子堆合并的最小得分值，按照前述的假设，将 n 堆石子进行合并的最小得分值为

$$dp[1][n] = dp[1][k] + dp[k+1][n] + w$$

其中，w 表示将最后两堆石子合并为一堆石子时的得分。不难推知，最后两堆石子中，左侧的这堆石子包含的石子数目为编号 $1 \sim k$（包含 1 和 k）的石子堆的石子数目总和，右侧的这堆石子包含的石子数目为编号 $k+1$ 至编号 n（包含 $k+1$ 和 n）的石子堆的石子数目总和，那么有

$$w = \sum_{i=1}^{k} a_i + \sum_{i=k+1}^{n} a_i = \sum_{i=1}^{n} a_i$$

类似地，$dp[1][k]$的最小值也一定是将编号为 $1 \sim k-1$ 的某块隔板作为最后抽取的隔板而获得的，对于 $dp[k+1][n]$也有类似的结论。不难看出，这是一个递归的过程。由于我们需要知道 k 的具体值才能计算 $dp[1][n]$，但是当前我们并不知道究竟将 $1 \sim n-1$ 的哪块隔板作为最后抽取的隔板才是最优策略，那么，我们可以枚举 k 的值，计算 $dp[1][n]$，然后取所有可能得分值的最优值即可。类似地，我们也可以对 $dp[1][k]$

和 $dp[k+1][n]$ 进行相似的操作。不难理解，由于在这个过程中我们枚举了所有的可能，最后肯定能够得到最优值。可以使用递推关系式表示为

$$dp[i][j]=\min_{i\leqslant k<j}\{dp[i][k]+dp[k+1][j]+w[i][j]\},\quad 1\leqslant i<j\leqslant n$$

其中 $w[i][j]$ 表示编号 i 至编号 j（包含 i 和 j）的石子堆的石子数目总和，边界条件为：$dp[i][i]=0$，$1\leqslant i\leqslant n$。

观察前述的递推关系式，可以看出它是一种自顶向下的动态规划，在枚举 k 值时，会产生重复的状态，即某个状态可能在自顶向下进行分解的过程中多次遇到。回顾 4.2 节所介绍的内容，区间型动态规划往往与备忘密切相关，因此可以结合备忘技巧对求解过程进行加速。另外，由于在求解过程中需要反复求某个区间石子堆的石子数目总和，为了提高效率，不妨定义一个前缀和数组 *sum*，令 $sum[0]=0$，$sum[i]$ 表示编号 0～i 的石子堆的石子数目总和，那么易知

$$w[i][j]=sum[j]-sum[i-1],\quad 1\leqslant i<j\leqslant n$$

则前述的递推关系式等价于[1]

$$dp[i][j]=\min_{i\leqslant k<j}\{dp[i][k]+dp[k+1][j]\}+sum[j]-sum[i-1],\quad 1\leqslant i<j\leqslant n$$

以下是使用自底向上递推和自顶向下递归的参考实现。

```
//--------------------------------4.5.2.1.cpp--------------------------------//
const int MAXN = 110, INF = 0x7f7f7f7f;

int dp[MAXN][MAXN], n, a[MAXN], sum[MAXN] = {0};

int dfs(int i, int j)
{
   if (~dp[i][j]) return dp[i][j];
   if (i == j) return 0;
   int r = INF;
   for (int k = i; k < j; k++)
      r = min(r, dfs(i, k) + dfs(k + 1, j) + sum[j] - sum[i - 1]);
   return dp[i][j] = r;
}

int main(int argc, char *argv[])
{
   bool useBottomUpMethod = true;
   while (cin >> n) {
      for (int i = 1; i <= n; i++) {
         cin >> a[i];
         sum[i] = sum[i - 1] + a[i];
      }
      // 使用自底向上的迭代式递推方法进行求解。
      if (useBottomUpMethod) {
         memset(dp, 0, sizeof(dp));
         for (int L = 2; L <= n; L++)
            for (int i = 1, j = L; j <= n; i++, j++) {
               dp[i][j] = INF;
               for (int k = i; k <= j; k++) {
                  int next = dp[i][k] + dp[k + 1][j] + sum[j] - sum[i - 1];
                  dp[i][j] = min(dp[i][j], next);
               }
            }
         cout << dp[1][n] << '\n';
      }
      // 使用自顶向下的递归结合备忘技巧进行求解。
      else {
         memset(dp, -1, sizeof(dp));
```

[1] 对于具有类似递推关系式的区间型动态规划题目，可以应用一种称之为“四边形不等式优化”的技巧来提高运行效率，但需要使用自底向上的迭代式递推进行求解。具体请参见 4.9.6 小节的内容。

```
            cout << dfs(1, n) << '\n';
        }
    }
    return 0;
}
//-------------------------------4.5.2.1.cpp--------------------------------//
```

不难看出，上述参考实现的时间复杂度为 $O(n^3)$，其中 n 为区间的长度。可以对经典的石子合并问题的条件进行适当改变，从而得到多种变形和扩展问题。

（1）如果不限定只能合并相邻堆的石子，而是可以任意选择两堆石子进行合并，求所能得到的最低得分。可以按照一种贪心策略来进行操作，即每次合并时，都选择具有最少石子数量的那两堆石子进行合并。可以证明，该种策略是一种最优策略，能够获得最低得分[1]。

（2）在前述的石子合并问题中，石子是从左至右排列成直线的，一般称之为线性区间动态规划。在区间型动态规划中有一种特殊的类型，其给定的区间构成一个首尾相连的环，称之为环形区间动态规划。在求解此类环形区间动态规划问题时，可以任意选择环形区间上的某个点 q_i 将其断开，使得环形区间变为线性区间 $Q=q_{i+1}\cdots q_nq_1\cdots q_i$，然后将整个区间 Q 附加在原区间末尾 q_i，使得区间成为原始区间的两倍，即 $Q'=QQ=q_{i+1}\cdots q_nq_1\cdots q_iq_{i+1}\cdots q_nq_1\cdots q_i$，再对 Q' 重新编号得 $Q''=q_1\cdots q_nq_{n+1}\cdots q_{2n}$，这样即可使用常规的线性区间型动态规划算法进行求解而不会导致遗漏某个区间。

以石子合并问题为例，假设石子堆围绕着一个圆环排列，即编号为 1 的石子堆和编号为 n 的石子堆相邻，试确定此种情况下的最优得分值。那么按照断环为链的思路，可以得到以下参考实现代码。

```
//-------------------------------4.5.2.2.cpp--------------------------------//
const int MAXN = 210, INF = 0x7f7f7f7f;

int dp[MAXN][MAXN], n, a[MAXN], sum[MAXN] = {0};

int dfs(int i, int j)
{
    if (~dp[i][j]) return dp[i][j];
    if (i == j) return 0;
    int r = INF;
    for (int k = i; k < j; k++)
        r = min(r, dfs(i, k) + dfs(k + 1, j) + sum[j] - sum[i - 1]);
    return dp[i][j] = r;
}

int main(int argc, char *argv[])
{
    while (cin >> n) {
        for (int i = 1; i <= n; i++) {
            cin >> a[i];
            sum[i] = sum[i - 1] + a[i];
        }
        for (int i = 1; i <= n; i++) {
            a[n + i] = a[i];
            sum[n + i] = sum[n + i - 1] + a[n + i];
        }
        memset(dp, -1, sizeof(dp));
        int r = INF;
        for (int i = 1; i <= n; i++)
            r = min(r, dfs(i, n + i - 1));
        cout << r << '\n';
    }
    return 0;
}
//-------------------------------4.5.2.2.cpp--------------------------------//
```

[1] 在此种限制下，最优策略与霍夫曼编码的生成过程类似。请参见 4.11.4 节的内容。

可以看到，程序结构与线性区间动态规划差别不大。使用备忘技巧可以利用之前的计算结果使得效率更高，而不是每次都在新的区间上重新计算。

（3）如果在合并过程中，相邻两堆石子在合并时必须满足某种特定的条件（例如，要求相邻两堆石子的数目必须互质），而且会将合并后的石子堆移走，则在问题处理上有所差别。在典型的石子合并问题中，被合并的石子不会被移除，因此只需考虑边界的左端和右端即可，但是在当前限制下，如果选择两个满足条件的相邻石子堆进行操作后，它们将被移除。更为棘手的是如何处理以下情形：两个不相邻但满足条件的石子堆也可以被移除，只要这两个石子堆之间所包含的那部分石子堆能够被全部移除。那么，似乎就需要枚举区间$[i, j]$内所有可能的满足条件的石子堆进行移除以获得最优值。令$a[i]$表示编号为i的石子堆的石子数目，$dp[i][j]$表示区间$[i, j]$的最优得分值。假设当前编号为s和t的石子堆满足条件，为了能够将编号为s和t的石子堆移除，需要检查编号在区间$[s + 1, t - 1]$内的这部分石子堆是否可能被完全移除。为了便于判断，可以先构建前缀和数组sum，即将所有石子堆按照从左到右的顺序，从1开始编号，令$sum[i]$表示前i个石子堆石子数的总和，其中$sum[0] = 0$。那么检查区间$[s + 1, t - 1]$这部分是否可能被完全移除，只需检查$dp[s + 1][t - 1]$是否等于$sum[t - 1] - sum[s]$，即区间$[s + 1, t - 1]$的最优值能否达到此区间所有石子堆的石子数目总和。如果能够达到，则编号为s和t的石子堆能够被移除。因此可以得到以下递推关系式

$$dp[i][j] = \max_{1 \leqslant i < j \leqslant n,\, i \leqslant s < t \leqslant j} \{dp[i][s-1] + a[s] + dp[s+1][t-1] + a[t] + dp[t+1][j]\}$$

$$\gcd(a[s], a[t]) = 1$$

$$dp[s+1][t-1] = sum[t-1] - sum[s]$$

且有边界条件：当$i \geqslant j$时，$dp[i][j] = 0$。根据上述递推关系式，可以得到以下参考实现。

```
//--------------------------------4.5.2.3.cpp--------------------------------//
const int MAXV = 110;

int n, sum[MAXV] = {0}, possible[MAXV][MAXV];
int stones[MAXV], dp[MAXV][MAXV];

int dfs(int i, int j)
{
    if (i >= j) return 0;
    if (~dp[i][j]) return dp[i][j];
    int r = 0;
    for (int s = i; s < j; s++)
        for (int t = s + 1; t <= j; t++)
            if (possible[s][t])
            {
                int erased = dfs(s + 1, t - 1);
                if (erased == sum[t - 1] - sum[s])
                {
                    erased += dfs(i, t - 1);
                    erased += dfs(s + 1, j);
                    erased += a[s] + a[t];
                    r = max(r, erased);
                }
            }
    return dp[i][j] = r;
}

int main(int argc, char *argv[])
{
    cin >> n;
    for (int i = 1; i <= n; i++) {
        cin >> a[i];
        sum[i] = sum[i - 1] + a[i];
    }
```

```
    memset(possible, 0, sizeof possible);
    for (int i = 1; i <= n; i++)
        for (int j = i + 1; j <= n; j++)
            if (__gcd(a[i], a[j]) == 1)
                possible[i][j] = 1;
    memset(dp, -1, sizeof dp);
    cout << dfs(1, n) << '\n';

    return 0;
}
//-------------------------------4.5.2.3.cpp-------------------------------//
```

不难看出，上述实现的时间复杂度是 $O(n^4)$，效率较低。从递推关系式来看，不满足应用四边形不等式优化的条件，想从此处着手似乎行不通[1]。因为是区间型动态规划，左右两个端点占据了状态的两个维度，只能考虑从切分点的选择这个地方来尝试降低状态维度了。进一步考虑，对于给定的某个区间$[i, j]$来说，如果编号为 i 和 j 的石子堆满足移除的条件，那么只存在两种情况：一种是编号在区间$[i+1, j-1]$内的石子堆能够被全部移除，那么编号为 i 和 j 的石子堆就能够移除，一种是编号在区间$[i+1, j-1]$内的石子堆不能被移除，那么编号为 i 和 j 的石子堆就不可能移除。对于区间$[i+1, j-1]$内石子堆不能被全部移除的这种情况来说，只可能在$[i+1, j-1]$中去寻找某个石子堆作为切分点，检查切分成的两部分的最优值之和是否更优，这种情况对编号为 i 和 j 的石子堆是否能够被移除已经不会构成影响。这意味着可以将其分成两种情况进行处理。一种是中间包含的部分能够被全部移除，另一种是中间包含的部分不能被全部移除，对于不能全部移除的情形则继续枚举可能的切分点，类似于经典石子合并问题中的处理方法。

因此递推关系可以更改为

$$dp[i][j]=\begin{cases} dp[i+1][j-1]+a[i]+a[j], & dp[i+1][j-1]=sum[j-1][i] \\ \max\limits_{i\leqslant k<j}\{dp[i][k]+dp[k+1][j]\}, & dp[i+1][j-1]\neq sum[j-1][i] \end{cases}$$

其中 $1\leqslant i<j\leqslant n$。

根据上述递推关系式，进而有以下的时间复杂度为 $O(n^3)$的优化实现。

```
//-------------------------------4.5.2.4.cpp-------------------------------//
int dfs(int i, int j)
{
    if (i >= j) return 0;
    if (~dp[i][j]) return dp[i][j];
    if (possible[i][j]) {
        int erased = dfs(i + 1, j - 1);
        if (erased == sum[j - 1] - sum[i])
            return dp[i][j] = erased + a[i] + a[j];
    }
    int r = 0;
    for (int k = i; k < j; k++)
        r = max(r, dfs(i, k) + dfs(k + 1, j));
    return dp[i][j] = r;
}
//-------------------------------4.5.2.4.cpp-------------------------------//
```

10891 Game of Sum[A]（取数游戏）

给定一个包含 n 个整数的序列，玩家 A 和 B 轮流从该序列中取数。每名玩家可以从序列的左端（或者右端）开始取至少一个数，但不能从两端同时取。在取数时，只能从某一端取序列中的连续个整数，不能跳过序列中的某个数不取而取下一个整数。当序列中的所有数被取尽后游戏结束。每名玩家的游戏得分为所取数的和，游戏的目标是尽可能使得己方所取数的和较对方更大，从而得分更多。假如两名玩家均采取

[1] 参见 4.9.6 小节中的内容。

最优的游戏策略，且玩家 A 先开始取数，则最终玩家 A 可以比玩家 B 多得多少分？

输入

输入包含多组测试数据，每组测试数据的第 1 行为一个整数 n（$0<n\leqslant100$），表示序列中所包含的整数个数，接着一行给出 n 个整数。输入以 $n=0$ 结束。

输出

对于每组测试数据，输出一个整数，表示双方玩家均采用最优策略后，第 1 名玩家所能获得的分数和第 2 名玩家获得分数的最大可能差值。

样例输入

```
4
4 -10 -20 7
4
1 2 3 4
0
```

样例输出

```
7
10
```

分析

假设序列为

$$x_1, x_2, x_3, \cdots, x_{n-1}, x_n$$

令 x_i～x_j 之间（包括 x_i 和 x_j，$1\leqslant i\leqslant j\leqslant n$）的数的和为 $s[i][j]$，并设 $dp[i][j]$是某个玩家在区间$[i,j]$所能取到的最大和，则 $s[i][j]-dp[i][j]$是另外一个玩家在前一个玩家取到最大和的情况下所能取的整数和，则题目所求为 $dp[1][n]$。由于是玩家 A 先取数，则玩家 A 可以从序列的左端（或右端）取走任意连续个整数，不妨设其从左端开始取走了 x_i～x_k 之间的数（$1\leqslant i\leqslant k\leqslant j\leqslant n$），其和为 $s[i][k]$。此时序列变成

$$x_{k+1}, \cdots, x_{j-1}, x_j$$

接着轮到玩家 B 取数，由于双方玩家均采取最佳游戏策略，则此时玩家 B 能够取到的最大和为 $dp[k+1][j]$，对应的玩家 A 所能取到的剩余最大整数和为 $s[k+1][j]-dp[k+1][j]$，为了使得玩家 A 所取的总和尽可能的大，则应该使 $s[i][k]+s[k+1][j]-dp[k+1][j]=s[i][j]-dp[k+1][j]$尽可能地大。同理，当玩家 A 从右端开始取走了 x_k～x_j 之间的数（$1\leqslant i\leqslant k\leqslant j\leqslant n$）时，应该使得 $s[k][j]+s[i][k-1]-dp[i][k-1]=s[i][j]-dp[i][k-1]$尽可能大。因此递推关系式为

$$dp[i][j]=\max\{s[i][j]-dp[i][k-1], s[i][j]-dp[k+1][j]\},\quad i\leqslant k\leqslant j$$

为了避免反复求区间$[i, j]$的整数和，可预先将序列的前 i 项求和，令其为 $a[i]$，则区间$[i, j]$的整数和 $s[i][j]=a[j]-a[i-1]$，其中 $1\leqslant i\leqslant j\leqslant n$，$a[0]=0$。

10559 Blocks[C]（方块）

你可能玩过一种被称为“方块（Blocks）”的游戏。给定 n 个排成一列的方块，每个方块都涂有某种颜色。例如以下 9 个方块：金色、银色、银色、银色、银色、古铜色、古铜色、古铜色、金色，如图 4-9 所示。

图 4-9　方块

如果相邻连续几个方块都具有相同的颜色，而且在其左侧（如果存在）和右侧（如果存在）的方块具有不一样的颜色，我们将其称为“方块区段”。图 4-9 所示的方块构成了 4 个方块区段，它们依次是：金色方块区段、银色方块区段、古铜色方块区段，金色方块区段。每个方块区段依次包含 1 个、4 个、3 个、1 个方块。

每次你可以点击一个方块，这将使得包含该方块的某个方块区段消失。如果该方块区段包含 k 个方块，你将获得 $k\times k$ 的积分。例如，当你点击银色方块时，银色方块区段将会消失，你将获得 $4\times4=16$ 的积分。

图 4-10 示例了前述给定的游戏的两种可能的玩法，其中第 1 种玩法是最优的，最高得分为 29 分。

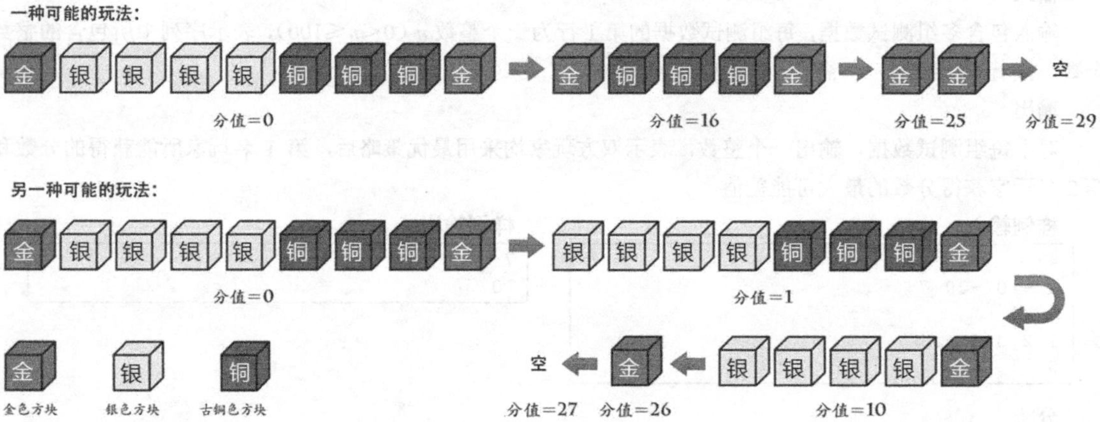

图 4-10　方块游戏

给定初始的游戏状态，确定你能够得到的最高积分。

输入

输入的第 1 行是 1 个数值 t（$1 \leqslant t \leqslant 15$），表示测试数据的组数。每组测试数据包含两行，第 1 行包含 1 个整数 n（$1 \leqslant n \leqslant 15$），表示方块的数目。第 2 行包含 n 个整数，表示每个方块的颜色，表示颜色的整数为不大于 n 的正整数。

输出

对于每组测试数据，输出测试数据的组数及可能的最高得分。

样例输入

```
2
9
1  2  2  2  2  3  3  3  1
1
1
```

样例输出

```
Case 1: 29
Case 2: 1
```

分析

由于是多个相同颜色的方块排在一起，为了便于处理，不妨将连续的相同颜色方块看做一个假想的石子堆，该石子堆不仅具有数量还具有颜色。在此题背景下，石子堆可以被移除，计分方式也发生了改变，每次移除石子堆的得分为石子数目的平方。那么是否可以沿用之前介绍的处理石子合并问题的变形的思路呢？答案是否定的。如果按照前述介绍的思路进行处理，无法解决如下的状态：

```
1
6
1 2 1 1 2 1
```

由于可以先将颜色为 2 的方块消除，然后再将 4 个颜色为 1 的方块整体消除，最高得分为 18 分。而使用之前介绍的思路进行处理，只能找到这样的最优策略：先将中间两个颜色为 1 的方块消除，得分为 4，然后再将两个颜色为 2 的方块消除，总得分为 8，最后将剩下的两个颜色为 1 的方块消除，总得分为 12 分。动态规划状态设计是否正确，评判的一个重要指标就是分解成的子问题是否产生遗漏。若发生遗漏，就有可能使最后的结果不是最优解。由于当前的解题思路无法产生这样的子状态——先将两个颜色为 2 的方块消除后剩下 4 个颜色为 1 的连续方块，因此是无法正确工作的状态设计。是否能够对状态进行修改以便其能表示所有可能的状态呢？答案是肯定的。考虑给定的某个方块序列，对于最右侧的方块区段来说，它要么被消除，要么等待某个时刻和左侧相同颜色的方块连接起来组成一个更长的方块区段后再消除（与不同颜色的方块区段无法合并，因此不会影响得分），这两种情况必占其一，因此通过“最右侧的方块区段是否立即消除”来构建新的状态可以保证不会遗漏子状态。我们可以重新定义状态，令 $dp[i][j][k]$表示在区间$[i, j]$

右侧还有 k 个与方块区段 j 的颜色相同的方块时的最大得分，$clr[i]$表示编号为 i 的方块区段的颜色，$cnt[i]$表示编号为 i 的方块区段所包含的方块数目。那么，如果选择将右侧的方块移除，则得分为

$$dp[i][j][k]=dp[i][j-1][0]+(cnt[j]+k)^2$$

如果选择先不移除右侧的方块区段，那么可以往 j 的左侧寻找这样的一个方块区段 q，方块区段 q 的颜色与方块区段 j 的颜色相同，但方块区段 $q+1$ 的颜色与方块区段 j 的颜色不同，通过移除多个方块区段$[q+1, j-1]$，可以使得右侧尚未移除的方块区段 j 及 k 个与方块区段 j 同样的方块，能够以一个整体的形式附加在方块区段 q 的右侧，构成一个更长的方块区段，以便后续的消除。在此种情况下，有

$$dp[i][j][k]=\max_{i\leqslant q<j}\{dp[i][q][cnt[j]+k]+dp[q+1][j-1][0], clr[q]=clr[j]\text{且}clr[q+1]\neq clr[j]\}$$

综合两种情形，不难得到

$$dp[i][j][k]=\max\left\{dp[i][j-1][0]+(cnt[j]+k)^2, \max_{i\leqslant q<j}\{dp[i][q][cnt[j]+k]+dp[q+1][j-1][0], clr[q]=clr[j], clr[q+1]\neq clr[j]\}\right\}$$

边界条件：$dp[i][i]=(cnt[i])^2$；当 $i>j$ 时，$dp[i][j]=0$。根据上述递推关系式，结合备忘技巧解题即可。

强化练习

1211 Atomic Car Race^D，10201 Adventures in Moving: Part IV^B，10688 The Poor Giant^C，10954 Add All^A。

扩展练习

662 Fast Food^C，970 Particles^D。

提示

对于 10688 The Poor Giant，截至 2020 年 1 月 1 日，本题的描述仍存在细微错误，可能会造成解题者困扰。出题者的本意：使用一种最优的试吃苹果顺序策略，对于甜苹果所在位置的所有可能情形，确定所吃苹果的最小总重量。本题不要求确定具体的策略，而是要求确定最小总重量。对于 $n=4$，$k=0$ 的情形，最优的策略是先吃苹果#1，然后再吃苹果#3。根据题意，可以如下计算所需要吃掉苹果的总重量：（1）苹果#1 是甜的，需要吃掉的苹果重量为 1；（2）苹果#2 是甜的，在吃掉苹果#1 后并不能确定哪个苹果是甜的，还需要把苹果#3 吃掉，由于苹果#2 是甜的，按题意限制苹果#3 是酸的，吃掉苹果#3 后可反推出苹果#2 是甜的，因此总共需要吃掉的苹果重量为 4；（3）苹果#3 是甜的，需要吃掉苹果#1 后再吃掉苹果#3，总共需要吃掉的苹果重量为 4；（4）苹果#4 是甜的，吃掉苹果#1 之后需要吃掉苹果#3，由苹果#3 的味道是苦的可以推知苹果#4 是甜的，总共需要吃掉的苹果重量为 4。这样所有情形需要吃掉的苹果总重量为：$1+4+4+4=13$，比先吃苹果#2 再吃苹果#2 的策略所得到的总重量 14 要少。题目描述中的 $1+3+3+3=13$ 显然是错误的。

4.6 图论型动态规划

图论型动态规划是指以图为背景的动态规划。在第 3 章中，介绍了求单源最短路径的 Moore-Dijkstra 算法及求所有顶点对之间最短距离的 Floyd-Warshall 算法，这两种算法本质上都是动态规划思想在图上的应用。对于一般的动态规划问题，如果将状态视为图的一个顶点，则最终都可以将问题建模为一个有向无圈图，各个状态根据递推关系式在顶点之间转移，顶点之间的边权就是状态转移的代价。从这个角度来说，动态规划算法的实质就是在一个有向无圈图上求函数最优值的过程，并且在此过程中加入了“备忘”技巧以避免重复计算[1]。

一般来说，为了增加问题的挑战性，在竞赛中与图论相关的动态规划题目大多给出的是隐式图，需要解题者根据题目约束构建相应的显式图以进一步求解（有时可能并不需要显式地将图予以表示）。隐式图所

[1] 在 4.3 节中介绍了松弛技术在图论算法中的应用。松弛技术和动态规划关系密切。

对应的可能是无向图，也可能是有向图，具体由题目的约束条件所决定。其中较为常见的一类题目是以网格为背景来设置约束条件，因为网格本身就是一种比较特殊的图。如果将网格中的单个方格视为图的顶点，按照行走方式的限制，若从某个方格只能朝上、下、左、右 4 个方向移动，则每个顶点和其他顶点之间至多存在 4 条边，若能够沿对角线行走，则最多存在 8 条边。

116 Unidirectional TSP[A]（单向旅行商问题）

给定一个 $m \times n$ 的数字矩阵，编写程序找出一条从左至右走过矩阵且权和最小的路径。一条路径可以从数字矩阵第 1 列的任意位置出发，到达第 n 列的任意位置结束。从第 i 列的某行（沿水平或者 45°斜线）走到第$(i+1)$列的某行视为移动一步。第一行和最后一行看作是相邻的，即你应当把这个矩阵想象成是一个沿着水平方向卷起来的圆筒，如图 4-11 所示是合法的走法。

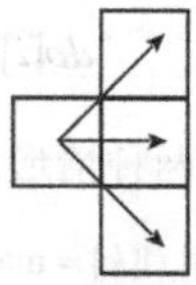

图 4-11　单向旅行商问题的合法走法

路径的权和为所有经过的 n 个方格中整数的和。两个略有不同的 5 × 6 矩阵（只有矩阵中最下面一行的数不同）的最小权和路径如图 4-12 所示。右侧矩阵的最小权和路径利用了第一行与最后一行相邻的性质。

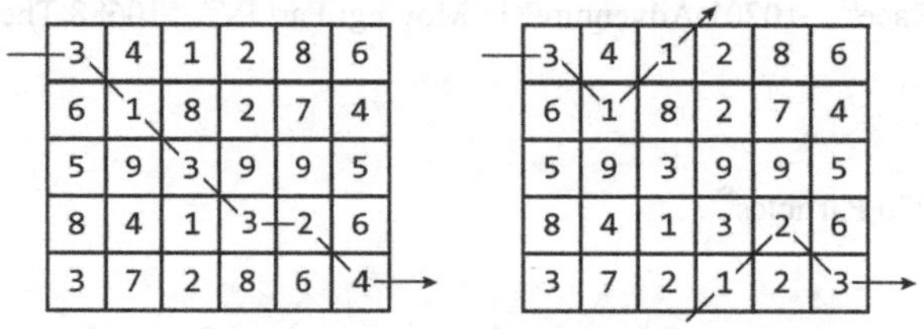

图 4-12　两个略有不同的 5 × 6 矩阵的最小树和路径

输入

输入包含多个矩阵。每个矩阵描述的第 1 行为两个数 m 和 n，分别表示矩阵的行数和列数。接下来的 $m \times n$ 个整数按行优先的顺序排列，即前 n 个数组成第 1 行，接下来 n 个数组成第 2 行，依此类推。相邻整数间用一个或多个空格隔开。注意，给定数据可能包含负整数。输入中可能有一个或多个矩阵描述，直到输入结束。每个矩阵的行数在 1～10 之间，列数在 1～100 之间。路径的权和不会超过 30 位二进制数所能表示的范围。

输出

对每个矩阵输出两行。第 1 行为具有最小权和的路径，第 2 行为该路径的权和。路径由 n 个整数组成（相邻整数间用一个空格隔开），表示路径经过的行号。如果权和最小的路径不止一条，输出字典序最小的一条。

样例输入

```
5 6
3 4 1 2 8 6
6 1 8 2 7 4
5 9 3 9 9 5
8 4 1 3 2 6
3 7 2 8 6 4
```

样例输出

```
1 2 3 4 4 5
16
```

分析

由于在右侧一列的每个方格只能接受来自其左上方、左方、左下方的方格所走过来的路线，若选择这 3 条路线中权和最小的路线，则加上右侧的“当前方格”本身的权值，路线的总权和对于到达“当前方格”的路径来说，其权和仍然是当前最优的，因此问题具有最优子结构和重叠子问题的性质。令 $M(i, j)$表示第 i 行第 j 列的方格所能得到的最小权值，$g[i][j]$表示第 i 行第 j 列的方格中的元素值（行和列计数均从 0 开始），则有以下递推关系式

$$\begin{cases} M(i, j) = g[i][j] + p(i, j) \\ p(i, j) = \min\{M((i-1+m)\%m, j-1), M(i, j-1), M((i+1)\%m, j-1\} \end{cases}$$

其中 $0 \leqslant i < m, 0 < j < n$。

由于题目附加了额外限制——第一行和最后一行“相邻”且有多种解时输出字典序最小的路径，因此需要注意递推方向的选择。如果从左往右进行递推，在确定了最后一列方格的最小权和后，如果从中选取具有最小权和且行号最小的某一行，这并不能保证输出的一定是字典序最小的路径。例如，给定以下测试数据：

```
7 7
1 1 1 9 9 9 9
9 9 9 9 9 1 1
9 9 9 9 1 9 9
9 9 9 1 9 9 9
9 9 1 9 9 9 9
1 1 9 9 9 9 9
9 9 9 1 1 1 1
```

如果按照从左至右的方向进行递推，并以最后一列具有最小权和且行号最小的“某一行”为准，会得到以下解：

```
6 6 5 4 3 2 2
7
```

这显然是不正确的。而从右往左进行递推，在选择具有最小权和方格的基础上，同时选择最小的行号以保证字典序，则能够得到符合题意的输出。因为在递推结束时，位于第 1 列，此时选择具有最小权和且行号最小的行，必定是满足题意要求的。由此可以得到正确的解：

```
1 1 1 7 7 7 7
7
```

1600 Patrol Robot[C]（巡逻机器人）

一个机器人需要围绕某个尺寸为 $m \times n$ 网格（即 m 行 n 列，在为行和列计数时，行号为 1～m，列号为 1～n）的矩形区域进行巡逻。单元格(i, j)表示网格中位于第 i 行第 j 列的方格。每一步，机器人只能从一个单元格移动到相邻的单元格中，例如，从单元格(x, y)移动到单元格$(x+1, y)$, $(x, y+1)$, $(x-1, y)$, $(x, y-1)$之中的某一个。某些单元格可能包含障碍。为了移动到包含障碍的单元格中，机器人需要切换到“高速模式”，而在“高速模式”下，机器人连续经过的障碍数量不能超过 k 个。你的任务是编写程序，寻找从单元格$(1, 1)$出发到达单元格(m, n)的最短路径（经过最少数量方格的路径），你可以假定出发单元格和终止单元格均不包含障碍。

输入

输入包含多组测试数据。输入的第一行包含一个不大于 20 的正整数，表示测试数据的组数。每组测试数据的格式描述如下。对于每组测试数据，第 1 行包含两个由空格分开的正整数 m 和 n（$1 \leqslant m$，$n \leqslant 20$），第 2 行包含一个整数 $k(0 \leqslant k \leqslant 20)$，在接下来的 m 行中，第 i 行包含 n 个由空格分隔的整数 a_{ij}（$i = 1, 2, \cdots, m$；$j = 1, 2, \cdots, n$），如果单元格(i, j)包含障碍，则 a_{ij} 为 1，否则为 0。

输出

对于每组测试数据，假如存在从单元格$(1, 1)$到达单元格(m, n)的路径，输出整数 s，表示机器人需要移动的最少步数，否则输出`-1`。

样例输入

```
3
2 5
0
0 1 0 0 0
0 0 0 1 0
4 6
1
0 1 1 0 0 0
0 0 1 0 1 1
0 1 1 1 1 0
0 1 1 1 0 0
2 2
0
0 1
1 0
```

样例输出

```
7
10
-1
```

分析

网格是一种特殊的图，可以将单元格视为图的顶点从而得到显式的图表示。按题目条件约束，机器人可以往上、下、左、右 4 个方向移动，则图中的顶点至多有 4 条无向边与其他顶点连接（处于边界的单元格所对应的顶点只有 3 条或者两条无向边与其他顶点相连）。从起始顶点出发，令到达的顶点为 u，与 u 邻接的顶点为 v，那么可以容易理解：到达顶点 u 的最短路径必定经过 u 的某个邻接顶点 v。也就是说，到达顶点 v 的最短路径的最优值再增加一步即为到达顶点 u 的最短路径。换句话说，最短路径问题符合动态规划的最优化原则。由于机器人连续经过的障碍数不能超过 k 个，那么还需要为最短路径的状态增加一个参数 z 来表示到达某个单元格时已经连续经过的障碍数目。令 $d[x][y][z]$为到达单元格(x, y)且已经连续经过 z 个障碍时的最短路径，那么递推关系式为

$$d[x][y][z] = \min\{d[x_0][y_0][z_0]\}$$

约束条件为

$$1 \leqslant x_0, x \leqslant m;\quad 1 \leqslant y_0, y \leqslant n;\quad 0 \leqslant z_0, z \leqslant k;\quad z = a_{x_2y_2} \times (z_0 + 1);\quad |x_0 - x| + |y_0 - y| = 1$$

其中的约束条件

$$z = a_{x_2y_2} \times (z_0 + 1)$$

利用了一个小技巧，其含义如下：$z_0 + 1$ 表示将此前经过的障碍数增加 1，若当前方格包含障碍，则 $a_{x_2y_2}$ 为 1，两者相乘即为当前总共已经经过的障碍数；若当前方格不包含障碍，则 $a_{x_2y_2}$ 为 0，两者相乘为 0，当前经过的障碍数重置为 0。

当机器人到达目标单元格(m, n)时，可能已经连续经过了 $0, 1, \cdots, k$ 个障碍，因此最短路径为

$$s = \min\{d[m][n][z_0], 0 \leqslant z_0 \leqslant k\}$$

具体实现时可以使用 BFS 来进行最短路径的更新。

强化练习

590 Always on the Run[B]，10047 The Monocycle[B]，10702 Travelling Salesman[B]，10913 Walking on a Grid[C]。

扩展练习

976 Bridge Building[D]，1399 Puzzle[E]，11545 Avoiding Jungle in the Dark[D]，12030 Help the Winner[D]。

提示

1399 Puzzle 中，使用 Aho-Corasick 算法对所有模式建立转移图，其中与输出函数相关联的结点为禁止结点，问题转化为从初始状态出发，沿着转移图寻找一条不经过禁止结点的最长路径。如果转移图中出现圈则表明可以构造任意长度且不包含给定模式的字符串。注意，使用 Aho-Corasick 算法根据所有模式构建的转移图只是初步的有向图，从转移图中的某个状态出发，有些边并未指向其他状态，需要为这些边指定后续的转移状态，以便构成完整的状态转移图。之所以需要这样做是因为构建字符串时所使用的字符在给定模式中可能并不存在，如果不为转移图中的这些边指定后继状态很可能会出现“漏掉”某些解的情况，从而导致得到的解并不是最优解。由于转移图中状态数量可能较大，在动态规划中需要结合备忘技巧解题，否则容易超时。

11545 Avoiding Jungle in the Dark 可结合备忘技巧解题。使用 3 个参数来表示状态：当前所处位置 p，已经行走的小时数 h，当前时间 t。为了便于判断是否满足题目的约束条件，在动态规划时可以每次只向右侧走一格。

12030 Help the Winner 可以转化为隐式有向图的路径计数问题。恰当的定义状态（已经匹配的服装，当前匹配的服装，是超级匹配还是完全匹配）是关键，同时需要结合备忘技巧、位掩码技巧（状态压缩）进行解题。

4.6.1 路径计数

给定如图 4-13 所示的网格，以左下角 S 为起点，右上角 E 为终点，规定只能向上或者向右行走，试确定 $S \sim E$ 的不同路径计数。

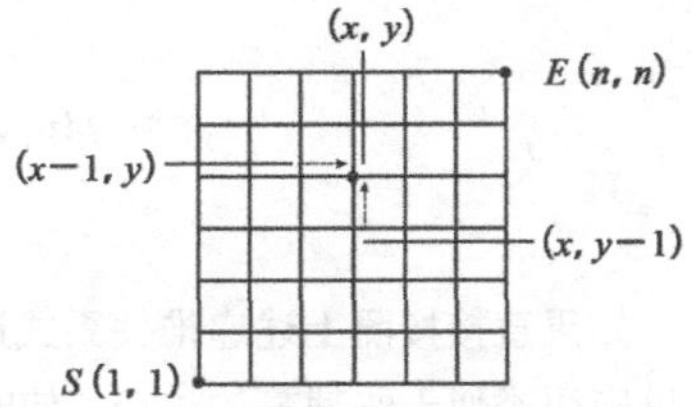

图 4-13 从网格的左下角 S 按照指定规则（只能向上或者向右，不能走对角线）走到右上角 E 的不同路径计数

令 $path(x, y)$ 表示从左下角格点 S 到达任意格点 (x, y) 的不同路径数，由于每个点只能接受来自左方或者下方的路径，可以得到递推关系

$$path(x, y) = path(x-1, y) + path(x, y-1)$$

对于左边界和下边界上的格点，它们只能接受来自下方或者左方的路径。如果题目中加以额外限制——在格点的左侧或下方有障碍不能通过时相应方向的路径数计为 0，那么，与正交范围查询的思路类似，可以使用行优先顺序从网格的左下角开始填充路径计数矩阵，从而进一步计算路径计数。

类似地，在图论中有一类问题称为路径计数问题。此类问题要求确定从图中的某个顶点到达另外一个顶点的不同有向（最短）路径数量，两条路径若至少有一条边不同则认为是不同的路径。对于有向图来说，题目给定的条件一般是无圈图，要求确定不同的有向路径数，对于无向图，一般是要求确定给定的两个顶点间的不同最短路径数。对于此类问题，可以使用前述介绍的在网格上进行路径计数的方法予以解决。具体来说，就是沿着构建的有（无）向图，经过顶点 u 的不同有向（最短）路径数等于经过其子顶点的 v 的不同有向（最短）路径数之和，即

$$path(v) = \sum_{(u,v)\in E}^{u} path(u)$$

在实际求解时，需要应用备忘技巧来提高效率。

强化练习

825 Walking on the Safe Side[A]，926 Walking Around Wisely[C]，10564 Paths Through the Hourglass[C]，11067 Little Red Riding Hood[C]，11133 Eigensequence[D]。

扩展练习

910 TV Game[C]，950 Tweedle Numbers[E]，10401 Injured Queen Problem[B]，10917 A Walk Through the Forest[C]，11125 Arrange Some Marbles[D]，11432 Busy Programmer[D]，11487 Gathering Food[D]，11655 Water Land[D]，11957 Checkers[C]。

提示

对于 10401 Injured Queen Problem，截至 2020 年 1 月 1 日，UVa OJ 上的评测输入与题目描述不严格相符，输入中可能包含空行，需要忽略这些空行才能获得通过。

11125 Arrange Some Marbles 的测试数据组数较多，需要优化状态表示，否则容易超时。可以应用状态压缩技巧以提高效率。注意边界测试数据的处理，例如测试数据 3 0 2 0。

11432 Busy Programmer 的时间限制较为严格，需要优化状态表示和初始化环节，否则容易超时。由于题目输入范围不大，亦可预先生成所有结果，使用“打表”的方式进行提交。

11487 Gathering Food 的题目描述有两处容易导致误解：（1）每组测试输入的网格大小为 $N \times N$，但并不表明其中包含的表示食物的字母也只有 N 个；（2）当 Yogi 站在有食物的方格上时，它必须将食物拾取，也就是说，为了完成按序拾取食物的目的，在中途它要避开某些不是当前需要拾取的食物方格，例如有食物 A、B、C，在拾取 A 后，继续拾取 B，在此过程中不能经过包含 C 的方格，否则会先拾取 C，不符合要求。此题将无向图的最短路径问题和路径计数问题予以综合，有一定难度。

给定一个有向无圈图 D，试确定从指定顶点 u 开始到达顶点 v 长度为 k 的不同路径计数。令 $f(u, v, k)$ 表

示 D 中从顶点 u 到顶点 v 长度为 k 的不同路径计数，w 为某个中间顶点，根据路径的性质，可以得到以下递推关系式

$$f(u,v,k)=\begin{cases}1, & 若u=v且k=0\\ 0, & 若u\neq v且k=0\\ \sum\limits_{(w,v)\in E} f(u,w,k-1), & k\geqslant 1\end{cases}$$

如果直接按照上述递推关系式进行计算，则由于存在递归，时间复杂度为 $O(k|V|^3)$。为了加快求解速度，可以应用类似于快速幂的技巧，使时间复杂度下降到 $O(|V|^3\log k)$。令 A 和 B 均为 $|V|\times|V|$ 的矩阵，$A[i][j]$ 表示图 D 中从顶点 i 到顶点 j 长度为 k 的不同路径计数，$B[i][j]$ 表示图 D 中从顶点 i 到顶点 j 长度为 $k+1$ 的不同路径计数，M 为有向图 D 的邻接矩阵，有

$$B=A\times M=M^k$$

使用矩阵快速幂技巧，可以先递归计算 $M^{k/2}$，然后相乘得到 M^k。

扩展练习

11486 Finding Paths in Grid[D]。

4.6.2 树形动态规划

由于树结构的特殊性，可以很方便地应用动态规划的思维——父结点的最优值取决于其子结点的最优值，令 $dp[u]$ 表示结点 u 的最优值，$w[u]$ 表示选择结点 u 的代价，那么树形动态规划的递推关系式一般为

$$dp[u]=\max_{parent[v]=u}\{dp[v]\}+w[u] \quad 或 \quad dp[u]=\min_{parent[v]=u}\{dp[v]\}+w[u]$$

对于简单类型的树形动态规划，结合基本的递推关系式和相应的约束条件，一般都能够顺利解决。

强化练习

12186 Another Crisis[C]。

扩展练习

1222 Bribing FIPA[D]，11307 Alternative Arborescence[D]，11782 Optimal Cut[D]。

提示

1222 Bribing FIPA 可以转化为 01 背包问题。在状态递推时有如下限制：树中的结点不能更新其子孙结点的状态，只能更新非子孙结点的状态。可以通过并查集来判定某个结点是否为当前结点的子孙结点。

11307 Alternative Arborescence 为树的着色和问题，可以使用动态规划解决。本题存在复杂度为 $O(n)$ 的算法[70]。

11782 Optimal Cut 可以结合备忘技巧解题。使用两个参数来表示状态：当前结点的序号，以当前结点为根的子树其最优割至多包含的结点数。对于每个结点，要么选择该结点，要么选择其左右子树，如果选择左右子树，则左右子树各自的最优割所包含的结点数之和不超过 k（$k\leqslant K$），逐一枚举所有情形取最大值即可。

对于一般图来说，最小点支配、最小点覆盖、最大点独立均为 NP 问题，无有效算法，但是对于树这种特殊类型的图，存在有效的动态规划算法。

最小点支配

对于图 $G=(V,E)$，从 V 中选取若干顶点构成 V 的一个子集 V_1，使得 $V\backslash V_1$ 中所有顶点均与 V_1 中的顶点有边相连，则称 V_1 为 G 的顶点支配集，简称点支配。若 V_1 是图 G 的一个顶点支配集，则对于图中任意一个顶点 u，要么 u 属于 V_1，要么 u 与 V_1 中的某个顶点 v 有边关联。若在 V_1 中任意移除一个顶点后，V_1 不再构成顶点支配集，则 V_1 是极小顶点支配集，简称极小点支配。将 G 的所有顶点支配集中顶点个数最少的支

配集称为最小顶点支配集，简称最小点支配。

在树的最小点支配问题中，对于给定的结点 u，可能存在以下 3 种状态。

（1）结点 u 属于支配集，则与 u 有边相连的结点 v 均被 u 所支配。

（2）结点 u 不属于支配集，但与 u 有边相连的结点 v 中至少有一个结点属于支配集，则 u 已被支配。

（3）结点 u 不属于支配集，且与 u 有边相连的结点 v 均不属于支配集，即结点 u 及其邻接结点 v 均被其他结点所支配。

根据上述 3 种可能的情形，设计以下 3 种状态。

（1）$dp[u].in$ 表示结点 u 属于支配集，且以 u 为根的子树均被支配的情况下最小点支配所包含的结点个数。

（2）$dp[u].selfOut$ 表示结点 u 不属于支配集，但 u 被其中不少于一个子结点支配的情况下最小点支配所包含的结点个数。

（3）$dp[u].selfChildOut$ 表示结点 u 不属于支配集，且 u 的任意一个子结点也不属于支配集，但以 u 为根的子树均被支配的情况下，其最小点支配中所包含的结点个数。

对于第 1 种状态，由于结点 u 属于支配集，则 $dp[u].in$ 为每个子结点 3 种状态最小值的总和再增加 1，即只要每个以 u 的儿子为根的子树均被支配，再加上当前结点 u，即为所需要的最少结点个数，递推关系式为

$$dp[u].in = 1 + \sum_{parent[v]=u} \min(dp[v].in, dp[v].selfOut, dp[v].selfChildOut)$$

其中 $parent[v]=u$ 表示 v 的父结点为 u，即 v 是 u 的子结点。

对于第 2 种状态，如果结点 u 无子结点，则 $dp[u].selfOut = \text{INF}$；否则，需要保证它的每个以 u 的儿子为根的子树均被支配，那么要取每个子结点的前两种状态的最小值之和，因为此时 u 不属于支配集，不能支配其子结点，所以子结点必须已经被支配，与子结点的第 3 种状态无关。如果当前所选的状态中，每个儿子都没有被选择进入支配集，即在每个儿子的前两种状态中，第 1 种状态都不是所需结点数最小的，那么为了满足第 2 种状态的定义，需要重新选择点 u 的一个子结点 v 的状态为第 1 种状态，此时取差值最少的一个点，即取 $dp[v].in - dp[v].selfOut$ 最小的子结点 v，强制取其第 1 种状态，其他的子结点取第 2 种状态，递推关系式为

$$dp[u].selfOut = \begin{cases} \text{INF}, & u\text{无子结点} \\ x + \sum\limits_{parent[v]=u} \min(dp[v].in,\ dp[v].selfOut), & u\text{有子结点} \end{cases}$$

其中

$$x = \begin{cases} 0, & dp[v].in\text{已计入}dp[u].in \\ \min\limits_{parent[v]=u} (dp[v].in - dp[v].selfOut), & dp[v].in\text{未计入}dp[u].in \end{cases}$$

对于第 3 种状态，u 不属于支配集且以 u 为根的子树均被支配，但由于 u 未被任何子结点支配，即结点 u 及其任意子结点 v 均不属于支配集，则结点 u 的第 3 种状态只与其子结点 v 的第 2 种状态有关，其递推关系式为

$$dp[u].selfChildOut = \begin{cases} 0, & u\text{无子结点} \\ \sum\limits_{parent[v]=u} dp[v].selfOut, & u\text{有子结点} \end{cases}$$

最后所求的是根结点在 3 种状态下的最小值，令 $root$ 表示树的根结点，由于根结点不属于支配集且根结点未被任意子结点支配，所以 $dp[root].selfChildOut$ 不符合最小支配集的定义，故只需取根结点前两种状态的最小值，即选择 $dp[root].in$ 和 $dp[root].selfOut$ 中最小的值作为问题的解。

```
//--------------------------------4.6.2.cpp--------------------------------//
const int MAXV = 10010, INF = 0x3f3f3f3f;

// 链式前向星表。
struct EDGE {
   int u, v, next;
```

```
    EDGE (int u = 0, int v = 0, int next = 0): u(u), v(v), next(next) {}
} edges[MAXV << 1];

// 结点状态。
struct NODE {
    int in, selfOut, selfChildOut;
} dp[MAXV];

int idx, head[MAXV];

// 添加边。
void addEdge(int u, int v)
{
    edges[idx] = EDGE(u, v, head[u]);
    head[u] = idx++;
    edges[idx] = EDGE(v, u, head[v]);
    head[v] = idx++;
}

// 使用深度优先遍历进行动态规划，从根结点开始调用 dfs(0, 0)。
void dfs(int u, int father)
{
    // 设置初始值。
    dp[u].in = 1;
    dp[u].selfOut = dp[u].selfChildOut = 0;
    int x = INF, hasChild = 0, hasFirstStateIncluded = 0;
    // 遍历当前结点的子结点。
    for (int i = head[u]; ~i; i = edges[i].next) {
        int v = edges[i].v;
        if (v == father) continue;
        dfs(v, u);
        // 标记当前结点具有子结点。
        hasChild = 1;
        // 第 1 种状态。
        dp[u].in += min(dp[v].in, min(dp[v].selfOut, dp[v].selfChildOut));
        // 第 2 种状态。
        dp[u].selfOut += min(dp[v].in, dp[v].selfOut);
        if (dp[v].in > dp[v].selfOut) x = min(x, dp[v].in - dp[v].selfOut);
        else hasFirstStateIncluded = 1;
        // 第 3 种状态，注意避免溢出。
        dp[u].selfChildOut = min(INF, dp[u].selfChildOut + dp[v].selfOut);
    }
    // 根据当前结点的状态修正结果。
    if (!hasChild) dp[u].selfOut = INF;
    else {
        if (!hasFirstStateIncluded) dp[u].selfOut += x;
    }
}
//-------------------------------4.6.2.cpp-------------------------------//
```

强化练习

1218 Perfect Service[D]。

提示

1218 Perfect Service 中，根据题意，所给定的图为树，但任意结点不能同时被两个结点所支配，则在进行状态更新时，结点的第 1 种状态不能包含子结点的第 2 种状态，其他状态的更新仍与正常情形一致。注意对于根结点的处理，如果根结点包含多个子结点，且 *dp*[*u*].*selfOut* < *dp*[*u*].*in*，此时需要进行进一步检查，若 *dp*[*u*].*selfOut* 包含两个（或以上）子结点的状态为 *dp*[*v*].*in*，则根结点会被两个（或以上）子结点所支配，不符合题意，此时根结点的状态应该选择 *dp*[*u*].*in*。

最小点覆盖

对于图 $G=(V, E)$，从 V 中选取若干顶点构成 V 的一个子集 V_1，使得 E 中所有边均和 V_1 中的顶点相关联，则称 V_1 为顶点覆盖集，简称点覆盖。若 V_1 是图 G 的一个顶点覆盖集，则对于图中任意一条边 (u, v)，要么 u 属于 V_1，要么 v 属于 V_1。若在 V_1 中任意移除一个顶点后，V_1 不再构成顶点覆盖集，则 V_1 是极小顶点覆盖集，简称极小点覆盖。将 G 的所有顶点覆盖集中顶点个数最少的覆盖集称为最小顶点覆盖集，简称最小点覆盖。

对于树的最小点覆盖问题，可以给每个结点设计以下两种状态。

（a）$dp[u].in$ 表示结点 u 属于点覆盖，且以结点 u 为根的子树中所有边均被覆盖的情况下点覆盖中所包含的最少结点数。

（b）$dp[u].out$ 表示结点 u 不属于点覆盖，但以结点 u 为根的子树中所有边均被覆盖的情况下点覆盖中所包含的最少结点数。

对于第 1 种状态 $dp[u].in$，由于结点 u 属于点覆盖，则结点 u 的子结点可以属于点覆盖，也可以不属于点覆盖，所取的子结点状态应该是所表示的点覆盖个数较小的数值，其递推关系式为

$$dp[u].in = 1 + \sum_{parent[v]=u} \min(dp[v].in, dp[v].out)$$

其中 $parent[v]=u$ 表示 v 的父结点为 u，即 v 是 u 的子结点。

对于第 2 种状态 $dp[u].out$，由于结点 u 不属于点覆盖，根据点覆盖的定义，结点 u 的子结点必须属于点覆盖，因此结点 u 的第 2 种状态只与其子结点的第 1 种状态有关，其递推关系式为

$$dp[u].out = \sum_{parent[v]=u} dp[v].in$$

最后，由于求的是每个结点在两种状态下的最小值，在确定问题的解时，需要取根结点两种状态的较小值，即选择 $dp[root].in$ 和 $dp[root].out$ 中较小的值作为问题的解。

强化练习

10859 Placing Lampposts[D]。

提示

10859 Placing Lampposts 中，给定的无向图有可能为森林，即由多个不连通子图构成。

最大点独立

对于图 $G=(V, E)$，从 V 中选取若干顶点构成 V 的一个子集 V_1，使得这些顶点之间没有边相连，则称 V_1 为顶点独立集，简称点独立。若 V_1 是图 G 的一个顶点独立集，则对于图中任意一条边 (u, v)，u 和 v 不能同时属于集合 V_1，甚至 u 和 v 都不属于集合 V_1。在 V_1 中增加任意不属于 V_1 的顶点后，V_1 不再构成顶点独立集，则 V_1 是极大顶点独立集，简称极大点独立。将 G 的所有顶点独立集中顶点个数最多的独立集称为最大顶点独立集，简称最大点独立。

对于树的最大点独立问题，可以为每个结点设计如下两种状态。

（a）$dp[u].in$ 表示结点 u 属于点独立时，以 u 为根的子树其最大点独立中结点的个数。

（b）$dp[u].out$ 表示结点 u 不属于点独立时，以 u 为根的子树其最大点独立中结点的个数。

对于第 1 种状态 $dp[u].in$，由于结点 u 属于点独立，根据点独立的定义，结点 u 的子结点均不属于点独立，因此结点 u 的第 1 种状态只与其子结点的第 2 种状态有关，其递推关系式为

$$dp[u].in = 1 + \sum_{parent[v]=u} dp[v].out$$

其中，$parent[v]=u$ 表示 v 的父结点为 u，即 v 是 u 的子结点。

对于第 2 种状态 $dp[u].out$，由于结点 u 不属于点独立，则结点 u 的子结点可以属于点独立，也可以不属于点独立，所取的子结点的状态应该是所表示的点独立个数较大的数值，其递推关系式为

$$dp[u].out = \sum_{parent[v]=u} \max(dp[v].in, dp[u].out)$$

最后，由于求的是每个结点在两种状态下的最大值，在确定问题的解时，需要取根结点两种状态的较大值，即选择 *dp*[*root*].in 和 *dp*[*root*].*out* 中较大的值作为问题的解。

强化练习

1220 Party at Hali-Bula[D]。

4.6.3　旅行商问题

在第 3 章中，介绍了旅行商问题（Traveling Salesman Problem，TSP）。TSP 是指给定连通图 $G=(V, E)$ 及图中所有顶点间的最短距离矩阵 *g*，试确定这样一条具有最短距离的路径——该路径的起点和终点相同且经过所有顶点恰好一次。当图中的顶点数量 *n* 较小时（例如 $n\leqslant 10$），可以使用回溯法构建所有可能的路径并从中选择最优的路径，适当使用剪枝技巧能够提高解题效率，其时间复杂度为 $O(n!)$。当 $n\geqslant 16$ 时，朴素的回溯法实现将会难以避免地导致超时。

假设 TSP 所对应的隐式图共有 12 个顶点，分别为 $A, B, C, \cdots, L$，如果使用回溯法解题，需要考虑从顶点 *A* 出发的所有路径，容易知道，从顶点 *A* 出发的路径可以分为两类："*A*－*B*－*C*－[剩余 9 个顶点构成的路径]" 和 "*A*－*C*－*B*－[剩余 9 个顶点构成的路径]"。不难看出，两类路径存在共同的子路径 "[剩余 9 个顶点构成的路径]"，从动态规划的角度来看，这表明 TSP 存在重叠的子问题，因此可以尝试使用动态规划来求解。由于 TSP 的起点和终点相同，以哪个顶点作为起始顶点对问题的结果不会产生影响，因此可以考虑总是以编号为 0 的顶点作为路径的起点，这样在定义状态时只需要考虑两个参数，一个是已经访问过的顶点集合，另外一个是最后访问的顶点。令 *dp*[*mask*][*u*]表示已经访问的顶点集合的位掩码为 *mask*，最后访问的顶点为 *u* 时，距离起始顶点 0 尚剩余的最短路径，有以下递推关系式

$$dp[mask][u]=\begin{cases} g[u][0], & mask=(1\ll n)-1 \\ min\{g[u][v]+dp[mask\cup(1\ll v)][v]\}, & v\neq u, mask\cap(1\ll v)=0 \end{cases}$$

根据上述递推关系式，结合备忘技巧，可以得到以下核心实现代码。

```
const int INF = 0x3f3f3f3f;

// n 为顶点数量，g 为所有顶点间最短距离矩阵。
int n, g[MAXV][MAXV];

// 动态规划算法，已经访问的顶点集合的位掩码为 mask，最后顶点为 u。
int dfs(int mask, int u)
{
    if (mask == (1 << n) - 1) return g[u][0];
    if (~dp[mask][u]) return dp[mask][u];
    int r = INF;
    for (int v = 0; v < n; v++)
       if (v != u && !(mask & (1 << v)))
          r = min(r, g[u][v] + dfs(mask | (1 << v)), v);
    return dp[mask][u] = r;
}
```

由于任意选择起点对最后结果不影响，一般选择序号为 0 的顶点作为起始顶点进行动态规划，此时位掩码 *mask* 为 1。使用动态规划算法求解 TSP 的时间复杂度为 $O(n2^n)$，对于 $n\leqslant 16$ 的情形可以在时间限制内获得 Accepted（一般命题者会将图中顶点的数量上限控制在 16 个左右）。

强化练习

10937 Blackbeard the Pirate[D]，10944 Nuts for Nuts[C]，11405 Can U Win[D]，11813 Shopping[D]。

提示

10937 Blackbeard the Pirate 要注意特殊情况的处理。如!紧邻*或者多个*相邻时对周围方格的影响。

11405 Can U Win 的题目描述要求确定以下目标是否能够实现：使用己方的马（knight）在指定的 *n* 步内

将敌方的兵（Pawn）全部吃掉，而且在此过程中不能攻击或者占据其他非兵棋子的位置。题目描述并未要求马在吃掉全部敌方兵后回到原位。

4.6.4 双调欧几里得旅行商问题

欧几里得旅行商问题是 TSP 的一种，它指的是给定平面上的 n 个点，要求确定一条连接这 n 个点的最短闭合旅程。欧几里得旅行商问题的一般形式是 NP 完全的。如果对欧几里得旅行商问题的条件做适当改变，只考虑双调旅程（bitonic tour），即旅程从位于最左的点出发，严格地从左到右直到抵达最右点，然后再严格地从最右至左，最终返回最左点，在此过程中，所有点仅访问一次。经过上述限定后的问题称为双调欧几里得旅行商问题（Bitonic TSP，BTSP），BTSP 存在时间复杂度为 $O(n^2)$的算法[71]。

设平面上的 n 个点为 $p_1, p_2, \cdots, p_n$，令 $d(i, j)$表示 p_i 和 p_j 之间的欧几里得距离，$B[i, j]$表示以 p_i 为向左旅程的起点，以 p_j 为向右旅程的终点的双调最短旅程的长度，$1 \leqslant i < j \leqslant n$。双调旅程具有以下两个“有趣”的性质：（1）旅程是对称的；（2）将旅程从最左点开始向右到达最右点的部分称为右向旅程，从最右点折返到达最左点的部分称为左向旅程，则旅程的左右两个部分除了在最左和最右两个端点相交外，在其他内部点不相交。第 1 个性质容易理解。如图 4-14 所示，假设确定了以 p_i 为向左旅程起点，p_j 为向右旅程终点的最短旅程，则反过来，沿着原旅程的路线，以 p_j 为向左旅程起点，p_i 为向右旅程终点的旅程，同样是最短的。

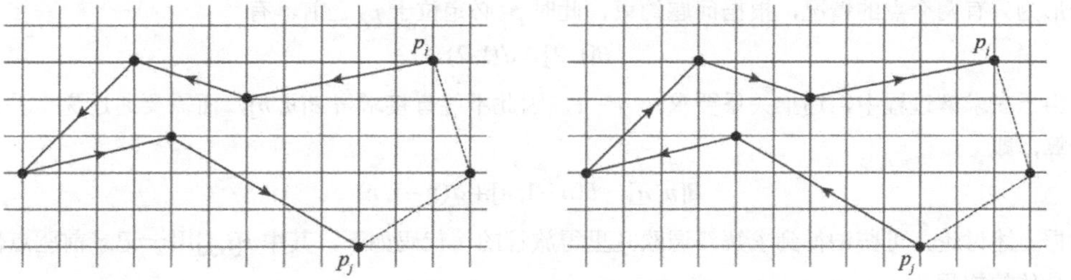

图 4-14　双调欧几里得旅程的对称性

第 2 个性质可以根据三角形边的不等式得出。如图 4-15 所示，假设最短双调旅程中向左路径的 $p_m p_n$ 和向右路径的 $p_x p_y$ 相交，令交点为 p_k，根据三角形任意两条边的边长之和大于第三边边长的性质，有

$$|p_m p_n| + |p_x p_y| = |p_m p_k| + |p_k p_n| + |p_x p_k| + |p_k p_y| > |p_m p_x| + |p_n p_y|$$

再结合双调旅程的对称性质，可知新的旅程将比原有旅程具有更短的距离，这与原有旅程是最短旅程相矛盾，因此最短旅程的左向路径和右向路径除了在最左和最右两个端点相交外，在内部点是不相交的。

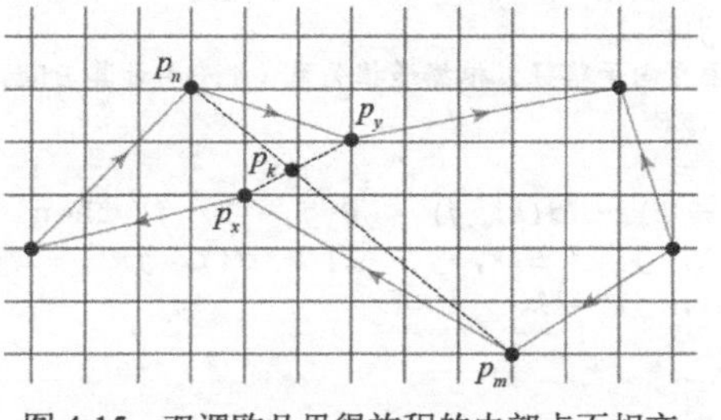

图 4-15　双调欧几里得旅程的内部点不相交

以上述两个性质为基础，可以使用动态规划算法在 $O(n^2)$的时间复杂度确定双调最短旅程。为了简化问题的处理，假设给定的 n 个点其横坐标均不相同，同时根据双调旅程的对称性，为了便于算法的介绍，将“从位于最右侧的点出发到达最左侧的点的旅程”称为左向子路径，“从位于最左侧的点出发到达最右侧的点的旅程”称为右向子路径。算法的第 1 步先将给定的 n 个点按照横坐标升序排列。假设排序后，点从左至右依次为 $p_1, p_2, \cdots, p_n$，令 $d(i, j)$表示 p_i 和 p_j 之间的欧几里得距离，$B[i, j]$表示以 p_i 为左向路径的起点，以 p_j 为右向路径的终点的双调最短旅程的长度（即以 p_i 为起点不断向左，到达 p_1，然后不断向右，到达 p_j，

经过 $p_1 \sim p_j$ 的所有点一次且仅一次的最短旅程长度），$1 \leqslant i < j \leqslant n$。现在来考虑子问题，根据双调旅程的定义，旅程 $B[i, j]$ 访问了 $p_1 \sim p_j$ 之间的所有点，则点 p_{j-1} 必定位于双调旅程上，此时有两种可能：p_{j-1} 要么位于右向子路径，要么位于左向子路径。如果 p_{j-1} 位于右向子路径，由于 p_j 是当前的最右侧点，则 p_{j-1} 必定位于 p_j 之前，此时有 $i < j-1$（p_i 是左向路径的起点，而 p_{j-1} 和 p_j 均属于右向路径，p_{j-1} 和 p_j 是序号相邻的点，中间不存在其他点，由于已经限定 $i < j$，则 p_i 只可能是除 p_{j-1} 和 p_j 以外的其他点，故有 $i < j-1$），假设已经确定 $B[i, j-1]$，则有递推关系

$$B[i, j] = B[i, j-1] + d(j-1, j), \quad 1 \leqslant i < j-1 \tag{4.1}$$

如果 p_{j-1} 位于左向子路径，则 p_{j-1} 必定是左向子路径的最右侧点，此时有 $i = j-1$（请读者自行思考为何此论断成立）。对于右向子路径来说，p_j 是其最右侧点，则 p_j 必定有一个前驱点，令其为 p_k，其中 $k < j-1$，假设已知 $B[j-1, k]$，则有递推关系

$$B[i, j] = \min\{B[j-1, k] + d(k, j),\ 1 \leqslant k < j-1\},\ i = j-1 \tag{4.2}$$

但 $B[j-1, k]$ 尚未计算，因此是未知的，不过根据双调旅程的对称性，有

$$B[j-1, k] = B[k, j-1]$$

而 $B[k, j-1]$ 可以根据递推关系（4.1）预先计算，则递推关系（4.2）等价于

$$B[i, j] = \min\{B[k, j-1] + d(k, j),\ 1 \leqslant k < j-1\}, i = j-1 \tag{4.3}$$

边界情形为只有两个点的情况，根据问题约束，此时 p_1 必定位于 p_2 之前，有

$$B[1, 2] = d(1, 2)$$

最后，由于在求解过程中，递推关系要求 $i \leqslant j-1$，因此不能直接求得 $B[n, n]$，而需要通过递推关系（4.1）间接计算，即

$$B[n, n] = B[n-1, n] + d(n-1, n)$$

根据上述讨论，可归纳得到求解双调欧几里得旅程的伪代码如下，其中 $r[i, j]$ 用于记录前驱点信息，以便构建具体的旅程。

```
// 双调欧几里得旅行商问题的动态规划算法。
BTSP()
    // 边界情形。
    B[1, 2] = d(1, 2)
    // 从左至右逐个考虑每个点作为子路径的端点。
    for j = 3 to n
        // 假定点 p_{j-1} 位于右向子路径，根据递推关系（4.1）计算 B[i, j]。
        for i = 1 to j - 2
            B[i, j] = B[i, j - 1] + d(j - 1, j)
            r[i, j] = j - 1
        // 假定点 p_{j-1} 位于左向子路径，根据递推关系（4.3）计算 B[i, j]（亦即 B[j-1, j]）。
        B[j - 1, j] = INF
        for k = 1 to j - 2
            if B[k, j - 1] + d(k, j) < B[j - 1, j] then
                B[j - 1, j] = B[k, j - 1] + d(k, j)
                r[j - 1, j] = k
            end if
    // 间接计算 B[n, n]。
    B[n, n] = B[n - 1, n] + d(n - 1, n)
```

根据动态规划算法过程中记录的前驱点信息 $r[i, j]$，可以构建得到具体的旅程。

```
// 输出双调旅程的具体路径。
printPath(i, j)
    if i < j then
        k = r[i, j]
        print p_k
        if k > 1 then
            printPath(i, k)
```

```
        end if
    else
        // 在进行动态规划时仅记录了r[i, j]而未记录r[j, i]且需要满足i<j的约束。
        k = r[j, i]
        if (k > 1) then
            printPath(k, j)
        end if
        print pk
    end if

// 输出双调旅程。
printTour(n)
    print pn
    print pn-1
    k = r[n - 1, n]
    printPath(k, n - 1)
    print pk
```

强化练习

1347 Tour[C]。

扩展练习

1096 The Islands[D]。

提示

1096 The Islands 中，由于双调路程在“去程”和“回程”需要分别经过不同的两个特定的岛屿，导致最终具有最短距离的旅程可能出现交叉的情形，使用本节介绍的递推关系式进行计算存在困难，不妨从另外一个角度考虑。题目所求实际上是一条哈密顿回路，回路可以看成是两条从左至右、不重复地覆盖所有点的路径，令 $F[i][j]$ 表示第 1 条路径走到 i、第 2 条路径走到 j 的最短距离，为了避免重复经过同一点的情况，若两条路径的走前状态为 (i', j')，则走后的状态仅有两种：$(i', \max\{i', j'\} + 1)$ 或者 $(\max\{i', j'\} + 1, j')$。由此得出递推关系式：

$$\begin{cases} F[i][\max(i, j)+1] = \min(F[i][\max(i, j)+1], F[i][j] + d(j, \max(i, j)+1)) \\ F[\max(i, j)+1][j] = \min(F[\max(i, j)+1][j], F[i][j] + d(i, \max(i, j)+1)) \end{cases}$$

其中，$d(x, y)$ 表示岛屿 x 和岛屿 y 之间的欧式距离。在具体编码实现时，限制第 1 条路径经过 b_1 而不经过 b_2，限制第 2 条路径经过 b_2 而不经过 b_1，以满足题目约束条件。

4.7 概率型动态规划

概率型动态规划是指将动态规划与概率论有机结合的题目。欲要顺利解决此种类型的题目，首先需要对概率论的相关概念和公式达到非常熟悉的程度，如条件概率、期望、贝叶斯公式、全概率公式、全期望公式等。“非常熟悉”是指对概念和公式达到意义上的真正领会而不只是字面意义上的理解，并且能够顺利完成纯概率论的相关课后练习，只有具有上述基础之后，再结合动态规划的思想进行解题才会较为顺利，否则在大多数情况下将会出现毫无解题思路的困境。

常见的动态规划类型题目很容易稍加改变就能转换成概率型动态规划题目。在常规的动态规划题目中，一旦确定某个状态的转移，则转移是以概率 1 发生，如果将转移的概率定为一个变量 p，即从某个状态转移到另一个状态时不再是确定的而是具有一定概率，这样所求结果就变成了达到预期目标的概率，而不再是达到预期目标的某个确定值。

在典型动态规划中，从状态 v_1 转移到状态 v_2 以及从状态 v_2 转移到状态 v_3 的过程均为“确定性”事件，

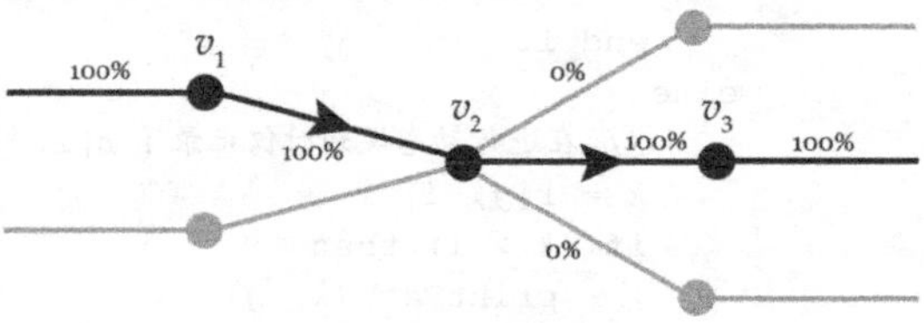

图 4-16　典型动态规划

即只能选择后续状态中的某一种，一旦选定，则该后续状态发生的概率就认为是 100%，如图 4-16 所示。

如图 4-17 所示的概率型动态规划中，从状态 v_1 转移到状态 v_2 及从状态 v_2 转移到状态 v_3 的过程均为“不确定性”事件，每次的状态转移均有一定的概率，可以以一定概率转移到多个后续状态，。这有些类似于量子物理中的“量子态”——量子的状态是多个可能状态的叠加且每种状态均有特定的概率。

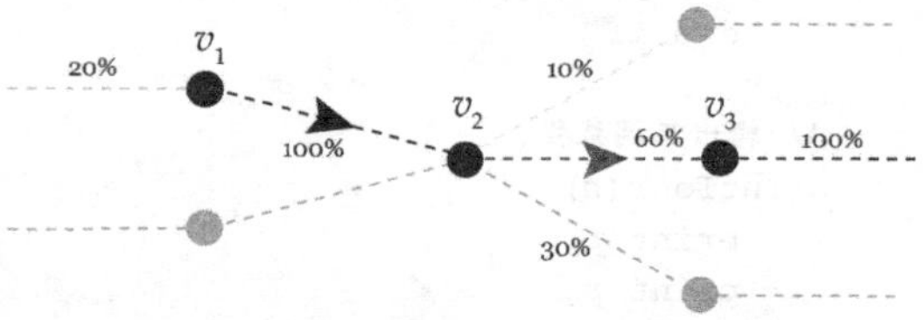

图 4-17　概率型动态规划

对概率型动态规划的外延作进一步扩展，可以将其视为一个“概率—期望系统”[72]。概率—期望系统是一个带权有向图，图中的顶点表示某个事件，如果顶点 u 和顶点 v 之间具有一条权值为 p 的有向边，表示顶点 u 所代表的事件发生后，后续顶点 v 所代表的事件发生的概率为 p。在概率—期望系统中，如果对应的图是有向无圈图，则可以通过递推或者备忘的方式进行解决，或者将每个状态发生的概率视为一个未知数，根据有向图的关系转换成一个多元一次方程组，进而使用高斯消元法进行求解。如果有向图包含圈，则可以通过限制递归的深度予以解决，即在备忘过程中，当深度达到某个限定值时即认为概率为零，后续不再予以计算。

11176 Winning Streak[D]（连胜）

Mikael 喜欢打赌，他甚至想在在任何事情上下注。最近，一件特别的事引起了 Mikael 的兴趣，那就是在一个赛季中某个球队的最长连胜（即连续赢得比赛的最大场数）。Mikael 请求你编写一个程序，用来计算他最喜欢的球队能够取得的最长连胜的期望值。

一般来说，一支球队赢得比赛的概率依赖于许多不同的因素。例如，是否为主场作战，是否有主力队员受伤，等等。然而，对于程序的第 1 个原型来说，我们简化了相关因素。假定所有的比赛具有相同的获胜概率 p，而且一场比赛的结果不会影响后续比赛获胜的概率。

最长连胜局数的期望值是指：在一个赛季中，以全部比赛的每种可能结果发生的概率作为权值，所有可能的比赛结果中最长连胜局数的平均值。举个例子，假设某个赛季由 3 场比赛组成，每场比赛获胜的概率 $p = 0.4$，总共有 8 种不同的比赛结果，我们可以使用一个由字母 `W` 和 `L` 构成的字符串来予以表示，其中，字母 `W` 表示赢得比赛，字母 `L` 表示输掉比赛（例如，`WLW` 表示队伍赢得了第 1 场和第 3 场比赛，但是输掉了第 2 场比赛），则此赛季的可能比赛结果为

结果	LLL	LLW	LWL	LWW	WLL	WLW	WWL	WWW
可能性	0.216	0.144	0.144	0.096	0.144	0.096	0.096	0.064
连胜	0	1	1	2	1	1	2	3

在这个例子中，最长连胜局数的期望值为

$$0.216 \times 0 + 0.144 \times 1 + 0.144 \times 1 + 0.096 \times 2 + 0.144 \times 1 + 0.096 \times 1 + 0.096 \times 2 + 0.064 \times 3 = 1.104$$

输入

输入包含多组测试数据（最多 40 组），每组包含一个整数 $1 \leqslant n \leqslant 500$，表示在一个赛季中比赛的场数，一个浮点数 $0 \leqslant p \leqslant 1$，表示获胜的概率。输入以 $n = 0$ 的一组测试数据作为结束标记，不需处理此组数据。

输出

对于每组测试数据，输出最大连胜局数的期望值。输出以浮点数表示，绝对误差小于 10^{-4}。

样例输入

```
3 0.4
10 0.75
0 0.5
```

样例输出

```
1.104000
5.068090
```

分析

此题的难点在于动态规划状态的设计和递推关系的推导。按照一般的思路，需要记录 3 个参数：当前已经进行的比赛场数 i，最长的连赢场数 j，从最后一场比赛开始往前连赢的场数 k，即状态 $dp[i][j][k]$表示"前 i 场比赛中不超过 j 场比赛连赢且最后 k 场比赛连赢的概率"，其中 $0 \leqslant k \leqslant j < i \leqslant n$。初始时除 $dp[0][0][0]=1$ 外，其余 $dp[i][j][k]=0$。假定已经得到 $dp[i-1][j][k]$，若第 i 场比赛胜利，则连赢场数变为$(k+1)$场，按照题意，单场比赛获胜为独立事件，其概率为 p，此时有

$$dp[i][j][k+1] += (dp[i-1][j][k] \times p), \quad k+1 \leqslant j$$
$$dp[i][j+1][k+1] += (dp[i-1][j][k] \times p), \quad k+1 > j$$

若第 i 场比赛失利，则连赢场数变为 0 场，有

$$dp[i][j][0] = \sum_{k=0}^{j}(dp[i-1][j][k] \times (1-p))$$

根据上述递推关系式进行计算会导致时间复杂度为 $O(n^3)$的算法，由于 n 最大可为 500，显然会超时，需要考虑优化状态的表示，也就是检查是否可将 3 个参数表示的状态简化为两个参数表示的状态，从而使状态的复杂度降低。考虑到第 3 个参数可以暗含在第 2 个参数当中，即"从最后一场比赛开始往前连赢的场数 k"不会超过"最长的连赢场数 j"，那么是否可以直接将其省略呢？答案是肯定的。也就是说，将状态 $dp[i][j]$定义为"前 i 场比赛中不超过 j 场比赛连赢的概率"，那么 n 场比赛后，连赢 j 场的概率为 $dp[n][j]-dp[n][j-1]$。根据上述状态定义，正向推导计算 $dp[i][j]$存在困难，而从反向角度计算 $dp[i][j]$则相对容易，其关键是应用补集的概念：所有可能事件发生的总概率为 1，从中减去不符合要求的事件的概率即为所求事件的概率。假设当前进行了$(i-1)$场比赛，现在进行第 i 场比赛，如果第 i 场比赛结果为输，则此种情形不会影响 $dp[i][j]$的结果；如果第 i 场比赛结果为赢，若前$(i-1)$场比赛最后为连赢 j 场比赛，此时若再赢一场，则 i 场比赛中会出现连赢$(j+1)$场比赛的情形，这种情形不符合状态的定义，将这种情形的概率减去即为 $dp[i][j]$的正确结果，那么这种情形发生的概率是多少呢？由于前$(i-1)$场比赛末尾是连赢 j 场，则连赢 j 场之前必须是结果为输的 1 场比赛（或者是连赢 j 场比赛之前不存在其他比赛），否则将会出现连赢$(j+1)$场的情形，因此其概率为 $dp[i-(j+1)-1][j] \times (1-p) \times p^{j+1}$（若连赢 j 场比赛前不存在其他比赛则概率为 p^{j+1}），即除去输掉的 1 场比赛和后续连赢的$(j+1)$场比赛后，前面的$(i-(j+1)-1)$场比赛中连赢不超过 j 场比赛的概率 $dp[i-(j+1)-1][j]$乘以输掉 1 场比赛的概率$(1-p)$再乘以连赢$(j+1)$场比赛的概率 p^{j+1} 即为不符合要求的事件发生概率（若连赢 j 场比赛前不存在其他比赛则为连赢$(j+1)$场比赛的概率 p^{j+1}），即递推关系式为

$$dp[i][j] = \begin{cases} dp[i-1][j] - p^{j+1}, & j+1=i \\ dp[i-1][j] - dp[i-(j+1)-1][j] \times (1-p) \times p^{j+1}, & j+1 < i \end{cases}$$

其中 $0 \leqslant j \leqslant i \leqslant n$，易知 $dp[0][j]=1$，$0 \leqslant j \leqslant n$。

按照题目给定的计算方式，在得到相应的概率之后，最大连胜局数的期望值为

$$E = \sum_{j=1}^{n}((dp[n][j] - dp[n][j-1]) \times j)$$

强化练习

1456 Cellular Network^{D}，10091 The Valentine's Day^{D}，11755 Table Tennis^{E}。

扩展练习

888 Donkey^{E}，10207 The Unreal Tournament^{D}，11468 Substring^{D}。

提示

1456 Cellular Network 中，观察可知题目条件具有贪心选择的性质：对于概率较大的区域先处理，平均费用较少。设 $dp[i][j]$表示将前 i 个网格划分为 j 个区域时的最小平均费用，将网格内发现手机的概率 p_i 从大到小排序，ps 为排序后的概率前缀和数组，选择第 k 个网格作为分界，将前$(k-1)$个网格划分为

$(j-1)$个区域，将 $k \sim i$ 的网格划分为一个区域，则递推关系式为

$$dp[i][j]=\min\{dp[i][j],\ dp[k-1][j-1]+i(ps[i]-ps[k-1])\}$$

其中 $1 \leqslant i \leqslant n$，$1 \leqslant j \leqslant w$，$1 \leqslant k \leqslant i$，边界条件 $dp[0][0]=0$。

注意 10091 The Valentine's Day 的题目约束条件：（1）假定历史上第 1 个情人节的日期是 470 年 2 月 14 日；（2）每到一个新的月份才从当前城市迁移到其他城市（或不迁移）。注意特殊日期的处理，例如，465 年 12 月 1 日（距离下一个情人节还有 50 个月），480 年 2 月 15 日（距离下一个情人节还有 12 个月），490 年 2 月 14 日（距离下一个情人节还有 12 个月），500 年 2 月 13 日（距离下一个情人节还有 0 个月）。

888 Donkey 中，先考虑特殊情形。当 $N=1$ 时，显然第 1 个玩家获胜的概率是 1。当 $M=0$ 时，若当前轮到第 1 个玩家玩游戏，则获胜的概率是 1，否则为 0。考虑 $N=2$ 的情形，令 $dp[i][p_1][p_2]$表示"第 i 个玩家玩游戏且两个玩家的位置依次在 p_1 和 p_2 时第 1 个玩家获胜的概率"，$p_1 \neq p_2$。由于掷骰子得到 1～6 点的概率均为 1/6，若当前为第 1 个玩家玩游戏，则递推关系式为

$$dp[1][p_1][p_2]=\sum_{j=1}^{6}\frac{dp[2][\min\{x \mid x \geqslant p_1+j,\ x \neq p_2\}][p_2]}{6}$$

类似地，若为第 2 个玩家玩游戏，递推关系式为

$$dp[2][p_1][p_2]=\sum_{j=1}^{6}\frac{dp[1][p_1][\min\{x \mid x \geqslant p_2+j,\ x \neq p_1\}]}{6}$$

根据题目条件约束，两个玩家谁首先跨越第 M 条河谁就获胜，则 $dp[1][\{x|x>M\}][p_2]=1$，$dp[2][p_1][\{x|x>M\}]=0$。类似地，可以得到 $N=3$ 和 $N=4$ 时的递推关系式，结合备忘技巧解题即可。由于题目约束 $1 \leqslant N \leqslant 4$，$N \times M \leqslant 50$，则 M 最大值为 25，使用 5 个二进制位足以表示，则可以将所有玩家的位置以二进制的形式编码为一个整数进行处理，有利于备忘技巧的应用。需要注意，UVa OJ 上的评测数据量非常大（经使用 `assert` 语句测试，至少有 150000 组测试数据），必须保存已有的计算结果以便查表输出，否则很容易超时。虽然使用位掩码技巧便于状态的统一处理，但是在具体操作时需要从位掩码中解码出所有玩家的位置，在更新当前玩家的位置后又需要将所有玩家的位置重新编码为位掩码，费时较多，且用于保存已有运算结果时需要加上河流的条数 M 及初始玩游戏的玩家序号 i 这两个状态参数，导致存储计算结果的数组的大小会超出内存限制。由于本题并未采用 Special Judge，但运算过程中存在浮点数误差，使得解题者的输出与评测数据的输出可能存在细微差异，例如 $1/16=0.0625$，在输出时需要四舍五入为 0.063，使用 C++的 `setprecision` 操纵子控制输出精度时要为结果加上一个很小的常数（`1E-8`）才能使得输出为 0.063，这似乎能够在一定程度上解释为何该题的通过人数和通过率都非常低。

10207 The Unreal Tournament 可结合备忘技巧求解。注意边界输入数据的处理，例如 $i=0$，$j=0$ 的情形。由于递归调用的次数可能非常大，因此需要应用高精度整数。

11468 Substring 中，使用 Aho-Corasick 算法对所有模式建立转移图，则问题转化为有向图上的动态规划问题。

在概率型动态规划中，最为常见的是与期望有关的题目，之所以期望类型的动态规划题目最为常见，一个重要的原因与期望的定义有关。期望的定义是所有可能取值的加权平均，其权值是取相应值的概率，只需在普通类型的动态规划题目中为每种状态转移规则设定一个概率，则状态相应的值即对应期望。因此，熟练掌握前述介绍的各种动态规划类型对顺利解决与期望相关的概率型动态规划题目至关重要。解决期望相关的动态规划题目，其关键仍然是推导递推关系。在获得递推关系的过程中，一个常用的技巧是将欲求的期望设为一个未知数，检查是否可以通过取条件来计算期望，从而得到初始期望的一个一元方程，通过解这个一元方程得到目标期望值。在解题过程中经常联合使用的是备忘技巧。

11427 Expect the Expected[D]（意料之中）

我喜欢玩纸牌接龙，每天我都会玩一局。每局有概率 p 会赢，有概率 $1-p$ 会输。游戏会保存我已玩游

戏的统计资料——我赢得游戏的局数百分比。如果我玩游戏的局数足够多，那么我的胜局百分比将始终在 $p\times 100\%$附近徘徊，但我想赢得更多。以下是我的计划：每天我都会玩一局游戏，如果我赢了，我会立马高高兴兴地去睡觉直到天亮；如果我输了，我会一直玩，直到我赢的局数占当天所玩局数的百分比大于 p 时才停止，此时，我会宣布我已胜利然后去睡觉。正如你所见，在每天结束的时候，我保证总是能够将自己的获胜百分比保持在期望值 $p\times 100\%$之上，我将打败概率论！

假如你的直觉告诉你上述计划可能有什么地方出错了，那么你是对的。我并不能一直照着计划执行来维持我的获胜百分比，因为每天我所能够玩的游戏局数是有限的。假设一天我最多能玩 n 局游戏，在我的计划失败前，我能期望它持续多少天呢？注意，期望的天数至少为 1，因为我至少需要一天的时间来完成一局游戏，不管是赢还是输。

输入

输入的第 1 行给出了测试数据的组数 N，每组测试数据一行，每行包含两个数——分数 p 和整数 n。$1\leqslant N\leqslant 1000$，$0\leqslant p<1$，$1\leqslant n\leqslant 100$，分数 p 的分母最大为 1000。

输出

对于每组测试数据，以 `Case #x: y` 的形式输出，其中 y 为期望的天数，输出时向下取整。

样例输入

```
4
1/2 1
1/2 2
0/1 10
1/2 3
```

样例输出

```
Case #1: 2
Case #2: 2
Case #3: 1
Case #4: 2
```

分析

由于每天玩游戏相互独立，定义事件 A 为“第一天计划成功”，令 X 为计划持续成功的天数，Y 为事件 A 的示性函数，根据全期望公式，通过取条件计算期望，有

$$E[X]=E[E[X\mid Y]]=E[X\mid Y=A]P\{Y=A\}+E[X\mid Y=A^c]P\{Y=A^c\}$$

若事件 A 发生，则第 2 天问题的状态与第 1 天问题的状态相同，因此有

$$E[X\mid Y=A]=1+E[X]$$

若事件 A 不发生，持续天数为 1，有

$$E[X\mid Y=A^c]=1$$

故有

$$E[X]=(1+E[X])\times P(A)+1\times(1-P(A))$$

整理可得

$$E[X]=\frac{1}{1-P(A)}=\frac{1}{P(A^c)}$$

那么 $P(A)$如何求呢？由于当赢的局数占当天所玩局数的百分比大于 $p\times 100\%$即停止，定义事件 A_i 为“已经玩 i 局游戏时获胜局数占已玩局数的百分比大于 $p\times 100\%$”，则有

$$P(A)=\sum_{i=1}^{n}P(A_i)$$

不难看出，利用上式正向计算 $P(A)$较为烦琐，因为构成“第一天计划成功”的状态较多，不便于确定，不妨考虑计算 $P(A^c)$，即“第一天计划失败”的概率。那么“第一天计划失败”这个事件包括哪些状态呢？由于每局游戏相互独立，可以将 n 局游戏视为 n 次独立试验，假设我未达到“获胜局数占已玩局数百分比大于 $p\times 100\%$”的目标，那么我会一直玩到第 n 局游戏结束，如果当前所赢局数 x 与 n 的比值仍然小于等于 p，则此时的状态意味着计划失败。令 $dp[i][j]$表示“在第 i 局游戏时已经赢得 j 局游戏的概率”，则

$$P(A^c)=dp[0][n]+dp[1][n]+\cdots+dp[x][n],\quad 1\leqslant x\leqslant n,\quad \frac{x}{n}\leqslant p$$

而

$$dp[i][j]=dp[i-1][j]\times(1-p)+dp[i-1][j-1]\times p,\quad 1\leqslant i\leqslant n,\quad 0\leqslant\frac{j}{i}\leqslant p$$

边界条件为

$$dp[0][0]=1,\ dp[i][j]=0,\ i\neq 0且j\neq 0$$

注意

$$dp[i][0]=dp[i-1][0]\times(1-p),\ i\geqslant 1$$

强化练习

12457 Tennis Contest[D]。

扩展练习

10529 Dumb Bones[D]，11762 Race to 1[D]，12585 Poker End Games[D]，12723 Dudu the Possum[E]，13030 Brain Fry[E]。

提示

10529 Dumb Bones 可设 $dp[x]$表示放置连续 x 块骨牌的期望步数。考虑放置第 i 块骨牌时的情形，此时第 i 块骨牌左侧的 j 块骨牌和右侧的$(i-1-j)$块骨牌均已经放置完毕，对于在第 i 个位置放置骨牌，有 3 种可能：（1）成功放置，期望步数增加 1；（2）骨牌有 p_l 的概率向左边倒下，导致左侧的 j 块和第 i 块骨牌需要重新放置，则需要的期望步数为 $p_l\times(dp[i]-dp[i-1-j])$；（3）骨牌有 p_r 的概率向右侧倒下，导致右侧的$(i-1-j)$块和第 i 块骨牌需要重新放置，则需要的期望步数为 $p_r\times(dp[i]-dp[j])$。于是有

$$dp[i]=dp[j]+dp[i-1-j]+1+p_l\times(dp[i]-dp[i-1-j])+p_r\times(dp[i]-dp[j])$$

化简可得递推关系式

$$dp[i]=\min\left\{\frac{1+dp[j]\times(1-p_r)+dp[i-1-j]\times(1-p_l)}{1-p_l-p_r}\right\},\ 0\leqslant j<i$$

边界条件 $dp[0]=0$。

11762 Race to 1 中，设 X 表示将 D 变为 1 所需步数，Y 为选取的小于等于 D 的某个素数，根据全期望公式，有

$$E[X]=E[E[X\mid Y]]=\sum_i E[X\mid Y=p_i]P\{Y=p_i\}$$

对 D 进行素因子分解，得到

$$D=p_1^{e_1}p_2^{e_2}\cdots p_m^{e_m}$$

令 n 表示小于等于 D 的素数个数，则当随机选择这 n 个素数中的一个素数 p_i 去整除 D 时，如果 p_i 恰好是 D 的素因子，则

$$E[X\mid Y=p_i]=1+E\left[\frac{X}{p_i}\right]$$

若 p_i 不是 D 的素因子，则

$$E[X\mid Y=p_i]=1+E[X]$$

则有

$$E[X]=\frac{n-m}{n}(1+E[X])+\frac{1}{n}\sum_{i=1}^{m}\left(1+E\left[\frac{X}{p_i}\right]\right)$$

整理可得

$$E[X]=\frac{n-m+\sum_{i=1}^{m}\left(1+E\left[\frac{X}{p_i}\right]\right)}{m}$$

边界条件 $E[1]=0$，结合备忘技巧求解即可。

12723 Dudu the Possum 可令 $dp[i]$为负鼠从冰箱第 i 层出发到第 N 层时所能吸收卡路里的期望值，其递推关系式为

$$dp[i]=\sum_{j=1}^{Q_i}C_{ij}X_{ij}+\sum_{j=1}^{K}p_j dp[i+j],\ \ i\geqslant 1$$

边界条件：当 $i>N$ 时，$dp[i]=0$。所求即 $dp[1]$，结合备忘技巧解题即可。

13030 Brain Fry 可令 *probability*[*u*][*t*]表示在顶点 u 且已用时间 t 时能成功吃到 Brain Fry 的概率，*elapsed*[*u*][*t*]表示在顶点 u 且已用时间 t 时返回大学的期望时间，预处理得到餐馆与大学间的最短距离，然后根据题目给定的状态转移规则进行动态规划，同时利用备忘技巧提高效率。

4.8 非典型动态规划

此种类型动态规划不同于典型的动态规划，其难点主要在于以下几个方面：（1）状态需要仔细斟酌并加以定义才能用于解题从而得出正确的答案；（2）递推关系不易得出；（3）状态转移规则复杂，编写代码容易出错；（4）在定义状态时需要使用某些技巧，例如状态偏移。若要解决此类动态规划题目，需要在经历一定量的练习之后，在积累了较多解题经验的基础上，加上一定的想象力才能顺利完成。一般来说，往往在推导得出递推关系后解题就变得非常简单。

1172 The Bridges of Kölsberg[D]（Kölsberg 之桥）

国王 Beer 有一块非常棘手的辖区需要管理，该辖区由沿着 Kölsberg 河南北两岸分布的众多城市组成。这些城市拥有不同的操作系统信仰，并且具有发达的贸易水平。因为河流很宽而且危险，使得这些城市在经济上相互隔离，如图 4-18 所示。

国王 Beer 想建造一些桥梁连通河两岸的城市。有人向他强烈建议，避免在具有不同操作系统信仰的城市间搭建桥梁（这些人真心互相厌恶对方），因此他将只在具有相同操作系统信仰的城市之间建造桥梁（尽管这可能会导致完工的桥梁长度过长且外观怪异）。不过，由于技术原因，无法建造与其他桥梁发生交叉的桥梁。某座桥的经济价值使用它所连接的两个城市的贸易总额来衡量。国王希望在建造尽量少的桥的条件下，使得所建桥的经济价值尽可能地大。给定两组城市的描述，确定所建桥梁的最大可能价值及最少需要建造的桥梁数量[1]。

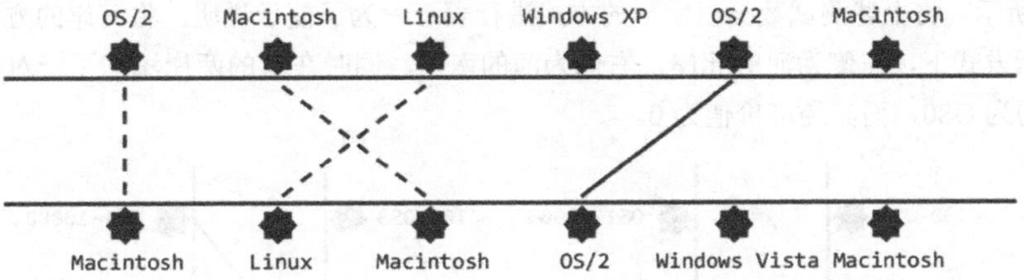

图 4-18　实线所示为符合要求的桥梁建造方式，虚线为不符合要求的桥梁建造方式

输入

输入的第 1 行为一个整数，表示测试数据的组数。对于每组测试数据，第 1 行包含一个非负整数 n，不大于 1000，表示河北岸城市的数量，接着的 n 行，每行以下列形式给出北岸城市的信息：

1　每个城市至多建造一座桥梁与对岸城市相连，位于河岸同侧的城市之间不需架设桥梁。

```
cityname ostype tradevalue
```

这些数据以空格分隔。字符串 *cityname* 和 *ostype* 的长度均不超过 10 个字符，*tradevalue* 是一个不大于 10^6 的非负整数。这 *n* 行数据从前往后依次对应沿着河北岸从左到右的城市信息。接着以同样的格式给出位于南岸的城市信息。

输出

对于每组测试数据，输出一行，该行包含两个整数，第 1 个整数表示能够建造的所有桥梁的最大经济价值，然后是一个空格，接着是另外一个整数，表示所需要建造的最少桥梁数量。

样例输入

```
1
3
mordor Vista 1000000
xanadu Mac 1000
shangrila OS2 400
4
atlantis Mac 5000
hell Vista 1200
rivendell OS2 100
appleTree Mac 50
```

样例输出

```
1002250 2
```

分析

对于此类需要在特定条件下求解最大值（和/或最小值）的题目，一般使用回溯法或动态规划解决。显然，对于题目所给定的数据规模，使用朴素的穷尽搜索无法在规定时间内获得通过，而需使用动态规划算法予以解决。先定义所需要的状态，假设北岸共有 n_1 个城市，南岸共有 n_2 个城市，令 $V[i][j]$ 表示在北岸的前 *i* 个城市和南岸的前 *j* 个城市间建立桥梁后所能得到的最大经济价值，$B[i][j]$ 表示对应的最少需要架设的桥梁数量，nt_i 表示北岸第 *i* 个城市的操作系统类型，st_i 表示南岸第 *i* 个城市的操作系统类型，nv_i 表示北岸第 *i* 个城市的贸易额，sv_i 表示南岸第 *i* 个城市的贸易额，则 $V[n_1][n_2]$ 和 $B[n_1][n_2]$ 即为所求。那么 $V[i][j]$ 如何通过递推得到呢？从直觉上不易得到递推关系式，在这种情况下，一般的做法是通过一组数据量较少但典型的测试数据来进行归纳总结，以期得出递推关系式。

给定如下的测试数据：

```
1
3
CITY1 OS1 10000
CITY2 OS2 1000
CITY3 OS3 100
3
CITY2 OS2 1000
CITY3 OS3 100
CITY1 OS1 10000
```

如图 4-19 所示，将上述测试数据以图形的方式进行表示。为了便于说明，将河岸的方向更改为竖直方向。在此种表示方式下，左侧为河的北岸，右侧为河的南岸，同时在河的两岸添加了一对虚拟的城市，其操作系统类型均为 OS0，而其经济价值为 0。

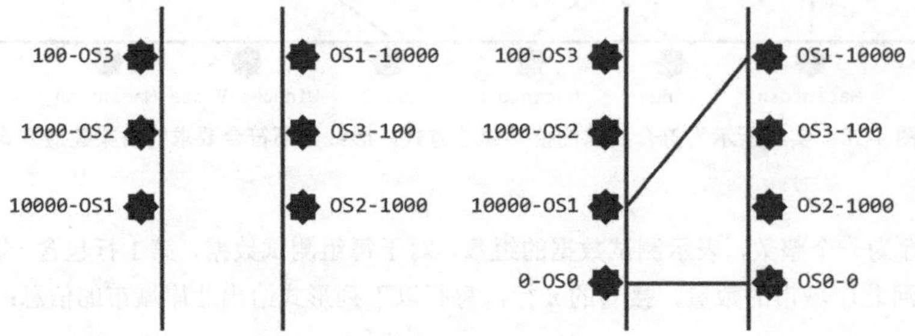

图 4-19　测试数据所对应的示意图

根据分别位于两岸的一对城市之间其操作类型是否相同来构建递推关系。如果北岸的城市 i 和南岸的城市 j 两者的操作系统类型不同，即 $nt_i \neq st_j$，则不能在两者之间假设桥梁，于是 $V[i][j]$的值应为 $V[i-1][j]$、$V[i][j-1]$、$V[i-1][j-1]$三者中的最大值，即

$$V[i][j] = \max\{V[i-1][j], V[i][j-1], V[i-1][j-1]\}，\quad nt_i \neq st_j，\quad 1 \leqslant i \leqslant n_1，\quad 1 \leqslant j \leqslant n_2$$

如果北岸的城市 i 和南岸的城市 j 两者的操作系统类型相同，即 $nt_i = st_j$，则可在两者之间假设一座桥梁，此时需要检查新建桥梁后是否可能达到更大的经济总价值，亦即取 $V[i][j]$和 $V[i-1][j-1] + nv[i] + sv[j]$的较大值，即

$$V[i][j] = \max\{V[i][j], V[i-1][j-1] + nv[i] + sv[j]\}，\quad nt_i = st_j，\quad 1 \leqslant i \leqslant n_1，\quad 1 \leqslant j \leqslant n_2$$

如果 $V[i][j]$和 $V[i-1][j-1] + nv[i] + sv[j]$相等，则比较 $B[i][j]$和 $B[i-1][j-1] + 1$ 的大小，取两者的较小值，即

$$B[i][j] = \min\{B[i][j], B[i-1][j-1] + 1\}$$
$$V[i][j] = V[i-1][j-1] + nv[i] + sv[j]$$

边界条件为 $V[i][0] = V[0][j] = B[i][0] = B[0][j] = 0$，$0 \leqslant i \leqslant n_1$，$0 \leqslant j \leqslant n_2$。

强化练习

10081 Tight Words[B]，10086 Test the Rods[C]，10128 Queue[B]，10271 Chopsticks[B]，10337 Flight Planner[B]，10918 Tri Tiling[B]，11258 String Partition[B]，11420 Chest of Drawers[B]，11472 Beautiful Numbers[C]。

扩展练习

909 The BitPack Data Compression Problem[E]，10722 Super Lucky Numbers[D]，11026 A Grouping Problem[C]，11285 Exchange Rates[D]，11552 Fewest Flops[C]。

提示

10918 Tri Tiling 是 10359 Tiling 的升级版，递推关系式不太直观，需要认真思考后才能得出。

10722 Super Lucky Numbers 中需要注意，题目描述中的 N 是指“数位”，而不是指“数字”。假设 $B=16$，$N=2$，以十进制数来表示数位上的数字，相邻数位以空格分隔，则“10 13”（AD_{16}）是十六进制下的两位数，而不是十六进制下的四位数。按照题意，给定一个数，若某个数位为 1，紧接着的数位为 3，则该数不是 super lucky number，因此“1 3”（13_{16}）不是 super lucky number，而“1 13”（$1D_{16}$）是 super lucky number。

11285 Exchange Rates 中，需要维护每天通过兑换能够得到的最大加元和美元值。注意浮点数的截断处理。

11552 Fewest Flops 中，每 k 个字符构成的区块（chunk）可以视为一个区间，在计数最小区块时，后一个区间只与前一个区间的最后一个字符有关联，因此只需两个参数来表示状态。令 $dp[i][j]$表示前 i 个区间以字符为 j 结尾时的最小区块数，根据题目约束可以得到相应的递推关系，使用自底向上的递推方式解题即可。

状态偏移

存在某些动态规划题目，其给定的状态值是负数，而 C++中数组的下标只能是非负整数。为了正确地表示状态，需要对其进行适当处理——使用状态偏移技巧将负值状态调整为非负值状态。例如，在子集和问题中，若给定的整数有正数也有负数，则在递推求解的过程中，和可能为负数，如果此时仍然使用数组来表示状态，则需要将和调整为正数。如果不使用数组来表示状态，则可以使用标准类库中的 `set` 容器类来保存状态，不过这样做的效率可能会比数组表示要稍低一些。

强化练习

323 Jury Compromise[D]，11002 Towards Zero[D]，11832 Account Book[D]。

扩展练习

1238 Free Parentheses[D]。

提示

1238 Free Parentheses 的解题基本思路是使用回溯法确定所能得到的所有可能的不同和。恰当地定义状态是解题的关键，与此同时，使用备忘技巧可以降低时间复杂度以避免超时。要唯一的确定当前的状态，需要考虑“当前所处的位置”“已经添加的左括号数量”“当前数字和”这 3 个参数。根据题意可以得到以下结论：（1）在表达式的任意位置可以（但并无必要）添加任意个左括号，因为最终可以在表达式的末尾添加对应的右括号使得括号达到平衡，从而使得表达式是合法的；（2）在表达式中添加右括号时，需要考虑当前已经添加的左括号数量，显然，只有当未匹配的左括号数量大于零时才能添加右括号；（3）只有在减号后加括号才会改变后续数字的正负性，从而改变原始表达式计算结果，而在加号后加括号是不会改变计算结果的；（4）当前数字的正负性只与数字原有的符号以及在此数字之前添加的左括号数量有关。

4.9 动态规划的优化

在解决动态规划问题的过程中，可以使用某些优化技巧来便于解题或者提高程序的空间/时间效率。

4.9.1 空间优化

空间优化是指在动态规划过程中，根据递推关系式的特点来缩减保存状态的数组的维数，使用更少的内存空间来完成计算，提高内存空间的使用效率。

空间优化的一种常用技巧是使用滚动数组对状态进行更新。回顾前述的 01 背包问题，在解决该问题的过程中，使用二维数组保存当前的状态，空间复杂度为 $O(VN)$。可以进一步优化空间的使用，使用一维数组来保存状态，从而将空间复杂度降为 $O(V)$。观察 01 背包问题的递推关系，$V[i][j]$取决于$V[i-1][j]$或$V[i-1][j-C_i]+P_i$，第$(i-1)$行元素在使用后不会再次使用，因此可以只用一维数组来存储中间结果。采用空间优化的方式求解时需要逆向进行，即容量的遍历顺序需要从最大容量到 *volume*[*i*]，这样才能保证取用到正确的值，否则取用的值是被之前计算所覆盖的错误值。

```
int v[capacity + 1] = {0};
for (int i = 1; i <= n; i++)
    for (int j = capacity; j >= volume[i]; j--)
        v[j] = max(v[j], v[j - volume[i]] + price[i]);
```

或者保持遍历顺序从小到大不变，使用模运算技巧，按下述方式优化空间的使用，俗称“滚动数组”。

```
int v[2][capacity + 1] = {0};
for (int i = 1; i <= n; i++)
    for (int j = volume[i]; j <= capacity; j++)
        v[i % 2][j] = max(v[(i - 1) % 2][j], v[(i - 1) % 2][j - volume[i]] + price[i]);
```

类似地，在 Floyd-Warshall 算法中，根据状态转移的特点，通过使用滚动数组技巧可以将初始实现的使用三维数组来表示的状态缩减为二维数组表示的状态。

强化练习

10154 Weights and Measures^{B}。

4.9.2 状态优化

在某些动态规划题目中，有时并不需要考虑所有给定的状态，而只需要考虑其中的一部分状态即可，亦即部分状态可以予以“丢弃”，不影响最终结果的正确性。还有一种情况是状态的某些参数已经“隐含”于其他参数中，如果将参数全部予以表示，将超出内存的限制，此时可以选择省略掉可以推导得到的参数，从而优化状态表示，同时通过恰当的预处理，进行常数项优化，从而使得解决方案能够在规定时间内获得通过。

702 The Vindictive Coach[C]（复仇心重的教练）

在常年经受媒体对其“排兵布阵”战术的恶评后，某个足球队的教练决定向媒体实施“复仇”。他将所有队员按高矮相间的顺序排成一列，迫使媒体的摄像机在拍摄球员的画面时不得不像锯齿一样地上下移动。然而，由于某种特定的原因，球队队长主张教练应该将他排在队列的首位。由于队长想成为媒体的焦点所在，因此队长要求与他相邻的球员的身高必须要比他矮（除非其他队员的身高都比他要高）。如果其他队员的身高都比队长要高，在仍然保证队伍呈锯齿形的前提下，要求与队长相邻的队员与队长的身高之差尽可能地小。

已知所有队员的身高均不相同。教练聘请了一位计算专家，根据上述限制条件，确定满足要求的不同排列的总数。众所周知，队员们在战术演示板上以塑料雕像代替，最矮的人编号为1。当然，队员的数目是任意的，但保证不超过22个。

输入

输入包含多组测试数据。每组测试数据一行，包含两个以空格分隔的正整数N和m。N（≤22）表示包括队长在内的队员总数，m表示队长的编号，要求队长总是排在队伍的首位。

输出

输出满足题目条件限制的队伍不同排列方式的总数。

样例输入

```
3 1
3 3
4 1
```

样例输出

```
1
1
1
```

分析

本题实质上是一个有向图上的路径计数问题。初看似乎可以使用集合型动态规划解决。令$dp[i][j][k]$表示已加入队列的队员的位掩码为i，队列最末尾的人编号为j，当前排列模式为k时的不同排列方案总数。k可以取0和1两个值，当$k=0$时，表示下一个作为队列末尾的人要比编号为j的队员的身高要高；当$k=1$时，表示下一个作为队列末尾的人要比编号为j的队员的身高要矮。结合备忘技巧有以下实现：

```
const int HIGHER = 0, LOWER = 1;

int N, m, ONES;
long long dp[1 << 22][22][2];

long long dfs(int mask, int last, int mode)
{
   if (~dp[mask][last][mode]) return dp[mask][last][mode];
   if (mask == ONES) return 1LL;
   long long r = 0;
   if (mode == HIGHER) {
      for (int bit = last + 1; bit < N; bit++) {
         if (mask & (1 << bit)) continue;
         r += dfs(mask | (1 << bit), bit, LOWER);
      }
   } else {
      for (int bit = 0; bit < last; bit++) {
         if (mask & (1 << bit)) continue;
         r += dfs(mask | (1 << bit), bit, HIGHER);
      }
   }
   return dp[mask][last][mode] = r;
}
```

当N较小时，例如$N≤16$，可以很快得到结果，但是当$N=22$时，由于状态数量较大，出现超时。

进一步考察使用集合型动态规划的实现，可以发现它对重复状态的利用率较低，每次得到的基本上都是一个新的状态。假设当前已经排好了x名队员，最高的队员序号为x_{high}，最矮的队员序号为x_{low}，队尾的

队员序号为 x_{last}，令其为队伍 A，还需要将剩余的 y 名队员接在这 x 名队员之后形成一个锯齿形的队列，令其为队伍 B。若要求 B 的第一名队员比 A 的最后一名队员要矮，则由于 B 中的 y 个人身高均不相同，问题转化为从 y 名队员中挑出一个比序号为 x_{last} 的队员要矮的人放在 B 的队首且所能得到的锯齿形队伍的数量（若要求 B 的第一名队员比 A 的最后一名队员要高，则由于 B 中的 y 个人身高均不相同，问题转化为从 y 名队员中挑出一个比序号为 x_{last} 的队员要高的人放在 B 的队首且所能得到的锯齿形队伍的数量）。不难看出，问题是相似的。但是使用前述的状态定义，需要知道比队尾序号为 x_{last} 的队员要矮的人中有多少人已经加入了队列，还有哪些人没有加入队列，在当前状态定义的基础上不便于回答这个问题。

注意到给定的 N 个人其身高均是不相同的，且题目要求排列得到的队伍外形呈现锯齿形，那么可以考虑优化状态的表示。即令 $f[i][j]$ 表示“在满足队伍的外形呈锯齿形的情况下，将 i 个人中的第 j 个人排列在队伍的最前面，且队伍前面两名队员的身高递增的排列总数”，$g[i][j]$ 表示“在满足队伍的外形呈锯齿形的情况下，将 i 个人中的第 j 个人排列在队伍的最前面，且队伍前面两名队员的身高递减的排列总数”，则可以得到以下递推关系式

$$f[i][j]=\sum_{k=j}^{i-1}g[i-1][k],\quad g[i][j]=\sum_{k=1}^{j-1}f[i-1][k]$$

根据上述递推关系式，如果令 $dp[i][j][0]$ 表示 $f[i][j]$，$dp[i][j][1]$ 表示 $g[i][j]$，结合备忘技巧，可以有以下时间复杂度为 $O(N^3)$ 的解题方案，能够有效应对 N 较大时的情形。

参考代码

```
const int HIGHER = 0, LOWER = 1;

int N, m;
long long dp[32][32][2];

long long dfs(int i, int j, int mode)
{
   if (i == 1 && j == 1) return 1;
   if (~dp[i][j][mode]) return dp[i][j][mode];
   long long r = 0;
   if (mode == HIGHER) {
      for (int k = j; k < i; k++)
         r += dfs(i - 1, k, LOWER);
   } else {
      for (int k = 1; k < j; k++)
         r += dfs(i - 1, k, HIGHER);
   }
   return dp[i][j][mode] = r;
}

int main(int argc, char *argv[])
{
   memset(dp, -1, sizeof(dp));
   while (cin >> N >> m) {
      if (N <= 2) { cout << "1\n"; continue; }
      long long r = 0;
      if (m == 1) r = dfs(N - 1, 2, LOWER);
      else {
         for (int i = 1; i < m; i++)
            r += dfs(N - 1, i, HIGHER);
      }
      cout << r << '\n';
   }
   return 0;
}
```

1099 Sharing Chocolate[C]（分享巧克力）

给定一块尺寸为 $x \times y$ 的矩形巧克力，它由相同大小的 $x \times y$ 块单位矩形巧克力小块构成。现在你需要

将这块矩形巧克力与 n 个朋友们分享，不过你的朋友们都很挑剔，并且有着不同的爱好：有人希望你给他的巧克力多一些，有人希望少一些。为了分享巧克力，你要把一整块大的分成两块小的，从行或者列之间断开，重复地分开巧克力，直到将巧克力分成每一个朋友所要求的大小，而且数量不多不少，恰好能够分享给所有的朋友。编写程序，确定朋友们的要求是否能够实现。

比如说，图 4-20 显示了把一个 3 × 4 的巧克力分成 4 个部分，每个部分分别包括 6 格、3 格、2 格、1 格，分了 3 次（对应于样例输入的第 1 组数据）。

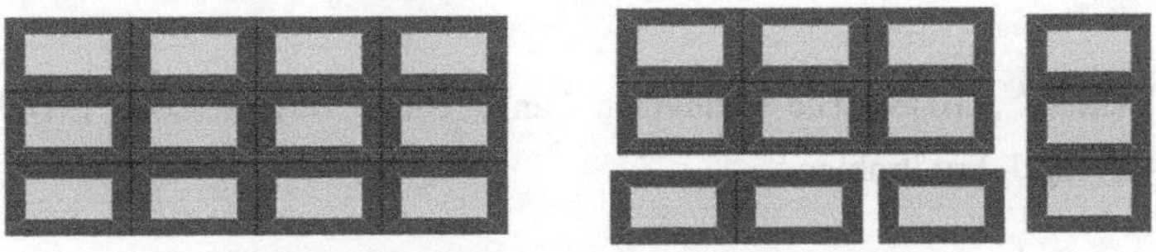

图 4-20 把一个 3×4 的巧克力分成 4 个部分

输入

输入包含多组测试数据，每组测试数据表示一块要被分享的巧克力。每组测试数据首先给出一个整数 n（$1 \leqslant n \leqslant 15$），表示要分成的块数，然后给出两个整数 x 和 y（$1 \leqslant x, y \leqslant 100$），表示这块巧克力的大小；接下来的一行给出 n 个正整数，表示被分成的 n 块巧克力每块具有多少格。输入以包含一个 0 的一行表示结束。

输出

对于每组测试数据，首先输出测试数据的编号，然后输出能否按照要求分开巧克力。如果可能，输出 Yes，否则输出 No。

样例输出

```
4
3 4
6 3 2 1
2
2 3
1 5
0
```

样例输出

```
Case 1: Yes
Case 2: No
```

分析

令 $F[i][j][k]$表示尺寸为 $i \times j$ 的矩形巧克力能否切分为若干块供 k 所表示的若干朋友所分享。其中 i 和 j 表示巧克力块的长和宽，k 是一个二进制压缩状态，从序号 0 开始为朋友编号，每个二进制位与朋友的序号一一对应，为 1 的二进制位表示该状态下可以切分出对应序号的朋友所要求大小的巧克力块，那么问题的解即为确定 $F[x][y][2^n - 1]$的值是否为真，但根据题目给定的约束条件，可能的最大状态数为 $x \times y \times (2^n - 1) = 100 \times 100 \times (2^{15} - 1) \approx 328 \times 10^6$，不仅会超时，而且可能会超出内存限制。考虑到 n 个朋友所要求的巧克力块大小已经给出，则 k 所表示的二进制状态实际上已经隐含了需要切出的面积（对二进制数中为 1 的位所对应朋友的巧克力大小求和即可），那么只需要知道长度，就可以推算出宽度，反之亦然，因此第二维是多余的，可以舍去，则最终的状态数约为 3.3×10^6，进行适当优化，可以在限定时间和内存条件下解决该问题。

在具体实现时，可以考虑使用备忘技巧，并加入一个常数优化：先把每个面积的状态预处理一次，将所有可能产生同一面积的状态排列成一个链表 L，这样可以去除不必要的状态枚举。令 $A[i]$表示第 i 个朋友所要求的巧克力块的大小（从 0 开始计数），则状态的初始值为

$$F[0][0] = 1, \quad F[j][2^i] = 1, \quad 0 \leqslant i < n, \quad 1 \leqslant j \leqslant \left\lfloor \sqrt{A[i]} \right\rfloor, \quad A[i]\%j = 0$$

在已知巧克力面积为 C 的情况下，可通过下述方法判断能否从一边长为 x 的巧克力中切出状态 k（另一边长为 $y = C/x$），即计算 $F[x][k]$。

（1）枚举 x 方向上的每个可能的切割位置 i，其中 $1 \leqslant i \leqslant \lfloor x/2 \rfloor$；

（2）枚举链表 $L[i \times y]$中的每个状态 j，若 j 为 k 的子状态，且沿 i 切分能够产生子状态 j（对应边长为 $\min(i, y)$，面积为 $i \times y$）和子状态 $k-j$（其对应边长为 $\min(x-i, y)$，面积为 $C-i \times y$），则返回 $F[x][k]=1$；

（3）用同样的方法处理 y 方向的切割；

（4）若枚举了 x 方向和 y 方向的每一种可能切割，仍无法满足要求，则 $F[x][k]=0$。

在记录状态时，由于可以从面积和长度推导出宽度，也可以由面积和宽度推导出长度，因此第一维可选择长度和宽度的较小值作为实际参数值。根据状态的定义，显然 $F[\min(x, y)][2^n-1]$即为问题的解。

强化练习

10118 Free Candies[C]，10482 The Candyman Can[C]，10626 Buying Coke[C]，10934 Dropping Water Balloons[C]，12324 Philip J. Fry Problem[D]。

扩展练习

1231 ACORN[D]，1244 Palindromic Paths[D]。

提示

10934 Dropping Water Balloons 中，如果令 $dp[i][j]$表示“使用 i 个气球对 j 个楼层进行测试所需的最少实验次数”，则由于楼层的最大数量可达 2^{63} 级别，显然无法使用限定的内存予以表示，因此需要考虑其他的状态表示方法。如果令 $dp[i][j]$表示“使用 i 个气球进行 j 次试验所能判定的楼层数量（注意，不是楼层的高度）”，则对于给定的一个气球来说，任选一楼层 x 将其扔下，它要么破裂，要么不破裂，如果破裂，则其能够判定的楼层数量为 $dp[i-1][j-1]+1$，如果它不发生破裂，则还能够判定的楼层数为 $dp[i][j-1]$，则有递推关系式

$$dp[i][j]=dp[i-1][j-1]+1+dp[i][j-1], i \geqslant 1, j \geqslant 1$$

边界条件：$dp[i][0]=0$，$i \geqslant 0$。寻找使得 $dp[k][j] \geqslant n$ 的最小 j 值即可。

12324 Philip J. Fry Problem 中，由于每段旅程最多只能使用一块燃料饼，因此对于任意一段旅程来说，只需考虑有 $0 \sim n$ 块燃料饼可用状态下的最短旅行时间。值得一提的是，此题亦可使用简洁的贪心法予以解决，贪心法基于以下事实：每段旅程最多只能使用一块燃料饼，那么将燃料饼使用在时间最长的旅程上所获得的效益也相应是最大的，因此按旅程时间从长到短的顺序来使用燃料饼可以获得最短的旅行时间。

1231 ACORN 中，由于并不需要确定松鼠搜集最多橡子的路径，故不需要考虑松鼠当前位于哪一棵橡树，这样在表示状态时能够省略一个维度，从而能够在限定时间内进行递推求解。

1244 Palindromic Paths 的题目所要求的路（path）是指不包含重复顶点的迹（trail），可以结合使用备忘和松弛技巧解题。解题的关键是如何控制松弛的过程，使得最长路中不会出现重复的顶点。

4.9.3　二进制优化

对于背包问题，有时题目所给的条件中同类物品的数量较大，如果仍旧按照逐个物品枚举的方式进行递推容易造成超时。此时可以应用二进制优化技巧将同类物品进行“打包”，以尽量减少所需遍历物品的个数，从而提高递推效率。二进制优化的核心思想是将“同类多件物品”转换为“多类单件物品”。在二进制数系统中，任意一个非负整数均可以使用二进制数进行表示。例如，$78_{10}=1001110_2=0111111_2+0001111_2$，即 78 可以拆分为 1, 2, 4, 8, 16, 32, 15。类似于兑换零钱的过程，可以通过 1, 2, 4, 8, 16, 32, 15 这 7 个数的适当组合表示 1～78 之间的任意整数，例如 $35=4+16+15$，$62=2+4+8+16+32$。在未进行优化时，以单件物品进行递推，需要从 1 遍历到 78，进行二进制优化后，仅使用 7 件物品进行递推，只需从 1 遍历到 7，时间复杂度降低为原来的约 $1/\log_2 78$，当物品的数量 n 越大时，效率提升越明显。二进制优化的正确性之所以能够保证，原因在于给定的是同类的多件物品，将其合并后并不会改变最终的结果。

强化练习

711 Dividing Up[C]。

4.9.4 单调队列优化

对于递推关系式形如

$$f(i)=\max\{g(j)\,|\,(b(i)\leqslant j\leqslant i)\}+h(i) \text{ 或 } f(i)=\min\{g(j)\,|\,(b(i)\leqslant j\leqslant i)\}+h(i)$$

的动态规划问题，若问题约束满足以下条件。

（1）$b(i)$满足单调性，即 $b(i)$随着 i 的递增不递减。

（2）$g(j)$是一个与$f(j)$和 j 有关的函数。

（3）$h(i)$是一个只与 i 有关的函数。

则可以使用一种称为单调队列优化的技巧来提高状态转移的效率。根据递推关系式并利用 $b(i)$的单调性，能够推导得到问题在进行状态转移时具有如下的性质：如果存在两个决策点j_1和j_2，使得$j_1<j_2$且 $g(j_2)$比 $g(j_1)$更优，则决策 j_1 是毫无用处的。利用这个性质，可以维护一个队列，使得队列中的元素满足决策的单调性。使用聚合分析，由于每个决策只会进出队列各一次，所以转移复杂度均摊是 $O(1)$，最后就把原来$O(n^2)$的时间复杂度优化到了 $O(n)$。如果动态规划的递推关系式比较复杂，可以采用变量分离法，将递推关系式中依赖于 i 和依赖于 j 的项进行分离，如果分离成功，则可以考虑使用单调队列优化[73]。

例如，若动态规划的递推关系式为

$$f[i]=\min\{f[j]\,|\,i-L\leqslant j<i\}+h[i]$$

其中 L 为已知常数，$h[i]$为一个只与 i 有关的函数。如果存在$j_1<j_2$，而且$f[j_2]<f[j_1]$，那么对于j_2之后的状态来说，j_1 一定不会被作为最优值。因此，只要维护一个在 j 递增的同时 $f[j]$也递增的队列，在更新$f[i]$前查询满足条件的$f[j]$的最小值时，只需将队列前端不满足下标限制的决策点删除，直到遇到一个满足下标限制的决策点，将该决策点的 $f[j]$值用于更新 $f[i]$即可，而在更新 $f[i]$后将 $f[i]$插入单调队列时，只需将队列尾端不满足单调性的决策点删除即可[74]。

1169 Robotruck[D]（机器人运货车）

本问题和工厂里的机器人运货车有关，该设备用于将邮件包裹分发到工厂中的各个地点。机器人位于收发室传送带的末端，等待包裹被装载到它的载货区中。机器人具有最大装载量限制，这意味着它可能需要若干次往返才能将所有包裹递送完毕。在不超过机器人最大装载量的情况下，它可以在任意时刻停止传送带并开始已装载包裹的递送。包裹必须按照装载的先后顺序进行递送。

在工厂网格中，一个往返的距离按如下方式进行计算：收发室的位置为(0, 0)，机器人从收发室出发，依次递送包裹，往返的距离等于下列 3 项步数之和——从收发室到第 1 个包裹需要递送的位置所移动的步数，每两个包裹之间所需要移动的步数，从最后一个包裹的递送位置回到收发室所需要移动的步数。在网格中，机器人可以沿水平或者垂直方向每次移动一步。例如，考虑 4 个包裹的情形，假设它们将被递送到位置(1, 2)，(1, 0)，(3, 1)和(3, 1)。将这些包裹分为两个往返进行递送，每次递送两个包裹，则第 1 个往返所移动的步数为 $3+2+1=6$，第 2 个往返所移动的步数为 $4+0+4=8$。注意，由于最后两个包裹的位置相同，因此在递送这两个包裹之间需要移动的步数为 0。

给定一个包裹的序列，计算机器人递送所有包裹必须移动的最小距离。

输入

输入包含多组测试数据。输入的第 1 行包含一个整数，表示测试数据的组数。在每组测试数据之前有一个空行。每组测试数据的第 1 行为一个正整数 C，不大于 100，表示机器人的最大装载量，接下来的一行包含一个正整数 N，不大于 100000，表示在传送带上需要装载的包裹总数量。接着的 N 行，每行包含一个包裹的描述：两个非负整数，表示在工厂网格中包裹的送达位置；一个正整数，表示包裹的重量。每个包裹的重量总是小于机器人的最大装载量。输入中包裹的顺序即为包裹在传送带上出现的顺序。

输出

对于每组测试数据输出一行，包含一个整数，表示机器人为了递送所有包裹所需要移动的最小步数。在每两组测试数据的输出之间打印一个空行。

样例输入

```
1

10
4
1 2 3
1 0 3
3 1 4
3 1 4
```

样例输出

```
14
```

分析

令 $dp[i]$为递送前 i 个包裹所需要移动的最小步数，$w[i]$表示第 i 个包裹的重量，$d_1[i]$表示第$(i-1)$个包裹和第 i 个包裹之间的最短距离，$d_2[i]$表示第 i 个包裹距离起始地点的最短距离，定义

$$sw[i]=\sum_{j=0}^{i}w[j],\quad w[0]=0,\quad i\geqslant 1$$

$$sd_1[i]=\sum_{j=0}^{i}d_1[j],\quad d_1[0]=0,\quad i\geqslant 1$$

根据题意，有以下递推关系式

$$dp[i]=\min\{dp[j]+d_2[j+1]+(sd_1[i]-sd_1[j+1])+d_2[i]\},\quad sw[i]-sw[j]\leqslant C,\quad j\geqslant 0,\quad i\geqslant 1$$

边界条件：$dp[0]=0$。由递推关系式可以得到以下的解题方案。

参考代码

```
const int MAXN = 100010, INF = 0x7f7f7f7f;

int main(int argc, char *argv[])
{
   int cases, C, N, dp[MAXN], sw[MAXN], sd1[MAXN], d2[MAXN];
   dp[0] = sw[0] = sd1[0] = 0;
   cin >> cases;
   for (int cs = 1; cs <= cases; cs++) {
      cin >> C >> N;
      // xx 和 yy 表示上一个包裹的位置，x 和 y 表示当前包裹的位置。
      for (int i = 1, xx = 0, yy = 0, x, y, w; i <= N; i++) {
         cin >> x >> y >> w;
         // 更新相应变量。
         sw[i] = sw[i - 1] + w;
         sd1[i] = sd1[i - 1] + abs(x - xx) + abs(y - yy);
         d2[i] = x + y;
         xx = x, yy = y;
         // 根据递推关系式计算最优值。
         dp[i] = INF;
         for (int j = i - 1; sw[i] - sw[j] <= C && j >= 0; j--)
            dp[i] = min(dp[i], dp[j] + d2[j + 1] + (sd1[i] - sd1[j + 1]) + d2[i]);
      }
      if (cs > 1) cout << '\n';
      cout << dp[N] << '\n';
   }
   return 0;
}
```

由于 UVa OJ 上的测试数据较弱，上述时间复杂度为 $O(CN)$的算法已经能够在限定时间内获得 Accepted。如果 C 较大，显然容易超时，是否存在效率更高的解题方法呢？答案是肯定的。对递推关系式进行变量分

离操作，可得到如下的递推关系式

$$dp[i] = \min\{dp[j] + d_2[j+1] - sd_1[j+1]\} + sd_1[i] + d_2[i], sw[i] - sw[j] \leqslant C, \quad j \geqslant 0, \quad i \geqslant 1$$

定义

$$g(j) = dp[j] + d_2[j+1] - sd_1[j+1], \quad j \geqslant 0$$
$$h(i) = sd_1[i] + d_2[i], \quad i \geqslant 1$$

可以发现，对于某个固定的 i 值，若 j_1 和 j_2 满足 $sw[i] - sw[j_1] \leqslant C$，$sw[i] - sw[j_2] \leqslant C$，且有 $j_1 < j_2$ 和 $g(j_2) < g(j_1)$，那么根据递推关系式可知，决策 j_2 要优于决策 j_1。由于机器人存在装载量上限 C，每个包裹具有固定的重量 w_i，在递推关系式中，随着 i 的递增，j 的取值下限是一个不递减的函数。因此，进行分离变量操作后的递推关系式满足单调队列优化的条件，那么可以根据决策的单调性来构建一个单调队列来对决策进行“筛选”。具体方法是应用类似于双端队列的数据结构，根据每个决策 x 所对应的函数值 $g(x)$ 以及 x 的大小关系来进行决策的“筛选”。

参考代码

```
const int MAXN = 100010;

int dp[MAXN], sw[MAXN], sd1[MAXN], d2[MAXN];

int G(int j) { return dp[j] + d2[j + 1] - sd1[j + 1]; }

int main(int argc, char *argv[])
{
    int cases, C, N;
    dp[0] = 0, sw[0] = 0, sd1[0] = 0, d2[0] = 0;
    cin >> cases;
    for (int cs = 1; cs <= cases; cs++) {
        cin >> C >> N;
        int xx = 0, yy  = 0, x, y, w;
        for (int i = 1; i <= N; i++) {
            cin >> x >> y >> w;
            sw[i] = sw[i - 1] + w;
            sd1[i] = sd1[i - 1] + abs(x - xx) + abs(y - yy);
            d2[i] = x + y;
            xx = x, yy = y;
        }
        // 为了简便，使用STL提供的双端队列来实现单调队列优化。
        deque<int> dq;
        dq.push_front(0);
        for (int i = 1; i <= N; i++) {
            // 根据装载量的限制从队列前端“剔除”不符合要求的候选值。
            while (!dq.empty() && sw[i] - sw[dq.front()] > C) dq.pop_front();
            dp[i] = G(dq.front()) + sd1[i] + d2[i];
            // 根据决策的单调性从队列尾端“剔除”不符合要求的候选值。
            if (i < N) while (!dq.empty() && G(dq.back()) >= G(i)) dq.pop_back();
            dq.push_back(i);
        }
        if (cs > 1) cout << '\n';
        cout << dp[N] << '\n';
    }
    return 0;
}
```

由于每个决策都仅进入队列一次，平摊后的决策选择时间复杂度为 $O(1)$，最终经过单调队列优化的算法总的时间复杂度为 $O(N)$，可以有效地应对规模较大的测试数据。

强化练习

1427 Parade[E]，12170 Easy Climb[D]。

4.9.5　斜率优化

对于递推关系式形如

$$dp[i]=\max\{dp[j]+f(i,j)\} \text{ 或 } dp[i]=\min\{dp[j]+f(i,j)\} \tag{4.4}$$

的动态规划问题，无法直接使用前述介绍的单调队列优化技巧来提高状态转移的效率。朴素的方法是使用时间复杂度为 $O(n^2)$的方式进行状态转移，显然当 n 较大时会发生超时。考虑递推关系式（4.4）的最优值取最小值的情形，令 $k<j<i$，当更新 $dp[i]$时，如果 $dp[j]+f(i,j)$比 $dp[k]+f(i,k)$更优，则有以下不等式

$$dp[j]+f(i,j)<dp[k]+f(i,k) \tag{4.5}$$

如果能够将不等式（4.5）转化为以下的形式

$$\frac{Y(j)-Y(k)}{X(j)-X(k)}<f(i) \tag{4.6}$$

则可以使用一种被人们称为斜率优化的技巧来提高状态转移的效率。观察不等式（4.6），将$(X(j), Y(j))$和$(X(k), Y(k))$视为平面直角坐标系上两个点 p_j 和 p_k 的坐标，则不等式（4.6）的几何意义可以理解为：当直线 p_jp_k 的斜率小于 $f(i)$时，从状态 j 转移到 i 比从状态 k 转移到 i 要更优。令 $slope(i,j)$表示直线 p_ip_j 的斜率，假设有 3 个决策点 j, k, l，且有 $slope(j, k)<slope(k, l)$。那么有两种可能：若 $slope(j, k)<f(i)$，则从状态 j 转移到 i 比从状态 k 转移到 i 更优；若 $f(i)<slope(j, k)$，则 $f(i)<slope(k, l)$，那么从状态 l 转移到 i 比从状态 k 转移到 i 更优。由此可知，当 $slope(j, k)<slope(k, l)$时，不论何种情况，从状态 k 转移到 i 都不是最优决策，因此决策点 k 可以"丢弃"。这种情形正好对应图 4-21a 所示的几何图像。

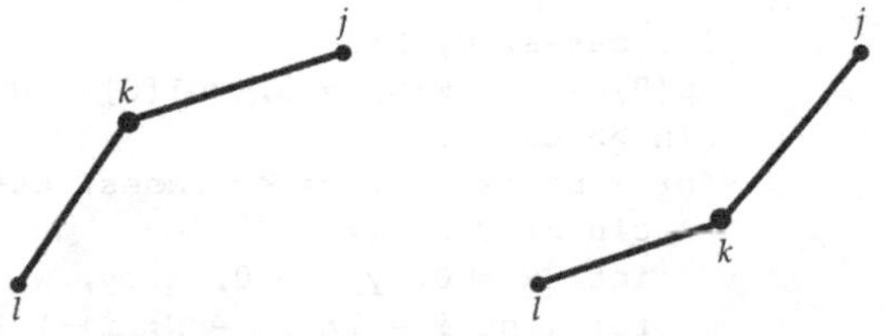

（a）3 个决策点 j, k, l 构成上凸包　　（b）3 个决策点 j, k, l 构成下凸包

图 4-21　斜率优化

如果将不可能成为最优的决策点删除，那么由最优决策点形成的几何图像将会是形如图 4-21b 所示的某个凸包的下半部分。在下凸包中，连续 3 个决策点满足斜率关系：$slope(k, l)<slope(j, k)<f(i)$，即对于决策点 k 和 l 来说，从 k 转移到 i 要比从 l 转移到 i 要更优，对于决策点 j 和 k 来说，从 j 转移到 i 要比从 k 转移到 i 更优，那么可以维护一个斜率单调不降的队列，在保持相邻两个决策点的斜率小于 $f(i)$的情况下，能构成更大斜率的直线且位于更右侧的决策点将更优。

下面，让我们通过一道题目的解析来更为直观地了解斜率优化在解题中的具体应用方法[1]。

USACO 2003 March Green — Best Cow Fences

给定 N 个正整数构成的序列 $a_1, a_2, \cdots, a_N$ 和整数 F，定义

$$A(i,j)=\frac{\sum_{k=i}^{j}a_k}{j-i+1},\quad 1\leqslant i\leqslant j\leqslant N$$

确定

$$M=\max\{A(i,j)\mid 1\leqslant i\leqslant j\leqslant N, F\leqslant j-i+1\}$$

即求一段长度至少为 F 且平均值最大的子串，约束条件 $1\leqslant F\leqslant N\leqslant 10^5$。

分析

如果使用朴素的穷尽算法，需要枚举每一个满足 $F\leqslant j-i+1$ 的区间$[i, j]$，取其最大值。容易看出，穷尽算法的时间复杂度为 $O(N^2)$，由于本题中 N 较大，显然会超时，需要另辟蹊径来提高效率[75]。令

[1] 题目描述不是原题的直接译文而是题意的抽象概括。题目来源：the United States of America Computing Olympiad 2003 March Green — Best Cow Fences。

$$S(i)=\sum_{j=0}^{i}a_j,\ a_0=0,\ i\geqslant 1$$

则有

$$A(i,j)=\frac{S(j)-S(i-1)}{j-(i-1)}$$

再令 $Y(i)=S(i)$，$X(i)=i$，则 $A(i,j)$恰为经过二维平面上两个点 $p_{i-1}(i-1, S(i-1))$和 $p_j(j, S(j))$的直线的斜率。于是可以将原问题转化为以下问题：给定二维平面上的点集 $p_m(m, S(m))$，m 为整数，要求从点集中选取两个点 p_i 和 p_j，其中 $i\leqslant j$，使得 $F\leqslant j-i+1$ 且直线 p_jp_i 的斜率最大。

对于给定的点 p_j，需要检查的决策点 p_i 满足条件 $0\leqslant i\leqslant j-F+1$，令

$$G_j=\{p_i \mid 0\leqslant i\leqslant j-F+1\}$$

特别地，当 $j<F$ 时，G_j 为空集。对于 G_j 中的 3 个决策点 p_i, p_k, p_l，$i<k<l<j$，存在这样的一个性质：如果在状态转移中决策点 p_i, p_k, p_l 先后均被用于更新最优值，则 3 个决策点构成的折线段必定是某个凸包的下半部分的局部。

如图 4-22 所示，假设 p_i, p_k, p_l 构成的并不是下凸包的局部而是一个上凸包的局部，可以证明 p_k 必定不会是最优决策点。使用反证法予以证明。假设 p_k 是 3 个决策点中的最优决策点，那么直线 p_jp_k 的斜率必须大于直线 p_jp_i 的斜率，要求 p_j 必须位于直线 p_kp_i 的上方区域，由于存在 $i<k<l<j$ 的约束，则 p_j 只能位于 1 号阴影区域，又由于 p_k 优于 p_l，那么直线 p_jp_k 的斜率必须大于直线 p_jp_l 的斜率，要求 p_j 必须位于直线 p_lp_k 的下方区域，由于存在 $i<k<l<j$ 的约束，则 p_j 只能位于 2 号阴影区域，但从图 4-22 可以看到，p_j 只可能位于两个阴影区域之一而不可能同时在两个阴影区域中，产生矛盾，因此当 p_i, p_k, p_l 构成的并不是下凸包的局部而是一个上凸包的局部时，p_k 不可能是 3 个决策点中的最优决策点，要么 p_i 比 p_k 更优，要么 p_l 比 p_k 更优。因此对于构成上凸包的 3 个决策点，可以将位于中间的决策点安全地删除，使得最优决策点构成的图形总是下凸包，如图 4-23 所示。

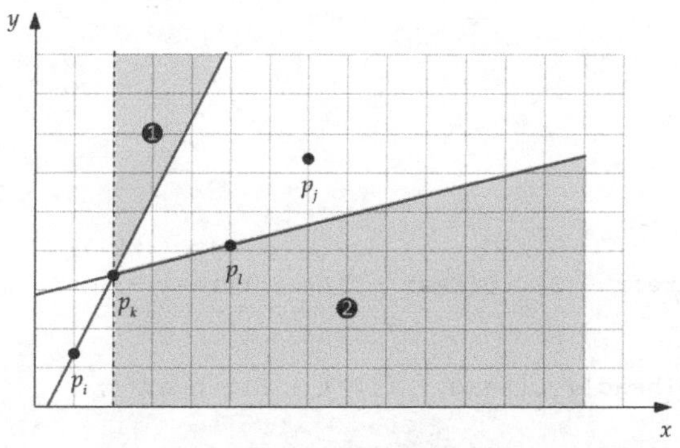

图 4-22　3 个决策点 p_i, p_k, p_l 构成上凸包的局部，则 p_k 不可能成为最优决策点

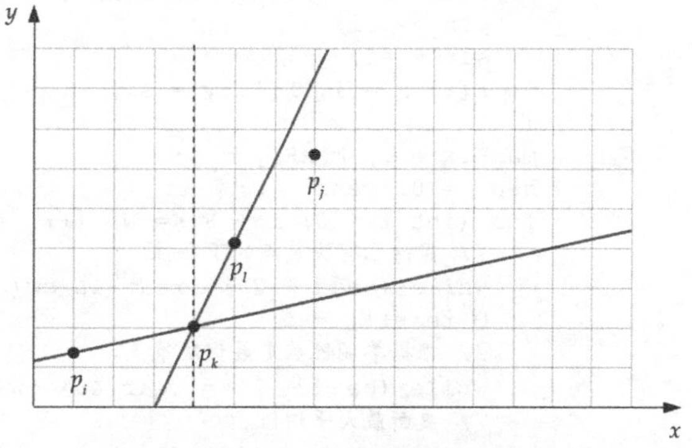

图 4-23　3 个决策点 p_i, p_k, p_l 构成下凸包的局部，则 p_k 会成为最优决策点

因此，为了提高状态转移的效率，只需在选择与 p_j 构成最大斜率的决策点时保证已有的决策点始终构成下凸包的局部。可以使用类似于 Andrew 合并法的方式来维护下凸包，由于决策点已经按照 x 坐标从左到右的顺序排列，省去了排序的过程，因此时间复杂度为 $O(n)$。那么如何寻找下凸包上与 p_j 有最大斜率的决策点呢？可以根据下凸包上的决策点与 p_i 构成直线的斜率的单调性来确定。当 p_j 处理完毕后，需要将 p_j 作为一个决策点加入下凸包中，此时可能导致原有的下凸包右侧的某些决策点不再满足下凸的性质，需要将其剔除，如图 4-23 所示，当 p_j 加入后，p_k, p_l, p_j 构成顺时针旋转，即上凸，因此 p_l 需要予以剔除。

以下是使用斜率优化技巧进行解题的参考实现代码[1]。

参考代码

```
//------------------------------4.9.5.cpp------------------------------//
const int MAXN = 100010;

struct point { long long x, y; } P[MAXN];

// 外积。
long long cp(point &a, point &b, point &c)
{
    return (b.x - a.x) * (c.y - a.y) - (b.y - a.y) * (c.x - a.x);
}

// 如果外积小于 0，则从点 a 向点 b 望去，点 c 位于线段 ab 的右侧，即两条连续线段 ab 和 bc 构成右转。
bool cw(int a, int b, int c)
{
    return cp(P[a], P[b], P[c]) < 0;
}

// 如果外积大于 0，则从点 a 向点 b 望去，点 c 位于线段 ab 的左侧，即两条连续线段 ab 和 bc 构成左转。
bool ccw(int a, int b, int c)
{
    return cp(P[a], P[b], P[c]) > 0;
}

int main(int argc, char *argv[])
{
    point maxK, k;
    int N, F, ai, si, head, rear, Q[MAXN];
    P[0].x = P[0].y = 0;
    while (cin >> N >> F) {
        // 读入数据。
        si = 0;
        for (int i = 1; i <= N; i++) {
            cin >> ai;
            si += ai;
            P[i].x = i, P[i].y = si;
        }
        maxK.x = 1, maxK.y = 0;
        head = 0, rear = 0;
        for (int i = 0; i + F <= N; i++) {
            // 保持已有决策点的下凸性。
            while (head + 2 <= rear && cw(Q[rear - 2], Q[rear - 1], i)) rear--;
            Q[rear++] = i;
            // 根据单调性确定最优决策点。
            while (head + 2 <= rear && ccw(Q[head], Q[head + 1], i + F)) head++;
            // 更新最大平均值。
            k.x = i + F - Q[head], k.y = P[i + F].y - P[Q[head]].y;
            if (maxK.y * k.x < maxK.x * k.y) maxK = k;
        }
        // 题目要求输出 1000 乘以最大平均值的整数部分。
```

[1] 参考实现代码于 2019 年 7 月 31 日在 Peking University Online Judge 提交获得 Accepted。本题亦可使用时间复杂度为 $O(n\log n)$的二分搜索方法解题。很明显，具有最大平均值的子串其平均值 M 不会小于序列中最小的元素值，也不会大于序列中最大的元素值，假设 m 为最大平均值，将所有序列元素减去 m 后，问题转化为在序列中是否能够找到一个子串，其长度不小于 F 且和至少为 0，可以通过动态规划在 $O(n)$的时间复杂度内予以判定。令 $dp(i,j)$表示区间$[i,j]$内子串的最大平均值，则有以下递推关系式

$$dp(i,\ j)=\begin{cases}0, & \text{如果}j-i<F\\ A(i,j), & \text{如果}j-i=F\\ \max\{dp(i,j-1)+a_j,\ dp(j-F+1,j)\}, & \text{如果}j-i>F\end{cases}$$

```
        cout << 1000 * maxK.y / maxK.x << '\n';
    }
    return 0;
}
//------------------------------4.9.5.cpp------------------------------//
```

强化练习

1451 Average[D]。

提示

1451 Average 要求具有最大平均值的区间的长度尽可能地短，因此在维护原有决策点的下凸性时需要考虑决策点共线的情形。如果决策点 j、决策点 k 和待进入队列的决策点 i 共线，且 $j<k<i$，则需要删除决策点 k；在寻找最优决策点时，如果决策点 j、决策点 k 和待检查点 i 共线，且 $j<k<i$，则需要忽略决策点 j，选择决策点 k。

4.9.6 四边形不等式优化

在区间型动态规划中，对递推关系式形如

$$B_{i,j}=\begin{cases}0, & i=j\\ \min\limits_{i<k\leqslant j}\{B_{i,k-1}+B_{k,j}\}+w(i,j), & i<j\end{cases}$$

的问题，通常的做法是使用时间复杂度为 $O(n^3)$ 的算法进行解题，当 n 较大时很容易超时。如果递推关系式中的代价函数 w 满足某些特定的性质，则可以使用四边形不等式优化（Knuth-Yao quadrangle-inequality speedup）对递推过程进行优化，从而使得时间复杂度从 $O(n^3)$ 下降至 $O(n^2)$[76][77][78]。

知识拓展

四边形不等式优化最初由 Knuth 获得并用于最优二叉查找树构建问题的优化。Yao 对 Knuth 原有较为复杂的论证进行了改进，使得证明易于理解并给出了将四边形不等式优化应用于其他问题的具体条件。Bein 等人进一步论证得出四边形不等式优化实际上是全局单调性（total monotonicity）推论的具体应用，并指出可将 SMAWK 算法应用于可进行四边形不等式优化的问题。

如果 w 满足

$$w(i,j)+w(i',j')\leqslant w(i',j)+w(i,j'),\quad i\leqslant i'\leqslant j\leqslant j'$$

则称 w 满足四边形不等式（quadrangle inequality）。

若 w 满足

$$w(i,j)\leqslant w(i',j'),\quad i'\leqslant i<j\leqslant j',\ \text{即}[i,j]\subseteq[i',j']$$

则称 w 满足区间包含单调性。

令

$$K_B(i,j)=\min\{k\colon\ B_{i,j}=B_{i,k-1}+B_{k,j}+w(i,j)\}$$

即 $K_B(i,j)$ 为区间 $[i,j]$ 的最佳决策点（使得 $B_{i,j}$ 取最小值的下标 k），可以证明以下两个结论。

（1）如果 w 满足四边形不等式和区间包含单调性，则最优代价函数 B 亦满足四边形不等式。

（2）当结论（1）成立时，有 $K_B(i,j-1)\leqslant K_B(i,j)\leqslant K_B(i+1,j)$，$i\leqslant j$。

应用四边形不等式优化的步骤是首先证明 w 满足四边形不等式和区间包含单调性，为了节省时间，亦可在 $O(n^3)$ 的算法中同步验证应用四边形不等式优化的条件是否满足，如果符合则可考虑使用优化技巧。

10304 Optimal Binary Search Tree[B]（最优二叉查找树）

给定 n 个不同元素的集合 $S=\{e_1,e_2,\cdots,e_n\}$，S 中的元素满足：$e_1<e_2<\cdots<e_n$。考虑由 S 中所有元素构成的一棵二叉查找树，人们期望该二叉查找树具有这样的性质：查询频率越高的元素越靠近根结点。从一棵树中查找 S 中某个元素 e_i 的代价 $cost(e_i)$ 定义为从根结点出发到达包含此元素的结点所经过的路径的边数。

给定集合 S 中所有元素各自的查询频率，$f(e_1), f(e_2), \cdots, f(e_n)$，我们定义一棵二叉查找树的总代价为

$$f(e_1)cost(e_1) + f(e_2)cost(e_2) + \cdots + f(e_n)cost(e_n)$$

按照上述定义，具有最小总代价的二叉树是对应集合 S 的最佳二叉查找树表示，故将其称之为最优二叉查找树。

输入

输入包含多组测试数据，每组测试数据一行。每行起始为一个整数 n，$1 \leqslant n \leqslant 250$，表示集合 S 的大小，接着是 n 个非负整数，表示 S 中各个元素的查询频率，$f(e_1), f(e_2), \cdots, f(e_n)$，$0 \leqslant f(e_i) \leqslant 100$。以文件结束符表示输入终结。

输出

对于每组测试数据输出一行，输出最优二叉查找树的总代价。

样例输入

```
1 5
3 10 10 10
3 5 10 20
```

样例输出

```
0
20
20
```

分析

构建最优二叉查找树是一个经典问题，此处给出的题目是该问题的一种变形[1]。由于题目已经给定 $e_1 < e_2 < \cdots < e_n$，为了保持二叉查找树的性质，直观的解题思路是尝试将 n 个键的每一个键 e_k 作为根结点，这样会将给定区间以 e_k 为界分成两个子区间，通过获取子区间 $e_1 \cdots e_{k-1}$ 和 $e_{k+1} \cdots e_n$ 的最优二叉查找树，可以综合得到整体区间 $e_1 \cdots e_n$ 的最优二叉查找树，如图 4-24 所示。

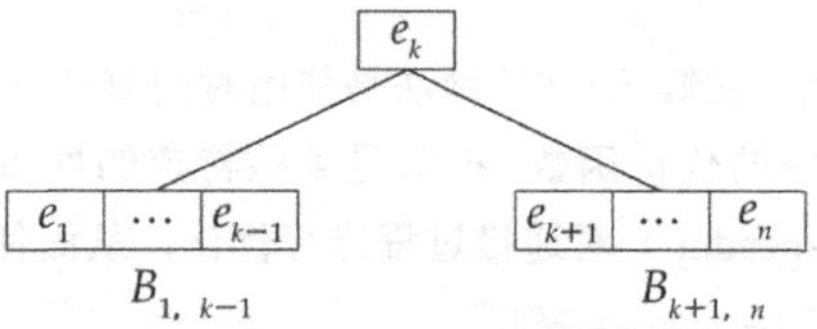

图 4-24　以 e_k 为根将问题分解为两个子问题

令 $B_{i,j}$ 表示 $e_i \sim e_j$ 的元素所构成的最优二叉查找树的总代价，当 $e_i \sim e_{k-1}$ 的元素和 $e_{k+1} \sim e_j$ 的元素以左侧最优二叉查找子树和右侧最优二叉查找子树的形式"挂接"在以 e_k 为根的二叉树下时，由于 e_k 已经被选定为子树的根结点，除 e_k 以外的其他结点的深度都增加了 1 层，故总代价需要加上除 e_k 以外 e_i 至 e_j 的和，故有

$$B_{1,n} = B_{1,k-1} + B_{k+1,n} + e_1 + \cdots + e_{k-1} + e_{k+1} + \cdots + e_n$$

令 $sum[i]$ 为前 i 个键值的和，即

$$sum[i] = \sum_{j=1}^{i} e_j$$

定义 $sum[0] = 0$，则有以下递推关系式

$$B_{i,\,j} = \begin{cases} 0, & i \geqslant j \\ \min\limits_{i \leqslant k \leqslant j} \{B_{i,k-1} + B_{k+1,j} - e_k\} + sum[j] - sum[i-1], & 0 \leqslant i < j < n \end{cases}$$

由此可得到以下通过递推方式进行解题的关键实现[2]，易知其时间复杂度为 $O(n^3)$。

```
int e[256], sum[256], dp[256][256];
memset(dp, 0, sizeof(dp));
// 确定长度从 1~n 的所有区间的最小代价，最后所求即为 dp[1][n]。
for (int L = 2; L <= n; L++)
    // 设置区间的起始下标 i 和结束下标 j。
    for (int i = 1, j = L; j <= n; i++, j++) {
        dp[i][j] = INF;
        // 以区间[i, j]内的每一个元素作为根结点，确定最优二叉查找树的代价。
```

[1] 关于经典的最优二分查找树（Optimal Binary Search Tree，OBST）问题请参阅参考文献[8]。

[2] 为了便于四边形不等式优化的说明，采用自底向上的方式进行递推，使用递归方式的自顶向下递推可能更为直观和易于理解。

```
        for (int k = i; k <= j; k++) {
            int next = dp[i][k - 1] + dp[k + 1][j] - e[k] + sum[j] - sum[i - 1];
            dp[i][j] = min(dp[i][j], next);
        }
    }
```

观察递推关系式中的代价函数

$$w(i,j)=sum[j]-sum[i-1]$$

容易验证代价函数 w 满足四边形不等式和区间包含单调性。

如图 4-25 所示，给定 $i\leqslant i'\leqslant j\leqslant j'$，有

$$\begin{aligned}w(i,j)+w(i',j')&=\left(sum[j]-sum[i-1]\right)+\left(sum[j']-sum[i'-1]\right)\\&=(e_i+e_{i+1}+\cdots+e_{j-1}+e_j)+(e_{i'}+e_{i'+1}+\cdots+e_{j'-1}+e_{j'})\\&=(e_{i'}+e_{i'+1}+\cdots+e_{j-1}+e_j)+(e_i+e_{i+1}+\cdots+e_{j'-1}+e_{j'})\\&=(sum[j]-sum[i'-1])+(sum[j']-sum[i-1])\\&=w(i',j)+w(i,j')\end{aligned}$$

如图 4-26 所示，给定 $i'\leqslant i<j\leqslant j'$，有

$$\begin{aligned}w(i,j)&=sum[j]-sum[i-1]\\&=e_i+e_{i+1}+\cdots+e_{j-1}+e_j\\&\leqslant e_{i'}+\cdots+e_i+e_{i+1}+\cdots+e_{j-1}+e_j+\cdots+e_{j'}\\&=sum[j']-sum[i'-1]\\&=w(i',j')\end{aligned}$$

e_i	…	$e_{i'}$	$e_{i'+1}$	…	…	e_{j-1}	e_j	…	$e_{j'}$

图 4-25　代价函数 w 满足四边形不等式：$w(i,j)+w(i',j')\leqslant w(i',j)+w(i,j')$，$i\leqslant i'\leqslant j\leqslant j'$

$e_{i'}$	…	e_i	e_{i+1}	…	…	e_{j-1}	e_j	…	$e_{j'}$

图 4-26　代价函数 w 满足区间包含单调性：$w(i,j)\leqslant w(i',j')$，$i'\leqslant i<j\leqslant j'$

由于递推关系式中的代价函数 w 满足应用四边形不等式优化的约束条件，递推过程可以进一步优化为

```
int e[256], sum[256], dp[256][256], K[256][256];
memset(dp, 0, sizeof(dp));
for (int i = 1; i <= n; i++) K[i][i] = i;
for (int L = 2; L <= n; L++)
    for (int i = 1, j = L; j <= n; i++, j++) {
        dp[i][j] = INF;
        for (int k = K[i][j - 1]; k <= K[i + 1][j]; k++) {
            int next = dp[i][k - 1] + dp[k + 1][j] - e[k] + sum[j] - sum[i - 1];
            if (next < dp[i][j]) {
                dp[i][j] = next;
                K[i][j] = k;
            }
        }
    }
```

回顾之前介绍的典型的石子合并问题，由于其递推关系式为

$$dp[i][j]=\min_{i\leqslant k<j}\left\{dp[i][k]+dp[k+1][j]\right\}+sum[j]-sum[i-1],\ dp[i][i]=0,\ 1\leqslant i<j<n$$

若定义代价函数

$$w(i,j)=sum[j]-sum[i-1],\ sum[0]=0,\ 1\leqslant i<j<n$$

由前述论证易知，$w(i,j)$满足四边形不等式和区间包含单调性，因此典型的石子合并问题可以应用四边形不等式优化技巧提高求解效率，从而能够使得时间复杂度从 $O(n^3)$降为 $O(n^2)$。需要注意，如果使用备忘技巧结合递归的方式求解石子合并问题，则在递归过程中不能使用四边形不等式优化，会产生错误，只能在自底向上使用迭代方法递推时使用该优化技巧。究其原因，在于递归求解时会导致优化数组的状态不一致而出现错误。

强化练习

10003 Cutting Sticks[A]。

提示

10003 Cutting Sticks 中，可以将木棒切割看做石子合并的反过程，因此也是一种典型的区间型动态规划。令 $dp[i][j]$ 表示第 i 个切割点起始至第 j 个切割点结束这段木棒的最小切割费用，c_i 表示第 i 个切割点距离与木棒的一端的距离（统一定为木棒的左端），并设 $c_0 = 0$，易知有递推关系式

$$dp[i][j] = \min_{i \leqslant k < j} \{dp[i][k] + dp[k+1][j]\} + c_j - c_{i-1}, 1 \leqslant i < j \leqslant n$$

不难看出，上述递推关系式中的代价函数 $w(i, j) = c_j - c_{i-1}$ 满足应用四边形不等式优化的条件。

4.10 子序列和子串问题

4.10.1 最短编辑距离

最短编辑距离（minimum edit distance，又称 Leviathan 距离）是指通过删除（deletion）、插入（insertion）、替换（substitution）3 种操作，将源字符串 S 变换为目标字符串 T 所需最少的操作步骤数。设源字符串 S 为 INTENTION，目标字符串 T 为 EXECUTION，则将 S 变换为 T 具有最少操作步骤数的一种方案如下。

```
S:   INTENTION    将源字符串第 1 个字符 I 替换为目标字符串第 1 个字符 E
     ENTENTION    将当前字符串第 2 个字符 N 替换为目标字符串第 2 个字符 X
     EXTENTION    删除当前字符串的第 3 个字符 T
     EXENTION     将当前字符串第 4 个字符 N 替换为目标字符串第 4 个字符 C
     EXEC*TION    在当前字符串第 5 个字符位置（*号处）插入目标字符串第 5 个字符 U
T:   EXECUTION    后面字符相同，不需操作，变换结束，总共 5 个步骤。
```

由上例可以观察到，在将源字符串变换为目标字符串的过程中，是按从左至右的顺序进行的，每次字符的操作位置递增 1，这个规律不是特例，实际上对源串的任何修改都可以改写成从左到右的顺序，使得每次的字符操作都发生在已处理字符串的“最末位置”（此处的最末位置不是指整个字符串真正的最末位置，而是指操作的最末位置）。可将上述过程归纳如下：在从源串变换为目标串的过程中，要么删除源串的最后一个字符，要么在源串最后插入一个字符，要么将源串最后一个字符替换成目标串的最后一个字符（如果两者相同则不需替换操作），由此可知，在计算 S 和 T 的最短编辑距离时，需要计算 S 和 T 的子字符串的最短编辑距离。约定使用形如 $A[p..q]$ 的符号表示字符串 A 中从下标 p 到下标 q 的连续子串（下标从 1 开始计数）。令 $D(i,j)$ 表示 $S[1..i]$ 和 $T[1..j]$ 的最短编辑距离，那么此问题的递推关系式为

$$D(i, j) = \min\{D(i-1, j)+1, D(i, j-1)+1, D(i-1, j-1)+c(i, j)\}$$

$$c(i, j) = \begin{cases} 1, & \text{如果} S[i] \neq T[j] \\ 0, & \text{否则} \end{cases}$$

其中，$D(i-1, j)$ 表示 $S[1..(i-1)]$ 变换为 $T[1..j]$ 的最短编辑距离，因为 $S[1..i]$ 需要移除最末一个字符到达 $S[1..(i-1)]$，然后再到达 $T[i..j]$，对应删除操作，操作步骤数增加 1；$D(i, j-1)$ 表示 $S[1..i]$ 变换为 $T[1..(j-1)]$ 的最短编辑距离，因为 $S[1..i]$ 通过此方式到达了 $T[1..(j-1)]$，仍然需要增加一个字符才能到达 $T[1..j]$，因此相当于在 $S[1..i]$ 末尾增加一个字符，对应插入操作，操作步骤数增加 1；$D(i-1, j-1)$ 表示 $S[1..(i-1)]$ 到达 $T[1..(j-1)]$ 的最短编辑距离，如果 $S[i]$ 和 $T[j]$ 不等，只需将 $T[j]$ 替换 $S[j]$ 即可，操作步骤数增加 1，否则无需替换，操作步骤数不变化。

由以上递推关系，可以通过基于表格的动态规划解决最短编辑距离问题。最初时，将 $S[1..i]$ 变换为 $T[0]$ 的操作步骤数为 i，即进行 i 次删除操作；将 $S[0]$ 变换为 $T[1..j]$ 的操作步骤为 j，即进行 j 次插入操作，故有

$D(i,0)=i$，$D(0,j)=j$。

```
//-------------------------------4.10.1.cpp-----------------------------------//
int dp[1024][1024];
int med(string &S, string &T)
{
   dp[0][0] = 0;
   int M = S.length(), N = T.length();
   for (int i = 1; i <= M; i++) dp[i][0] = i;
   for (int j = 1; j <= N; j++) dp[0][j] = j;
   for (int i = 1; i <= M; i++)
      for (int j = 1; j <= N; j++) {
         int deleted = dp[i - 1][j] + 1, inserted = dp[i][j - 1] + 1;
         int replaced = dp[i - 1][j - 1];
         if (S[i - 1] != T[j - 1]) replaced = dp[i - 1][j - 1] + 1;
         dp[i][j] = min(min(deleted, inserted), replaced);
      }
   return dp[M][N];
}
//-------------------------------4.10.1.cpp-----------------------------------//
```

利用动态规划可以得到最少的操作步骤，具体的操作序列可以从后往前反向查找进行构建。利用递归可以将解正向输出。

164 String Computer[B]（字符串处理机）

Extel 刚刚购进了一台最新的计算机——命名为 X9091 的字符串处理机，它总共有如下 3 条指令，均用于对字符进行特定操作。

（1）删除（Delete）字符串指定位置字符的指令。

（2）将字符插入（Insert）到字符串指定位置的指令。

（3）将字符串指定位置字符更改（Change）为其他字符的指令。

为此计算机编写的程序以机器码进行表示，每条指令具有形如 ZXdd 的形式。Z 表示指令所代表的操作码（删除为 D，插入为 I，更改为 C），X 表示操作的字符，dd 表示一个两位整数。程序以一个特定的停止指令结束，该指令为 E。注意，每条指令在执行时对内存中的字符串都起作用。

下面以一个例子来说明指令的工作方式。假如需要将字符串 abcde 变换为 bcgfe，一种方式是通过一系列的更改（Change）命令来实现，但是这样的操作步骤数不是最小化的，以下的操作步骤更好。

```
         abcde
Da01     bcde     % 注意，指令中的字符 a 是必需的，硬件会进行相应的检查
Cg03     bcge
If04     bcgfe
E        bcgfe    % 程序终止
```

编写程序，读入两个字符串（输入字符串和目标字符串），生成具有最少操作步骤数的 X9091 程序，以便将输入字符串变换为目标字符串。如果有多种解决方案，只需给出一种即可。任何满足上述规则的解决方案都可以接受。

输入与输出

输入包含多行。每行包含两个字符串，中间以一个空格分隔。每个字符串由不超过 20 个的小写英文字母组成。输入以只包含#字符的一行结束。

输出由多行组成，每行输出对应一行输入。每行输出包含了以 X9091 语言编写的转换程序。

样例输入

```
abcde bcgfe
#
```

样例输出

```
Da01Cg03If04E
```

分析

直接使用前述介绍的动态规划算法解题即可。需要注意的是，由于题目要求输出相应的变换操作及其序号，在进行更改（Change）和插入（Insert）操作时，其序号位置相对于目标串来说都不会发生变化，直

接输出即可。进行删除（Delete）操作是相对于源字符串的，其序号会因为之前的删除和插入操作而发生变化，因此需要记录删除和插入操作的次数，根据次数对后续的序号进行适当调整。

参考代码

```
const int NONE = -1, DELETE = 0, INSERT = 1, CHANGE = 2, MATCH = 3;

// 定义动态规划表格单元。
struct cell { int cost, operation; };

cell cells[25][25];
string S, T, operationCode = "DIC";
int M, N, deletions, insertions;

// 显示操作步骤，注意删除操作其序号会因为已有的删除和插入操作而发生变化。
void displayPath(int i, int j)
{
   if (cells[i][j].operation >= DELETE && cells[i][j].operation <= CHANGE) {
      cout << operationCode[cells[i][j].operation];
      if (cells[i][j].operation == CHANGE) {
         cout << T[j];
         cout << setw(2) << setfill('0') << j;
      }
      else if (cells[i][j].operation == DELETE) {
         cout << S[i];
         cout << setw(2) << setfill('0') << (i + insertions - deletions);
         deletions++;
      }
      else if (cells[i][j].operation == INSERT) {
         cout << T[j];
         cout << setw(2) << setfill('0') << j;
         insertions++;
      }
   }
}

// 利用递归构建操作步骤。
void findPath(int i, int j)
{
   if (cells[i][j].operation != NONE) {
      if (cells[i][j].operation == DELETE)
         findPath(i - 1, j);
      else if (cells[i][j].operation == INSERT)
         findPath(i, j - 1);
      else
         findPath(i - 1, j - 1);
   }
   displayPath(i, j);
}

void med()
{
   // 为每个字符串起始位置增加一个空格，将字符串序号和表格序号对齐，方便处理。
   S = ' ' + S;
   T = ' ' + T;
   M = S.length() - 1;
   N = T.length() - 1;

   // 初始化动态规划表格。
   cells[0][0] = (cell){0, NONE};
   for (int i = 1; i <= M; i++) cells[i][0] = (cell){i, DELETE};
   for (int j = 1; j <= N; j++) cells[0][j] = (cell){j, INSERT};
```

```
    // 自底向上动态规划求解。
    for (int i = 1; i <= M; i++)
        for (int j = 1; j <= N; j++) {
            cells[i][j] = (cell){cells[i - 1][j].cost + 1, DELETE};
            if (cells[i][j].cost > (cells[i][j - 1].cost + 1))
                cells[i][j] = (cell){cells[i][j - 1].cost + 1, INSERT};
            if (S[i] == T[j]) {
                if (cells[i][j].cost > cells[i - 1][j - 1].cost)
                    cells[i][j] = (cell){cells[i - 1][j - 1].cost, MATCH};
            } else {
                if (cells[i][j].cost > (cells[i - 1][j - 1].cost + 1))
                    cells[i][j] = (cell){cells[i - 1][j - 1].cost + 1, CHANGE};
            }
        }

    // 反向构建操作步骤。
    deletions = insertions = 0;
    findPath(M, N);
    cout << "E" << endl;
}

int main(int argc, char *argv[])
{
    while (cin >> S, S != "#" && cin >> T) med();
    return 0;
}
```

强化练习

526 String Distance and Transform Process[B]，671 Spell Checker[C]，1207 AGTC[C]，10069 Distinct Subsequences[A]。

扩展练习

963 Spelling Corrector[E]。

提示

对于 963 Spelling Corrector，截至 2020 年 1 月 1 日，在 UVa OJ 的评测数据中，某些输入行的行首、行末或行内单词之间可能有多个空格，为了获得 Accepted，需要将这些空格原样打印至输出中。

4.10.2　最长公共子序列

一个给定序列的子序列就是将该序列去掉零个或多个元素所形成的序列。更为形式化的定义是：给定一个序列 $X=\langle x_1, x_2, \cdots, x_m\rangle$，若称另一个序列 $Z=\langle z_1, z_2, \cdots, z_k\rangle$ 是 X 的一个子序列，则存在 X 的一个严格递增的下标序列 $\langle i_1, i_2, \cdots, i_k\rangle$，使得对于所有的 $j=1, 2, \cdots, k$，有 $x_{i_j}=z_j$。例如，$Z=\langle B, C, D, B\rangle$ 是 $X=\langle A, B, C, B, D, A, B\rangle$ 的一个子序列，相应的下标序列为 $\langle 2, 3, 5, 7\rangle$。

给定两个序列 X 和 Y，如果 Z 既是 X 的一个子序列又是 Y 的一个子序列，则称序列 Z 是 X 和 Y 的公共子序列。在所有公共子序列中，具有最大长度的公共子序列称为最长公共子序列（Longest Common Subsequence，LCS）。

最长公共子序列问题可以使用动态规划予以解决。令序列 $Y=\langle y_1, y_2, \cdots, y_n\rangle$，$Z$ 是 X 和 Y 的一个最长公共子序列，如果有 $x_m=y_n$，那么必有 $z_k=x_m=y_n$，可以推出 Z_{k-1} 是 X_{m-1} 和 Y_{n-1} 的一个最长公共子序列；如果 $x_m \neq y_n$ 且 $z_k \neq x_m$，则可推出 Z 是 X_{m-1} 和 Y 的一个最长公共子序列；如果 $x_m \neq y_n$ 且 $z_k \neq y_n$，则可推出 Z 是 X 和 Y_{n-1} 的一个最长公共子序列。设 $L(i, j)$ 表示序列 X_i 和 Y_j 的最长公共子序列长度，当序列 X_i 或序列 Y_j 的长度为 0 时，最长公共子序列长度为 0；若已知 $L(i-1, j-1)$，如果有 $x_i=y_j$（$i, j>0$），那么可以将此元素附加在目前得到的最长公共子序列末尾形成一个新的最长公共子序列，长度为 $L(i-1, j-1)+1$；

若 $x_i \neq y_j$（$i, j>0$），则此元素不能作为一个公共元素看待，不能增加当前得到的公共子序列长度，应转而检查 $L(i, j-1)$和 $L(i-1, j)$，找到两者的最大值作为新的最长公共子序列长度。因此有递推关系式

$$L(i,j)=\begin{cases}0, & i=0 \text{或} j=0 \\ L(i-1,j-1)+1, & i,j>0 \text{且} x_i=y_j \\ \max\{L(i,j-1),L(i-1,j)\}, & i,j>0 \text{且} x_i \neq y_j\end{cases}$$

可以根据以上递推关系计算最长公共子序列的长度。如果需要得到构成最长公共子序列的字符，需要设立一个数组记录 $L(i,j)$由何处更新而来，由此数组回溯得到具体的公共子序列。以下代码确定两个给定字符串的最长公共子序列长度，并输出任意一种最长公共子序列。

```
//-------------------------------4.10.2.cpp-------------------------------//
const int IMINUS_JMINUS = 1, IMINUS = 2, JMINUS = 3;

// length 表示 LCS 的长度，from 表示此长度从何种方式更新而来，用于重建 LCS。
struct state { int length, from; };

void lcs(string &s, string &t)
{
   state dp[s.length() + 1][t.length() + 1] = {};

   // 根据递推关系确定 LCS。
   for (int i = 1; i <= s.length(); i++)
      for (int j = 1; j <= t.length(); j++)
         if (s[i - 1] == t[j - 1]) {
            if (dp[i][j].length < dp[i - 1][j - 1].length + 1) {
               dp[i][j].length = dp[i - 1][j - 1].length + 1;
               dp[i][j].from = IMINUS_JMINUS;
            }
         } else {
            if (dp[i][j].length < dp[i - 1][j].length)
               dp[i][j].length = dp[i - 1][j].length, dp[i][j].from = IMINUS;
            if (dp[i][j].length < dp[i][j - 1].length)
               dp[i][j].length = dp[i][j - 1].length, dp[i][j].from = JMINUS;
         }

   // 输出 LCS 的长度。
   cout << "LCS: length = " << dp[s.length()][t.length()].length;

   // 根据更新过程中的记录重建 LCS。
   string subsequence;
   int endi = s.length(), endj = t.length();
   while (dp[endi][endj].from) {
      if (dp[endi][endj].from == IMINUS_JMINUS) {
         subsequence.push_back(s[endi - 1]);
         endi -= 1, endj -= 1;
      } else {
         if (dp[endi][endj].from == IMINUS) endi -= 1;
         else endj -= 1;
      }
   }
   reverse(subsequence.begin(), subsequence.end());
   cout << " subsequence = " << subsequence << '\n';
}
//-------------------------------4.10.2.cpp-------------------------------//
```

强化练习

363 Approximate Matches[E]，531 Compromise[A]，10066 The Twin Towers[A]，10100 Longest Match[A]，10192 Vacation[A]，10405 Longest Common Subsequence[A]。

扩展练习

10635 Prince and Princess[A]，11151 Longest Palindrome[A]。

4.10.3 最长公共子串

在最长公共子序列问题中，所求子序列的元素下标不需要是连续的，而在最长公共子串（Longest Common Substring，LCS）中，要求元素的下标是连续的。

给定两个非空字符串 X 和 Y，朴素的方法是从 X 的每一个字符开始，在 Y 中找到相同的字符后开始往后扫描寻找公共子串，获取其中长度最长的公共子串作为结果。该方法由于重复扫描字符串，效率较低，时间复杂度为 $O(m^2n^2)$，其中 m 为字符串 X 的长度，n 为字符串 Y 的长度。

令 X 为 abcdbc，Y 为 dbcdb，将字符串中字符的匹配情况以矩阵的形式表示为

```
  a b c d b c
d 0 0 0 1 0 0
b 0 1 0 0 1 0
c 0 0 1 0 0 1
d 0 0 0 1 0 0
b 0 1 0 0 1 0
```

观察矩阵，可以得到如下结论：求最长公共子串等价于求该矩阵对角线上连续 1 的最大长度。但是将匹配情况表示成上述方式仍然不够便利，如果规定当矩阵的某个元素值为 1 时，若它的左上角元素值不为 0，则此元素的值为左上角的元素值加 1，那么可以将矩阵变换为

```
  a b c d b c
d 0 0 0 1 0 0
b 0 1 0 0 2 0
c 0 0 2 0 0 3
d 0 0 0 3 0 0
b 0 1 0 0 4 0
```

最终最长公共子串问题可以转化为求此矩阵中的最大元素值，这显然方便得多，因为矩阵可以在 $O(mn)$ 的时间内构建得到，最大值只需在求解过程中用一个变量记录即可。从动态规划的角度考虑，由于公共子串中各元素是相邻的，如果 $X_i = Y_j$，则该元素可以附加在目前得到的最长公共子串后形成一个更长的公共子串，否则最长公共子串不变。令 $L(i,j)$ 表示以序列 X_i 和 Y_j 的最末元素结尾的最长公共子串长度，当序列 X_i 或序列 Y_j 的长度为 0 时，最长公共子串长度为 0；若已知 $L(i-1, j-1)$，如果有 $x_i = y_j$，$i>0$，$j>0$，那么可以将此元素附加在目前得到的最长公共子串末尾形成一个新的最长公共子串，长度为 $L(i-1, j-1)+1$；若 $x_i \neq y_j$，$i>0$，$j>0$，则以序列 X_i 和 Y_j 的最末元素结尾的公共子串长度为 0，即 $L(i,j)=0$。因此有递推关系，即

$$L(i,j)=\begin{cases}0, & i=0\text{或}j=0\\ L(i-1,\ j-1)+1, & i>0,\ j>0\text{且}x_i=y_j\\ 0, & i>0,\ j>0\text{且}x_i\neq y_j\end{cases}$$

在下述参考实现中，如果两个字符串具有多个长度相同的公共子串，只是得到在字符串中起始序号最小的公共子串。此算法的时间复杂度为 $O(mn)$，m 和 n 分别为两个字符串的长度。

```
//-------------------------------4.10.3.cpp-------------------------------//
pair<int, int> lcs(string &s, string &t)
{
    if (s.length() == 0 || t.length() == 0) return make_pair(-1, -1);
    int maxStart = 0, maxLength = 0;
```

```
    int dp[s.length() + 1][t.length() + 1] = {};

    for (int i = 1; i <= s.length(); i++)
      for (int j = 1; j <= t.length(); j++) {
        if (s[i - 1] == t[j - 1]) dp[i][j] = dp[i - 1][j - 1] + 1;
        else dp[i][j] = 0;
        if (dp[i][j] > maxLength) maxStart = i - dp[i][j], maxLength = dp[i][j];
      }
    return make_pair(maxStart, maxLength);
}
//------------------------------4.10.3.cpp------------------------------//
```

4.10.4　最长递增子序列

给定一个由小写字母组成的字符串 s = "apbtcxdzebfcg"，要求去掉若干个字符形成一个长度为 n 的新字符串 s'，而 s' 中按照字典序前一个字符总是小于后一个字符，即对于 $0 \leqslant i < j < n$，有 $s'[i] < s'[j]$，求满足此要求的字符串 s' 的最大长度。类似于前述的问题，给定有 n 个数的序列，要求从此序列中按从前到后的顺序取出若干个数排成一个新序列，保持原有的相对位置不变，且要求新序列中前一个数要严格小于后一个数，求能够得到的最长序列长度……诸如此类问题，均可以归结为求最长递增子序列（Longest Increasing Subsequence，LIS）问题。

LIS 问题更为形式化的定义是：给定一个序列 $S = \langle s_1, s_2, \cdots, s_n \rangle$，若存在一个严格递增的下标序列 $\langle i_1, i_2, \cdots, i_k \rangle$，使得对所有的 $j = 1, 2, \cdots, k-1$，有 $x_{i_j} < x_{i_{j+1}}$，则称序列 $S' = \langle s_{i_1}, s_{i_2}, \cdots, s_{i_k} \rangle$ 为序列 S 的一个递增子序列，具有最大长度的序列 S' 称为最长递增子序列。如前例给出的字符串 apbtcxdzebfcg，它的最长递增子序列是 abcdefg，长度为 7。更改前后元素大小所要满足的条件，可以得到其他类型子序列的定义：当满足 $x_{i_j} > x_{i_{j+1}}$ 时，称为最长递减子序列（Longest Decreasing Subsequence，LDS）；当满足 $x_{i_j} \leqslant x_{i_{j+1}}$ 时，称为最长不递减子序列；当满足 $x_{i_j} \geqslant x_{i_{j+1}}$ 时，称为最长不递增子序列。

LIS 问题可通过动态规划解决。首先介绍时间复杂度为 $O(n^2)$ 的算法。令 $L(i)$ 表示以第 i 个元素作为最末元素的递增子序列的最大长度。初始时，各个元素本身构成了一个长度为 1 的递增子序列，因此 $L(i) = 1$。假设已经知道了以第 1 个～第 $(i-1)$ 个元素作为最末元素时所能得到的递增子序列的最大长度 $L(j)$，$1 \leqslant j \leqslant i-1$，现在来处理第 i 个元素。如果第 i 个元素大于第 j 个元素，则可将第 i 个元素附加在长度为 $L(j)$ 的递增子序列最后形成一个新的递增子序列，其长度为 $L(j)+1$，否则能够得到的递增子序列最大长度仍为 $L(j)$。对已有的以前 $(i-1)$ 个元素作为最末元素的递增子序列逐一比较，选取长度最大者即为以第 i 个元素作为最末元素的递增子序列的最大长度。由此可以得出递推关系，即

$$L(i) = \max\begin{cases} L(j), & s_i \leqslant s_j \\ L(j)+1, & s_i > s_j \end{cases}, i \geqslant 2,\ 1 \leqslant j < i$$

对于其他类型的子序列，可以类似地推导出对应的递推关系式。

在上述时间复杂度为 $O(n^2)$ 的算法中，由于保存的是以第 i 个元素作为最末元素时递增子序列的最大长度，每当处理一个新的元素时，需要对以之前元素作为最末元素的递增子序列进行比较后才能决定最后的最大长度，每一次都有 $(i-1)$ 次比较，各次比较次数形成一个项差为 1 的等差数列，其总的操作步骤是 n^2 级别，故时间复杂度为 $O(n^2)$。如果能够减少此步骤的时间，那么可以将算法效率进一步提高。由此产生了时间复杂度为 $O(n\log n)$ 的算法。

$O(n\log n)$ 的算法思想如下：令 $M(i)$ 存放的是长度为 i 的递增子序列最末元素中的最小值，M 具有单调递增的性质，即对于 a, b，如果 $1 \leqslant a < b \leqslant i$，有 $M(a) < M(b)$。当处理第 j 个元素时，如果第 j 个元素大于 $M(i-1)$，则可将第 j 个元素附加在 $M(i-1)$ 之后，形成一个长度为 i 的递增子序列，$M(i) = s_j$。如果第 j 个元素小于等于 $M(i-1)$，根据 M 具有的单调递增性质，不需要逐一进行比较，只需使用二分查找法，找到最小的长度 k，满足 $s_j < M(k)$，使用 s_j 来更新 $M(k)$ 即可，最后 M 的大小即为最长递增子序列的长度。

为了使读者能够更好地理解时间复杂度为 $O(n\log n)$ 的算法，下面通过一个实例来观察算法的执行过程，

以便更为直观地理解算法的步骤。如图 4-27 所示，设有整数序列 $D = \langle 2, 4, 1, 7, 6, 3, 10, 20, 11, 30\rangle$，需要确定其最长递增子序列，以下是 $O(n\log n)$算法的执行过程。

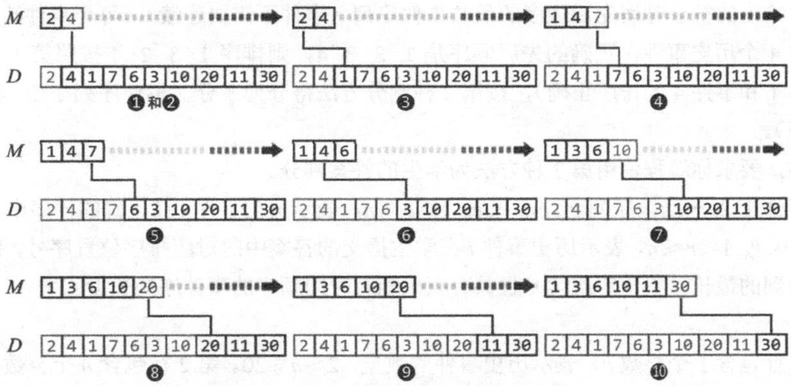

图 4-27 在求 LIS 的过程中数组 M 的更新

注意

图 4-27 所示各步骤如下。

❶ 初始时 $M(1) = 2$；

❷ 处理第 2 个元素 4，由于 4 大于 $M(1) = 2$，可将 4 附加到 $M(1) = 2$ 后形成长度为 2 的递增子序列，此时有 $M(2) = 4$；

❸ 处理第 3 个元素 1，由于 1 小于 $M(2) = 4$，无法附加在 $M(2) = 4$ 之后构成长度为 3 的递增子序列，此时需要更新当前的 LIS 所包含的元素，从后往前查找可知第 1 个大于 1 的为 $M(1) = 2$，那么长度为 1 的递增子序列最小的最末元素需要更新为 1，此时有 $M(1) = 1$；

❹ 处理第 4 个元素 7，由于 7 大于 $M(2) = 4$，可将 7 附加到 $M(2) = 4$ 后形成长度为 3 的递增子序列，此时有 $M(3) = 7$；

❺ 处理第 5 个元素 6，由于 6 小于 $M(3) = 7$，无法附加在 $M(3) = 7$ 之后构成长度为 4 的最长递增子序列，此时需要更新当前的 LIS 所包含的元素，从后往前查找可知第 1 个大于 6 的为 $M(3) = 7$，那么长度为 3 的递增子序列最小的最末元素需要更新为 6，此时有 $M(3) = 6$；

❻ 处理第 6 个元素 3，按照前述过程，得到 $M(2) = 3$；

❼ 处理第 7 个元素 10，同理得到 $M(4) = 10$

❽ 对于第 8 个元素 20，产生 $M(5) = 20$；

❾ 对于第 9 个元素 11，产生 $M(5) = 11$；

❿ 对于第 10 个元素 30，产生 $M(6) = 30$，处理结束，M 的大小为 6，则 LIS 的长度为 6。需要注意，此时的 $M(1) \sim M(6)$构成的序列为 $\langle 1, 3, 6, 10, 11, 30\rangle$，并不是实际的 LIS，实际的 LIS 是 $\langle 2, 4, 7, 10, 11, 30\rangle$ 或者 $\langle 2, 4, 6, 10, 11, 30\rangle$。要得到真正的 LIS，需要在算法更新长度的过程中保存构成当前 LIS 的相应元素值。

由于在序列 M 的生成和更新过程中，需要维护序列 M 递增的性质，当某个新增的元素 x 不能与原有的 M 序列的最末元素构成更长的递增子序列时，需要使用 x 来更新序列 M 中的某个元素值 $M(j)$。如果在查找 $M(j)$的过程中使用时间复杂度为 $O(\log n)$的二分查找算法来寻找元素的更新位置，那么就能够使得算法最终的时间复杂度为 $O(n\log n)$。应用 $O(n\log n)$算法的一个难点是编写正确的二分查找实现，由于此处的二分查找不是查找一个具体的数，而是查找满足特定需求的一个序号，不应使用算法库中的二分查找函数 `binary_search`，而应使用 `lower_bound` 函数或 `upper_bound` 函数来进行查找。

111 History Grading[A]（历史成绩判分）

考虑一次历史课的考试，在该次考试中，学生需要将一些历史事件按照时间顺序进行排序。将所有事件正确排序的学生会获得满分，但是那些只将部分历史事件正确排序的学生该如何判分呢？

可行的判分方法包括以下两点。

（1）对排序正确的历史事件，每个给 1 分。

（2）对学生给出的符合时间先后顺序的最长事件序列（事件不需要连续），每个事件给 1 分。

例如，给定 4 个历史事件，正确的先后顺序是 1 2 3 4，则排序 1 3 2 4 按照第 1 种判分方法的得分为 2 分（事件 1 和事件 4 的排序正确），按第 2 种判分方法得分为 3 分（事件序列 1 2 4 和 1 3 4 都有正确的相对顺序）。

在本问题中，要求你编程使用第 2 种方法为学生的答案判分。

给定 n 个事件 $1, 2, \cdots, n$，序列 $c_1, c_2, \cdots, c_n$，$1 \leqslant c_i \leqslant n$，表示历史事件 i 在正确的排序中其对应的位置序号；序列 $r_1, r_2, \cdots, r_n$，$1 \leqslant r_i \leqslant n$，表示历史事件 i 在学生提交的答案中的对应排序位置序号，确定在学生提交的答案中能够找到的最长（不一定连续）且具有正确相对时间顺序的事件序列长度。

输入

输入的第 1 行包含 1 个整数 n，表示历史事件的数量，$2 \leqslant n \leqslant 20$。第 2 行包含 n 个整数，给出 n 个历史事件的正确时间排序。在接下来的输入行中，每行包含 n 个整数，表示学生对 n 个历史事件的时间排序。除第 1 行以外，其他输入行每行均包括 n 个整数，这 n 个整数均在 $[1, n]$ 的范围内，每行 $1 \sim n$ 的整数只出现 1 次，两个整数之间以一个或多个空格分隔。

输出

对于输入中每个学生的历史事件排序，输出其对应的分数。每个学生的分数各占一行。

样例输入 1

```
4
4 2 3 1
1 3 2 4
3 2 1 4
2 3 4 1
```

样例输出 1

```
1
2
3
```

样例输入 2

```
10
3 1 2 4 9 5 10 6 8 7
1 2 3 4 5 6 7 8 9 10
4 7 2 3 10 6 9 1 5 8
3 1 2 4 9 5 10 6 8 7
2 10 1 3 8 4 9 5 7 6
```

样例输出 2

```
6
5
10
9
```

分析

注意题意的描述，输入中给出的是每个事件在排序好的事件序列中的位置序号，如样例输入 2 中的第 2 行“3 1 2 4 9 5 10 6 8 7”，它表示第 1 个历史事件应当排在第 3 位，而不是指第 3 个历史事件排在第 1 位（第 3 个历史事件的实际位置应该排在第 2 位）。由于数据量不大，使用时间复杂度为 $O(n^2)$ 的算法即可顺利获得通过。以下给出的是时间复杂度为 $O(n\log n)$ 的解题方案。

参考代码

```
vector<int> order, events;

int getScores()
{
    vector<int> M; M.push_back(events.front());
    for (auto it = events.begin() + 1; it != events.end(); it++)
        if (*it > M.back()) M.push_back(*it);
        else {
            auto location = upper_bound(M.begin(), M.end(), *it);
            *location = *it;
        }
    return M.size();
}
```

```
int main(int argc, char *argv[])
{
    int n, index;
    string line;

    cin >> n;
    order.resize(n);
    events.resize(n);
    for (int i = 1; i <= n; i++) {
        cin >> index;
        order[index - 1] = i;
    }

    cin.ignore(1024, '\n');
    while (getline(cin, line)) {
        istringstream iss(line);
        for (int i = 1; i <= n; i++) {
            iss >> index;
            events[index - 1] = find(order.begin(), order.end(), i) - order.begin();
        }
        cout << getScores() << '\n';
    }

    return 0;
}
```

强化练习

103 Stacking Boxes^A，231 Testing the CATCHER^A，481 What Goes Up^A，497 Strategic Defense Initiative^A，1196 Tiling Up Blocks^C，10131 Is Bigger Smarter^A，10534 Wavio Sequence^A，11003 Boxes^B，11790 Murcia's Skyline^A。

扩展练习

11240 Antimonotonicity^D，11456 Trainsorting^A，12002 Happy Birthday^D。

提示

11240 Antimonotonicity 所求序列实际上为抖动序列。对于本题的评测数据规模，如果使用动态规划算法解决，需要结合使用能够高效进行 RMQ 查询的数据结构（如线段树）才能在限定时间内通过。另外，本题也存在非常巧妙的贪心算法，其关键是寻找给定的序列所构成“凸峰”的个数，如果 $a_i < a_{i+1}$ 且 $a_{i+1} > a_{i+2}$，则可以称之为构成了一个“凸峰”，最长抖动序列的长度和凸峰的个数密切相关。

11456 Trainsorting 题目要求最后的车厢序列必须是按照重量从大到小的顺序排列，那么考虑符合题目要求的最长车厢序列中第 1 个进入的车厢为第 i 节，那么很显然，在第 i 节车厢进入序列之后，接着进入序列并位于第 i 节车厢左侧的肯定都是重量大于第 i 节的车厢，位于第 i 节车厢右侧的肯定都是重量小于第 i 节的车厢，令 $weight[i]$表示第 i 节车厢的重量，$dp_1[i]$表示第 i 节车厢为起始的最长递增子序列，$dp_2[i]$表示以第 i 节车厢为起始的最长递减子序列，显然题目所求为

$$M = \max\{dp_1[i] + dp_2[i] - 1\}, \quad 1 \leqslant i \leqslant n$$

可以从序列的最后一个元素开始，从后往前进行动态规划，即

$$dp_1[i] = \max\{dp_1[i], dp_1[j]+1\}, \quad i < j, \quad weight[i] < weight[j]$$

$$dp_2[i] = \max\{dp_2[i], dp_2[j]+1\}, \quad i < j, \quad weight[i] > weight[j]$$

由于题目约束所有车厢的重量均不相同，除了序列的第 1 节车厢以外，递增序列和递减序列的其他车厢不会发生重叠的情形。除了使用上述方法解题之外，还可以将问题转化为求最长递增子序列问题。假设给定序列为 1234，可将序列反向与原序列合并构成回文序列，即构造 43211234，然后求此序列的最长递增子序列即可。

12002 Happy Birthday 中，由于序列中存在相同的元素，需要对解题思路进行适当扩展。仍然按照类似于 11456 Trainsorting 的方法求得从第 i 个盘子开始的最长不递减子序列 $dp_1[i]$和从第 i 个盘子开始的最长不递增子序列 $dp_2[i]$，即

$$dp_1[i]=\max\{dp_1[i],dp_1[j]+1\},\quad i<j,\quad weight[i]\leqslant weight[j]$$
$$dp_2[i]=\max\{dp_2[i],dp_2[j]+1\},\quad i<j,\quad weight[i]\geqslant weight[j]$$

则符合题意的最长子序列可由以下两部子序列构成：从第 i 个盘子开始的最长不递减子序列加上在第 i 个盘子之后且比第 i 个盘子小的第 j 个盘子开始的最长不递增子序列（或者是从第 i 个盘子开始的最长不递增子序列加上在第 i 个盘子之后且比第 i 个盘子大的第 j 个盘子开始的最长不递减子序列），即题目所求为

$$M=\begin{cases}\max\{dp_1[i],dp_2[i]\}, & weight[i]=weight[j]\\ dp_1[i]+dp_2[j], & weight[i]>weight[j],1\leqslant i<j\leqslant n\\ dp_2[i]+dp_1[j], & weight[i]<weight[j]\end{cases}$$

4.10.5　最长不重复子串

最长不重复子串（longest substring without repeating characters）是字符串的一个子串，该子串中的字符互不相同，且在所有满足要求的子串中长度最大。需要注意，给定字符串中可能包含多个最长不重复子串。朴素的方法是以字符串中的每个字符作为起始字符向后扫描，直到遇到重复的字符时停止，计数不重复字符的个数，然后取所有不重复子串的最大长度。该方法容易实现，但是效率不高，时间复杂度为 $O(n^2)$。

以下介绍时间复杂度为 $O(n)$的算法。令以第 i 个字符结尾的最长不重复子串长度为 $L(i)$，$i\geqslant 0$。显然，对于非空字符串来说，$L(0)=1$。当处理到第 i 个字符时（$i\geqslant 1$），若此字符未在以第$(i-1)$个字符结尾的最长不重复子串中出现，则第 i 个字符可以附加在其后，构成一个更长的不重复子串；若第 i 个字符与以第$(i-1)$个字符结尾的最长不重复子串中的某个字符 x 相同，那么以第 i 个字符结尾的最长不重复子串只能从字符 x 所处的位置往后一位开始计算，如图 4-28 所示。

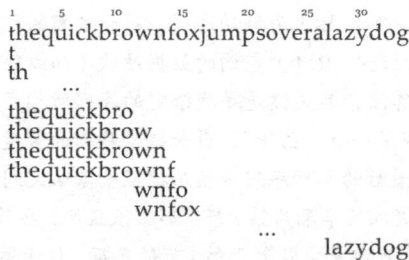

```
1   5    10   15   20   25   30
thequickbrownfoxjumpsoveralazydog
t
th
    ...
thequickbro
thequickbrow
thequickbrown
thequickbrownf
          wnfo
          wnfox
                    ...
                         lazydog
```

图 4-28　以某个字符作为结尾的最长不重复子串

在此过程中，关键是要知道第 i 个字符在之前的字符串中是否出现及出现的位置，通过这些信息即可得到以第 i 个字符结尾的最长不重复子串长度。可以通过设立一个位置标记数组来记录某个字符在从前往后的处理过程中最后一次出现的位置，由于题目需要处理的字符集一般为 ASCII 字符集，可以假设需要处理的不同字符为 256 个，即数组大小设为 256。

```
//-------------------------------4.10.5.cpp-------------------------------//
// 求给定字符串的最长不重复子串。返回的是第 1 次遇到的最长不重复子串。
string lswrc(string source)
{
    // 字符串长度为 0，则最长不重复子串为空。
    if (source.length() == 0) return "";

    // 设立标记数组，表示某个字符在字符串中的最后一次出现位置，如果未出现则值为-1。
```

```
    vector<int> latest(256);
    fill(latest.begin(), latest.end(), -1);

    // 初始时，最长不重复子串的长度为第 1 个字符构成的不重复子串，其长度为 1，起始位置为 0。
    int currentMaxLength = 1, maxLength = 1, maxLengthStartAt = 0;
    for (int i = 1; i < source.size(); i++) {
        // 如果第 i 个字符在此前未出现，则第 i 个字符可以附加在之前的最长不重复子串后
        // 构成新的不重复子串，或者该字符出现在以第 i - 1 个字符结尾的最长不重复子串
        // 之前，那么也可以附加在其后构成新的不重复子串。
        if (latest[source[i]] == -1 || latest[source[i]] < (i  - currentMaxLength))
            currentMaxLength++;
        // 最长不重复子串的长度需要重新计算。
        else currentMaxLength = i - latest[source[i]];
        // 更新字符的最后一次出现位置。
        latest[source[i]] = i;
        // 通过比较获取最长不重复子串的长度和起始位置。
        if (currentMaxLength > maxLength) {
            maxLength = currentMaxLength;
            maxLengthStartAt = i - currentMaxLength + 1;
        }
    }
    // 截取最长不重复子串。
    return source.substr(maxLengthStartAt, maxLength);
}
//-------------------------------4.10.5.cpp-------------------------------//
```

4.10.6 最长回文子串

给定某个非空字符串 $X=\overline{x_0x_1\cdots x_n}$，令字符串中任意两个不同位置的字符下标为 i 和 j，$0\leqslant i\leqslant j\leqslant n$，只要下标满足条件 $i+j=n$ 就有 $x_i=x_j$，那么该字符串为回文字符串[1]。例如字符串 ABCCBA、acdca 等。如果某个回文字符串 X 是另一字符串 Y 的一个子串，则称 X 为 Y 的回文子串，如果在 Y 的所有回文子串中，X 的长度最长，则称 X 为 Y 的最长回文子串（Longest Palindrome Substring，LPS）。注意，最长回文子串是相对于单个字符串来说的，且给定字符串的最长回文子串可能不唯一。

强化练习

401 Palindromes[A]，10945 Mother Bear[A]，11309 Counting Chaos[B]。

朴素的方法是从给定字符开始，向前后两个方向进行比对，如果相应位置的字符相同则构成回文字符串，该方法的效率为 $O(n^2)$。

```
//-------------------------------4.10.6.1.cpp-------------------------------//
// 寻找非空字符串中的最长回文子串。返回第 1 次遇到的最长回文字符的起始位置和长度。
pair<int, int> findLongestPalindrome(string text)
{
    int startIndex = 0, maxLength = 0, currentLength, left, right;
    for (int i = 0, length = text.length(); i < length; i++) {
        // 从指定字符向前后两个方向寻找。
        currentLength = 1, left = i - 1, right = i + 1;
        while (left >= 0 && right < length && text[left] == text[right])
            left--, right++, currentLength++;
        if (currentLength > maxLength) {
            startIndex = i - currentLength + 1;
            maxLength = 2 * currentLength - 1;
        }

        // 当连续两个字符相同时，采用同样的方法向前后比较，如果不处理这种情况，会漏掉
        // 形如 qwertyuiooiuytrewq 的回文子串。
        if (i > 0 && text[i] == text[i - 1]) {
```

[1] 下标从 0 开始，避免当字符串长度为奇数时出现条件不一致的情形。

```
            currentLength = 1, left = i - 2, right = i + 1;
            while (left >= 0 && right < length && text[left] == text[right])
                left--, right++, currentLength++;
            if (currentLength > maxLength) {
                startIndex = i - currentLength;
                maxLength = 2 * currentLength;
            }
        }
    }
    return make_pair(startIndex, maxLength);
}
//------------------------------4.10.6.1.cpp------------------------------//
```

强化练习

353 Pesky Palindromes[A], 1239 Greatest K-Palindrome Substring[D], 11584 Partitioning by Palindromes[B], 11888 Abnormal 89's[C]。

由于回文子串是左右对称的，如果将原字符串逆转，则最长回文子串必定是原字符串和逆转后的字符串的某个最长公共子串，因此可以利用前述求最长公共子串的方法来求最长回文字串，此种方法的效率仍然为 $O(n^2)$。

下面介绍时间复杂度为 $O(n)$ 的 Manacher 算法[79]。该算法由 Manacher 于 1975 年发现，最初是为了列出给定字符串从第 1 个字符开始的所有回文子串，后经他人予以扩展，发现可以用来寻找给定字符串的所有最长回文子串[80]。算法为了克服回文子串长度奇偶不同时需要分别处理的不便之处，先将原字符串 S 进行预处理，在 S 中每隔一个字符插入一个“间隔符”（要求原字符串中不能存在该字符，如原字符串为 AABCDDCBCDE，可选择#符号，则经预处理后的字符串变为#A#A#B#C#D#D#C#B#C#D#E#），变成预处理后的字符串 T。接下来，算法定义一个辅助数组 P，其中的元素 P_i 表示字符串 T 中以第 i 个字符为中心的回文子串的半径，计算得到的数组 P 具有一个性质，在原始字符串 S 中，以指定“位置”为中心的回文子串的长度恰为 P_i。之所以给“位置”加上引号，是因为在原始字符串中，数组 P 的元素所对应的位置可能是两个字符的中间位置，而并不是刚好对应一个字符。例如，按照 Manacher 算法对字符串 AABCDDCBCDE 进行处理可得到以下结果。

```
原始字符串 S:          A A B C D D C B C D E
预处理后的字符串 T:    #A#A#B#C#D#D#C#B#C#D#E#
辅助数组 P 元素值:     01210101016101050101010
```

为了便于理解，下面先给出 Manacher 算法的实现，然后再详细予以解释。

```
//------------------------------4.10.6.2.cpp------------------------------//
// 定义辅助数组 P。
int P[10240] = {};

// Manacher 算法求字符串中的回文子串。
void manacher(string &line)
{
    // 为字符串增加分隔符。
    string modified = {'#'};
    for (int i = 0; i < line.length(); i++)
        modified.push_back(line[i]), modified.push_back('#');

    // center 为当前的“中心点”，rightmost 为当前的“右边界”。
    // 变量 low 和 high 为扩展当前得到的回文子串长度而设置。
    int center = 0, rightmost = 0, low = 0, high = 0;

    // 第 1 个字符是分隔符，故从第 2 个字符开始处理。
    for (int i = 0; i < modified.length(); i++) {
        // 根据右边界和当前字符序号的大小关系来得到数组 P 的值。
        // 这里既是算法的精髓所在，也是理解算法的难点之处。
        if (rightmost > i) {                    // 01
            int j = 2 * center - i;             // 02
            if (P[j] < (rightmost - i)) {       // 03
```

```
            P[i] = P[j];                            // 04
            high = low = -1;                        // 05
        }                                           // 06
        else {                                      // 07
            P[i] = rightmost - i;                   // 08
            high = rightmost + 1;                   // 09
            low = 2 * i - high;                     // 10
        }                                           // 11
    }                                               // 12
    else {                                          // 13
        P[i] = 0;                                   // 14
        low = i - 1;                                // 15
        high = i + 1;                               // 16
    }                                               // 17
    // 扩展当前得到的回文子串。
    while (low >= 0 && high < modified.length() &&
        modified[low] == modified[high]) {
        P[i]++;
        low--;
        high++;
    }

    // 根据得到的结果更新“中心点”和“右边界”。
    if ((i + P[i]) > rightmost) {
        center = i;
        rightmost = i + P[i];
    }
  }
}
//-------------------------------4.10.6.2.cpp-------------------------------//
```

虽然代码不是很多，但是理解起来却不是那么容易。下面重点解释标注了序号的代码。

图 4-29 描述了计算数组 *P* 的过程中的某个中间步骤，以下为各个变量的含义。

center：与当前右边界对应的中心位置。

P[*center*]：以 *center* 所在字符为中心的最长回文子串的半径。

rightmost：当前的右边界位置，$rightmost = i + P[center]$。

i：当前处理的字符位置。

j：位置 *i* 以 *center* 为中心的对称点，由于 $center - j = i - center$，故 $j = 2 \times center - i$。

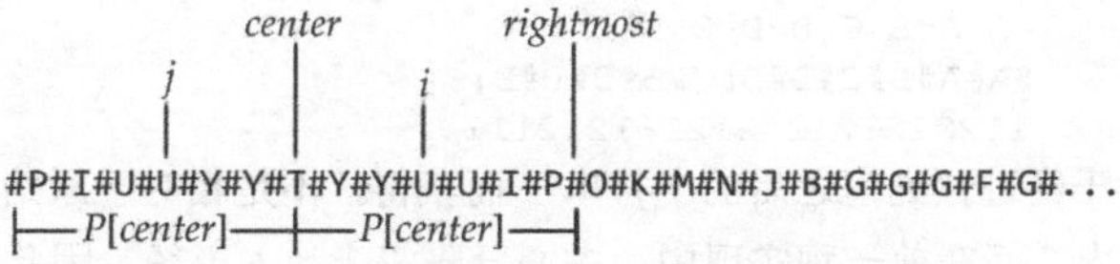

图 4-29 计算数组 *P* 的过程中的某个中间步骤

当右边界大于当前处理的字符位置时，即 *i* 落在 *center* 和 *rightmost* 之间时，先查看 *i* 关于 *center* 的对称点 *j* 为中心的最长回文子串的半径 *P*[*j*]，因为对回文字符串以其中心位置进行左右翻转后仍为回文字符串，则以字符 *i* 为中心的回文子串半径 *P*[*i*]在当前必定等于以字符 *j* 为中心的回文子串半径 *P*[*j*]，若有 $P[j] < rightmost - i$，则以 *i* 为中心的最长回文子串半径 *P*[*i*]必定落在 *rightmost* 的左侧，且不必继续对得到的最长回文子串进行扩展，因为这是能够得到的最长回文子串。若 $P[j] \geqslant rightmost - i$（实际上，*P*[*j*]最大可能与 $rightmost - i$ 相等，而不会大于它，如果大于它，则以 *center* 为中心的回文子串半径必将增大，从而导致与之前得到的 *P*[*center*]是以 *center* 为中心的回文子串最大半径的结果相矛盾），表明以 *j* 为中心的最长回文子串半径不小于 *i* 与右边界 *rightmost* 之间的距离，则 *i* 到右边界 *rightmost* 之间的字符必定属于以 *i* 为中心的回文子串的一部分，但是由于大于右边界 *rightmost* 的字符尚未进行匹配，尚不能断定它们是以 *i* 为中心的

回文子串的组成部分，故当前以 i 为中心的回文子串半径暂定为 $rightmost-i$，待后续对当前得到的回文子串进行进一步匹配，检查是否能够扩展其半径。

当右边界小于当前处理的字符位置时，无法获得关于当前字符回文子串半径的有效信息，只有以该字符为中心，前后逐个匹配以查找最大的回文子串半径。

该算法的巧妙之处在于充分利用了当前得到的最长回文子串半径这个信息，减少了后续求数组 P 的计算量，也就是减少了重复匹配的计算量，从而提高了效率。

注意到在确定了右边界后，只要当前字符位置 i 小于右边界，则 $P[i]$至少为 $P[2\times center-1]$，而之所以使用变量 *low* 和 *high* 来扩展回文子串，是由于在前期的预处理过程中，原始字符串的首尾增加的是相同的分隔符，在扩展过程中，如果不对字符数组下标进行检查，可能会发生下标引用越界的情况而引起运行时错误。通过适当改变预处理过程，可以消除变量 *low* 和 *high* 的使用，具体方法是预处理时在字符串首尾添加与分隔符不同的字符，假如分隔符设置为#，则字符串首部添加$，字符串尾部添加|，在扩展回文子串的过程中，不必再检测下标引用是否越界，因为当扩展到字符串的首尾边界位置时，匹配条件必定不再满足，从而使得扩展过程终止。

```
//------------------------------4.10.6.3.cpp------------------------------//
int P[10240] = {};

void manacher(string &line)
{
   string modified = {'$'};
   for (int i = 0; i < line.length(); i++)
      modified.push_back(line[i]), modified.push_back('#');
   modified.back() = '|';

   int center = 0, rightmost = 0;
   for (int i = 0; i < modified.size(); i++) {
      int x = 2 * center - i, y = rightmost - i;
      P[i] = (rightmost > i) ? (P[x] < y ? P[x] : y) : 1;
      while (modified[i - P[i]] == modified[i + P[i]]) P[i]++;
      if (i + P[i] > rightmost) {
         center = i;
         rightmost = i + P[i] - 1;
      }
   }
}
//------------------------------4.10.6.3.cpp------------------------------//
```

需要注意，在后一种实现中，得到的数组 P 的元素值与第 1 种实现方法得到的数组 P 的元素值含义稍有差异。仍以字符串 AABCDDCBCDE 为例，后一种实现中数组 P 的元素为

```
原始字符串 S:          A A B C D D C B C D E
预处理后的字符串 T:    $A#A#B#C#D#D#C#B#C#D#E|
辅助数组 P元素值:      1122121212721216121211l
```

数组 P 中的值是相对于经过预处理之后的字符串 T 而获得，不是相对于原始字符串 S 获得，亦即将中心分隔符也考虑在半径之内，而在前一种实现中，中心分隔符未计入半径，因此在求原字符串以指定位置字符为中心的最长回文子串长度时需要进行适当地变换处理。

强化练习

257 Palinwords[D]，689 Napoleon's Grumble[D]。

扩展练习

10617 Again Palindromes[B]，11475 Extend to Palindromes[B]。

4.10.7 最大连续子序列和（积）

给定一个序列 $X=\langle x_1,x_2,\cdots,x_m\rangle$，若称另一个序列 $Z=\langle z_1,z_2,\cdots,z_k\rangle$ 是 X 的一个连续子序列，则存在 X 的一个严格递增的下标序列 $\langle i_1,i_2,\cdots,i_k\rangle$，使得对所有的 $j=1,2,\cdots,k$，均有 $x_{i_j}=z_j$，且下标序列满足

$i_k = i_{k-1} + 1$。例如，$Z = \langle B, C, B, D\rangle$ 是 $X = \langle A, B, C, B, D, A, B\rangle$ 的一个连续子序列，相应的 X 下标序列为<2，3，4，5>，而序列 $Z' = \langle B, C, A, B\rangle$ 是 X 的子序列，但不是连续子序列。序列 X 中的单个元素可以认为是长度为 1 的连续子序列。

强化练习

10324 Zeros and Ones[A]。

如果序列中的元素均为整数（可以为负数），则可以对连续子序列进行求和操作，那么如何确定连续求和的最大值（Maximum Contigous Subsequence Sum，MCSS）呢？

最直接的是使用暴力法，穷举所有可能的连续子序列，求和然后取最大值（以下代码假设给定的整数之和均在 int 数据类型所能表示的范围内），时间复杂度为 $O(n^3)$。

```
//+++++++++++++++++++++++++++++4.10.7.cpp+++++++++++++++++++++++++++++//
int maximumSum(int data[], int n)
{
    int maxSum = numeric_limits<int>::min();
    for (int i = 0; i < n; i++)
        for (int j = i; j < n; j++) {
            int sum = 0;
            for (int k = i; k <= j; k++)
                sum += data[k];
            maxSum = max(maxSum, sum);
        }
    return maxSum;
}
```

如果给定的序列较长，使用上述方法解题肯定会超时。尽管可以对上述代码进行优化，使时间复杂度降低到 $O(n^2)$，但是对于时间要求较高的竞赛环境仍不足够（将 $O(n^3)$ 的算法优化成 $O(n^2)$ 的算法请读者作为练习加以完成）。

考虑到 MCSS 要么出现在序列的左半部分，要么出现在序列的右半部分，要么横跨左右两个部分，则有基于分治法的时间复杂度为 $O(n\log n)$ 的算法。

```
int maximumSum(int data[], int left, int right)
{
    // 递归出口。
    if (left > right) return 0;
    if (left == right) return data[left];

    // 分治。
    int middle = (left + right) / 2;

    // 求最大连续子序列和的左半部分。
    int leftMax = numeric_limits<int>::min(), leftSum = 0;
    for (int i = middle; i >= left; i--) {
        leftSum += data[i];
        leftMax = max(leftMax, leftSum);
    }

    // 求最大连续子序列和的左半部分。
    int rightMax = numeric_limits<int>::min(), rightSum = 0;
    for (int i = middle + 1; i <= right; i++) {
        rightSum += data[i];
        rightMax = max(rightMax, rightSum);
    }

    // 递归求解。
    return max(leftMax + rightMax,
        max(maximumSum(data, left, middle), maximumSum(data, middle + 1, right)));
}
```

如果考虑到 MCSS 必定以给定序列中的某个元素结尾，则有时间复杂度为 $O(n)$的动态规划解法：设序列共有 n 个元素，$E(i)$表示以第 i 个元素作为结尾元素的 MCSS，$M(i)$表示至第 i 个元素为止，目前能够得到的 MCSS，则有递推关系

$$E(i) = \max\{S_i, S_i + E(i-1)\}, 2 \leqslant i \leqslant n$$
$$M(i) = \max\{E(i), M(i-1)\}, 2 \leqslant i \leqslant n$$

即对于第 i 个元素来说，当前的 MCSS 要么是第 i 个元素本身（它构成了长度为 1 的连续子序列），要么是以第$(i-1)$个元素结尾的 MCSS 加上第 i 个元素，要么是前$(i-1)$个元素中的 MCSS。由于只需要取最大值的结果，可以不需保存 $E(i)$及 $M(i)$之前的计算结果。若需获取 MCSS 的起始和结束位置，则需要另外使用辅助变量进行记录。

```
int maximumSum(int data[], int n)
{
    int maxSum = data[0], currentSum = data[0];
    for (int i = 1; i < n; i++) {
        currentSum = max(data[i], currentSum + data[i]);
        maxSum = max(maxSum, currentSum);
    }
    return maxSum;
}
```

对于浮点数来说，同样可以应用上述给出的动态规划算法。与 MCSS 类似的还有最大连续子序列积，即将求和操作改为求乘积操作后所能得到的最大值。可以参考求 MCSS 的动态规划解法，从而得到该问题时间复杂度为 $O(n)$的算法。以下给出实现代码，其递推关系请读者自行思考并进行推导。

```
long long maximumProduct(long long data[], int n)
{
    long long product, currentMax, currentMin, nextMax, nextMin;
    product = currentMax = currentMin = data[0];
    for (int i = 1; i < n; i++) {
        nextMax = currentMax * data[i], nextMin = currentMin * data[i];
        currentMax = max(data[i], max(nextMax, nextMin));
        currentMin = min(data[i], min(nextMax, nextMin));
        product = max(product, currentMax);
    }
    return product;
}
//+++++++++++++++++++++++++++++4.10.7.cpp+++++++++++++++++++++++++++++//
```

强化练习

507 Jill Rides Again[A]，10684 The Jackpots[A]，11059 Maximum Product[A]，12640 Largest Sum Game[C]。

扩展练习

787 Maximum Sub-Sequence Product[B]，10755 Garbage Heap[B]，11078 Open Credit System[A]。

4.11 贪心算法

贪心算法（greedy algorithm）和动态规划算法关系密切。在动态规划算法过程中，需要根据递推关系不断进行选择，在选择时需要根据最终问题的解来决定最佳选择，但是对于某些问题来说，可以采取一种更加简洁的选择策略——只选择当前最佳的，即每次通过局部的最优解来构造一个全局的最优解。

区间调度（interval scheduling）是一个可以使用贪心算法解决的典型问题。区间调度是指给定 n 个区间$[a_i, b_i]$，$1 \leqslant i \leqslant n$，$a_i < b_i$，要求确定区间的一个子集，该子集所包含的区间互不重叠且区间的数量最大。从动态规划的角度思考，表示状态至少需要两个域：一个域表示互不重叠的区间的最大数量，另外一个域表示位于最右侧区间的右端点位置。令 $dp[i].size$ 表示前 i 个区间互不重叠的区间的最大数量，$dp[i].rightMost$

表示从前 i 个区间中选取的具有最大数量互不重叠区间的子集中位于最右侧的区间的右端点位置，$left[i]$表示第 i 个区间的左侧端点，$right[i]$表示第 i 个区间的右侧端点。为了便于区间的选择，首先，将所有区间按照左侧端点升序排序，如果左侧端点相同，则按右侧端点升序排列。假设已经确定了状态 $dp[0], dp[1], \cdots, dp[i-1]$的值，对于第 i 个区间来说，需要检查其是否能够附加在之前得到的子集之后形成更大的子集，即第 i 个区间的左侧端点要大于或等于 $dp[j].rightMost$，此时有

$$dp[i].size = \max\{dp[j].size + 1\}, \quad 0 \leqslant j < i, \quad left[i] \geqslant dp[j].rightMost$$

在状态转移过程中，如果对于某个 j 来说，$dp[j].size + 1$ 要优于 $dp[i].size$，不仅要将 $dp[i].size$ 更新为 $dp[j].size + 1$，还需将 $dp[i].rightMost$ 更新为 $right[i]$，如果 $dp[j].size + 1 = dp[i].size$，则需检查 $right[i]$是否优小于 $dp[i].rightMost$，如果小于 $dp[i].rightMost$，应该将 $dp[i].rightMost$ 更新为 $right[i]$，因为具有较小的右侧端点，则在后续过程中更有可能进行区间的扩展。按照上述递推关系式进行计算，可以得到时间复杂度为 $O(n^2)$的算法，但通过进一步地仔细分析，可以得到时间复杂度为 $O(n)$的贪心算法。观察递推关系式，在区间的选择过程中，对于两个待选区间 k 和 l，如果区间 k 附加在 $dp[j]$之后能够获得更小的右侧端点则区间 k 要优于 l。那么可以使用贪心选择策略，将所有区间按照右侧端点升序排列，在选择第 1 个具有最小的右侧端点的区间后，后续的区间如果与前一个区间不发生重叠则可将其附加在前一区间后构成更长的区间子集，可以证明，按照贪心策略得到的区间子集必定是最优的。

求无向图中最短路径的 Dijkstra 算法及求无向图最小生成树的 Prim 算法、Kruskal 算法均为贪心算法。存在贪心算法的问题一定可以使用动态规划予以解决，但是反过来就不一定成立。这是因为在贪心算法中，将动态规划所需要进行的选择简化成了一次性选择，排除了贪心算法选择之外的其他选择，因此简化了解决问题的过程。一般来说，证明贪心算法的正确性往往不是那么直接和容易，在解题时使用贪心算法大多来源于平时解题的经验和直觉，总之需要“大胆假设，小心求证”，可以事先手工设计若干测试数据来验证贪心算法的正确性。

410 Station Balance[B]（空间站平衡）

在国际空间站的实验室里有许多离心机。每台离心机的离心腔都包含 C 个腔室，每个腔室最多可放置两个样本。现在要求你编写一个程序对 S 个样本做出安排，在将这些样本放入离心机后，使得每个腔室包含的样本数不超过限制，同时使得以下表示离心机“不平衡度”的表达式的值最小，即

$$IMBALANCE = \sum_{i=1}^{C} \left| CM_i - AM \right|$$

其中，CM_i 表示放置在离心机腔室 i 的样本质量之和；AM 表示离心机腔室所有样本的平均质量，该数值由所有样本的质量之和除以腔室的数量 C 得到。

输入

输入包含多组测试数据。每组测试数据的第 1 行包含两个整数，第 1 个整数 C（$1 \leqslant C \leqslant 5$）表示离心机所包含的腔室数量，第 2 个整数 S（$1 \leqslant S \leqslant 2C$）表示该组数据中样本的数量。每组测试数据的第 2 行包含 S 个整数，这 S 个整数表示样本各自的质量。每个样本的质量数值在 1～1000 之间，数值以若干个空格分隔。

输出

对于每组测试数据，先输出测试数据组的编号（从 1 开始），按照格式 `Set #X` 输出，其中 `X` 为数据组的编号。接下来输出 C 行，每行的格式及意义如下：第 1 列输出腔室的编号，第 2 列输出一个冒号，分配给该腔室的样本的质量在第 4 列开始输出，样本质量数值以一个空格分隔。接着输出一行，格式为 `IMBALANCE = X`，其中 `X` 表示能够得到的最小不平衡度，精确到小数点后 5 位。在每组输出的最后打印一个空行。

样例输入

```
2 3
6 3 8
```

样例输出

```
Set #1
 0: 6 3
 1: 8
 IMBALANCE = 1.00000
```

分析

题目所给出的数据范围较小，可以使用穷尽搜索来计算所有可能的排列，然后取其中最小平衡度的组合。更为简便的方法是采用如下策略：如果样本量 S 小于 $2C$，则添加质量为 0 的样本，直到样本数量达到 $2C$，然后对样本按质量大小排序，得到

$$m_1, m_2, m_3, \cdots, m_{2n-2}, m_{2n-1}, m_{2n}$$

按照对称原则将首尾两个样本进行组合放置到同一个腔室中，即将 m_1 和 m_{2n}, m_2 和 m_{2n-1}, …, m_n 和 m_{n+1} 分别组合放置在一个腔室，可以证明，最终得到的组合一定是具有最小平衡度的组合。

强化练习

1062 Containers[B]，10020 Minimal Coverage[A]，10276 Hanoi Tower Troubles Again[A]，10440 Ferry Loading II[B]，10656 Maximum Sum (II)[A]，10785 The Mad Numerologist[B]，10821 Constructing BST[C]，11100 The Trip 2007[B]，11157 Dynamic Frog[B]，11292 Dragon of Loowater[A]，11389 The Bus Driver Problem[A]，11900 Boiled Eggs[A]，12405 Scarecrow[A]。

扩展练习

456 Robotic Stacker[E]，668 Parliament[C]，10714 Ants[A]，11230 Annoying Painting Tool[D]，11368 Nested Dolls[D]。

4.11.1 部分背包问题

部分背包问题是指如下的问题：给定一个容量为 C 的背包，有 n 个物品，每个物品都有容量 C_i 和价值 P_i，$1 \leqslant i \leqslant n$，物品可以拆分且可取全部或一部分放入背包，问如何选取放入背包的物品，使得背包内的物品容量之和不超过 C 且价值之和最大。

与本章前述的 01 背包问题、完全背包问题、多重背包问题不同，此处给出的条件是物品可以进行拆分，只放入一种物品的一部分。例如，使用背包来装入金粉而不是金币的情形。贪心算法的策略很简单，将所有物品按其价值和容量的比值进行排序，即单位容量的物品具有的价值从大到小进行排列，每次在选择时，总是选择单位价值最大的物品放入背包，直到背包被填满或者该种物品已经全部放入背包，若是第 2 种情况，则继续选择下一种具有最大单位价值的物品放入背包。

强化练习

12955 Factorial[D]。

4.11.2 纸币找零问题

动态规划

在设计纸币的面值时，一方面会使得面值的种类尽量少，同时又兼顾找零的便利性。如人民币有 1 角、2 角、5 角、1 元、2 元、5 元等多种面值，这样在找 4 元 3 角的零钱时，可以找 4 张 1 元，3 张 1 角，总共 7 张纸币。那么如何在纸币的面值限定的情况下，使得找零时纸币张数最少呢？如在上例中，具有最少纸币张数的找零方案是找 2 张 2 元，1 张 2 角，1 张 1 角，总共 4 张纸币。

最少找零问题可以通过动态规划予以解决。给定一组面值 $D = \langle d_1, d_2, \cdots, d_n \rangle$，面值按递增排列（不是必须的，只是为了描述问题方便），$d_i < d_{i+1} (1 \leqslant i < n)$，$d_1$ 是该纸币系统的“最小单元”，即对于任意零钱 X，都可以通过有限个 d_1 进行找零（如人民币中的 1 分面值），否则将出现某些特定零钱无法找零的情况（如果人民币不存在 1 分的零钱，则找 1 分零钱时存在困难）。设找零钱 X 的最少张数为 $C(X)$，若要找的零钱数为 M，则所求为 $C(M)$，因为最后找的一张零钱必定是给定面值中的一种，那么只要知道了 $C(M-d_1)$, $C(M-d_2)$, …, $C(M-d_i)$，其最小值再加 1 即为 $C(M)$，而只要知道了 $C(M-d_1-d_1)$, $C(M-d_1-d_2)$, …, $C(M-d_1-d_i)$，其最小值再加 1 即为 $C(M-d_1)$……故此问题的递推关系为

$$C(M)=\min\{C(M-d_i)+1\},\quad 1\leqslant i\leqslant n,\quad C(0)=0$$

很显然，在初始化的时候，找 0 元零钱需要的最少纸币张数为 0，因此有 $C(0)=0$。

ACM^3（ACM 立方）[1]

A 城市的地铁公司决定采取一项新措施——无须购票，投币上车。有传闻说此举是为了减少乘客购票的排队时间。地铁运营商找到了本市计算机协会（Association for Computing Machinery，ACM）旗下的自动收款机（Automated Checkout Machine，ACM）公司，要求开发一款自动兑换机（Automatic exChange Machine，ACM）来满足乘客的需求。他们雇用你来担任首席程序员为此机器编写程序。自动兑换机内部存放有各种面值的硬币，当乘客将纸币放入机器时，机器会自动根据当前可用的硬币面值将乘客的纸币兑换成等值的硬币。当然，乘客不愿意口袋里面装着一大堆硬币去挤地铁，因此兑换成的硬币数量越少越好。如果现有的硬币面值无法完成兑换要求，应该输出一行信息，提示乘客需要寻求人工窗口的服务。

输入与输出

输入包含多行，每行以一个正整数 C 开始，表示面值的种类，C 不大于 100，接下来是 C 个整数，表示硬币的面值，以美分为单位，最后是一个非零实数 M，表示乘客需要兑换的纸币，以美元为单位，M 不超过 100 美元，输入以只包含 0 的一行结束。

对于每行输入均输出一行，如果不存在兑换方案，输出 `No solution.`，否则按以下格式输出具有最少硬币数量的兑换方案：首先输出方案中硬币的总个数，然后一个空格，接着按照样例输出的格式，依面值从小到大的顺序，将方案使用的各个面值及其对应的硬币个数进行输出。

样例输入

```
6 1 2 5 10 20 50 25.31
5 1 2 2 5 10 0.18
5 1 2 10 9 5 0.18
6 2 5 10 20 50 100 0.03
0
```

样例输出

```
53 1*1+10*1+20*1+50*50
4 1*1+2*1+5*1+10*1
2 9*2
No solution.
```

分析

此题可用应用前述介绍的动态规划算法进行解决。由于需输出最少硬币方案的具体构成，因此在自底向上进行动态规划时需要记录每一次选择时的相关参数，以便重建选择路径时使用。

参考代码

```
//------------------------------4.11.2.cpp------------------------------//
// 定义一个最大值，将数组元素初始化为此值，表示某些数量的纸币无法完成兑换。
const int INF = 0x3f3f3f3f;

// n 为面值的种类数量；
// denom 数组存储硬币面值；
// coins 数组存储不同纸币面值所对应的最少兑换硬币数量；
// parent 数组存储各纸币数量选择路径上的“父”兑换纸币数量；
// idx 数组存储的是选择的面值在 denom 数组中的序号；
// cnt 数组用于在程序最后输出时统计各面值出现的次数。
int n;
int denom[110];
int coins[10010], parent[10010], idx[10010], cnt[110];

// 利用递归来重建选择路径。参数 money 表示纸币的数量。
void findPath(int money)
{
    if (money > 0) {
        cnt[idx[money]]++;
        findPath(parent[money]);
    }
```

1 这是本书中唯一一道由作者拟制的题目，对应的测试数据生成程序以及参考输入和输出可从本书配套的 GitHub 代码库下载。

```
}

// 确定是否存在指定的兑换方案。
void findMiniumCoins(int money)
{
    // 初始化相关数组元素。
    fill(coins, coins + 10010, INF);
    fill(cnt, cnt + 110, 0);
    // 设置初始值，纸币数量为 0 时最少硬币数量为 0。然后自底向上进行动态规划选择。
    coins[0] = 0;
    for (int m = 1; m <= money; m++) {
        int minCoins = INF, minIdx = INF;
        // 注意选择条件：当前纸币数量要大于硬币的面值（才可使用此面值的硬币），
        // 而且从纸币数量减去某个面值时的兑换方案必须存在，而且兑换方案的硬币
        // 数量加一后比当前兑换方案硬币数量要少。
        for (int d = 0; d < n; d++)
            if (m >= denom[d] && coins[m - denom[d]] != INF &&
                minCoins > (coins[m - denom[d]] + 1))
                minCoins = coins[m - denom[d]] + 1, minIdx = d;
        if (minIdx != INF) {
            coins[m] = minCoins;
            parent[m] = m - denom[minIdx];
            idx[m] = minIdx;
        }
    }

    // 根据结果进行输出。
    if (coins[money] == INF) cout << "No solution.\n";
    else {
        // 输出总硬币数量。
        cout << coins[money];
        // 重建选择路径。
        findPath(money);
        // 输出各种面值及其对应硬币数量。
        int plusPrinted = 0;
        for (int i = 0; i < n; i++)
            if (cnt[i] > 0) {
                cout << (plusPrinted++ ? "+" : " ");
                cout << denom[i] << "*" << cnt[i];
            }
        cout << '\n';
    }
}

// 读入面值及纸币数量，将纸币数量转换为整数以便于处理。
int main(int argc, char *argv[])
{
    double money;
    while (cin >> n, n) {
        for (int i = 0; i < n; i++) cin >> denom[i];
        // 去除重复的面值。
        sort(denom, denom + n);
        n = unique(denom, denom + n) - denom;
        cin >> money;
        findMiniumCoins((int)(money * 100.0 + 0.5));
    }
    return 0;
}
//------------------------------4.11.2.cpp------------------------------//
```

强化练习

147 Dollars[C]，266 Stamping Out Stamps[E]，11407 Squares[B]。

贪心算法

对于某些具有特殊设计的面值系统，可以简化动态规划的某些步骤，采取更简单直接的选择策略。如人民币面值系统的找零，应用贪心算法能产生最优解，此时可以通过每次都选择尽可能大的找零面值来减少硬币的数量。可以证明，当可找零的硬币面值是整数 c 的幂，即 $c^0, c^1, \cdots, c^k, c>1, k\geqslant 1$，贪心算法总是可以产生一个最优解。更一般地，假设有硬币面值序列 $D=\langle d_1, d_2, \cdots, d_n\rangle$，其中 $d_i(1\leqslant i\leqslant n)$为整数，面值按递增排列，且 $d_1=1$，如果有 $d_i/d_{i-1}\geqslant 2(1<i\leqslant n)$，则贪心算法总是可以产生一个最优解。因为在任何一次动态规划的选择步骤中，如果当前可选 d_i 而未选，则 d_i 这部分面值只能由更小面值的硬币凑成，但是根据前述限定的 $d_i/d_{i-1}\geqslant 2(1<i\leqslant n)$关系，至少需要两枚以上的硬币来凑成 d_i，所以任何其他的选择都将导致硬币总数量比选择 d_i 大，故总是选择较大的 d_i 的贪心算法可以得到最优解。

166 Making Change[A]（找零）

给定数量（几乎）不限的硬币，我们知道将一定数量的纸币兑换成硬币有多种方式。在购买物品付账后找零的过程中，产生了一个更令人感兴趣的问题。在当今钱包容量普遍有限的情况下，我们为购物付款时凑硬币的方法大受限制——假如我们能够先行一步将款项凑齐的话，不过我们要说的是另外一个问题。

我们关心的问题是在店主的硬币数量足够的情况下，如何在交易过程中将易手的硬币数量最小化（新西兰货币系统中硬币面值为 5 分、10 分、20 分、50 分、1 元、2 元）。假如我们需要付 55 分钱的购物款，但手上没有 50 分的硬币，那么我们可以用 2 × 20 分 + 10 分 + 5 分的方式组成 55 分钱来付款，易手的硬币数量一共是 4 枚。如果我们给付 1 元，那么店主找零为 45 分（2 × 20 分 + 5 分），易手的硬币数量也是 4 枚，但如果我们付 1.05 元（1 元 + 5 分），店主找零 50 分，则易手的硬币数量是 3 枚。

编写程序读入可用的硬币数量以及款项，确定最小的易手硬币数量。

输入

输入由多行组成，每行设定了不同的情形。每行的前 6 个整数表示你可用的不同面值的硬币数量，按前述给出的货币系统中面值的组成排列，接着是一个实数，表示交易所涉及的款项，此款项总是小于 5.00 元。输入以 6 个零结束（0 0 0 0 0 0）。你手上的硬币数量总是能够让你支付所需款项，而且款项总是 5 分钱的整数倍。

输出

输出包含多行，每行对应输入的一种情形。每行输出由表示最小易手硬币数量的数字组成，以宽度 3 右对齐输出。

样例输入

```
2 4 2 2 1 0  0.95
2 4 2 0 1 0  0.55
0 0 0 0 0 0
```

样例输出

```
  2
  3
```

分析

此题正向思考似乎无从下手，不妨使用反向思维。顾客的硬币数量有限，那么所能凑的钱有一个上限值 M，顾客付钱后，如果所付钱数大于购物款 G，店主会找相应的零钱 C 给顾客，店主有足够硬币，总是可以找零，对于店主来说，可以找 0～$(M-G)$之间的任意零钱，而对顾客来说，不一定能够凑齐 G～M 之间的所有零钱，那么可以从 0 分开始，每次将店主需要返还给顾客的零钱数 C 增加 1 分，让店主找零，让顾客凑钱，寻找两者硬币数之和的最小值。由于顾客硬币数量有限制，在某些情况下可能无法凑出指定的钱。本题中的面值设定满足使用贪心算法找最少硬币的条件，可以直接使用贪心算法而不必求助于动态规划。

强化练习

10670 Work Reduction[B]。

4.11.3 硬币兑换问题

找零问题是在限定面值的情况下，要求所找的零钱数量最少。硬币兑换问题（coin change）所求的是在限定面值的情况下，能够得到的不同找零方案总数。如果一个面值系统有 1 分，5 分，10 分的硬币，那么将 17 分钱兑换成这 3 种面值的硬币共有 6 种不同的兑换方法（分别为：{全为 1 分}，{12 个 1 分，1 个 5 分}，{7 个 1 分，2 个 5 分}，{2 分 1 分，3 个 5 分}，{7 个 1 分，1 个 10 分}，{2 个 1 分，1 个 5 分，1 个 10 分}）。解决这类问题的方法仍然是动态规划。

11137 Ingenuous Cubrency[A]（巧妙的立方币）

给定一个立方币面值系统，其中的硬币面值都是立方数，从 1^3～21^3，即 1, 8, 27, …, 9261。计算指定数额的钱币有多少种不同的兑换方法。例如，对于数额共 21 的纸币来说，共有 3 种不同的兑换方法，第 1 种是使用 21 枚面值为 1 的硬币，第 2 种是使用一枚面值为 8 的硬币和 13 枚面值为 1 的硬币，第 3 种是使用两枚面值为 8 的硬币和 5 枚面值为 1 的硬币。

输入

输入包含多行，每行包含一个表示钱币数额的整数，其大小不超过 10000。

输出

对于每行输入输出一行，包含一个整数，表示对于指定的钱币数额有多少种不同的兑换方法。

样例输入

```
10
21
77
9999
```

样例输出

```
2
3
22
440022018293
```

分析

此类兑换问题和完全背包问题类似，可以沿用其解题思路来解决本问题。设立一个二维数组 W，令 $W[i][j]$ 表示在只有前 i 种硬币可供兑换的情况下，总额为 j 的钱币的不同兑换方法数，$coins[i]$表示第 i 种硬币的面值。假设已经确定只有前$(i-1)$种硬币可供兑换的情况下，总额为 j 的钱币的不同兑换方法数 $W[i-1][j]$，那么，当条件进一步"松弛"时，即在前 i 种硬币可用的情况下，总额为 j 的钱币具有多少种不同兑换方法呢？不难得出，此时的不同兑换方法数为

$$W[i][j] = W[i-1][j] + W[i-1][j-coins[i]]$$

为什么是这样呢？理解此递推关系的关键在于包含第 i 种硬币的兑换方法和不包含第 i 种硬币的兑换方法是截然不同的，这一点是很自然的。既然两者是不同的，那么总的方法数就是以下两种方法数的总和：（1）不包括第 i 种硬币的情况下，将数额为 j 的纸币兑换成硬币的方法数；（2）包括第 i 种硬币，将数额为 $j-coins[i]$ 的纸币兑换成硬币的方法数，也就是说，一种只用前$(i-1)$种硬币将数额为 $j-coins[i]$的纸币兑换为硬币的方法，只要再加上一枚面值为 $coins[i]$的硬币，就能得到数额为 j 的纸币兑换方法。同样，类似于背包问题优化空间使用的做法，可以将递推关系改写成

$$W[j] = W[j] + W[j-coins[i]]$$

从而使得只需要一维数组来表示最终结果。需要注意，本题中的结果范围较大，需要使用 `long long int` 数据类型来存储不同的兑换方法数。

强化练习

357 Let Me Count The Ways[A]，674 Coin Change[A]，10306 e-Coins[A]，10313 Pay the Price[B]，10465 Homer Simpson[A]，11264 Coin Collector[B]，11517 Exact Change[A]。

扩展练习

1213 Sum of Different Primes[B]。

4.11.4 霍夫曼编码

在传输数据时，为了减少数据的传输量，可能需要将数据进行压缩。霍夫曼编码（Huffman encoding）是通过对数据进行重新编码达到压缩数据的一种方式，属于可变长编码（variable length coding）。

霍夫曼编码的具体步骤如下：先统计待编码文件中各字符的出现频度，接着使用贪心策略，选择频度最小的两个字符，分别为其分配编码 0 和 1，然后将两个字符的频度相加作为一个组合字符放入优先队列中，接下来继续使用贪心策略，选择频度最小的两个字符，分别为其分配编码 0 和 1，继续此过程，直到最后只剩下一个字符，最后，将编码按逆序进行输出即为各字符的最终编码。由于每次均需要选择频度最小的两个字符，使用最小优先队列来实现霍夫曼编码非常方便。

给定如下的 ASCII 文件（假定每个字符使用一个字节表示）：

ABBCDEAABCCDEEAEEEAAAABBCCCCCDDDAAAAAAACDAAAACCDDAAACCCDDDDDD

各字符的频度为：$A(22)$，$B(5)$，$C(14)$，$D(14)$，$E(6)$。如果使用定长编码，需要 3 位编码来表示，一种可行的编码方案为：$A(000)$，$B(001)$，$C(010)$，$D(011)$，$E(100)$，编码后文件长度为 183 位，平均码长为 3。如果使用霍夫曼编码，编码过程如图 4-30 所示。

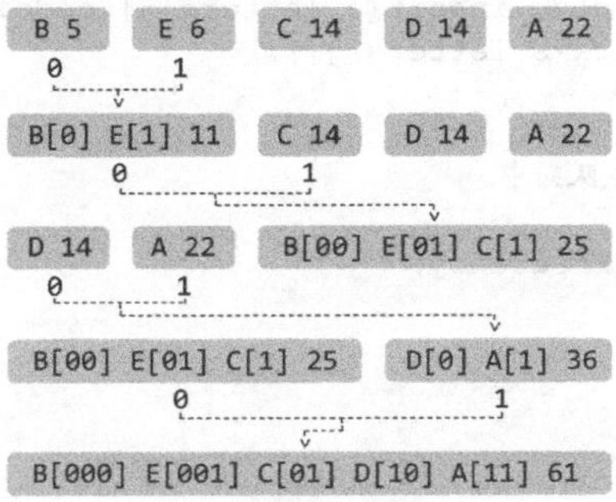

图 4-30　霍夫曼编码过程

最后编码方案为：$A(11)$，$B(000)$，$C(01)$，$D(10)$，$E(001)$，编码后文件为 133 位，平均码长为 133/61≈2.18。

下面给出霍夫曼编码的一种解题用实现。

```
//------------------------------4.11.4.cpp------------------------------//
// 定义结构表示字符，频度，编码。
struct letter
{
   char ascii;
   int frequency;
   string code;
   bool operator<(letter x) const { return ascii < x.ascii; }
};

// 定义一个符号结构体，方便编码的实现。
struct symbol
{
   int frequency;
   vector<letter> letters;
   bool operator<(symbol x) const { return frequency > x.frequency; }
};

void huffman(string line)
{
```

```
    // 统计各个字符出现的次数。
    map<char, int> counter;
    for (int i = 0; i < line.length(); i++)
        counter[line[i]]++;
    // 将字符放入最小优先队列中。
    priority_queue<symbol> symbols;
    for (auto it = counter.begin(); it != counter.end(); it++) {
        letter l;
        l.ascii = (*it).first;
        l.frequency = (*it).second;
        symbol s;
        s.frequency = (*it).second;
        s.letters.push_back(l);
        symbols.push(s);
    }
    // 使用贪心策略将具有最小频度的两个字符进行合并。
    while (symbols.size() > 1) {
        int sumOfFrequency = 0;
        vector<letter> merge;
        for (int i = 0; i < 2; i++) {
            symbol s = symbols.top();
            symbols.pop();
            sumOfFrequency += s.frequency;
            for (int j = 0; j < s.letters.size(); j++) {
                s.letters[j].code.insert(s.letters[j].code.begin(), '0' + i);
                merge.push_back(s.letters[j]);
            }
        }
        // 合并后的字符放入优先队列中。
        symbol s;
        s.frequency = sumOfFrequency;
        s.letters = merge;
        symbols.push(s);
    }
    // 输出编码。
    if (symbols.size()) {
        symbol s = symbols.top();
        symbols.pop();
        sort(s.letters.begin(), s.letters.end());
        for (int i = 0; i < s.letters.size(); i++)
            cout << s.letters[i].ascii << " " << s.letters[i].code << endl;
    }
}

int main(int argc, char *argv[])
{
    string line;
    while (getline(cin, line)) huffman(line);
    return 0;
}
//-------------------------------4.11.4.cpp-------------------------------//
```

强化练习

240 Variable Radix Huffman Encoding[D]。

4.11.5　最优策略选择

在有关动态规划的题目中，有一类题目是给定若干限制条件并要求在这些限制条件下找出最优的选择策略，使得费用、时间、长度等某个变量最优化。一般来说，此类题目的解题关键是应用贪心策略进行选择。如果题目约束条件中给定的是两个相关的变量，且相应的任务之间有先后顺序，可以尝试按某种优先级为任务建立先后顺序，按先后顺序来完成任务，即可得到问题的最优解。

10026 Shoemaker's Problem[A]（鞋匠的难题）

鞋匠有 N 项工作（来自顾客的订单）必须完成。鞋匠每天只能进行一项工作。对于第 i 项工作，T_i（$1 \leqslant T_i \leqslant 1000$）表示以天为单位，鞋匠完成该项工作的时间。鞋匠每延迟一天开始第 i 项工作，他将支付 S_i（$1 \leqslant S_i \leqslant 10000$）美分的罚金。编写程序来帮助鞋匠，找到具有最少罚金的工作序列。

输入

输入的第 1 行包含一个正整数 T，表示测试数据的组数。接着是一个空行。每组测试数据的第 1 行包含一个整数 N（$1 \leqslant N \leqslant 1000$），接下来的 N 行，每行包含两个整数，按顺序给出了每项工作的完成时间和罚金。相邻两组测试数据由一个空行分隔。

输出

对于每组测试数据输出一行，包含具有最少罚金的工作序列，每项工作由其在输入中的序号表示。如果有多种工作序列满足要求，输出字典序最小的工作序列。相邻两组输出之间打印一个空行。

样例输入

```
1

4
3 4
1 1000
2 2
5 5
```

样例输出

```
2 1 3 4
```

分析

“鞋匠每天只能进行一项工作”的含义是一旦鞋匠选择开始某项工作，需要将此项工作完成后才能开始其他工作。假设当前已经得到了具有最少罚金的工作序列，任取序列中的两项工作 x 和 y，令其完成时间和罚金分别为 t_x 和 t_y、s_x 和 s_y，由于除两项工作 x 和 y 之外的工作已经固定，那么只需考虑是先完成工作 x 还是先完成工作 y，如果先完成工作 x，则损失为 $t_x \times s_y$，如果先完成工作 y，后完成工作 x，需支付罚金 $t_y \times s_x$，如果 $t_x \times s_y < t_x \times s_y$，应该先完成工作 x，如果 $t_x \times s_y > t_x \times s_y$，应该先完成工作 y，当 $t_x \times s_y = t_x \times s_y$ 时，按照题意，需要选择具有较小序号的工作。推而广之，对于该序列中任意两项工作均有此结论。

强化练习

434 Matty's Blocks[C]，812 Trade on Verweggistan[C]，945 Loading a Cargo Ship[D]，10037 Bridge[A]，11054 Wine Trading in Gergovia[A]，11269 Setting Problems[D]，11729 Commando War[A]。

扩展练习

980 X-Express[E]，1093 Castles[D]，1205 Color a Tree[D]。

提示

1093 Castles 中，每个城堡在进攻时需要一定数量的士兵 a，在攻击城堡的过程中会损失一部分士兵 m，同时还需要若干士兵 g 留在城堡中继续防守。易知，攻占该城堡至少需要的士兵数量为 $s=\max(a, m+g)$，实际使用的士兵数量为 $u=m+g$，剩余可用士兵数量 $r=s-u$。由于给定图为一棵树，若城堡只有单个子结点，则可按上述方法叠加计算，若城堡具有多个子结点，则需要考虑子结点累加的顺序，最优的策略是按 r 值递增的顺序进行累加，这样可以获得最少的士兵数量。此外，需要考虑以每一个城堡作为根结点开始进攻，取所有情形的最小值才为正确的解。

1205 Color a Tree 可以归结为以下问题：给定一棵有根树，树中的每个结点表示一项工作，每项工作都有一个权值（表示该工作的重要性或价值），完成每项工作的所需的单位时间相同。从 0 开始计算工作的完成时间，如果一项工作延迟完成，则给予一定的惩罚，惩罚使用工作延迟完成的单位时间与工作权值的乘积来表示。每项工作只有当它的前置工作被完成后才能够被完成（对于树来说，即父结点表示的工作完成后，子结点所表示的工作才能被完成），要求确定一种完成所有工作的顺序方案，使得总的惩罚最少。Horn 研究了该问题并给出了简单的算法来解决上述问题。Horn 关于该问题的算法虽然在算法步骤上有所不同，但实际效果等效于使用以下最优策略：对于树中权值最大的结点所对应的工作，最优策略是在其父结点所表示的工作完成之后立即完成该工作，这样可以得到最小的总惩罚值。解题思路是不断寻找具有最大权值的结点与父结点合并，计算合并后的平均权值，并将其作为一个新的结点予以考虑，直到最后整棵树合并为一个结点。朴素的实现其时间复杂度为 $O(n^2)$，优化的实现其时间复杂度为 $O(n\log n)$。

4.12　小结

动态规划作为解题问题的一种思维方式和技巧，与图算法一样，一直是近来各种编程竞赛的考察重点。应用动态规划的标志是问题具有最优子结构和无后效性这两个特征。

最优子结构是指不论过去状态和决策如何，对前面的决策所形成的状态而言，余下的诸决策必须构成最优策略。简而言之，一个最优化策略的子策略总是最优的。子问题最优时母问题通过优化选择后一定最优的情况叫做“最优子结构”。

无后效性是指已经做出的最优决策体现在当前状态上，当前状态是之前所有最优决策的总结，从此状态出发继续进行最优决策所得到的结果可以保证是最优的。也就是说，不管之前是如何到达当前状态的，只要当前状态相同，从此状态继续进行决策所得到的最优解都是一样的，当前状态之前的决策不再对后续的决策和最优结果产生影响，只会通过当前状态产生影响。某阶段的状态一旦确定，则此后过程的演变不再受此前各种状态及决策的影响，简单地说，就是“未来与过去无关”，当前的状态是此前历史的一个完整总结，此前的历史只能通过当前的状态去影响过程未来的演变。

最优子结构的一个表现是给定的问题存在重叠的子问题。重叠子问题是指将原问题进行分解后，可以得到一系列的子问题，这些子问题相互之间是独立的，但是不同的分解方式能够得到相同的子问题，这似乎有些矛盾。子问题怎么会互相独立又有重叠呢？以区间型动态规划为例，给定一个整数区间$[L, R]$，每次从区间中选取一个整数点位置将其分为两部分，一直分解下去，最终得到的是长度为 1 的子区间，在分解的过程，两个区间都是独立的，不会发生重叠，这对应着子问题分解的独立性。在第 1 次分解时，选择整数点 x 和整数点 y 作为第 1 次分解的边界将导致完全不同的两种分解方式，这两种分解方式在各自的分解过程中，子区间是互不相同的，但两种分解方式会产生相同的子区间，这对应着重复的子问题。本质上，动态规划通过只解决一次子问题，然后在此基础上通过子问题的解得到更大问题的解来提高解决问题的效率。

解决动态规划问题的一般步骤：（1）建立模型，确认状态；（2）确定递推关系式，亦即找出状态转移方程。动态规划由于需要通过较小的子问题来得到更大子问题的解，因此存在一种递推关系（或者称之为状态转移方程），在解题过程中，最为关键的就是要找出较小子问题和较大子问题之间存在的递推关系，之后解题过程就相对变得简单。（3）找出初始条件。

理解动态规划，可以从最基础的动态规划学起，01 背包问题即是一种典型动态规划，建议读者反复揣摩背包问题，在理解基本的 01 背包问题的基础上，进一步理解多重背包问题和完全背包问题。动态规划属于一种思维技巧，它可以和其他的问题进行有机结合，创造出更为复杂的问题，例如与概率论结合。本章还有一些动态规划类型尚未覆盖，例如数位型动态规划、基于连通性状态压缩的动态规划（又称插头型动态规划）等，在读者已经掌握本章所介绍内容的基础上，理解这些类型的动态规划应该不难。

第5章 网格

I have not failed. I've just found 10000 ways that won't work.

——爱迪生[1]

关于网格（grid）的题目时有出现，大多和模拟、坐标变换、按指令在网格上行走有关。网格有多种类型，有矩形网格、三角形网格、六边形网格、地球经纬网格，等等。

5.1 矩形网格

矩形网格（rectangular grid）是指在横纵坐标方向上相邻格点之间的距离都是单位距离的网格。矩形网格常见的操作是根据特定的指令在网格上行走，判断到达的位置，在此过程中，可能要求计算或记录指定的量，并随之衍生出各种题目形式。

5.1.1 网格行走

在矩形网格上一般可区分 8 个方向，按照地图方向“上北下南左西右东”的惯例，如果将书籍按封面向上的状态进行放置，读者坐在封面下侧所在的一方，以读者的位置为参考一般将书籍纸张从底端往顶端走的方向设为北方，即箭头“↑”所指方向为北方，书籍从纸张左侧向右侧走的方向设为东方，即箭头“→”所指方向为东方，那么有向上为北（north）、向右上为东北（northeast）、向右为东（east）、向右下为东南（southeast）、向下为南（south）、向左下为西南（southwest）、向左为西（west）、向左上为西北（northwest）。

当给定的网格可以按对角线行走时，结合可能的 8 种方向变化［即向前走（forward）、右半转弯（half right）、向右转（right）、右急转弯（sharp right）、向后退（backward）、左急转弯（sharp left）、向左转（left）、左半转弯（half left）］，可将转向后的坐标偏移值表示为二维数组，便于在代码中引用而无需每次都加以判断和选择。

```
//++++++++++++++++++++++++++++++5.1.1.cpp++++++++++++++++++++++++++++++//
// 定义方向常量，按照顺时针排序。
const int NORTH = 0, NORTH_EAST = 1, EAST = 2, SOUTH_EAST = 3, SOUTH = 4,
    SOUTH_WEST = 5, WEST = 6, NORTH_WEST = 7;
// 不同方向的数量。
const int CNT_DIRECTIONS = 8;
// 定义转向常量。
const int FORWARD = 0, HALF_RIGHT = 1, RIGHT = 2, SHARP_RIGHT = 3,
    BACKWARD = 4, SHARP_LEFT = 5, LEFT = 6, HALF_LEFT = 7;
// 进行各种转向后横向及纵向坐标的偏移值。
int offset[8][2] = {
    {0, 1}, {1, 1}, {1, 0}, {1, -1}, {0, -1}, {-1, -1}, {-1, 0}, {-1, 1}
};
```

按照上述方法安排方位和转向，获取转向后的方位时非常方便，只需将方位常数加上转向常数，然后模 8，余数即为转向后的方位常数，而转向后的坐标值偏移可以通过转向后的方位得到，如前述代码 `offset` 二维数组所示。

```
// 按照顺时针（逆时针）定义方向后，给定一个初始方向，当向左（右）转时，
// 可通过模运算获得后续的方向。
int x, y, direction = NORTH, turn = HALF_RIGHT;
```

[1] 托马斯·阿尔瓦·爱迪生（Thomas Alva Edison，1847—1931），美国发明家，商人。

```
    if (turn == HALF_RIGHT) direction = (direction + 1) % CNT_DIRECTIONS;
    else if (turn == RIGHT) direction = (direction + 2) % CNT_DIRECTIONS;
    else if (turn == HALF_LEFT) direction = (direction + 7) % CNT_DIRECTIONS;
    else if (turn == LEFT) direction = (direction + 6) % CNT_DIRECTIONS;

    x += offset[direction][0], y += offset[directiond][1];
    //+++++++++++++++++++++++++++++5.1.1.cpp+++++++++++++++++++++++++++++//
```

在网格行走中，一个常见的操作是遍历给定方格的紧邻方格，可以使用如下方式进行遍历：

```
// m 为矩阵的行数，n 为矩阵的列数，r 为当前方格所在行，c 为当前方格所在列，从 0 开始编号。
for (int i = -1; i <= 1; i++)
   for (int j = -1; j <= 1; j++) {
      int rr = r + i, cc = c + j;
      if (rr >= 0 && rr < m && cc >= 0 && cc < n) {
         // 后续处理。
      }
   }
```

关于网格行走的题目绝大部分都和模拟有关，要求在解题时理解清楚题意，注意实现时的细节。此外，网格行走类的题目经常与深度优先遍历相结合。

10189 Minesweeper[A]（扫雷）

给定一个 $n \times m$ 的字符矩阵，字符*表示方格内是地雷，字符.表示方格内不包含地雷。需要你根据字符矩阵输出一个 $n \times m$ 矩阵，如果字符矩阵中方格是地雷，则原样输出字符*，否则输出该方格周围相邻的 8 个方格中的地雷总数。

输入

输入包含若干个矩阵，对于每一个矩阵，第 1 行包含两个整数 n 和 m（$0<n, m\leqslant 100$），分别代表这个矩阵的行数和列数。接下来的 n 行每行包含 m 个字符，即该矩阵。安全方格用.表示，有地雷的方格用*表示。当 $n=m=0$ 时，表示输入结束。你的程序不应处理这一行。

输出

对于每一个矩阵，首先在单独的一行里打印序号 `Field #x:`，其中 x 是数据序号，从 1 开始，接下来的 n 行中，读入的.应被该位置周围的地雷数所代替，输出的每两个相邻矩阵必须用一个空行隔开。

样例输入

```
4 4
*...
....
.*..
....
0 0
```

样例输出

```
Field #1:
*100
2210
1*10
1110
```

分析

解题思路应该是很直接的——读取地雷阵，计算非地雷周围的地雷数量，然后按要求输出。需要注意在遍历安全方格周围坐标点时，枚举的坐标点要在地雷阵之内，因此需要进行范围检查，这也是所有类似网格问题中都需要进行的边界判断操作。注意输出的要求：在每两个矩阵之间输出一个空行，而不是每一个矩阵之后输出一个空行。

强化练习

114 Simulation Wizardry[B]，118 Mutant Flatworld Explorers[A]，155 All Squares[A]，201 Squares[B]，227 Puzzle[A]，320 Border[B]，411 Centipede Collisions[D]，556 Amazing[B]，587 There's Treasure Everywhere[A]，824 Coast Tracker[C]，10102 The Path in the Colored Field[A]，10116 Robot Motion[A]，10161 Ant on a Chessboard[A]，10279 Mine Sweeper[B]，10360 Rat Attack[A]，10377 Maze Traversal[B]，10452 Marcus[A]，10500 Robot Maps[C]，10642 Can You Solve It[A]，10961 Chasing After Don Giovanni[D]，10963 The Swallowing Ground[A]，11831 Sticker Collector Robot[A]，11975 Tele-Loto[D]，12498 Ant's Shopping Mall[D]。

扩展练习

135 No Rectangles[C]，163 City Directions[D]，260 Il Gioco dell'X[A]，10964 Strange Planet[D]，11664 Langton's Ant[D]，12070 Invite Your Friends[E]。

提示

对于 135 No Rectangles，可手工列出当 k 较小时的可行方案，观察寻找规律。

11664 Langton's Ant 的解题关键步骤是将大整数转换成二进制数以得到网格的颜色状态。注意，目标方格(n, n)位于网格的右上角，起始方格(x, y)给出的是蚂蚁在网格中的直角坐标。

12070 Invite Your Friends 中，使用类似于 BFS 的方法，检查某个朋友在 T 天内所能到达的城市 C，同时确定到达城市 C 时所需要的最小花费，最后枚举所有城市，取所有朋友花费最小的城市即为解。

5.1.2 Flood-Fill 算法

Flood-Fill 算法，中文翻译有多种，有洪泛法、满水法、水流式填充法等，个人倾向于洪泛法的翻译，和英文原意贴近且有书面语的意味。Flood-Fill 算法实质上是图遍历在网格上的一种应用形式——从给定的任意一个方格开始，如果当前方格符合要求，向周围符合要求的其他方格继续进行搜索。遍历可以采用 DFS 或者 BFS，DFS 相对于 BFS 编写更为简洁，而且方便在递归过程中对满足条件的方格进行计数。

由于采用 Flood-Fill 算法的题目几乎都具有类似的解题步骤，可以将其"公式化"概括如下。

（1）题目给定的一般是一个网格，每个方格包含一个字符（或数字），因此首先需要确定网格的大小，即行数和列数，之后使用一个二维数组来表示整个网格。

（2）按题目给定的输入格式将每个方格的字符（或数字）读入到二维数组中。

（3）确定特征字符（或数字），即需要被替换的字符（或数字）。

（4）使用 DFS 过程进行遍历，在遍历过程中将特征字符（或数字）予以替换，同时计数特征字符（或数字）的数量。

（5）根据需要输出结果。

在 DFS 过程中，根据题目的设定，有的可能指定某个方格只和上下左右四个方格构成相邻关系，有的则会指定某个方格周围 8 个方向的方格均为相邻关系，需要适当予以调整，最为简便的方法是预先将其表示成偏移数组，根据需要进行剪裁。

```
//------------------------------5.1.2.cpp------------------------------//
const int MAXN = 100;
char grid[MAXN][MAXN];
int rows, columns, total = 0;
// 如果只需遍历方格上下左右 4 个方向的相邻方格，取前 4 项偏移量即可。
int offset[8][2] = {
    {-1, 0}, {1, 0}, {0, -1}, {0, 1}, {-1, -1}, {-1, 1}, {1, -1}, {1, 1}
};

// 网格有 rows 行 columns 列，从 0 开始计数，每个方格有 4 个相邻的方格。
// old 表示特征字符，replaced 表示替换字符，可以将其表示为全局变量以避免在递归中进行传递。
void dfs(int i, int j, char old, char replaced)
{
    // 范围检查，确保遍历不超出网格范围。
    if (i >= 0 && i < rows && j >= 0 && j < columns && grid[i][j] == old) {
        // 计数。
        total++;
        grid[i][j] = replaced;
        for (int k = 0; k < 4; k++)
            dfs(i + offset[k][0], j + offset[k][1], old, replaced);
    }
}
```

```
// 另外一种写法，先进行范围检查，后进行递归调用。
void dfs(int i, int j, char old, char replaced)
{
   total++;
   grid[i][j] = replaced;
   for (int k = 0; k < 4; k++) {
      int nexti = i + offset[k][0], nextj = j + offset[k][1];
      if (nexti >= 0 && nexti < rows && nextj >= 0 && nextj < columns)
         if (grid[nexti][nextj] == old)
            dfs(nexti, nextj, old, replaced);
   }
}
//-------------------------------5.1.2.cpp-------------------------------//
```

785 Grid Colouring[B]（网格染色）

在二维网格上有一组使用字符表示的轮廓线，轮廓线由除了空格和下划线以外的任意可打印字符构成。在样例输入中，这个可打印字符设定为 x。在网格上的其他格点被空格或称为“标记”的字符所占据。

一个网格“区域”定义为位于轮廓线以内的一组网格格点，位于某个区域内的任意两个网格格点可以通过一条不穿越轮廓线的路径连接起来，注意这条路径只能由横向或纵向的线段组成。如果一个区域内部包含同样的“标记”字符（这些标记字符不能是空格或者用来绘制轮廓线的那些字符），那么该区域的状态称为“已标记”，注意，同一个区域中不能包含不同的标记字符。所有的轮廓线均使用相同的字符绘制而成，但是不同区域的“已标记”程度却并不一致。假如某个区域内部只包含空格，那么这个区域的状态称为“未标记”。网格中的任意一个区域要么是已标记的，要么是未标记的，而且标记字符只能出现在区域内部。

编写程序，从输入文件读取网格，找到其中的区域并填充已经标记的区域。如样例输出中所示，所有已标记的区域均已用标记字符填充完毕。

输入

输入文件中，每个网格由单独一行下划线组成的字符作为网格的结束标记。每个网格最多 30 行，每行最多 80 个字符。网格每行的长度不定。

输出

按要求填充网格中已标记的区域并输出。输出时按照读入时的格式进行显示，包括分隔行，空行及可能的前导或尾随空白字符。

样例输入

```
XXXXXXXXXXXXXXXXXXXX
X     X           X
X # #  XXXXXXXX /  X
X            X   X
XXXXXXXXXXXXXXXXXXXX
_____________________
```

样例输出

```
XXXXXXXXXXXXXXXXXXXX
X######X//////////X
X######XXXXXXXX////X
X#############X////X
XXXXXXXXXXXXXXXXXXXX
_____________________
```

分析

首先确定构成轮廓线的字符，然后对于不是轮廓线字符也不是空格的字符，视其为标记字符，以标记字符为起点进行洪泛填充即可。根据题意，只要按照行优先顺序扫描，首先遇到的非空字符就是组成轮廓线的字符。

参考代码

```
char maze[35][85];
int offset[4][2] = {{-1, 0}, {1, 0}, {0, -1}, {0, 1}};

// 洪泛填充。
void dfs(int i, int j, char old, char replaced)
{
   if (i >= 0 && i < 35 && j >= 0 && j < 85 && maze[i][j] == old) {
      maze[i][j] = replaced;
```

```
        for (int k = 0; k < 4; k++)
            dfs(i + offset[k][0], j + offset[k][1], old, replaced);
    }
}

int main(int argc, char *argv[])
{
    string line;
    while (getline(cin, line)) {
        memset(maze, ' ', sizeof(maze));
        int rows = 0; char wall = 0;
        // 读入网格，确定构成轮廓线的字符。
        do {
            for (int i = 0; i < line.length(); i++) {
                maze[rows][i] = line[i];
                if (wall == 0 && line[i] != ' ') wall = line[i];
            }
            maze[rows++][line.length()] = '\n';
        } while (getline(cin, line), line.front() != '_');
        // 寻找既不是轮廓线字符也不是空格字符的其他字符，这些字符是标记字符，
        // 以标记字符为起点进行洪泛填充。
        for (int i = 0; i < rows; i++)
            for (int j = 0; j < 85; j++) {
                if (maze[i][j] == '\n') break;
                if (maze[i][j] != wall && maze[i][j] != ' ') {
                    char replaced = maze[i][j];
                    maze[i][j] = ' ';
                    dfs(i, j, ' ', replaced);
                }
            }
        // 按输入格式输出已经填充的网格。
        for (int i = 0; i < rows; i++)
            for (int j = 0; j < 85; j++) {
                cout << maze[i][j];
                if (maze[i][j] == '\n') break;
            }
        cout << line << '\n';
    }
    return 0;
}
```

强化练习

352 Seasonal War[A]，469 Wetlands of Florida[A]，572 Oil Deposits[A]，601 The PATH[C]，657 The Die is Cast[A]，722 Lakes[C]，758 The Same Game[D]，776 Monkeys in a Regular Forest[C]，782 Contour Painting[C]，784 Maze Exploration[A]，830 Shark[D]，852 Deciding Victory in Go[C]，871 Counting Cells in a Blob[B]，10267 Graphical Editor[A]，10336 Rank the Languages[A]，10946 You Want What Filled[A]，11094 Continents[A]，11110 Equidivisions[B]，11244 Counting Stars[A]，11561 Getting Gold[B]，11953 Battleships[A]。

扩展练习

312 Crosswords (II)[D]，705 Slash Maze[B]，1103 Ancient Messages[C]，10707 2D-Nim[C]。

提示

对于 830 Shark，截至 2020 年 1 月 1 日，该题在 UVa OJ 上的评判数据仍存在问题。经 assert 语句测试，在至少一组测试数据中，字符矩阵的实际列数比输入中所指定的列数 C 多一列，如果使用逐个字符读取的方式处理输入可能会得到错误的答案（可以借助 cin.ignore(1024, '\n') 忽略行末多余的字符来避免此问题）。如果使用 getline(cin, line) 先读取一行输入，然后再将其赋值到字符矩阵中，则能够正确处理。

1103 Ancient Messages 初看似乎无从下手，但是仔细观察给出的符号可以发现，每个符号由黑色轮廓所包围的白色连通区域数是互不相同的，分别为 Ankh（1）、Wedjat（3）、Djed（5）、Scarab（4）、Was（0）、Akhet（2）。因此只需得到符号内所包含的白色“空洞”数，就能确定是哪个符号，“空洞”实际上对应拓扑学中的“亏格”概念。

10707 2D-Nim 中，由于块（piece）在移除时必须满足连续且在同一行或同一列的限制，因此两个簇（cluster）所对应的图同构并不能保证两者能够通过平移、旋转、镜像的操作组合重合。因此本题并不是图的同构判定，也就是说，两个簇所对应的图同构只是两者能够通过操作达到重合的必要条件而不是充分条件。可以先应用 Flood-Fill 算法将原图拆分为不连通的簇，然后对簇进行坐标变换（平移、旋转、镜像），检查经过坐标变换的簇是否在目标图中存在。如果两个网格中的簇能构成一一对应（映射），即对于题干中左侧图的每个簇，通过相应的操作之后都能与右侧图中与之对应的簇重合，则两个图是等同的。注意，由于是网格图，旋转操作只需考虑旋转 90 度的整数倍（即只考虑旋转 90 度、180 度、270 度），镜像操作也只需考虑左右镜像和上下镜像，因为只有这些操作才可能保证块的位置在进行变换操作后仍位于网格的格点上。

5.1.3　国际象棋棋盘

国际象棋棋盘（chessboard）属于有限网格的一种特殊形式。它是 8 × 8 的正方形网格，黑白相间，横向以字母 A～H 编号，纵向以 1～8 编号，如图 5-1 所示。

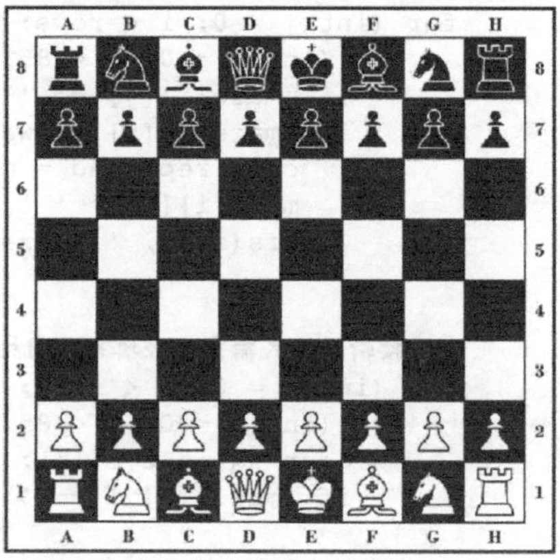

图 5-1　国际象棋棋盘。棋盘底端的两行白棋，一行为兵，最下端的一行从左至右依次为：车、马、象、后、王、象、马、车，黑棋和白棋的位置关于棋盘上下对称

棋盘置于对局者之间，己方棋盘的右下角必须为白格。国际象棋的棋子有王、后、象、马、车、兵。各种棋子的走子规则如下。

王（king）：每次移动一格，可横向、纵向、斜向移动到不被对方攻击的另外一个方格中，如果发生王车易位（castling）[1]，可以横向移动两格。

后（queen）：后可走到它所在的直线，横线或斜线上的任何方格。不能越过棋子移动。

象（bishop，原意为“主教”）：象可走到它所在斜线上的任何方格。不能越过棋子移动。

马（knight，原意为“骑士”）：马的走法由两个不同步骤组成，先沿横线或直线走一格，然后沿斜线方向再前进一格，在走第 1 格时即使该格已有棋子占据也仍可行走，与中国象棋中的马有“马脚”不同，国际象棋中的马可以越过棋子移动。

车（rook）：车可走到它所在的直线和横线上任何方格。不能越过棋子移动。

兵（pawn）：兵只能朝前走。除吃子以外，兵可从原始位置起沿所在直线向前走一格或两格（所占据方格必须是空格），以后每次只能沿直线向前走一格。吃子时，只能吃它斜前方一格的棋子。当己方兵处于可攻击“对方兵从原始方格一次走两格所经过的方格”时，可以把后者走两格当作走一格而吃掉它，这种吃法只能在对方以该方式走兵后立即进行，称为“吃过路兵”，如图 5-2 所示。

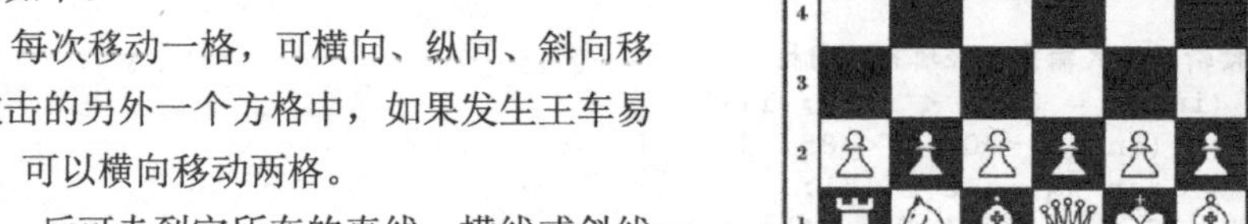

图 5-2　吃过路兵。黑棋兵第 1 次行棋，往前走两格，到达紧贴白棋兵的位置，黑棋所经过的方格为白棋兵所能攻击的位置，白棋兵走到该位置后，即可将黑棋兵拿掉，此即“吃过路兵”

[1] 在每一局棋中双方各有一次机会，在满足一定条件时同时移动自己的王和一个车，作为一步棋，叫作王车易位。具体走法为王向一侧车的方向走两格，再把车越过王放在王的旁边。

兵到达底线时，可变换为与它相同颜色的后、车、马或象，这种变换仍被视作同一步棋，变换何种棋子由棋手选择，不必考虑棋盘上是否还有同类的其他棋子，这种由兵变换为别的棋子的走法称为升变（promotion），升变的棋子立即生效。

强化练习

10196 Check the Check[A], 10284 Chessboard in FEN[B], 10849 Move the Bishop[B], 11231 Black and White Painting[B]，11494 Queen[A]。

扩展练习

286 Dead Or Not-That Is The Question[E]。

注意

286 Dead Or Not-That Is The Question 的题目描述中未明确说明“升变”规则如何运用，按照评判程序的设定，当己方兵到达对方棋盘的底线时，仍然将其视为兵而不是其他棋子。

861 Little Bishops[A]（棋盘上的象）

国际象棋中的象在棋盘上总是沿对角线方向移动，如果两个象位于对方可以到达的位置，就能够相互攻击。如图 5-3 所示，黑色的方格表示象 B_1 能够到达的位置。象 B_1 和 B_2 间可以互相攻击，但 B_1 和 B_3 间不可以。B_2 和 B_3 间同样不能互相攻击。

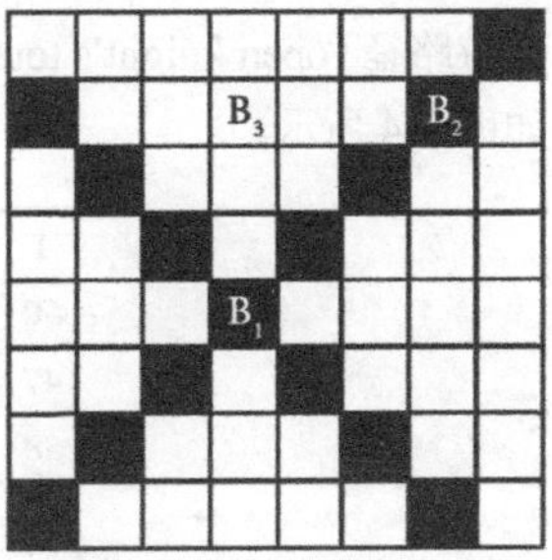

图 5-3　棋盘上的象

给定两个整数 n 和 k，求出将 k 个象放置在一个 $n \times n$ 的棋盘上，并保证他们相互不能攻击的方案数。

输入

输入包含多组数据，每组数据包含一行共两个整数 n（$1 \leqslant n \leqslant 8$）和 k（$0 \leqslant k \leqslant n^2$），输入以一行两个 0 作为结束标记。

输出

对于每组测试数据输出一行，表示在指定大小的棋盘上放置指定个数的象且相互不能攻击的方案总数。你可以假定结果不超过 10^{15}。

样例输入

```
8 6
4 4
0 0
```

样例输出

```
5599888
260
```

分析

根据观察和推理不难得出，在题目给定约束条件下在，在 $n \times n$ 的棋盘上最多能够放置$(2n-2)$个象而不互相攻击（其中 1×1 的棋盘为特例，可以放置 1 个象）。

国际象棋的棋盘分为白色和黑色区域，白色区域的象无法攻击黑色区域内的象，将黑白方格相间的棋盘顺时针旋转 45°，则原来呈斜线的主、副对角线成为垂直和水平状态，此时象的走法和车的走法一致，问题转换为在这样的 $n \times n$ 棋盘上放置 k 个车有多少种方法。假设这样的棋盘第 i 行的方格数为 $r[i]$，用 $t[i][j]$ 表示在前 i 行放置 j 个车而互不冲突的方法，可以得到以下的递推关系

$$t[i][j] = t[i-1][j] + t[i-1][j-1] \times (r[i] - (j-1))$$

边界条件为

$$t[i][0] = 1, \quad 0 \leqslant i \leqslant n; t[0][j] = 0, \quad 1 \leqslant j \leqslant k$$

递推关系的意义可以这样理解：因为每 1 行只能放置 1 个车，则 j 个车要么全在前$(i-1)$行，要么第 i 行有 1 个车；j 个车全在前$(i-1)$行的放置方法为 $t[i-1][j]$；第 i 行放置 1 个车，前$(i-1)$行放置$(j-1)$个车，那么前$(i-1)$行在放置$(j-1)$个车时已经占用了第 i 行的$(j-1)$个方格，剩余的方格数为 $r[i]-(j-1)$，则根据乘法原理，第 2 种放置方法是两者的乘积。又根据加法原理，总的放置方法为第 1 种和第 2 种方法数量的和。

边界情形也容易理解，前 i 行放置 0 个车的方法有 1 种，前 0 行放置至少 1 个车的方法有 0 种。由于将棋盘分成了两个区域，故在最后计算总的放置数时，应该是两个区域的累积。

强化练习

278 Chess[A]，639 Don't Get Rooked[A]，696 How Many Knights[A]，1589 Xiangqi[C]，10237 Bishops[D]。

扩展练习

10477 The Hybrid Knight[D]，10748 Knight Roaming[D]，10751 Chessboard[C]，11202 The Least Possible Effort[D]，11352 Crazy King[B]。

提示

10751 Chessboard 中，应尽可能多地走对角线以增加路径的长度。

11202 The Least Possible Effort 需要考虑棋盘的横向和纵向对称性，对于方形棋盘还需进行特殊处理。

5.1.4 骑士周游问题

骑士周游问题（knight's tour problem）是指如下的问题：在国际象棋棋盘上确定一条路径，使得马根据行棋规则能够沿着这条路径访问每个方格恰好一次。如果起始方格和终止方格不同，称该路径为开放骑士周游路径（open knight's tour），若起始方格和终止方格相同，则称为闭合骑士周游路径（closed knight's tour），如图 5-4 所示。

1	46	13	34	3	20	15	18
60	35	2	45	14	17	4	21
47	12	59	36	33	44	19	16
58	61	48	53	50	37	22	5
11	28	57	62	43	32	51	38
56	63	54	49	52	39	6	23
27	10	29	42	25	8	31	40
64	55	26	9	30	41	24	7

1	22	51	48	3	20	53	46
50	37	2	21	52	47	56	19
23	64	49	4	35	26	45	54
38	5	24	27	14	55	18	57
63	28	13	36	25	34	11	44
6	39	32	29	12	15	58	17
31	62	41	8	33	60	43	10
40	7	30	61	42	9	16	59

图 5-4 8×8 棋盘上的骑士周游路径。左侧为开放骑士周游路径，起始方格为(1, 1)，终止方格为(8, 1)，起始方格和终止方格不能通过一步到达；右侧为闭合骑士周游路径，起始方格为(1, 1)，终止方格为(3, 2)，起始方格和终止方格可以通过一步到达

骑士周游问题本质上是求无向图的哈密顿路（回），属于 NP 问题，目前尚无有效算法，只能通过回溯予以解决。不过对于 8×8 的国际象棋棋盘来说，可以采用以下两个优化技巧使得解可以更快地得以确定。

（1）对于棋盘的每个方格(i, j)，令 $cnt[i][j]$表示方格(i, j)的“后继方格”——马在方格(i, j)内通过一步跳跃能够到达的其他方格(i', j')——的数量[1]。在回溯过程中，将从当前方格出发马能够到达的所有方格按“后继方格”数量升序排列，每次选择候选方格进行回溯时，选取尚未走过的具有最小“后继方格”数量的方格作为下一个位置，这样做能够尽量减少搜索空间，提高出解效率。

（2）对于较小的棋盘，在表示已访问方格的状态时可以使用位掩码技巧来进行加速。例如，对于 8×8 的棋盘，可以按行优先顺序，将棋盘的每个方格对应于无符号 64 位整数 $mask$ 的一个二进制位，初始时，$mask = 0$，假如位于第 2 行第 3 列的方格已经访问，则置 $mask$ 的二进制表示中从低位（即最右侧）数起第 11 位为 1，此时 $mask = 10000000000_2$。

1 可以看到，按照“后继方格”数量进行下一步位置的选择实际上是后续介绍的 Warnsdorff 启发式规则的一种不完全应用，即获取的“后继方格”数量是非实时的。也就是说，在回溯过程中有些方格已经访问，这些方格不应该被计入“后继方格”之内，但由于“后继方格”数量是预先计算得到的，在回溯过程中未给予及时更新，获取的“后继方格”数量是“过时”的。读者可以进一步思考以下问题：如何在回溯过程中实时地获取“后继方格”数量而不是预先计算“后继方格”的数量？

以下是使用上述优化技巧的骑士周游问题回溯法解题参考实现。

```
//-------------------------------5.1.4.1.cpp---------------------------------//
typedef unsigned long long ULL;

// 定义点数据结构以保存位置。
struct point {
   int x, y;
   point (int x = 0, int y = 0): x(x), y(y) {}
};

// 位置偏移量。
const int offset[8][2] = {
   {-2, -1}, {-2, 1}, {-1, 2}, {1, 2},
   {2, 1}, {2, -1}, {-1, -2}, {1, -2}
};

// SUCCEED 表示回溯成功的标记，NR 表示棋盘的行数，NC 表示棋盘的列数。
ULL SUCCEED;
int NR, NC, cnt[8][8];
vector<point> path;

// 用于为候选位置排序的函数。
bool cmp(point &a, point &b) { return cnt[a.x][b.y] < cnt[b.x][b.y]; }

// 回溯。
bool dfs(int r, int c, ULL mask)
{
   // 位掩码为指定标记时表示所有方格已经访问。
   if (mask == SUCCEED) {
      path.push_back(point(r, c));
      return true;
   }
   // 计数从当前方格能够到达的其他方格的数量。
   int tot = 0;
   point ps[9];
   for (int i = 0; i < 8; i++) {
      int nr = r + offset[i][0], nc = c + offset[i][1];
      if (nr < 0 || nr >= NR || nc < 0 || nc >= NC) continue;
      if (mask & (1ULL << (nr * NC + nc))) continue;
      ps[tot++] = point(nr, nc);
   }
   if (!tot) return false;
   // 对可达方格按优化技巧指定的规则排序，依次选择进行递归。
   sort(ps, ps + tot, cmp);
   for (int i = 0; i < tot; i++)
      if (dfs(ps[i].x, ps[i].y, mask | (1ULL << (ps[i].x * NC + ps[i].y)))) {
         path.push_back(point(r, c));
         return true;
      }
   return false;
}

// W 为棋盘的宽度，H 为棋盘的高度，SR 为起始位置所在行，SC 为起始位置所在列（均从 1 开始计数）。
void knightTour(int W, int H, int SR, int SC)
{
   NC = W, NR = H;
   SUCCEED = (1ULL << (NR * NC - 1)) + ((1ULL << (NR * NC - 1)) - 1ULL);
   // 统计能够到达当前方格的其他方格数量。
   for (int r = 0; r < NR; r++)
      for (int c = 0; c < NC; c++) {
         cnt[r][c] = 0;
         for (int i = 0; i < 8; i++) {
```

```
            int nr = r + offset[i][0], nc = c + offset[i][1];
            if (nr < 0 || nr >= NR || nc < 0 || nc >= NC) continue;
            cnt[r][c]++;
         }
      }
   // 回溯。
   path.clear();
   dfs(SR - 1, SC - 1, 1ULL << (SR * SC - 1));
   // 由于递归的性质，在输出时需要将跳过的方格逆序。
   if (path.size()) reverse(path.begin(), path.end());
}

int main(int argc, char *argv[])
{
   // W 为棋盘宽度，H 为棋盘高度，SR 为起始位置所在行，SC 为起始位置所在列（均从 1 开始计数）。
   int cases = 0, W, H, SR, SC;
   while (cin >> W >> H >> SR >> SC) {
      if (cases++) cout << '\n';
      knightTour(W, H, SR, SC);
      if (path.size()) {
         int board[H][W] = {0};
         // 为了输出的可读性，将步数显示在方格内。
         for (int i = 0; i < H; i++)
            for (int j = 0; j < W; j++)
               board[path[i * W + j].x][path[i * W + j].y] = i * W + j + 1;
         for (int i = 0; i < H; i++) {
            for (int j = 0; j < W; j++) {
               if (j) cout << ' ';
               cout << setw(2) << right << board[i][j];
            }
            cout << '\n';
         }
      }
      else cout << "No solution.\n";
   }
   return 0;
}
//------------------------------5.1.4.1.cpp------------------------------//
```

对于以下输入：

```
8 8 1 1
5 5 1 1
5 5 2 2
```

其输出如下（某个方格内的数字为其步数的序号，在第 1 组测试数据对应的输出中，第 1 行第 1 列为 1，表示从此方格开始，第 2 行第 3 列为 2，表示马第 2 步跳到此方格内，依此类推）。

```
 1 46 13 34  3 20 15 18
60 35  2 45 14 17  4 21
47 12 59 36 33 44 19 16
58 61 48 53 50 37 22  5
11 28 57 62 43 32 51 38
56 63 54 49 52 39  6 23
27 10 29 42 25  8 31 40
64 55 26  9 30 41 24  7

 1 10  5 18  3
14 19  2 11  6
 9 22 13  4 17
20 15 24  7 12
23  8 21 16 25

No solution.
```

从输出可以看出，对于某些尺寸的棋盘，特定的起始位置可能并不存在骑士周游问题的解决方案。

可以证明，对于 $m \times n$（$1 \leqslant m \leqslant n$）的棋盘来说，如果 m 和 n 满足下列 3 个条件之一，则该 $m \times n$ 的棋盘不存在闭合骑士周游路径[81]，这 3 个条件为：（1）m 和 n 都是奇数；（2）$m = 1, 2, 4$；（3）$m = 3$ 且 $n = 4, 6, 8$。如果 m 和 n 两者的较小值至少为 5，则该 $m \times n$ 的棋盘总是存在开放骑士周游路径[82][83]。

对于较小的 m 和 n 来说（$m \leqslant n \leqslant 8$），使用上述介绍的回溯法从任意位置寻找闭合骑士周游路径能够在较短时间内获得解，但当 m 和 n 较大时，无法在短时间内得到解。此时可以应用 Warnsdorff 启发式规则在 m 和 n 不太大时（$m \leqslant n \leqslant 200$）以近似 $O(n)$的时间复杂度生成开放骑士周游路径[84]。令马的当前位置为 P，从 P 能够到达的其他位置 Q 构成集合 S，Warnsdorff 启发式规则要求在选择当前位置 P 的下一个位置时，尽量从 S 中选择这样的位置 Q：从 Q 出发能够到达的其他的尚未访问的可行位置最少，从图论的角度来说，就是要求位置 Q 所对应的顶点具有最小的度。如果有多个位置 Q 均满足条件则有三种方法予以选择：（1）随机选择一个可行位置；（2）选择距离棋盘中心的欧几里得距离最远的位置；（3）根据 m 和 n 的大小和当前已到达的方格采用一种预先固定的选择顺序[85]。以下是根据 Warnsdorff 启发式规则寻找开放骑士周游路径的参考实现。

```
//------------------------------5.1.4.2.cpp------------------------------//
const int MAXN = 64;

// 棋盘的大小为N×N，(SR, SC)表示马的起始方格。
int N, SR, SC, board[MAXN][MAXN];

// 马在跳跃时的位置偏移。
static int dr[8] = { 1, 1, 2, 2, -1, -1, -2, -2 };
static int dc[8] = { 2, -2, 1, -1, 2, -2, 1, -1 };

// 边界检查。
inline bool isInBounds(int r, int c)
{
   return ((r >= 0 && c >= 0) && (r < N && c < N));
}

// 检查目标位置是否可达，即目标位置在棋盘边界内且尚未被访问。
inline bool isEmpty(int r, int c)
{
   return isInBounds(r, c) && (!board[r][c]);
}

// 获取指定位置(r, c)的度。
inline int getDegree(int r, int c)
{
   int cnt = 0;
   for (int i = 0; i < 8; i++)
      if (isEmpty(r + dr[i], c + dc[i]))
         cnt++;
   return cnt;
}

// 根据Warnsdorff启发式规则获取马的下一个位置。
bool nextMove(int *r, int *c)
{
   int minDegIdx = -1, degree, minDeg = 8, nr, nc;
   // 当有多个位置可选时随机选择一个可行位置。
   int si = rand() % 8;
   for (int i = rand() % 8, j = 0, k; j < 8; j++) {
      k = (i + j) % 8;
      nr = *r + dr[k], nc = *c + dc[k];
      // 获取具有最小可达度的位置作为下一步的候选位置。
```

```
            if ((isEmpty(nr, nc)) && (degree = getDegree(nr, nc)) < minDeg) {
               minDegIdx = k;
               minDeg = degree;
            }
         }
         if (minDegIdx == -1) return false;
         nr = *r + dr[minDegIdx];
         nc = *c + dc[minDegIdx];
         board[nr][nc] = board[*r][*c] + 1;
         *r = nr, *c = nc;
         return true;
      }
   // 输出骑士周游路径。
   void render()
   {
      for (int r = 0; r < N; r++) {
         for (int c = 0; c < N; c++)
            cout << setw(5) << right << board[r][c];
         cout << '\n';
      }
   }

   // 寻找开放骑士周游路径。
   bool findOpenKnightTour()
   {
      int r = SR - 1, c = SC - 1;
      memset(board, 0, sizeof(board));
      board[r][c] = 1;
      for (int i = 2; i <= N * N; i++)
         if (!nextMove(&r, &c))
            return false;
      return true;
   }

   int main(int argc, char *argv[])
   {
      int cases = 0;
      while (cin >> N >> SR >> SC) {
         if (cases++) cout << endl;
         if (N < 5) {
            cout << "No Knight's Tour.\n";
            continue;
         }
         while (!findOpenKnightTour()) {}
         render();
      }
      return 0;
   }
   //------------------------------5.1.4.2.cpp------------------------------//
```

如果需要寻找闭合骑士周游路径，则可以使用如下的方法：先使用上述代码得到开放骑士周游路径，之后检查起始方格和终止方格，查看两者是否能够通过一步移动到达。如果能，则表明寻找得到的开放骑士周游路径同时也是一条闭合骑士周游路径。计算机实验得到的结论指出，如果随机选择起始位置，通过一次运行就能得到闭合骑士周游路径的概率，要比选择固定起始位置时得到闭合骑士周游路径的概率大得多。

```
// 输出骑士周游路径，按设定的起始位置对表示移动顺序的序号进行调整。
void render()
{
   int delta = board[SR - 1][SC - 1], mod = N * N;
   for (int r = 0; r < N; r++) {
      for (int c = 0; c < N; c++)
         cout << setw(5) << right << (board[r][c] - delta + mod) % mod + 1;
      cout << '\n';
   }
}

// 检查两个位置是否能够通过一步移动到达。
bool neighbour(int er, int ec, int sr, int sc)
{
   for (int i = 0; i < 8; i++)
      if (((er + dr[i]) == sr) && ((ec + dc[i]) == sc))
         return true;
   return false;
}

// 寻找闭合骑士周游路径。
bool findClosedKnightTour()
{
   // 随机选择起始位置以提高程序运行成功的概率，输出时对表示移动次序的序号进行相应调整即可。
   srand(time(NULL));
   int sr = rand() % N, sc = rand() % N;
   int r = sr, c = sc;
   memset(board, 0, sizeof(board));
   board[r][c] = 1;
   for (int i = 2; i <= N * N; i++)
      if (!nextMove(&r, &c))
         return false;
   // 检查起始位置和终止位置是否在一步以内可达。
   if (!neighbour(r, c, sr, sc)) return false;
   return true;
}
```

可以在常规的骑士周游问题基础上衍生出许多问题。例如，如果 $m \times n$ 的棋盘上不存在闭合骑士周游路径，那么从 $m \times n$ 的棋盘上需要最少移除多少个方格才能够使得剩余的棋盘存在闭合骑士周游路径？又或者，在 $m \times n$ 的棋盘上需要最少增加多少个方格才能够使得棋盘存在闭合骑士周游路线？在这一类扩展问题中，比较常见的是如下的问题：给定一组共 k 个位置，要求确定马从棋盘的任意一个位置出发，经过所有这些感兴趣的位置至少一次所需要的最少跳跃步数。可以将此问题转化为旅行商问题予以解决。如果使用回溯法求解，则时间复杂度为 $O(k!)$，如果使用集合型动态规划，则可使时间复杂度降为 $O(k2^k)$，对于 $k \leq 16$ 的情形，可以在限定时间内获得通过。

强化练习

10255 The Knight's Tour[D]。

扩展练习

11643 Knight Tour[D]。

提示

对于 11643 Knight Tour，可以将问题转化为旅行商问题并使用动态规划算法解决，读者可参阅 3.2.4 小节的内容。由于本题的测试数据规模较大且时间限制较紧，如果每次都重新计算两个马所在位置的最短移动步数则容易超时，需要使用技巧利用之前计算得到的结果从而缩短程序运行时间。

5.2 三角形网格

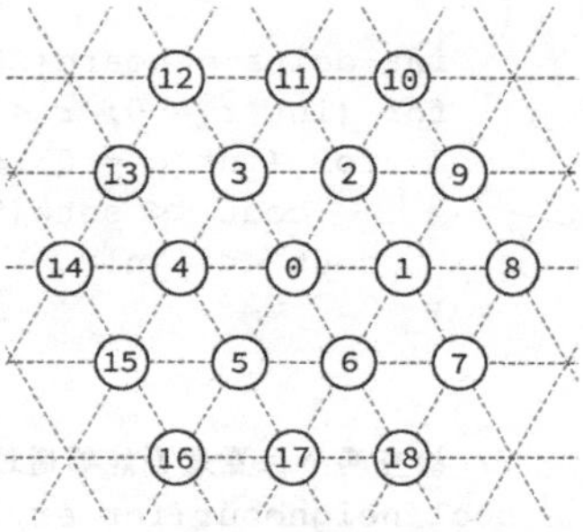

图 5-5 按指定规则编号的三角形网格

三角形网格的边一般为正三角形。题目形式一般是按指定的方式给格点编号，求格点之间的距离，距离分两种，一种是直线距离，另一种是按编号方式得到的距离。如图 5-5 所示。

一般先按照编号规则求出各个格点在直角坐标系中的对应坐标，然后计算直线距离。坐标的转换需要从题目设定的编号规则中寻找规律来获取。例如图 5-5 给定的编号规则，每完成一圈向右移动一个单位距离，每条边的格点增加一个，规律性很明显，可以利用这个特点来获取坐标值。以下代码设定格点之间的单位距离为 2，这样方便计算，避免了小数，使用格点距离原点的横纵坐标来表示，横坐标的单位为 1，其中纵坐标的单位为 $\sqrt{3}$，这样做在求格点直角坐标的过程中不需将其转换成小数，可以避免精度问题导致的误差。

```
//------------------------------5.2.cpp------------------------------//
// 需要计算对应直角坐标的格点数量，从 0 开始计数。
const int MAXV = 10000001;

// 表示直角坐标，其中单位距离为 2，横坐标的单位为 1，纵坐标的单位为 sqrt(3)。
struct point { int x, y; };

// 保存格点直角坐标的数组。
point grid[MAXV];

// 计算指定数量格点的直角坐标。
void setCoordinate()
{
   // 定义横纵坐标值的偏移量，沿着格点形成的六边形行走，有固定的偏移量。
   int offset[6][2] = {{1, 1}, {-1, 1}, {-2, 0}, {-1, -1}, {1, -1}, {2, 0}};

   // 定义每次行走所经过的格点数，注意是从原点开始，第一步是向右行走。
   int steps[6] = {0, 1, 1, 1, 1, 1};

   // 设置最后一次经过的格点的坐标。
   int index = 0;
   point last = (point){0, 0};
   grid[index++] = last;

   // 根据编号规律计算格点的直角坐标。
   while (true) {
      last.x += 2, grid[index++] = last;
      if (index >= MAXV) return;
      for (int i = 0; i < 6; i++) {
         for (int j = 0; j < steps[i]; j++) {
            last.x += offset[i][0], last.y += offset[i][1];
            grid[index++] = last;
            if (index >= MAXV) return;
         }
         // 每完成一圈，各边上的格点数增加 1。
         steps[i]++;
      }
   }
}
//------------------------------5.2.cpp------------------------------//
```

209 Trianglar Vertices[C]（三角顶点）

给定如图 5-6 所示的无限等边三角形网格。

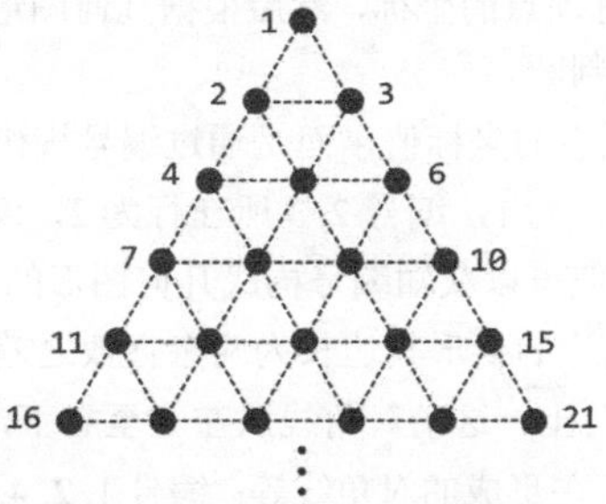

图 5-6 无限等边三角形网格

如果从左到右，从上到下对格点进行标号，某些格点的编号组合恰好构成特定几何图形的顶点。例如，格点{1, 2, 3}和{7, 9, 18}为三角形的顶点，格点{4, 6, 11, 13}和{2, 7, 9, 18}为菱形的顶点，格点{4, 5, 9, 13, 12, 7}为正六边形的顶点。

编写程序根据给定的格点编号组合，分析确定它们是否是下列可选的图形之一：三角形、菱形、正六边形。这些图形必须满足以下两个条件。

（1）图形的每条边必须与网格的边重合。

（2）图形的各条边长度相等。

输入

每组数据中给定的格点数量不定，单组数据独占一行，一组数据至多有 6 个格点，所有格点的编号均在 1～32767 的闭区间内。

输出

对于输入中的每组格点编号，你的程序需要从格点的数量和编号推断出它们表示的是何种几何图形。注意：如果给出 6 个格点，则只可能表示正六边形或者不构成几何图形，即所有点都必须为顶点，如果格点在图形的某一边上，则认为不构成任何图形。在输出时，先按原样输出给定格点的编号，接着按样例输出的格式给出你的分析结果。

样例输入

```
1 2 3
11 13 29 31
26 11 13 24
4 5 9 13 12 7
1 2 3 4 5
47
11 13 23 25
```

样例输出

```
1 2 3 are the vertices of a triangle
11 13 29 31 are not the vertices of an acceptable figure
26 11 13 24 are the vertices of a parallelogram
4 5 9 13 12 7 are the vertices of a hexagon
1 2 3 4 5 are not the vertices of an acceptable figure
47 are not the vertices of an acceptable figure
11 13 23 25 are not the vertices of an acceptable figure
```

分析

第 1 种解法，将给定的点编号按照从小到大的顺序进行排序，将其转换为直角坐标系下的坐标，计算边长，若边长满足要求，则输出所对应的几何图形。具体方法是将相邻顶点间的边长定为两个单位长度，设编号为 1 的顶点为坐标原点，x 坐标向右为正，y 坐标向上为正，其坐标值为(0, 0)，则编号为 2 的顶点坐标值为$(-1, -\sqrt{3})$，编号为 3 的顶点坐标值为$(1, \sqrt{3})$，同处一行的编号，相邻右侧编号其横坐标值比左侧编号横坐标值增加 2，纵坐标不变。对于处于每行最左端的顶点，每向下增加一行，顶点的横坐标值减 1，纵坐标值减$\sqrt{3}$，因此可以先求得所有顶点的坐标，然后根据几何图形的边长条件来判断。注意几何图形的边需要和网格中的边重合这个条件的判断。

第 2 种解法，不计算直角坐标系下的坐标值，而是通过编号规律解题。观察编号的规律，可以发现编号所处的“行”不同，如编号 1 所在行为 1，编号 2, 3 所在行为 2，编号 4, 5, 6 所在行为 3 等，以此类推。知道了某个编号所处行，通过行的差值可以获知编号构成几何图形的边长值，例如编号 4 的行为 2，编号 11 的行为 4，则编号 4 和编号 11 作为边的菱形其边长为两者行数之差——2。其次，可以观察到编号 1, 3, 6, 10, …, 36, 45, …在同一条“主对角线”上，这条对角线从左上至右下，类似的还有编号 2, 5, 9, …, 35, 44, …形成的对角线，4, 8, 13, 19, …, 34, 43，…形成的对角线等；编号 1, 2, 4, 7, …, 39, 37，…在同一条“副对角线”上，这条对角线从右上至左下，类似的还有编号 3, 5, 8, 12, …, 30, 38, …形成的对角线，6, 9, 13, 18, …, 31, 39, …形成的对角线等。对于所有符合要求的几何图形来说，它们的边必定位于这些对角线上。那么可以采用类似于并查集的表示方法，将编号所在的“主对角线”和“副对角线”使用一个数字来表示，这样在判断两个编号是否同处于一条对角线上时将非常方便。具体解题方法类似于第 1 种解法，先将编号从小到大排序，然后获取其所在行，通过各个顶点所在行是否处于同一对角线上这一条件，判断其是否符合指定类型的几何图形要求。例如对于三角形的判断，三角形要么顶角向上，如{1, 2, 3}所构成的三角形，要么顶角向下，如{7, 9, 18}所构成的三角形。将顶点编号按升序排列，设为 v_1, v_2, v_3，要么 v_2 和 v_3 位于同一行，且 v_1 和 v_2 同处一条对角线上，v_1 和 v_3 同处一条对角线上；要么 v_1 和 v_2 位于同一行，且 v_1 和 v_3 同处一条对角线上，v_2 和 v_3 同处一条对角线上。对于菱形和正六边形还需增加边长相等的判断。

强化练习

10233 Dermuba Triangle[C]，11092 IIUC HexWorld[D]。

5.3 六边形网格

蜂巢的截面呈现规则的正六边形，之所以蜂类会选择正六边形作为基本结构来建筑蜂巢，人们认为，可能是因为正六边形是覆盖二维平面的最佳拓扑结构。如果选择正三角形，其内部所包围的空间有限，不便于利用，而正方形又由于力学结构太弱容易变形而不是一个好的选择。由六边形作为基础结构建成的蜂窝具有重量轻，强度高，节省材料等诸多优点，因此得到蜂类的青睐。日常使用的手机网络一般采用的也是蜂窝式结构，每个基站覆盖的范围是一个近似圆形的区域，而圆心则位于六边形网格中每个正六边形的中心。

知识拓展

对于单个蜂房而言，它的一端是一个平面的正六边形（图 5-7 的左端），而另一端却不是平面的正六边形，而是由 3 个菱形构成的三维结构组成（图 5-7 的右端），其中每个菱形的钝角约为 109°28′，锐角约为 70°32′。

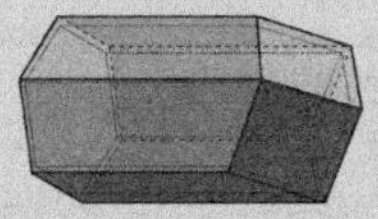

图 5-7　单个蜂房

一般所讨论的六边形网络，每个方格都是一个正六边形。在有关六边形网络的问题中，常见的主题是坐标变换和确定两个方格间的最短距离。坐标变换是指给定一组规则，将六边形网格从一种编号规则转换为另外一种编号规则。由于正六边形具有规则的外形，以网格中某个正六边形的中心为原点，只要给出其他正六边形中心相对于原点的坐标，即可求得正六边形与原点在横向和纵向上相差的正六边形个数。

给定两个正六边形的编号，要求确定经过正六边形的中心到达对方的最短路径。对于规模较小的网格，可以通过将单个正六边形视为图的顶点，使用 BFS 确定最短路径，但对于规模较大的网格却不适用，此时需要将正六边形的坐标予以适当变换，转化为直角坐标系坐标，从而有利于问题的解决。

强化练习

808 Bee Breeding[B]，10182 Bee Maja[A]。

扩展练习

317 Hexagon[D]，360 Don't Get Hives From This One[E]，10159 Star[D]。

5.4 经度与纬度

在地球球面上，与赤道平行的东西方向的环线称为纬线（lines of latitude）。赤道的纬度为 0°，而北极和南极分别是北纬 90°和南纬 90°。一般定义北纬的角度范围为[0, 90]度，南纬的角度范围为[−90, 0]度。经过北极和南极的大圆线称为经线（lines of longitude），以经过格林尼治（Greenwich）天文台的经线为 0 度经线（又称本初子午线，该经线是人为选取的），向东为东经，范围为[0, 180]度，向西为西经，范围定义为[−180, 0]度，实际效果来看，西经 −180°和东经 180°是同一条经线。

地球上的测地线（geodetic line）是地球曲面上两点间的最短球面曲线，计算测地线的长度有固定公式。如果将计算测地线的长度问题看做大圆距离（great-circle distance）问题，则有以下计算公式。设地球上点 p 的纬度和经度为$(plat, plong)$，点 q 的纬度和经度为$(qlat, qlong)$，地球的半径为 R，则 p 和 q 之间的球面距离 $D(p, q)$为

$$D(p,\ q) = R \times \cos^{-1}(\sin(lat)\sin(qlat) + \cos(plat)\cos(qlat)\cos(plong - qlong))$$

需要注意的是，经纬度的单位均为弧度，如果给定经纬度的单位为“度分秒”格式，需要将其转换为弧度单位后才能应用上述公式。大圆距离公式形式简单，容易记忆，使用代码表示也很方便。

```
//++++++++++++++++++++++++++++++5.4.cpp++++++++++++++++++++++++++++++//
double gcd(double R, double plat, double plong, double qlat, double qlong)
{
    double r = 0;
    r = R * acos(sin(plat) * sin(qlat) + cos(plat) * cos(qlat) * cos(plong - qlong));
    return r;
}
```

强化练习

10316 Airline Hub[D]，10897 Travelling Distance[D]，11817 Tunnelling the Earth[D]。

大圆距离公式使用余弦函数，当两点的经纬度相差较小时，误差可能较大，如果题目的输出精度要求较高，一种方法是对于经纬度相同的两个地点，直接输出距离为零，以避免计算误差；另一种方法是采用半正矢公式（Haversine formula），该公式在经纬度差值较小的情况下，其计算得到的距离数值精度仍然较高。

```
double haversine(double R, double plat, double plong, double qlat, double qlong)
{
    double lon = qlong - plong, lat = qlat - plat, a = 0, c = 0;
    a = pow((sin(lat / 2)), 2) + cos(plat) * cos(qlat) * pow(sin(lon / 2), 2);
    c = 2 * atan2(sqrt(a), sqrt(1 - a));
    return R * c;
}
//++++++++++++++++++++++++++++++5.4.cpp++++++++++++++++++++++++++++++//
```

强化练习

535 Globetrotter[C]。

扩展练习

10075 Airlines[C]。

5.5　小结

网格一般是作为一种问题背景出现在题目中。

常见的网格分为以下几类：（1）矩形网格，尤以正方形网格最为常见；（2）三角形网格或者六边形网格；（3）经纬度网格。

深度优先遍历与矩形网格密切相关，比如本章介绍的洪泛算法就是深度优先遍历在网格上的应用。深度优先遍历在矩形网格上一般用于统计连通块的数量。由于棋盘也是一种矩形网格，因此与国际象棋相关的题目也会时常出现，此类题目经常与搜索或者计数有关。

六边形网格实际上是由多个三角形构成的，因此两种网格之间有一定的联系。在这两种网格上，主要会出现一些与几何问题。

经纬度网格主要与计算地球上两点之间的球面距离有关，需要使用相应的计算公式。

附录 A 如何使用 UVa OJ

随着 ACM-ICPC 程序设计竞赛的推广，各种在线评测（Online Judge，OJ）网站及工具应运而生。其中 University of Valladolid Online Judge（缩写为 UVa OJ 或 UVa）历史悠久，广受欢迎。UVa OJ 的特点是题目丰富、题型多样，比较适合中等水平的 ACM-ICPC 选手进行训练。

A.1 注册

要想在 UVa OJ 上解题，必须先注册一个账号。在互联网搜索 onlinejudge 即可找到 UVa OJ 的官方主页，进入后单击 Register 跳转到账户注册页面，如图 A-1 所示。填写必要的信息之后，UVa OJ 会向你填写的邮箱地址发送一封验证邮件，通过邮件验证后，账户即激活。

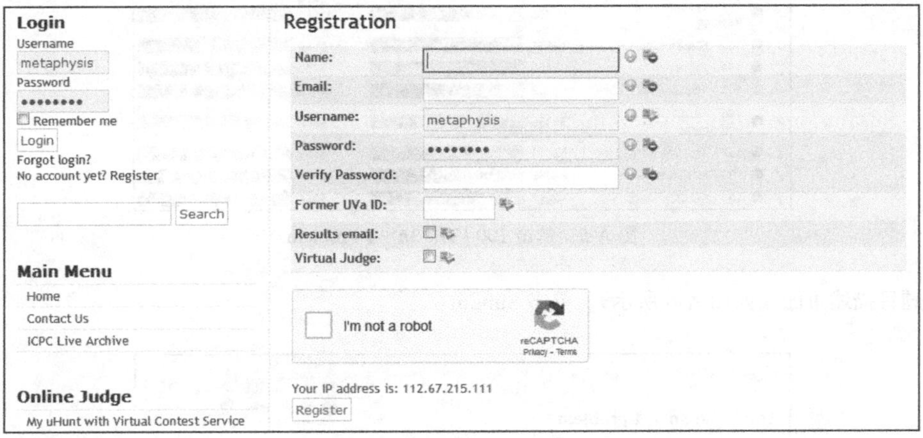

图 A-1　注册 UVa OJ 账号

A.2 提交

在注册并登录账号之后，您就可以选择题库中的题目开始解题并提交答案。提交有两种方式，一种是先浏览到具体的题目描述界面，单击 Submit 进行提交，另一种是 Quick Submit。

先介绍第 1 种方法。以提交 UVa 100 The $3n+1$ Problem 为例，首先单击左侧功能栏（如图 A-2 所示）中的 Browse Problems。

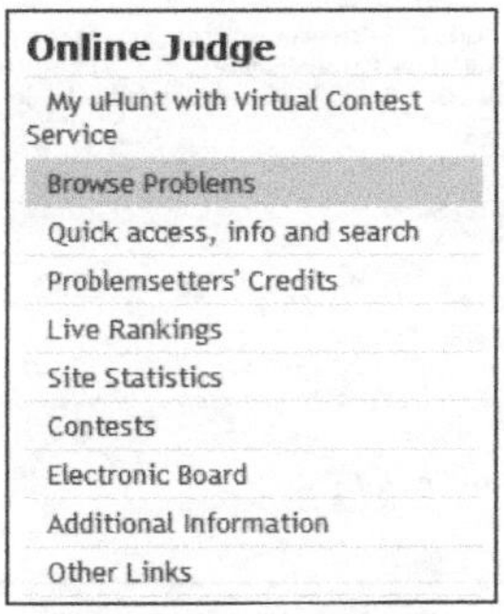

图 A-2　功能栏

之后选择 Problem Set Volumes（100…1999），如图 A-3 所示。

然后选择 Volume 1（100-199），如图 A-4 所示。

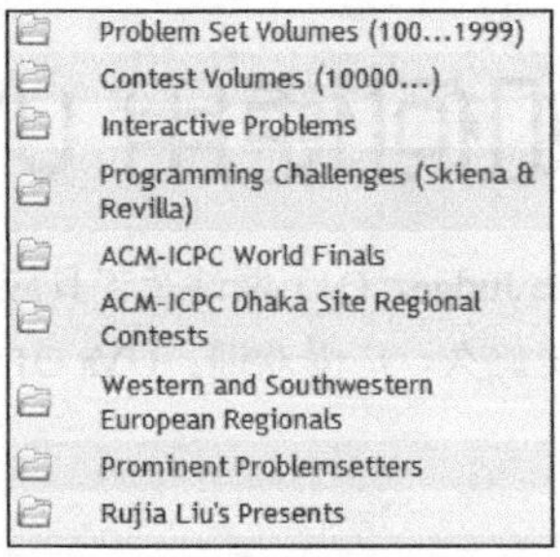

图 A-3　选择 Problem Set Volumes（100…1999）

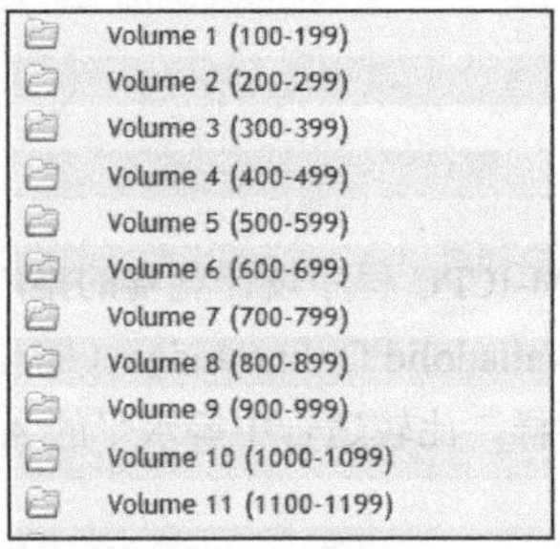

图 A-4　选择 Volume 1（100-199）

然后单击 100 - The 3*n* + 1 Problem，如图 A-5 所示。

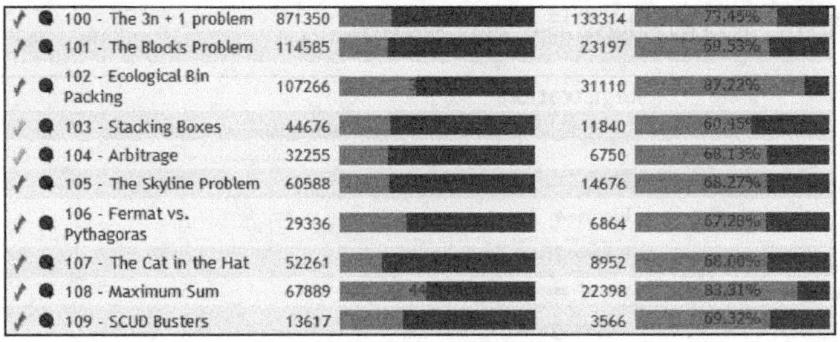

图 A-5　单击 100 - The 3*n* + 1 Problem

进入题目描述页面（如图 A-6 所示），单击 Submit。

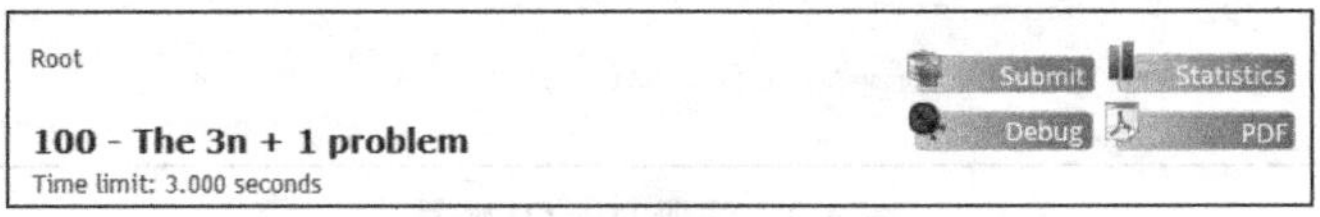

图 A-6　题目描述页面

在提交代码界面（如图 A-7 所示）将解题代码粘贴到输入框中（或者单击 Browser 选择本机上的代码文件上传），单击 Submit 即可。

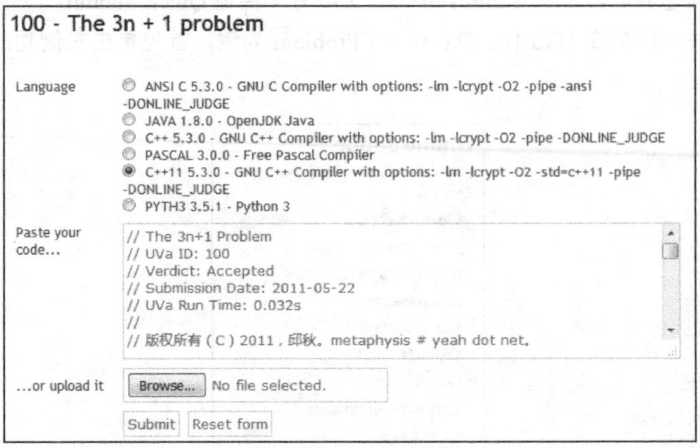

图 A-7　提交代码界面

提交成功后，会显示提交的编号，如图 A-8 所示。

图 A-8　提交的编号

第 2 种提交方法适用于你已经熟悉了题目描述而且已经编写了题目的解题代码的情形。只需选择浏览器左侧功能栏中的 Quick Submit 选项，再额外填写问题的编号，其他项目与第 1 种方法的相同，如图 A-9 所示。

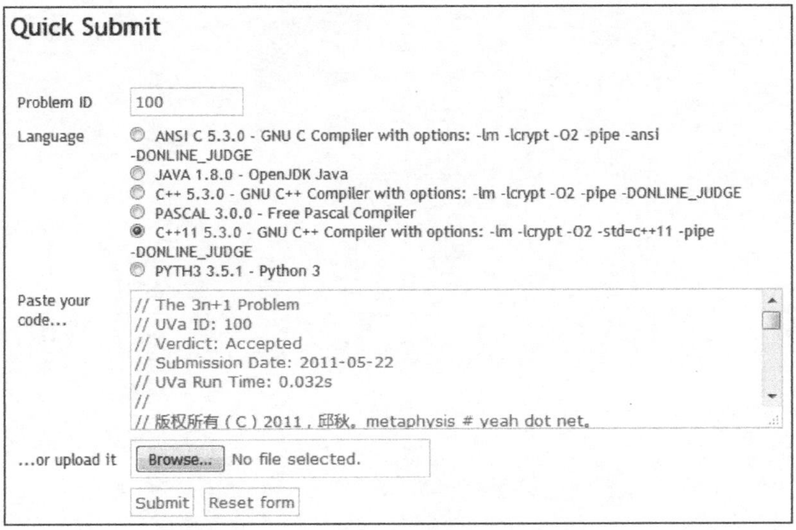

图 A-9　快速提交

在提交以后，就可以通过单击浏览器左侧功能栏中的 My Submissions 查看提交结果，如图 A-10 所示。

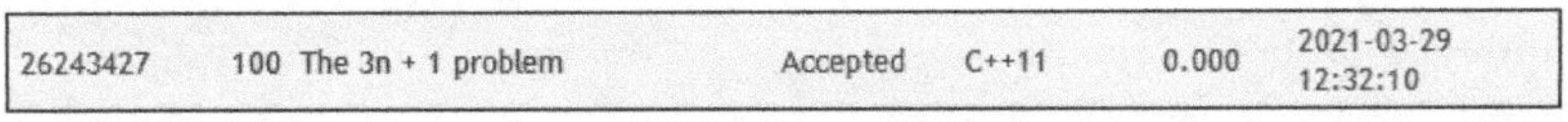

图 A-10　查看提交结果

在 UVa OJ 上提交，可能会有以下可能的结果。

Accepted（*AC*）：通过。你的程序在限定的时间和内存下产生了正确的输出，恭喜该题获得通过！

Wrong Anser（*WA*）：错误提交。你的程序产生的输出与参考输出不匹配。

Presenttation Error（*PE*）：格式错误。你的代码所产生的输出内容是正确的，但是格式有错误。检查输出是否有多余的空格，或者对齐、换行符是否正确。

Compile Error（*CE*）：编译错误。你的代码存在语法或其他错误而无法被正确编译。

Runtime Error（*RE*）：运行时错误。你的代码在运行过程中出现错误被强制退出。例如，引用了声明范围以外的数组元素，除数为零错误等。

Time Limit Exceeded（*TLE*）：时间超出限制。你的代码所采用的算法时间效率不高或者出现无限循环，导致程序运行时间超出限制。

Memory Limit Exceeded（*MLE*）：内存超出限制。你的代码内存使用效率不高或者出现无限循环，导致程序使用的内存超出限制。

Output Limit Exceeded（*OLE*）：输出超出限制。你的代码产生的输出太长，超出了输出限制。一般是由于存在无限循环而导致输出过长。

Submission Error（*SE*）：代码提交未成功。在代码提交处理的过程中由于某些错误或提交的数据损坏而导致提交失败。

Restricted Function（*RF*）：限制使用的函数。某些系统函数在评测中限制使用，你的代码中包含这些限制使用的函数时会出现该错误。

Can't Be Judged（*CJ*）：无法评测。所选择的题目可能不存在测试输入或者测试输出，因此无法进行评测。

In Queue（*QU*）：评测机繁忙未能对你的提交进行评判，当评测机空闲时将尽快对你的提交进行评判。

附录B ASCII表

表 B-1 ASCII 编码表

编码（十进制）	含义或字符	编码（十进制）	含义或字符	编码（十进制）	含义或字符	编码（十进制）	含义或字符
0	空字符	32	（空格）	64	@	96	`
1	标题开始	33	!	65	A	97	a
2	正文开始	34	"	66	B	98	b
3	正文结束	35	#	67	C	99	c
4	传输结束	36	$	68	D	100	d
5	请求	37	%	69	E	101	e
6	收到通知	38	&	70	F	102	f
7	响铃	39	'	71	G	103	g
8	退格	40	(	72	H	104	h
9	水平制表符	41	)	73	I	105	i
10	换行键	42	*	74	J	106	j
11	垂直制表符	43	+	75	K	107	k
12	换页键	44	,	76	L	108	l
13	回车键	45	-	77	M	109	m
14	不需切换	46	.	78	N	110	n
15	启用切换	47	/	79	O	111	o
16	数据链路转义	48	0	80	P	112	p
17	设备控制 1	49	1	81	Q	113	q
18	设备控制 2	50	2	82	R	114	r
19	设备控制 3	51	3	83	S	115	s
20	设备控制 4	52	4	84	T	116	t
21	拒绝接收	53	5	85	U	117	u
22	同步空闲	54	6	86	V	118	v
23	传输块结束	55	7	87	W	119	w
24	取消	56	8	88	X	120	x
25	介质中断	57	9	89	Y	121	y
26	替换	58	:	90	Z	122	z
27	退出	59	;	91	[	123	{
28	文件分隔符	60	<	92	\	124	|
29	分组符	61	=	93	]	125	}
30	记录分隔符	62	>	94	^	126	~
31	单元分隔符	63	?	95	_	127	删除

附录C

C++运算符优先级

表C-1　C++运算符优先级

<table>
<tr><th>优先级</th><th>操作符</th><th>描述</th><th>结合性</th></tr>
<tr><td>1</td><td>::</td><td>域解析</td><td rowspan="6">自左向右</td></tr>
<tr><td rowspan="5">2</td><td>a++、a--</td><td>后缀自增、后缀自减</td></tr>
<tr><td>()</td><td>括号</td></tr>
<tr><td>[]</td><td>数组下标</td></tr>
<tr><td>.</td><td>成员选择（对象）</td></tr>
<tr><td>-></td><td>成员选择（指针）</td></tr>
<tr><td rowspan="10">3</td><td>++a、--a</td><td>前缀自增、前缀自减</td><td rowspan="10">自右向左</td></tr>
<tr><td>+、-</td><td>加、减</td></tr>
<tr><td>!、~</td><td>逻辑非、按位取反</td></tr>
<tr><td>(type)</td><td>强制类型转换</td></tr>
<tr><td>*a</td><td>取指针指向的值</td></tr>
<tr><td>&a</td><td>取变量的地址</td></tr>
<tr><td>sizeof</td><td>取数据类型的大小</td></tr>
<tr><td>new、new[]</td><td>动态内存分配、动态数组内存分配</td></tr>
<tr><td>delete、delete[]</td><td>动态内存释放、动态数组内存释放</td></tr>
<tr><td>4</td><td>.*、->*</td><td>成员对象选择、成员指针选择</td><td rowspan="13">自左向右</td></tr>
<tr><td>5</td><td>a*b、a/b、a%b</td><td>乘法、除法、取模</td></tr>
<tr><td>6</td><td>a+b、a-b</td><td>加号、减号</td></tr>
<tr><td>7</td><td><<、>></td><td>位左移、位右移</td></tr>
<tr><td>8</td><td><=></td><td>（C++20标准）三方比对</td></tr>
<tr><td rowspan="2">9</td><td><、<=</td><td>小于、小于等于</td></tr>
<tr><td>>、>=</td><td>大于、大于等于</td></tr>
<tr><td>10</td><td>==、!=</td><td>等于、不等于</td></tr>
<tr><td>11</td><td>a&b</td><td>按位与</td></tr>
<tr><td>12</td><td>^</td><td>按位异或</td></tr>
<tr><td>13</td><td>|</td><td>按位或</td></tr>
<tr><td>14</td><td>&&</td><td>与运算</td></tr>
<tr><td>15</td><td>||</td><td>或运算</td></tr>
<tr><td rowspan="7">16</td><td>a?b:c</td><td>三目运算符</td><td rowspan="7">自右向左</td></tr>
<tr><td>throw</td><td>抛出异常</td></tr>
<tr><td>=</td><td>赋值</td></tr>
<tr><td>+=、-=</td><td>相加后赋值、相减后赋值</td></tr>
<tr><td>*=、/=、%=</td><td>相乘后赋值、相除后赋值、取余后赋值</td></tr>
<tr><td><=、>=</td><td>位左移赋值、位右移赋值</td></tr>
<tr><td>&=、^=、|=</td><td>位与运算后赋值、位异或运算后赋值、位或运算后赋值</td></tr>
<tr><td>17</td><td>,</td><td>逗号</td><td>自左向右</td></tr>
</table>

附录D

习题索引

参考资料

[1] 斯基纳，雷维拉．挑战编程：程序设计竞赛训练手册[M]．刘汝佳，译．北京：清华大学出版社，2009.

[2] Skiena S S. The Algorithm Design Manual [M]. London: Springer, 2008.

[3] Sedgewick R, Wayne K. Algorithms [M]. London: Pearson Education, 2011.

[4] Halim S, Halim F. Competitive Programming [M]. Singapore: Lulu, 2013.

[5] 吴永辉，王建德，等．ACM-ICPC 世界总决赛试题解析(2004—2011 年) [M]．北京：机械工业出版社, 2012.

[6] 李学军．英语姓名译名手册 [M]．北京：商务印书馆, 2018.

[7] Knuth D E. The Art of Computer Programming [M]. Boston: Addison-Wesley, 2011.

[8] 科曼，雷瑟尔森，李维斯特，等．算法导论[M]．潘金贵，等，译．北京：机械工业出版社, 2006.

[9] 熊金平，唐郑熠．基于位运算的 N 皇后问题的解法 [J]．计算机与数字工程, 2011, 39(1): 42-44.

[10] Knuth D E. Dancing links [OL]. 2020.

[11] 俞勇. ACM 国际大学生程序设计竞赛：算法与实现 [M]．北京：清华大学出版社, 2013.

[12] Loughry J, van Hemert J I, Schoofs L. Efficiently enumerating the subsets of a set [OL]. 2020.

[13] Heineman G T, Pollice G, Selkow S. Algorithms in a Nutshell [M]. Sebastopol, California: O'Reilly Media, 2016.

[14] Korf R E. Recent Progress in the Design and Analysis of Admissible Heuristic Functions, Proceeding, Abstraction, Reformulation, and Approximation: 4th International Symposium(SARA) [C] //Lecture notes in Computer Science #1864, 2000: 45-51.

[15] Bauer B. The Manhattan pair distance heuristic for the 15-Puzzle [R]. Technical Report Paderborn Center for Parallel Computing, TR-001-94, 1994.

[16] 徐俊明．图论及其应用[M]．第 3 版．合肥：中国科学技术大学出版社, 2010.

[17] Gabow H N. Path-based depth-first search for strong and biconnected components [J]. Information Processing Letters, 2000, 74: 107-114.

[18] Aspvall B, Plass M F, Tarjan R E. A linear-time algorithm for testing the truth of certain quantified boolean formulas [J]. Information Processing Letters, 1979, 8(3): 121-123.

[19] 赵爽. 2-SAT 解法浅析 [C] //IOI 论文，华中师范大学第一附属中学.

[20] Kahn A B. Topological sorting of large networks [J]. Communications of the ACM, 1962, 5(11): 558-562.

[21] 程钊．图论中若干著名问题的历史注记 [J]．数学的实践与认知, 2009, 39(24): 73-81.

[22] Hakimi S L. On realizability of a set of integers as degrees of the vertices of a linear graph. I [J]. Journal of the Society for Industrial and Applied Mathematics, 1962, 10: 496-506.

[23] 管梅谷．奇偶点图上作业法 [J]．数学学报, 1960, 10: 263-266.

[24] 管梅谷．中国投递员问题综述 [J]．数学研究与评论, 1984, 4(1): 113-119.

[25] Edmonds J, Johnson E L. Matching, Euler tours and the Chinese postman [J]. Mathematical Programming, 1973, 5(1): 88-124.

[26] Ore O. Note on Hamilton circuits [J]. The American Mathematical Monthly, 1960, 67(1): 55.

[27] Dirac G A. Some theorems on abstract graphs [J]. Proceedings of the London Mathematical Society, 1952, 2: 69-81.

[28] Palmer E M. The hidden algorithm of Ore's theorem on Hamiltonian cycles [J]. Computers & Mathematics with Applications, 1997, 34(11): 113-119.

[29] Prim R C. Shortest connection networks and some generalizations [J]. Bell System Technical Journal, 1957, 36(6): 1389-1401.

[30] Kruskal J B. On the shortest spanning subtree of a graph and the traveling salesman problem [J]. Proceedings of the American Mathematical Society, 1956, 7(1): 48-50.

[31] Hassin R, Tamir A. On the minimum diameter of spanning tree problem [J]. Information Processing Letters, 1995, 53(2): 109-111.

[32] Kariv O, Hakimi S L. An Algorithmic Approach to Network Location Problems. I: The p-Centers [J]. Siam Journal on Applied Mathematics, 1979, 37(3): 513-538.

[33] Goemans M X. Minimum Bounded Degree Spanning Trees [C] //Foundations of Computer Science, 2006: 273-282.

[34] 汪汀. 最小生成树问题的拓展 [C] //IOI 国家集训队论文, 2004。

[35] Dijkstra E W. A note on two problems in connexion with graphs [J]. Numerische Mathematik, 1959, 1(1): 269-271.

[36] Bellman R. On a routing problem [M]. Santa Monica, California: RAND Corporation. 1956.

[37] 段凡丁. 关于最短路径的 SPFA 快速算法 [J]. 西南交通大学学报, 1994, 29(2): 207-212.

[38] Karp R M. A Characterization of the minimum cycle mean in a digraph [J]. Discrete Mathematics, 1978, 23(3): 309-311.

[39] Floyd R W. Algorithm 97: shortest path [J]. Communications of The ACM, 1962, 5(6).

[40] 王桂平, 王衎, 任嘉辰. 图论算法理论、实现及应用 [M]. 北京: 北京大学出版社, 2011.

[41] Harris T E, Ross F S. Fundamentals of a method for evaluating rail net capacities. Research Memorandum [M]. Santa Monica, California: Rand Corporation. 1955.

[42] Goldberg A V, Tarjan R E. A new approach to the maximum-flow problem [J]. Journal of the ACM. 1988, 35(4): 921.

[43] Ford L R Jr, Fulkerson D R. Maximal flow through a network [J]. Canadian Journal of Mathematics, 1956, 8: 399-404.

[44] Ford L R Jr, Fulkerson D R. Flows in Networks [M]. Princeton, NJ: Princeton University Press, 1962.

[45] Edmonds J, Karp R M. Theoretical improvements in algorithmic efficiency for network flow problems [J]. Journal of the ACM, 1972, 19(2): 248-264.

[46] Dinitz E A. Algorithm for solution of a problem of maximum flow in a network with power estimation [J]. Soviet Math. Doklady, 1970, 11(5): 1277-1280.

[47] Dinitz Y. Dinitz' algorithm: the original version and even's version [C] //Theoretical Computer Science: Essays in Memory of Shimon Even. Springer, 2006: 218-240.

[48] Ahuja R K, Orlin J B. Distance-directed augmenting path algorithms for maximum flow and parametric maximum flow problems [J]. Naval Research Logistics, 1991, 38(3). 413-430.

[49] Ahuja R K, Magnanti T L, Orlin J B. Network Flows: Theory, Algorithms, and Applications [M]. Englewood Cliffs, NJ: Prentice Hall, 1993.

[50] Kuhn H W. The Hungarian method for the assignment problem [J]. Naval Research Logistics Quarterly, 1955, 2: 83-97.

[51] Edmonds J. Paths, trees, and flowers [J]. Canadian Journal of Mathematics, 1965, 17: 449-467.

[52] Berge C. Two theorems in graph theory [J]. Proceedings of the National Academy of Sciences of the United States of America, 1957, 43(9): 842-844.

[53] Hopcroft J E, Karp R M. An $n^{5/2}$ algorithm for maximum matchings in bipartite graphs [J]. SIAM Journal on Computing, 1973, 2(4): 225-231.

[54] Even S, Tarjan R E. Network flow and testing graph connectivity [J]. SIAM Journal on Computing, 1975, 4(4): 507-518.

[55] Gale D, Shapley L S. College admissions and the stability of marriage [J]. The American Mathematical Monthly, 1962, 69(1): 9-15.

[56] Galil Z. Efficient algorithms for finding maximum matching in graphs [J]. Computing Surveys, 1986, 18(1): 23-38.

[57] Gabow H N. An efficient implementation of Edmonds' algorithm for maximum matching on graphs [J]. Journal of the ACM, 1976, 23(2): 221-234.

[58] Mucha M, Sankowski P. Maximum matchings via Gaussian elimination [C] //Proceedings of 45th Annual IEEE Symposium on Foundations of Computer Science, 2004: 248-255.

[59] 杨家齐. 基于线性代数的一般图最大匹配 [C] //IOI 国家集训队论文, 2017.

[60] Munkres J. Algorithms for the assignment and transportation problems [J]. Journal of The Society for Industrial and Applied Mathematics, 1957, 5(1): 32-38.

[61] Bron C, Kerbosch J. Algorithm 457: finding all cliques of an undirected graph [J]. Communications of The ACM, 1973, 16(9): 575-577.

[62] Norman R Z, Rabin M O. An algorithm for a minimum cover of a graph [J]. Proceedings of the American Mathematical Society, 1959, 10(2): 315-319.

[63] 冯林, 金博, 于瑞云, 等. 图论及应用 [M]. 哈尔滨: 哈尔滨工业大学出版社, 2012.

[64] Dreyfus S E. Richard Bellman on the Birth of Dynamic Programming [J]. Operations Research, 2002, 50(1): 48-51.

[65] 方奇. 动态规划 [C] //IOI 国家集训队论文, 2000.

[66] 崔添翼. 背包问题九讲 [OL]. 2012.

[67] 渡部有隆. 挑战程序设计竞赛——算法和数据结构 [M]. 支鹏浩, 译. 北京: 人民邮电出版社, 2016.

[68] 克里斯汀, 格里菲思. 算法之美[M]. 万慧, 胡小锐, 译. 北京: 中信出版集团, 2018.

[69] Warren H S. The quest for an accelerated population count. Beautiful Code [M]. Sebastopol, California: O'Reilly Media, 2011.

[70] Kubicka E. The Chromatic Sum and Efficient Tree Algorithms [D]. Philosophy Doctor Thesis, Western Michigan University, 1989.

[71] Guerreiro P. The Canadian Airline Problem and the Bitonic Tour: Is This Dynamic Programming [C] //Departamento de Informática, Faculdade de Ciências e Tecnologia, Universidade Nova de Lisboa, 2003.

[72] 鬲融. 有关概率和期望问题的研究 [C] //IOI 国家集训队论文, 2004.

[73] 俞勇. ACM 国际大学生程序设计竞赛: 知识与入门 [M]. 北京: 清华大学出版社, 2013.

[74] Galil Z, Park K. A linear-time algorithm for concave one-dimensional dynamic programming[J]. Information Processing Letters, 1990, 33(6): 309-311.

[75] 周源. 浅谈数形结合思想在信息学竞赛中的应用 [C] //IOI 国家集训队论文, 2004.

[76] Knuth D E. Optimum binary search trees [J]. Acta Informatica, 1971, 1(1): 14-25.

[77] Yao F F. Efficient dynamic programming using quadrangle inequalities [C] //Symposium on the Theory of Computing, 1980: 429-435.

[78] Bein W W, Golin M J, Larmore L L, et al. The Knuth-Yao quadrangle-inequality speedup is a consequence of total-monotonicity [J]. Symposium on Discrete Algorithms, 2006, 6(1): 31-40.

[79] Manacher G. A new linear-time 'on-line' algorithm for finding the smallest initial palindrome of a string [J]. Journal of the ACM, 1975, 22(3): 346-351.

[80] Apostolico A, Breslauer D, Galil Z. Parallel detection of all palindrome in a string [J]. Theoretical Computer Science, 1995, 141(1-2): 163-173.

[81] Schwenk A J. Which rectangular chessboards have a knight's tour? [J]. Mathematics Magazine, 1991, 64: 325–332.

[82] Cull P, De Curtins J. Knight's tour revisited. Fibonacci Quarterly, 1978, 16: 276-285.

[83] Conrad A, Hindrichs T, Morsy H, Wegener I. Solution of the knight's Hamiltonian path problem on chessboards [J]. Discrete Applied Mathematics, 1994, 50(2): 125-134.

[84] Squirrel D, Cull P. A Warnsdorff-rule algorithm for knight's tours on square shessboards [R]. Oregon State Research Experience for Undergraduates Program, 1996.

[85] Ganzfried S. A simple algorithm for knight's tours [R]. Oregon State Research Experience for Undergraduates Program, 2004.